高等学校电气工程类系列教材

# 工程流体力学

## （第二版）

齐鄂荣 曾玉红 编著

WUHAN UNIVERSITY PRESS
武汉大学出版社

图书在版编目(CIP)数据

工程流体力学/齐鄂荣,曾玉红编著. —2版.—武汉:武汉大学出版社,
2012. 12
高等学校电气工程类系列教材
ISBN 978-7-307-10151-7

Ⅰ.工… Ⅱ.①齐… ②曾… Ⅲ. 工程力学—流体力学—高等学校—
教材 Ⅳ.TB126

中国版本图书馆 CIP 数据核字(2012)第 236043 号

责任编辑:李汉保 责任校对:黄添生 版式设计:马 佳

出版发行:**武汉大学出版社** (430072 武昌 珞珈山)
(电子邮箱:cbs22@ whu.edu.cn 网址:www.wdp.com.cn)
印刷:湖北民政印刷厂
开本:787×1092 1/16 印张:29.25 字数:703 千字
版次:2005 年 8 月第 1 版 2012 年 12 月第 2 版
2012 年 12 月第 2 版第 1 次印刷
ISBN 978-7-307-10151-7/TB·38 定价:44.00 元

# 高等学校电气工程类系列教材

# 编 委 会

# 序

电力工业是国民经济生产的基础能源工业，对于现代化建设具有举足轻重的作用，涉及工业、农业、国防建设、科学技术以及国民经济建设的各个领域。我国电力工业正在蓬勃发展，发电装机容量迅速增长，电网规模不断扩大、网架日趋紧密，2020 年，我国发电装机容量将稳居世界第一。未来 20 年，中国将是全球电力工业和电工制造业的最大市场。目前我国电力工业的规模已居世界第二位，大部分地区电力需求能得到满足。然而，我国电气化水平和发达国家还有相当一段差距，尤其在人均用电量方面，仅为世界平均水平的 1/3。因此，培养适应新时期电气工程类专业的高级人才，促进电力工业建设，对于 21 世纪我国实现跨越式发展具有重要意义。

电气工程专业是一门历史悠久的专业。经过一百多年的不断发展，电气工程专业已逐步发展成为一个新兴的电气工程学科。至今，电气工程学科已形成为学科覆盖面广、学科理论体系完善、工程实践成功、应用领域宽广的一门独立学科。电气工程给人类社会的许多方面带来了巨大而深刻的影响。近一百年来，电气工程专业在我国高等教育中一直占据着十分重要的地位，为国家培养了大批的规划、设计、建设、生产及管理和科技人才，他们为我国电气工程的建设及其他领域的工作作出了巨大的贡献。

为了提高高等学校电气工程类课程建设、教材建设水平，由武汉大学电气工程学院和武汉大学出版社联合倡议，组建了高等学校电气工程类系列教材编委会，并联合若干所高等学校编写电气工程类教材，为我国高等学校从事电气工程类教学的教师，尤其是长期在教学和科研一线积累了丰富教学经验的教师搭建了一个研讨交流的平台，以此联合编写教材，交流教学经验，研讨教学方法。同时，通过相互讨论学习，确保教材的编写质量，突出课程的基本特色，有利于教材的不断更新，极力打造精品教材。

本着上述原则和方法，我们组织编撰出版了高等学校电气工程类系列教材。根据国家教育部电气工程类本科人才培养方案以及编委会成员单位（高校）电气工程类本科人才培养方案明确了教材种类（课程内容），并根据专业（课程）特色进行分工和编排，旨在提高高等学校电气工程类课程的教学质量和教材建设水平。

参加高等学校电气工程类系列教材编委会的高校有：

武汉大学，华中科技大学，四川大学，湖南大学，河海大学，南京工程大学，广东工业大学，郑州大学，三峡大学，湖北工业大学，上海电力学院，广西大学，长沙理工大学等院校。

武汉大学出版社是被中共中央宣传部与国家新闻出版署联合授予的全国优秀出版社之一，在国内享有较高的知名度和社会影响力，感谢其在出版过程中给予了许多有益的建议。我们愿与各位朋友真诚合作，力争将该系列教材打造成为国内同类教材中的精品教材，为高等教育的发展作出更大的贡献！

高等学校电气工程类系列教材编委会
2011 年 4 月

# 前　言

　　电力工业是国民经济生产的能源基础，是一切经济建设和国民生活的排头兵和先行官。电力的生产一般来自于热能（火力发电）、水能（水力发电）、核能，以及风能、太阳能，等等。而上述能源的生产活动是以水为代表的液体和以空气为代表的气体的运动和相互作用紧密相关的。液体与气体统称为流体。认识与了解流体的运动规律，并按流体的运动规律组织和实施上述能源生产，可以将各类非电力能源顺利地转化为电能，并且可以达到效率最大化。

　　本书是为动力与能源类专业大学本科专业基础课《工程流体力学》所编写的教材。由于动力与能源类专业具有涵盖面广的特点，如水电动力行业需要了解水击、堰闸和明渠流动等知识点；热能、核能行业需要了解气体有关的可压缩流体流动的知识点。本教材不仅应涵盖工程流体力学课程所必需的基本内容，还应包括热能、核能行业的气动特点和水电动力行业的水利特点，也应适合其他的相近专业。这是本教材编写的背景和指导思想。

　　本书也是为准备学习流体力学基础知识的工科专业的本科生编写的。纵观大学的工科专业，有许多专业是直接或间接与流体及流体流动有关系的，也就是与流体力学领域有关系的。另外，从本教材所涵盖的基础内容来看，涉及了较宽的知识面，完全符合当前宽口径、厚基础的办学思想。从编写内容来看，可以作为其他相近专业工程流体力学或流体力学课程的参考书。这也是本教材的特色之一。

　　多年以来，本书作者长期从事工程流体力学的教学、科研工作，在撰写本书时，作者注意融汇平时的教学经验和体会，力求对一些基本概念和难点进行深入浅出的叙述，方便读者的自学和初学者的入门。在本书的选材上，作者注意理论基础与相关专业和工程实践的结合，无论是求学的学生或是需充电的在职技术人员，都可从中获得收益。为适应当前科技的发展，本书还在管网、水击及明渠水面曲线等方面的计算，引入了一些数值计算的方法和电算程序，可以对读者解决一些复杂工程问题起到抛砖引玉的作用。本书各章之后配置了适量的复习思考题和习题，可以帮助读者复习和思考，能加深读者对基础理论的理解。全书后给出了习题答案，可以帮助读者自我检查，方便读者自学。

　　工程流体力学是一门专业基础课或技术基础课，为保证有足够的篇幅叙述基本原理和基本概念，有些偏重于专业的内容，如气体动力学中的等截面摩擦管流、斜激波等；水击中的调压井计算；明渠定常流中的河道水面曲线的计算；堰流中有关堰型的计算；有势流动中的叶栅，等等，本教材作了删减，都留到相关专业课中讲授。这样做可以适应当前课内学时减少的需要，也使全书结构更紧凑，表述更流畅。

　　本书系统地论述了：绪论，流体静力学，流体运动的基本概念和基本方程，流体运动的流态与水头损失，有压管道中的定常流与孔口、管嘴出流，有压管道中的非定常流，气体动力学基础，明渠中的定常流、堰流，理想流体的旋涡运动，理想不可压缩流体的无旋运动，实际流体绕过物体的流动，量纲分析与相似原理。

由于本学科理论性较强，涉及较多的高等数学、物理学、力学等学科的知识，建议读者在复习各基础学科相关内容的基础上，注意基础理论和基本技能的学习，积极参与各种实验和实践环节的活动，踏踏实实地多做各种练习。在学习的过程中，注意体会流体力学观察现象和分析问题的思路，注意培养自己解决实际问题的能力。另外由于本学科还具有工程应用的特点，建议读者要联系实际的学习，逐步培养良好的工程观念。包括：计算和解题时学会配合清晰的图来表达；所需的已知条件和未知条件要交代清楚，所用参数的来源及取值要交代清楚，所用的方程和公式要交代清楚；解题的过程简练清晰，步骤一目了然；最后得到的解要有分析，分析是否合理，验算是否妥当。

参加本书编写工作的有齐鄂荣（第1章~第8章、第11章），曾玉红（第9章、第10章、第12章），全书由齐鄂荣主编。硕士生邱兰、贺翠华绘制了本书的插图，并对全书初稿进行试读，提出了许多很好的建议。在此，作者对他们表示感谢。同时，感谢各位关心本书编写、出版的老师和同事们。

由于作者水平所限，本书中难免出现缺点和错误，在此恳请读者批评斧正。

**作 者**

2012 年 8 月

# 目　　录

# 第1章　绪　　论

## §1.1　工程流体力学的任务及在实际工程中的应用

　　工程流体力学是研究流体机械运动及其在实际工程中应用的一门技术基础学科。该学科是力学的一个分支。其研究对象是包括液体和气体在内的流体。工程流体力学的任务是使用实验和理论分析的方法研究流体处于平衡状态时的规律和流体在作机械运动时的规律,并将这些规律用于工程实际。

　　工程流体力学所研究的基本规律主要在两方面:其一,流体处于平衡状态时,研究作用于流体上各种力之间的关系,以及流体平衡时的条件等;其二,流体处于运动状态时,研究作用于流体上的力与运动要素之间的关系,以及流体的运动特性和能量转换等。由于工程流体力学是将流体的运动作为宏观机械运动进行研究,而不是作为微观分子运动来研究,因而工程流体力学主要运用物理学和理论力学中的质量守恒、动量守恒和能量守恒等基本规律来研究流体流动,以及从能量的转换、热量和异质的扩散等方面探讨流体流动的内部结构和形态。另外,工程流体力学除了讨论液体的流动外,还以一定的篇幅讨论气体的流动。而气体在流速较大的状态下,具有可压缩性,其流动规律不同于液体,这时除了压强外,气体的密度、温度等运动要素都随流动而不断变化。因而还需要增加物理学和热力学中关于热能和机械能转化等的基本规律来研究气体的流动。因此,物理学、理论力学和热力学等都是学习工程流体力学的必要基础课。作为描述和分析流体流动的主要手段和工具,高等数学也是一门重要的基础课。

　　工程流体力学作为一门技术性学科,在工程实际中有着广泛的应用。如水利工程中的农田水利、水力发电、水工建筑及施工、机电排灌等方面都与水的运动有关,都需要应用工程流体力学解决与水的运动规律有关的生产技术问题;如电力工业中,无论是水电站、热电站,还是核电站和地热电站,其生产运行的工作介质都是水、气和油等流体,所有的动力设备的设计和运行都必须符合流体流动规律;航空航天工业中,飞机、火箭和导弹等各种飞行器的运行环境都在大气中,这些飞行器的设计和运行都必须符合空气动力学的基本原理;机械工业中,大量遇到的润滑、冷却、液压传动、气体传动以及液压和气体控制等问题都需应用流体力学的原理加以解决;土木建筑工程中的给水排水、采暖通风等行业,各种设施和设备都与水、气体等流体流动有关,在设计和施工中需充分利用流体力学的基本原理;化学工业中大部分化学工艺流程都伴随有化合物的化学反应、传质和传热的流动问题;石油工业中的油、气和水的渗流、自喷、抽吸和输送问题;以及海洋中的波浪、环流、潮汐和大气中的气旋、环流、季风等都是流体力学的问题,都需根据流体力学的基本原理进行研究和解决。总的来说,工程流体力学是许多行业和部门必须应用和研究的一门重要学科,可以说,只要有流体的地方,就有流体力学的用武之地。

　　本教材不可能具体讲述在上述行业中流体在各种具体的设施和设备中的流动规律,作为一本基础性和入门性教材,只能讲述基本的和共同性的流体流动规律。通过本课程的学习,力争使学生掌握工程流体力学的基本概念、基本原理、基本计算方法和基本实验技能,为各类后续课程的学习打下坚实的基础,也为今后从事各种以流体为工作介质、工作对象的生产和研究工作奠定必要的理论基础。

## §1.2　流体的定义和特征以及连续介质的概念

### 1.2.1　流体的定义和特征

　　自然界物质的存在通常为三种状态:固体、液体和气体。这三种物质分子之间的结构是不相同的。反映在宏观上,固体能保持其固定的形状和体积;液体有固定的体积,无固定的形状;气体则无固定的形状和体积。由于液体和气体具有无固定形状、能流动的共同特点,一般称为流体。流体与固体的主要区别在于变形方面。在外力的作用下,固体虽然会发生微小变形,但只要不超出弹性限度,在去掉外力后,固体的变形可以消失。而流体在静止状态时,只能承受压力,不能承受切力。哪怕所承受的切力再微小,只要时间足够长,原先处于静止的流体将发生变形并流动。流体一般也不能承受拉力。这种特性就是流体的易流动性。从严格意义上说,只要具有易流动性特性的物质可以定义为流体。因此,除了液体和气体为流体外,等离子体、熔化的金属也属于流体。

　　流体和固体所具有上述不同的特性,是因为其内部的分子结构和分子之间的作用力不同而造成的。一般来说流体的分子间距比固体的分子之间距大得多,流体分子之间的作用力相对固体要小得多,流体的分子运动比固体较为剧烈,因此流体就具有易流动性,也不能保持其一定的形状。

　　流体中液体和气体的主要区别在于其压缩性。由于液体的分子间距远小于气体的分子间距,当液体受压时,只要分子间距稍有变小,则分子之间的排斥力就会增大以抵抗所施加的压力,使得液体的分子间距再很难变小,也就是液体很不易被压缩,或液体的压缩性极小。这也是液体具有一定的体积的原因,而且也使得液体具有自由表面。而气体由于分子间距很大,分子之间的吸引力微小,分子之间的热运动起主要作用,就使得气体没有一定的形状,也没有一定的体积,总能均匀充满容纳气体的容器,没有自由表面,具有很大的压缩性。

### 1.2.2　连续介质的概念

　　从分子的微观结构来看,流体是由分子所组成的。例如在标准状态下,气体的平均分子间距约为 $3.3\times10^{-7}$ cm,平均分子直径约为 $2.5\times10^{-8}$ cm。在 1mm³ 的体积内,气体的分子数为 $2.7\times10^{16}$ 个。水的平均分子间距约为 $3.1\times10^{-8}$ cm,平均分子直径约为 $2.5\times10^{-8}$ cm。在 1cm³ 的体积内,水的分子数为 $3.34\times10^{22}$ 个。

　　从上述分子结构来看,流体是由大量作随机运动的分子所组成的,这些离散的分子之间是存在着空隙的,分子之间相互碰撞,交换着动量和能量。从微观角度来看,流体内部的质量分布存在着不连续和不均匀分布的情况,反映流体状况的物理量也会因为分子的随机运动在空间和时间上呈现不连续的情况。然而,对日常所见的水等流体的宏观流动,用仪器和肉眼观察所见流体的流动是均匀的和连续的,反映流体运动特征的物理量是连续的,并且这些所观察的物理量是确定的和确实存在的。也就是说,流体所反映的微观结构和运动在时间和空间上都充满着不均匀性、离散性和随机性,而宏观结构和运动又明显呈现出均匀性、连续性和确定性。这两种如此不同的特性,而又和谐地统一在流体这个物质中,形成了流体运动的两个重要方面。

工程流体力学是一门研究流体宏观运动特性和规律的学科。从宏观角度来看,对于所讨论的一些实际工程问题,如各种设备、管道等的特征尺寸,往往远大于流体的分子间距和分子自由程;这些实际工程的时间尺度,远大于分子运动的时间尺度;反映这些宏观运动状态的物理量实际是大量分子的运动所贡献的,是大量分子的统计平均值。因此,瑞士学者欧拉(Euler)在1753年提出了以连续介质的概念为基础的研究方法,该方法在流体力学的发展上起了巨大作用。连续介质的概念认为流体是由流体质点连续地、没有空隙地充满了流体所在的整个空间的连续介质。在此,作为被研究的流体中最基本要素的流体质点,是指微观上充分大,宏观上充分小的分子团。也就是说,对于质点这个在宏观上非常小的体积内,微观中含有大量的分子,这些分子的运动具有统计平均的特性,使得这个质点所表现的物理量在宏观上是确定的。例如边长 $10^{-3}$cm 的立方体,容积为 $10^{-9}$cm$^3$,在宏观上是非常小的一个点,而在这个体积内,在标准状态下,却包含有 $2.69 \times 10^{10}$ 个气体分子。在 $10^{-6}$ 秒这个对宏观来说非常短的时间尺度内,在 $10^{-9}$cm$^3$ 体积内的气体分子互相碰撞的次数将达 $10^{14}$ 次,这个时间尺度对微观来说是足够长的。可见用连续介质的概念作为工程流体力学的基本假设是合理的。

这样一来,连续介质的观点认为流体质点是连续而不间断的紧密排列的,那么表征流体特性的各物理量的变化,在时间和空间上是连续变化的。也就是说,这些物理量是空间坐标和时间的单值连续函数。因此,可以利用以连续函数为基础的高等数学来解决工程流体力学中的问题。

需要指出的是,流体连续介质的概念对大部分工程实际问题都是正确的,但对某些问题却是不适用的。如果所研究的问题的特征尺度接近或小于分子的自由程,连续介质的概念将不再适用。如在高空飞行的火箭、导弹,由于空气稀薄,分子的间距很大,可以与物体的特征尺度相比拟,虽然能找到可以获得稳定平均值的分子团,显然这个分子团是不能当做质点的。又如激波内的气体运动,激波的尺寸与分子的自由程同阶,激波内的流体只能看做分子而不能当做连续介质来处理。

## §1.3  流体的主要物理性质

流体的运动形态和运动规律,除了与边界等外部影响因素有关外,还取决于流体本身的物理性质和特征。在全面系统地研究流体的平衡和运动之前,应首先讨论流体的一些主要物理性质。

### 1.3.1  流体的质量和重量

质量是物质的一个基本属性,质量与物体的惯性和重量紧密相连。质量是物体惯性大

小的量度,质量越大,惯性则越大。根据理论力学中的达朗贝尔(D'Alembert)原理,惯性力的表达式为

$$F = - ma \tag{1-1}$$

式中:$F$——惯性力;$m$——物体的质量;$a$——加速度。负号表示惯性力的方向与物体加速度的方向相反。

流体与其他物质一样,具有质量。对于流体所具有的质量,可以用密度 $\rho$ 来表征。密度 $\rho$ 的定义是单位体积的流体所具有的质量。

对于均质流体,即任意点处的密度均相同的流体,其密度表达式为

$$\rho = \frac{m}{V} \tag{1-2}$$

式中:$m$——流体的质量;$V$——流体的体积。

对于非均质流体,即各点处的密度不相同的流体,其密度表达式为

$$\rho = \lim_{\Delta V \to 0} \frac{\Delta m}{\Delta V} = \frac{dm}{dV} \tag{1-3}$$

在国际单位制(SI)中,质量的单位是 kg,体积的单位是 $m^3$,密度的单位是 $kg/m^3$。

地球上的物体,无论是处于运动状态的还是处于静止状态的,都要受到地心引力的作用。物体的重量就是地心引力的结果,因此也称为重力,用 $G$ 表示。设流体的质量为 $m$,重力加速度为 $g$,则重量 $G$ 为

$$G = mg \tag{1-4}$$

流体所具有的重量,可以用重度 $\gamma$ 来表征。重度 $\gamma$ 的定义是单位体积的流体所具有的重量。重度也称容重、重率。重度与重量、体积的关系式为

$$\gamma = \frac{G}{V} \tag{1-5}$$

比较式(1-2)与式(1-5),重度与密度有下列关系

$$\gamma = \rho g \qquad 或 \qquad \rho = \frac{\gamma}{g} \tag{1-6}$$

在国际单位制(SI)中,重量的单位是 N,重力加速度的单位是 $m/s^2$,重度的单位是 $N/m^3$。

流体的质量与流体在地球上所处的位置无关,而流体的重力则与流体在地球上所处的位置有关。从式(1-4)可见,这是因为流体的重力与重力加速度成正比,而其中的重力加速度是随地球的纬度和海拔高度而变化的。在计算时,可以取北纬45°海平面上重力加速度值 $g = 9.80665 m/s^2$,作为近似,可以取 $g = 9.81 m/s^2$ 或 $g = 9.8 m/s^2$。

作为流体,无论是气体还是液体,其密度都随压强和温度而变化。但对于液体,这种变化一般极其微小,因此液体的密度常常可以视为常数。如水的密度,由表1-3可见,密度随温度的变化是非常小的。在计算时,一般取水在一个大气压下,温度为4℃时的最大密度值,即 $\rho = 1\,000 kg/m^3$。

表1-1给出了一些常用气体在标准大气压和20℃下的物理性质,表1-2给出了一些常用液体在标准大气压下的物理性质,表1-3给出了水在不同温度下的物理性质。

表 1-1 在标准大气压与 20℃下常用气体的物理性质

| 气 体 | 密度 $\rho$/(kg/m³) | 动力粘度 $\mu \times 10^5$/(Pa·s) | 气体常数 R/[J/(kg·K)] |
|---|---|---|---|
| 空 气 | 1.205 | 1.80 | 287 |
| 二氧化碳气 | 1.84 | 1.48 | 188 |
| 一氧化碳气 | 1.16 | 1.82 | 297 |
| 氦 气 | 0.166 | 1.97 | 2 077 |
| 氢 气 | 0.0839 | 0.90 | 4 120 |
| 氮 气 | 1.16 | 1.76 | 297 |
| 氧 气 | 1.33 | 2.00 | 260 |
| 甲 烷 | 0.668 | 1.34 | 520 |
| 饱和蒸汽 | 0.747 | 1.01 | 462 |

表 1-2 在标准大气压下常用液体的物理性质

| 液 体 种 类 | 温度 $t$/(℃) | 密度 $\rho$/(kg/m³) | 动力粘度 $\mu \times 10^4$/(Pa·s) |
|---|---|---|---|
| 纯 水 | 20 | 998 | 10.1 |
| 海 水 | 20 | 1 026 | 10.6 |
| 20%盐水 | 20 | 1 149 | |
| 乙醇(酒精) | 20 | 789 | 11.6 |
| 苯 | 20 | 895 | 6.5 |
| 四氯化碳 | 20 | 1 588 | 9.7 |
| 氟利昂-12 | 20 | 1 335 | |
| 甘 油 | 20 | 1 258 | 14 900 |
| 汽 油 | 20 | 678 | 2.9 |
| 煤 油 | 20 | 808 | 19.2 |
| 原 油 | 20 | 850~928 | 72 |
| 润滑油 | 20 | 918 | |
| 氢(液态) | -257 | 72 | 0.21 |
| 氧(液态) | -195 | 1 206 | 2.8 |
| 水 银 | 20 | 13 555 | 15.6 |

表 1-3 不同温度下水的物理性质

| 水温 $t$/(℃) | 密度 $\rho$/(kg/m) | 重度 $\gamma$/(kN/m) | 动力粘度 $\mu$/($10^{-3}$Pa·s) | 运动粘度 $\nu$/($10^{-6}$m²/s) | 体积弹性模量 $K$/($10^9$Pa) | 表面张力系数 $\sigma$/(N/m) |
|---|---|---|---|---|---|---|
| 0 | 999.9 | 9.805 | 1.781 | 1.785 | 2.02 | 0.075 6 |
| 5 | 1000.0 | 9.807 | 1.518 | 1.519 | 2.06 | 0.074 9 |
| 10 | 999.7 | 9.804 | 1.307 | 1.306 | 2.10 | 0.074 2 |
| 15 | 999.1 | 9.798 | 1.139 | 1.139 | 2.15 | 0.073 5 |
| 20 | 998.2 | 9.789 | 1.002 | 1.003 | 2.18 | 0.072 8 |
| 25 | 997.0 | 9.777 | 0.890 | 0.893 | 2.22 | 0.072 0 |
| 30 | 995.7 | 9.764 | 0.798 | 0.800 | 2.25 | 0.071 2 |
| 40 | 992.2 | 9.730 | 0.653 | 0.658 | 2.28 | 0.069 6 |
| 50 | 988.0 | 9.689 | 0.547 | 0.553 | 2.29 | 0.067 9 |
| 60 | 983.2 | 9.642 | 0.466 | 0.474 | 2.28 | 0.066 2 |
| 70 | 977.8 | 9.589 | 0.404 | 0.413 | 2.25 | 0.064 4 |
| 80 | 971.8 | 9.530 | 0.354 | 0.364 | 2.20 | 0.062 6 |
| 90 | 965.3 | 9.466 | 0.315 | 0.326 | 2.14 | 0.060 8 |
| 100 | 958.4 | 9.399 | 0.282 | 0.294 | 2.07 | 0.058 7 |

### 1.3.2　流体的压缩性与膨胀性

流体的压缩性是指流体在压力的作用下,发生体积压缩变形的特性。流体的膨胀性是指流体当温度升高时,会发生体积膨胀增大的特性。对于流体的这两个特性,液体和气体差别很大,下面分别叙述。

**1.液体的压缩性**

液体的压缩性可以用体积压缩系数 $\beta_p$ 来表示,其含义是,在温度不变的条件下,压强每增加一个单位,液体体积的相对变化量,即

$$\beta_p = -\frac{\mathrm{d}V/V}{\mathrm{d}p} \tag{1-7}$$

式中: $V$ ——液体受压前的体积,$m^3$; $\mathrm{d}V$ ——液体体积的变化量,$m^3$; $\mathrm{d}p$ ——液体压强增加量,$Pa$,

体积压缩系数 $\beta_p$ 的单位为 $1/Pa$ 或 $m^2/N$。由于压强增加时,液体的体积减小,则 $\mathrm{d}p$ 为正时, $\mathrm{d}V$ 为负,故在式(1-7)等号右侧加一负号,以使体积压缩系数 $\beta_p$ 保持正值。

表 1-4 给出了 0℃ 时水的体积压缩系数 $\beta_p$ 值。从表 1-4 可见,水的体积压缩系数是很小的。如常温下的水当所受的压强在 $0 \sim 98.07 \times 10^5 Pa$($0 \sim 100$ 个工程大气压)内变化时,其 $\beta_p$ 的值大约为 $5 \times 10^{-10} m^2/N$。这个数值相当于压强改变一个大气压时,液体体积相对压缩量约为二万分之一,可见体积变化量甚微。

| 表 1-4 | | 0℃ 时水的体积压缩系数 $\beta_p$ | | | | |
|---|---|---|---|---|---|---|
| 压强 $\times 10^5/Pa$ | 4.9 | 9.81 | 19.61 | 39.23 | 78.45 | 98.07 |
| $\beta_p \times 10^{-9}/(1/Pa)$ | 0.539 | 0.537 | 0.531 | 0.532 | 0.515 | 0.500 |

由于液体的质量在压缩过程中保持不变,由式(1-2)可得

$$\frac{\mathrm{d}V}{V} = -\frac{\mathrm{d}\rho}{\rho} \tag{1-8}$$

这时液体的体积压缩系数 $\beta_p$ 也可以表示为

$$\beta_p = \frac{\dfrac{\mathrm{d}\rho}{\rho}}{\mathrm{d}p} \tag{1-9}$$

液体的压缩性还可以用体积弹性系数 $K$ 来表示,体积弹性系数 $K$ 是体积压缩系数 $\beta_p$ 的倒数

$$K = \frac{1}{\beta_p} = -\frac{\mathrm{d}p}{\dfrac{\mathrm{d}V}{V}} = \frac{\mathrm{d}p}{\dfrac{\mathrm{d}\rho}{\rho}} \tag{1-10}$$

体积弹性系数 $K$ 也称为体积弹性模量。从上式可见 $\beta_p$ 越小则 $K$ 越大,而 $\beta_p$ 越小或 $K$ 值越大,则液体越不易压缩, $K = \infty$ 表示绝对不可压缩的刚性物质。$K$ 的单位是 $N/m^2$ 或 $Pa$。

**2.液体的膨胀性**

液体的膨胀性可以用体积膨胀系数 $\beta_t$ 来表示,其含义是,在压强不变的条件下,温度每

增加 1℃，液体体积的相对变化量，即

$$\beta_t = \frac{\dfrac{\mathrm{d}V}{V}}{\mathrm{d}t} \tag{1-11}$$

式中：$\mathrm{d}t$——液体温度增加量，℃；$\beta_t$——体积膨胀系数，其单位为 1/℃。

表 1-5 给出了水的体积膨胀系数 $\beta_t$ 值。从表 1-5 可见，水的体积膨胀系数也是很小的。如水在 $0.98\times10^5\mathrm{Pa}$（1 个工程大气压）时，在常温下（10～20℃），温度每增高 1℃，水的体积相对增加量仅为万分之 1.5；温度较高时，也只为万分之 7。

**表 1-5**　　　　　　　　　　　　　**水的体积膨胀系数 $\beta_t$**

| 压强×10⁵/Pa | 温　度/℃ | | | | |
| --- | --- | --- | --- | --- | --- |
| | 1～10 | 10～20 | 40～50 | 60～70 | 90～100 |
| 0.98 | $14\times10^{-6}$ | $150\times10^{-6}$ | $422\times10^{-6}$ | $556\times10^{-6}$ | $719\times10^{-6}$ |
| 98 | $43\times10^{-6}$ | $165\times10^{-6}$ | $422\times10^{-6}$ | $548\times10^{-6}$ | $704\times10^{-6}$ |
| 196 | $72\times10^{-6}$ | $183\times10^{-6}$ | $426\times10^{-6}$ | $539\times10^{-6}$ | |
| 490 | $149\times10^{-6}$ | $236\times10^{-6}$ | $429\times10^{-6}$ | $523\times10^{-6}$ | $661\times10^{-6}$ |
| 882 | $229\times10^{-6}$ | $289\times10^{-6}$ | $437\times10^{-6}$ | $514\times10^{-6}$ | $621\times10^{-6}$ |

3.气体的压缩性

气体的压缩性要比液体的压缩性大得多，这是因为气体的密度随着温度与压力的变化将发生显著变化。气体的密度、温度与压力之间的关系可以由物理学、热力学中的完全气体（物理学中称为理想气体）状态方程来确定，即

$$\frac{p}{\rho} = RT \quad \text{或} \quad pV = RT \tag{1-12}$$

式中：$p$——气体的绝对压强，Pa；$\rho$——气体的密度，kg/m³；$V$——气体的体积，m³；$T$——气体的热力学温度，K；$R$——气体常数，J/(kg·K)。

常用气体的气体常数可见表 1-1。热力学温度，也称开尔文温度，有关系式 $T = T_0 + t$，$t$ 的单位为℃，$T_0 = 273\mathrm{K}$。

实际工程中，可以按下式计算在不同的压强和温度下气体的密度 $\rho$

$$\rho = \rho_s \frac{273}{273 + t} \frac{p}{10.13 \times 10^4} \tag{1-13}$$

式中：$\rho_s$——标准状态下某种气体的密度；温度 $t$ 的单位为℃；$\rho$——压强，压强 $p$ 的单位为 Pa。其中标准状态为 0℃、$10.13\times10^4\mathrm{Pa}$ 的状态，这时空气有 $\rho_s = 1.293\mathrm{kg/m^3}$；烟气有 $\rho_s = 1.34\mathrm{kg/m^3}$。

从完全气体状态方程式（1-12）可知，当温度不变时，完全气体的体积与压强成反比。这时如果压强扩大一倍，则气体的体积缩小为原来的一半。当压强不变时，完全气体的体积与温度成正比。可见，气体的压缩性是很大的。

4.不可压缩流体的假设

由前面的叙述可知，压强和温度的变化都会引起流体密度的变化。一般来说，任何流体，无论是液体还是气体，都是可压缩的。

　　从液体的压缩特性来看,液体的压缩性很小,当施加于液体上的压强和温度发生变化时,液体的密度仅有微小变化。在许多场合,可以忽略压缩性的影响,认为液体的密度是一个不变的常数,这时可以将这种液体称为不可压缩流体。例如,对于在通常压强与温度下的水,若以一个标准大气压下4℃时的最大密度 $\rho = 1000 kg/m^3$ 进行工程计算,其成果是满足相关精度要求的。但必须注意的是,在压强变化过程非常迅速的场合中,如水击过程,就需考虑水的压缩性问题,或者说不能使用不可压缩流体的概念。

　　从气体的压缩特性来看,气体的压缩特性是很大的,气体的密度随压强、温度等环境因素有很大的变化。因此在一般情况下,必须考虑气体的压缩性问题,这时可以将气体称为可压缩流体。但必须注意的是,在实际工程中,如果气体在整个流动过程中压强与温度变化很小,使密度变化也很小,这时可以作为不可压缩流体处理;又如气体对物体流动的相对速度比音速小得多时,其密度的变化也很小,这时也可以作为不可压缩流体来处理。

### 1.3.3　流体的粘滞性

#### 1.流体粘滞性的定义

　　流体具有易流动性,观察流体的流动,可以看到不同的流体具有不同的流动特性。如,一瓶水和一瓶油,分别从瓶子里倒出来,水流得快一些,油流得慢一些。再如,对一盆水和一盆油进行分别搅动,使其旋转起来。可以发现搅动水所用的力气,比搅动油所用的力气要小;当停止搅动时,水和油都会慢慢停下来,但水旋转的时间比油旋转的时间要长一些。

　　对于流动着的流体,若流体质点之间因相对运动的存在,而产生内摩擦力以抵抗其相对运动的性质,称为流体的粘滞性,所产生的内摩擦力也称为粘滞力,或粘性力。从前面所述的例子可见,油的内部阻碍流体流动的作用力比水大,也就是油的粘滞性大,水的粘滞性小。

　　为了进一步说明流体的粘滞性,下面以如图 1-1(a)所示的流体沿一个固体平面作平行的直线流动为例。当流体沿固体平面作平行流动时,紧贴固壁的流体质点粘附在固壁上,其流速为零;沿与固壁垂直的 $y$ 方向,流体质点受固壁的影响逐渐减弱,流速逐渐增加;当流体质点离固壁较远时,流体质点受固壁的影响最弱,其流速最大。图 1-1(a)即为这种流动的流速分布图。由于各层的流速不同,则各流层之间便产生了相对运动,也就产生了抵抗这个相对运动的切向作用力,即内摩擦力或粘滞力。这个内摩擦力总是成对出现在两相邻流层接触面上,并且大小相等、方向相反。如图 1-1(a)中 $a$—$a$ 分界面上,速度较大的流层作用在速度较小的流层上的内摩擦力 $\boldsymbol{F_a}$,其方向与流体流动的方向相同,使速度较小流层的流体加速;速度较小的流层作用在速度较大的流层上的内摩擦力 $\boldsymbol{F_a'}$,其方向与流体流动的方向相反,使速度较大流层的流体减速。

#### 2.牛顿内摩擦定律

　　牛顿(Newton)根据大量的实验研究,提出了牛顿内摩擦定律,即认为当流动的流体内部各层之间发生相对运动时,两相邻流层之间所产生的内摩擦力 $\boldsymbol{F}$ 的大小与流体的粘滞性、反映相对运动的流速梯度 $\dfrac{du}{dy}$ 以及接触面面积 $A$ 成正比,而与接触面上的压力无关。其数学表达式为

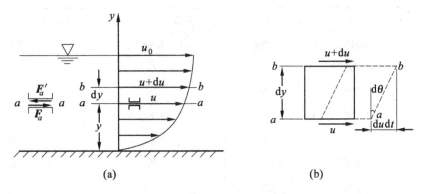

图 1-1　粘性流体变形及内摩擦力示意图

$$F = \mu A \frac{\mathrm{d}u}{\mathrm{d}y} \tag{1-14}$$

或

$$\tau = \frac{F}{A} = \mu \frac{\mathrm{d}u}{\mathrm{d}y} \tag{1-15}$$

式中：$\mu$——表征流体粘滞性大小的比例系数；$\tau$——内摩擦切应力或粘滞切应力。

　　牛顿内摩擦定律表达式式(1-14)、式(1-15)是计算粘滞力常用的计算公式。其中反映相对运动的流速梯度 $\frac{\mathrm{d}u}{\mathrm{d}y}$，实际表示了流体微团的剪切变形速度。如图 1-1(b)所示，从流动的流体中，取一方形微团(如图 1-1(b)中的实线所示)，设 $a$—$a$ 层的流速为 $u$，跨过 $\mathrm{d}y$ 微小距离后的 $b$—$b$ 层流速为 $u + \mathrm{d}u$。经过 $\mathrm{d}t$ 时间以后，该微团到达图示虚线所处的位置，并且由于流层速度差的原因，方形微团发生了剪切变形，$b$—$b$ 层流体多移动的距离为 $\mathrm{d}u\mathrm{d}t$。这时剪切变形量为 $\mathrm{d}\theta$，由于时间 $\mathrm{d}t$ 微小，则 $\mathrm{d}\theta$ 也微小。所以由图 1-1 可得

$$\mathrm{d}\theta \approx \tan\mathrm{d}\theta = \frac{\mathrm{d}u\mathrm{d}t}{\mathrm{d}y}$$

整理得

$$\frac{\mathrm{d}u}{\mathrm{d}y} = \frac{\mathrm{d}\theta}{\mathrm{d}t}$$

可见速度梯度就是剪切变形速度，或者说是剪切应变变化率。牛顿内摩擦定律也可以理解为内摩擦力或切应力与剪切变形速度成正比。

　　式(1-14)、式(1-15)中比例系数 $\mu$ 为流体粘滞性的量度，称为粘性系数或粘度。$\mu$ 在国际单位制中的单位是 Pa·s 或 N·s/m²，单位中由于含有动力学量纲，一般称为动力粘性系数或动力粘度。

　　流体的粘滞性的大小还可以用粘性系数 $\nu$ 来表示，$\nu$ 与 $\mu$ 的关系是

$$\nu = \frac{\mu}{\rho} \tag{1-16}$$

即粘性系数 $\nu$ 是动力粘性系数 $\mu$ 与流体密度 $\rho$ 的比值。$\nu$ 在国际单位制中的单位是 m²/s，单位中由于只含有运动学量纲，一般称为运动粘性系数或运动粘度。

　　表 1-3 和表 1-6 分别给出了水和空气的动力粘性系数 $\mu$ 值和运动粘性系数 $\nu$ 值。

表 1-6　　　　　　　　　　　　标准大气压下空气的物理性质

| 温度 $T/℃$ | 密度 $\rho/(kg/m^3)$ | 重度 $\gamma/(N/m^3)$ | 动力粘度 $\mu \times 10^5/(Pa \cdot s)$ | 运动粘度 $\nu \times 10^5/(m^2/s)$ |
|---|---|---|---|---|
| -40 | 1.515 | 14.86 | 1.49 | 0.98 |
| -20 | 1.395 | 13.68 | 1.61 | 1.15 |
| 0 | 1.293 | 12.68 | 1.71 | 1.32 |
| 10 | 1.248 | 12.24 | 1.76 | 1.41 |
| 20 | 1.205 | 11.82 | 1.81 | 1.50 |
| 30 | 1.156 | 11.43 | 1.86 | 1.60 |
| 40 | 1.128 | 11.06 | 1.90 | 1.68 |
| 60 | 1.060 | 10.40 | 2.00 | 1.87 |
| 80 | 1.000 | 9.81 | 2.09 | 2.09 |
| 100 | 0.946 | 9.28 | 2.18 | 2.31 |
| 200 | 0.747 | 7.33 | 2.58 | 3.45 |

　　粘性系数 $\mu$ 或 $\nu$ 值越大,流体的粘滞性作用越强。粘性系数的大小因流体的种类不同而各异,并且随压强和温度的变化而变化。在通常的压力下,压强对流体的粘滞性影响很小,可以忽略不计。在高压下,流体的粘滞性随压强升高而变大。温度对流体粘滞性的影响很大,而且影响的特性是不一样的。液体的粘性系数随温度升高而减小,气体的粘性系数则随温度的升高而增大。从表 1-3 和表 1-6 列出了水和空气的粘性系数随温度的变化情况。其原因在于,液体的粘滞性主要来自分子之间的吸引力(内聚力),当温度升高时,分子的间距增大,吸引力减小,由同样的剪切变形速率所产生切应力减小,因而粘性系数变小;气体的粘滞性主要来自于分子不规则热运动所产生的动量交换,当温度升高时,气体分子的热运动加剧,动量交换更为频繁,使切应力也随之增加,因而粘性系数增加。

　　**3. 牛顿流体和非牛顿流体**

　　牛顿内摩擦定律是有其适用范围的。如图 1-2 所示的切应力 $\tau$ 与剪切变形率 $\dfrac{du}{dy}$ 的关系图中,牛顿内摩擦定律仅适用于图中 $A$ 线所示的一般流体,如水、油、空气等。这一类流体在温度不变的情况下,流体的粘性系数 $\mu$ 不变,在 $\tau \sim \dfrac{du}{dy}$ 坐标系中为一条由坐标原点出发、斜率不变的直线,符合这一规律的流体,一般称为牛顿流体。自然界还有一类不满足牛顿内摩擦定律的流体,均称为非牛顿流体。如泥浆、血浆、牙膏等,当流体中的切应力达到某值(即屈服应力 $\tau_0$)时,才开始流动,但切应力与剪切变形率仍为线性关系,如图 1-2 中 $B$ 线所示,这种流体称为理想宾汉流体。再如尼龙、橡胶、纸浆、水泥浆等,这类流体的粘性系数随剪切变形率的增加而减小,如图 1-2 中 $C$ 线所示,这类流体称为伪塑性流体。还有生面团、浓淀粉糊等一类流体,这类流体的粘性系数随剪切变形率的增加而增加,如图 1-2 中 $D$ 线所示,这类流体称为膨胀性流体。对于上述非牛顿流体将在非牛顿流体力学中讨论和研究,本书只讨论牛顿流体。

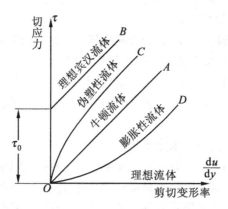

图 1-2　牛顿流体与非牛顿流体特性图

#### 4.理想流体的概念

自然界中存在的流体都具有粘滞性,一般都称为粘性流体或实际流体。流体的粘滞性是流体的固有物理属性,该属性对流体流动的影响极为复杂,给流体运动的数学描述和处理带来极大的困难。为了简化问题,便于分析,引进没有粘滞性即 $\mu = 0$ 的理想流体的概念。这样在分析流体运动时,可以不考虑流体粘滞性的影响,将流体的运动看做无粘滞性的理想流体的运动,得到理想流体流动的规律,然后再考虑粘滞性的影响加以修正。另外,对于某些粘滞性比较小的流体,在某些流动区域内流动时,可以忽略粘滞性的影响,近似作为理想流体来考虑。因此,自然界虽然不存在理想流体,但理想流体作为一种简化模型,在流体力学中有着一定的地位,起着重要的作用。

### 1.3.4　表面张力

由物理学可知,任何同类物质或异类物质的分子与分子之间都具有吸引力(内聚力)。在液体内部,液体的分子受其四周分子的吸引力作用是对称分布的,相互平衡的。但在液体与气体交界的分界面上,液体分子之间的吸引力不能平衡。对于正处于表面层的液体分子,既要受到表面层上部气体分子的吸引力作用,又要受到表面层下部其他液体分子的吸引力作用,相比之下后者远远大于前者。这样,表面层内的液体分子所受的分子引力构成了一个指向液体内部的合力。与气体相邻的自由表面上的分子受到的合力最大,而液体内部的分子所受合力则逐渐减小,直至所受合力为零。也就是说,整个表面层内的液体分子都受到了指向液体内部力的作用,有挤向液体内部的趋势。于是整个表面力图缩至最小,就像一张绷紧了的薄膜。从宏观观察,沿着这个液面作用着使液面收缩的张力,这个力就是表面张力。简单地说,表面张力就是处于两种不同的流体介质分界面上的分子所受到不平衡的分子吸引力的宏观表象。表面张力不仅产生在液体与气体的分界面上,也产生在液体与固体或两种不同液体的分界面上。

液体表面张力的作用方向与作用面相切,其大小可以用液体表面上单位长度所受的张力即张力系数 $\sigma$ 来表示,$\sigma$ 在国际单位制中的单位是 N/m。$\sigma$ 的数值与液体的种类、温度、表面接触情况以及该液体的纯净程度有关。如当温度为 20℃时,空气与水接触的表面的张

力系数 $\sigma$ 值为 0.0728N/m，空气与水银接触的表面的张力系数 $\sigma$ 值为 0.48N/m。不同温度下纯水的表面张力系数 $\sigma$ 值可见表 1-3。

由于液体的表面张力很小，对水流的影响也很小，故一般情况下不必考虑水的表面张力的影响。但当液体表面为曲面而且其曲率半径很小时，就需要考虑表面张力的影响。例如水在土壤及岩石裂隙中的毛细作用、微小水滴的形成、曲率很大的薄水舌的破碎等，其表面张力的影响不可忽略。在管径较小的细管中出现的毛细现象，同样也不能忽视表面张力影响的问题。

当细玻璃管插入水中时，由于水分子之间的分子吸引力(内聚力)小于水与玻璃之间的吸引力(附着力)，水则可以湿润玻璃，管中的液面呈凹曲面，表面张力将使管中的液面上升一定的高度 $h$，即出现正超高。如果细玻璃管插入水银中，由于水银分子之间的内聚力大于水银与玻璃之间的附着力，使水银不能湿润玻璃，管中的液面呈凸曲面，表面张力将使管中的液面下降一定的高度 $h$，即出现负超高。如图 1-3 所示。

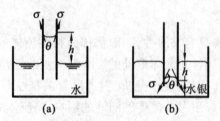

图 1-3　毛细超高现象示意图

根据表面张力与液柱重力相平衡的条件可以导出液柱的超高值 $h$。如图 1-3，有

$$\pi d\sigma\cos\theta = \rho g h \frac{\pi d^2}{4}$$

解得

$$h = \frac{4\sigma\cos\theta}{\rho g d} = \frac{4\sigma\cos\theta}{\gamma d} \tag{1-17}$$

式中：$d$——细管内径；$\theta$——液面与管壁的接触角。

对于温度为 20℃ 的水，查表 1-3 有，$\rho = 998.2\,\mathrm{kg/m^3}$，$\sigma = 0.0728\mathrm{N/m}$，且已知实验测得水与玻璃的接触角 $\theta = 8°\sim9°$，可得 20℃ 时水在细玻璃管中上升的超高值 $h$ 为

$$h = \frac{29.4}{d} \tag{1-18}$$

式中，高度 $h$ 与细管内径 $d$ 的单位均为 mm。

由式(1-18)可见，细管内径 $d$ 越小时，超高值 $h$ 就越大。因此，用内径较细的玻璃管作为液柱式测压计的工作用管时，会造成较大的测量误差。一般情况下，工作用管的内径 $d>10\mathrm{mm}$，超高带来的误差可以忽略不计。

## §1.4　作用在流体上的力

作用在流体上的力，按其物理性质可以分为惯性力、重力、弹性力、粘滞力以及表面张力，等等。按其作用方式，又可以划分为质量力和表面力两种。

### 1.4.1　质量力

质量力是作用于流体的每一个质点上,并与被作用的流体的质量成比例的力。在均质流体中,因质量与体积成正比,该质量力必然与流体体积成正比,所以又称为体积力。由于质量力无需接触就可以同时作用于流体的每一个质点,故也称为超距力。工程流体力学中常遇到的质量力有惯性力与重力。

根据质量力的特征,可以用单位质量流体所受的质量力即单位质量力来表征。设流体的质量为 $m$, 流体所受到的质量力为 $\boldsymbol{F}$,则单位质量力 $\boldsymbol{f}$ 为

$$\boldsymbol{f} = \frac{\boldsymbol{F}}{m}, \quad f_x = \frac{F_x}{m}, \quad f_y = \frac{F_y}{m}, \quad f_z = \frac{F_z}{m} \tag{1-19}$$

式中:$F_x$、$F_y$、$F_z$——质量力 $\boldsymbol{F}$ 的分量;$f_x$、$f_y$、$f_z$——单位质量力 $\boldsymbol{f}$ 的分量,单位质量力 $\boldsymbol{f}$ 的单位是 $m/s^2$,与加速度的单位相同。

### 1.4.2　表面力

表面力是作用于流体的表面上,并与被作用的流体表面面积成比例的力。这种力是由其周围的流体或固体所施加的,并通过与接触面直接接触发生作用,故又称为接触力。表面力按其作用方向可以分解为,沿作用面法线方向的分力,称为压力 $P$;沿作用面切线方向的分力,称为切力 $T$。由于一般认为流体不能承受拉力,故沿法线方向的分力只有沿内法线方向的压力。静止流体中不存在切力。

根据表面力是连续分布的特点,可以用单位面积所受的表面力即应力来表示。与压力 $P$ 和切力 $T$ 相对应,有压应力 $p$ 和切应力 $\tau$。在被作用的表面上某点的压应力 $p$ 和切应力 $\tau$ 可以分别由以下两式定义

$$p = \lim_{\Delta A \to 0} \frac{\Delta P}{\Delta A} \tag{1-20}$$

$$\tau = \lim_{\Delta A \to 0} \frac{\Delta T}{\Delta A} \tag{1-21}$$

式中, $\Delta p$、$\Delta T$ 分别为作用在微小面积 $\Delta A$ 上的压力和切力。压应力一般称为压强。压强和切应力的单位为 $N/m^2$,即 Pa。

## §1.5　工程流体力学的研究方法

与其他学科一样,研究工程流体力学的方法一般是实验研究、理论分析和数值模拟三种。

首先工程流体力学的研究,离不开科学实验。流体力学理论的发展,在相当程度上取决于实验观测的水平。工程流体力学的实验研究主要在以下三个方面:

(1)原型观测,对工程实际中的流体流动直接进行观测;

(2)系统实验,在实验室内对人工造成的某种特定条件下的流动现象进行系统观测研究;

(3)模型实验,在实验室内,以相似理论为指导,模拟实际工程的条件,在模型上预演与

重演相应的流动现象,并进行研究。

这三个方面各有特点,在实验研究中起着不同的特点,在一定的范围内,可以相互配合、补充与验证。

其次在对流体流动的观察和实验的基础上,根据机械运动的普遍原理,结合流体运动的特点,运用数理分析方法建立流体运动的系统理论,并用于指导生产实践,同时在生产实践过程中加以检验、完善和发展。由于流体流动的复杂性,单纯依靠由数理分析得到分析解很难解决工程实际问题,因此需要采用数理分析和实验研究相结合的方法。从以往的研究和发展来看,工程流体力学中用理论解决实际问题有以下几种情况:

(1)先推导理论公式再用经验系数加以修正;

(2)根据实验现象和理论推导提出半经验半理论公式;

(3)先进行定性分析,然后直接给出经验公式。

另外还有相当多的流动问题,若仅仅依靠理论分析和各类实验还是不能满足生产实践的要求。对这一类的问题,目前可以通过数值模拟来解决。随着计算机技术及其应用的飞速进步,这一方面已经形成流体力学的一个重要分支——计算流体力学和计算水力学。这种研究方法是运用流体力学的系统理论结合各种实验所获得的成果,针对各个具体流动问题建立数学模型,然后通过计算机编程计算,在计算机虚拟空间内再现所模拟的流动现象,从而解决所模拟的工程实际问题。数值模拟计算的步骤是,对需模拟计算的工程实际问题,运用描述流体流动的基本方程和具体的初始条件与边界条件建立数值模型,组成这些数值模型的方程一般是线性或非线性偏微分方程,使用有限差分法、有限元法、有限解析法以及谱方法等离散这些组成数值模型的线性或非线性偏微分方程,利用计算机技术编程计算和进行虚拟空间的模拟显示,重复或再现实际已发生或即将发生的复杂流动现象,从而得到问题的解。虽然数值模拟计算结果是近似的,但一般能达到实际工程中所要求的精度。

相对于计算机虚拟空间的数值模拟计算来说,实际的系统实验和模型实验一般称之为物理模拟或物理模型实验。一般来说数值模拟较物理模拟在人力和物力上节省,而且还具有不像物理模拟受相似律的限制(详见本书第 12 章)的优点。但数值模型必须建立在物理概念正确与力学规律明确的基础上,而且一定要受实验和原型观测的检验。因此,对于一些重要的工程流体力学问题的研究,还要采用理论分析、数值模拟和实验研究相结合的方法。本教材主要介绍理论分析和实验研究两方面的内容,没有涉及数值模拟方面的内容,有兴趣的读者可以参阅相关计算流体力学或计算水力学方面的书籍。

## 复习思考题 1

1.1 什么是流体的易流动性?静止的流体能否抵抗剪切变形?

1.2 试述流体的连续介质的概念。给出流体及流体质点的微观和宏观特征。

1.3 什么是流体的粘性?流体在什么情况下具有抵抗剪切变形的能力?

1.4 液体的压缩性与什么因素有关?空气和液体具有一样的压缩性特征吗?

1.5 试述牛顿内摩擦定律。空气和液体的粘性系数的特性一样吗?

1.6 牛顿流体与非牛顿流体有什么区别?

1.7 什么是不可压缩流体和理想流体?

1.8 什么是流体的质量力和表面力?这两种力与什么因素有关?各用什么来表示?

1.9　表面张力的实质是什么？用什么量来表示？

# 习　题　1

1.1　试计算重量为 $G = 9.8N$ 的水银体积和质量。

1.2　当压强从一个大气压(98kPa)增加到 5 个大气压时,体积为 $4m^3$ 的某种液体将减少 $1l$,试求这种液体的体积压缩系数和体积弹性系数。当压强变化时液体的温度不变。

1.3　要使水的体积缩小 1%,需加多大的压强？

1.4　已知温度为 20℃ 时水的动力粘性系数 $\mu = 1.002 \times 10^{-3} N \cdot s/m^2$,运动粘性系数 $\nu$ 为多少？又知温度为 20℃ 时空气的动力粘性系数 $\mu = 1.8 \times 10^{-5} N \cdot s/m^2$,运动粘性系数 $\nu$ 为多少？

1.5　如图 1-4 所示,两平行平板缝隙 $\delta$ 内充满粘性系数为 $\mu$ 的流体,缝隙正中有一单面面积为 $A$ 的薄板以速度 $u$ 平行移动。证明必须施加在薄平板上的力为 $T = \mu \dfrac{u}{x} \left( \dfrac{\delta}{\delta - x} \right) A$。

图 1-4　　　　　　　　　　　　　　　　　　　图 1-5

1.6　如图 1-5 所示,为平行放置的两平板,两平板之间的距离 $\delta = 1mm$,两平板之间充满着粘性系数 $\mu = 1.15 N \cdot s/m^2$ 的油,下面一块平板固定,上面一块平板作水平运动,已知运动速度 $u = 1m/s$。试求作用在运动平板单位面积上的粘滞力。由于距离 $\delta$ 很小,计算时可以假定两平板之间的速度呈线性分布。

1.7　如图 1-6 所示,为一底面积为 $7.62 \times 7.62 cm^2$、重量 $G = 180N$ 的物体,沿斜面下滑。物体与斜面之间隔有 $\Delta = 0.127mm$ 的油层,物体以速度 $u = 0.61m/s$ 匀速下滑。试求油的粘性系数 $\mu$。

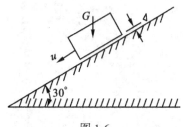

图 1-6

1.8　活塞在汽缸内作往复运动。已知活塞的直径 $d = 0.14m$,长度 $l = 0.16m$,活塞与汽缸内壁之间的间隙 $\delta = 0.4mm$,间隙内充满着 $\mu = 0.1Pa \cdot s$ 的润滑油。当活塞运动速度 $u = 1.5m/s$ 时,试求活塞上所受到的摩擦阻力。

1.9 如图 1-7 所示,为一粘度计,由内外两圆筒组成。内筒为悬挂并固定不动,半径 $r = 20$cm,高度 $h = 40$cm。外筒内盛有待测液体,以角速度 $\omega = 10$ rad/s 旋转。两筒之间的间距 $\delta = 0.3$cm。当测得内筒所受力矩 $M = 4.905$N·m 时,该液体的动力粘性系数 $\mu$ 为多少?计算时假定内筒底部和外筒底部之间间距较大,内筒底部与该液体的相互作用力忽略不计。

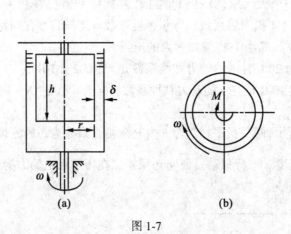

图 1-7

# 第 2 章　流体静力学

流体静力学是研究流体处于静止(或平衡)状态下的力学规律,以及这些规律在实际工程中的应用。流体静力学是工程流体力学的一个基础部分。

需要指出的是流体的静止状态或平衡状态,有以下两种含义:一是指流体与地球之间没有相对运动,例如湖泊和蓄水池中静止不动的水,这种情况也称为流体的绝对静止状态;二是指流体相对于地球之间虽有运动,但流体与容器之间没有相对运动,例如处于等角速度旋转容器中的流体,这种情况又称为流体的相对静止状态或相对平衡状态。总的来说,流体的静止状态或平衡状态,都是指流体与容器之间以及流体内部各流层之间都没有相对运动的状态。

处于静止状态下的流体,由于流体内部不存在相对运动,则不呈现粘滞性作用,因此这种状态下的力学规律,对理想流体和实际流体都是适用的。

研究流体静压强的分布规律,进而确定各种情况下的流体静压力等将是本章讨论的中心内容。

## §2.1　流体静压强及其特性

处于静止状态下的流体内部,流体质点之间或流层之间以及流体与边界之间不存在切力和拉力,只存在法向的压力。这种法向的压力称为流体静压力(也称为流体总压力、静水总压力)。如图 2-1 所示,在静止的流体内,任取一截面 $A$,围绕截面上任意一点 $M$ 取一微小面积 $\Delta A$,若作用在该微小面积 $\Delta A$ 上的流体静压力为 $\Delta P$,则作用在微小面积 $\Delta A$ 上的平均流体静压强 $p$ 为

$$p = \frac{\Delta P}{\Delta A} \tag{2-1}$$

当微小面积 $\Delta A$ 趋于无限小时,则作用在点 $M$ 的流体静压强为

$$p = \lim_{\Delta A \to 0} \frac{\Delta P}{\Delta A} \tag{2-2}$$

流体静压力的单位为牛顿(N)或千牛顿(kN),流体静压强的单位为牛顿/米$^2$(N/m$^2$)或帕(Pa),也可以为千牛顿/米$^2$(kN/m$^2$)或千帕(kPa)。

流体静压强有两个重要特性:

(1)流体静压强的作用方向垂直并指向作用面。

可以按反证法证明。如图 2-1 所示,在静止的流体中,如果流体静压力 $\Delta P$ 不垂直于作用面 $\Delta A$,则可以将 $\Delta P$ 分解为沿 $\Delta A$ 法线方向和切线方向两个分力。由第 1 章可知,在处于静止状态下的流体内部,如果存在切力,则流体势必会发生相对运动,流体不可能保持静止

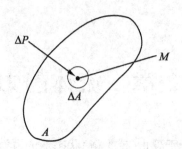

图 2-1　作用于微小面积上的静压力示意图

状态。所以流体静压力 $\Delta P$ 的方向必然与作用面 $\Delta A$ 的法线方向重合,即垂直于作用面。又由于静止流体几乎不能承受拉力,则流体静压力 $\Delta P$ 的方向只能是内法线方向,即指向作用面。因此,流体静压强的方向必然是垂直并指向作用面。

(2)静止流体内任意一点的流体静压强的大小与其作用面的方位无关,也就是说,流体内任意一点的流体静压强在各方向上相等。

可以利用力的平衡原理来证明这一特性。如图 2-2 所示,在静止流体中任取一微小直角四面体 $OABC$,其斜面 $ABC$ 为任意方向。令该四面体的三直角边 $OA$、$OB$、$OC$ 分别与坐标轴 $Ox$、$Oy$、$Oz$ 重合,其长度各为 $dx$、$dy$、$dz$。斜面 $ABC$ 的法线方向为 $\boldsymbol{n}$。作用于微小直角四面体 $OABC$ 的四个表面 $OBC$,$OCA$,$OAB$ 及 $ABC$ 上的表面力只有压力,其平均流体静压强和流体静压力分别为 $p_x$、$p_y$、$p_z$ 及 $p_n$ 和 $P_x$、$P_y$、$P_z$ 及 $P_n$,根据上述特性(1)作用于四面体 $OABC$ 的四个表面上的平均流体静压强和流体静压力均垂直指向作用面即指向内法线方向。又设作用在四面体 $OABC$ 上的单位质量力在各轴向的分量分别为 $f_x$、$f_y$、$f_z$,斜面 $ABC$ 的面积为 $dA$,流体的密度为 $\rho$。

根据力的平衡原理,微小直角四面体 $OABC$ 所承受的全部外力在各坐标轴上的投影之和等于零。即

$$\begin{cases} P_x - P_n\cos(n,x) + \dfrac{\rho}{6}f_x dx dy dz = 0 \\[2mm] P_y - P_n\cos(n,y) + \dfrac{\rho}{6}f_y dx dy dz = 0 \\[2mm] P_z - P_n\cos(n,z) + \dfrac{\rho}{6}f_z dx dy dz = 0 \end{cases} \tag{2-3}$$

或

$$\begin{cases} \dfrac{1}{2}p_x dy dz - p_n dA\cos(n,x) + \dfrac{\rho}{6}f_x dx dy dz = 0 \\[2mm] \dfrac{1}{2}p_y dz dx - p_n dA\cos(n,y) + \dfrac{\rho}{6}f_y dx dy dz = 0 \\[2mm] \dfrac{1}{2}p_z dx dy - p_n dA\cos(n,z) + \dfrac{\rho}{6}f_z dx dy dz = 0 \end{cases} \tag{2-4}$$

当微小四面体 $OABC$ 缩小并趋向于点 $O$ 时,$p_x$、$p_y$、$p_z$ 及 $p_n$ 变为作用于同一点 $O$ 而方向不同的流体静压强。这时,上面平衡方程中第三项与第一项和第二项相比较,为高一阶的无

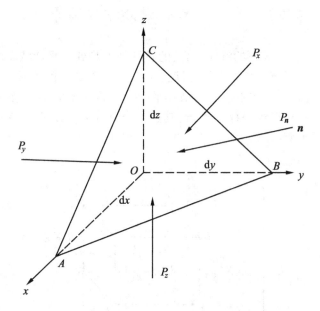

图 2-2 静止流体中任取的一微小四面体示意图

穷小,可以忽略不计。这样有

$$
\begin{cases}
\dfrac{1}{2}p_x \mathrm{d}y\mathrm{d}z - p_n \mathrm{d}A\cos(\boldsymbol{n},x) = 0 \\[2mm]
\dfrac{1}{2}p_y \mathrm{d}z\mathrm{d}x - p_n \mathrm{d}A\cos(\boldsymbol{n},y) = 0 \\[2mm]
\dfrac{1}{2}p_z \mathrm{d}x\mathrm{d}y - p_n \mathrm{d}A\cos(\boldsymbol{n},z) = 0
\end{cases}
\tag{2-5}
$$

其中 $\cos(\boldsymbol{n},x)$、$\cos(\boldsymbol{n},y)$ 和 $\cos(\boldsymbol{n},z)$ 分别为法线方向 $\boldsymbol{n}$ 与三个坐标轴方向的方向余弦,由于

$$
\begin{cases}
\mathrm{d}A\cos(\boldsymbol{n},x) = \dfrac{1}{2}\mathrm{d}y\mathrm{d}z \\[2mm]
\mathrm{d}A\cos(\boldsymbol{n},y) = \dfrac{1}{2}\mathrm{d}z\mathrm{d}x \\[2mm]
\mathrm{d}A\cos(\boldsymbol{n},z) = \dfrac{1}{2}\mathrm{d}x\mathrm{d}y
\end{cases}
\tag{2-6}
$$

则得

$$
p_x = p_y = p_z = p_n = p
\tag{2-7}
$$

由于斜面 $ABC$ 为任意给定的,其法线方向 $\boldsymbol{n}$ 为任意的。则式(2-7)表明,作用于任意一点的流体静压强的大小在各方向上相等,与作用面的方向无关,但不同点的压强大小一般不相等。由于流体可以看做连续介质,所以流体静压强将是空间坐标的连续函数,即

$$
p = f(x,y,z)
\tag{2-8}
$$

## §2.2　流体平衡的微分方程及等压面

处于静止(或平衡)状态下的流体,所受的各种外力是处于平衡状态的。本节将根据力的平衡规律,建立流体平衡的微分方程,讨论各种外力相互之间的关系。

在静止的密度为 $\rho$ 的流体中任取一微小平行六面体 $ABCDEFGH$ 作为隔离体,如图 2-3 所示,六面体各边分别与直角坐标轴平行,其边长分别为 $dx$、$dy$、$dz$。该六面体在质量力和表面力作用下,处于平衡状态。

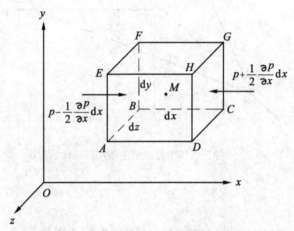

图 2-3　静止流体中平衡状态的微小平行六面体示意图

作用于六面体上的单位质量力在三个坐标轴上的分量分别为 $f_x$、$f_y$、$f_z$,六面体的质量为 $\rho dx dy dz$,则 $x$、$y$、$z$ 方向的质量力分别为

$$f_x \rho dx dy dz, \quad f_y \rho dx dy dz, \quad f_z \rho dx dy dz$$

作用于六面体上的表面力是周围流体施加于各个表面上的流体静压力。设六面体中心点 $M(x, y, z)$ 的流体静压强为 $p$。由于流体静压强为空间坐标的连续函数,则可以通过展开泰勒级数,并略去二阶以上的微量来得到点 $M$ 附近的流体静压强。那么,对于法线方向为 $x$ 方向的两个平面 $ABFE$ 和 $CDHG$ 中心点处的流体静压强可以分别得到

$$\left( p - \frac{1}{2} \frac{\partial p}{\partial x} dx \right), \quad \left( p + \frac{1}{2} \frac{\partial p}{\partial x} dx \right)$$

由于平面 $ABFE$ 和 $CDHG$ 是微小平面,则中心点处的流体静压强可以视为整个平面的平均流体静压强。于是这两个平面上的流体静压力为

$$\left( p - \frac{1}{2} \frac{\partial p}{\partial x} dx \right) dy dz, \quad \left( p + \frac{1}{2} \frac{\partial p}{\partial x} dx \right) dy dz$$

当六面体处于平衡状态时,作用于该六面体上所有外力应满足力的平衡方程,也就是在 $x$、$y$、$z$ 三个坐标轴方向上的分量之和分别等于零。对于 $Ox$ 轴向有

$$\left( p - \frac{1}{2} \frac{\partial p}{\partial x} dx \right) dy dz - \left( p + \frac{1}{2} \frac{\partial p}{\partial x} dx \right) dy dz + f_x \rho dx dy dz = 0 \qquad (2\text{-}9)$$

以 $\rho dx dy dz$ 除各项,经简化后得

$$f_x - \frac{1}{\rho} \frac{\partial p}{\partial x} = 0 \tag{2-10}$$

同理,对 $Oy$、$Oz$ 两轴向分析也可以给出类似结果。这样,可以得出流体平衡的微分方程

$$\begin{cases} f_x - \dfrac{1}{\rho} \dfrac{\partial p}{\partial x} = 0 \\[2mm] f_y - \dfrac{1}{\rho} \dfrac{\partial p}{\partial y} = 0 \\[2mm] f_z - \dfrac{1}{\rho} \dfrac{\partial p}{\partial z} = 0 \end{cases} \tag{2-11}$$

方程(2-11)由瑞士学者欧拉(Euler)于 1755 年提出,也称为欧拉平衡微分方程。该方程的物理意义是,在静止(平衡)流体中,流体静压强沿某轴向的变化率等于沿该轴向的单位质量力;或者说,在平衡流体中,某轴向只要有质量力的作用,该轴向的流体静压强就会发生变化。

为求得处于平衡状态的流体中任一点的流体静压强的表达式,必须对流体平衡微分方程(2-11)进行积分。现将式(2-11)中各式分别乘以 $dx$、$dy$、$dz$,然后相加并整理后得

$$\frac{\partial p}{\partial x} dx + \frac{\partial p}{\partial y} dy + \frac{\partial p}{\partial z} dz = \rho (f_x dx + f_y dy + f_z dz) \tag{2-12}$$

式(2-12)的左边为流体静压强 $p$ 的全微分,则有

$$dp = \rho (f_x dx + f_y dy + f_z dz) \tag{2-13}$$

式(2-13)为流体平衡微分方程的另一表达形式。为使式(2-13)能够积分,现对式(2-11)作如下处理。将式(2-11)的第一式、第二式分别对 $y$、$x$ 取偏导数得

$$\frac{\partial^2 p}{\partial y \partial x} = \frac{\partial (\rho f_x)}{\partial y}, \quad \frac{\partial^2 p}{\partial x \partial y} = \frac{\partial (\rho f_y)}{\partial x}$$

对于不可压缩流体,密度 $\rho$ 等于常数,故

$$\frac{\partial^2 p}{\partial y \partial x} = \rho \frac{\partial f_x}{\partial y}, \quad \frac{\partial^2 p}{\partial x \partial y} = \rho \frac{\partial f_y}{\partial x}$$

由于连续函数的二次偏导数与求导的先后次序无关,则得

$$\frac{\partial f_x}{\partial y} = \frac{\partial f_y}{\partial x}$$

用同样方法对式(2-11)的第二式、第三式和第三式、第一式作类似处理,可得

$$\frac{\partial f_x}{\partial y} = \frac{\partial f_y}{\partial x}, \quad \frac{\partial f_y}{\partial z} = \frac{\partial f_z}{\partial y}, \quad \frac{\partial f_z}{\partial x} = \frac{\partial f_x}{\partial z} \tag{2-14}$$

由数学分析知识知道,式(2-14)是式(2-13)右边项 $f_x dx + f_y dy + f_z dz$ 为某一空间坐标函数 $W(x,y,z)$ 全微分的充分必要条件。因此,如式(2-14)成立,则必有

$$f_x dx + f_y dy + f_z dz = dW = \frac{\partial W}{\partial x} dx + \frac{\partial W}{\partial y} dy + \frac{\partial W}{\partial z} dz$$

亦即

$$f_x = \frac{\partial W}{\partial x}, \quad f_y = \frac{\partial W}{\partial y}, \quad f_z = \frac{\partial W}{\partial z} \tag{2-15}$$

那么,式(2-13)可以写成

$$dp = \rho\left(\frac{\partial W}{\partial x}dx + \frac{\partial W}{\partial y}dy + \frac{\partial W}{\partial z}dz\right)$$

或

$$dp = \rho dW \tag{2-16}$$

对式(2-16)运用简单积分就可以得到不可压缩静止流体任意一点的流体静压强的解析解。值得注意的是,在推导解析解的同时,也给出了不可压缩流体在什么情况下能保持平衡的问题。

空间坐标函数 $W(x,y,z)$ 在数学、力学中称为势函数,由于与力有关,也称为力势函数。存在势函数并同时满足式(2-15)的质量力称为有势力。从上述推导中可见,作用在不可压缩流体上的质量力必须是有势力,不可压缩流体才能保持平衡状态。根据充分必要条件的性质,也可以说,要使不可压缩流体保持平衡,只有在有势质量力的作用下才有可能。式(2-16)就是静止流体应满足的平衡条件。

流体平衡微分方程(2-11)和式(2-13)是解决流体静力学中许多问题的基本方程。首先,对流体平衡微分方程进行积分,可以导出流体静压强分布规律的普遍关系式。

将式(2-16)积分,可得

$$p = \rho W + C$$

如果已知流体表面或内部任意点处的势函数 $W_0$ 和流体静压强 $p_0$,代入上式可得

$$C = p_0 - \rho W_0$$

故

$$p = p_0 + \rho(W - W_0) \tag{2-17}$$

式(2-17)就是流体平衡微分方程积分后流体静压强的普遍关系式。式(2-17)表示了在某种有势质量力的作用下,流体静压强的分布规律。另外,势函数 $W$ 仅为空间坐标的函数,那么,$(W - W_0)$ 也是空间坐标的函数而与 $p_0$ 无关。因此,如果已知流体边界或流体内部任意一点的流体静压强 $p_0$,从式(2-17)可知,其他各点的压强均含有 $p_0$。这就是说,处于平衡状态的流体中,无论是流体边界还是流体内部任意一点的流体静压强及其变化量,可以等值地传递到流体内的所有各点。这就是著名的巴斯加(Pascal)原理。

其次,我们将利用流体平衡微分方程来讨论等压面。从§2.1中已知,在平衡流体中,流体静压强是空间坐标的连续函数。一般来说,不同的点有不同的流体静压强值,但可以找到这样一些点,它们具有相同的流体静压强值,我们将这些点连成的面称为等压面。即流体静压强相等的点组成的面就是等压面。

在等压面上,$p =$ 常数,则 $dp = 0$,代入流体平衡微分方程(2-13)可得等压面微分方程

$$f_x dx + f_y dy + f_z dz = 0 \tag{2-18}$$

求解方程(2-18)可得到反映等压面形状的表达式。

等压面有两个重要性质:

(1)在平衡流体中等压面就是等势面。

显然在等压面上,流体静压强 $p =$ 常数,即 $dp = 0$,代入式(2-16)有 $\rho dW = 0$,对于不可压缩流体,$\rho =$ 常数,则 $dW = 0$,积分得 $W =$ 常数。从而证得在平衡流体中等压面就是等势面。

(2)在平衡流体中等压面与质量力正交。

在平衡流体中任取一等压面 $A$。在质量力 $F$ 的作用下,有一质量为 $dm$ 的流体质点 $M$ 在该等压面 $A$ 上移动,如图 2-4 所示。若质点移动距离为 $ds$,并且

$$ds = dxi + dyj + dzk$$

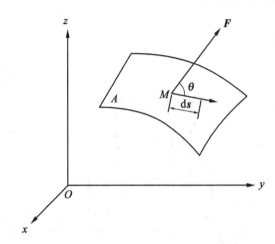

图 2-4  质点 M 受质量力的作用在等压面上移动示意图

其中 $dx$、$dy$、$dz$ 为 $ds$ 在直角坐标轴上的分量。

已知单位质量力为 $f_x$、$f_y$、$f_z$,则质量力 $F$ 为

$$F = (f_x i + f_y j + f_z k) dm$$

由理论力学知识可知,质量力 $F$ 沿 $ds$ 移动所作的功 $W$ 可以写成矢量 $F$ 与 $ds$ 的数量积,即

$$W = F \cdot ds = (f_x dx + f_y dy + f_z dz) dm \tag{2-19}$$

因该质点在等压面上移动,由等压面微分方程(2-18),得

$$W = F \cdot ds = 0 \tag{2-20}$$

根据功和数量积的定义,当功或数量积等于零时,矢量 $F$ 与 $ds$ 正交。由于 $ds$ 为等压面上任意的微小线段,则质量力 $F$ 与等压面正交。

根据等压面的第(2)个性质,对于静止状态的流体,如果作用于流体上的质量力仅仅只是重力,就局部范围而言,等压面一定是水平面;就大范围而言,等压面是处处与地心引力垂直的曲面。

通常,静止液体的自由表面上各点的压强均为大气压,所以自由表面就是等压面。处于平衡状态下的两种流体(如液体与气体)的交界面也是等压面。

## §2.3  重力作用下的液体平衡

在实际工程中,最常见的处于平衡状态下的流体,是仅受重力一种质量力作用相对于地球处于静止状态的液体,即日常所见的静止液体。本节将讨论这种情况下的液体平衡问题。为讨论方便起见,我们将静止液体中的流体静压强称为静水压强。

在质量力只有重力作用的静止液体中,按照如图 2-5 所示的坐标系,这时作用在静止液体上的单位质量力在各坐标轴上的分量为

$$f_x = f_y = 0, \quad f_z = -g \tag{2-21}$$

代入流体平衡方程(2-13),可得

$$dp = \rho(f_x dx + f_y dy + f_z dz) = -\rho g dz = -\gamma dz \tag{2-22}$$

式中 $p$ 为静水压强,对式(2-22)两边积分得

$$p = -\rho g z + C \tag{2-23}$$

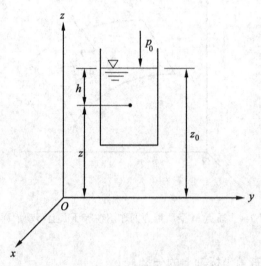

图 2-5  重力作用下的静止液体示意图

或

$$z + \frac{p}{\rho g} = C \tag{2-24}$$

其中 $C$ 为积分常数,由边界条件确定。如在自由表面上任取一点,若有 $z = z_0, p = p_0$,则 $C = p_0 + \rho g z_0$,得

$$p = p_0 + \rho g(z_0 - z) \tag{2-25}$$

或

$$z + \frac{p}{\rho g} = z_0 + \frac{p_0}{\rho g} \tag{2-26}$$

式(2-25)与式(2-26)为静水压强的基本方程。

引入水深坐标 $h = (z_0 - z)$,如图 2-5 所示,式(2-25)可以写成

$$p = p_0 + \rho g h \tag{2-27}$$

式(2-27)为静水压强基本方程的另一种形式,是流体静力学中的基本公式。

分析式(2-25)与式(2-27)可知:

(1)静止液体中任意一点的静水压强是由两部分组成的。一部分为自由表面的静水压强 $p_0$,该压强遵从巴斯加原理等值的传递到液体内所有各点;另一部分是 $\rho g h$,这一部分就是液体内任意一点到液体自由表面的单位面积上的液柱重量。更进一步地说,$p_0$ 还可以为静止液体内某一已知点的静水压强值,那么静止液体中任意一点的静水压强 $p$ 就等于由已知点压强 $p_0$ 加上或减去从该任意一点到已知点的单位面积上的液柱重量。

（2）由于静止液体中的静水压强只与一种质量力——重力相关联,故静止液体中的静水压强只是坐标 $z$ 或水深 $h$ 的函数,该函数随水深呈线性规律变化。

（3）对于坐标 $z$ 或水深 $h$ 取为定值的各点,其静水压强值相等。故知,仅受重力作用下的静止液体,水平面就是等压面,等压面就是水平面。但应用时必须注意,上述结论只适用于同一种并且是相互连通的液体,而且只受重力这一种质量力的作用。如图 2-6 所示。

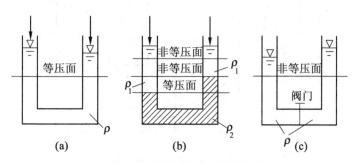

图 2-6　等压面概念示意图

式（2-25）与式（2-27）一般是用来计算静水压强的,而从式（2-24）与式（2-26）的分析可知静水压强的基本方程的几何意义与物理意义。

式中 $z$ 为静止液体内任意一点在基准坐标面以上的几何高度,称为位置水头。由于重心高度为 $z$ 重量为 $mg$ 的液体质点所具有的位置势能为 $mgz$,则 $z$ 又代表了单位重量液体所具有的位置势能,简称位能。

如图 2-7 所示,若液体内某点的静水压强为 $p$,如果在此处设置一开口的可测量压强的玻璃管即测压管,液体在静水压强的作用下,沿测压管上升至高度为 $\dfrac{p}{\rho g}$ 处才静止下来,这时液体的压强全部转换成高度为 $\dfrac{p}{\rho g}$ 的位置势能。因此,式中 $\dfrac{p}{\rho g}$ 是反映液体内某点静水压强大小的压强高度,称为压强水头。类似于位置水头 $z$,$\dfrac{p}{\rho g}$ 又代表了单位重量液体所具有的压强势能,简称压能。

位置水头 $z$ 与压强水头 $\dfrac{p}{\rho g}$ 的和 $\left(z+\dfrac{p}{\rho g}\right)$ 称为测压管水头。式（2-24）与式（2-26）以及图 2-7 表明,静止液体内任意一点的测压管水头等于常数。由图 2-7 可见,若 $A$、$B$ 两点位置水头改变,压强水头 $\dfrac{p}{\rho g}$ 也相应改变,但两者的总和即测压管水头相等。从物理学角度来说,位能 $z$ 与压能 $\dfrac{p}{\rho g}$ 都属于势能,可以相互转化,其和称为单位重量液体所具有的总势能,简称总势能。式（2-24）与式（2-26）也说明,静止液体内各点的总势能相等。

**例 2.1**　一封闭容器如图 2-8 所示,已知容器内水深 $H$ 为 3m,$A$ 点至容器底部距离 $z_A$ 为 0.5m,$B$ 点至容器底部距离 $z_B$ 为 1.5m。开口测压管液面至 $A$ 点距离 $h$ 为 4m,测压管液面作用大气压 $p_a=98\ 000\text{N/m}^2$。试求:

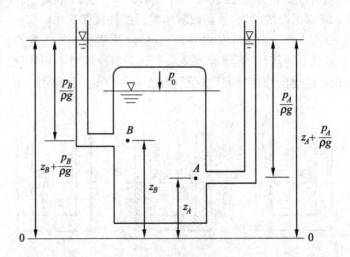

图 2-7　位置水头、压强水头和测压管水头示意图

(1)$A$ 点、$B$ 点的静水压强 $p_A$、$p_B$。

(2)以容器底为基准面,计算 $A$ 点和 $B$ 点的测压管水头 $z + \dfrac{p}{\rho g}$。

(3)作用在容器内水面的静水压强 $p_0$。

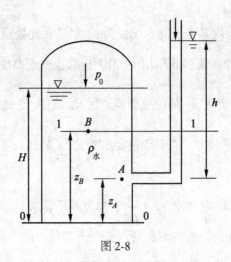

图 2-8

**解**　(1)根据静水压强基本方程(2-27),$A$ 点的静水压强 $p_A$ 为

$$p_A = p_a + \rho g h = 98\,000 + 1\,000 \times 9.8 \times 4 = 137\,200\,\text{N/m}^2 = 137.2\,\text{kN/m}^2$$

过 $B$ 点作等压面 1—1,可以求 $B$ 点的静水压强 $p_B$ 为

$$p_B = p_a + \rho g(h + z_A - z_B) = 98\,000 + 1\,000 \times 9.8 \times (4 + 0.5 - 1.5)$$

$$= 127\,400\,(\text{N/m}^2) = 127.4\,\text{kN/m}^2$$

(2)设容器底部水平面为基准面 0—0,可得:

$A$ 点测压管水头

$$z_A + \frac{p_A}{\rho g} = 0.5 + \frac{137\ 200}{1\ 000 \times 9.8} = 14.5\ (\text{m})(\text{水柱高})$$

$B$ 点测压管水头

$$z_B + \frac{p_B}{\rho g} = 1.5 + \frac{127\ 400}{1\ 000 \times 9.8} = 14.5\ (\text{m})(\text{水柱高})$$

由此可知静止液体内任意一点的测压管水头等于常数。

（3）方法（一）

根据静水压强基本方程（2-27），已知 $B$ 点静水压强 $p_B = 127\ 400\text{N/m}^2$，则

$$p_0 = p_B - \rho g(H - z_B) = 127\ 400 - 1\ 000 \times 9.8 \times (3-1.5)$$
$$= 112\ 700\text{N/m}^2。$$

方法（二）

根据静止液体内任意一点的测压管水头等于常数的结论，已设 0—0 为基准面，则有

$$H + \frac{p_0}{\rho g} = z_B + \frac{p_B}{\rho g} = 14.5\ \text{m}$$

$$p_0 = (14.5 - H)\rho g = (14.5 - 3) \times 1\ 000 \times 9.8 = 112\ 700\text{N/m}^2。$$

**例 2.2**　为测出某供水管道系统中的压强，使用了如图 2-9 所示的多管水银测压计。已知各标尺读数为：$\nabla_1 = 1.4\text{m}$，$\nabla_2 = 0.5\text{m}$，$\nabla_3 = 2.0\text{m}$，$\nabla_4 = 0.7\text{m}$，$\nabla_5 = 1.7\text{m}$。试求 $A$ 点的压强是多少？（$p_a = 98\ 000\text{N/m}^2$，$\rho_m = 13\ 600\text{N/m}^3$）

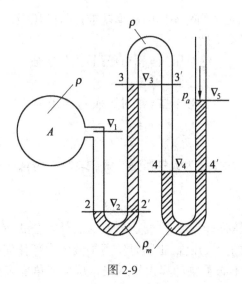

图 2-9

**解**　图 2-9 中取水平面 2—2′、3—3′、4—4′ 为等压面，其中根据静水压强基本方程（2-27），有下列关系式

$$p_2 = p_A + \rho g(\nabla_1 - \nabla_2)，\quad p_4' = p_a + \rho_m g(\nabla_5 - \nabla_4)$$
$$p_4 = p_3' + \rho g(\nabla_3 - \nabla_4)，\quad p_2' = p_3 + \rho_m g(\nabla_3 - \nabla_2)$$

根据等压面的性质，有

$$p_2 = p_2' \text{ 或 } p_A + \rho g(\nabla_1 - \nabla_2) = p_3 + \rho_m g(\nabla_3 - \nabla_2)$$
$$p_4' = p_4 \text{ 或 } p_a + \rho_m g(\nabla_5 - \nabla_4) = p_3' + \rho g(\nabla_3 - \nabla_4)$$

以及 $p_3 = p_3'$，从上述两式可求得

$$p_A = p_a + \rho_m g(\nabla_5 - \nabla_4) - \rho g(\nabla_3 - \nabla_4) + \rho_m g(\nabla_3 - \nabla_2) - \rho g(\nabla_1 - \nabla_2)$$
$$= 98\,000 + 13\,600 \times 9.8 \times (1.7 - 0.7 + 2.0 - 0.5) - 1\,000 \times 9.8 \times (2.0 - 0.7 + 1.4 - 0.5)$$
$$= 98\,000 + 333\,200 - 21\,560 = 409\,640(\text{N/m}^2)$$

当然若不计大气压强 $p_a$，此时

$$p_A = 409\,640 - 98\,000 = 311\,640 \text{N/m}^2 。$$

## §2.4 压强的计量与压强的测量

### 2.4.1 压强的计量

1.绝对压强与相对压强

根据不同的起算基准,对压强的计量可以分为绝对压强与相对压强两种。所谓起算基准就是静水压强为零的起量点。

(1)绝对压强:如果以不存在任何气体的绝对真空为零作为起量点而计量的压强,称为绝对压强。一般以 $p'$ 表示。

(2)相对压强:如果以当地大气压强为零作为起量点而计量的压强,称为相对压强。一般以 $p$ 表示。

绝对压强与相对压强是按两种不同的起算基准计量的压强,两者之间相差一个大气压强值,如图 2-10 所示。其关系是:

$$\text{绝对压强} = \text{相对压强} + \text{大气压强}$$

亦即 $\qquad\qquad\qquad p' = p + p_a \qquad\qquad\qquad (2\text{-}28)$

或 $\qquad\qquad\qquad \text{相对压强} = \text{绝对压强} - \text{大气压强}$

亦即 $\qquad\qquad\qquad p = p' - p_a \qquad\qquad\qquad (2\text{-}29)$

式中: $p_a$ ——大气压强。

一般情况下自由液面的压强为大气压强。式(2-27)中的 $p_0 = p_a$,那么液体中的相对压强为

$$p = \rho g h \qquad\qquad\qquad (2\text{-}30)$$

式(2-30)说明,采用相对压强计算液体内某点的压强,计算公式较为简便。另外,根据巴斯加原理,作用于自由液面的大气压强,也同时作用于液体内部任何一点,因此采用相对压强来计算液体内部的压强,不必重复计算大气压强。从生产角度来说,生产实践中的测压仪表,都是在大气中置零,这样测出的压强为相对压强。所以相对压强也称为表压强或计示压强。

2.真空与真空压强

由式(2-28)与式(2-29)可知,绝对压强总是正值,而相对压强可能是正值,也可能是负值。当液体中某点的绝对压强小于大气压强,其相应的相对压强为负值时,则称该点出现了真空。真空的大小,可以采用大气压强与绝对压强的差值来表示,简称真空压强或真空度,

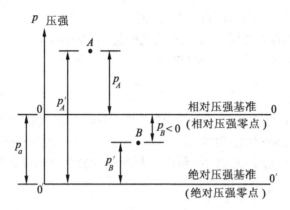

图 2-10　绝对压强和相对压强的关系示意图

以 $p_v$ 表示。于是

$$p_v = p_a - p' \tag{2-31}$$

将式(2-31)与式(2-29)相比较可知,当 $p' < p_a$ 时,相对压强 $p$ 为负值,这时相对压强的绝对值等于真空度 $p_v$。所以,也把真空现象称为负压现象。当绝对压强 $p' = 0$ 时,真空度有理论上的最大值,$p_v = p_a$,这是一种不存在任何气体的绝对真空状态,任何实际液体是无法达到这种状态的。实际上各种液体都有一个汽化压强 $p_{vp}$ 的物理特性,当容器中的液体表面压强降低到该液体的汽化压强时,液体就会迅速蒸发、汽化,这时液体表面压强不再下降。这就是说,实际工程中的各种水力装置的允许真空度是有限度的,其最大值不能超过当地大气压强与该液体汽化压强之差。汽化压强也称为蒸汽压强,表 2-1 给出了水在不同温度下的汽化压强值,由表 2-1 可见水的汽化压强随温度的降低而降低。

表 2-1　　　　　　　　　　　　　水在不同温度下的汽化压强值

| 温度/℃ | 0 | 5 | 10 | 15 | 20 | 25 | 30 |
|---|---|---|---|---|---|---|---|
| $p_{vp}$/kPa | 0.61 | 0.87 | 1.23 | 1.70 | 2.34 | 3.17 | 4.24 |
| $\dfrac{p_{vp}}{\rho g}$/m(水柱) | 0.06 | 0.09 | 0.12 | 0.17 | 0.25 | 0.33 | 0.44 |
| 温度/℃ | 40 | 50 | 60 | 70 | 80 | 90 | 100 |
| $p_{vp}$/kPa | 7.38 | 12.33 | 19.92 | 31.16 | 47.34 | 70.10 | 101.33 |
| $\dfrac{p_{vp}}{\rho g}$/m(水柱) | 0.76 | 1.26 | 2.03 | 3.20 | 4.96 | 7.18 | 10.33 |

**3.流体压强的表示方法**

在实际工程中,流体压强常用的表示方法(单位)有三种:

(1)用应力单位来表示。其单位是牛顿/米²(N/m²),或用帕(Pa)表示;较大的压强可以用千牛顿/米²(kN/m²),或用千帕(kPa)表示。这是法定计量单位。

(2)用大气压强的倍数来表示。也就是以大气压强作为表示压强大小的量度。实际工程中常用标准大气压 atm 和工程大气压 at 来度量。国际单位制规定:标准大气压是在纬度45°的海平面上、温度为0℃时所测得的大气压强,一个标准大气压 $p_{atm}$ = 101 325Pa。为方便工程计算,也常使用工程大气压,一个工程大气压 $p_{at}$ = 98 000Pa。

(3)用液柱高来表示。由式(2-30)可得

$$h = \frac{p}{\rho g}$$

上式说明一定的流体压强相当于一定的液柱高度。因此也可以用某种液体液柱的高度来表示流体压强,如水柱高、水银柱高,等等。其单位是米(m)(水柱)、毫米(mm)(水银柱),等等。

还有其他的压强计量单位,表 2-2 给出了常用的计量单位和可能见到的计量单位的换算关系。

表 2-2                几种常用的计量单位的换算关系

| 帕 | 工程大气压 | 标准大气压 | 巴 | 米水柱 | 毫米汞柱 | 磅/英寸² |
|---|---|---|---|---|---|---|
| Pa | at | atm | bar | $mH_2O$ | mmHg | $B/in^2$ |
| 1 | $0.102\times10^4$ | $0.987\times10^{-4}$ | $0.100\times10^{-4}$ | $1.02\times10^{-4}$ | $75.03\times10^{-4}$ | $1.45\times10^{-4}$ |
| $9.8\times10^4$ | 1 | 0.968 | 0.981 | 10 | 735.6 | 14.22 |
| $10.13\times10^4$ | 1.033 | 1 | 1.018 | 10.33 | 760 | 14.69 |
| $10.00\times10^4$ | 1.02 | 0.987 | 1 | 10.2 | 750.2 | 14.50 |
| $0.086\times10^4$ | 0.07 | 0.068 | 0.0686 | 0.703 | 51.71 | 1 |

**例 2.3** 一封闭水箱如图 2-11 所示,试分别计算 $p_0$ 的绝对压强、相对压强及真空压强,并用各种单位表示。( $h$ = 2.5m)

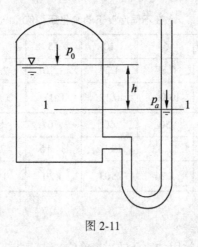

图 2-11

**解** 作过测压管液面的水平面及等压面 1—1。

相对压强

$$p_0 = -\rho g h = -1\ 000\times9.8\times2.5 = -24\ 500(\ N/m^2)$$

$$=-\frac{24\ 500}{98\ 000}=-0.25\text{at}=-\frac{24\ 500}{1\ 000\times 9.8}=-2.5(\text{m})(\text{水柱})。$$

绝对压强

$$p_0'=p_a-\rho gh=98\ 000-1\ 000\times 9.8\times 2.5=73\ 500(\text{N/m}^2)$$

$$=\frac{73\ 500}{98\ 000}=0.75\text{at}=\frac{73\ 500}{1\ 000\times 9.8}=7.5(\text{m})(\text{水柱})。$$

因为相对压强为负,存在真空压强。即

$$p_{0v}=24\ 500\text{N/m}^2=0.25\text{at}=2.5\text{m}(\text{水柱})。$$

### 2.4.2 压强的测量

实际工程中,常需要量测和计算流体流动过程中某点的压强或两点之间的压强差。用来测量压强的仪器大致可以分为液柱式测压计、金属测压计(一种利用金属受压变形的大小来测量压强的仪器)及非电量电测仪表(一种利用传感器将非电量压强转变为电量并由电学仪表反映出压强大小的仪表,其数据还可以用计算机存储和处理)等。后两种测压仪表是在液柱式测压计的基础上发展起来的。在此我们仅介绍作为基础的液柱式测压计。

1.测压计

测压计分为单管式、U 形管式以及多管式测压计。

单管式测压计是用一上端开口通大气,下端与被测流体相连通的玻璃管而组成的,如图2-12 所示,这种测量压强的玻璃管常称为测压管。被测容器内的流体在压强的作用下,沿测压管上升。测量出测压管液面至被测点的高度 $h$,根据压强计算公式(2-30),该测点的压强为 $p=\rho gh$。 也可以说所测得的压强为 $h$(米或毫米)液柱高。图 2-12 所示的情况,一般是反映被测点的压强为正压的情况。而且压强值不能很大。对于负压情况和压强较大的情况,则需将单管式测压计进行改进。

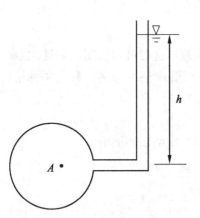

图 2-12   单管式测压计示意图

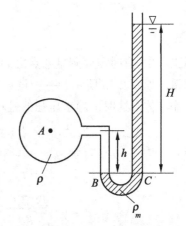

图 2-13   U 形管式测压计示意图

U 形测压计也就是 U 形管式测压计是采用弯成 U 形的玻璃管,一端开口通大气,另一端与被测点相连。这种测压计的优点是可以测量负压和压强较大的情况。

如图 2-13,为正压情况,即被测点压强大于大气压强。测压管内放置了另一种液体。由

静水压强的基本方程(2-27)有

$$p_B = p_A + \rho gh, \quad p_C = \rho_m gH$$

取水平面 B—C 为等压面,有 $p_B = p_C$,则有

$$p_A + \rho gh = \rho_m gH$$

从而得 A 点的压强为 $\quad p_A = \rho_m gH - \rho gh$

如图 2-14 所示,为负压情况,即被测点压强小于大气压强。测压管内也放置了另一种液体。由静水压强的基本方程(2-27)

有 $$p_B = p_A + \rho gh + \rho_m gH, \quad p_C = 0$$

取水平面 B—C 为等压面,有 $p_B = p_C$,则有

$$p_A + \rho gh + \rho_m gH = 0$$

从而得 A 点的压强为 $\quad p_A = -(\rho_m gH + \rho gh)$。

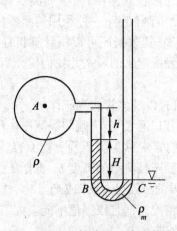

图 2-14　U 形管式测压计示意图

### 2.压差计

实际工程中,有时需要测量两点之间的压强差。这时可以采用压差计(也称为比压计)来进行测量。如图 2-15 所示为一种压差计。U 形管内还可以另一种与被测液体不同的液体作为工作液体。这时由静水压强的基本方程(2-27),有

$$p_N = p_A + \rho g(z + y - h) + \rho_m gh, \quad p_M = p_B + \rho gy$$

取水平面 N—M 为等压面,有 $p_N = p_M$,则两容器之间的压强差为

$$p_B - p_A = \rho gz + (\rho_m - \rho)gh$$

或

$$\frac{p_B - p_A}{\rho g} = z + \left(\frac{\rho_m}{\rho} - 1\right)h$$

图 2-15 给出的是 A、B 两点的压强差较大的情况。对于 A、B 两点的压强差较小的情况。由于这时 U 形管内的液面差较小,为提高压差计的读数精度,可以将 U 形管倒装,同时 U 形管内装有密度为 $\rho'$ 的轻质工作液体。如图 2-16 所示,由静水压强的基本方程(2-27),有

$$p_A = p_N + \rho g(y + h), \quad p_B = p_M + \rho'gh + \rho g(y + z)$$

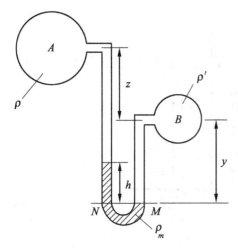

图 2-15　U 形压差计示意图

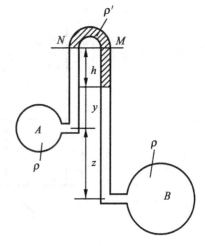

图 2-16　U 形压差计示意图

取水平面 $N$—$M$ 为等压面,有 $p_N = p_M$,则两容器之间的压强差为

$$p_A - p_B = (\rho - \rho')gh - \rho gz$$

或

$$\frac{p_A - p_B}{\rho g} = \left(1 - \frac{\rho'}{\rho}\right)gh - z_\circ$$

## §2.5　若干种质量力同时作用下的液体平衡

前面 §2.3 中讨论的是仅仅只有一种质量力——重力作用下的液体平衡问题,本节将要讨论在多种质量力的作用下液体的平衡问题。这时液体的平衡不再是绝对平衡的范畴,而是相对平衡的范畴。即液体相对于地球有运动,而液体质点之间以及液体与容器之间没有相对运动。生活中这类相对平衡的例子还是很多的。最常见的有,液体随圆柱形容器绕定轴作等角速度旋转运动,液体与容器一道作直线等加速运动,等等。对这类问题液体所受的质量力除重力外内部还受有惯性力的作用。根据理论力学中的达朗贝尔(D'Alembert)原理可以将内部的惯性力视为作用在液体上的一种外力,而液体将在所有外力的作用下保持平衡。这样可以使用 §2.2 中给出的流体平衡微分方程(2-13)来分析处于相对平衡下液体内部的压强分布规律和等压面的形式。在此我们只讨论液体随圆柱形容器绕定轴作等角速度旋转运动的情况。对于液体与容器一道作直线等加速运动的情况,可见例 2-4。

设想在一个半径为 $R$ 的圆柱形容器内装有密度为 $\rho$ 的液体,若容器以等角速度 $\omega$ 绕中心铅垂轴 $Oz$ 轴旋转,这时容器内液体随容器作等角速度旋转运动。建立如图 2-17 所示的坐标系。原点 $O$ 置于容器底部中心。现观察液体中任一质点 $N$,该点坐标为 $x$、$y$、$z$,该点距离 $Oz$ 轴的径向距离为 $r$。质点 $N$ 上所受的质量力为铅垂向下的重力( $-mg$ )与水平径向的离心力( $m\omega^2 r$ )。其单位质量力在各坐标轴上的分力为

$$\begin{cases} f_x = \omega^2 r\cos\alpha = \omega^2 x \\ f_y = \omega^2 r\sin\alpha = \omega^2 y \\ f_z = -g \end{cases} \tag{2-32}$$

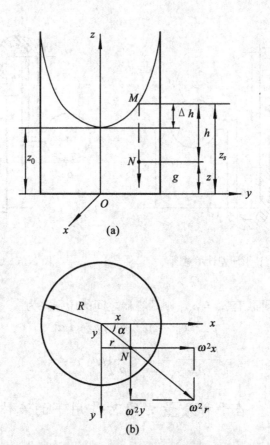

图 2-17   液体随容器作等角速度旋转示意图

将单位质量力式(2-32)代入流体平衡微分方程(2-13)得

$$dp = \rho(\omega^2 x dx + \omega^2 y dy - g dz) \tag{2-33}$$

下面分别讨论等压面和静水压强的分布规律。

1.等压面

在等压面上,有 $dp = 0$。代入式(2-33),得

$$\omega^2 x dx + \omega^2 y dy - g dz = 0$$

对上式两端积分并化简得

$$\frac{\omega^2 r^2}{2g} - z = C \tag{2-34}$$

式(2-34)说明,在液体随圆柱形容器绕定轴作等角速度旋转运动的情况下,包括自由液面在内的各等压面是旋转抛物面。当 $C$ 取不同的数值,式(2-34)就代表着不同的等压面。

如在自由液面上,当 $x = y = 0$,即 $r = 0$ 时,有 $z = z_0$,代入式(2-34)得 $C = z_0$,则可得自由液面的方程式

$$\frac{\omega^2 r^2}{2g} = (z_s - z_0) \tag{2-35}$$

式中 $z_s$ 为自由液面上半径为 $r$ 处的任一点 $M$ 的高度。又令 $\Delta h = z_s - z_0$,则得

$$\frac{\omega^2 r^2}{2g} = \Delta h \tag{2-36}$$

**2.静水压强分布规律**

对式(2-33)积分,得

$$p = \rho\left(\frac{\omega^2 x^2}{2} + \frac{\omega^2 y^2}{2} - gz\right) + C$$

由于 $r^2 = x^2 + y^2$,故上式又可以写成

$$p = \rho\left(\frac{1}{2}\omega^2 r^2 - gz\right) + C \tag{2-37}$$

式中 $C$ 为积分常数。当 $r = 0$ 时, $z = z_0$ , 此处自由面上 $p = p_0$ , 故

$$C = p_0 + \rho g z_0$$

将 $C$ 值代入式(2-37),可得

$$p = p_0 + \rho g(z_0 - z) + \rho g \frac{\omega^2 r^2}{2g} \tag{2-38}$$

考虑式(2-36),有

$$p = p_0 + \rho g(z_0 - z + \Delta h) \tag{2-39}$$

若令 $h$ 为液体内任一质点 $N$ 在抛物面形自由液面下的水深,如图 2-17 所示,有

$$h = z_0 - z + \Delta h$$

则式(2-39)可以写成

$$p = p_0 + \rho g h \tag{2-40}$$

式(2-40)为液体受重力和离心惯性力作用处于相对平衡情况下,液体内部静水压强分布的表达式。与式(2-27)相比较可见,处于这一种相对平衡情况下的静水压强的分布规律与仅仅只受重力作用处于绝对平衡情况下的分布规律相似。所不同的是此处 $h$ 以及 $p$ 不仅是 $z$ 的函数,而且也是 $x$ 和 $y$ ( 或 $r$ )的函数。

**例 2.4**　如图 2-18 所示,一装有部分液体的运料车,以等加速度 $a$ 沿水平方向运动。试求自由表面方程式和液体内部压强分布。

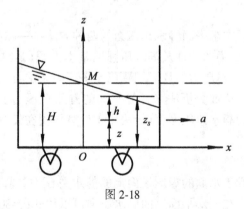

图 2-18

**解**　根据达朗贝尔原理,液体上作用的单位质量力为

$$f_x = -a, \quad f_y = 0, \quad f_z = -g$$

代入流体平衡微分方程(2-13)得

$$\mathrm{d}p = \rho(-a\mathrm{d}x - g\mathrm{d}z) \tag{1}$$

在自由液面上有 $\mathrm{d}p = 0$, 则

$$a\mathrm{d}x + g\mathrm{d}z = 0$$

积分得

$$ax + gz = C$$

在自由液面上, $M$ 点处, $x = 0, z = H$, 代入上式, 得 $C = gH$, 故自由液面的方程为

$$ax + gz_s = gH \tag{2}$$

式中 $x$ 和 $z_s$ 为自由液面上任一点的坐标。

为求液体内部压强分布, 对式(1)积分, 得

$$p = -\rho(ax + gz) + C'$$

在自由液面上, $p = p_0$, 对于 $M$ 点 $x = 0, z = H$, 则有 $C' = p_0 + \rho gH$, 从而

$$p = -\rho(ax + gz) + p_0 + \rho gH$$

或

$$p = p_0 + \rho g(H - z) - \rho ax$$

考虑式(2), 得

$$p = p_0 + \rho g(H - z) - \rho g(H - z_s) = p_0 + \rho g(z_s - z)$$

如图 2-18 可见, $h = z_s - z$, 为自由液面下某点的水深。这样可得

$$p = p_0 + \rho gh$$

可见在受重力和水平惯性力作用的相对平衡情况下, 液体压强的分布规律与静止液体的分布规律也完全相似。所不同的是, 此处 $h$ 以及 $p$ 不仅是 $z$ 的函数, 也是 $x$ 的函数。

## §2.6　静止液体对平面的作用力

前面讨论了静水压强的分布规律及点压强的计算方法, 从本节起将讨论另一重要问题, 即仅受重力作用下静止液体作用于整个受压面上的静水总压力的计算。

根据理论力学中力的三要素的原则, 静水总压力的计算, 一般需求力的大小、作用方向及作用点。

本节将讲述实际工程中求平面静水总压力的两种方法——图解法和分析法。分析两种方法的思路, 都是以静水压强的特性及静水压强的基本方程(2-27)为基础的。从受力特点来看, 作用在平面上的静水总压力的计算问题属于平行力系求合力的问题。因此, 可以采用以求代数和为基础的图解法或分析法来计算平面的静水总压力 $P$。一般来说图解法用于计算作用在矩形平面上的静水总压力, 分析法用于计算作用在任意平面上的静水总压力。

### 2.6.1　图解法

对于有一组对边平行于水面的矩形平面上的静水总压力计算问题, 用图解法来求解是最方便的。这是因为作用在矩形平面上的静水压强可以用式(2-30)来表示, 即

$$p = \rho gh$$

式(2-30)说明液体内任一点的静水压强 $p$ 是随水深 $h$ 成直线变化的, 因此可以用静压强分布图来表示矩形平面上静水压强 $p$ 的大小与方向。

绘制静压强分布图的规则是：

（1）按一定的比例，用线段的长度代表静水压强的大小；

（2）用箭头表示静水压强的方向。

如图 2-19 与图 2-20 所示的垂直放置的矩形平面，可以用式（2-30）计算出 $A$ 点和 $B$ 点的静水压强值，并按一定的比例用垂直于矩形平面的线段来表示。又根据液体内任一点的静水压强 $p$ 是随水深 $h$ 成直线变化的特点，用直线连接 $AC$ 和 $DC$。同时在 $ABC$ 和 $ABCD$ 区域内均匀绘制若干条直线，并画上表示静水压强方向的箭头。图 2-19 中的 $ABC$ 区域和图 2-20 中的 $ABCD$ 区域即为静压强分布图。

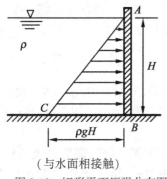
（与水面相接触）

图 2-19　矩形平面压强分布图

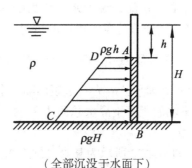
（全部沉没于水面下）

图 2-20　矩形平面压强分布图

现介绍利用静压强分布图计算静水总压力的方法。

如图 2-21 所示，已知矩形闸门 $AB$ 的宽度为 $b$，并已绘出静压强分布图 $ABC$。

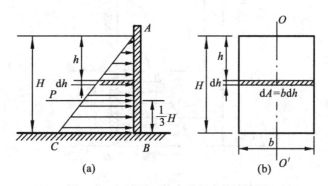

图 2-21　矩形平面静水总压力的计算图

现对图 2-21（b），若在 $AB$ 闸门上的任意水深 $h$ 处，取一微小面积 $dA$，其大小为 $dA = bdh$。微小面积 $dA$ 上的静水压强为 $p = \rho gh$，那么，微小面积 $dA$ 上的静水总压力

$$dP = \rho ghdA = b\rho ghdh$$

这时，作用在闸门 $AB$ 上的静水总压力 $P$ 为

$$P = \int_A dP = \int_0^H b\rho ghdh = b\rho g \int_0^H hdh = \frac{1}{2}\rho gbH^2 \tag{2-41}$$

又由图 2-21(a)知,静压强分布图 $ABC$ 的面积为

$$S = \frac{1}{2}\rho gHH = \frac{1}{2}\rho gH^2 \tag{2-42}$$

若在式(2-41)中考虑式(2-42),有

$$P = bS \tag{2-43}$$

式(2-43)表明:矩形平面上的静水总压力等于该平面上的静压强分布图的面积 $S$ 与矩形平面的宽度 $b$ 的乘积。也可以说等于该平面上的静压强分布图的体积。这个结论也可以用于图 2-20 所示的静压强分布图为梯形的情况,这时 $S$ 为梯形面积。

关于静水总压力的作用点的计算,可以由理论力学知识知,平行力系的合力的作用线通过该力系的中心。也就是说静水总压力的作用点通过静压强分布图的形心。对于图 2-21(a)所示的静压强分布图为三角形的情况,静水总压力 $P$ 的作用点位于矩形平面的纵向对称轴 $O$—$O'$ 上,距静压强分布图 $ABC$ 的底部 $BC$ 以上 $\frac{1}{3}H$ 处。对于图 2-20 所示梯形静压强分布图,可以将该梯形分解为一个矩形和一个三角形,分别计算矩形和三角形的合力,将这两个合力对某轴的矩等于静水总压力 $P$ 对同一轴的矩。由此可以求出这种情况下静水总压力 $P$ 的作用点。

**例 2.5** 如图 2-22 所示为某水电站进水闸的示意图。闸门底缘底板高程为 310.7m,闸门高 $H=3.2$m,宽 $B=2.8$m。试求当闸前水位为 356.2m 时闸门承受的静水总压力。

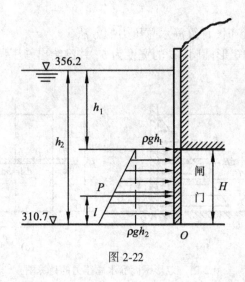

图 2-22

**解** 为求静水总压力的大小,先绘制出作用在闸门上的静水总压力分布图。如图 2-22 所示。从图 2-22 可见,作用在该闸门上的压强分布图为梯形,这时闸门顶部的水深

$$h_1 = 356.2 - 310.7 - 3.2 = 42.3\text{m}$$

闸门底部的水深

$$h_2 = 356.2 - 310.7 = 45.5\text{m}$$

梯形高

$$H = 3.2\text{m}$$

根据梯形面积公式,可得静水总压力 $P$ 的大小

$$P = \frac{1}{2}\rho g(h_1 + h_2)HB = \frac{1}{2}(42.3+45.5)\times 1\,000\times 9.8\times 3.2\times 2.8 = 3\,854.77(\text{kN})$$

为求总压力的作用点,可以将梯形的压强分布图分成一个三角形和一个矩形的分布图,分别计算这两部分的总压力 $P_1$ 和 $P_2$,以及各自的作用点 $l_1$ 和 $l_2$。

对于三角形分布图,有

$$P_1 = \frac{1}{2}\rho gH^2 B = \frac{1}{2}\times 9\,800\times 3.2^2\times 2.8 = 140.493(\text{kN})$$

$$l_1 = \frac{1}{3}H = \frac{1}{3}\times 3.2 = 1.07\,(\text{m})\,(\text{距底部})$$

对于矩形分布图,有

$$P_2 = \rho gh_1 HB = 1\,000\times 9.8\times 42.3\times 3.2\times 2.8 = 3\,714.278\,(\text{kN})$$

$$l_2 = \frac{1}{2}H = \frac{1}{2}\times 3.2 = 1.6\,(\text{m})\,(\text{距底部})$$

根据合力矩定理,这两个分力对 $O$ 点之矩等于其合力对 $O$ 点之矩。即

$$Pl = P_1 l_1 + P_2 l_2$$

式中 $l$ 为合力 $P$ 距底部的距离。

$$l = \frac{P_1 l_1 + P_2 l_2}{P} = \frac{140.493\times 1.07 + 3\,714.278\times 1.6}{3\,854.77} = 1.581\,(\text{m})$$

由此求得总压力的大小为 3 854.77kN,作用点距底部 1.581m,方向为垂直指向作用面。

### 2.6.2　分析法

现在讨论任意平面上所受的静水总压力的计算问题。由于受作用平面的任意性,不能用图解法求解,只能用分析法计算这种情况下的静水总压力问题。

设有任意平面 $EF$,该平面与水平面的夹角为 $\alpha$,为方便分析,将平面 $EF$ 旋转 90°,如图 2-23 所示。并将平面 $EF$ 的延长面与水面的交线 $ON$ 和过平面 $EF$ 垂直于 $ON$ 的直线 $OM$ 作为一组参考坐标系。

1.静水总压力大小的计算

在图 2-23 所示平面 $EF$ 上任选一点 $B$,围绕 $B$ 点取任意微小面积 $\mathrm{d}A$。设 $B$ 点在水面下的淹没深度为 $h$,沿坐标轴 $OM$ 距坐标轴 $ON$ 的距离为 $l$,有 $h = l\sin\alpha$。由式(2-30)知,$B$ 点处的静水压强为 $p = \rho gh = \rho gl\sin\alpha$。因任意微小面积 $\mathrm{d}A$ 很小,可以认为微小面积上的压强与 $B$ 点压强一样,则作用在微小面积 $\mathrm{d}A$ 上的静水总压力为

$$\mathrm{d}P = p\mathrm{d}A = (\rho gl\sin\alpha)\mathrm{d}A$$

作用在整个平面 $EF$ 上的静水总压力为

$$P = \int_A \rho gl\sin\alpha \mathrm{d}A = \rho g\sin\alpha \int_A l\mathrm{d}A \tag{2-44}$$

由材料力学知识知,$\int_A l\mathrm{d}A$ 为面积 $A$ 对 $ON$ 轴的一次矩(静面矩),得

$$\int_A l\mathrm{d}A = l_c A$$

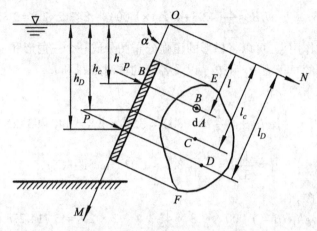

图 2-23　任意平面静水总压力的计算图

式中 $l_C$ 表示平面 $EF$ 形心点 $C$ 至 $ON$ 轴的距离。将上式代入式(2-44)，得

$$P = \rho g \sin\alpha\, l_C A \tag{2-45a}$$

或

$$P = \rho g h_C A \tag{2-45b}$$

式中 $h_C = \sin\alpha\, l_C$ 为平面 $EF$ 形心点 $C$ 在水面下的深度。由于 $\rho g h_C$ 为形心点处的静水压强 $p_C$。那么式(2-45)又可以写成

$$P = p_C A \tag{2-46}$$

式(2-45)、式(2-46)是用于计算作用于任意平面上的静水总压力的一般公式。由这两式可以得出一个重要结论：作用于任意平面上的静水总压力 $P$，等于该平面的面积 $A$ 与作用在其形心处的静水压强的乘积。需指出的是，上述结论中所指的面积 $A$ 和形心点 $C$ 是指淹没于液体中的面积与形心点。

2. 静水总压力作用点的计算

如图 2-23 所示，设平面 $EF$ 上的静水总压力 $P$ 的作用点对 $ON$ 轴的距离为 $l_D$，各微小面积 $\mathrm{d}A$ 上的静水总压力 $\mathrm{d}P$ 对 $ON$ 轴的距离为 $l$。由合力矩定理：合力对一轴的矩等于各分力对同轴的矩的代数和，得

$$P l_D = \int_A \mathrm{d}P l \tag{2-47}$$

对式(2-47)中左边有

$$\int_A \mathrm{d}P l = \int_A \rho g l \sin\alpha\, \mathrm{d}A l = \rho g \sin\alpha \int_A l^2 \mathrm{d}A$$

由材料力学知识知，$\displaystyle\int_A l^2 \mathrm{d}A$ 为面积 $A$ 对 $ON$ 轴的二次矩（惯性矩），即

$$\int_A l^2 \mathrm{d}A = J_N$$

根据惯性矩的平行移轴定理

$$J_N = J_C + A l_C^2$$

有

$$\int_A \mathrm{d}Pl = \rho g \sin\alpha (J_C + Al_C^2) \qquad (2\text{-}48)$$

对式(2-45a)两边乘 $l_D$ 可得

$$Pl_D = \rho g \sin\alpha\, l_C A l_D \qquad (2\text{-}49)$$

将式(2-48)、式(2-49)代入式(2-47),得

$$\rho g \sin\alpha\, l_C A l_D = \rho g \sin\alpha (J_C + Al_C^2)$$

则得静水总压力的作用点为

$$l_D = \frac{1}{l_C A}(J_C + Al_C^2)$$

或

$$l_D = l_C + \frac{J_C}{l_C A} \qquad (2\text{-}50)$$

由式(2-50)可知, $l_D > l_C$ ,也就是说静水总压力作用点 $D$ 在受压面形心点 $C$ 之下。关于静水总压力作用点 $D$ 对 $OM$ 轴距离的计算,如果受压平面 $EF$ 左右对称有对称轴,则 $D$ 点必落在对称轴上, $D$ 点对 $OM$ 轴距离为零;如果受压平面 $EF$ 无对称轴, $D$ 点对 $OM$ 轴距离不为零,则可以用前述的力矩定理及类似的方法计算静水总压力作用点 $D$ 点沿 $ON$ 轴方向上的位置。

3.静水总压力的方向

由静水压强的特性知,静水总压力 $P$ 的方向是垂直指向作用面的。

需要指出的是,根据巴斯加原理,液体中处处都受到大气压的作用,受压平面的另一面也同时受到大气压的作用,因此一般使用相对压强来计算静水总压力。

表 2-3 列出了几种常见的规则平面形心惯性矩、形心坐标以及面积的计算公式,供需要时参考。

表 2-3　　　　　　　　　　几种平面形心惯性矩、形心坐标以及面积的计算公式表

| 图 的 名 称 | | 惯性矩 $J_C$ | 形心 $l_C$ | 面积 $A$ |
|---|---|---|---|---|
| 等边梯形 | 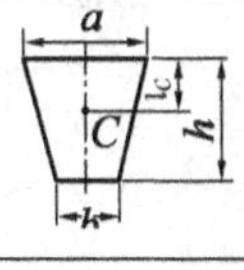 | $\dfrac{h^3(a^2+4ab+b^2)}{36(a+b)}$ | $\dfrac{h(a+2b)}{3(a+b)}$ | $\dfrac{h(a+b)}{2}$ |
| 圆 | 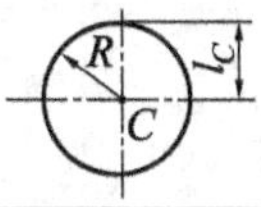 | $\dfrac{\pi R^4}{4}$ | $R$ | $\pi R^2$ |
| 半 圆 | 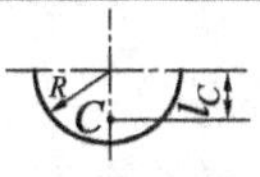 | $\dfrac{(9\pi^2-64)R^4}{72\pi}$ | $\dfrac{4R}{32\pi}$ | $\dfrac{\pi R^2}{2}$ |
| 圆 环 | 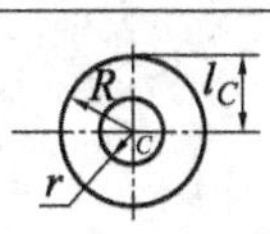 | $\dfrac{\pi(R^4-r^4)}{4}$ | $R$ | $\pi(R^2-r^2)$ |

| 图 的 名 称 | | 惯性矩 $J_c$ | 形心 $l_c$ | 面积 $A$ |
|---|---|---|---|---|
| 矩 形 | | $\dfrac{bh^3}{12}$ | $\dfrac{h}{2}$ | $bh$ |
| 三角形 | | $\dfrac{bh^3}{36}$ | $\dfrac{2h}{3}$ | $\dfrac{bh}{2}$ |

## §2.7　静止液体对曲面的作用力

在实际工程中,常遇到受压面为曲面的情况,如拱形坝面、弧形闸门、输水管以及圆柱形储油罐或球形储油罐,等等。一般来说,曲面可以分为二向曲面(柱面类)和三向曲面(球面类)。本节只分析受压面为二向曲面的静水总压力的计算问题,三向曲面的问题可以用类似于二向曲面的方法进行分析计算。

图 2-24 给出了一种受压面为曲面的静水压强的分布情况。从图 2-24 中可见各点的静水压强都垂直指向作用面,但由于作用面为曲面,则各点的静水压强的方向互不平行。那么对围绕每一点所作的微小平面上的静水总压力的方向也不平行。可见受压面为曲面的静水总压力的计算问题属于非平行力系问题。因而,不能直接采用受压面为平面的静水总压力的计算方法。但可以将作用在每一微小平面上的静水总压力 $dP$ 分解为沿各坐标轴向的分力:$dP_x$、$dP_z$,其中所有 $dP_x$ 均垂直指向垂直于以 $Ox$ 轴为法向方向的平面,$dP_z$ 均垂直指向垂直于以 $Oz$ 轴为法向方向的平面。这样可以将非平行力系问题转化为各轴向平行力系问题。然后,分别用求代数和的方法计算各轴向的静水总压力 $P_x$、$P_z$。$P_x$、$P_z$ 分别称为曲面上静水总压力的水平分力与垂直分力。最后再将 $P_x$、$P_z$ 合成为曲面上的静水总压力 $P$。

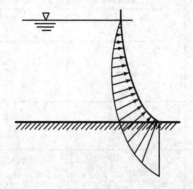

图 2-24　二向曲面静水压强分布示意图

如图 2-25 所示的一弧形闸门 $EF$,面积为 $A$。建立如图 2-25 所示的坐标系。若在水深

为 $h$ 处取一面积为 $dA$ 的微小平面,其上作用着微小静水总压力 $dP = pdA = \rho ghdA$,力 $dP$ 的方向是垂直指向作用面 $dA$ 的,并与 $Ox$ 轴的夹角为 $\alpha$。从图 2-25 可见,$dP$ 可以分解为水平分力 $dP_x$ 与垂直分力 $dP_z$,即

$$dP_x = dP\cos\alpha = \rho ghdA\cos\alpha = \rho ghdA_x$$
$$dP_z = dP\sin\alpha = \rho ghdA\sin\alpha = \rho ghdA_z$$

式中 $dA_x$ 是微小平面 $dA$ 在垂直面($yOz$ 面)上的投影面面积,$dA_z$ 是微小平面 $dA$ 在水平面(自由液面或其延长面)上的投影面面积。

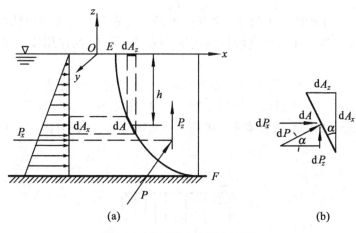

图 2-25　曲面静水总压力计算图

### 2.7.1　静水总压力的水平分力

作用于整个曲面上的静水总压力 $P$ 的水平分力可以看做为无数个 $dP_x$ 的合力,则

$$P_x = \int_A dP_x = \rho g\int_{A_x} hdA_x$$

同上一节,$\int_{A_x} hdA_x$ 为曲面 $A$ 的垂直投影面 $A_x$ 对水平轴 $Oy$ 轴的一次矩(静面矩)。则有

$$\int_{A_x} hdA_x = h_C A_x$$

式中 $h_C$ 为曲面 $A$ 的垂直投影面 $A_x$ 的形心点在水下的深度。于是,水平分力 $P_x$ 为

$$P_x = \rho gh_C A_x \tag{2-51}$$

式(2-51)表明,作用于曲面 $A$ 上的静水总压力 $P$ 的水平分力 $P_x$ 等于作用于该曲面在垂直投影面上的静水总压力。也就是说,可以用上一节求平面静水总压力的方法来计算水平分力 $P_x$。

### 2.7.2　静水总压力的垂直分力

作用于整个曲面上的静水总压力 $P$ 的垂直分力 $P_z$ 可以看做为无数个 $dP_z$ 的合力,则

$$P_z = \int_A dP_z = \rho g\int_{A_z} hdA_z \tag{2-52}$$

从图 2-25 可见，$h\mathrm{d}A_z$ 为微小平面 $\mathrm{d}A$ 与其在自由表面延长面上的投影面 $\mathrm{d}A_z$ 之间的柱状体体积，而式(2-52)中的 $\int_{A_z} h\mathrm{d}A_z$ 为整个曲面 $A$ 与其在自由表面延长面上的投影面 $\mathrm{d}A_z$ 之间的体积。由于该体积与曲面上的静水总压力的垂直分力 $P_z$ 有关，则称为压力体。以 $V$ 表示，则有

$$V = \int_{A_z} h\mathrm{d}A_z \qquad\qquad (2\text{-}53)$$

因而式(2-52)可以写成

$$P_z = \rho g V \qquad\qquad (2\text{-}54)$$

式(2-54)表明，作用于曲面 $A$ 上的静水总压力 $P$ 的垂直分力 $P_z$ 等于压力体与密度和重力加速度的乘积，或者说等于压力体内液体的重量。垂直分力 $P_z$ 的作用线通过压力体的形心点。

压力体是计算垂直分力 $P_z$ 的一个重要的概念。从上述分析可见，压力体只是一个数值当量，不一定由实际液体所组成。如图 2-25 所示的曲面，压力体内没有液体，称为虚压力体。如图 2-26 所示的曲面，压力体完全被液体所充满，称为实压力体。压力体一般由下列各面所组成。

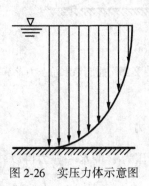

图 2-26　实压力体示意图

(1)受液体作用的曲面本身；
(2)自由液面或自由液面的延长面；
(3)由曲面的周边引至自由液面或自由液面的延长面的铅垂柱面。

关于垂直分力 $P_z$ 的方向，一般来说，实压力体时 $P_z$ 方向向下；虚压力体时 $P_z$ 方向向上。在不易判别时，可以用实际经验来判别。对于凹凸相间的复杂曲面，可以将曲面分成若干段，分别绘制压力体图，并根据各部分垂直分力的方向，合成得到总压力体，从而得到总的垂直分力。垂直分力 $P_z$ 的作用线，应通过压力体的体积形心。

### 2.7.3　静水总压力

根据力的合成定理，作用在曲面上的静水总压力 $P$ 的大小为

$$P = \sqrt{P_x^2 + P_z^2} \qquad\qquad (2\text{-}55)$$

静水总压力 $P$ 的作用线与水平面的夹角为

$$\theta = \arctan \frac{P_z}{P_x} \tag{2-56}$$

静水总压力 $P$ 的作用线必通过分力 $P_x$ 与分力 $P_z$ 的交点，注意这个交点不一定位于曲面上。

关于作用于三向曲面上的静水总压力的计算问题。一般来说与二向曲面类似，所不同的是还应计算向 $Oy$ 轴投影的水平分力 $P_y$，计算方法如同向 $Ox$ 轴投影的水平分力 $P_x$。

**例 2.6**　某水电站弧形挡水闸如图 2-27 所示。弧形闸曲面为圆柱形曲面，闸门宽 $B = 4m$，半径 $R = 10m$，夹角 $\alpha = 45°$，液面高 $H = 4.7m$。试求作用于闸门上的静水总压力。

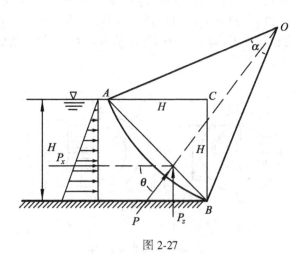

图 2-27

**解**　计算水平分力。根据水平压强分布图可得

$$P_x = \frac{1}{2}\rho g H^2 B = \frac{1}{2} \times 1000 \times 9.8 \times 4.7^2 \times 4 = 432.964 \text{kN}$$

计算垂直分力。由题意分析可知

$$\overline{AC} = \overline{CB} = H = 4.7 \text{ m}$$

其中，三角形 $ABC$ 面积　　$A_1 = \frac{1}{2}\overline{AC} \times \overline{CB} = \frac{1}{2}H^2 = \frac{1}{2} \times 4.7^2 = 11.045\,(\text{m}^2)$

扇形 $OAB$ 面积　　　　　　$A_2 = \frac{45}{360}\pi\,10^2 = 39.270\,(\text{m}^2)$

三角形 $OAB$ 面积　　$A_3 = R^2\sin\frac{\alpha_1}{2}\cos\frac{\alpha_2}{2} = 10^2\sin22.5°\cos22.5° = 35.355\,(\text{m}^2)$

弓形面积　　　　　　　　$A_4 = A_2 - A_3 = 3.915\,(\text{m}^2)$

由此可以求得压力体体积

$$V = (A_1 + A_4)B = (11.045 + 3.915) \times 4 = 59.84\,(\text{m}^2)$$

则垂直分力为

$$P_z = \rho g V = 1000 \times 9.8 \times 59.84 = 586.432\,(\text{kN})$$

闸门上的静水总压力为

$$P = \sqrt{P_x^2 + P_z^2} = \sqrt{432.964^2 + 586.432^2} = 728.945\,(\text{kN})$$

总压力 $P$ 的作用线与水平面的夹角为

$$\theta = \arctan\left(\frac{586.432}{432.964}\right) = \arctan(1.354) = 53.56°。$$

**例 2.7**  某水电站的压力输水钢管管径为 $d$，钢管承受最大静水压强为 $p$，钢管管壁材料的允许拉应力为 $\sigma$，试问管壁必需的厚度 $t$ 为多少?

**解**  如果该钢管内承受的压强水头 $\dfrac{p}{\rho g}$ 远大于管径 $d$，则可以认为该钢管均匀承受着静水压强 $p$ 的作用。在使用过程中，管壁任意截面 $MN$ 都可能破裂。为确定管壁必需的厚度 $t$，可以设想沿钢管任一直径方向 $MN$ 将钢管分为两半，取其中一半来考虑。如图 2-28 所示，$y$ 方向的静水总压力相互抵消，而 $x$ 方向的静水总压力 $P_x$ 将与管壁抗破裂的抗拉力 $2T$ 保持平衡。

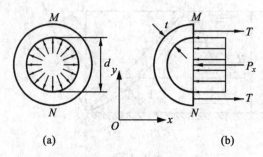

图 2-28  钢管受力分析示意图

因此，对于管长为 $L$ 的管段，有 $x$ 方向的静水总压力 $P_x$ 为

$$P_x = pdL$$

管壁的抗拉力 $2T$ 为

$$2T = 2\sigma tL$$

两种力应保持平衡，必有

$$P_x = 2T \text{ 或 } pdL = 2\sigma tL$$

由此可得管壁厚度 $t$

$$t = \frac{pd}{2\sigma}$$

实际工程中使用上述管壁厚度 $t$ 计算公式时，还应考虑安全系数。

## 复习思考题 2

2.1  流体静压强有哪些特性?

2.2  流体平衡微分方程是怎样建立的? 其物理意义是什么?

2.3  不可压缩流体受什么样的质量力作用才能保持平衡状态?

2.4  什么是等压面? 等压面与质量力有什么关系?

2.5  静止液体中任意一点的静水压强 $p$ 是由哪两部分组成的? 每一部分的意义是什么?

2.6  如图 2-29 所示，以 0—0 为基准面，试标出 $A$、$B$ 两点的位置水头、压强水头和测压管水头。

2.7　如图 2-30 所示水平桌面上放置着三个形状不同但底面面积相同的容器,容器内盛有水深均为 $H$ 的液体,试问:(1)底面所受的静水压强 $p$ 是否相同? (2)容器底面上所受的静水总压力是否相同? (3)容器内的液体重量是否相同?

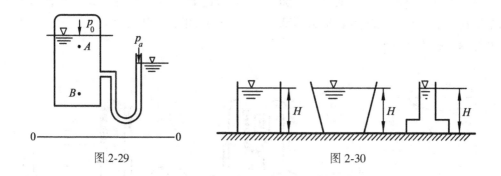

图 2-29　　　　　　　　　　　　　　　　图 2-30

2.8　对于受重力作用下的液体平衡、受水平惯性力和重力作用下的液体平衡以及受离心惯性力和重力作用下的液体平衡三种情况下,液体内部压强分布规律均满足 $p = p_0 + \rho g h$,为什么?

2.9　计算平面上的静水总压力的图解法和分析法,各在什么情况下使用?

2.10　曲面上的静水总压力计算,为什么要通过投影的方法? 试分别计算水平分力和垂直分力?

2.11　从数学上解释压力体的含义是什么? 压力体由哪几个面所组成?

# 习　题　2

2.1　如图 2-31 所示,一开口测压管与一封闭盛水容器相通,经测得测压管中的液面高出容器液面 $h = 3\text{m}$,试求容器液面上的静水压强 $p_0$($p_a = 98\,000\text{N/m}^2$)。

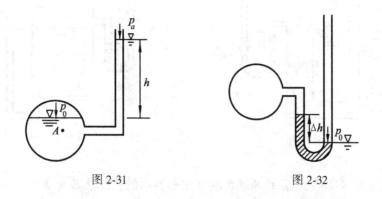

图 2-31　　　　　　　　　　　　　　　图 2-32

2.2　用一开口 U 形管测压计测量一容器内气体的压强,如图 2-32 所示。U 形管内的工作液体为水银,其密度 $\rho = 13\,600\text{N/m}^3$,液面差 $\Delta h = 900\text{mm}$,试求容器内气体的压强($p_a = 98\,000\text{N/m}^2$)。

2.3　一圆锥形开口容器,下接一弯管。当圆锥形容器未装水时,弯管上水和水银的情况如图 2-33 所示。当圆锥形容器装满水时,弯管上水和水银的情况有什么变化?

2.4　如图 2-34 所示,U 形管压差计水银面高度差 $h = 15\text{cm}$。试求充满水的 $A$、$B$ 两容器内的压强差。

2.5　为测量压强在 $A$、$B$ 两管接一倒 U 形压差计,如图 2-35 所示。其中 $A$ 管内为水,$B$ 管内为比重 $s_B = 0.9$ 的油,倒 U 形管顶部为比重 $s = 0.8$ 的油。当 $A$ 管内压强 $p_A = 98\text{kN/m}^2$ 时,$B$ 管内压强为多少?

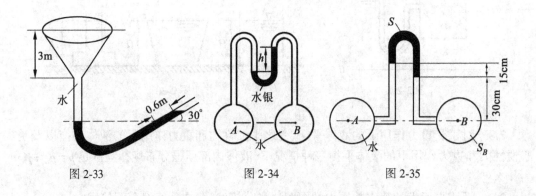

图 2-33　　　　　　　　　图 2-34　　　　　　　　　图 2-35

2.6　如图 2-36 所示为一密封水箱,当 U 形管测压计的液面差 $\Delta h = 15\text{cm}$ 时,试分别用绝对压强、相对压强、真空压强表示测压表 $A$、$B$ 的读数。

2.7　如图 2-37 所示一容器,侧壁及底部分别装有测压管。其中一根测压管顶端未开口,管内完全真空,测得 $h_1 = 800\text{mm}$;另一根开口通大气,试求容器内液面上的静水压强 $p_0$ 及开口测压管液面的高度 $h_2$。

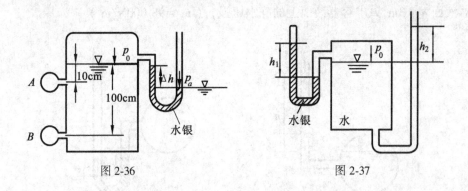

图 2-36　　　　　　　　　　　　　　图 2-37

2.8　如图 2-38 所示,在盛有油和水的圆柱形容器的盖上加载荷 $F = 5\ 788\text{N}$,已知 $h_1 = 30\text{m}$, $h_2 = 50\text{m}$, $d = 0.4\text{m}$,油的密度 $\rho_{oi} = 800\text{kg/m}^3$,水银的密度 $\rho_{Hg} = 13\ 600\text{kg/m}^3$,试求 U 形管中水银柱的高度差 $H$。

2.9　如图 2-39 所示,两根盛有水银的 U 形测压管与盛有水的密封容器连接。若上面测压管的水银液面距自由液面的深度 $h_1 = 60\text{m}$,水银柱高 $h_2 = 25\text{m}$,下面测压管的水银柱高

$h_3 = 30\text{cm}$，$\rho_{\text{Hg}} = 13\ 600\text{kg/m}^3$，试求下面测压管水银面距自由液面的深度 $h_4$。

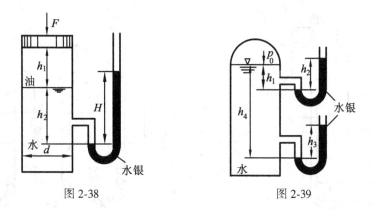

图 2-38　　　　　　　　　　　　　　　图 2-39

2.10　如图 2-40 所示一 U 形管测压计连接于 $A$ 管和 $B$ 管，若已知 $A$ 管的压强为 $2.744 \times 10^5\text{Pa}$，$B$ 管的压强为 $1.372 \times 105\text{Pa}$，试求 U 形管测压计内的液面差 $h$ 值。

2.11　如图 2-41 所示，处于平衡状态的水压机，其大活塞上受力 $F_1 = 4\ 905\text{N}$，杠杆柄上作用力 $F_2 = 147\text{N}$，杠杆臂 $a = 15\text{cm}$，$b = 75\text{cm}$。若小活塞直径 $d_1 = 5\text{cm}$，不计活塞的高度差及质量，计及摩擦力的校正系数 $\eta = 0.9$，试求大活塞直径 $d_2$。

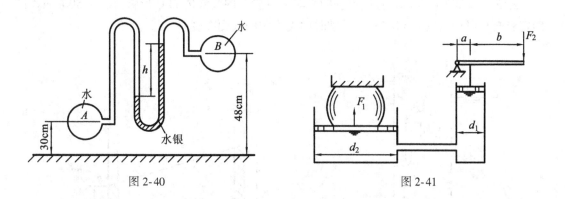

图 2-40　　　　　　　　　　　　　　　图 2-41

2.12　如图 2-42 所示为双液式微压计，$A$、$B$ 两杯的直径均为 $d_1 = 50\text{mm}$，用 U 形管连接，U 形管直径 $d_2 = 5\text{mm}$，$A$ 杯盛有酒精，其密度 $\rho_1 = 870\text{kg/m}^3$，$B$ 杯盛有煤油，其密度 $\rho_2 = 830\text{kg/m}^3$。当两杯上的压强差 $\Delta p = 0$ 时，酒精与煤油的分界面在 0—0 线上。试求当两种液体的分界面上升到 $0'$—$0'$ 位置、$h = 280\text{mm}$ 时 $\Delta p$ 等于多少？

2.13　有一多管串联的 U 形管测压计测量一高压水管中的压强，如图 2-43 所示，测压计内有水和水银两种工作液体。当高压水管中心点 M 的压强等于大气压时，各水银与水、水银与大气的交界面均位于 0—0 水平面。现测得各水银面与 0—0 水平面的距离为 $h$，试求 M 点的静水压强 $p$。

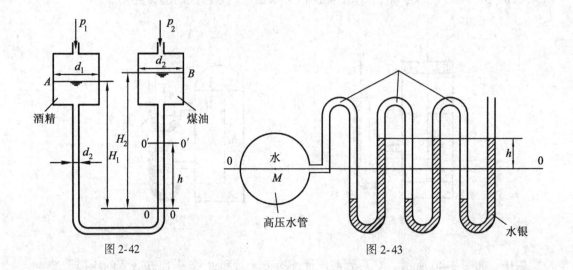

图 2-42                                                             图 2-43

2.14　两容器盛有同一种液体,如图 2-44 所示,现用两根 U 形管测压计来测量这种液体的密度 $\rho$。上部测压计内装有密度为 $\rho_1$ 的工作液体,其内液面差为 $h_1$;下部测压计内装有密度为 $\rho_2$ 的工作液体,其内液面差为 $h_2$。试给出用 $\rho_1$、$\rho_2$、$h_1$、$h_2$ 表示的容器内液体密度 $\rho$。

2.15　如图 2-45 所示,直线行驶的汽车上放置一内装液体的 U 形管,长 $l = 500\text{mm}$。试确定当汽车以加速度 $a = 0.5\text{m/s}^2$ 行驶时两支管中的液面高度差。

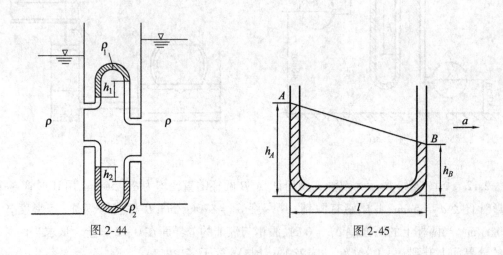

图 2-44                                                             图 2-45

2.16　如图 2-46 所示,油罐车内装着密度 $\rho = 1\,000\text{kg/m}^3$ 的液体,以水平直线速度 $V = 36\text{km/h}$ 行驶,油罐车的尺寸为,$D = 2\text{m}$,$h = 0.3\text{m}$,$l = 4\text{m}$。车在某一时刻开始减速运动,经 100m 距离后完全停下。若为均匀制动,试求作用在侧面 $A$ 上的力。

2.17　一圆柱形容器内径 $D = 0.1\text{m}$,高为 $H_0 = 0.3\text{m}$。容器静止时容器内水的深度为 $H = 0.225\text{m}$。如果将容器绕中心作等速度旋转,试求:(1)不使水溢出容器的最大旋转角速度;(2)不使底部中心露出的最大旋转角速度。

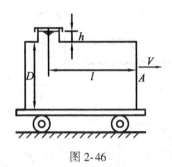

图 2-46

2.18　如图 2-47 所示为一等加速向下运动的盛水容器,水深 $h = 2$m,加速度 $a = 4.9$m/s$^2$。试确定：

(1)容器底部的流体绝对静压强。

(2)加速度为何值时容器底部所受压强为大气压强；

(3)加速度为何值时容器底部的绝对静压强等于零

提示：对本题 $f_x = 0, f_y = 0, f_z = a - g$,由积分压强差公式(2-13) 得

$$p = p_a + \rho g h \left( 1 - \frac{a}{g} \right)。$$

2.19　试绘制出图 2-48 中 $AB$ 受压面上的静水压强分布图。

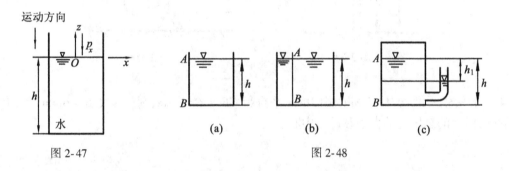

图 2-47　　　　　　　　　　　　　　　图 2-48

2.20　试绘制出图 2-49 中各曲面上的水平方向静水压强分布图和压力体图。

2.21　如图 2-50 所示,一矩形底孔闸门,高 $h = 4$m,宽 $b = 3$m,上游水深 $h_1 = 8$m,$h_2 = 6$m,试求作用于闸门上静水总压力的大小及作用点。

2.22　如图 2-51 所示,已知闸门直径 $d = 0.5$m,$a = 1$m,$\alpha = 60°$。试求斜壁上圆形闸门上的总压力及压力中心。

2.23　如图 2-52 所示为绕铰链 $O$ 转动的倾斜角 $\alpha = 60°$ 的自动开启式水闸,当水闸一侧的水位 $H = 2$m,另一侧的水位 $h = 0.4$m 时,闸门自动开启,试求铰链至水闸下端的距离 $x$。

2.24　如图 2-53 所示为一贮水设备,在 $C$ 点测得绝对压强 $p = 196\ 120$Pa,$h = 2$m,$R = 1$m,试求作用于半径 $AB$ 的总压力。

2.25　如图 2-54 所示一扇形闸门,半径 $R = 7.5$m,挡着深度 $h = 4.8$m 的水,其圆心角 $\alpha$

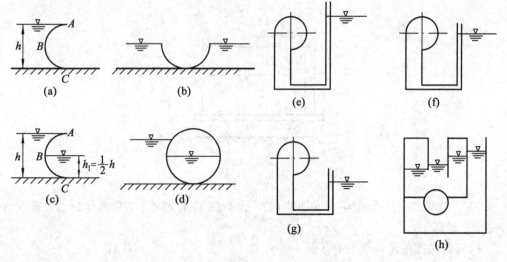

图 2-49

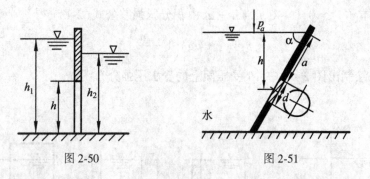

图 2-50          图 2-51

=43°,旋转轴距渠底 $H = 5.8\text{m}$,闸门的水平投影 $CB = a = 2.7\text{m}$,闸门宽度 $B = 6.4\text{m}$。试求作用在闸门上的总压力的大小和压力中心。

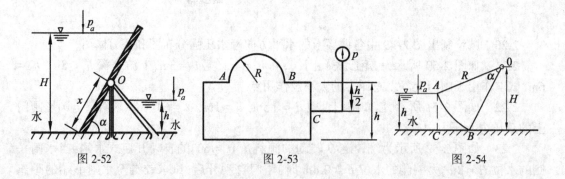

图 2-52          图 2-53          图 2-54

　2.26　如图 2-55 所示的贮水池,其侧面和顶部各有一个半球形的盖,设其直径都为 $d = 1\text{m}$, $H = 3\text{m}$。试求作用在侧盖和顶盖上的液体总压力。

　2.27　如图 2-56 所示,盛有水的容器底部有圆孔口,用空心金属球体封闭,该球体重力

$W = 2.452\mathrm{N}$，半径 $r = 4\mathrm{cm}$，孔口直径 $d = 5\mathrm{cm}$，水深 $H = 20\mathrm{cm}$。试求提起该球体所需之最小力 F。

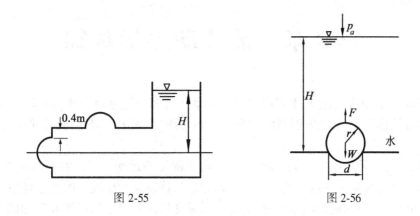

图 2-55　　　　　　　　　　图 2-56

2.28　某水电站的压力输水管，其直径 $D = 800\mathrm{mm}$，压强水头 $H = 100\mathrm{m}$。试求：（1）所用钢管的允许拉应力 $[\sigma] = 156\ 800\mathrm{kN/m^2}$ 时，钢管壁的厚度应为多少？（2）当管壁厚度为 $10\mathrm{mm}$ 时，管壁内的拉应力为多少？

# 第 3 章　流体动力学基础

　　本章将研究流体运动的基本规律。流体运动同其他物质运动一样,同属于机械运动的范畴,都要遵循物质运动的普遍规律,如质量守恒定律、牛顿第二定律、能量守恒定律及动量定理等。

　　流体运动是一种连续介质的运动,完全不同于固体的运动。本章将介绍研究流体流动的一些基本方法,讨论流体运动的一些基本概念。从物质运动应遵守的普遍规律出发,建立运动要素随时间与空间变化的基本方程,即由质量守恒定律建立的连续方程,由牛顿第二定律建立的运动方程,由能量守恒定律建立的能量方程以及由动量定理建立的动量方程。这些方程是分析、研究和解决流体运动的基础。

## §3.1　研究流体运动的两种基本方法

　　流体可以看做是由无限多个质点组成的连续介质,而流体的流动就是流体质点随时间与空间的运动过程,这样在研究流体运动时就存在一个如何描述其运动规律的问题。有两类描述流体运动的方法,即拉格朗日法和欧拉法。

### 3.1.1　拉格朗日法

　　拉格朗日(Lagrange 法是以流体质点为研究对象,通过观察每一个流体质点的运动规律,来得到整个流体运动的规律。这种方法类似于理论力学中研究质点系运动的方法,也称为质点系法。

　　了解流体质点的运动规律,就是要了解流体质点在不同时间内的运动轨迹和运动要素的变化规律。不同流体质点的运动轨迹和运动要素的变化规律是不同的,因此,为描述某一质点的运动,就必须给每一质点加以标识。一般以质点在初始时刻所处位置的空间坐标 $(a,b,c)$ 作为流体质点的标识。不同的流体质点有不同的空间坐标 $(a,b,c)$ 值。这样,对于一流体质点在 $t$ 时刻所处某位置的空间坐标为

$$\begin{cases} x=x(a,b,c,t) \\ y=y(a,b,c,t) \\ z=z(a,b,c,t) \end{cases} \tag{3-1}$$

式(3-1)中 $(a,b,c)$ 与 $t$ 统称为拉格朗日变数,或拉格朗日变量。式(3-1)给出了流体质点的运动规律,也称为流体质点的运动方程。当固定 $(a,b,c)$ 时,式(3-1)则表示某指定质点的运动轨迹;当固定 $t$ 时,式(3-1)则表示 $t$ 时刻各流体质点所处的位置。

　　根据拉格朗日变数的定义,任一流体质点在任意时刻的速度 $u$,可以从式(3-1)对时间取一阶偏导数得到

$$\begin{cases} u_x = \dfrac{\partial x}{\partial t} = \dfrac{\partial x(a,b,c,t)}{\partial t} \\[2mm] u_y = \dfrac{\partial y}{\partial t} = \dfrac{\partial y(a,b,c,t)}{\partial t} \\[2mm] u_z = \dfrac{\partial z}{\partial t} = \dfrac{\partial z(a,b,c,t)}{\partial t} \end{cases} \tag{3-2}$$

式(3-2)中 $u_x$、$u_y$、$u_z$ 为速度 $u$ 在 $x$、$y$、$z$ 坐标方向的分量。同理,对于任一流体质点的加速度 $a$,可以从式(3-2)对时间取一阶偏导数得到

$$\begin{cases} a_x = \dfrac{\partial u_x}{\partial t} = \dfrac{\partial^2 x(a,b,c,t)}{\partial t^2} \\[2mm] a_y = \dfrac{\partial u_y}{\partial t} = \dfrac{\partial^2 y(a,b,c,t)}{\partial t^2} \\[2mm] a_z = \dfrac{\partial u_z}{\partial t} = \dfrac{\partial^2 z(a,b,c,t)}{\partial t^2} \end{cases} \tag{3-3}$$

式(3-3)中 $a_x$、$a_y$、$a_z$ 为加速度 $a$ 在 $x$、$y$、$z$ 坐标方向的分量。

拉格朗日法以流体质点为中心,描述流体的运动,其物理概念明确。但由于每一个流体质点的运动轨迹很复杂,要全面跟踪众多的流体质点来描述整个流体的运动状态,在数学上是困难的。因而在流体力学的数学表述中,除个别运动状态(如波浪运动)外,一般不采用拉格朗日法,而是采用下面所述的欧拉法来描述流体的运动。但拉格朗日法作为描述流体运动的方法,将体现在流体力学方程的叙述和推导中。

### 3.1.2　欧拉法

欧拉(Euler)法是以观察不同的流体质点经过各固定的空间点时的运动情况,来了解流体在整个空间的运动规律。流体的运动是在一定的空间中进行的,这个被流体质点所占据的空间称为流场。欧拉法关注的是流场中流体质点的运动状况与相关运动要素的分布状况,所以也称为空间点法。

欧拉法观测分析流场,首先观测的是某具体空间点 $(x,y,z)$ 上的流速、压强等运动要素,这些运动要素随时间、空间连续变化。如流速、压强、密度以及温度等可以表述为

$$\begin{cases} u_x = u_x(x,y,z,t) \\ u_y = u_y(x,y,z,t) \\ u_z = u_z(x,y,z,t) \end{cases} \tag{3-4}$$

$$p = p(x,y,z,t) \tag{3-5}$$

$$\rho = \rho(x,y,z,t) \tag{3-6}$$

$$T = T(x,y,z,t) \tag{3-7}$$

上述式子中 $(x,y,z)$ 与 $t$ 统称为欧拉变数,或欧拉变量。在上述式子中,若令 $(x,y,z)$ 不变,$t$ 变化,则为流体质点在不同的时刻经过某一固定空间点所表现的流速、压强等运动要素变化情况;若令 $t$ 不变,$(x,y,z)$ 变化,则为同一时刻,流体质点通过不同空间点时的流速、压强等运动要素分布情况,也就是该时刻的流速场、压强场等。

对于流场中某空间点的流体质点加速度 $a$,按照定义加速度 $a$ 应是流体质点沿其运动

轨迹在 $\Delta t$ 时间内流速产生的增量 $\Delta u$，即 $\boldsymbol{a} = \lim\limits_{\Delta t \to 0}\dfrac{\Delta u}{\Delta t} = \dfrac{\mathrm{d}u}{\mathrm{d}t}$。然而按欧拉法，对于某空间点 $A$，在时刻 $t_0$ 时恰好有一流体质点运动到该空间点，又在 $\Delta t$ 时段内离开该空间点 $A$ 沿其轨迹运动着，同时另有其他流体质点沿运动轨迹运动到空间点 $A$。上述分析有两点启示，其一，$\Delta t$ 时段内空间点 $A$ 处的流速随时间 $t$ 在变化；其二，经过 $A$ 点运动着的质点本身所处的坐标是随着时间 $t$ 在变化的。也就是说，流速 $\boldsymbol{u} = \boldsymbol{u}(x, y, z, t)$ 在随时间 $t$ 变化时，坐标 $(x, y, z)$ 并不是常数，是时间 $t$ 的函数，即流速 $\boldsymbol{u} = \boldsymbol{u}(x, y, z, t)$ 是一个复合函数。那么在求加速度 $\boldsymbol{a}$ 时，应按复合函数的求导法则进行，即

$$\boldsymbol{a} = \frac{\mathrm{d}\boldsymbol{u}}{\mathrm{d}t} = \frac{\partial \boldsymbol{u}}{\partial t} + \frac{\partial \boldsymbol{u}}{\partial x}\frac{\mathrm{d}x}{\mathrm{d}t} + \frac{\partial \boldsymbol{u}}{\partial y}\frac{\mathrm{d}y}{\mathrm{d}t} + \frac{\partial \boldsymbol{u}}{\partial z}\frac{\mathrm{d}z}{\mathrm{d}t}$$

上式中 $\mathrm{d}x, \mathrm{d}y, \mathrm{d}z$ 为流体质点在 $\Delta t$ 时段内沿其运动轨迹的微小位移在 $Ox$、$Oy$、$Oz$ 坐标轴上的投影，有

$$\frac{\mathrm{d}x}{\mathrm{d}t} = u_x, \quad \frac{\mathrm{d}y}{\mathrm{d}t} = u_y, \quad \frac{\mathrm{d}z}{\mathrm{d}t} = u_z \tag{3-8}$$

故由欧拉法表述的加速度表达式为

$$\boldsymbol{a} = \frac{\mathrm{d}\boldsymbol{u}}{\mathrm{d}t} = \frac{\partial \boldsymbol{u}}{\partial t} + u_x\frac{\partial \boldsymbol{u}}{\partial x} + u_y\frac{\partial \boldsymbol{u}}{\partial y} + u_z\frac{\partial \boldsymbol{u}}{\partial z} \tag{3-9}$$

沿 $Ox$、$Oy$、$Oz$ 坐标轴的分量为

$$\begin{cases} a_x = \dfrac{\mathrm{d}u_x}{\mathrm{d}t} = \dfrac{\partial u_x}{\partial t} + u_x\dfrac{\partial u_x}{\partial x} + u_y\dfrac{\partial u_x}{\partial y} + u_z\dfrac{\partial u_x}{\partial z} \\[2mm] a_y = \dfrac{\mathrm{d}u_y}{\mathrm{d}t} = \dfrac{\partial u_y}{\partial t} + u_x\dfrac{\partial u_y}{\partial x} + u_y\dfrac{\partial u_y}{\partial y} + u_z\dfrac{\partial u_y}{\partial z} \\[2mm] a_z = \dfrac{\mathrm{d}u_z}{\mathrm{d}t} = \dfrac{\partial u_z}{\partial t} + u_x\dfrac{\partial u_z}{\partial x} + u_y\dfrac{\partial u_z}{\partial y} + u_z\dfrac{\partial u_z}{\partial z} \end{cases} \tag{3-10}$$

由式 (3-9)、式 (3-10) 可见，欧拉法表述的加速度是由两部分组成的，一部分为反映同一空间点上流体质点速度随时间变化率的当地加速度 (或称时变加速度)，即右边的第一项 $\dfrac{\partial \boldsymbol{u}}{\partial t}$ 及其对应投影项；另一部分为同一时刻由于相邻空间点上流速差所引起的迁移加速度 (或称位变加速度)，即右边的后三项 $u_x\dfrac{\partial \boldsymbol{u}}{\partial x} + u_y\dfrac{\partial \boldsymbol{u}}{\partial y} + u_z\dfrac{\partial \boldsymbol{u}}{\partial z}$ 及其对应投影项。如图 3-1 所示为一水箱接一出流管道示意图，在直径不变的管道内任取两空间点 $A_1$、$A_2$，且在直径逐渐缩小的管道内任取两空间点 $B_1$、$B_2$ 进行观察。当水箱内液面不变时，这四个点的流速不随时间而变化，也就是管内任意一点的流速都不随时间而变化，即不存在当地加速度；空间点 $A_1$、$A_2$ 的流速相同，说明直径不变的管道内不存在迁移加速度；空间点 $B_1$、$B_2$ 的流速不相同，说明直径沿程变化的管道内存在迁移加速度。当水箱内液面变化时，这四个点的流速都随时间变化，也就是管内任意一点的流速都随时间变化，即存在当地加速度；可以看到空间点 $A_1$、$A_2$ 的流速仅随时间变化，即只存在当地加速度，不存在迁移加速度；空间点 $B_1$、$B_2$ 的流速不仅随时间变化还沿程变化，即同时存在当地加速度和迁移加速度。

同理对于如压强、温度、密度等其他的运动要素，用欧拉法表述的对时间的变化率为

$$\frac{\mathrm{d}p}{\mathrm{d}t} = \frac{\partial p}{\partial t} + u_x\frac{\partial p}{\partial x} + u_y\frac{\partial p}{\partial y} + u_z\frac{\partial p}{\partial z} \tag{3-11}$$

$$\frac{\mathrm{d}T}{\mathrm{d}t}=\frac{\partial T}{\partial t}+u_x\frac{\partial T}{\partial x}+u_y\frac{\partial T}{\partial y}+u_z\frac{\partial T}{\partial z}\qquad(3\text{-}12)$$

$$\frac{\mathrm{d}\rho}{\mathrm{d}t}=\frac{\partial \rho}{\partial t}+u_x\frac{\partial \rho}{\partial x}+u_y\frac{\partial \rho}{\partial y}+u_z\frac{\partial \rho}{\partial z}\qquad(3\text{-}13)$$

综合式(3-9)~式(3-13),可见均为流速 $\boldsymbol{u}$、压强 $p$ 等运动要素对时间 $t$ 的全导数,其中

$$\frac{\mathrm{d}}{\mathrm{d}t}=\frac{\partial}{\partial t}+u_x\frac{\partial}{\partial x}+u_y\frac{\partial}{\partial y}+u_z\frac{\partial}{\partial z}\qquad(3\text{-}14)$$

或
$$\frac{d}{dt}=\frac{\partial}{\partial t}+\boldsymbol{u}\cdot\nabla\qquad(\nabla=\boldsymbol{i}\frac{\partial}{\partial x}+\boldsymbol{j}\frac{\partial}{\partial y}+\boldsymbol{k}\frac{\partial}{\partial z})$$

类似于数学中的算子。在流体力学中,一般将某运动要素受算子 $\dfrac{\mathrm{d}}{\mathrm{d}t}$ 作用的导数式称为该运动要素的随体导数。如式(3-13)就是密度的随体导数。

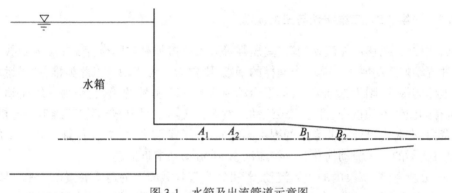

图 3-1　水箱及出流管道示意图

## §3.2　流体运动的几个基本概念

人们对流体力学的研究同人类对客观世界的认识规律一样,由简到繁,由易到难,是随着生产力的发展而向前发展的。纵观流体力学的发展历史以及目前流体力学的研究现状,可以看到研究具体流体力学问题的过程,就是在分析各种复杂因素的基础上,在保证精度的范围内忽略次要因素,抓住主要因素,使问题得以简化的求解过程。根据不同的问题,有着不同的分类,也对应着不同的研究方法。一般来说,本书将要讨论的问题,可以分成如下几种类型:

(1)根据流体的性质,按照粘滞性可以分为理想流体流动和粘性流体流动;按照压缩性可以分为可压缩流体流动和不可压缩流体流动等。

(2)根据运动状态,可以分为定常流动和非定常流动,均匀流动和非均匀流动;层流流动和紊流流动;有旋流动和无旋流动;亚音速流动和超音速流动等。

(3)根据坐标数量,可以分为一维流动、二维流动和三维流动,还有元流流动和总流流动等。

上述流体流动类型,有些已在第 1 章中进行了讨论,有些将在以后的章节叙述,本节将叙述一些流动类型与一些相关的基本概念。

### 3.2.1　定常流动和非定常流动

用欧拉法描述流体运动时,对于流场中通过每一空间点的各流体质点的运动要素,在不同的时间都保持不变,也就是与时间无关,这样的流动称为定常流或恒定流。定常流的数学表达式为

$$\frac{\partial \varphi}{\partial t}=0 \tag{3-15}$$

式中,$\varphi$ 表示任一运动要素,如 $u$、$p$、$T$、$\rho$ 等。在这种情况下,运动要素 $\varphi$ 仅仅是空间位置坐标的函数,与时间 $t$ 无关。就随体导数式式(3-9)~式(3-14)而言,与当地加速度有关的项为零,与迁移加速度有关的项不为零。

图 3-1 中,水箱中的液面高度不变时,出流管道中的流动则为定常流,否则为非定常流。

### 3.2.2　一维流动、二维流动与三维流动

根据欧拉法,描述流体流动的流速、压强等运动要素都是空间坐标 $x,y,z$ 的函数。如果描述某种流动的运动要素只是一个坐标的函数,则称为一维流动。以此类推,如果运动要素是两个坐标的函数,则为二维流动;如果运动要素是三个坐标的函数,则为三维流动。一般来说,所有的流体流动过程,都是三维流动。然而在实际工程中,全部按三维流动分析求解,则费工费力,有时也可能有非常大的困难。因此,为了求解方便,并在保证一定精度的情况下,可以将实际的三维流动简化为一维流动、二维流动来求近似解。

例如,分析管道、明渠内的流体流动,若将每个有效截面上的运动要素取为平均值,则该平均值只是自然坐标 $s$(即沿轴程距离或沿流程距离)的函数,这时流动可以作为一维流动来分析,如图 3-2 所示。这种方法称为一维流动分析法。后面将介绍的元流和总流都属于一维流动分析法。

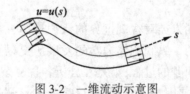

图 3-2　一维流动示意图

对于如图 3-3 所示的带锥度的变截面圆管内的流体流动,流体质点的运动要素 $\varphi$ 既是半径 $r$ 的函数,又是沿轴线距离 $s$ 的函数,即 $\varphi=\varphi(r,s)$,如流速为 $u=u(r,s)$,这时可以作为二维流动来分析。然而,图 3-3 中各截面的流速取平均流速 $u=\bar{u}(s)$,这时可以作为一维流动来分析。对于图 3-4 中的宽浅型矩形截面渠道内的水流,忽略渠道两侧壁面的影响,渠道截面中部附近区域的运动要素可以看做是沿流程距离坐标 $s$ 和垂直坐标 $z$ 的函数,即可作为二维流动来分析。

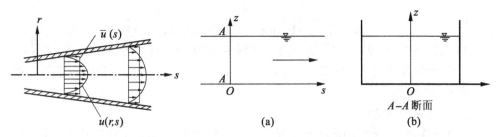

图 3-3　带锥度的变截面圆管流动示意图　　　　图 3-4　矩形截面渠道流动示意图

### 3.2.3　迹线与流线

迹线就是流体质点在空间运动时留下的轨迹所连成的曲线。拉格朗日法是通过跟踪具体的流体质点来描述流体流动的,可见迹线是与拉格朗日法相关联的,可以通过拉格朗日法给出迹线方程。注意到,迹线是针对一个个具体流体质点的,分析推导欧拉法加速度时,给出的流体质点在 $\Delta t$ 时段内沿其运动轨迹的微小位移与速度的关系式(3-8),就是可以表示迹线的微分方程式。即

$$
\begin{cases}
\dfrac{\mathrm{d}x}{\mathrm{d}t}=u_x(x,y,z,t) \\[2mm]
\dfrac{\mathrm{d}y}{\mathrm{d}t}=u_y(x,y,z,t) \\[2mm]
\dfrac{\mathrm{d}z}{\mathrm{d}t}=u_z(x,y,z,t)
\end{cases}
\tag{3-16a}
$$

或

$$
\frac{\mathrm{d}x}{u_x(x,y,z,t)}=\frac{\mathrm{d}y}{u_y(x,y,z,t)}=\frac{\mathrm{d}z}{u_z(x,y,z,t)}=\mathrm{d}t
\tag{3-16b}
$$

应注意,坐标 $x,y,z$ 是时间 $t$ 的函数,对式(3-16)积分时,是以时间 $t$ 为自变量,以坐标 $x,y,z$ 为参数进行的。积分后在所得的表达式中消去时间 $t$ 后即得迹线方程。

流线是指在某一瞬时空间的一条曲线,在该曲线上任一点的流速方向和该点的曲线切线方向重合。或者说流线是同一时刻由不同流体质点所组成的空间曲线,这个曲线给出了该时刻不同流体质点的运动方向。由于欧拉法是从空间点的角度描述流体质点的运动,可见流线是与欧拉法相关联的。

现在讨论流线方程。在流场中任一流线上某点沿流线取一微小线段 $\mathrm{d}s$,显然 $\mathrm{d}s$ 的方向就是流线的切线方向,又设该点的流速为 $\boldsymbol{u}$。根据流线的定义,有流速 $\boldsymbol{u}$ 的方向与微小线段 $\mathrm{d}s$ 的方向重合,即

$$
\mathrm{d}\boldsymbol{s} \times \boldsymbol{u} = 0
\tag{3-17}
$$

写成直角坐标表达为

$$
\begin{vmatrix}
\boldsymbol{i} & \boldsymbol{j} & \boldsymbol{k} \\
\mathrm{d}x & \mathrm{d}y & \mathrm{d}z \\
u_x & u_y & u_z
\end{vmatrix} = 0
\tag{3-18}
$$

式中:$i,j,k$ 分别为坐标 $x,y,z$ 轴向的单位矢量。展开后可以得流线微分方程

$$\frac{\mathrm{d}x}{u_x(x,y,z,t)}=\frac{\mathrm{d}y}{u_y(x,y,z,t)}=\frac{\mathrm{d}z}{u_z(x,y,z,t)} \tag{3-19}$$

流线微分方程(3-19)由两个独立方程式组成,式中流速 $u$ 为坐标$(x,y,z)$ 和时间 $t$ 的函数。由于流线是针对同一瞬时的,则以坐标$(x,y,z)$ 为自变量进行积分可以求得流线方程,时间 $t$ 则看做为参数。

流线有下列基本特性。

(1)在定常流中,流线的形状与位置不随时间而改变。这是因为在定常流中,各空间点流速的矢量不随时间而变化,使得流线的形状与所处的位置也不随时间而变化。对非定常流,由于流速矢量随时间变化,那么流线的形状与所处的位置也随时间变化。

(2)在定常流中,流体质点的迹线与流线相重合。这是因为在定常流中,已知流线的形状与位置不随时间而改变,这就意味着流线就像一个通道,许多流体质点沿着这个通道不停的向前运动。这时,针对具体的流体质点则为迹线,针对众多的流体质点则为流线。

(3)对同一时刻,流线不可能相交,也不可能分叉或转折,流线是光滑的曲线。用反证法,如果某时刻,有两条流线在某点相交,这时在该相交点处,沿两条流线有两个切线方向,而该点只有一个流速方向,按照流线的定义,这是矛盾的和不可能的。故在同一瞬时,流线不可能相交。同理也可以证得,流线不可能分叉或转折,而是光滑的曲线。

**例 3.1** 已知定常流场中的流速分布为

$$u_x=ay, \quad u_y=-ax, \quad u_z=0$$

其中常数 $a\neq0$,试求该流场的流线。

**解** 由于 $u_z=0$,并且 $u_x$ 和 $u_y$ 与坐标 $z$ 无关,则在法线与 $Oz$ 轴平行的所有平面上的流速分布是相同的。因此可以任取一个法线与 $Oz$ 轴平行的平面作为 $xOy$ 平面,并在该平面上进行流场分析。现将已知的流速分布代入流线微分方程(3-19),即

$$\frac{\mathrm{d}x}{ay}=\frac{\mathrm{d}y}{-ax}$$

对该流线微分方程积分,得流线方程

$$x^2+y^2=C$$

可见在 $xOy$ 平面上,流线为一簇圆心位于坐标原点的同心圆,圆的半径由积分常数 $C$ 给出。由于流动同时为定常流,该同心圆也是迹线,即流体质点绕原点作圆周运动。

### 3.2.4 流管、元流、总流

1.流管

在流场中任取一条不是流线的封闭曲线,在同一瞬时,过该封闭曲线上的每一点作流线,由这些流线所构成的管状封闭曲面称为流管,如图 3-5 所示。若所取的封闭曲线为微小的封闭曲线,这时所构成的流管为微元流管。根据流线的定义,尽管由流线构成的流管壁面在流场中是虚构的,但在流动中好像是真正的管壁,流体质点只能在流管内部或沿流管壁面流动,不能穿越管壁流进、流出流管。

2.元流

充满流管内的流动流体称为元流或微小流束。当元流直径趋于零时,元流则达到其极

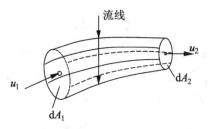

图 3-5　流管、流束示意图

限——流线。一般情况下,元流和流线的概念是相通的。流体为定常流时元流的形状和位置是不随时间而变化的。由于元流的横截面面积很小,可以认为横截面上各点的流速、压强均相等。

3.总流

总流就是实际流体在具有一定尺寸的有限规模边界内的流动。总流也可以看做是无数元流的总和。如自然界中的管道流动和河渠流动都可以看做为总流流动问题。

将流动问题看做元流和总流,就是按照一维流动分析法的思路解决实际流动问题。

### 3.2.5　有效截面、流量、平均流速

1.有效截面

与元流或总流中的流线相垂直的横截面称为有效截面,或者说有效截面上各点的流速方向与该截面的法线方向相同。注意,有效截面不一定为平面。如图 3-6 所示,当流场内所有的流线相互平行时,有效截面则为平面,否则有效截面为曲面。元流或总流的横截面也称为断面,有效截面也称为过水断面。

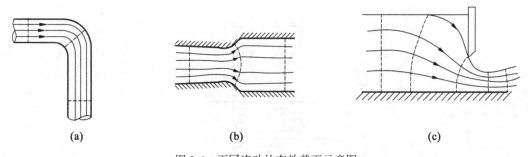

(a)　　　　　　　　　　(b)　　　　　　　　　　(c)

图 3-6　不同流动的有效截面示意图

2.流量

单位时间内通过有效截面的流体体积称为体积流量 $Q$,一般简称为流量,其单位为 $m^3/s$。对于元流,由于有效截面面积 $dA$ 非常小,可以近似认为该截面上各点的流速在同一时刻是相同的,因此有元流流量 $dQ$ 为

$$dQ = u dA \tag{3-20}$$

式中,$dA$ 为元流有效截面面积,$u$ 为元流有效截面上各点的流速。对于总流流量则可通过

将经过总流有效截面的所有元流流量相加求得,即

$$Q = \int_A u\mathrm{d}A \qquad (3\text{-}21)$$

式中,$A$ 为总流有效截面面积,$u$ 为总流有效截面上各点的流速。

对于通过流场中某横截面或某表面的流体的流量,这时横截面或表面的法线 $\boldsymbol{n}$ 的方向与流速 $\boldsymbol{u}$ 的方向不相同,这时流量为

$$Q = \int_A \boldsymbol{u} \cdot \mathrm{d}\boldsymbol{A} = \int_A u\cos(\boldsymbol{u},\boldsymbol{n})\mathrm{d}A = \int_A u_n\mathrm{d}A \qquad (3\text{-}22)$$

式中,$\cos(\boldsymbol{u},\boldsymbol{n})$ 为流速矢量与该横截面法向方向的方向余弦,$u_n$ 为流速矢量向该横截面法向的方向投影分量。

单位时间内通过有效截面的流体数量为质量或重量,称为质量流量 $Q_M$(单位:kg/s)和重量流量 $Q_G$(单位:N/s)。其计算公式为

质量流量 $$Q_M = \int_A \rho\mathrm{d}Q = \int_A \rho u\mathrm{d}A \qquad (3\text{-}23)$$

重量流量 $$Q_G = g\int_A \rho\mathrm{d}Q = g\int_A \rho u\mathrm{d}A \qquad (3\text{-}24)$$

实际应用中,在不产生错误理解的情况下,仍可以用 $Q$ 表示质量流量 $Q_M$ 和重量流量 $Q_G$。

**3.平均流速**

由于流体的粘性和流动边界的影响,总流有效截面上各点的流速是不相同的,整个截面的流速分布是不均匀的。为方便计算,引入平均流速的概念。即认为总流有效截面上各点的流速大小都是相同的,并且都等于平均流速 $v$,如图 3-7 所示。按照这个概念,平均流速 $v$ 与有效截面面积相乘所获得的流量,应等于按实际点流速 $u$ 分布沿面积积分所得的流量,即

$$Q = vA = \int_A \boldsymbol{u}\mathrm{d}A$$

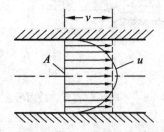

图 3-7　截面流速分布与平均流速示意图

整理得平均流速 $v$ 与实际点流速 $u$ 的关系为

$$v = \frac{1}{A}\int_A \boldsymbol{u}\mathrm{d}A = \frac{Q}{A} \qquad (3\text{-}25)$$

### 3.2.6　均匀流与非均匀流

**1.均匀流**

流体流动的流线均为相互平行的直线,这种流动称为均匀流。例如流体在直径不变的长直管道内的定常流动就是均匀流(进口段和出口段不算)。基于均匀流的定义,均匀流有下列特性:

(1)均匀流的有效截面为平面,并且有效截面的形状与尺寸沿流程不变。

(2)均匀流中同一流线上各点的流速相等,各有效截面上的流速分布相同、平均流速相同。

(3)均匀流有效截面上的流体动压强分布规律与流体静力学中的流体静压强分布规律相同,也就是在均匀流有效截面上同样存在各点的测压管水头等于一常数的特性(式(2-24)),即

$$z+\frac{p}{\rho g}=C$$

为证明上述这一特性,在均匀流有效截面上任意两相邻流线之间取一微小圆柱体,如图3-8 所示(图 3-8 中为渐变流,流线为稍有弯曲的曲线。而均匀流中,流线则为相互平行的直线)。设圆柱体高为 $dn$,底面面积为 $dA$,柱体轴线 $n$—$n$ 与流线正交,并与坐标轴 $z$ 轴成夹角 $\alpha$。由于均匀流流线为相互平行的直线,则圆柱体在 $n$—$n$ 轴向无惯性力存在。只是在圆柱体两端有受流体动压强作用而产生的总压力,以及重力。这些力应满足 $n$—$n$ 轴向力的平衡方程

$$-pdA+(p+dp)dA-\rho gdAdn\cos\alpha=0$$

考虑到 $n$—$n$ 轴向与坐标轴 $Oz$ 轴的关系,$dn\cos\alpha=-dz$,代入并化简得,$dp+\rho gdz=0$,积分得

$$z+\frac{p}{\rho g}=C$$

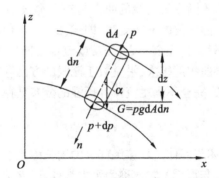

图 3-8　渐变流中微小圆柱体的受力状况示意图

这一特性表明,均匀流有效截面上的流体动压强分布可以按流体静压强的规律计算。

**2.非均匀流**

流体流动的流线如果不是相互平行的直线,例如流线平行但不是直线、或流线是直线但不平行,这样的流动称为非均匀流。如图 3-9 所示,流体在收缩管和扩散管中的流动,或流体在一管道系统中的流动,都为非均匀流。非均匀流有效截面上流体动压强分布不满足流

体静压强规律,如图 3-10 所示。

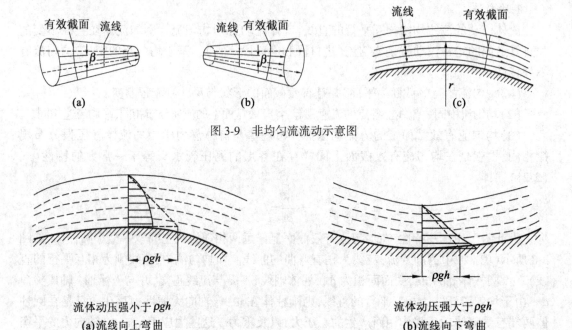

图 3-9　非均匀流流动示意图

图 3-10　非均匀流有效截面上的压强分布示意图

根据非均匀流中流线平行与弯曲的急剧程度,又可以分为渐变流和急变流。

如果某流动的流线曲率很小可以近似为直线,或流线之间的夹角很小,这种流动称为渐变流,也称为缓变流,如图 3-9 中(a)、(b)、(c)等。渐变流的极限情况为均匀流,或者说渐变流就是近似的均匀流。由于渐变流流线的曲率与夹角都很小,则在其有效截面上流体动压强分布可以近似满足流体静压强的分布规律,即式(2-24)近似成立。如图 3-8 所示。

如果某流动的流线曲率很大,完全不为直线,或流线之间的夹角很大,这种流动称为急变流。急变流因为其流线弯曲程度很大,沿垂直于流线的方向存在离心惯性力,使得有效截面上的流体动压强分布复杂,完全不满足流体静压强的分布规律,如图 3-10 所示。

### 3.2.7　湿周、水力半径

总流的有效截面上,流体与固体边界接触部分的周长称为湿周,以 $\chi$ 表示,如图 3-11 所示。总流的有效截面面积 $A$ 与湿周 $\chi$ 之比称为水力半径,以 $R$ 表示,即

$$R = \frac{A}{\chi} \tag{3-26}$$

从式(3-26)可知,水力半径是具有长度量纲的量,但必须注意水力半径与一般的圆截面的半径是完全不同的概念,不能混淆。例如以半径为 $r$、直径为 $d$ 并充满流动流体的圆管,其水力半径为

$$R = \frac{\pi r^2}{2\pi r} = \frac{r}{2} = \frac{d}{4} \tag{3-27}$$

可见圆管半径 $r$ 不等于水力半径 $R$。

湿周与水力半径反映了总流有效截面的综合形状特性,特别是在非圆截面管道与渠道的水力计算中经常用到。

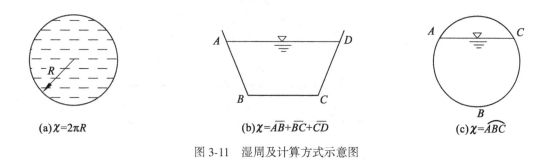

(a)$\chi=2\pi R$　　　　　　(b)$\chi=\overline{AB}+\overline{BC}+\overline{CD}$　　　　　　(c)$\chi=\overset{\frown}{ABC}$

图 3-11　湿周及计算方式示意图

## §3.3　流体运动的连续性方程

流体的流动就是一种连续介质的连续流动,同其他物质运动一样,也要遵循质量守恒定律。本节将根据质量守恒定律并考虑流体流动的连续性,分别建立流体三维流动的连续性方程和元流、总流的连续性方程。

### 3.3.1　流体流动的连续性方程

如图 3-12 所示,在流场中任取一微小正交空间六面体,各边分别与直角坐标系各轴平行。设各边边长分别为 $\mathrm{d}x$、$\mathrm{d}y$、$\mathrm{d}z$,空间六面体形心点 $M$ 的坐标为$(x,y,z)$,以及在 $t$ 时刻 $M$ 点上的流速为$(u_x,u_y,u_z)$、其密度为 $\rho$。对于空间六面体其余各点在 $t$ 时刻的流速和密度,由于所取的空间六面体为微小的空间体,并考虑流体的连续性,可以用泰勒(Tayler)级数展开方法得到。

首先考虑在微小时段 $\mathrm{d}t$ 内流入、流出空间六面体的流体质量。现以空间六面体两个平行表面 $abcd$ 和 $a'b'c'd'$ 为研究对象,讨论流体在 $\mathrm{d}t$ 时段内经过表面 $abcd$ 沿 $Ox$ 轴向流入空间六面体的质量与经过表面 $a'b'c'd'$ 沿 $Ox$ 轴向流出空间六面体的质量,以及流入、流出的流体质量差。

根据泰勒级数展开方法,可以得流体在表面 $abcd$ 中心的流速、密度分别为

$$\left(u_x-\frac{\partial u_x}{\partial x}\frac{\mathrm{d}x}{2}\right),\quad\left(\rho-\frac{\partial\rho}{\partial x}\frac{\mathrm{d}x}{2}\right)$$

以及流体在表面 $a'b'c'd'$ 中心的流速、密度分别为

$$\left(u_x+\frac{\partial u_x}{\partial x}\frac{\mathrm{d}x}{2}\right),\quad\left(\rho+\frac{\partial\rho}{\partial x}\frac{\mathrm{d}x}{2}\right)$$

中心处的流速、密度可以作为表面 $abcd$ 与 $a'b'c'd'$ 的平均流速、平均密度,从而可以得 $\mathrm{d}t$ 时段内经过表面 $abcd$ 沿 $Ox$ 轴向流入空间六面体的流体质量 $m_1$,即

$$m_1=\left(\rho-\frac{\partial\rho}{\partial x}\frac{\mathrm{d}x}{2}\right)\left(u_x-\frac{\partial u_x}{\partial x}\frac{\mathrm{d}x}{2}\right)\mathrm{d}y\mathrm{d}z\mathrm{d}t$$

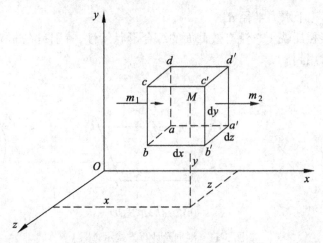

图 3-12　推导三维流动连续方程示意图

以及与经过表面 $a'b'c'd'$ 沿 $Ox$ 轴向流出空间六面体的流体质量 $m_2$，即

$$m_2=\left(\rho+\frac{\partial\rho}{\partial x}\frac{\mathrm{d}x}{2}\right)\left(u_x+\frac{\partial u_x}{\partial x}\frac{\mathrm{d}x}{2}\right)\mathrm{d}y\mathrm{d}z\mathrm{d}t$$

于是可以得 $\mathrm{d}t$ 时段内沿 $Ox$ 轴向流入、流出空间六面体的流体质量差为

$$m_1-m_2=-\left(\rho\frac{\partial u_x}{\partial x}\mathrm{d}x+u_x\frac{\partial\rho}{\partial x}\mathrm{d}x\right)\mathrm{d}y\mathrm{d}z\mathrm{d}t=-\frac{\partial}{\partial x}(\rho u_x)\mathrm{d}x\mathrm{d}y\mathrm{d}z\mathrm{d}t$$

推导时已考虑忽略二阶以上高阶无穷小。

同理可以得 $\mathrm{d}t$ 时段内沿 $Oy$ 轴向与 $Oz$ 轴向流入、流出空间六面体的流体质量差分别为

$$-\frac{\partial(\rho u_y)}{\partial y}\mathrm{d}x\mathrm{d}y\mathrm{d}z\mathrm{d}t,\qquad -\frac{\partial(\rho u_z)}{\partial z}\mathrm{d}x\mathrm{d}y\mathrm{d}z\mathrm{d}t$$

另外，在 $t$ 时刻与 $t+\mathrm{d}t$ 时刻，空间六面体内流体的质量分别为

$$m'=\rho\mathrm{d}x\mathrm{d}y\mathrm{d}z,\qquad m''=\left(\rho+\frac{\partial\rho}{\partial t}\mathrm{d}t\right)\mathrm{d}x\mathrm{d}y\mathrm{d}z$$

那么在 $\mathrm{d}t$ 时段内空间六面体中的流体质量变化量为

$$m''-m'=\frac{\partial\rho}{\partial t}\mathrm{d}t\mathrm{d}x\mathrm{d}y\mathrm{d}z$$

根据质量守恒定律，在 $\mathrm{d}t$ 时段内沿 $x$、$y$、$z$ 三个方向流入、流出空间六面体的流体质量差应等于该时段内在空间六面体中的流体质量变化量，即

$$-\left(\frac{\partial(\rho u_x)}{\partial x}+\frac{\partial(\rho u_y)}{\partial y}+\frac{\partial(\rho u_z)}{\partial z}\right)\mathrm{d}x\mathrm{d}y\mathrm{d}z\mathrm{d}t=\frac{\partial\rho}{\partial t}\mathrm{d}t\mathrm{d}x\mathrm{d}y\mathrm{d}z$$

亦即

$$\frac{\partial\rho}{\partial t}+\frac{\partial(\rho u_x)}{\partial x}+\frac{\partial(\rho u_y)}{\partial y}+\frac{\partial(\rho u_z)}{\partial z}=0 \qquad (3\text{-}28)$$

式（3-28）为流体流动的连续性微分方程。将式（3-28）后三项展开

$$\frac{\partial\rho}{\partial t}+u_x\frac{\partial\rho}{\partial x}+u_y\frac{\partial\rho}{\partial y}+u_z\frac{\partial\rho}{\partial z}+\rho\left(\frac{\partial u_x}{\partial x}+\frac{\partial u_y}{\partial y}+\frac{\partial u_z}{\partial z}\right)=0 \qquad (3\text{-}29)$$

引入式（3-13）可得另一形式的连续性微分方程

$$\frac{\mathrm{d}\rho}{\mathrm{d}t}+\rho\left(\frac{\partial u_x}{\partial x}+\frac{\partial u_y}{\partial y}+\frac{\partial u_z}{\partial z}\right)=0 \tag{3-30}$$

由式(3-28)与式(3-30)可见,流体密度是可以变化的,因而上述这两式均为可压缩流体连续性方程。

若针对不可压缩流体流动,有 $\rho \equiv \mathrm{const}$,则式(3-31)可以写成

$$\frac{\partial u_x}{\partial x}+\frac{\partial u_y}{\partial y}+\frac{\partial u_z}{\partial z}=0 \tag{3-31}$$

式(3-31)为不可压缩流体连续性微分方程。从上述推导过程来看,式(3-31)对不可压缩流体的定常流与非定常流都适用。对于二维不可压缩流体流动,式(3-31)可以写成

$$\frac{\partial u_x}{\partial x}+\frac{\partial u_y}{\partial y}=0 \tag{3-32}$$

### 3.3.2　定常元流、总流的连续性方程

在自然界中,存在着受某些周界的限制和影响只沿某一方向运动的流体流动过程,这种流动可以简化为一维流动。这种流动可以用元流、总流来描述。下面针对这一类的流动,建立元流和总流的连续性方程。

在定常流中,如图 3-13 所示为一段总流,$A_1$ 与 $A_2$ 分别为总流上有效截面 1—1 和有效截面 2—2 的面积。

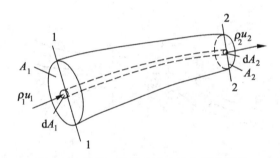

图 3-13　推导一维流动连续性方程示意图

现在总流中取一元流,元流的两有效截面面积分别为 $\mathrm{d}A_1$ 与 $\mathrm{d}A_2$,其上的流速分别为 $u_1$ 与 $u_2$,其密度分别为 $\rho_1$ 与 $\rho_2$,如图 3-13 所示。按照元流的周界即流管是由流线组成的定义,又根据定常流中流线的形状与位置不随时间而改变以及流线不可能相交的性质,可知定常流中元流的形状与位置不随时间而改变,也不可能有流体质点穿过管壁进、出元流的情况,流体质点只能从两端有效截面 $\mathrm{d}A_1$ 与 $\mathrm{d}A_2$ 处分别进、出。又考虑元流的有效截面为微小截面,则截面上的流速分布可以看做均匀的。那么,在 $\mathrm{d}t$ 时间内,由有效截面 $\mathrm{d}A_1$ 流入的流体质量为 $\rho_1 u_1 \mathrm{d}A_1 \mathrm{d}t$,由有效截面 $\mathrm{d}A_2$ 流出的流体质量为 $\rho_2 u_2 \mathrm{d}A_2 \mathrm{d}t$。按照质量守恒定律,流入元流的流体质量应等于流出的流体质量,即可得元流的连续性方程

$$\rho_1 u_1 \mathrm{d}A_1 = \rho_2 u_2 \mathrm{d}A_2 \tag{3-33}$$

方程(3-33)也称为可压缩流体连续性方程。若为不可压缩流体,则有 $\rho_1 = \rho_2 = \mathrm{const}$,可以得不可压缩流体连续性方程

$$u_1 \mathrm{d}A_1 = u_2 \mathrm{d}A_2 = \mathrm{d}Q \tag{3-34}$$

式中，dQ 为式(3-20)表示的元流流量，式(3-34)说明各截面的元流流量沿程相等。

总流是由无数元流组成的，如图 3-13 所示对元流的连续性方程(3-33)分别沿有效截面 1—1 与有效截面 2—2 积分可以得总流的连续性方程

$$\int_{A_1} \rho_1 u_1 \mathrm{d}A_1 = \int_{A_2} \rho_2 u_2 \mathrm{d}A_2 = Q \tag{3-35}$$

式中，$Q$ 为总流流量，为质量流量的含义。引入有效截面平均流速的概念，并假定在总流有效截面上流体的密度为均匀分布，则有

$$\rho_1 v_1 A_1 = \rho_2 v_2 A_2 = Q \tag{3-36}$$

式中，$v_1$ 与 $v_2$、$\rho_1$ 与 $\rho_2$ 分别为有效截面 1—1 与有效截面 2—2 上的平均流速、密度。方程(3-36)称为可压缩流体总流连续性方程。式(3-36)说明各有效截面反映质量流量的总流流量沿程相等。

若为不可压缩流体，则有

$$v_1 A_1 = v_2 A_2 = Q \tag{3-37}$$

式中，总流流量 $Q$ 为体积流量的含义。从式(3-37)可见，各有效截面的总流流量沿程相等，截面平均流速与有效截面面积呈反比关系。

需要注意的是，式(3-37)表示的是无支流的总流连续性方程。对于如图 3-14 所示的有汇流和分流情况下的总流，分别有

$$Q_1 + Q_2 = Q_3 \tag{3-38}$$

$$Q_1 = Q_2 + Q_3 \tag{3-39}$$

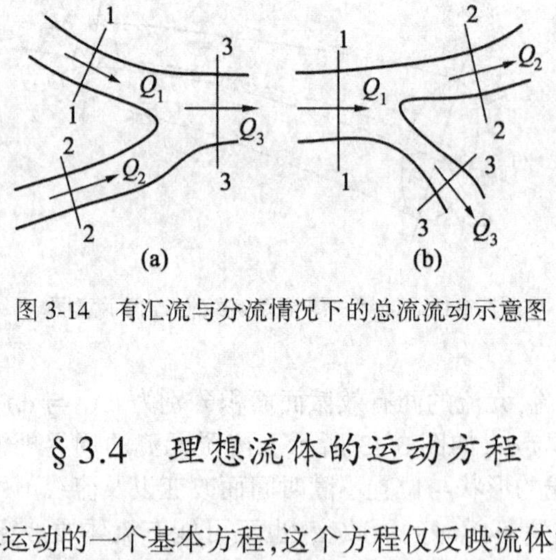


图 3-14 有汇流与分流情况下的总流流动示意图

## §3.4 理想流体的运动方程

连续性方程是流体运动的一个基本方程，这个方程仅反映流体流动时有关运动学方面的关系，没有涉及流体流动中常遇到的作用力与能量等问题。本节将从牛顿第二定律出发，从作用力与能量的角度，研究流体流动的运动规律，推导与建立理想流体的运动微分方程，并在一定的条件下对流体运动方程积分，得到理想流体的伯努利(Bernoulli)积分式和伯努利方程。

### 3.4.1 理想流体的运动微分方程

如图 3-15 所示，在理想流体的流场中任取一个由流体质点组成的微小正交六面体微

团,该微团各边分别与直角坐标系各轴平行。设各边边长分别为 $\mathrm{d}x$、$\mathrm{d}y$、$\mathrm{d}z$,微团形心点 $M$ 的坐标为$(x,y,z)$,在 $t$ 时刻 $M$ 点上的流速为 $\boldsymbol{u}$,其分量为$(u_x,u_y,u_z)$,$M$ 点上的流体动压强 为 $p$,以及其密度为 $\rho$。

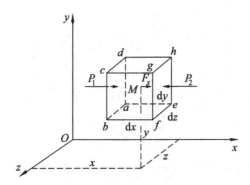

图 3-15　推导理想流体运动微分方程示意图

　　首先分析该微团在 $t$ 时刻所受的外力。根据第 1 章绪论所述,作用在该微团上的外力 有质量力与表面力两种。关于作用在该微团上的质量力,可以设表征质量力大小的单位质 量力为 $\boldsymbol{f}$,其分量为$(f_x,f_y,f_z)$。对于作用在该微团上的表面力,由于所考虑的理想流体没有 粘滞性而不存在切应力,则表征表面力大小的只有垂直于作用面的流体动压强。又由于所 取的微团为微小体,以及流体及其运动要素的连续性,可以用泰勒级数展开方法得到作用在 该六面体微团表面上的表面力。

　　以 $Ox$ 轴向为例,质量力在 $Ox$ 轴向的分力为

$$F_x = f_x \rho \, \mathrm{d}x\mathrm{d}y\mathrm{d}z$$

作用在 $abcd$ 与 $efgh$ 表面上的表面力分别为

$$P_1 = \left(p - \frac{\partial p}{\partial x}\frac{\mathrm{d}x}{2}\right)\mathrm{d}y\mathrm{d}z, \quad P_2 = \left(p + \frac{\partial p}{\partial x}\frac{\mathrm{d}x}{2}\right)\mathrm{d}y\mathrm{d}z$$

　　根据牛顿第二定律,作用于该微团上的外力在某轴向分力的代数和应等于该微团的流 体质量乘以加速度在该轴向的分量,即

$$F_x + P_1 - P_2 = \rho\,\mathrm{d}x\mathrm{d}y\mathrm{d}z\,\frac{\mathrm{d}u_x}{\mathrm{d}t}$$

或

$$f_x\rho\,\mathrm{d}x\mathrm{d}y\mathrm{d}z + \left(p - \frac{\partial p}{\partial x}\frac{\mathrm{d}x}{2}\right)\mathrm{d}y\mathrm{d}z - \left(p + \frac{\partial p}{\partial x}\frac{\mathrm{d}x}{2}\right)\mathrm{d}y\mathrm{d}z = \rho\,\mathrm{d}x\mathrm{d}y\mathrm{d}z\,\frac{\mathrm{d}u_x}{\mathrm{d}t} \tag{3-40}$$

整理得式(3-41)中的第一式,同理可得式(3-41)中的二、三两式,即

$$\begin{cases} f_x - \dfrac{1}{\rho}\dfrac{\partial p}{\partial x} = \dfrac{\mathrm{d}u_x}{\mathrm{d}t} \\[2mm] f_y - \dfrac{1}{\rho}\dfrac{\partial p}{\partial y} = \dfrac{\mathrm{d}u_y}{\mathrm{d}t} \\[2mm] f_z - \dfrac{1}{\rho}\dfrac{\partial p}{\partial z} = \dfrac{\mathrm{d}u_z}{\mathrm{d}t} \end{cases} \tag{3-41}$$

或矢量式
$$f-\frac{1}{\rho}\nabla p=\frac{\mathrm{d}\boldsymbol{u}}{\mathrm{d}t}\qquad(3\text{-}42)$$

引入式(3-10)表示的流体加速度表达式,上式又可以写成

$$\begin{cases}f_x-\dfrac{1}{\rho}\dfrac{\partial p}{\partial x}=\dfrac{\partial u_x}{\partial t}+u_x\dfrac{\partial u_x}{\partial x}+u_y\dfrac{\partial u_x}{\partial y}+u_z\dfrac{\partial u_x}{\partial z}\\[2mm]f_y-\dfrac{1}{\rho}\dfrac{\partial p}{\partial y}=\dfrac{\partial u_y}{\partial t}+u_x\dfrac{\partial u_y}{\partial x}+u_y\dfrac{\partial u_y}{\partial y}+u_z\dfrac{\partial u_y}{\partial z}\\[2mm]f_z-\dfrac{1}{\rho}\dfrac{\partial p}{\partial z}=\dfrac{\partial u_z}{\partial t}+u_x\dfrac{\partial u_z}{\partial x}+u_y\dfrac{\partial u_z}{\partial y}+u_z\dfrac{\partial u_z}{\partial z}\end{cases}\qquad(3\text{-}43)$$

或矢量式
$$f-\frac{1}{\rho}\nabla p=\frac{\partial\boldsymbol{u}}{\partial t}+\boldsymbol{u}\cdot\nabla\boldsymbol{u}\qquad(3\text{-}44)$$

矢量式(3-42)、式(3-44)中$\nabla=\boldsymbol{i}\dfrac{\partial}{\partial x}+\boldsymbol{j}\dfrac{\partial}{\partial y}+\boldsymbol{k}\dfrac{\partial}{\partial z}$为哈密顿算子。

式(3-41)、式(3-43)称为理想流体的运动微分方程,1755年由欧拉提出,所以又称为欧拉运动方程。当$u_x=u_y=u_z=0$时,欧拉运动方程则转化为欧拉平衡方程(2-11)。

欧拉运动方程与连续性方程(3-31)联合可以组成封闭的方程组,该方程组含有$p$、$u_x$、$u_y$、$u_z$等四个未知变量,结合具体问题的初始条件和边界条件,可以求解不可压缩理想流体运动的解。由于该方程组为三维非线性偏微分方程组,再加上具体流动问题的初始条件和边界条件通常很复杂,一般不容易求解。但在特定的条件下,可以对欧拉运动方程进行积分,其积分式可以帮助人们分析流体运动规律,并解决部分流动问题。

### 3.4.2 理想流体运动微分方程的伯努利积分

对于式(3-43)所示的理想流体运动微分方程,在下列条件下,可以进行积分求解。

(1)作定常运动,有$\dfrac{\partial u_x}{\partial t}=\dfrac{\partial u_y}{\partial t}=\dfrac{\partial u_z}{\partial t}=\dfrac{\partial p}{\partial t}=0$,即$\boldsymbol{u}$、$p$仅为空间坐标的函数。

(2)流体为不可压缩流体,$\rho=\text{const}$。

(3)质量力有势,也就是质量力存在力势函数$W(x,y,z)$,并且
$$f_x=\frac{\partial W}{\partial x},\quad f_y=\frac{\partial W}{\partial y},\quad f_z=\frac{\partial W}{\partial z}\qquad(3\text{-}45)$$

(4)沿流线积分,即由流线方程(3-19),可得
$$u_x\mathrm{d}y=u_y\mathrm{d}x,\quad u_y\mathrm{d}z=u_z\mathrm{d}y,\quad u_z\mathrm{d}x=u_x\mathrm{d}z\qquad(3\text{-}46)$$

根据条件(1),式(3-43)可以写成

$$\begin{cases}f_x-\dfrac{1}{\rho}\dfrac{\partial p}{\partial x}=u_x\dfrac{\partial u_x}{\partial x}+u_y\dfrac{\partial u_x}{\partial y}+u_z\dfrac{\partial u_x}{\partial z}\\[2mm]f_y-\dfrac{1}{\rho}\dfrac{\partial p}{\partial y}=u_x\dfrac{\partial u_y}{\partial x}+u_y\dfrac{\partial u_y}{\partial y}+u_z\dfrac{\partial u_y}{\partial z}\\[2mm]f_z-\dfrac{1}{\rho}\dfrac{\partial p}{\partial z}=u_x\dfrac{\partial u_z}{\partial x}+u_y\dfrac{\partial u_z}{\partial y}+u_z\dfrac{\partial u_z}{\partial z}\end{cases}\qquad(3\text{-}47)$$

沿流线取一微小位移$\mathrm{d}s$,该位移的三个分量为$(\mathrm{d}x,\mathrm{d}y,\mathrm{d}z)$。将该位移的三个分量分别乘以式(3-47)中的三个表达式,即

$$\begin{cases} f_x \mathrm{d}x - \dfrac{1}{\rho}\dfrac{\partial p}{\partial x}\mathrm{d}x = u_x \dfrac{\partial u_x}{\partial x}\mathrm{d}x + u_y \dfrac{\partial u_x}{\partial y}\mathrm{d}x + u_z \dfrac{\partial u_x}{\partial z}\mathrm{d}x \\[2mm] f_y \mathrm{d}y - \dfrac{1}{\rho}\dfrac{\partial p}{\partial y}\mathrm{d}y = u_x \dfrac{\partial u_y}{\partial x}\mathrm{d}y + u_y \dfrac{\partial u_y}{\partial y}\mathrm{d}y + u_z \dfrac{\partial u_y}{\partial z}\mathrm{d}y \\[2mm] f_z \mathrm{d}z - \dfrac{1}{\rho}\dfrac{\partial p}{\partial z}\mathrm{d}z = u_x \dfrac{\partial u_z}{\partial x}\mathrm{d}z + u_y \dfrac{\partial u_z}{\partial y}\mathrm{d}z + u_z \dfrac{\partial u_z}{\partial z}\mathrm{d}z \end{cases} \tag{3-48}$$

将流线关系式(3-46)代入式(3-48)的对应项,如第一式有

$$f_x \mathrm{d}x - \frac{1}{\rho}\frac{\partial p}{\partial x}\mathrm{d}x = u_x \frac{\partial u_x}{\partial x}\mathrm{d}x + u_x \frac{\partial u_x}{\partial y}\mathrm{d}y + u_x \frac{\partial u_x}{\partial z}\mathrm{d}z = u_x\left(\frac{\partial u_x}{\partial x}\mathrm{d}x + \frac{\partial u_x}{\partial y}\mathrm{d}y + \frac{\partial u_x}{\partial z}\mathrm{d}z\right)$$

由条件(1),有

$$\mathrm{d}u_x = \frac{\partial u_x}{\partial x}\mathrm{d}x + \frac{\partial u_x}{\partial y}\mathrm{d}y + \frac{\partial u_x}{\partial z}\mathrm{d}z$$

可得式(3-49)中的第一式,同理可得式(3-49)中的二、三两式,即

$$\begin{cases} f_x \mathrm{d}x - \dfrac{1}{\rho}\dfrac{\partial p}{\partial x}\mathrm{d}x = u_x \mathrm{d}u_x = \mathrm{d}\left(\dfrac{u_x^2}{2}\right) \\[2mm] f_y \mathrm{d}y - \dfrac{1}{\rho}\dfrac{\partial p}{\partial y}\mathrm{d}y = u_y \mathrm{d}u_y = \mathrm{d}\left(\dfrac{u_y^2}{2}\right) \\[2mm] f_z \mathrm{d}z - \dfrac{1}{\rho}\dfrac{\partial p}{\partial z}\mathrm{d}z = u_z \mathrm{d}u_z = \mathrm{d}\left(\dfrac{u_z^2}{2}\right) \end{cases} \tag{3-49}$$

将式(3-49)中的三个式子对应项相加,有

$$(f_x \mathrm{d}x + f_y \mathrm{d}y + f_z \mathrm{d}z) - \frac{1}{\rho}\left(\frac{\partial p}{\partial x}\mathrm{d}x + \frac{\partial p}{\partial y}\mathrm{d}y + \frac{\partial p}{\partial z}\mathrm{d}z\right) = \mathrm{d}\left(\frac{u_x^2}{2} + \frac{u_y^2}{2} + \frac{u_z^2}{2}\right) \tag{3-50}$$

由条件(1),有

$$\mathrm{d}p = \frac{\partial p}{\partial x}\mathrm{d}x + \frac{\partial p}{\partial y}\mathrm{d}y + \frac{\partial p}{\partial z}\mathrm{d}z \tag{3-51}$$

由条件(3),有

$$\mathrm{d}W = f_x \mathrm{d}x + f_y \mathrm{d}y + f_z \mathrm{d}z \tag{3-52}$$

则式(3-50)可以写成

$$\mathrm{d}W - \frac{1}{\rho}\mathrm{d}p - \frac{1}{2}\mathrm{d}u^2 = 0 \tag{3-53}$$

将式(3-53)积分,并考虑条件(2),可得

$$W - \frac{p}{\rho} - \frac{u^2}{2} = \mathrm{const} \tag{3-54}$$

式(3-54)为理想流体运动微分方程的伯努利积分式。式(3-54)表明,在受有势质量力作用下的定常不可压缩理想流体流动中,同一流线上的$\left(W - \dfrac{p}{\rho} - \dfrac{u^2}{2}\right)$值保持不变,也就是同一流线上各点的积分常数保持不变。但对不同的流线,式(3-54)中的伯努利积分常数一般是不相同的。

### 3.4.3　理想流体的伯努利方程

如果某理想流体的流动,所受的质量力仅为重力,以 $Oz$ 轴向上,则有

$$f_x = f_y = 0, \quad f_z = -g$$

代入式(2-15)可得

$$\mathrm{d}W = -g\mathrm{d}z, \quad W = -gz + C$$

式中,$C$ 为积分常数。这时由式(3-54)可得

$$z+\frac{p}{\rho g}+\frac{u^2}{2g}=\text{const} \tag{3-55}$$

对于同一流线上的任意两点 1 与 2，式(3-55)又可以写成

$$z_1+\frac{p_1}{\rho g}+\frac{u_1^2}{2g}=z_2+\frac{p_2}{\rho g}+\frac{u_2^2}{2g} \tag{3-56}$$

式(3-54)、式(3-55)即为理想流体伯努利方程。根据流线与元流的定义，流线是元流的极限情况，所以沿流线成立的理想流体伯努利方程元流同样适用。另外需注意的是，式(3-55)中所指的是沿同一条流线上的两点，而不是指流场中的任意两点。

伯努利方程中 $z$、$\frac{p}{\rho g}$ 及 $z+\frac{p}{\rho g}$ 等项的几何意义和物理意义已在第 2 章中给出，即在几何意义上这些项分别为位置水头、压强水头及测压管水头；在物理意义上这些项分别为单位重量流体所具有的位能、压强势能及总势能。伯努利方程中的第三项 $\frac{u^2}{2g}$ 与前两项一样，也具有长度量纲，并且有 $\frac{mu^2/2}{mg}=\frac{u^2}{2g}$，即在物理意义上为单位重量流体所具有的动能；在几何意义上为流速水头。伯努利方程中的三项 $z$、$\frac{p}{\rho g}$ 及 $\frac{u^2}{2g}$ 之和，即位能、压强势能及动能之和，在物理意义上为单位重量流体所具有的总机械能 $E$，即 $E=z+\frac{p}{\rho g}+\frac{u^2}{2g}$；在几何意义上为总水头 $H$，即 $H=z+\frac{p}{\rho g}+\frac{u^2}{2g}$。

伯努利方程表明了理想不可压缩流体在重力作用下作定常流动中，沿同一流线或元流上各点的单位重量流体的位能、压强势能及动能之和保持不变，即总机械能守恒；总机械能中的位能、压强势能及动能三项之间可以相互转化。由此可知，伯努利方程是能量守恒定律在流体力学中的一种特殊表现形式，所以一般也称伯努利方程为能量方程。

**例 3.2** 如图 3-16 所示为一种可以利用流体能量转化的原理测量水流流速的简易毕托管。该仪器由两根开口细管组成。已知两管液面高度差为 $h$，试计算被测流体的流速。

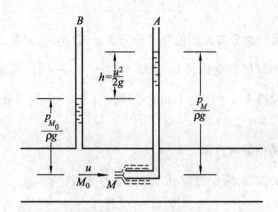

图 3-16 可测量流速的简易毕托管

**解**　如图 3-16 所示,管 $A$ 为一根弯成 90°的开口细管,一端垂直向上,另一端放置于被测流体内 $M$ 点,并正对流体流动方向,这时水流质点流到 $M$ 点时,受 $A$ 管管口影响停滞下来,即 $M$ 点流速为零形成驻点,该点的流速水头全部转化为压强水头,即该管的压强水头中包括了流速水头,使得该管具有较高的液面高度;$B$ 管与被测流体相接触一端垂直于流动方向,该管的压强水头不包括流速水头,即该管液面高度较低。

在过 $M$ 点的同一流线上,取一与 $M$ 点较近的点 $M_0$,并设 $M_0$ 点的流速为 $u$,$M_0$ 点的压强水头由 $B$ 管所反映。现对 $M$ 点和 $M_0$ 点列能量方程

$$z_{M_0}+\frac{p_{M_0}}{\rho g}+\frac{u^2}{2g}=z_M+\frac{p_M}{\rho g}+0$$

其中由于 $M$ 点和 $M_0$ 点较近,可以忽略损失。并且 $z_{M_0}=z_M$,$h=\dfrac{p_M}{\rho g}-\dfrac{p_{M_0}}{\rho g}$,则有

$$u=\sqrt{2g\left(\frac{p_M}{\rho g}-\frac{p_{M_0}}{\rho g}\right)}=\sqrt{2gh}。$$

### 3.4.4　相对运动的能量方程

在水泵、水轮机等一类的水力机械中,流体在转轮叶片之间的通道中流动,同时又随着转轮以等角速度 $\omega$ 作旋转运动。根据理论力学知识可知,前者为流体相对于转轮叶片的流动,称为相对运动;后者为跟随转轮的转动作旋转运动,称为牵连运动;而流体在这一类水力机械中的流动,为这两种运动合成的复杂的平面运动。作这种运动的流体,除受到重力的作用,还受离心惯性力的作用,而该离心惯性力与流体的旋转运动即牵连运动有关。在处理上可以将牵连运动的影响归入质量力的惯性力中,这时可以认为流体的动能主要由相对运动所贡献,或者说流体的速度就是流体的相对速度。

如图 3-17 所示,流体在两轮叶之间的通道内沿元流 1—2 流动,进口 1 处的直径为 $r_1$,出口 2 处的直径为 $r_2$,在元流上直径为 $r$ 处取一流体质点 $M$ 来研究,设该流体质点相对于叶轮的相对速度为 $w$,流体质点牵连速度为 $\omega r$,质量为 $m$。这时流体质点所受的离心惯性力为

$$m\frac{(\omega r)^2}{r}=m\omega^2 r$$

单位质量离心惯性力为 $\omega^2 r$,其在 $Ox$、$Oy$ 轴向的分力分别为 $\omega^2 x$、$\omega^2 y$,以及单位质量重力为 $-g$。则作用于流体质点的单位质量力为

$$f_x=\omega^2 x,\quad f_y=\omega^2 y,\quad f_z=-g \tag{3-57}$$

由式(3-52)

$$\mathrm{d}W=f_x\mathrm{d}x+f_y\mathrm{d}y+f_z\mathrm{d}z=\omega^2 x\mathrm{d}x+\omega^2 y\mathrm{d}y-g\mathrm{d}z$$

积分得力势函数为

$$W=\frac{1}{2}\omega^2(x^2+y^2)-gz=\frac{1}{2}\omega^2 r^2-gz$$

考虑一般情况下理想流体运动微分方程的伯努利积分式(3-54),其中流速 $u$ 由流体质点的相对速度 $w$ 代替,得

$$\frac{\omega^2 r^2}{2}-gz-\frac{p}{\rho}-\frac{w^2}{2}=\mathrm{const} \tag{3-58}$$

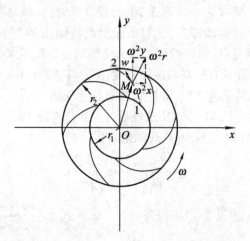

图 3-17  推导相对运动能量方程示意图

或
$$z+\frac{p}{\rho g}+\frac{w^2}{2g}-\frac{\omega^2 r^2}{2g}=\mathrm{const} \tag{3-59}$$

对于同一元流上的 1、2 两点，上式可以写成

$$z_1+\frac{p_1}{\rho g}+\frac{w_1^2}{2g}-\frac{\omega^2 r_1^2}{2g}=z_2+\frac{p_2}{\rho g}+\frac{w_2^2}{2g}-\frac{\omega^2 r_2^2}{2g} \tag{3-60}$$

式(3-60)为理想流体有相对运动时元流能量方程，也称为理想流体有相对运动时元流伯努利方程。

## §3.5  实际流体总流的能量方程

上一节介绍了理想流体元流伯努利方程，该方程的特点是沿元流中各点的总能量不变。然而实际的流体是具有粘滞性的，使得流体在流动过程中存在由摩擦阻力所引起的机械能损失。为给出能反映实际流体流动特点的伯努利方程，本节将在 §3.4 中介绍的理想流体元流伯努利方程的基础上，给出实际流体元流伯努利方程，并扩展到实际流体总流伯努利方程及其实际应用。

### 3.5.1  实际流体元流的伯努利方程

在实际流体定常流动的流场中取一元流，如图 3-18 所示。对于元流上的任意两点 1、2，可写出理想流体的元流的伯努利方程，即

$$z_1+\frac{p_1}{\rho g}+\frac{u_1^2}{2g}=z_2+\frac{p_2}{\rho g}+\frac{u_2^2}{2g} \tag{3-61}$$

由于实际流体的粘滞性，使得流体在流动过程中因内摩擦力做功而消耗一部分机械能，使之不可逆的转变为热能而耗散掉。也就是说实际流体的机械能沿程减小，存在着能量损失，即

$$z_1+\frac{p_1}{\rho g}+\frac{u_1^2}{2g}>z_2+\frac{p_2}{\rho g}+\frac{u_2^2}{2g} \tag{3-62}$$

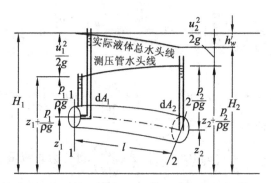

图 3-18　推导实际流体元流伯努利方程示意图

现设 $h'_w$ 为元流中单位重量流体从有效截面 1—1 至有效截面 2—2 的机械能损失,也称为元流的水头损失。按照能量守恒原理,式(3-56)可以修正为

$$z_1 + \frac{p_1}{\rho g} + \frac{u_1^2}{2g} = z_2 + \frac{p_2}{\rho g} + \frac{u_2^2}{2g} + h'_w \tag{3-63}$$

式(3-63)即为实际流体元流的伯努利方程。从式(3-63)的构成和元流水头损失的定义可见,$h'_w$ 应具有长度量纲。

### 3.5.2　实际流体总流的能量方程

对于实际流体的定常总流,由定义可知,总流是在有限规模边界内的流动,也可以看做是由无数元流组成的。现对如图 3-19 所示的某段总流,设两端有效截面 1—1 与有效截面 2—2 的面积分别为 $A_1$ 与 $A_2$,总流的流量为 $Q$。在总流中任取一元流,通过该元流的流量为 $\mathrm{d}Q$,在该元流上应用实际流体元流的伯努利方程(3-63)。

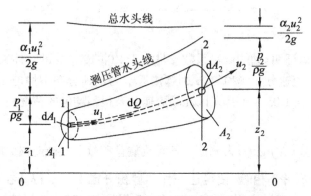

图 3-19　推导实际流体总流能量方程示意图

按照总流的定义,总流是无数元流的总和,即将每一元流的能量加起来,即为总流的能量。而式(3-63)每一项的物理意义是单位重量意义下的机械能,则需在每一项乘以通过元流的流体重量 $\rho g \mathrm{d}Q \mathrm{d}t$,使元流的伯努利方程还原成能量的含义,就可以将所有元流能量加

起来,也就是下列积分式

$$\int_Q \left( z_1 + \frac{p_1}{\rho g} + \frac{u_1^2}{2g} \right) \rho g \mathrm{d}Q \mathrm{d}t = \int_Q \left( z_2 + \frac{p_2}{\rho g} + \frac{u_2^2}{2g} + h'_w \right) \rho g \mathrm{d}Q \mathrm{d}t$$

整理得

$$\int_Q \left( z_1 + \frac{p_1}{\rho g} \right) \rho g \mathrm{d}Q + \int_Q \frac{u_1^2}{2g} \rho g \mathrm{d}Q = \int_Q \left( z_2 + \frac{p_2}{\rho g} \right) \rho g \mathrm{d}Q + \int_Q \frac{u_2^2}{2g} \rho g \mathrm{d}Q + \int_Q h'_w \rho g \mathrm{d}Q \quad (3\text{-}64)$$

由式(3-64)可见,有三种类型的积分:

第一种类型积分 $\int_Q \left( z + \frac{p}{\rho g} \right) \rho g \mathrm{d}Q = \rho g \int_A \left( z + \frac{p}{\rho g} \right) u \mathrm{d}A$,为总流重量流量下的总势能。若积分所取的有效截面为渐变流,则在该有效截面上的压强分布满足流体静力学分布,也就是在该有效截面上 $z + \frac{p}{\rho g} = C$ 成立,这时

$$\rho g \int_A \left( z + \frac{p}{\rho g} \right) u \mathrm{d}A = \rho g \left( z + \frac{p}{\rho g} \right) \int_A u \mathrm{d}A = \rho g \left( z + \frac{p}{\rho g} \right) Q \quad (3\text{-}65)$$

第二种类型积分 $\int_Q \frac{u^2}{2g} \rho g \mathrm{d}Q = \frac{\rho g}{2g} \int_A u^3 \mathrm{d}A$,为总流重量流量下的动能。一般情况下,有效截面上的流速分布不易求得,该积分也难以计算。在总流分析中,常采用平均流速 $v$ 表示某有效截面上流速的大小。在此,用平均流速 $v$ 代替各点的点流速 $u$,则积分可以求得。但由于各点的点流速 $u$ 与平均流速 $v$ 存在偏差,使得用平均流速 $v$ 代替后的积分也存在偏差,为弥补这个偏差,用动能修正系数 $\alpha$ 来修正,即

$$\frac{\rho g}{2g} \int_A u^3 \mathrm{d}A = \frac{\rho g}{2g} \alpha \int_A v^3 \mathrm{d}A = \frac{\rho g}{2g} \alpha v^3 \int_A \mathrm{d}A = \frac{\rho g}{2g} \alpha v^3 A = \rho g \frac{\alpha v^2}{2g} Q \quad (3\text{-}66)$$

其中动能修正系数 $\alpha$ 为

$$\alpha = \frac{\dfrac{\rho g}{2g} \int_A u^3 \mathrm{d}A}{\dfrac{\rho g}{2g} v^3 A} = \frac{\int_A u^3 \mathrm{d}A}{v^3 A} = \frac{1}{A} \int_A \left( \frac{u}{v} \right)^3 \mathrm{d}A \quad (3\text{-}67)$$

进一步推导可以证明,动能修正系数 $\alpha$ 是大于 1.0 的数。$\alpha$ 的具体大小取决于有效截面上点流速 $u$ 的分布,流速分布越均匀,$\alpha$ 则越接近于 1;流速分布不均匀,$\alpha$ 数值则偏离 1。在一般的渐变流中,$\alpha \approx 1.05 \sim 1.10$。因此除流速分布很不均匀的情况外,一般可以取 $\alpha \approx 1.0$。

第三种类型积分 $\int_Q h'_w \rho g \mathrm{d}Q$,为总流中各元流重量流量下机械能损失的总和。一般来说,各元流的水头损失 $h'_w$ 并不相等,使得这一种类型积分也不易求得。在此设总流有效截面 1—1 至有效截面 2—2 流段之间,所有元流的水头损失 $h'_w$ 相等,并等于一个平均值 $h_w$,那么积分式可以写为

$$\int_Q h'_w \rho g \mathrm{d}Q = \rho g h_w \int_Q \mathrm{d}Q = \rho g h_w Q \quad (3\text{-}68)$$

式(3-68)中 $h_w$ 为总流有效截面 1—1 至有效截面 2—2 流段之间单位重量流体的机械能损失,或称总流 1~2 流段之间的水头损失。

将上述三种类型的积分结果分别代入积分方程(3-64),并同除以总流重量流量 $\rho g Q$,即

$$z_1 + \frac{p_1}{\rho g} + \frac{\alpha_1 v_1^2}{2g} = z_2 + \frac{p_2}{\rho g} + \frac{\alpha_2 v_2^2}{2g} + h_w \qquad (3\text{-}69)$$

式(3-69)就是实际流体定常总流能量方程,简称总流能量方程,也称为实际流体定常总流伯努利方程。总流能量方程是流体力学中最重要的基本方程之一。

### 3.5.3　总流能量方程的意义

总流能量方程(3-69)中各项的物理意义和几何意义,与元流能量方程基本相同。其中第一项 $z$ 表示单位重量总流所具有的位置势能,或称为单位位能,又称为位置水头;第二项 $\frac{p}{\rho g}$ 表示单位重量总流所具有的压强势能,或称为单位压能,又称为压强水头;第三项 $\frac{\alpha v^2}{2g}$ 表示单位重量总流所具有的动能,或称为单位动能,又称为流速水头;$z + \frac{p}{\rho g}$ 表示单位重量总流所具有的总势能,又称为测压管水头;$z + \frac{p}{\rho g} + \frac{\alpha v^2}{2g}$ 表示单位重量总流所具有的总机械能,又称为总水头;$h_w$ 表示单位重量流体在总流有效截面 1—1 至有效截面 2—2 之间流动所产生的机械能损失,或称为单位能量损失,又称为水头损失。

从总流能量方程(3-69)可见

$$\left( z_1 + \frac{p_1}{\rho g} + \frac{\alpha_1 v_1^2}{2g} \right) - \left( z_2 + \frac{p_2}{\rho g} + \frac{\alpha_2 v_2^2}{2g} \right) = h_w$$

或

$$H_1 - H_2 = h_w \qquad (3\text{-}70)$$

式中,总水头 $H = z + \frac{p}{\rho g} + \frac{\alpha v^2}{2g}$,说明实际流体作总流流动时要产生机械能损失,流体是从机械能大的地方流向机械能小的地方。方程(3-69)也说明实际流体在流动过程中,所具有的能量总值保持不变,但其间的各种能量将以不同的形式相互转化。总流能量方程(3-69)是自然界中物质运动的能量守恒及转化定律在流体流动中的具体表达式。

无论是元流或总流的能量方程,其中的各项都是单位重量流体所具有的能量,都具有长度量纲。因此,都可以用几何线段或高度来直观地表示沿流程各项能量的大小与转换的情况。

如图 3-20 所示,总流各截面中心点 $a$ 离基准面 0—0 的距离代表该点的位置水头 $z$;在各截面中心点 $a$ 向上作铅垂线,在该垂线上从中心点 $a$ 出发截取一长度等于中心点的压强水头 $\frac{p}{\rho g}$ 的线段,该线段另一头的 $b$ 处相当于该截面上建有一测压管时其内液面所在的位置,$b$ 处离基准面 0—0 的距离代表该截面的测压管水头 $z + \frac{p}{\rho g}$;由表示测压管水头的 $b$ 处向上再截取一长度等于流速水头 $\frac{\alpha v^2}{2g}$ 的线段,该线段另一头的 $c$ 处离基准面 0—0 的距离代表该截面的总水头 $H$。

将各截面表示总水头的 $c$ 端点连接起来,如图 3-20 中虚线线段 $\overline{c_1 c_2 c_3 c_4}$,即为总水头线,该总水头线反映了总流中流体总能量沿程的变化情况。从图 3-20 可见,由于实际流体中能

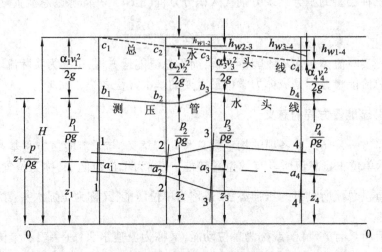

图 3-20　能量方程各项的物理意义示意图

量损失的存在,总水头线总是沿程下降的。从端点 $c_1$ 至 $c_2$ 的下降值,就是从截面 1—1 至截面 2—2 的水头损失 $h_{w1-2}$。将各截面表示测压管水头的 $b$ 处连接起来,如图 3-20 中实线线段 $\overline{b_1 b_2 b_3 b_4}$,即为测压管水头线,该水头线反映了总流中流体总势能沿程的变化情况。测压管水头线与总水头线的间距,表示总流流体的流速水头(即动能)沿程的变化情况。测压管水头线沿流程可升可降,反映总流流体的平均流速在沿流程减小或增大时,其压强存在随之增大或减小的情况。测压管水头线沿流程可以高于总流截面中心点,即该截面的压强为正;也可以低于总流截面中心点,即该截面的压强为负。

由于一般情况下总水头线总是沿程下降的,因此总水头线存在一个下降的坡度,这个坡度一般称为水力坡度,以 $J$ 表示。$J$ 的含义是沿流程单位距离上的水头损失。如果总水头线为倾斜的直线,则水力坡度 $J$ 为

$$J = \frac{h_w}{l} = \frac{H_1 - H_2}{l} \tag{3-71}$$

式中,$l$ 为沿流程长度,$H_1$、$H_2$ 分别为截面 1—1、截面 2—2 的总水头线。如果总水头线为曲线,则水力坡度 $J$ 为

$$J = \frac{\mathrm{d}h_w}{\mathrm{d}l} = -\frac{\mathrm{d}H}{\mathrm{d}l} \tag{3-72}$$

式中因总水头 $H$ 总是沿流程减少的,$\mathrm{d}H$ 则为负值,为使 $J$ 为正值,故式(3-72)中应加负号。

### 3.5.4　总流能量方程的应用问题

1.由方程的推导过程可知,总流能量方程(3-69)有下列适用条件:
(1)流体的流动为定常流;
(2)流体为不可压缩的,即 $\rho = \mathrm{const}$;
(3)流体的流动仅受重力一种质量力作用;
(4)所取的两个有效截面一般应为渐变流截面,但在所取的两个有效截面之间,可以是

急变流；

(5)在所取的两个有效截面之间,除了能量损失以外,一般没有能量的输入、输出。对于水泵、水轮机一类有能量输入、输出的水力机械,应使用修改的总流能量方程,随后将作相关介绍；

(6)在所取的两个有效截面之间,流量应沿程不变,不存在汇流和分流。对于在有汇流和分流的总流上应用总流能量方程,随后也有介绍。

2.用总流能量方程解题时应注意以下几点：

(1)可以选定任意的水平面为基准面,不同的基准面具有不同的位置水头。同一个方程只能选定同一个基准面。所选的基准面的不同,不会影响最后计算结果。

(2)所取的两个有效截面一般应为渐变流截面,是指只能在渐变流或均匀流截面上选取求解方程所需的截面。在渐变流或均匀流截面上,有 $z+\dfrac{p}{\rho g}$ 为常数,这样可任选一点为代表点。一般情况下,管流以中心点为代表点；明渠、水库和水池以水面点为代表点。

(3)对于压强水头 $\dfrac{p}{\rho g}$ 的计量,相对压强和绝对压强均可以使用,对于液体流动一般使用相对压强。但应注意,在同一方程中只能使用一种压强计量方式。

(4)严格地说,不同截面上的动能修正系数 $\alpha$ 不相等,也一般大于 1.0,在实用上可以令动能修正系数 $\alpha=1.0$,在可能引起误差的场合,应按实际情况给出动能修正系数 $\alpha$。

**例 3.3**　如图 3-21 所示为一文丘里(Venturi)管。该管由收缩段、喉部和扩散段所组成。在收缩段前截面 1—1 和喉部截面 2—2 安装有测压管,两测压管连接成压差计。由于喉部截面缩小,流速、动能增加,势能减少,则在两测压管上形成压强差,反映在比压计上则为液面差。若已知压差计上两液面差为 $h$,试计算通过文丘里管的流量。

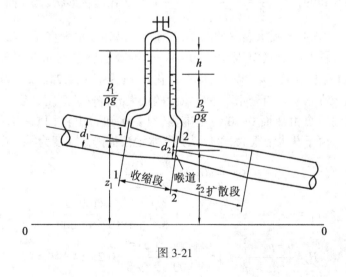

图 3-21

**解**　选 0—0 为基准面,取 1—1 和 2—2 截面管轴线上的点为代表点,列能量方程

$$z_1+\frac{p_1}{\rho g}+\frac{\alpha_1 v_1^2}{2g}=z_2+\frac{p_2}{\rho g}+\frac{\alpha_2 v_2^2}{2g}+h_w$$

其中 $\alpha_1 \approx \alpha_2 \approx 1.0$。整理为

$$\left(z_1+\frac{p_1}{\rho g}\right)-\left(z_2+\frac{p_2}{\rho g}\right)-h_w=\frac{v_2^2}{2g}-\frac{v_1^2}{2g}=\frac{v_2^2}{2g}\left(1-\left(\frac{v_1}{v_2}\right)^2\right) \qquad (3\text{-}73)$$

根据第 2 章中流体静力学压强基本方程分析可知

$$h=\left(z_1+\frac{p_1}{\rho g}\right)-\left(z_2+\frac{p_2}{\rho g}\right)$$

又由连续性方程(3-38)可得

$$\frac{v_1}{v_2}=\frac{A_2}{A_1}=\left(\frac{d_2}{d_1}\right)^2$$

则能量方程(3-73)又可以写成

$$h-h_w=\frac{v_2^2}{2g}\left(1-\left(\frac{d_2}{d_1}\right)^4\right)$$

整理得喉部速度和流量表达式

$$v_2=\frac{\mu}{\sqrt{1-(d_2/d_1)^4}}\sqrt{2gh}$$

$$Q=A_2v_2=\frac{\pi d_2^2}{4}\frac{\mu}{\sqrt{1-(d_2/d_1)^4}}\sqrt{2gh}$$

或

$$Q=\mu k\sqrt{h}$$

其中 $\mu=\sqrt{1-\dfrac{h_w}{h}}$ 为水头损失 $h_w$ 对流量影响的系数,称为文丘里流量系数,一般由实验给出,

取值范围 $\mu=0.97\sim0.99$;$k=\dfrac{\pi\sqrt{2g}}{4}\dfrac{d_2^2}{\sqrt{1-(d_2/d_1)^4}}$ 为与文丘里管形状、截面面积有关的系数。

**例 3.4** 离心式水泵的吸水装置如图 3-22 所示。已知吸水管直径 $d=200$mm,水泵抽水量 $Q=160$m$^3$/h,水泵入口前真空表读数为 44kPa,若吸水管总的水头损失 $h_w=0.25$m(水柱),试求水泵的安装高度 $H_s$。又若水的汽化压强为 40 097.2 N/m$^2$,当地大气压强为 100 050N/m$^2$,试求在水泵入口处水不发生汽化的最大允许安装高度。

**解** 以蓄水池的自由液面 0—0 为基准面,对蓄水池自由液面 0—0 和水泵进口截面 1—1 列能量方程。由于蓄水池很大,可以认为蓄水池液面降落速度为零。则

$$0+\frac{p_a}{\rho g}+0=H_s+\frac{p_1}{\rho g}+\frac{\alpha_1 v_1^2}{2g}+h_w$$

式中 $\quad p_a=0,\quad p_{1v}=-p_1=44\,000\text{Pa},\quad v_1=\dfrac{4Q}{\pi d^2}=\dfrac{4\times160}{\pi\times0.2^2\times3\,600}=1.415(\text{m/s})$

$$H_s=\frac{p_a-p_1}{\rho g}-\frac{v_1^2}{2g}-h_w=\frac{44\,000}{9\,800}-\frac{1.415^2}{2\times9.8}-0.25=4.14(\text{m})$$

由于水的汽化压强为 40 097.2N/m$^2$(绝对压强),要使水在水泵入口处不发生汽化,则水泵入口压强必须有 $p_1\geq40\,097.2$N/m$^2$,这时最大允许安装高度为

$$H_s=\frac{p_a-p_1}{\rho g}-\frac{v_1^2}{2g}-h_w=\frac{100\,050-40\,097.2}{9\,800}-\frac{1.415^2}{2\times9.8}-0.25=5.765(\text{m})。$$

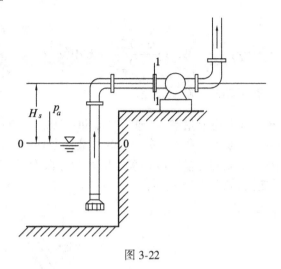

图 3-22

**例3.5**　如图 3-23 所示为一测量离心风机流量的集流器。集流器的风机吸入管道下部连接一玻璃管,玻璃管下端插入水槽中。已知风机吸入管道的直径 $d=350\text{mm}$,玻璃管内水升高 $h=95\text{mm}$,空气密度 $\rho=1.2\text{kg/m}^3$,试求通过这个管道空气的流量。计算时不计水头损失。

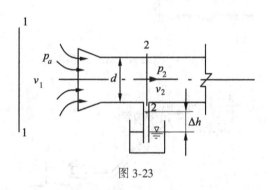

图 3-23

**解**　在吸入管道进口外部适当位置(渐变流处)取有效截面 1—1,该处过流截面较大,流速 $v_1\approx0$,压强为大气压 $p_a$;在吸入管道内连接玻璃管处取有效截面 2—2。以管轴线为基准面,对截面 1—1 至截面 2—2 中心点列能量方程

$$0+\frac{p_a}{\rho g}+0=0+\frac{p_2}{\rho g}+\frac{\alpha_2 v_2^2}{2g}+h_w$$

其中,$h_w\approx0$,$\alpha_2\approx1.0$,$\rho$ 为空气密度。又由第 2 章中流体静力学分析知

$$p_2=p_a-\rho'gh$$

式中 $\rho'$ 为水的密度。则能量方程可以整理为

$$v_2=\sqrt{2g\frac{p_a-p_2}{\rho g}}=\sqrt{2g\frac{p_a-(p_a-\rho'gh)}{\rho g}}=\sqrt{2gh\frac{\rho'}{\rho}}$$

$$=\sqrt{2\times9.8\times0.095\times\frac{1\,000}{1.2}}=39.39(\text{m/s})$$

通过管道的流量为

$$Q = v_2 \frac{\pi d^2}{4} = 39.39 \times \frac{\pi \times 0.35^2}{4} = 3.79 (\text{m}^3/\text{s})。$$

### 3.5.5 有能量输入、输出的总流能量方程

在生产实际中,大量存在着有能量输入、输出的流动系统。例如,在设置有水泵的管道液体输送系统中,由外力使水泵运转做功,使管道内的液体获得能量,如图 3-24 所示;在水电站的水力发电系统中,由水流的能量冲击着水轮机的叶片做功,使发电机获得能量发电,系统内的水流则减少了能量,如图 3-25 所示。

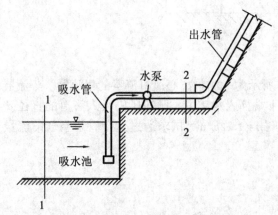

图 3-24  水泵运行系统示意图

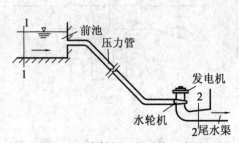

图 3-25  水轮机运行系统示意图

对于如图 3-24 与图 3-25 所示的有能量输入、输出的流动系统,本章 §3.5 中给出的实际流体总流能量方程应修改成如下的形式

$$z_1 + \frac{p_1}{\rho g} + \frac{\alpha_1 v_1^2}{2g} \pm H_m = z_2 + \frac{p_2}{\rho g} + \frac{\alpha_2 v_2^2}{2g} + h_w \tag{3-74}$$

式中,$H_m$ 为有效截面 1—1 至有效截面 2—2 之间,通过外加的水力机械使单位重量的流体所获得或减少的机械能。$H_m$ 前的符号为正号时,则为水泵类的水力机械向流体流动系统输入能量的情况;$H_m$ 前的符号为负号时,则为流体流动系统向水轮机类的水力机械输出能量的情况。

已知原动机提供给水泵的轴功率为 $N_p$,与单位重量的流体所获得的机械能 $H_m$ 有下列关系

$$N_P \eta_P = \rho g Q H_m$$

式中,$\eta_P$ 为水泵效率,该参数一般小于 1,$\eta_P$ 反映了水泵的机械磨损、水头损失以及水流漏损等转换能量过程中的损耗。对上式整理可得 $N_P$ 的表达式

$$N_P = \frac{\rho g Q H_m}{\eta_P} \tag{3-75}$$

对于水轮机的出力,也就是水轮机主轴功率 $N_t$,则有下列表达式

$$N_t = \eta_t \rho g Q H_m \tag{3-76}$$

式中,$H_m$ 为单位重量的流体所减少的机械能,$\eta_P$ 为水轮机效率,该参数一般小于 1,$\eta_P$ 反映了水轮机的各种损失的影响。

在式(3-75)与式(3-76)中,$\rho$ 的单位是 $kg/m^3$,$Q$ 的单位是 $m^3/s$,$H_m$ 的单位是 m,$N_P$ 与 $N_t$ 的单位是 N·m/s=W(瓦特)。

### 3.5.6　有汇流与分流时的能量方程

关于总流中存在汇流与分流的情况,本章 §3.5 中给出的实际流体总流能量方程,在实际应用时应作相应的修改。

对于如图 3-14 所示的汇流情况,$M$ 为汇流点。设汇流点前的每个支流流量为 $Q_1$ 和 $Q_2$,汇流点后的主流流量为 $Q_3$,根据连续性方程(3-40)有

$$Q_1 + Q_2 = Q_3$$

根据能量守恒的概念,在汇流点前支流截面 1—1 和截面 2—2 处单位时间输入的流体总能量,应等于汇流点后主流截面 3—3 处单位时间输出的总能量和在这一期间的流动损失,即

$$\rho g Q_1 \left( z_1 + \frac{p_1}{\rho g} + \frac{\alpha_1 v_1^2}{2g} \right) + \rho g Q_2 \left( z_2 + \frac{p_2}{\rho g} + \frac{\alpha_2 v_2^2}{2g} \right)$$
$$= \rho g Q_3 \left( z_3 + \frac{p_3}{\rho g} + \frac{\alpha_3 v_3^2}{2g} \right) + \rho g Q_1 h_{w1-3} + \rho g Q_2 h_{w2-3}$$

引入有支流的连续性方程(3-40),上式可以整理为

$$Q_1 \left[ \left( z_1 + \frac{p_1}{\rho g} + \frac{\alpha_1 v_1^2}{2g} \right) - \left( z_3 + \frac{p_3}{\rho g} + \frac{\alpha_3 v_3^2}{2g} \right) - h_{w1-3} \right] + Q_2 \left[ \left( z_2 + \frac{p_2}{\rho g} + \frac{\alpha_2 v_2^2}{2g} \right) - \left( z_3 + \frac{p_3}{\rho g} + \frac{\alpha_3 v_3^2}{2g} \right) - h_{w2-3} \right] = 0$$

由于式中流量 $Q_1$ 和 $Q_2$ 不等于零,要使上式成立,只有方括号内的项为零。即有

$$\begin{cases} z_1 + \dfrac{p_1}{\rho g} + \dfrac{\alpha_1 v_1^2}{2g} = z_3 + \dfrac{p_3}{\rho g} + \dfrac{\alpha_3 v_3^2}{2g} + h_{w1-3} \\[2mm] z_2 + \dfrac{p_2}{\rho g} + \dfrac{\alpha_2 v_2^2}{2g} = z_3 + \dfrac{p_3}{\rho g} + \dfrac{\alpha_3 v_3^2}{2g} + h_{w2-3} \end{cases} \tag{3-77}$$

这就是有汇流情况下的总流能量方程。由方程(3-77)可见,从每一个支流到主流是沿流程(流线)取能量方程。根据这个思想,对于如图 3-14 所示有分流的总流,有下列总流能量方程

$$\begin{cases} z_1 + \dfrac{p_1}{\rho g} + \dfrac{\alpha_1 v_1^2}{2g} = z_2 + \dfrac{p_2}{\rho g} + \dfrac{\alpha_2 v_2^2}{2g} + h_{w1-2} \\[2mm] z_1 + \dfrac{p_1}{\rho g} + \dfrac{\alpha_1 v_1^2}{2g} = z_3 + \dfrac{p_3}{\rho g} + \dfrac{\alpha_3 v_3^2}{2g} + h_{w1-3} \end{cases} \tag{3-78}$$

对于上述汇流与分流情况下的流动问题,在应用能量方程时,关键在于各支流到主流或主流到支流的流段上水头损失的计算,应注意选取符合相应实际情况的水头损失系数。

## §3.6 定常总流的动量方程

前面几节中已介绍关于总流的连续性方程和能量方程,这两个方程原则上可以分析解决许多流体流动的实际工程问题。但还有一些流体流动问题,不必考虑流体内部的详细流动过程,只需要了解运动的流体与固体壁面之间的相互作用力,这时需要利用动量方程进行分析计算。本节将根据理论力学中的动量定律,建立总流中运动流体的动量方程,并讨论动量方程的应用问题。

### 3.6.1 定常总流的动量方程

根据理论力学知识,动量定律可以表述为:单位时间内物体的动量变化率等于作用于该物体上所有外力的总和,即

$$\sum \boldsymbol{F} = \frac{\mathrm{d}(m\boldsymbol{u})}{\mathrm{d}t} = \frac{\mathrm{d}\boldsymbol{K}}{\mathrm{d}t} \tag{3-79}$$

式(3-79)中,$m$ 为质量,$\boldsymbol{u}$ 为速度,$\boldsymbol{K}=m\boldsymbol{u}$ 为动量,$\sum \boldsymbol{F}$ 为作用于该物体上所有外力的合力。其中速度、动量和外力为矢量,方程(3-79)为矢量方程。下面应用动量定律于总流流动中,建立定常总流的动量方程。

如图 3-26 所示,在一定常总流中,任取截面 1—1 至截面 2—2 之间的流段来分析。当经过 $\mathrm{d}t$ 时段后,处于截面 1—1 至截面 2—2 流段的流体,将流动到截面 1′—1′ 与截面 2′—2′之间的位置。现以 $\boldsymbol{K}$ 表示各流段的动量,其下标表示流段号。则在 $t$ 时刻,截面 1—1 至截面 2—2 流段的动量 $\boldsymbol{K}_{1-2}$ 为

$$\boldsymbol{K}_{1-2} = \boldsymbol{K}_{1-1'} + \boldsymbol{K}_{1'-2} \tag{3-80}$$

$t+\mathrm{d}t$ 时刻后,截面 1′—1′至截面 2′—2′流段的动量 $\boldsymbol{K}_{1'-2'}$ 为

$$\boldsymbol{K}_{1'-2'} = \boldsymbol{K}_{1'-2} + \boldsymbol{K}_{2-2'} \tag{3-81}$$

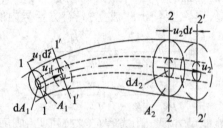

图 3-26 推导定常总流动量方程示意图

这样,$\mathrm{d}t$ 时段内动量的变化量为

$$\mathrm{d}\boldsymbol{K} = \boldsymbol{K}_{1'-2'} - \boldsymbol{K}_{1-2} = (\boldsymbol{K}_{1'-2} + \boldsymbol{K}_{2-2'}) - (\boldsymbol{K}_{1-1'} + \boldsymbol{K}_{1'-2})$$

这时,注意截面 1′—1′至截面 2′—2′流段中的流体,在 $\mathrm{d}t$ 时段前后,虽然有流体质点的替换,但由于流动为定常流,该段流体的形状、体积及位置保持不变,其质量和流速也保持不

变,这段流体的动量保持不变。这样,式(3-80)与式(3-81)中代表不同时刻的动量 $K_{1'-2}$ 是相等的,即

$$dK = K_{2-2'} - K_{1-1'} \tag{3-82}$$

从式(3-82)可见,$dt$ 时段内动量的变化量就是截面 1—1 至截面 1'—1'流段与截面 2—2 至截面 2'—2'流段的动量差。

现在所考虑的总流中任取一元流,如图 3-26 所示。对于元流截面 1—1 处,设流速为 $u_1$,面积为 $dA_1$,又因 $dt$ 时段微小,则在该时段内流速 $u_1$ 保持不变,那么元流截面 1—1 至截面 1'—1'流段的长度为 $u_1 dt$,质量 $dm = \rho u_1 dt dA_1$,该元流段的动量为 $dK = dm u_1 = \rho u_1 dt dA_1 u_1$。总流截面 1—1 至截面 1'—1'流段的动量可以由积分得到

$$K_{1-1'} = \int_{A_1} \rho u_1 dt u_1 dA_1 = \rho dt \int_{A_1} u_1 u_1 dA_1$$

如同在推导总流能量方程时一样,由于有效截面上的流速分布不易求得,则采用平均流速 $v$ 代替点流速 $u$,所产生的误差用动量修正系数 $\alpha'$ 来弥补,即

$$K_{1-1'} = \rho dt \int_{A_1} u_1 u_1 dA_1 = \rho dt \alpha'_1 \int_{A_1} v_1 v_1 dA_1 = \rho dt \alpha'_1 v_1 v_1 A_1 = \rho dt \alpha'_1 Q v_1 \tag{3-83}$$

对于总流截面 2—2 至截面 2'—2' 流段的动量,同理可得

$$K_{2-2'} = \rho dt \int_{A_2} u_2 u_2 dA_2 = \rho dt \alpha'_2 Q v_2 \tag{3-84}$$

式(3-83)与式(3-84)中的动量修正系数 $\alpha'$ 为

$$\alpha' = \frac{\int_A u u dA}{v v A} \tag{3-85}$$

式(3-83)、式(3-84) 中,有 $Q = v_1 A_1 = v_2 A_2$。现将式(3-83)、式(3-84) 代入式(3-82),得

$$dK = \rho Q (\alpha'_2 v_2 - \alpha'_1 v_1) dt \tag{3-86}$$

将式(3-86) 代入动量定律表达式(3-79),并消去 $dt$,得

$$\sum F = \rho Q (\alpha'_2 v_2 - \alpha'_1 v_1) \tag{3-87}$$

式(3-87) 就是定常总流的动量方程,这是一个矢量方程,其在直角坐标系中的投影式为

$$\begin{cases} \sum F_x = \rho Q (\alpha'_2 v_{2x} - \alpha'_1 v_{1x}) \\ \sum F_y = \rho Q (\alpha'_2 v_{2y} - \alpha'_1 v_{1y}) \\ \sum F_z = \rho Q (\alpha'_2 v_{2z} - \alpha'_1 v_{1z}) \end{cases} \tag{3-88}$$

方程(3-87) 中的作用力 $\sum F$,一般是指流体所受的表面力、质量力等外力。

关于上述方程中的动量修正系数 $\alpha'$,如果所取的有效截面在渐变流上,点流速 $u$ 几乎平行并且和平均流速 $v$ 的方向基本一致,动量修正系数 $\alpha'$ 还可以写成

$$\alpha' = \frac{\int_A u^2 dA}{v^2 A} \tag{3-89}$$

由于 $\int_A u^2 dA \geq v^2 A$,故 $\alpha' \geq 1$,在一般渐变流中 $\alpha' = 1.02 \sim 1.05$,为简单起见,可以取

$\alpha' \approx 1.0$。

### 3.6.2 总流动量方程的应用

1.在需计算与研究的总流流段中选取控制体。

在计算与研究的总流流段中,取出两端由渐变流有效截面与由固体壁面等所包围的流体所占的空间区域作为控制体进行分析研究。如图 3-27 所示,截面 1—1 与截面 2—2 为控制体两端的有效截面。

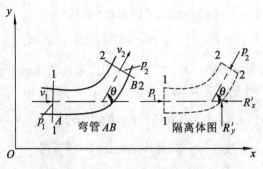

图 3-27　控制体选取示意图

控制体两端的有效截面 1—1 与有效截面 2—2 要取在渐变流上,是因为两端有效截面上所受的总压力可以按流体静压力的计算方法得到。动量修正系数可以取 $\alpha' \approx 1.0$。

2.在所取的控制体上,分析、标出控制体所受的所有外力。一般有下列作用力:

(1)控制体两端有效截面 1—1 与有效截面 2—2 上的总压力;

(2)控制体内流体的重量,即为属于质量力中的重力;

(3)固体壁面作用于控制体内流体的作用力,这个力与控制体内流体作用于固体壁面的作用力大小相等、方向相反。

控制体流体与固体壁面接触处产生的摩擦力,因控制体内流体流程较短,可以忽略不计。

3.任意选定坐标系,按所选定的坐标系列出动量方程的投影式。

在列动量方程的投影式时,注意方程中的力、动量等矢量投影值的正、负,凡投影后的方向与坐标轴的方向相同者则投影值为正,否则投影值则为负。

例 3.6　有一水平放置在地面上的变直径弯管,弯管两端与直管连接,如图 3-28 所示。已知弯管截面 1—1 上的压强 $p_1 = 18.4 \text{kN/m}^2$,通过弯管的流量 $Q = 110 \text{L/s}$,管径 $d_1 = 300 \text{mm}$,$d_2 = 200 \text{mm}$,弯管两端连接的直管段夹角 $\theta = 60°$。试求水流对弯管的作用力 $F$。可以忽略弯管的水头损失。

解　如图 3-28 所示,取弯管截面 1—1 与截面 2—2 两渐变流截面之间的水流为控制体,建立如图 3-28(b)所示的平面坐标系。在该控制体上受下列外力作用:

(1)截面 1—1、截面 2—2 两截面上的总压力,$P_1 = p_1 A_1$,$P_2 = p_2 A_2$。其中 $p_1$、$p_2$ 与 $A_1$、$A_2$ 分别为两有效截面上的压强与面积;

(2)控制体所受的重力 $G$,也就是控制体内水流所受的重力,因弯管水平放置,则在图

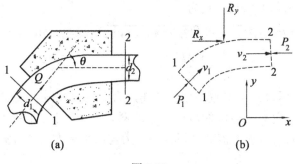

图 3-28

示坐标方向投影为零;

(3)控制体边界对控制体的作用力 $\boldsymbol{R}$,也就是管壁对水流的作用力,可以按坐标投影方向分解为两分力 $R_x$、$R_y$,作用力 $\boldsymbol{R}$ 与水流对弯管的作用力 $\boldsymbol{F}$ 为作用力与反作用力关系。水流与管壁之间的摩擦力忽略不计。

按照图示的坐标系,分别列出 $x$、$y$ 两坐标方向的动量方程

$$\sum F_x = P_1\cos\theta - P_2 + R_x = \rho Q(\alpha'_2 v_2 - \alpha'_1 v_1\cos\theta)$$

$$\sum F_y = P_1\sin\theta - R_y = \rho Q(0 - \alpha'_1 v_1\sin\theta)$$

式中,截面 1—1、截面 2—2 两截面上流速 $v_1$、$v_2$,可以由连续性方程求得

$$v_1 = \frac{4Q}{\pi d_1^2} = \frac{4\times0.110}{\pi\times0.3^2} = 1.556\,(\text{m/s}), \quad v_2 = \frac{4Q}{\pi d_2^2} = \frac{4\times0.110}{\pi\times0.2^2} = 3.501\,(\text{m/s})$$

截面 2—2 上的压强 $p_2$,可以由能量方程求得。对截面 1—1 至截面 2—2 中心点列能量方程

$$z_1 + \frac{p_1}{\rho g} + \frac{\alpha_1 v_1^2}{2g} = z_2 + \frac{p_2}{\rho g} + \frac{\alpha_2 v_2^2}{2g} + h_w$$

式中,两截面中心点为同一高度 $z_1 = z_2$,忽略水头损失 $h_w = 0$,令 $\alpha_1 \approx \alpha_2 \approx 1.0$,则得

$$p_2 = p_1 + \rho g\left(\frac{v_1^2 - v_2^2}{2g}\right) = 18.4\times10^3 + 1\,000\times9.8\times\left(\frac{1.556^2 - 3.501^2}{2\times9.8}\right) = 13.482\,(\text{kN/m}^2)$$

由此得

$$P_1 = p_1\frac{\pi d_1^2}{4} = 18\,400\times\frac{\pi\times0.3^2}{4} = 1\,300.62\,(\text{N})$$

$$P_2 = p_2\frac{\pi d_2^2}{4} = 13\,482\times\frac{\pi\times0.2^2}{4} = 423.55\,(\text{N})$$

将已求得的 $v_1$、$v_2$ 与 $p_2$ 代入动量方程,并令 $\alpha'_1 \approx \alpha'_2 \approx 1.0$,可得管壁对水流的作用力 $R_x$、$R_y$ 为

$$R_x = \rho Q(v_2 - v_1\cos\theta) - P_1\cos\theta + P_2$$

$$= 1\,000\times0.110\times(3.501 - 1.556\cos60°) - 1300.64\times\cos60° + 423.55 = 72.6\,(\text{N})$$

$$R_y = \rho Q v_1\sin\theta + P_1\sin\theta$$

$$= 1\,000\times0.110\times1.556\times\sin60° + 1\,300.64\times\sin60° = 1\,274.62\,(\text{N})$$

管壁对水流的作用力分力 $R_x$、$R_y$ 的计算结果均为正,即原假设方向正确,两分力分别指向 $x$、$y$ 坐标方向。其合力与方向角分别为

$$R = \sqrt{R_x^2 + R_y^2} = \sqrt{72.76^2 + 1\ 274.62^2} = 1\ 276.70(\text{N})$$

$$\tan\alpha = \frac{R_y}{R_x} = \frac{1\ 274.62}{72.76} = 17.518, \quad \alpha = 86.73°$$

水流对弯管的作用力 $\boldsymbol{F}$ 与管壁对水流的作用力 $\boldsymbol{R}$ 大小相等,方向相反。

**例 3.7** 水平射流射向一与该射流成 $\theta$ 角的斜置固定平板,如图 3-29 所示。设水流与平板的摩擦力忽略不计,试求射流对平板的冲击力与沿平板方向的分流量。

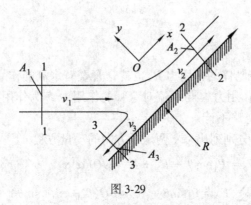

图 3-29

**解** 如图 3-29 所示,取射流截面 1—1 为入流截面,沿平板方向两个支流截面 2—2、3—3 为出流截面,截面 1—1、2—2、3—3 之间的水流为控制体。三个截面的流速和流量分别为 $v_1$、$v_2$、$v_3$ 和 $Q_1$、$Q_2$、$Q_3$。

建立如图 3-29 所示的平面坐标系,即 $Ox$ 轴向沿平板方向,$Oy$ 轴向垂直于平板方向。在该控制体上受下列外力作用:

(1)截面 1—1、2—2、3—3 上的总压力,$P_1 = p_1 A_1$,$P_2 = p_2 A_2$,$P_3 = p_3 A_3$。其中 $p_1$、$p_2$、$p_3$ 和 $A_1$、$A_2$、$A_3$ 分别为这些有效截面上的压强和面积。由于射流入流和出流的水流表面为大气压,则上述三个截面的相对压强 $p_1 = p_2 = p_3 = 0$;

(2)控制体所受的重力 $\boldsymbol{G}$,也就是控制体内水流所受的重力,因重力对射流的作用一般可以不考虑,故重力为零;

(3)控制体边界对控制体的作用力 $\boldsymbol{R'}$,也就是平板对水流的作用力 $\boldsymbol{R'}$,由于水流与平板之间的摩擦力可以忽略不计,则平板对水流的作用力就仅为垂直于平板的压力,分布于截面 2—2 至截面 3—3 间平板与水体的接触面上,其合力为 $R'$。

按照图示的坐标系,分别列出 $x$、$y$ 两坐标方向的动量方程

$$\sum F_x = 0 = \rho Q_2 v_2 - \rho Q_3 v_3 - \rho Q_1 v_1 \cos\theta$$

$$\sum F_y = R' = 0 - (-\rho Q_1 v_1 \sin\theta)$$

其中,令 $\alpha_1' \approx \alpha_2' \approx \alpha_3' \approx 1.0$。由于平板离射流较近,可以不考虑水流扩散,也不计水流与平板和空气的摩擦力和水头损失,再加上不考虑重力的因素 $z_1 = z_2 = z_3$,截面 1—1 至截面 2—2 和截面 1—1 至截面 3—3 的能量方程可以分别写成

$$\frac{\alpha_1 v_1^2}{2g}=\frac{\alpha_2 v_2^2}{2g}, \quad \frac{\alpha_1 v_1^2}{2g}=\frac{\alpha_3 v_3^2}{2g}$$

整理为
$$v_1=v_2=v_3$$

代入 $y$、$x$ 两坐标方向的动量方程,可得平板对水流的作用力 $R'$

$$R'=\rho Q_1 v_1 \sin\theta$$

和沿平板方向的分流量

$$Q_2-Q_3=Q_1 \cos\theta$$

与连续性方程 $Q_1=Q_2+Q_3$ 联解,得

$$Q_2=\frac{Q_1}{2}(1+\cos\theta), \quad Q_3=\frac{Q_1}{2}(1-\cos\theta)$$

射流冲击平板的力 $\boldsymbol{R}$ 与 $\boldsymbol{R}'$ 大小相等、方向相反。

当 $\theta=90°$,则为射流垂直冲击平板的情况,这时 $Q_2=Q_3=\dfrac{Q_1}{2}$,$R'=\rho Q_1 v_1$。

## §3.7　空化和空蚀

在水轮机转轮叶片背水面的某些部位,在虹吸管顶部及有压管路系统某些局部束窄随后紧接扩大段的部位,常常发现叶片表面或管壁被剥蚀,发生麻面甚至蜂窝状空洞现象。最初,人们曾认为这是由于通过叶片或管路的水流含有腐蚀性化学物质引起的。后来,经过深入研究人们发现叶片和管壁表面被剥蚀,主要是由于水流在上述局部区域的压强产生降低,引起液体的物理状态变化而导致的后果。

水流在运动过程中,水流内部的能量是在相互转化的。从能量方程可知,水流内任意有效截面上的总机械能是由位能、压能和动能三部分组成的。在定常流条件下,若位能 $z$ 变化不大,流速 $v$ 增大即动能增大,压强 $p$ 即压能必会减小;流速增大越多,压强减小越多。如在一些管路通道的局部束窄处,由于截面减小,流速增大,使得束窄处的压强降得很低,甚至出现负压。另外,在面积变化不大的管路通道里,平均流速虽然变化不大,但管路的位置高度 $z$ 的增大,压强也会降低。如在虹吸管顶部和水泵的吸水管顶部,压强降低呈负压状况。

由物理学相关知识可知,水的外界压强越低,就越容易汽化。正常大气压下,水在 100℃ 时开始沸腾,转化为蒸汽即汽化。而高原上气压较低,水不到 100℃ 就开始沸腾汽化。当水流中的局部绝对压强降低到水流当时温度的汽化压强时,水本身便开始汽化,使得原来溶于水中的空气重新逸出,并膨胀形成小气泡,气泡内充满着蒸汽和游离气体。这种由于压强降低而使水流产生汽化,并在水流中形成许多气泡的现象,称为空穴或气穴现象。

可以用一透明的文丘里管来观察气穴的发生和发展情况。如图 3-30 所示,先少量打开阀门,由于流量和流速很小,压强较大,文丘里管的喉道部清彻透明,说明没有气穴发生。当阀门继续加大时,流速增大,于是在喉道部的压强就降得很低。这时,喉道部附近下游形成气穴区。随着阀门加大至最大,气穴区也扩展至最大。气穴现象发生以后,气穴区的气泡不断地被水流带到下游扩大段。扩大段流速较小,压强增大。在高压区压强作用下,气泡内蒸汽迅速凝结,气泡突然溃灭,又成为液体。这种在高压下气泡又重新凝结为液体而消失的现象,称为气穴的溃灭。

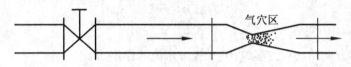

图 3-30　由文丘里管观察气穴的发生示意图

　　在发生气穴的水流中,气穴的不断发生和不断溃灭的速率是很高的。在气泡溃灭时,尽管时间很短,如只有几百分之一秒,但这一过程产生的冲击力却很大,气泡溃灭处的局部压强高达数个甚至数十兆帕,局部温度也急剧上升。大量气泡的连续溃灭将使得气穴溃灭的区域不断产生压强的急剧增减,如果这个气穴溃灭区域正好发生在水力机械或管道等固体壁面附近,就像锤击一样打击水力机械叶片和管道的壁面,产生噪音,并使钢、铁、混凝土等壁面材料都因锤击作用而损坏,轻则形成表面麻点,重则导致壁面的剥蚀甚至产生空洞。同时,还使水力机械和管道产生振动。另外,由于气穴的发生和发展,使水流内产生大量气泡,会大大降低通过管道和水力机械的流量,使水力机械的工作效率显著降低。上述种种由于气穴产生后发生的不良作用,通常总称为气蚀或空蚀作用。防止气蚀或空蚀,是设计和运用水工建筑物和水力机械必须考虑的重要问题。

　　为了防止气蚀的产生,就得控制气穴的发生,这是因为气穴的发生是产生气蚀的前提条件。前已叙述,当水流的绝对压强降低到当时水温的汽化压强时,就开始产生气穴。那么,只要控制水流的绝对压强 $p'$ 大于该时水温的汽化压强 $p_{vp}$,气穴将不易产生或不致于大量产生。因此,可以采用下述无量纲数来表示水流发生气穴的可能性,称为气穴指数或气穴系数、空化数,以 $\sigma$ 表示,定义为

$$\sigma = \frac{p' - p_{vp}}{\frac{1}{2}\rho v^2} \tag{3-90}$$

气穴指数 $\sigma$ 越小,发生气穴的可能性越大,因为这时水流的绝对压强 $p'$ 越接近于该时水温的汽化压强。

　　气穴和气蚀是很复杂的现象,在本课程中,只能作一些简单介绍,在相关的专业课程中,还要作进一步研究。

## 复习思考题 3

　　3.1　试述流体流动的拉格朗日法和欧拉法的主要区别。

　　3.2　在欧拉法中,试给出加速度的表达式。并指出当地加速度和迁移加速度的含义。

　　3.3　试述流线的特性,并指出该线与迹线的区别？

　　3.4　说明下列概念:定常流动、非定常流动、流管、流束、总流、有效截面、平均流速、流量、湿周与水力半径。

　　3.5　试述理想流体微小流束伯努利方程中各项的物理意义与几何意义。推导和应用该方程的条件是什么？

　　3.6　试述实际流体总流能量方程各项的物理意义与几何意义。

　　3.7　应用实际流体总流能量方程解题时,所选择的有效截面为什么必须是渐变流截

面?

3.8 结合推导总流能量方程所使用的假定,试述实际流体总流能量方程的应用条件。

3.9 实际流体的总水头线与理想流体的总水头线相比较有什么不同?

3.10 动量方程的应用条件是什么?

3.11 动量方程能解决什么问题?在什么情况下应用动量方程经比应用伯努利方程更为方便?

# 习 题 3

3.1 已知流速场 $u_x=6x$,$u_y=6y$,$u_z=-7t$,试写出速度矢量 $\boldsymbol{u}$ 的表达式,并求出当地加速度、迁移加速度和加速度。

3.2 给出流速场 $\boldsymbol{u}=(6+2xy+t^2)\boldsymbol{i}-(xy^2+10t)\boldsymbol{j}+25\boldsymbol{k}$,试求空间点 $(3,0,2)$ 在 $t=1$ 的加速度。

3.3 流动场中速度沿流程均匀地减小,并随时间均匀地变化。$A$ 点和 $B$ 点相距 $2\mathrm{m}$,$C$ 点在中间,如图 3-31 所示。已知当 $t=0$ 时,$u_1=2\mathrm{m/s}$,$u_B=1\mathrm{m/s}$;当 $t=5\mathrm{s}$ 时,$u_1=8\mathrm{m/s}$,$u_B=4\mathrm{m/s}$。试求当 $t=2\mathrm{s}$ 时 $C$ 点的加速度。

3.4 如图 3-32 所示,已知收缩管段长 $l=60\mathrm{cm}$,管径 $D=30\mathrm{cm}$,$d=15\mathrm{cm}$,通过流量 $Q=0.3\mathrm{m}^3/\mathrm{s}$。如果逐渐关闭闸门,使流量线性减小,在 $30\mathrm{s}$ 内流量减为零。试求在关闭闸门的第 $10\mathrm{s}$ 时,$A$ 点的加速度和 $B$ 点的加速度。计算时假设断面上的流速为均匀分布。

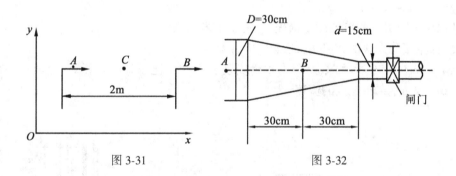

图 3-31                    图 3-32

3.5 试求下列各种不同速度分布的流线和迹线:

$(1)u_x=\dfrac{-cy}{x^2+y^2}$,$u_y=\dfrac{-cx}{x^2+y^2}$,$u_x=0$;  $(2)u_x=x^2-y^2$,$u_y=-2xy$,$u_z=0$

3.6 已知流体的速度分布为 $u_x=1-y$,$u_y=t$。试求 $t=1$ 时过 $(0,0)$ 点的流线及 $t=0$ 时位于 $(0,0)$ 点的质点轨迹。

3.7 如图 3-33 所示,已知圆管过水断面直径上的流速分布规律为

$$u=u_{\max}\left(1-\frac{r}{r_0}\right)^{\frac{1}{7}}$$

式中:$u$ 为半径 $r$ 处所对应的点速度,$u_{\max}$ 为中心点的流速,$r_0$ 为圆管半径,设 $r_0=10\mathrm{cm}$,测得 $u_{\max}=3\mathrm{m/s}$,试求断面平均流速 $v$。

3.8 矩形风道的截面积为 $300\times400\ \mathrm{mm}^2$,风量为 $2\ 700\ \mathrm{m}^3/\mathrm{h}$,试求截面的平均速度。若

出风口截面积缩小为 $150\times200$ $mm^2$,该处的平均流速多大?

3.9  三段直径分别为 $d_1 = 100mm$,$d_2 = 50mm$,$d_3 = 25mm$ 的管子以图 3-34 所示方式连接,已知直径 $d_2$ 管截面平均流速 $v_2 = 10m/s$,试求另两种直径管子的截面平均流速 $v_1$ 和 $v_3$。

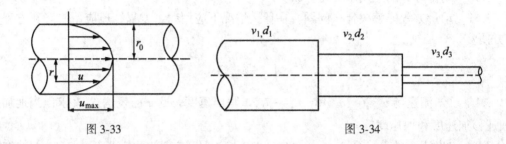

图 3-33                                            图 3-34

3.10  有一圆形管道,截面 1—1 处的直径 $d_1 = 300mm$、平均流速 $v_1 = 1.5m/s$,截面 2—2 处的直径 $d_2 = 150mm$。若管内流动着不可压缩流体,试求截面 2—2 处的平均流速 $v_2$。

3.11  温度 t=40℃、表压力 $p = 200$ $kN/m^2$ 的空气流过直径 $d = 150mm$ 的圆管,平均流速 $v = 3.2m/s$,大气压强为 $101.356kN/m^2$。试求通过管道空气的质量流量。

3.12  已知蒸汽在管道中的流速为 30m/s,密度为 $2.58kg/m^3$,质量流量为 4 000kg/h,试求蒸汽管道的直径。

3.13  圆管水流如图 3-35 所示,已知:$d_A = 0.2m$,$d_B = 0.4m$,$p_A = 6.86$ $N/cm^2$,$p_B = 1.96$ $N/cm^2$,$v_B = 1m/s$,$\Delta z = 1m$。试问:

(1)AB 之间水流的单位能量损失 $h_w$ 为多少米水头?

(2)水流流动方向由 A 到 B,还是由 B 到 A?

3.14  如图 3-36 所示,某一压力水管安装有带水银比压计的毕托管,比压计中水银面的高差 $\Delta h = 2cm$,试求 A 点的流速 $u_1$。

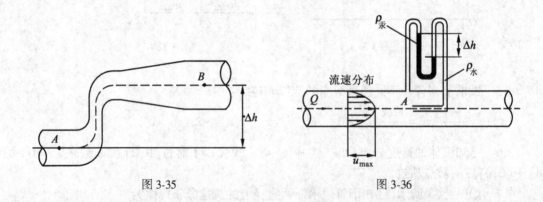

图 3-35                                            图 3-36

3.15  有一渐变管,与水平面的倾角为 45°,其装置如图 3-37 所示。断面 1—1 的管径 $d_1 = 200mm$,断面 2—2 的管径 $d_2 = 100mm$,两断面的间距 $l = 2m$,若密度 $\rho'$ 为 900kg/$m^3$ 的油通过该管段,截面 1—1 处的流速 $v_1 = 2m/s$,水银测压计中的液位差 $h = 20cm$。试求:

(1)截面 1—1 至截面 2—2 之间的水头损失 $h_{w1-2}$。

（2）判断流体流动的方向。

（3）截面 1—1 至截面 2—2 的压强差。

3.16　垂直管如图 3-38 所示，直径 D＝10cm，出口直径 $d=5$cm，水流流入大气，其他尺寸如图 3-38 所示。若不计水头损失，试求 $A$、$B$、$C$ 三点的压强。

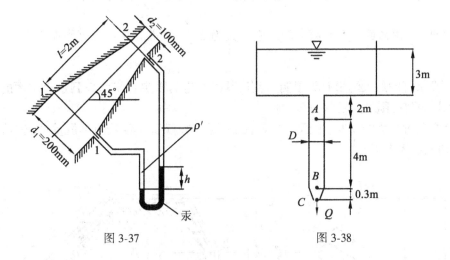

图 3-37　　　　　　　　　　　　图 3-38

3.17　如图 3-39 所示，溢流坝过水的单宽流量 $q=29.8\mathrm{m^3/s \cdot m}$，已知截面 1—1 至截面 $c$—$c$ 过坝水流的水头损失 $h_w=0.08\dfrac{v_c^2}{2g}$。试求 $h_c$ 及 $v_c$。

3.18　如图 3-40 所示，为一抽水装置。利用喷射水流在喉道截面上造成的负压，可以将容器 $M$ 中的积水抽出。已知 $H$、$b$、$h$，若不计水头损失，喉道截面面积 $A_1$ 与喷嘴出口截面面积 $A_2$ 之间应满足什么条件才能使抽水装置开始工作？

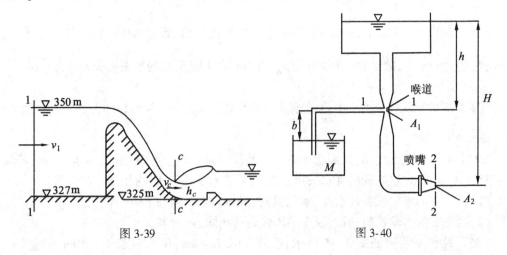

图 3-39　　　　　　　　　　　　图 3-40

3.19　文丘里管流量计装置如图 3-41 所示，$D=5$cm，$d=2.5$cm，流量系数 $\mu=0.95$，在水银比压计上读得 $\Delta h=20$cm。试求：

（1）文丘里管中所通过的流量。

（2）若文丘里管倾斜放置的角度在发生变化时,试问通过的流量有无变化? 这时其他条件均不变。

3.20 如图 3-42 所示,虹吸管从水库中取水,管径 $d=10\text{cm}$,管道中心线的最高处超出水面 $z_3=2\text{m}$。若由水面点 1 到管道截面 2 的水头损失为 $9\dfrac{v^2}{2g}$,由管道截面 2 到截面 3 的水头损失为 $1\dfrac{v^2}{2g}$,由截面 3 到截面 4 的水头损失为 $2\dfrac{v^2}{2g}$,管道的真空高度限制在 7m 以内,试问:

（1）吸水管的最大流量有无限制,若有,其限制应为多少? 出水口到水库水面的高差 $h$ 有无限制? 若有,则最大限制为多少?

（2）在通过最大流量时,水面点 1、截面 2、截面 3、截面 4 各处的单位重量流体的位能、压能和动能各为多少?

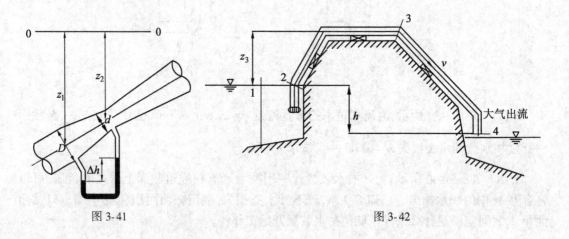

图 3-41                    图 3-42

3.21 如图 3-43 所示,一水轮机的尾水管为直锥形,设已知截面 A—A 的直径 $d_A=0.6\text{m}$,流速 $v_A=6\text{m/s}$,截面 B—B 的直径 $d_B=0.9\text{m}$,由 A 流至 B 的水头损失 $h_{wAB}$ 为 $0.14\dfrac{v_A^2}{2g}$,由 B 流至尾水渠的水头损失为 $1.0\dfrac{v_B^2}{2g}$,若截面 A—A 的允许真空度为 5.1m 时,试计算截面 A—A 距下游水面的高度 $z$。

3.22 某坝内式水电站,在考虑水轮机安装位置时有两个方案,如图 3-44 所示,若两方案中管径 $d$、流量 $Q$、水轮机前管水头损失 $h_{f1}$ 与后管水头损失 $h_{f2}$ 均相同。试分析:

（1）两方案的水轮机有效水头(水轮机前、后压力水头差)是否一样? 为什么?

（2）两方案的水轮机前、后相应点的压强是否相同,各为多少?

3.23 某水泵装置如图 3-45 所示,吸水管长 $l_1=8\text{m}$,压水管长 $l_2=10\text{m}$,管直径 $d=0.5\text{m}$,水泵允许真空度 $h_v=6\text{m}$,吸水管滤水网进口水头损失为 $2\dfrac{v^2}{2g}$、压水管出口水头损失为 $\dfrac{v^2}{2g}$,水管沿程水头损失为 $0.02\dfrac{l}{d}\dfrac{v^2}{2g}$。试求:（1）管中通过的流量;（2）压水管起始断面 3—3

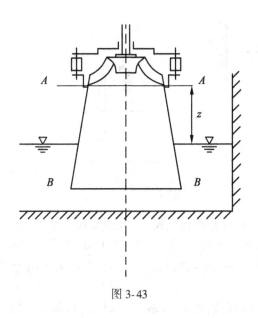

图 3-43

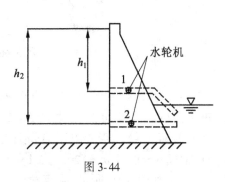

图 3-44

的压强。

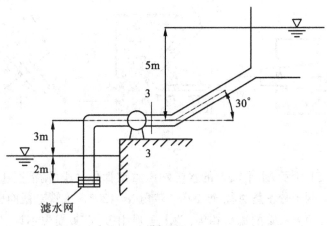

题 3-45

3.24　轴流风机的直径 $d=2\text{m}$,在流线型集流器后截面上安装有水测压计,如图 3-46 所示。设空气温度为 30℃,试求读数 $\Delta h=20\text{mm}$ 时的气流流速和流量。假定流速在截面上均匀分布,局部损失忽略不计。

3.25　如图 3-47 所示的倒置 U 形管,上部为密度 $\rho=800\ \text{kg/m}^3$ 的油。用该 U 形管测定水管中一点的流速,若读数 $\Delta h=200\text{mm}$,试求该点的流速 $v$。

3.26　如图 3-48 所示为一水电站的压力水管渐变段。直径 $D_1=1.5\text{m}$,$D_2=1\text{m}$,渐变段起点处压强 $p_1=392\text{kN/m}^2$(相对压强),管中通过的流量为 $1.8\text{m}^3/\text{s}$,不计水头损失,试求渐变段支座承受的轴向力。

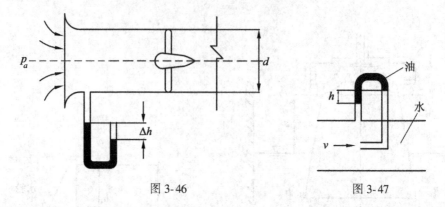

图 3-46                    图 3-47

3.27    如图 3-49 所示,有一直径 $d = 200\text{mm}$ 的弯管放在支座上,管轴线位于垂直面内。已知断面 1—1 及断面 2—2 之间发生转弯。其间距 $l = 6\text{m}$。今测得流量 $Q = 0.03\text{m}^3/\text{s}$。断面 1—1 及截面 2—2 的形心点压强分别为 $p_1 = 49\text{kN/m}^2$,$p_2 = 39.2\text{kN/m}^2$。$v_1$ 及 $v_2$ 的方向分别与 $Ox$ 轴成 $\theta_1 = 0°$ 及 $\theta_2 = 120°$,试求支座反力。

3.28    如图 3-50 所示,水平放置的压力管道弯段,$d_1 = 20\text{cm}$,$d_2 = 15\text{cm}$,转角 $\alpha = 60°$,$p_1 = 176.4\text{kN/m}^2$,$Q = 0.1\text{m}^3/\text{s}$,水头损失不计。试求作用于弯段上的冲力 $R$。

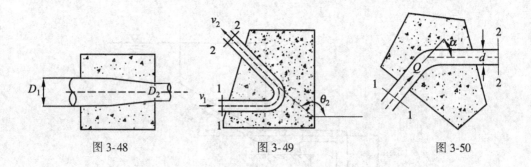

图 3-48                    图 3-49                    图 3-50

3.29    如图 3-51 所示,水平放置的水电站压力钢管分岔段,用混凝土支座固定。已知主管直径 $D = 3.0\text{m}$,两个分岔管直径 $d = 2.0\text{m}$,转角 $\alpha = 120°$。主管末截面压强 $p_1 = 3\text{at}$,通过总流量 $Q = 35\text{m}^3/\text{s}$,两分岔管的流量相等,动水压强相等,水头损失不计。试求水对支座的总推力。

3.30    如图 3-52 所示,一矩形渠道宽 4m,渠中设有薄壁堰,堰顶水深 1m,堰高 2m,下游尾水深 0.8m,已知通过的流量 $Q = 0.8\text{m}^3/\text{s}$,堰后水舌内外均为大气,试求堰壁上所受动水总压力。其中上游、下游河底为平底,河底摩擦阻力可以忽略不计。

3.31    有一平面变径弯管,转角 $\alpha = 60°$如图 3-53 所示,其直径由 $d_A = 200\text{mm}$ 变为 $d_B = 150\text{mm}$。当流量 $Q = 0.1\text{m}^3/\text{s}$,压强 $p_A = 18 \text{kN/m}^2$ 时,若不计弯管的水头损失,试求水流对 $AB$ 段变径弯管的作用力。

3.32    如图 3-54 所示,一股射流以速度 $v_0$、水平射向倾斜光滑平板上,其流量为 $Q$。若忽略流体的撞击损失和重力影响,且射流内的压强在分流前后都没有变化,试求沿板面向两侧的分流流量 $Q_1$、$Q_2$ 以及射流对平板的作用力 $F$。

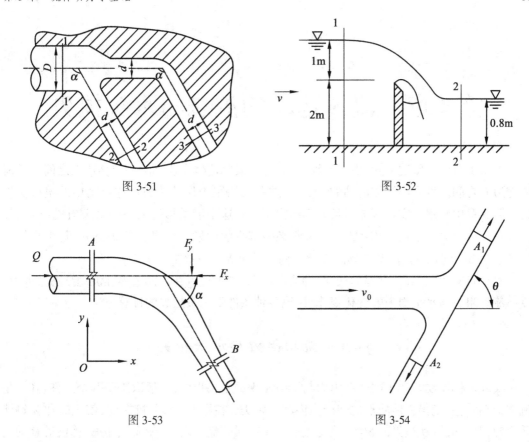

图 3-51

图 3-52

图 3-53

图 3-54

3.33　如图 3-55 所示的(a)、(b)、(c)三种情况。试分析冲击力 $R$ 与角度 $\alpha$ 的关系。试问：哪种叶片受到的冲击力最大？冲击式水轮机采用哪种形式的叶片最好？

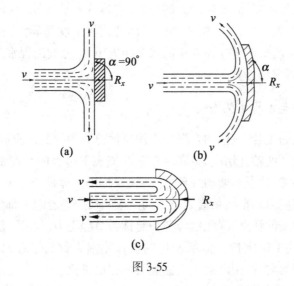

(a)

(b)

(c)

图 3-55

# 第4章　流体运动的流态与水头损失

由第1章中的叙述可知,由于粘滞性的作用,实际流体在流动时各流体质点之间以及流体与边界之间产生阻碍流体流动的粘滞力,这些粘滞阻力做功造成流体流动中的机械能损失。第3章中介绍的实际流体能量方程给出了反映这个能量损失大小的水头损失项 $h_w$,如何计算水头损失 $h_w$,是应用能量方程时所必须解决的问题。大量相关研究表明,水头损失 $h_w$ 与流体的流动型态、流动流体的内部结构以及边界特征等都有关系。

本章将介绍实际流体所具有的两种流动型态及其特性;在不同边界和流动型态条件下,流体流动阻力与水头损失的变化规律;讨论各种条件下水头损失的计算方法。

## §4.1　流动阻力与水头损失

实际流体流动时产生的流动阻力与同时出现的水头损失,一般取决于两个条件:其一是流体的粘滞性,使得流体质点之间产生内摩擦阻力,并损耗一部分机械能,使之转化为热能散失掉;其二是流动边界的影响,使得流体产生旋涡等流动现象,使质点碰撞、掺混等紊动现象加剧,内摩擦力加大,出现较大的能量损失。比较这两个条件,可以看到流体的粘滞性是产生流动阻力与水头损失的主要的、起决定作用的因素。但流动边界的因素也是不可忽视的外在条件。相关研究表明,对于较平顺的边界,有效截面上的流速分布比较有规则,流体流动的水头损失沿流程不变;而变化较大的边界,流体的紊动加剧,有效截面上的流速分布没有规则,内摩擦力加大,水头损失的大小随不同的边界形状而异。因此,根据流体流动边界影响的外部条件,将反映能量损失大小的水头损失项 $h_w$ 分成沿程水头损失和局部水头损失两种,以利于分析研究和计算。

### 4.1.1　沿程阻力与沿程水头损失

在边界比较平顺的场合,流体的粘滞性作用将使得流动的流体质点之间发生相对运动,从而产生抵抗相对运动的粘性切应力;同时在某些流态下边界的粗糙壁面有可能产生旋涡等使流体质点发生碰撞、掺混等紊动现象,这些现象加剧流体质点之间的相对运动,使之产生阻碍流体运动的切应力。粘性切应力与紊动产生的切应力合起来称为总摩擦力。这两种切应力具有沿流程不变的特点,因此也合在一起称为沿程阻力。在流动过程中,流体要克服这种沿程阻力作功,使单位重量流体所产生的机械能损失称为沿程水头损失,以 $h_f$ 表示。由于沿程阻力沿流程为常数,则沿程水头损失与流程成正比。

通过实验和第12章的量纲分析(参见第12章式(12-9)的推导过程),可以导出沿程水头损失的计算公式

$$h_f = \lambda \frac{l}{4R} \frac{v^2}{2g} = \lambda \frac{l}{d} \frac{v^2}{2g} \tag{4-1}$$

式中,$\lambda$ 为沿程水头损失系数,该系数为无量纲数,并与流体的粘性系数、流速、管道或渠道的几何尺寸以及边界壁面的粗糙程度有关;$d$ 为管道的直径;$R$ 为非圆管道或渠道的水力半径;$l$ 为管道或渠道的长度,也就是流程的长度。式(4-1)又称为达西-魏斯巴赫(Darcy-Weisbach)公式。

### 4.1.2 局部阻力与局部水头损失

在边界变化比较剧烈的场合,有效截面的形状与大小、截面上的流速分布及压强分布等均沿程急剧变化,同时出现各种旋涡和主流与边壁的分离现象,这些使流体质点的碰撞、掺混等紊动现象更加剧烈,流体质点之间的相对运动也更加剧烈与复杂,由此产生的内摩擦阻力不同于边界较平顺的场合。其特点是,所发生的区域只在边界急剧变化的局部范围内,在数量上大于边界较平顺的场合,而且随着边界变化的不同而各异。因此,称这种情况下产生的阻力为局部阻力。在流动过程中,流体要克服这种局部阻力做功,使单位重量流体所产生的机械能损失称为局部水头损失,以 $h_j$ 表示。局部水头损失 $h_j$ 一般表示为流速水头 $\frac{v^2}{2g}$ 的倍数,即

$$h_j = \zeta \frac{v^2}{2g} \tag{4-2}$$

式中,$\zeta$ 为局部水头损失系数,为无量纲系数,一般根据具体的情况由实验定出。

实际的流体流动系统,通常是由若干段均匀流、渐变流和急变流组成的。一般来说,在截面尺寸不变的均匀流流段中主要考虑沿程水头损失;在渐变流流段中,水流阻力不仅仅只有沿程阻力,也有局部阻力,在简化计算的情况下,可以只考虑沿程水头损失;而在急变流流段中,主要只考虑局部阻力。总的来说,整个流动系统的水头损失应由这些流段所有的水头损失组成。如图 4-1 所示的管道系统,有若干段不同直径的长直管道,如管段 1、2、3、4 等,主要为均匀流;也有若干边界变化处,管段 1 至管段 2 之间的突然扩大处、管段 2 至管段 3

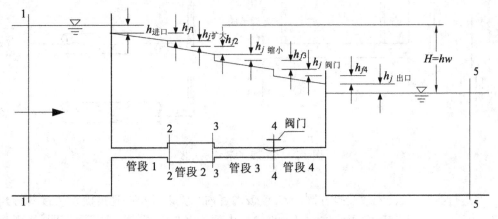

图 4-1 管道系统各种水头损失示意图

之间的突然缩小处、管段 3 至管段 4 之间的阀门处,以及管道系统的上游进口处和下游的出口处,主要为急变流。那么这个管道系统的水头损失 $h_w$ 是所有均匀流流段的沿程水头损失 $h_f$ 和所有急变流截面处的局部水头损失 $h_j$ 之和,即

$$h_w = (h_{f1} + h_{f2} + h_{f3} + h_{f4}) + (h_{j进口} + h_{j扩大} + h_{j缩小} + h_{j阀门} + h_{j出口})$$

对于任意的管道系统或渠道系统,总的水头损失可以用下式计算

$$h_w = \sum_{i=1}^{n} h_{fi} + \sum_{k=1}^{m} h_{jk} \tag{4-3}$$

## §4.2　实际流体的两种流动型态

早在 19 世纪初就有学者发现,圆管中流体的流速较小时,水头损失与流速的一次方成正比;流速较大时,水头损失与流速的二次方或接近二次方成正比。1883 年,雷诺(Reynolds)通过管道流动实验,系统研究不同的管径以及不同的流速与沿程水头损失之间的关系,确定了上述水头损失与流速之间所具有的不同性质的关系,是因为实际流动中存在两种不同的流动型态:层流和紊流。

### 4.2.1　雷诺实验

雷诺实验的装置如图 4-2 所示,在水箱 A 的箱壁上安装一根进口 B 为带喇叭形的水平玻璃管,玻璃管的下游出口处装有一个用于调节流量的阀门 C。另有一与容器 D 相连接的细管置于玻璃管的进口 B 处,容器 D 内装有密度与水相近的颜色水,细管上安装一可以调节颜色水流量的阀门 E。为使玻璃管中的水流保持在恒定的水头下,水箱 A 还设立了溢流装置,使水箱 A 的液面高度即水头保持恒定。

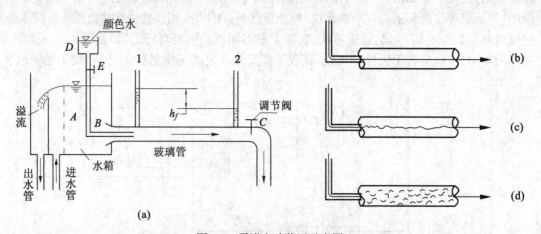

图 4-2　雷诺实验装置示意图

在进行实验时,首先缓慢打开阀门 C,使玻璃管内水流以较小的速度流动。接着打开阀门 E,让颜色水流入玻璃管中。这时可见玻璃管内颜色水与周围的清水界限分明,呈现为一股平稳的、清晰的细直线流束(如图 4-2(b))。此时颜色水细直线流束之所以能保持,说明

各层的水流质点互不掺混,作有条不紊的层状运动。这种流动型态称为层流。若继续增大阀门 $C$,玻璃管内水流的速度则继续加大,当加大到某一速度时,颜色水流束开始出现波动(如图 4-2(c)),若再继续加大,颜色水流束的波动也加大。当阀门 $C$ 加大到某种程度时,即玻璃管中的流速增大到某一数值时,颜色水流束突然破裂,向周围清水迅速扩散并遍及全管,两种水流质点相互掺混,全管水流被均匀染色(如图 4-2 (d))。若继续加大,两种水流掺混得更均匀。这种流动型态称为紊流,也称湍流。层流和紊流之间,如图 4-2(c)所示的流动型态,称为层流与紊流之间的过渡流或过渡状态。颜色水流束开始破裂时的流速,即层流转化为紊流时的流速,称为上临界流束 $v'_c$。

对上述的实验程序可以反向进行,也就是首先将阀门 $C$ 开至最大,然后逐渐减小,水流也会经历如图 4-2(d)、(c)、(b)所示的由紊流到过渡流再到层流的流动型态。实验中颜色水流束由破裂转变为成形可见时的流速,也就是紊流转变为层流时的流速,称为下临界流速 $v_c$。实验结果表明,$v'_c > v_c$,即层流转变为紊流时的临界流速大于紊流转变为层流时的临界流速。

雷诺实验还可以进行水头损失与流速及流态的关系的研究。对如图 4-2 所示实验装置中的玻璃管,在管道中部相隔适当距离的两个截面分别安装测压管,如图 4-2 中 1、2 两测压管。由实际流体的能量方程

$$z_1 + \frac{p_1}{\rho g} + \frac{\alpha_1 v_1^2}{2g} = z_2 + \frac{p_2}{\rho g} + \frac{\alpha_2 v_2^2}{2g} + h_f + h_j$$

及测压管所取的管段的位置状况可知,从截面 1 到截面 2 为均匀流流段,$v_1 = v_2$,没有局部水头损失,因此该流段的水头损失 $h_w$ 也就是沿程水头损失 $h_f$。从上式可见,两测压管液面差即测压管水头差就等于 1~2 流段的沿程水头损失,即

$$h_w = h_f = \left( z_1 + \frac{p_1}{\rho g} \right) - \left( z_2 + \frac{p_2}{\rho g} \right) \tag{4-4}$$

按照前述的雷诺实验程序,将所测试的管道内流速由小到大或由大到小,也就是管道内流态由层流到紊流或由紊流到层流,同时记录 1、2 两测压管的液面差(即沿程水头损失 $h_f$)与对应的截面平均流速 $v$。将所测得的实验数据点绘于对数坐标系内,如图 4-3 所示。其中纵坐标为 $\lg h_f$,横坐标为 $\lg v$。图 4-3 中线段 $abcde$ 为流速由小到大的实验结果,线段 $edba$ 为流速由大到小的实验结果。从图 4-3 可见:

(1) $ab$ 段,流速 $v < v_c$,流态为层流,实验点分布在一条与坐标轴成 45° 角的直线上,说明层流流态中沿程水头损失 $h_f$ 与流速 $v$ 的一次方成正比。

(2) $de$ 段,流速 $v > v'_c$,流态为紊流,实验点分布在一条与坐标轴成 60°15'~63°26' 角的直线上,说明紊流流态中沿程水头损失 $h_f$ 与流速 $v$ 的 1.75~2.0 次方成正比。

(3) $bd$ 区域,流速一般有 $v_c < v < v'_c$,为紊流向层流转化或层流向紊流转化的过渡区。当流速由大到小,实验点由 $e$ 向 $d$ 移动,到达 $d$ 点时流动开始为紊流向层流转变的过渡流,过 $b$ 点后流动完全为层流,$b$ 点流速为下临界流速 $v_c$。当流速由小到大,实验点由 $a$ 向 $c$ 移动,到达 $c$ 点时流动由层流转变为紊流,$c$ 点流速为上临界流速 $v'_c$。$c$ 点的位置很不稳定,也就是上临界流速 $v'_c$ 数值很不稳定。这与实验过程及实验环境有很大关系。在整个过渡区 $bcd$ 中实验点较为散乱,是一个不稳定区域。

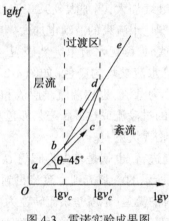

图 4-3  雷诺实验成果图

### 4.2.2  临界雷诺数和雷诺数

从上述雷诺实验中还证得,上、下临界流速 $v_c'$、$v_c$ 与流体的运动粘性系数 $v$ 成正比,与管径 $d$ 成反比。如对于下临界流速 $v_c$,其比例式为

$$v_c \propto \frac{v}{d}$$

写成等式为
$$v_c = \mathrm{Re}_c \frac{v}{d}$$

式中,$\mathrm{Re}_c$ 是一个无量纲的数,称为临界雷诺数,因对应于下临界流速,也称为下临界雷诺数。改写上式为下临界雷诺数的表达式

$$\mathrm{Re}_c = \frac{v_c d}{v} \tag{4-5}$$

对于上临界流速 $v_c'$,同上述也可以得到上临界雷诺数 $\mathrm{Re}_c'$ 表达式

$$Re_c' = \frac{v_c' d}{v} \tag{4-6}$$

由前述雷诺实验中已知 $v_c'>v_c$,则有 $Re_c'>\mathrm{Re}_c$,即由层流向紊流转变的上临界雷诺数 $Re_c'$ 大于由紊流向层流转变的下临界雷诺数 $\mathrm{Re}_c$。从图 4-3 可见,紊流向层流转变的 $b$ 点稳定,则对应的下临界雷诺数 $\mathrm{Re}_c$ 稳定;层流向紊流转变的 $c$ 点不稳定,则对应的上临界雷诺数 $\mathrm{Re}_c'$ 不稳定。大量的相关实验资料证明,在任何管径的圆管道中,任何流体的下临界雷诺数 $\mathrm{Re}_c$ 基本一致,都等于 2 000;而上临界雷诺数 $\mathrm{Re}_c'$ 的数据很不一致,有时可达 12 000,甚至有学者做过上临界雷诺数 $\mathrm{Re}_c'$ 高达 40 000 以上的实验,实际这时外界只要有点扰动,层流立刻转变为紊流,$\mathrm{Re}_c'$ 无实际意义。因此,一般采用下临界雷诺数 $\mathrm{Re}_c$ 作为层流和紊流的判别标准,为简便计,称下临界雷诺数为临界雷诺数 $\mathrm{Re}_c$,并且取 $\mathrm{Re}_c = 2\ 000$。

类似于临界雷诺数的概念,可以提出相应于流体流动中流速的雷诺数的概念,即

$$\mathrm{Re} = \frac{vd}{v} \tag{4-7}$$

根据雷诺实验的结论,雷诺数 Re 可以作为管道流动时,流动为层流还是紊流的判别参数。

当流体流动为层流时 $\qquad$ $\text{Re}<\text{Re}_c = 2\ 000$ $\qquad$ (4-8a)

当流体流动为紊流时 $\qquad$ $\text{Re}>\text{Re}_c = 2\ 000$ $\qquad$ (4-8b)

### 4.2.3　雷诺数的定义与物理意义

参考第 12 章可知,作为无量纲数的雷诺数 Re 的定义是

$$\text{Re} = \frac{\rho UL}{\mu} = \frac{UL}{v} \tag{4-9}$$

式中:$\rho$——流体密度;$U$——特征速度;$L$——特征长度;$\mu$——动力粘性系数;$v$——运动粘性系数。

对于圆管道流动,取管道流动的平均流速 $v$ 为特征速度,管道直径 $d$ 为特征长度,即得如式(4-7)的管道流动雷诺数的定义式。

如果是非圆管道的流动,或明渠的流动,在用于判别层流或紊流的雷诺数中,一般用水力半径 $R$ 为特征长度,平均流速 $v$ 为特征速度。这种流动的雷诺数可以定义为

$$\text{Re} = \frac{vR}{v} \tag{4-10}$$

由相关实验可知,对于非圆管道流动或明渠流动,其临界雷诺数为 $\text{Re}_c = 500$。相应的 Re<500 时为层流流动;Re>500 时为紊流流动。

观察流体的流动状况可以看到,流体质点之间的碰撞、掺混以及各种旋涡的产生和发展,都与流体的惯性力相关,而且流体的惯性力能放大和强化边界或外界对流体的扰动;另一方面,可以看到流体流动过程中还存在对流体运动起阻碍作用的粘滞力,这种力对边界或外界的扰动还可以起减小和削弱的作用。这两种力在流体实际流动中所占的比例大小就构成了层流或紊流的两种流动型态。雷诺数 Re 能作为层流、紊流的判别参数,应该说雷诺数 Re 具有惯性力与粘滞力之比的物理意义,也就是

$$\text{Re} = \frac{\text{惯性力}}{\text{粘滞力}} \tag{4-11}$$

可以由作用力的量级大小来说明。一般来说,式中的惯性力可以由牛顿第二定律中的 $ma$ 项来表示。由于 $ma$ 项中流体质量 $m$ 的量级为 $\rho L^3$,而加速度 $a = \dfrac{\mathrm{d}u}{\mathrm{d}t} = u\dfrac{\mathrm{d}u}{\mathrm{d}s}$ 的量级为 $\dfrac{U^2}{L}$,那么惯性力的量级可以用 $\rho L^3 \cdot \dfrac{U^2}{L} = \rho L^2 U^2$ 来表示。另外,粘滞力可以由牛顿内摩擦定律中的 $A\mu\dfrac{\mathrm{d}u}{\mathrm{d}y}$ 项来表示,其量级为 $L^2\mu\dfrac{U}{L} = L\mu U$。这样将惯性力和粘滞力的量级表达式代入式(4-11)有

$$\text{Re} = \frac{\rho L^2 U^2}{L\mu U} = \frac{\rho LU}{\mu} = \frac{UL}{v} \tag{4-12}$$

由此可知,雷诺数 Re 的物理意义确为惯性力和粘滞力之比。

当雷诺数较小,即 Re<2 000 时,粘滞力的量级占优,也就是粘滞力的作用大于惯性力的作用,流体质点之间的碰撞、掺混以及旋涡等受粘滞力的束缚而大大降低,并且使流动产生

不稳定的外界扰动作用也受到很大抑制,流体表现为层流流动型态;当雷诺数较大,即 Re>2 000时,惯性力的量级占优,也就是惯性力的作用大于粘滞力的作用,流体质点之间的碰撞、掺混以及旋涡等在惯性力的作用下得到进一步加强,外界的扰动容易发展增强,使流动不稳定,流体表现为紊流流动型态;对于雷诺数不大不小,即 Re~2 000 时,惯性力和粘滞力为同一数量级,也就是惯性力的作用与粘滞力的作用大致相等,那么流体则表现为过渡状态。

**例 4.1** 下列流体以流速 $v=1.0\text{m/s}$ 在一段直径 $d=50\text{mm}$ 的管道内流动,①20℃的水;②20℃的空气;③20℃的油,$v=31\times10^{-6}\text{m}^2/\text{s}$。试判别这几种流体流动的流态。

**解** (1)对 20℃的水,查表 1-3 得,$v=1.003\times10^{-6}\text{m}^2/\text{s}$,这时

$$\text{Re}=\frac{vd}{v}=\frac{1.0\times0.05}{1.003\times10^{-6}}=49\ 850>2\ 000,为紊流。$$

(2)对 20℃的空气,查表 1-1 得,$v=\frac{1.8\times10^{-5}}{1.205}=1.49\times10^{-5}(\text{m}^2/\text{s})$,这时

$$\text{Re}=\frac{vd}{v}=\frac{1.0\times0.05}{1.49\times10^{-5}}=3\ 355>2\ 000,为紊流。$$

(3)对 20℃的油,已知 $v=31\times10^{-6}\text{m}^2/\text{s}$,这时

$$\text{Re}=\frac{vd}{v}=\frac{1.0\times0.05}{31\times10^{-6}}=1\ 613<2\ 000,为层流。$$

## §4.3  流体的层流流动

从雷诺实验中已知实际流体流动中存在层流流态,如机械工程中粘滞性较高的油类的流动、地下水的渗流和石油的流动、化工及环保工程中某些流体的流动等。本节将讨论定常流体在管道、宽矩形中作层流流动的问题。

对于层流流动问题,比较完整的解决步骤是,利用第 11 章中介绍的由不可压缩粘性流体的运动方程和连续性方程组成的 N—S 方程组,加上适当的边界条件,可以求解得到。当然在条件不具备时,也可以用理论力学中力的平衡方程以及牛顿内摩擦定律建立方程,求解得到。在讨论流体层流流动之前,首先叙述定常均匀总流切应力与水力坡度的关系,然后再讨论圆管中的层流流动问题。

### 4.3.1  定常均匀总流切应力与水力坡度的关系

对于如图 4-4 所示的定常总流流动,假定总流形状和尺寸沿流程无变化,则该总流流动为均匀流,各有效截面上的流速分布是相等的。现取一段长度为 $l$、截面面积为 $A$ 以及湿周为 $\chi$ 的流段 1~2 来分析,由于为等速流动,则作用在该圆柱体上的重力、两端的总压力以及侧面上的切应力将处于平衡状态,于是

$$P_1-P_2+G\sin\alpha-T=0$$

式中,两端总压力 $P_1=p_1A$,$P_2=p_2A$,$p_1$、$p_2$ 为两端截面上形心的压强;圆柱体的重量 $G=\rho gAl$,$\sin\alpha=\frac{z_1-z_2}{l}$;侧面上的切力 $T=\tau_0\chi l$,$\tau_0$ 为侧面上的切应力。整理可得

$$\frac{p_1}{\rho g}-\frac{p_2}{\rho g}+z_1-z_2=\frac{\tau_0\chi}{\rho gA}l$$

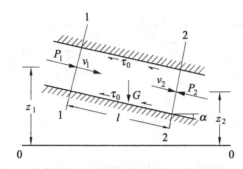

图 4-4　定常均匀流切应力与水力坡度关系推导示意图

类似于式(4-4)的方式应用总流能量方程,上式右边为沿程水头损失 $h_f$,即

$$h_f = \frac{\tau_0 \chi}{\rho g A} l = \frac{\tau_0}{\rho g} \frac{l}{R}$$

或

$$\tau_0 = \frac{\rho g R h_f}{l} = \rho g R J \tag{4-13}$$

其中令

$$J = \frac{h_f}{l} \tag{4-14}$$

式中,$J$ 为水力坡度,与式(3-71)相比较,是不包括局部水头损失的水力坡度,这是因为均匀流流动中无局部水头损失。从推导的假定条件来看,式(4-13)给出了定常均匀流时切应力与沿程水头损失的关系。

式(4-13)的推导,是针对 1~2 流段的整个截面而言的,其中的 $\tau_0$ 是指边壁切应力。对于总流截面上的切应力分布,可以采用上述类似的方法分析得到。例如对于圆管均匀流,只取流段内一圆柱体来分析各种作用力的平衡条件,如图 4-5 所示。该圆柱体的中心轴与圆管轴重合,设圆柱体的半径为 $r$,作用在圆柱体表面上的切应力为 $\tau$,按照上述方法运用力的平衡方程,可得

$$\tau = \rho g \frac{r}{2} J \tag{4-15}$$

与式(4-13)圆管边壁上的切应力 $\tau_0 = \rho g R J = \rho g \frac{r_0}{2} J$ 相比较可得

$$\frac{\tau}{\tau_0} = \frac{r}{r_0} \tag{4-16}$$

式(4-16)表明在圆管流动中,同一截面上切应力随半径 $r$ 线性增加,如图 4-5 所示,管壁处的切应力最大为 $\tau_0$,管轴心处的切应力最小为零。

需要说明的是,式(4-13)~式(4-16)给出的定常均匀流时切应力与沿程水头损失的关系和圆管切应力变化规律对层流和紊流都同样适用。

### 4.3.2　圆管中的层流流动

对于层流流动,反映沿程阻力的切应力就是内摩擦应力。可以应用牛顿内摩擦定律表达式(4-15)计算切应力 $\tau$。由于圆管均匀流流动为轴对称流动,可以采用如图 4-6 所示的原

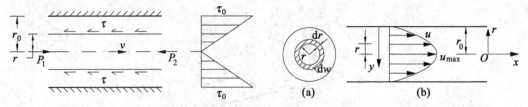

图 4-5　截面切应力推导及切应力分布示意图　　　　图 4-6　圆管层流流动示意图

点在管轴处的 $(x,r)$ 坐标系。而原牛顿内摩擦定律表达式采用的是原点在壁面的 $(x,y)$ 坐标系,如图 4-6 所示。两种坐标的关系是 $y=r_0-r$ 以及微分式 $\mathrm{d}y=-\mathrm{d}r$,则式(4-15)可以写成

$$\tau=\mu\frac{\mathrm{d}u}{\mathrm{d}y}=-\mu\frac{\mathrm{d}u}{\mathrm{d}r}$$

将上式代入式(4-15),可得

$$\tau=-\mu\frac{\mathrm{d}u}{\mathrm{d}r}=\frac{\rho grJ}{2}$$

整理

$$\mathrm{d}u=-\frac{\rho g}{2}\frac{J}{\mu}r\mathrm{d}r$$

积分得

$$u=-\frac{\rho g}{4}\frac{J}{\mu}r^2+C$$

式中,$C$ 为积分常数。由于粘滞性管壁 $r=r_0$ 处,$u=0$,则积分常数 $C=\frac{\rho g}{4}\frac{J}{\mu}r_0^2$,得圆管层流流速分布式

$$u=\frac{\rho g}{4}\frac{J}{\mu}(r_0^2-r^2) \tag{4-17}$$

由式(4-17)可见圆管层流流速分布是以管轴为中心的旋转抛物面,如图 4-6 所示。管轴处 $(r=0)$ 有最大流速,即

$$u_{\max}=\frac{\rho g}{4}\frac{J}{\mu}r_0^2 \tag{4-18}$$

将流速分布式(4-17)代入流量定义式(3-21),可得圆管有效截面上的流量

$$Q=\int_A u\mathrm{d}A=\int_0^{r_0}u\cdot2\pi r\mathrm{d}r=\frac{\rho g}{4}\frac{J}{\mu}\int_0^{r_0}(r_0^2-r^2)2\pi r\mathrm{d}r=\frac{\rho g\pi}{8}\frac{J}{\mu}r_0^4 \tag{4-19}$$

以及由平均流速的定义式(3-25),可得圆管截面平均流速

$$v=\frac{Q}{A}=\frac{\rho g}{8}\frac{J}{\mu}r_0^2=\frac{\rho g}{32}\frac{J}{\mu}d^2 \tag{4-20}$$

式中,圆管面积 $A=\pi r_0^2$,圆管直径 $d=2r_0$。

　　比较式(4-18)、式(4-20)可知圆管截面平均流速是圆管最大流速的一半,即

$$v=\frac{1}{2}u_{\max} \tag{4-21}$$

由式(4-20)可得圆管层流时沿程水头损失表达式

$$h_f=\frac{8\mu vl}{\rho gr_0^2}=\frac{32\mu vl}{\rho gd^2} \tag{4-22}$$

由式(4-22)可见,圆管层流时,沿程水头损失 $h_f$ 与截面平均流速 $v$ 的一次方成正比。这是由理论得到的一个结论,这个结论在雷诺实验中得到验证,是层流流动的一个特征。

将式(4-22)按达西—魏斯巴赫公式(4-1)形式改写为

$$h_f = \frac{32\mu v}{\rho g d} \cdot \frac{l}{d} \cdot \frac{2v}{2v} = \frac{64\mu}{\rho v d} \frac{l}{d} \frac{v^2}{2g} = \frac{64}{Re} \frac{l}{d} \frac{v^2}{2g}$$

式中引入管道雷诺数 $Re = \dfrac{vd}{v}$。对比达西-魏斯巴赫公式(4-1),圆管层流的沿程水头损失系数 $\lambda$ 为

$$\lambda = \frac{64}{Re} \qquad\qquad (4\text{-}23)$$

这个由理论推得的表达式(4-23)已由后面将要介绍的尼古拉兹实验所证得。

将圆管层流流速分布式(4-17)和截面平均流速式(4-20)分别代入式(3-65)表示的动能修正系数 $\alpha$ 和式(3-89)表示的动量修正系数 $\alpha'$ 定义式中,得圆管层流流动时动能修正系数 $\alpha$

$$\alpha = \frac{\int_A u^3 \mathrm{d}A}{v^3 A} = \frac{\int_0^{r_0} \left[ \dfrac{\rho g}{4} \dfrac{J}{\mu}(r_0^2 - r^2) \right]^3 2\pi r \mathrm{d}r}{\left( \dfrac{\rho g}{8} \dfrac{J}{\mu} r_0^2 \right)^3 \pi r_0^2} = \frac{16}{r_0^8} \int_0^{r_0} (r_0^2 - r^2)^3 r \mathrm{d}r = 2 \qquad (4\text{-}24)$$

以及动量修正系数 $\alpha'$

$$\alpha' = \frac{\int_A u^2 \mathrm{d}A}{v^2 A} = \frac{\int_0^{r_0} \left[ \dfrac{\rho g}{4} \dfrac{J}{\mu}(r_0^2 - r^2) \right]^2 2\pi r \mathrm{d}r}{\left( \dfrac{\rho g}{8} \dfrac{J}{\mu} r_0^2 \right)^2 \pi r_0^2} = \frac{8}{r_0^6} \int_0^{r_0} (r_0^2 - r^2)^2 r \mathrm{d}r = 1.33 \qquad (4\text{-}25)$$

## §4.4　流体的紊流流动

从§4.2 中介绍的雷诺实验与日常流动现象可知,紊流流动比层流流动复杂得多。这是由于紊流中存在大量的作杂乱无章运动的微小旋涡,这些微小旋涡不断地产生、发展、衰减和消亡,使得流体质点在运动中不断的相互碰撞、掺混,并可能产生各种尺度的大旋涡。这些大旋涡也不断地产生、发展和消亡。流体质点的相互碰撞、掺混以及旋涡等使流体的流动在宏观表现上是空间各点的流速、压强等运动要素呈现时大时小的随机变化现象。

针对紊流的这些特点,本节将讨论紊流中流速、压强等运动要素的表示法,讨论紊流的切应力、流速分布以及紊流的结构等。

### 4.4.1　紊流的特征与运动要素的时均化

根据大量相关实验观测,紊流具有有涡性、不规则性、扩散性、耗能性、连续性、三维性以及非定常性等特征。对于粘性流体,无论是层流还是紊流,其流体内部是存在大小不等的涡体的。但紊流内的涡体与层流内的涡体有很大不同。紊流内的涡体除了随流动的总趋势向某一方向运动以外,还同时在各个方向上有不规则的运动。流体内的所有质点,都将在这些涡体的影响下移动、运行、旋转、震荡等,各质点的运动轨迹完全没有规则,这就是紊流的有涡性和不规则性。紊流的扩散性是指流体质点受涡体的影响在各个方向所作的不规则运动

(即涡体紊动),使得紊流具有传质、传热和传递动量等扩散性能,也就是紊动可以将流场中某一地方的物质(如泥沙、污染物等)或物理特性(如热量、动量等)扩散到其他各处,或者说通过紊动可以达到散热、冷却和掺混的效果。紊流的耗能性是指涡体对流体质点的紊动过程消耗更多的能量,相关实验证明,紊流中的能量损失比同等条件下的层流大得多。紊流的连续性是指紊动中的质点以及涡体都是连续的,是充满整个流场空间的,受连续性方程的制约。紊流的三维性是指涡体的无规则运动,使得紊动呈现三维特点,也就是各坐标点的运动要素在三个方向都会随时间变化出现时大时小的现象。这种现象也称为紊流运动要素的波动现象或脉动现象,表示了紊流在实质上是非定常的。

应用超声测速仪(ADV)测量水槽定常紊流流动中某点的流速,图 4-7 给出该仪器所测的某点流速分量 $u_x$ 随时间的变化曲线。从这些曲线中可以看出,该点各流速分量随时间的变化好像是完全杂乱无章的。但观察较长的时间过程,可以发现这些变化的量都围绕着某一平均值随机地上下变化。在用毕托管测量流速时,可以观察到比压计的液面在上下跳动,读数时只能读取平均数。这些就是前述的紊流运动要素的波动现象或脉动现象。

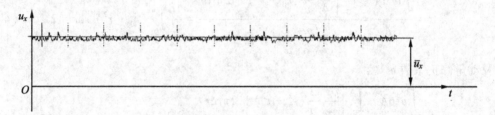

图 4-7　流速测量成果图

在此可以将紊流中仪器所测的流速分量 $u_x$、$u_y$、$u_z$ 称为瞬时流速分量,将经过某一足够长时段 $\Delta T$ 观察到的平均值称为时均流速,以在字母上加横线表示,如 $\bar{u}_x$、$\bar{u}_y$、$\bar{u}_z$,其定义式为

$$\begin{cases} \bar{u}_x = \dfrac{1}{\Delta T} \int_0^{\Delta T} u_x \, \mathrm{d}t \\[2mm] \bar{u}_y = \dfrac{1}{\Delta T} \int_0^{\Delta T} u_y \, \mathrm{d}t \\[2mm] \bar{u}_z = \dfrac{1}{\Delta T} \int_0^{\Delta T} u_z \, \mathrm{d}t \end{cases} \tag{4-26}$$

式(4-26)中时段 $\Delta T$ 的足够长是针对每个波来说的,较长、约 100 个波;但对整个流动过程来说,则要足够的短。从图 4-7 可见,瞬时流速在时均流速值上下波动,存在一差值。在此可以将瞬时流速与时均流速的差值称为脉动流速,以在字母上加上标"′"表示,如 $u'_x$、$u'_y$、$u'_z$。这三种量有下列关系

$$\begin{cases} u_x = \bar{u}_x + u'_x \\ u_y = \bar{u}_y + u'_y \\ u_z = \bar{u}_z + u'_z \end{cases} \tag{4-27}$$

式(4-27)表示了紊流流动中运动要素的瞬时值为时均值与脉动值之和。也就是说可以将紊流流动看做为时均流动与脉动流动的叠加,而分别加以研究。这种研究方法在流体力

学中称为时均化的研究方法。

比较式(4-26)与式(4-27)可知,脉动流速的时均值为零,如

$$\overline{u'_x} = \frac{1}{T}\int_0^T u'_x \mathrm{d}t = 0 \tag{4-28}$$

如果以时均值 $\overline{u}_x$ 为基准线(如图4-7),瞬时值大于时均值的脉动值 $u'_x$ 为正,瞬时值小于时均值的脉动值 $u'_x$ 为负,式(4-28)反映了在足够长的时段内,正负脉动值相抵,即脉动值时均化后等于零。

紊流中的压强、温度、密度等运动要素也存在脉动现象,图4-8给出了使用压强传感器测量紊流中某点的压强随时间变化的图。从图4-8可见,瞬时压强也可以由时均压强和脉动压强叠加构成,类似式(4-27),有

$$p_x = \overline{p}_x + p'_x \tag{4-29}$$

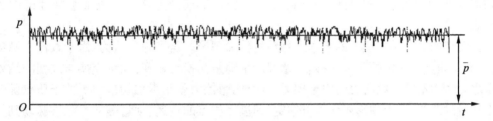

图4-8 压强测量成果图

根据上述紊流特征,紊流实质上都是非定常流。然而,在工程实践中,却又经常大量讨论定常流问题。实际根据紊流中存在时均流动的特点,可以将描述紊流的运动要素作时均化处理。凡是时均化后的运动要素与时间无关的则为定常流,而与时间有关的则为非定常流。前面章节所讨论的有关流动的概念、方程及方法,对时均化以后的紊流都适用。后面各章所讨论的紊流运动,其运动要素都是指时均值而言,在用表达式表达时均略去字母上的横线,如 $\overline{u}$ 写成 $u$,$\overline{p}$ 写成 $p$。

### 4.4.2　紊流切应力

从前面的叙述已知,在层流流动中由质点相对运动所产生的粘性切应力,其大小可以用牛顿内摩擦定律来计算。而紊流流动中,除了由质点相对运动所产生的粘性切应力外,还有因涡体及紊动使质点不断相互碰撞、掺混与不规则跳动等脉动而产生的附加切应力。这就是说紊流切应力 $\tau$ 由两部分组成,一部分是粘性切应力 $\tau_1$;另一部分是附加切应力 $\tau_2$,即

$$\tau = \tau_1 + \tau_2 \tag{4-30}$$

紊流切应力中的粘性切应力 $\tau_1$ 与层流时一样,可以应用牛顿内摩擦定律来计算,如以图4-9所示的流体沿一个固体平面作平行的直线流动为例,有表达式

$$\tau_1 = \mu\frac{\mathrm{d}\overline{u}_x}{\mathrm{d}y} \tag{4-31}$$

式中流速应为时均流速 $\overline{u}_x$,图4-9中的直线流动以 $x$ 为流动方向。

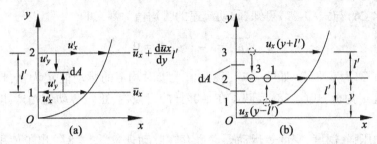

图 4-9　附加切应力推导示意图

关于附加切应力 $\tau_2$ 的计算方法,目前在实际工程中主要依靠一些紊流半经验理论。紊流半经验理论的主要思想是模拟分子运动来建立由于脉动引起的紊流附加切应力与时均流速之间的关系。普朗特(Prandtl)的混合长度理论是这些紊流半经验理论中的主要代表。

普朗特的混合长度理论的基本点是动量传递理论。这个理论认为:由于紊流中脉动的存在,流体质点在一定的距离内移动、掺混产生动量交换与改变,动量交换与改变的结果是质点之间产生不同于粘滞力的内摩擦力,这个内摩擦力就是附加切应力。关于质点脉动过程中动量的改变,这个理论还作以下假定,即流体质点的流速、动量等从一流层脉动到另一流层的路程上,始终保持不变,只是脉动到了另一流层后,与那里的流体质点发生掺混,将自己的流速、动量突然改变为当地的流速、动量。

现利用动量定理,以图 4-9 所示的流体沿一个固体平面作平行的直线定常流动为例,讨论附加切应力 $\tau_2$ 的表达式。图 4-9 中坐标 $x$ 为直线流动的方向,流动的时均速度 $\bar{u}_x$ 的分布如图 4-9(a)所示。设流层 1 上某一流体质点有 $Ox$ 轴向脉动速度 $u'_x$ 与 $Oy$ 轴向脉动速度 $u'_y$。由于 $Oy$ 轴向脉动速度 $u'_y$ 的作用,使流体质点从流层 1 经微小面积 $\mathrm{d}A$ 运动到另一流层 2,流层 1 与流层 2 之间的距离 $l'$ 假定为与气体分子平均自由行程相当的距离。

在 $\mathrm{d}t$ 时间内,由流层 1 经微小面积 $\mathrm{d}A$ 流向流层 2 的流体质量为

$$\mathrm{d}m = \rho u'_y \mathrm{d}A \mathrm{d}t$$

质量 $\mathrm{d}m$ 的流体质点到流层 2 后与该层上的流体互相碰撞,发生动量交换。而该流体质点原在流层 1 时,具有 $Ox$ 轴向流速 $u_x$,在运移过程中 $Ox$ 轴向流速 $u_x$ 保持不变,进入流层 2 后,将表现出一个 $Ox$ 轴向脉动速度 $u'_x$,这个值可以理解为流体质点分别在流层 1 与流层 2 时时均流速的差值。在 $\mathrm{d}t$ 时间内动量变化为

$$\mathrm{d}m \cdot u'_x = \rho u'_y \mathrm{d}A \mathrm{d}t u'_x = \rho u'_x u'_y \mathrm{d}A \mathrm{d}t$$

根据动量定律,动量的变化等于作用于 $\mathrm{d}m$ 上的外力的冲量,这个外力就是作用在 $\mathrm{d}A$ 上的水平方向的附加阻力 $\mathrm{d}F$,有

$$\mathrm{d}F \mathrm{d}t = \rho u'_x u'_y \mathrm{d}A \mathrm{d}t$$

式中 $\mathrm{d}F$ 就是作用在两流层之间与 $Ox$ 轴平行的面积 $\mathrm{d}A$ 上的附加切应力。而单位面积上的附加切应力为

$$\tau_2 = \frac{\mathrm{d}F}{\mathrm{d}A} = \rho u'_x u'_y \tag{4-32}$$

由于各流层之间流体质点是一直在互相掺混、碰撞的,脉动流速的大小及方向也是在瞬时变化,所以由脉动流速所产生的附加切应力应以时均值来表示

$$\bar{\tau}_2 = -\rho\ \overline{u_x' u_y'} \tag{4-33}$$

从图 4-9(a)可知流层 1 属于较低速流层,流层 2 属于较高速流层。当 $u_y'>0$,即流体质点从流层 1 向流层 2 移动时,由于流层 1 的时均流速小于流层 2 的时均流速,使得在大多数情况下有 $u_x'<0$;反之,当 $u_y'<0$,即流体质点从流层 2 向流层 1 移动时,在大多数情况下有 $u_x'>0$。所以为保持附加切应力为正,式(4-33)中应加以负号。

由于附加切应力式(4-33)中包含脉动流速 $u_x'$、$u_y'$,不便于应用,下面将根据普朗特动量传递理论的假定,建立用时均流速表示脉动流速 $u_x'$、$u_y'$ 的附加切应力表达式。

如图 4-9(b)所示,受脉动的影响,在流层 1 处有一流体质点并可能向上运动一个微小距离 $l'$ 到另一流层,如运动到中间流层 2。同理,受脉动的影响,在流层 3 处有一流体质点也可能向下运动一个微小距离 $l'$ 到中间流层 2。其中 $l'$ 假定为气体分子的平均自由行程。

现设坐标为 $y$ 的中间流层 2 上的速度为 $\bar{u}_x(y)$,坐标为 $y-l'$ 的流层 1 上的速度为 $\bar{u}_x(y-l')$,坐标为 $y+l'$ 的流层 3 上的速度为 $\bar{u}_x(y+l')$。流层 1 与中间流层 2 的速度差为

$$\Delta u_{x1} = \bar{u}_x(y) - \bar{u}_x(y-l') \approx l' \frac{\mathrm{d}u_x}{\mathrm{d}y}$$

流层 3 与中间流层 2 的速度差为

$$\Delta u_{x2} = \bar{u}_x(y+l') - \bar{u}_x(y) \approx l' \frac{\mathrm{d}u_x}{\mathrm{d}y}$$

根据前面的叙述,速度差 $\Delta u_{x1}$ 与 $\Delta u_{x2}$ 就是 $Ox$ 轴向脉动速度 $u_x'$。由于运动的复杂性,可以认为上述两个速度差的平均值为中间层 $y$ 处流层的 $Ox$ 轴向脉动速度 $u_x'$,其时均值的绝对值为

$$\left| \overline{u_x'} \right| = \frac{1}{2}(\Delta u_{x1} + \Delta u_{x2}) = l' \frac{\mathrm{d}u_x}{\mathrm{d}y}$$

$Oy$ 轴向脉动速度 $u_y'$ 与 $Ox$ 轴向脉动速度 $u_x'$ 应为同一数量级,则两者取等式时应有比例常数 $C_1$,即

$$\left| \overline{u_y'} \right| = C_1 \left| \overline{u_x'} \right| = C_1 l' \frac{\mathrm{d}u_x}{\mathrm{d}y}$$

又 $\left| \overline{u_x' u_y'} \right|$ 与 $\left| \overline{u_x'} \right| \cdot \left| \overline{u_y'} \right|$ 是不相等的,则两者取等式时应有比例常数 $C_2$,即

$$\left| \overline{u_x' u_y'} \right| = C_2 \left| \overline{u_x'} \right| \cdot \left| \overline{u_y'} \right| = C_1 C_2 l'^2 \left( \frac{\mathrm{d}u_x}{\mathrm{d}y} \right)^2$$

又令,$l^2 = C_1 C_2 l'^2$,$l$ 称为混合长度,与 $y$ 成正比。将上式代入式(4-33),则得紊流的附加切应力

$$\bar{\tau}_2 = -\rho\ \overline{u_x' u_y'} = \rho \left| \overline{u_x' u_y'} \right| = \rho l^2 \left( \frac{\mathrm{d}\bar{u}_x}{\mathrm{d}y} \right)^2 \tag{4-34}$$

在一般情况下可以略去字母上的横线,即

$$\tau_2 = \rho l^2 \left| \frac{\mathrm{d}u_x}{\mathrm{d}y} \right| \frac{\mathrm{d}u_x}{\mathrm{d}y} \tag{4-35}$$

最后得紊流的切应力

$$\tau = \tau_1 + \tau_2 = \mu \frac{du}{dy} + \rho l^2 \left(\frac{du}{dy}\right)^2 \tag{4-36}$$

### 4.4.3 紊流流速分布

对于充分发展的紊流,粘性切应力 $\tau_1$ 所占比例较小可以忽略不计,紊流切应力 $\tau$ 主要是附加切应力 $\tau_2$,即

$$\tau \approx \tau_2 = \rho l^2 \left(\frac{du}{dy}\right)^2 \tag{4-37}$$

由相关实验可知,在固体边界不远处,混合长度 $l$ 有

$$l = ky \tag{4-38}$$

式中,$y$ 为沿边界外法线方向的距离,$k$ 为比例系数,也称卡门通用常数。根据相关实验成果,卡门通用常数 $k \approx 0.4$。另根据实验,对于距边界不远的紊流流动,可以近似假定紊流切应力 $\tau$ 为常数,这个常数等于 §4.3 中所述的边壁切应力 $\tau_0$,这样式(4-37)可以写成

$$\tau = \tau_0 = \rho k^2 y^2 \left(\frac{du}{dy}\right)^2$$

整理得

$$\frac{du}{dy} = \frac{1}{ky}\sqrt{\frac{\tau_0}{\rho}} \tag{4-39}$$

注意到式中 $\sqrt{\dfrac{\tau_0}{\rho}}$ 具有流速量纲,且与边壁切应力 $\tau_0$ 相关,称为摩阻流速 $v_*$,也称剪切流速或动力流速,即

$$v_* = \sqrt{\frac{\tau_0}{\rho}} \tag{4-40}$$

则由式(4-39)可得

$$\frac{du}{dy} = \frac{v_*}{ky} \tag{4-41}$$

对式(4-41)积分可得紊流流速分布公式

$$u = \frac{v_*}{k}\ln y + C \tag{4-42}$$

式中 $C$ 为积分常数。从式(4-42)可知,紊流中各点的流速是该点距固体边界距离的对数函数,故式(4-42)又称为对数流速分布公式。或者说,紊流的速度分布是对数分布,这一点已由许多相关实验证明。但从式(4-41)与式(4-42)可见,当 $y \to 0$ 时,$\dfrac{du}{dy} \to \infty$,$\ln y \to \infty$,即该流速表达式不适用于靠近固体边界的底层,即近壁区域。这是对数流速分布公式的一个缺点。

对于圆管,在管道中心 $y = r_0$ 处,有最大流速 $u = u_{max}$;对于宽矩形明渠,认为水面流速为最大流速,即当 $y = h_0$ 时,$u = u_{max}$。将两种情况的相关数据分别代入式(4-42),可以确定积分常数 $C$,得到圆管紊流与宽矩形紊流的流速分布公式

圆管

$$\frac{u_{max} - u}{v_*} = \frac{1}{k}\ln \frac{r_0}{y} \tag{4-43}$$

宽矩形明渠
$$\frac{u_{max}-u}{v_*}=\frac{1}{k}\ln\frac{h_0}{y} \tag{4-44}$$

式中,$r_0$ 为圆管半径,$h_0$ 为明渠水深。这两个公式是具有普遍意义的流速分布一般表达式,对任何均匀紊流都适用,只是常数 $k$ 要由实验测定。按照平均流速的定义,利用公式(4-43)在圆管截面上积分可得圆管紊流的平均流速 $v$,即

$$v=u_{max}-\frac{3v_*}{2k} \tag{4-45}$$

另外还有一种公式,即圆管中指数流速分布公式

$$\frac{u}{u_{max}}=\left(\frac{y}{r_0}\right)^m \tag{4-46}$$

式(4-46)中指数 $m$ 随雷诺数和管壁粗糙度而改变,指数 $m$ 的取值范围是 $\frac{1}{10}\sim\frac{1}{4}$。一般当雷诺数 $Re<10^5$ 时,有 $m=\frac{1}{7}$ 或 $\frac{1}{6}$;当雷诺数增大时,$m$ 值减少,一般取为 $\frac{1}{8}$、$\frac{1}{9}$ 或 $\frac{1}{10}$。对于 $m$ 取为 $\frac{1}{7}$ 的式(4-46)又称为流速分布的七分之一指数定律。

随着对近代紊流理论的深入研究,关于紊流附加切应力的分析研究有了很大的进步,已形成较系统的紊流模式理论,对这方面有兴趣的读者可以参阅相关书籍。

## §4.5　紊流的结构与沿程水头损失系数的实验研究

从前面运用普朗特混合长度理论推导出的圆管紊流和宽矩形紊流的流速分布公式(4-43)、式(4-44)可知,这两个公式只适用于不包括固体边界附近的其他区域。这就预示着紊流流动中在不同的区域有着不同性质的流动特点,也就是说紊流中存在不同于层流的复杂流动结构。同时受紊流复杂流动结构的影响,紊流的沿程水头损失规律将不同于层流的沿程水头损失规律。本节将讨论紊流的流动结构,介绍沿程水头损失系数的实验研究结论及应用方法。

### 4.5.1　紊流核心区与粘性底层

根据大量相关实验观察,在同一有效截面范围内,紊流质点的紊动强度并不是到处一样的。在紧贴固体边界附近有一层极薄的薄层,因为受边壁的限制,该薄层内流体的流速沿边壁的法线方向由零迅速增大到一个有限值,其流速梯度很大,粘性摩擦切应力起主要作用,流体质点的紊动强度很小,紊流附加切应力可以忽略。这种紧贴边壁附近的薄层称为粘性底层。在这个粘性底层以外的大部分区域,流体质点的紊动强度较大,紊流附加切应力起主要作用,这个区域称为紊流核心区,或称为紊流流核。

图 4-10 给出管道紊流中粘性底层与紊流核心区示意图。粘性底层的厚度 $\delta_l$ 在紊流流动中非常薄,通常只有十分之几毫米,然而这一薄层的厚度对紊流阻力和水头损失的影响是重大的。由相关实验资料表明,管道紊流流动中的粘性底层的厚度 $\delta_l$ 可以用以下经验公式表示,即

$$\delta_l = 11.6 \frac{\upsilon}{v_*} \tag{4-47}$$

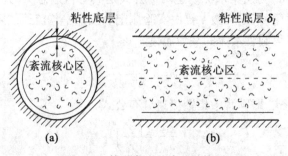

图 4-10　管道紊流的流动结构图

式(4-47)中 $\upsilon$ 为运动粘性系数,$v_*$ 为式(4-40)表示的摩阻流速。由于 $v_*$ 不方便计算,在此

考虑式(4-13)有管壁切应力 $\tau_0$ 表示的沿程水头损失 $h_f = \frac{4\tau_0}{\rho g d} l$,又引入式(4-1)计算沿程水头

损失的达西公式 $h_f = \lambda \frac{l}{d} \frac{v^2}{2g}$,可得管壁切应力

$$\tau_0 = \frac{\lambda \rho v^2}{8} \tag{4-48}$$

再由式(4-40)并代入式(4-47)可得粘性底层厚度 $\delta_l$ 的计算表达式

$$\delta_l = \frac{32.8\upsilon}{v\sqrt{\lambda}} = \frac{32.8d}{\mathrm{Re}\sqrt{\lambda}} \tag{4-49}$$

式(4-49)中 $\lambda$ 为沿程水头损失系数,Re 为管道流动雷诺数,$\mathrm{Re} = \frac{vd}{\upsilon}$。粘性底层厚度 $\delta_l$ 还可

由下列半经验公式计算

$$\delta_l = \frac{34.2d}{\mathrm{Re}^{0.857}} \tag{4-50}$$

式(4-49)、式(4-50)表明,粘性底层的厚度 $\delta_l$ 与雷诺数 Re 成反比,当直径 $d$ 不变时,雷诺数越大,则紊动越激烈,粘性底层的厚度就越薄。

　　粘性底层虽然很薄,但这种底层对流动的能量损失和流体与壁面之间的热交换等有着重要的影响。这个影响与管道内壁凸凹不平的粗糙度有关。管道内壁处的凸起部分的平均

高度称为管壁的绝对粗糙度,记为 $\Delta$,$\Delta$ 与管内径 $d$ 的比值 $\frac{\Delta}{d}$ 称为管壁的相对粗糙度。

　　当流体流动的雷诺数 Re 较小时,粘性底层的厚度 $\delta_l$ 则较厚,这时有 $\delta_l > \Delta$,管壁的粗糙凸起物完全被粘性底层所掩盖,如图 4-11(a)所示。这时管道内的紊流核心区和管壁被粘性底层所隔开,管壁的粗糙度对流体流动不起任何影响,流体好像在完全光滑的管道中流动一样。这种情况下的流动称为水力光滑紊流,管道称为水力光滑管。

　　当流动的雷诺数 Re 较大时,粘性底层的厚度 $\delta_l$ 则较薄,这时有 $\delta_l < \Delta$,管壁的粗糙凸出部分突出到紊流区中,如图 4-11(c)所示。由于粗糙凸起物处在紊流核心区内,当流体流过

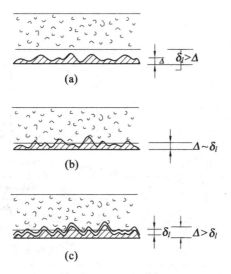

图 4-11　粘性底层与管壁粗糙度示意图

凸出部分时,在凸出部分后面将引起旋涡,加剧了紊流的脉动作用,使流动更加复杂,能量损失也随之增大,这种情况下的流动称为水力粗糙紊流,管道称为水力粗糙管。

还有一种介于水力光滑与水力粗糙之间的情况。这时粘性底层的厚度 $\delta_l$ 与管壁的绝对粗糙度 $\Delta$ 同数量级,即 $\delta_l \sim \Delta$,也就是粘性底层对壁面粗糙凸起物处于部分掩盖和部分未掩盖的情况,如图 4-11(b)所示,紊流的脉动作用与粘性底层作用都交织存在,这种情况下的流动称为水力粗糙过渡紊流,管道称为水力粗糙过渡管。

需要说明的是,水力光滑紊流、水力粗糙过渡紊流与水力粗糙紊流,取决于粘性底层的厚度 $\delta_l$ 与管壁的绝对粗糙度 $\Delta$ 的相对大小,而粘性底层的厚度 $\delta_l$ 还与流动的雷诺数 Re 有关。因此,对于一种紊流流动(如一种直径的管道),在不同的流动条件下,这三种流动都是有可能的,而且也会相互转化。根据尼古拉兹(Nikuradse)的实验资料,水力光滑紊流、水力粗糙过渡紊流与水力粗糙紊流等三种流动可以按下列方式划分为:

$$\left.\begin{array}{ll} \text{水力光滑紊流} & \Delta < 0.4\delta_l \text{ 或 } Re_* < 5 \\ \text{水力粗糙过渡紊流} & 0.4\delta_l < \Delta < 6\delta_l \text{ 或 } 5 < Re_* < 70 \\ \text{水力粗糙紊流} & \Delta > 6\delta_l \text{ 或 } Re_* > 70 \end{array}\right\} \tag{4-51}$$

式(4-51)中 $Re_* = \dfrac{v_* \Delta}{\upsilon}$ 为粗糙雷诺数。

### 4.5.2　尼古拉兹实验与沿程损失系数变化规律

本章 §4.3 中从理论上给出了层流流动中流速分布,并在此基础上求出了层流沿程水头损失系数的计算公式。然而,由于紊流的复杂性,管壁的粗糙度又各不相同,紊流流动的沿程水头损失的计算没有较完善的理论公式。目前对紊流流动中的沿程水头损失和沿程水头损失系数的理论探索进展不大。关于沿程水头损失的实验研究,目前解决得比较好的和应用比较广的是尼古拉兹实验。1930 年前后,尼古拉兹对圆管流动中的沿程水头损失做了许多实验研究,比较典型地揭示了沿程水头损失系数的变化规律。如图

4-12所示。

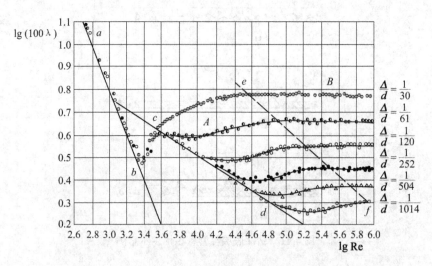

图 4-12　尼古拉兹实验成果图

由于各种管道内壁都存在粗糙凸起物,衡量这种粗糙凸起物的管壁粗糙度 $\Delta$ 是一个既不易测量也无法准确计算的数值。为避免这个困难,尼古拉兹采用人工方法制造了各种不同粗糙度的圆管,即将粒径一致的砂粒均匀地粘贴在管道内壁上,形成了一系列的人工粗糙管。这些砂粒的直径高度称为管壁的绝对粗糙度,记为 $\Delta$,以绝对粗糙度 $\Delta$ 与管道内径 $d$ 之比 $\dfrac{\Delta}{d}$ 表示管壁相对粗糙度,其倒数为相对光滑度 $\dfrac{d}{\Delta}$。实验用了三种不同直径的管道,两种不同粒径的砂粒,共组成六种 $\dfrac{\Delta}{d}$ 值的人工粗糙管(见图4-12),且在不同的流量下进行了实验。

实验结果用横坐标为雷诺数 Re、纵坐标为沿程水头损失系数 $\lambda$、参数为管壁相对粗糙度 $\dfrac{\Delta}{d}$ 的曲线图表示出来,如图 4-12 所示。为了便于分析,这些实验结果还用对数处理并绘制在同一对数坐标系中。从图 4-12 可见,共分为五个区,这些区反映了在不同状态下,$\lambda$ 与 Re 及 $\dfrac{\Delta}{d}$ 的关系。下面分别予以介绍。

1.层流区(第 I 区)

Re<2 000,lgRe<3.3,六种不同的 $\dfrac{\Delta}{d}$ 的实验点落在同一直线 $ab$ 上,说明 $\lambda$ 与相对粗糙度 $\dfrac{\Delta}{d}$ 无关,而只与雷诺数 Re 有关。数据点拟合直线 $ab$ 的方程为 $\lambda = \dfrac{64}{Re}$,证实了本章 §4.3 中由理论分析得到的 $\lambda$ 计算公式(4-23)与实验成果是相符合的。

2.层流到紊流的过渡区(第 II 区)

2 000<Re<4 000,3.3<lgRe<3.6,各种 $\dfrac{\Delta}{d}$ 的实验点逐渐离开直线 $ab$,集中在很狭小的三

角形区域内。该区域为上、下临界雷诺数之间的不稳定区域,为层流转变为紊流的过渡区。

3.紊流水力光滑区(第Ⅲ区)

$4\,000<Re<26.98\left(\dfrac{d}{\Delta}\right)^{8/7}$,各种不同$\dfrac{\Delta}{d}$的点落在同一倾斜直线 $cd$ 上。可见,在该区域 $\lambda$ 与相对粗糙度$\dfrac{\Delta}{d}$无关,只与雷诺数 Re 有关,即 $\lambda=f(Re)$。这是因为粘性底层的厚度比较大,足以掩盖粗糙凸起物的影响。从直线 $cd$ 上还可见,不同$\dfrac{\Delta}{d}$的实验点在该直线所占的区段不同,$\dfrac{\Delta}{d}$越小,所占的区段越长,$\dfrac{\Delta}{d}$越大,所占的区段越短,$\dfrac{\Delta}{d}>\dfrac{1}{61}$的实验点在该直线上几乎没有区段。这是由于在相同的雷诺数 Re 与同样的粘性底层厚度的情况下,具有较大粗糙度 $\Delta$ 的凸起物先露出粘性底层,向水力粗糙紊流过渡。

对于直线 $cd$ 的 $4\times10^3<Re<10^5$区段,布拉休斯(Blasius)归纳了大量的实验资料,得出了下列经验公式

$$\lambda=\frac{0.3164}{Re^{0.25}} \tag{4-52}$$

在 $10^4<Re<3\times10^6$范围内,尼古拉兹根据普朗特的理论分析得到普朗特—尼古拉兹公式

$$\frac{1}{\sqrt{\lambda}}=2\lg(Re\sqrt{\lambda})-0.8 \tag{4-53}$$

4.紊流水力粗糙过渡区(第Ⅳ区)

$26.98\left(\dfrac{d}{\Delta}\right)^{8/7}<Re<4\,160\left(\dfrac{d}{2\Delta}\right)^{0.85}$,各种不同的$\dfrac{\Delta}{d}$实验点脱离直线 $cd$ 进入 $A$ 区。随着雷诺数 Re 的增加,粘性底层的厚度逐渐减小,相对粗糙度$\dfrac{\Delta}{d}$较大的先脱离直线 $cd$,$\dfrac{\Delta}{d}$较小的后脱离直线 $cd$ 进入 $A$ 区。不同的$\dfrac{\Delta}{d}$实验点所形成的曲线在虚线 $ef$ 以内(即 $ef$ 左边)随雷诺数 Re 变化。可见在这个 $A$ 区内,流动开始受到了粗糙凸起物的影响,具备了粗糙紊流的特征,但粘性底层的影响也还存在,该区即为紊流水力粗糙过渡区。在这个区,$\lambda$ 与 $Re$、$\dfrac{\Delta}{d}$有关,即 $\lambda=f\left(Re,\dfrac{\Delta}{d}\right)$。这个区域情况比较复杂,有科尔布鲁克(Colebrook)提出的经验公式

$$\frac{1}{\sqrt{\lambda}}=-2\lg\left(\frac{\Delta}{3.7d}+\frac{2.51}{Re\sqrt{\lambda}}\right)$$

或

$$\frac{1}{\sqrt{\lambda}}=1.74-2\lg\left(\frac{2\Delta}{d}+\frac{18.7}{Re\sqrt{\lambda}}\right) \tag{4-54}$$

5.紊流水力粗糙区(第Ⅴ区)

$Re>4\,160\left(\dfrac{d}{2\Delta}\right)^{0.85}$,各种$\dfrac{\Delta}{d}$的实验点连成的曲线先后经过虚线 $ef$ 进入 $B$ 区。在 $B$ 区可见,随着雷诺数 Re 的增加,对应各个相对粗糙度$\dfrac{\Delta}{d}$实验点的曲线几乎与横坐标平行,近似

为平行于横坐标的直线。这就是说,在 $B$ 区粘性底层的厚度已经非常薄,粗糙凸起物的影响已远远超过粘性底层的作用,即为紊流水力粗糙区。这时,$\lambda$ 与 Re 无关,仅与 $\dfrac{\Delta}{d}$ 有关,即

$\lambda = f\left(\dfrac{\Delta}{d}\right)$。分析虚线 $ef$,这条曲线所处的雷诺数为 $\text{Re} = 4\,160\left(\dfrac{d}{2\Delta}\right)^{0.85}$。

尼古拉兹根据实验资料,得到经验公式为

$$\frac{1}{\sqrt{\lambda}} = 1.74 + 2\lg\frac{d}{2\Delta} = 2\lg\left(3.71\,\frac{d}{\Delta}\right) \tag{4-55}$$

由于 $\lambda$ 与 Re 无关,根据公式 $h_f = \lambda\dfrac{l}{d}\dfrac{v^2}{2g}$,可见沿程水头损失与流速的平方成正比,即从另一角度说明雷诺实验的结论,所以该区又称为平方阻力区。

分析紊流水力粗糙过渡区的经验公式(4-54)可见,当雷诺数 Re 相当大时,式(4-54)圆括号中的第二项可以忽略,式(4-54)演变为紊流粗糙区的经验公式(4-55);当 $\dfrac{\Delta}{d}$ 很小时,式(4-54)圆括号中的第一项可以忽略,式(4-54)又演变为紊流光滑区的经验公式(4-53)。所以公式(4-54)是一个对紊流三个流区都适用的计算沿程水头损失系数的经验公式。

### 4.5.3　实际管道沿程水头损失系数的计算

1.关于圆管的粗糙度

尼古拉兹实验成果的分析,以及由该实验所得到各流区计算沿程水头损失系数的经验公式,都是针对人工砂粒粗糙度而言的。在应用于实际圆管流动时,实际管道中的粗糙度和人工加糙后的人工粗糙度是不一样的。由于人工加糙的砂粒粒径基本一致,而且一个接一个紧密而均匀的粘附在管内壁上,使得人工加糙后的管内壁粗糙凸起物一般高度比较一致,分布也比较规则。而实际管道内壁粗糙凸起物的高度、形状以及分布都是随机性的、不规则的,另外也是无法直接测量的。为将这些实验成果和产生的经验公式用于实际管道,则需引入当量粗糙度的概念。也就是通过对各种材料的管道进行沿程水头损失的系统实验,将某种管道实验结果与人工砂粒加糙的实验结果相比较,具有相同沿程水头损失系数 $\lambda$ 值的加糙粗糙度作为这种管道的粗糙度,称为当量粗糙度。表 4-1 给出了部分管道的管壁绝对粗糙度,这些粗糙度就是通过实验得到的当量粗糙度。

表 4-1　　　　　　　　　　　　　部分管道的管壁绝对粗糙度

| 管道种类 | 加工及使用状况 | 当量粗糙度/mm | |
|---|---|---|---|
| | | 变化范围 | 平均值 |
| 玻璃管、铜管、铅管、铝管 | 新的、光滑的、整体拉制的 | 0.001~0.01 | 0.005 |
| | | 0.001 5~0.06 | 0.03 |
| 无缝钢管 | 1.新的、清洁的、敷设良好的 | 0.02~0.05 | 0.03 |
| | 2.用过几年后加以清洗的;涂沥青的;轻微锈蚀的;污垢不多的 | 0.15~0.3 | 0.2 |

| 管道种类 | 加工及使用状况 | 当量粗糙度/mm | |
| --- | --- | --- | --- |
| | | 变化范围 | 平均值 |
| 焊接钢管及铆接钢管 | 1.小口径焊接钢管(只有纵向焊缝的钢管) | | |
| | (1)清洁的 | 0.03~0.1 | 0.05 |
| | (2)经清洗后锈蚀不显著的旧管 | 0.1~0.2 | 0.15 |
| | (3)轻度锈蚀的旧管 | 0.2~0.7 | 0.5 |
| | (4)中等锈蚀的旧管 | 0.8~1.5 | 1.0 |
| | 2.大口径钢管 | | |
| | (1)纵缝及横缝都是焊接的 | 0.3~1.0 | 0.7 |
| | (2)纵缝焊接,横缝铆接,一排铆钉 | ≤1.8 | 1.2 |
| | (3)纵缝焊接,横缝铆接,二排或二排以上铆钉 | 1.2~2.8 | 1.8 |
| 镀锌钢管 | 1.镀锌面光滑洁净的新管 | 0.07~0.1 | 0.15 |
| | 2.镀锌面一般的新管 | 0.1~0.2 | |
| | 3.用过几年后的旧管 | 0.4~0.7 | 0.5 |
| 铸铁管 | 1.新管 | 0.2~0.5 | 0.3 |
| | 2.涂沥青的新管 | 0.1~0.15 | |
| | 3.涂沥青的旧管 | 0.12~0.3 | 0.18 |
| 混凝土管及钢筋混凝土管 | 1.无抹灰面层 | | |
| | (1)钢模板,施工质量良好,接缝平滑 | 0.3~0.9 | 0.7 |
| | (2)木模板,施工质量一般 | 1.0~1.8 | 1.2 |
| | 2.有抹灰面层并经抹光 | 0.25~1.8 | 0.7 |
| | 3.有喷浆面层 | | 1.2 |
| | (1)表面用钢丝刷刷过并经仔细抹光 | 0.7~2.8 | 8.0 |
| | (2)表面用钢丝刷刷过,但未经抹光 | ≥4.0 | |
| 橡胶软管 | | | 0.03 |

**2.以尼古拉兹实验为基础的半经验公式**

根据上面对尼古拉兹实验结果的分析,以及给出的以尼古拉兹实验为基础的经验公式与半经验公式,可知每一个经验公式与半经验公式都有其适用范围。在进行紊流沿程水头损失系数 $\lambda$ 的计算时,应注意首先确定流区,再应用适当的公式求出 $\lambda$。

具体计算方法,可以参见例 4.2。需要说明的是,计算 $\lambda$ 时所需的管壁粗糙度为当量粗糙度,可以查表 4-1。

**例 4.2**　有一直径 $d=200\text{mm}$、长度 $l=100\text{m}$ 的管道,管壁绝对粗糙度 $\Delta=0.2\text{mm}$,当通过流量为 5L/s、21L/s、380L/s 的水流时,试分别计算管道沿程水头损失 $h_f$。已知水的运动粘性系数 $\upsilon=1.5\times10^{-6}\text{m}^2/\text{s}$。

**解**　(1)当 $Q=5\text{L/s}=0.005\text{m}^3/\text{s}$ 时

$$v=\frac{4Q}{\pi d^2}=\frac{4\times0.005}{\pi\times0.2^2}=0.159\ 2\text{m/s},\quad \text{Re}=\frac{vd}{\upsilon}=\frac{0.159\ 2\times0.2}{1.5\times10^{-6}}=21\ 227>2\ 000$$

可知该流动为紊流。由于

$$4\ 000 < \mathrm{Re} = 21\ 227 < 26.98\left(\frac{d}{\Delta}\right)^{\frac{8}{7}} = 26.98\left(\frac{0.2}{0.000\ 2}\right)^{\frac{8}{7}} = 72\ 379$$

则流动为水力光滑区。又由于 $\mathrm{Re} = 21\ 227 < 10^5$，可用布拉休斯经验公式(4-52)计算沿程水头损失系数 $\lambda$ 值

$$\lambda = \frac{0.316\ 4}{\mathrm{Re}^{0.25}} = \frac{0.316\ 4}{21\ 227^{0.25}} = 0.026\ 2$$

将已求得的 $\lambda$ 值，代入粘性底层厚度 $\delta_l$ 表达式(4-49)，可得

$$\delta_l = \frac{32.8d}{\mathrm{Re}\sqrt{\lambda}} = \frac{32.8 \times 0.2}{21\ 227 \times \sqrt{0.026\ 2}} = 0.001\ 90\mathrm{m} = 1.90\mathrm{mm}$$

由于 $\dfrac{\Delta}{\delta_l} = \dfrac{0.2}{1.90} = 0.105 < 0.4$，确属于水力光滑区。故所求的 $\lambda = 0.026\ 2$。代入达西—魏斯巴赫公式(4-1)可以计算沿程水头损失 $h_f$ 值

$$h_f = \lambda\frac{l}{d}\frac{v^2}{2g} = 0.026\ 2 \times \frac{100}{0.2} \times \frac{0.159\ 2^2}{2 \times 9.8} = 0.016\ 94\mathrm{m}。$$

(2)当 $Q = 21\mathrm{L/s} = 0.021\mathrm{m^3/s}$ 时

$$v = \frac{4Q}{\pi d^2} = \frac{4 \times 0.021}{\pi \times 0.2^2} = 0.668\ 5\mathrm{m/s}，\quad \mathrm{Re} = \frac{vd}{\nu} = \frac{0.668\ 5 \times 0.2}{1.5 \times 10^{-6}} = 89\ 133 > 2\ 000$$

可知该流动为紊流。由于

$$\mathrm{Re} = 89\ 133 > 26.98\left(\frac{d}{\Delta}\right)^{\frac{8}{7}} = 26.98\left(\frac{0.2}{0.000\ 2}\right)^{\frac{8}{7}} = 72\ 379$$

并且

$$\mathrm{Re} = 89\ 133 < 4\ 160\left(\frac{d}{2\Delta}\right)^{0.85} = 4\ 160\left(\frac{0.2}{2 \times 0.000\ 2}\right)^{0.85} = 818\ 875$$

则流动为水力粗糙过渡区。可以用科尔布鲁克经验公式(4-54)计算沿程水头损失系数 $\lambda$ 值

$$\frac{1}{\sqrt{\lambda}} = -2\lg\left(\frac{\Delta}{3.7d} + \frac{2.51}{\mathrm{Re}\sqrt{\lambda}}\right) = -2\lg\left(\frac{0.000\ 2}{3.7 \times 0.2} + \frac{2.51}{89\ 133 \times \sqrt{\lambda}}\right)$$

迭代求解可得 $\lambda = 0.022\ 5$。将已求得的 $\lambda$ 值，代入粘性底层厚度 $\delta_l$ 表达式(4-49)，可得

$$\delta_l = \frac{32.8d}{\mathrm{Re}\sqrt{\lambda}} = \frac{32.8 \times 0.2}{89\ 133\sqrt{0.022\ 5}} = 0.000\ 491\mathrm{m} = 0.491\mathrm{mm}$$

由于

$$\frac{\Delta}{\delta_l} = \frac{0.2}{0.491} = 0.407\ 3 > 0.4$$

确属于水力粗糙过渡区。代入达西—魏斯巴赫公式(4-1)可以计算沿程水头损失 $h_f$ 值

$$h_f = \lambda\frac{l}{d}\frac{v^2}{2g} = 0.022\ 5 \times \frac{100}{0.2} \times \frac{0.668\ 5^2}{2 \times 9.8} = 0.256\ 5(\mathrm{m})$$

(3)当 $Q = 380\mathrm{L/s} = 0.38\mathrm{m^3/s}$ 时

$$v = \frac{4Q}{\pi d^2} = \frac{4 \times 0.38}{\pi \times 0.2^2} = 12.096(\mathrm{m/s})，\quad \mathrm{Re} = \frac{vd}{\nu} = \frac{12.096 \times 0.2}{1.5 \times 10^{-6}} = 1\ 612\ 800 > 2\ 000$$

可知该流动为紊流。由于

$$Re = 1\ 612\ 800 > 4\ 160 \left(\frac{d}{2\Delta}\right)^{0.85} = 4\ 160 \left(\frac{0.2}{2\times 0.000\ 2}\right)^{0.85} = 818\ 875$$

则流动为水力粗糙区。可以用尼古拉兹经验公式(4-55)计算沿程损失系数 $\lambda$ 值

$$\frac{1}{\sqrt{\lambda}} = 2\lg\left(3.71\,\frac{d}{\Delta}\right) = 2\lg\left(3.71\times\frac{0.2}{0.000\ 2}\right) = 7.138\ 7$$

整理 $\lambda = \dfrac{1}{7.138\ 7^2} = 0.019\ 6$。将已求得的 $\lambda$ 值,代入粘性底层厚度 $\delta_l$ 表达式(4-49),可得

$$\delta_l = \frac{32.8d}{Re\sqrt{\lambda}} = \frac{32.8\times 0.2}{1\ 612\ 800\sqrt{0.019\ 6}} = 0.000\ 029\text{m} = 0.029\text{mm}$$

由于

$$\frac{\Delta}{\delta_l} = \frac{0.2}{0.029} = 6.897 > 6$$

确属于水力粗糙区。代入达西—魏斯巴赫公式(4-1)可以计算沿程水头损失 $h_f$ 值

$$h_f = \lambda\,\frac{l}{d}\,\frac{v^2}{2g} = 0.019\ 6\times\frac{100}{0.2}\times\frac{12.096^2}{2\times 9.8} = 73.157\text{m}。$$

### 3.穆迪图

尼古拉兹的实验是在各种不同管径和不同粒径的人工粗糙管道中进行的,这与实际工程中常用的管道有很大的不同。因此在实际使用中,不能用图 4-12 所示的曲线图来查取 $\lambda$。另外从实验得到的各流区的经验公式与半经验公式,计算过程比较复杂、繁琐。穆迪(Moody)根据紊流水力粗糙过渡区的科尔布鲁克经验公式(4-54),绘制了用对数坐标表示的 $\lambda$ 与 Re 及其 $\dfrac{\Delta}{d}$ 之间的函数关系曲线图,如图 4-13 所示,通常称为穆迪图。用这个曲线图可以非常方便地查找 $\lambda$ 的大小,并确定流体流动在哪一个区域。

**例4.3**　使用长为 1 000m、直径为 300mm 的普通铸铁管输送温度为 10℃、流量为 100L/s 的水到某工地,试计算这段管道的水头损失。

**解**　已知流量 $Q = 100\text{L/s} = 0.1\text{m}^3/\text{s}$ 时,$d = 0.3\text{m}$,查表 1-3 得水为 10℃ 时 $v = 1.306\times 10^{-6}$,这时流速和雷诺数分别为

$$v = \frac{4Q}{\pi d^2} = \frac{4\times 0.1}{\pi\times 0.3^2} = 1.414\ 7\text{m/s}, \quad Re = \frac{vd}{v} = \frac{1.414\ 7\times 0.3}{1.306\times 10^{-6}} = 324\ 969 > 2\ 000$$

查表 4-1,一般铸铁新管 $\Delta = 0.4\text{mm}$,则 $\dfrac{\Delta}{d} = \dfrac{0.3}{300} = 0.001$,并考虑 $Re = 3.25\times 10^5$,查图 4-13 的穆迪图,可得沿程水头损失系数 $\lambda = 0.020\ 4$,从图 4-13 可见属于水力粗糙过渡区。代入达西—魏斯巴赫公式(4-1)可以计算沿程水头损失 $h_f$ 值

$$h_f = \lambda\,\frac{l}{d}\,\frac{v^2}{2g} = 0.020\ 4\times\frac{1\ 000}{0.3}\times\frac{1.414\ 7^2}{2\times 9.8} = 6.944\text{(m)}。$$

### 4.其他沿程水头损失系数的经验公式

尼古拉兹关于圆管沿程水头损失系数的实验,揭示了沿程水头损失系数和雷诺数以及管壁粗糙度的关系,有一定的实际应用意义。然而实验所产生的各种经验公式与半经验公式将涉及管壁粗糙度,尽管在实际应用中使用了当量粗糙度的概念,并通过实验给出了管壁

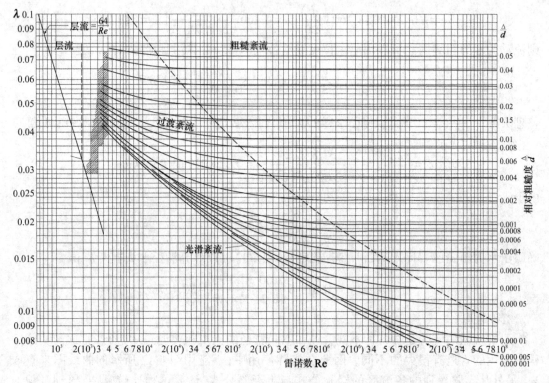

图 4-13 穆迪图

当量粗糙度。但当量粗糙度毕竟不是实际的管道粗糙度,两者是有差别的。而且,随着使用年限和管道使用条件的不同,管壁粗糙度的变化也是很复杂的。因此,根据生产实际的需要,有众多学者提出了许多计算实际管道沿程水头损失系数的经验公式。下面介绍一些常用的经验公式。

(1)钢管、铸铁管的 λ 值经验公式。

根据钢管和铸铁管的系列实验,舍维列夫(Шевелёв)提出计算紊流粗糙过渡区与紊流粗糙区的沿程水头损失系数 λ 的经验公式。

①对新钢管,当 $Re<2.4\times10^6 d$ 时

$$\lambda=\frac{0.015\,9}{d^{0.26}}\left[1+\frac{0.684}{v}\right]^{0.26} \tag{4-56}$$

②对新铸铁管,当 $Re<2.7\times10^6 d$ 时

$$\lambda=\frac{0.014\,4}{d^{0.284}}\left[1+\frac{2.36}{v}\right]^{0.284} \tag{4-57}$$

③对旧钢管和旧铸铁管,当 $Re<9.2\times10^5 d$ 或 $v<1.2\text{m/s}$,为紊流粗糙过渡区时

$$\lambda=\frac{0.017\,9}{d^{0.3}}\left[1+\frac{0.867}{v}\right]^{0.3} \tag{4-58}$$

当 $Re\geq9.2\times10^5 d$ 或 $v\geq1.2\text{m/s}$,为紊流粗糙区时

$$\lambda=\frac{0.021\,0}{d^{0.3}} \tag{4-59}$$

上述各式中,$d$ 为管道直径,单位为 m;$v$ 为管道流速,单位为 m/s。各式都是在温度 $t = 10°$ C,运动粘性系数 $v = 1.3 \times 10^{-6} m^2/s$ 的条件下得到的。

舍维列夫的经验公式,目前在我国给水排水与工业给水系统中,应用较广。

(2)塑料管等的 $\lambda$ 值经验公式。

随着生产的发展,目前塑料管的应用越来越广泛。塑料管内壁光滑,在生产上使用时其内流速通常小于 3m/s。在该流速范围内,塑料管内的流体流动一般都处在水力光滑紊流的范围内。因此,前述的有关水力光滑紊流的 $\lambda$ 值经验公式,都可以应用于塑料管的计算。

**5.非圆形管道沿程水头损失的计算**

实际工程中大多数管道是圆形截面的,但也常用到非圆形截面的管道,如方形和长方形截面的风道和烟道。通过实验表明,非圆形截面的管道仍可以应用圆形管道的计算公式来计算。但在实用时,需要将公式中的直径 $d$ 用非圆形截面的当量直径 $D$ 来代替。

所谓当量直径 $D$,就是一种与圆形直径 $d$ 相当的,能代表非圆形截面尺寸的当量值。由圆管水力半径 $R$ 表达式(3-28),充满流体的圆管直径可以表示为 $d = 4\dfrac{A}{\chi} = 4R$,与此类比得到

$$D = \frac{4A}{\chi} = 4R \tag{4-60}$$

即非圆管道的当量直径 $D$ 也为 4 倍的水力半径 $R$。式(4-60)可以作为当量直径 $D$ 的计算式。

几种非圆管道的当量直径可以按下列方式计算。

充满流体、边长为 $a$ 的正方形管道  $D = 4\dfrac{a^2}{4a} = a$

充满流体的矩形管道(如图 4-14(a))  $D = \dfrac{4hb}{2(h+b)} = \dfrac{2hb}{h+b}$

充满流体的圆环形管道(如图 4-14(b))  $D = \dfrac{4\left(\frac{\pi}{4}d_2^2 - \frac{\pi}{4}d_1^2\right)}{\pi d_1 + \pi d_2} = d_2 - d_1$

充满流体的管束(如图 4-14(c))  $D = \dfrac{4\left(S_1 S_2 - \frac{\pi}{4}d^2\right)}{\pi d} = \dfrac{4S_1 S_2}{\pi d} - d$

计算出当量直径后,非圆形截面的沿程水头损失及雷诺数的计算式为

$$h_f = \lambda \frac{l}{D} \frac{v^2}{2g} \tag{4-61}$$

$$Re = \frac{vD}{v} \tag{4-62}$$

式(4-61)中沿程水头损失系数 $\lambda$ 的取值可以参照与圆管类似的取值方法。

**注意:**

(1)截面越接近圆形,其误差越小;离圆形越远,其误差越大。

(2)采用当量直径公式计算时,矩形截面的长最大不超过短边的 8 倍,圆环 $d_2 > 3d_1$。

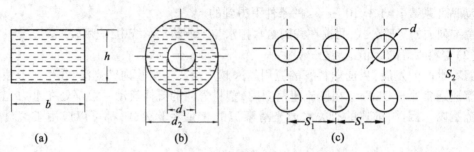

图 4-14　几种非圆形管道的截面示意图

## §4.6　计算沿程水头损失的谢才公式

本节将介绍一种计算沿程水头损失的经验公式——谢才公式,这个公式是流体力学中最古老的公式之一,目前仍在被广泛应用。

18 世纪中叶,法国工程师谢才(Chezy)通过对明渠均匀流大量的实验研究,提出了计算明渠截面平均流速的经验公式,即谢才公式,其形式是

$$v = C\sqrt{RJ} \tag{4-63}$$

式中:$C$——谢才系数;$R$——水力半径;$J$——水力坡度。

引入流量 $Q$,谢才公式又可以写成

$$Q = vA = CA\sqrt{RJ} \tag{4-64}$$

或

$$Q = K\sqrt{J} \tag{4-65}$$

式中:$A$——截面面积,$K$——流量模数,$K = CA\sqrt{R}$。

由谢才公式分析谢才系数 $C$ 的量纲,可见其量纲为 $[L^{1/2}/T]$,其单位为 $m^{0.5}/s$。

由式(4-14)知水力坡度 $J = \dfrac{h_f}{l}$,谢才公式(4-63)可以写成

$$h_f = \frac{v^2}{C^2 R} l$$

与式(4-1)给出的达西-魏斯巴赫公式

$$h_f = \lambda \frac{l}{4R} \frac{v^2}{2g} = \lambda \frac{l}{d} \frac{v^2}{2g}$$

相对照,可以得出谢才系数 $C$ 与沿程水头损失系数 $\lambda$ 的相互关系式为

$$C = \sqrt{\frac{8g}{\lambda}} \tag{4-66}$$

以及

$$\lambda = \frac{8g}{C^2} \tag{4-67}$$

从谢才系数 $C$ 与沿程水头损失系数 $\lambda$ 的相互关系可以看出,谢才公式实质上就是达西-魏斯巴赫公式的另一表达形式。虽然谢才公式当初是针对明渠均匀流提出来的,但实际也可以用于管道的均匀流流动问题,而且无论是层流还是紊流都适用。

应用谢才公式的关键,是在于确定谢才系数 $C$。长期以来,不少学者根据实测资料提出了许多计算 $C$ 值的经验公式,目前在实际工程中用得较多的有以下两个经验公式。

1.曼宁(Manning,1889 年)公式

$$C = \frac{1}{n}R^{1/6} \tag{4-68}$$

式中,$n$——粗糙系数,简称糙率;$R$——水力半径。曼宁公式的适用范围为

$$R \leqslant 0.5\text{m}, \quad n \leqslant 0.020$$

2.巴甫洛夫斯基(Павловский)公式

$$C = \frac{1}{n}R^y \tag{4-69}$$

式中:$n$——粗糙系数,简称糙率;$R$——水力半径;指数 $y$ 是个变数,其值按下式确定,

$$y = 2.5\sqrt{n} - 0.13 - 0.75\sqrt{R}(\sqrt{n} - 0.1)$$

作为近似计算,$y$ 值可取下列简式

$$R < 1.0\text{m}, \quad y = 1.5\sqrt{n}$$

$$R > 1.0\text{m}, \quad y = 1.3\sqrt{n}$$

巴甫洛夫斯基公式的适用范围为

$$0.1 \leqslant R \leqslant 3.0\text{m}, \quad 0.011 \leqslant n \leqslant 0.04$$

曼宁公式与巴甫洛夫斯基公式中的糙率 $n$ 是表征边壁形状的不规则性、边界的粗糙度及整齐度对流动结构影响的综合性系数,反映了流动中的阻力与水头损失特性。表 4-2 给出了一些材料的管道与渠道的糙率 $n$ 值。需要指出的是,糙率 $n$ 的数值虽然很小,但对谢才系数 $C$ 的影响很大,也就对流动中的流速 $v$ 与沿程水头损失 $h_f$ 等的计算结果影响很大,故需慎重选择,重要的工程应结合实验综合确定。

表 4-2　　　　　　　　　　　　　管道糙率 $n$ 值

| 管道种类 | 壁面状况 | $n$ | | |
|---|---|---|---|---|
| | | 最小值 | 正常值 | 最大值 |
| 有机玻璃管 | | 0.008 | 0.009 | 0.010 |
| 玻璃管 | | 0.009 | 0.010 | 0.013 |
| 黑铁皮管 | | 0.012 | 0.014 | 0.015 |
| 白铁皮管 | | 0.013 | 0.016 | 0.017 |
| 铸铁管 | 1.有护面层<br>2.无护面层 | 0.010<br>0.011 | 0.013<br>0.014 | 0.014<br>0.016 |
| 钢　管 | 1.纵缝与横缝都是焊接的,但都不束窄过水截面<br>2.纵缝焊接,横缝铆接(搭接),一排铆钉<br>3.纵缝焊接,横缝铆接(搭接),二排或二排以上铆钉 | 0.011<br>0.0115<br>0.013 | 0.012<br>0.013<br>0.014 | 0.0125<br>0.014<br>0.015 |
| 水泥管 | 表面洁净 | 0.010 | 0.011 | 0.013 |

| 管道种类 | 壁面状况 | n | | |
|---|---|---|---|---|
| | | 最小值 | 正常值 | 最大值 |
| 混凝土管及钢筋混凝土管 | 1.无抹灰面层 | | | |
| | （1）钢模板,施工质量良好,接缝平滑 | 0.012 | 0.013 | 0.014 |
| | （2）光滑木模板,施工质量良好,接缝平滑 | | 0.013 | |
| | （3）光滑木模板,施工质量一般 | 0.012 | 0.014 | 0.016 |
| | 2.已有抹灰面层,且经过抹光 | 0.010 | 0.012 | 0.015 |
| | 3.有喷浆面层 | | | |
| | （1）用钢丝刷仔细刷过,并经仔细抹光 | 0.012 | 0.013 | 0.015 |
| | （2）用钢丝刷刷过,且无喷浆脱落体凝结于衬砌面上 | | 0.016 | 0.018 |
| | （3）仔细喷浆,但未用钢丝刷刷过,也未经抹光 | | 0.019 | 0.023 |
| 陶土管 | 1.不涂釉 | 0.010 | 0.013 | 0.017 |
| | 2.涂釉 | 0.011 | 0.012 | 0.014 |
| 岩石泄水管道 | 1.未衬砌的岩石 | | | |
| | （1）条件中等的,即壁面有所整修 | 0.025 | 0.030 | 0.033 |
| | （2）条件差的,即壁面很不平整,截面稍有超挖 | | 0.040 | 0.045 |
| | 2.部分衬砌的岩石(部分有喷浆面层,抹灰面层或衬砌面层) | 0.022 | 0.030 | |

比较曼宁公式与巴甫洛夫斯基公式,曼宁公式比较简洁,应用比较方便,目前应用较多;巴甫洛夫斯基公式中的指数 $y$ 是个变量,使得该公式具有广泛的适用性,但应用比曼宁公式稍繁。

需要注意的是,谢才公式本身可以适用于层流与紊流的各个流区的流动,但由于计算谢才系数 $C$ 的曼宁公式与巴甫洛夫斯基公式是根据大量处于紊流粗糙区的实测资料拟合得到的,因此,如果应用这两个经验公式计算谢才系数 $C$,这时的谢才公式只能应用于粗糙紊流流动,或者说只能应用于阻力平方区的流动。

**例 4.4** 有一新的给水管道系统,材质为钢管,管径 $d=400\text{mm}$,管长 $l=200\text{m}$,当沿程水头损失 $h_f=1\text{m}$ 时,试问管道系统通过的流量是多少?

**解** 已知管道系统为钢管,查表 4-2 糙率 $n=0.012$。

面积
$$A=\frac{\pi d^2}{4}=\frac{\pi\times0.4^2}{4}=0.125\ 66\text{m}^2$$

湿周
$$\chi=\pi d=\pi\times0.4=1.256\ 6\text{m}$$

水力半径
$$R=\frac{A}{\chi}=\frac{0.125\ 66}{1.256\ 6}=0.1(\text{m})$$

由曼宁公式(4-68)有
$$C=\frac{1}{n}R^{1/6}=\frac{1}{0.012}\times0.1^{1/6}=56.77$$

代入谢才公式(4-64)有

$$Q=CA\sqrt{RJ}=CA\sqrt{R\frac{h_f}{l}}=56.77\times0.1257\times\sqrt{0.1\times\frac{1}{200}}=0.159\ 6\text{m}^3/\text{s}=159.6(\text{L/s})。$$

## §4.7　局部水头损失的计算

　　流体在边界形状急剧变化处的流动过程中,将产生局部阻力与局部水头损失,本章§4.1中叙述了这种阻力与水头损失的产生机理。从工程实践来看,局部水头损失是与边界形状密切相关的。由于实际工程中遇到的各种局部阻力部件的边界形状是多种多样的,除了少部分的局部水头损失可以用理论的方法给出计算公式外,绝大部分只能针对各个具体情况通过实验加以确定。

　　本章 §4.1 中已给出局部水头损失的计算公式为

$$h_j = \zeta \frac{v^2}{2g}$$

从上述公式知,计算局部水头损失的问题可以归结为寻求局部水头损失系数 $\zeta$ 的问题。本节将以截面突然扩大的管道为例,介绍理论上如何用分析方法得到这种情况下的局部水头损失系数 $\zeta$;另外还给出了一些局部阻力部件的局部水头损失系数 $\zeta$ 值表,通过查表可以得到这些部件的 $\zeta$ 值。

### 4.7.1　管道突然扩大的局部水头损失

　　如图 4-15 所示,为流体从较小截面的管道流向截面突然扩大的管道时,由于流动的流体质点所具有的惯性特征,使得流体不能按照管道形状突然转弯扩大。也就是整个流体在流出较小截面后,只能向前流动,逐渐扩大。并在管壁的拐角处,流体与管壁脱离形成如图4-15 所示的旋涡区。在这个区域,由于旋涡的存在,使旋涡区靠壁面一侧流体质点的运动方向与主流的流动方向不一致,形成回转运动,并加强了质点的碰撞、摩擦,加剧了流体流动的紊乱。这样便消耗了流体的一部分能量,这些能量转变成热能而消失。从流动机理来看,完全不同于沿程水头损失。

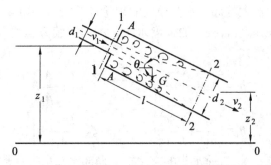

图 4-15　管道突然扩大的局部水头损失系数的推导示意图

　　对于图 4-15 所示的突然扩大的管道流动,设这种流动为一元不可压缩流体定常运动。取渐变流截面 1—1 和截面 2—2 的流段来分析。由于所取得的流段较短,该段流动的沿程水头损失可以忽略。设截面 1—1 和截面 2—2 的压强分别为 $p_1$ 和 $p_2$,平均流速分别为 $v_1$ 和 $v_2$,截面面积分别为 $A_1$ 和 $A_2$,该流段的重力为 $G$,流动方向与水平之间的夹角为 $\theta$。

　　这样,对截面 1—1 至截面 2—2 写出能量方程

$$z_1+\frac{p_1}{\rho g}+\frac{\alpha_1 v_1^2}{2g}=z_2+\frac{p_2}{\rho g}+\frac{\alpha_2 v_2^2}{2g}+h_j \tag{4-70}$$

式中,水头损失主要是局部水头损失 $h_j$。整理得

$$h_j=z_1-z_2+\frac{p_1-p_2}{\rho g}+\frac{\alpha_1 v_1^2-\alpha_2 v_2^2}{2g} \tag{4-71}$$

以截面 1—1 至截面 2—2 之间的流段为控制体,对该控制体应用动量方程,考虑流动方向为投影正方向,管壁与流体的摩擦力忽略不计,假设截面 1—1 上较大截面减去较小截面的环形壁面处压强为 $p$。有

$$p_1 A_1-p_2 A_2+p(A_2-A_1)+G\sin\theta=\rho Q(\alpha_2' v_2-\alpha_1' v_1) \tag{4-72}$$

式中,$p(A_2-A_1)$ 是截面 1—1 上环形壁面对流体的作用力。通过实验,表明截面 1—1 上环形壁面的压强近似满足流体静压强分布规律,即有 $p\approx p_1$。又从图 4-15 可知

$$G\sin\theta=\rho g A_2 l\frac{z_1-z_2}{l}=\rho g A_2(z_1-z_2) \tag{4-73}$$

考虑连续性方程 $\qquad\qquad v_1 A_1=v_2 A_2=Q \tag{4-74}$

于是式(4-72)可以写成

$$(z_1-z_2)+\frac{p_1-p_2}{\rho g}=\frac{v_2(\alpha_2' v_2-\alpha_1' v_1)}{g} \tag{4-75}$$

将式(4-75)代入式(4-71)

$$h_j=\frac{v_2(\alpha_2' v_2-\alpha_1' v_1)}{g}+\frac{\alpha_1 v_1^2-\alpha_2 v_2^2}{2g} \tag{4-76}$$

在紊流状态下,可以假设动能修正系数和动量修正系数 $\alpha_1=\alpha_2=1.0$,$\alpha_1'=\alpha_2'=1.0$,式(4-76)可以整理为

$$h_j=\frac{(v_1-v_2)^2}{2g} \tag{4-77}$$

式(4-77)即为管道突然扩大的局部水头损失的理论计算公式,式(4-77)表明截面突然扩大处的水头损失等于损失速度 $(v_1-v_2)$ 的速度水头。利用连续方程式(4-74)可得只有一个流速表示的局部水头损失公式

$$h_j=\left(1-\frac{A_1}{A_2}\right)^2\frac{v_1^2}{2g}=\zeta_1\frac{v_1^2}{2g},\quad \zeta_1=\left(1-\frac{A_1}{A_2}\right)^2 \tag{4-78}$$

$$h_j=\left(\frac{A_2}{A_1}-1\right)^2\frac{v_2^2}{2g}=\zeta_2\frac{v_2^2}{2g},\quad \zeta_2=\left(\frac{A_2}{A_1}-1\right)^2 \tag{4-79}$$

式中,$\zeta_1$、$\zeta_2$ 分别为对应 $v_1$、$v_2$ 流速水头的突然扩大局部水头损失系数。计算时注意,应按照所用的流速水头来确定其对应的局部水头损失系数。

当液体从管道流入很大的容器或水库时,或者当气体从管道流如大气时,$A_2\gg A_1$,由式(4-78),有 $\zeta_1=1$,这是突然扩大的特殊情况,称为出口局部水头损失系数。

### 4.7.2　其他常用的局部水头损失

其他情况的局部水头损失系数,能量损失机理大致与突然扩大的情况类似,由于流动状态复杂,一般没有理论计算公式,只是实验给出的局部水头损失的系数。表 4-3、表 4-4 给出

了部分局部水头损失系数的测定值。应用时需注意其应用条件,取用什么流速就应用相对应的局部水头损失系数,一般是

$$h_j = \zeta_1 \frac{v_1^2}{2g}, \quad h_j = \zeta_2 \frac{v_2^2}{2g}。$$

**表 4-3　　　　　　　　　　　　　　部分局部水头损失系数表(1)**

| 名称类型 | 进　口 | | | 莲蓬头(滤水网) | | 出　口 | 渐放管 | 渐缩管 |
|---|---|---|---|---|---|---|---|---|
| | 完全修圆 | 稍微修圆 | 没有修圆 | 有底阀 | 无底阀 | 流入水库(池) | | |
| | | | | | | | | |
| $\zeta$ | 0.05~0.10 | 0.20~0.25 | 0.5 | 5~8 | 2~3 | 1.0 | 0.25 | 0.1 |

| 名称类型 | 等径三通 | | | | 斜三通 | | | | |
|---|---|---|---|---|---|---|---|---|---|
| | 直流 | 转弯流 | 分支流 | 汇合流 | | | | | |
| | | | | | | | | | |
| $\zeta$ | 0.1 | 1.5 | 1.5 | 3.0 | 0.05 | 0.15 | 0.5 | 1.0 | 3.0 |

| 名称类型 | 叉　　管 | | 供水管路上的过滤器 | 水泵入口 |
|---|---|---|---|---|
| | | | | |
| $\zeta$ | 1.0 | 1.5 | 7.5~9.0 | 1.0 |

**表 4-4　　　　　　　　　　　　　　部分局部水头损失系数表(2)**

计算局部水头损失公式:$h_j = \zeta \dfrac{v^2}{2g}$,式中 $v$ 如图说明

| 名　　称 | 简　　图 | 局部水头损失系数 $\zeta$ 值 |
|---|---|---|
| 断面突然扩大 | | $\zeta_1 = \left(1 - \dfrac{A_1}{A_2}\right)^2$ <br><br> $\zeta_2 = \left(\dfrac{A_2}{A_1} - 1\right)^2$ |
| 断面突然缩小 | | $\zeta = 0.5\left(1 - \dfrac{A_2}{A_1}\right)$ |
| 出口流入明渠 | | 见下表 |

| $A_1/A_2$ | 0.1 | 0.2 | 0.3 | 0.4 | 0.5 | 0.6 | 0.7 | 0.8 | 0.9 |
|---|---|---|---|---|---|---|---|---|---|
| $\zeta$ | 0.81 | 0.64 | 0.49 | 0.36 | 0.25 | 0.16 | 0.09 | 0.04 | 0.01 |

| 文德利管 | | 见下表 |
|---|---|---|

| 收缩截面直径 $d$ / 进水管直径 $D$ | 0.30 | 0.40 | 0.45 | 0.50 | 0.55 | 0.60 | 0.65 | 0.70 | 0.75 | 0.80 |
|---|---|---|---|---|---|---|---|---|---|---|
| $\zeta$ | 19 | 5.3 | 3.06 | 1.9 | 1.15 | 0.69 | 0.42 | 0.26 | — | — |

续表

计算局部水头损失公式：$h_j = \zeta \dfrac{v^2}{2g}$，式中 $v$ 如图说明

| 名　称 | 简　图 | 局部水头损失系数 $\zeta$ 值 | | | | | | | | |
|---|---|---|---|---|---|---|---|---|---|---|

**蝶阀**

1.各种开启度时：

| $\alpha°$ | 5 | 10 | 15 | 20 | 25 | 30 | 35 | 40 |
|---|---|---|---|---|---|---|---|---|
| $\zeta$ | 0.24 | 0.52 | 0.90 | 1.54 | 2.51 | 3.91 | 6.22 | 10.8 |
| $\alpha°$ | 45 | 50 | 55 | 60 | 65 | 70 | 90 | |
| $\zeta$ | 18.7 | 32.6 | 58.8 | 118 | 256 | 751 | $\infty$ | |

2.全开时 $\zeta = 0.1 \sim 0.3$

**急转弯管**

圆形

| $\alpha°$ | 30 | 40 | 50 | 60 | 70 | 80 | 90 |
|---|---|---|---|---|---|---|---|
| $\zeta$ | 0.2 | 0.3 | 0.4 | 0.55 | 0.70 | 0.90 | 1.10 |

矩形

| $\alpha°$ | 15 | 30 | 45 | 60 | 90 |
|---|---|---|---|---|---|
| $\zeta$ | 0.025 | 0.11 | 0.26 | 0.49 | 1.20 |

**弯管**

1.

| $R/d$ | 0.5 | 1.0 | 1.5 | 2.0 | 3.0 | 4.0 | 5.0 |
|---|---|---|---|---|---|---|---|
| $\zeta_{90°}$ | 1.20 | 0.80 | 0.60 | 0.48 | 0.36 | 0.30 | 0.29 |

2.

| $d/mm$ | 50 | 100 | 150 | 200 | 250 | 300 | 350 | 400 |
|---|---|---|---|---|---|---|---|---|
| $\zeta_{90°}$ | 0.36 | 0.36 | 0.37 | 0.37 | 0.40 | 0.42 | 0.42 | 0.45 |
| $d/mm$ | 450 | 500 | 600 | 700 | 800 | 900 | 1000 | |
| $\zeta_{90°}$ | 0.45 | 0.46 | 0.47 | 0.48 | 0.48 | 0.49 | 0.50 | |

**弯管** 任意角度

$\zeta_{\alpha°} = a\zeta_{90°}$

| $\alpha°$ | 20° | 30° | 40° | 50° | 60° | 70° |
|---|---|---|---|---|---|---|
| $a$ | 0.40 | 0.55 | 0.65 | 0.75 | 0.83 | 0.88 |
| | 80° | 90° | 100° | 120° | 140° | 160° | 180° |
| | 0.95 | 1.00 | 1.05 | 1.13 | 1.20 | 1.27 | 1.33 |

**铸铁弯头**

标准90°弯头

| $d/mm$ | 75 | 100 | 125 | 150 | 200 | 250 | 300 | 350 |
|---|---|---|---|---|---|---|---|---|
| $\zeta$ | 0.34 | 0.42 | 0.43 | 0.48 | 0.48 | 0.52 | 0.58 | 0.59 |
| $d/mm$ | 400 | 450 | 500 | 600 | 700 | 800 | 900 | |
| $\zeta$ | 0.60 | 0.64 | 0.67 | 0.67 | 0.68 | 0.70 | 0.71 | |

标准45°弯头

| $d/mm$ | 75 | 100 | 125 | 150 | 200 | 250 | 300 | 350 |
|---|---|---|---|---|---|---|---|---|
| $\zeta$ | 0.17 | 0.21 | 0.22 | 0.24 | 0.24 | 0.26 | 0.29 | 0.30 |
| $d/mm$ | 400 | 450 | 500 | 600 | 700 | 800 | 900 | |
| $\zeta$ | 0.30 | 0.32 | 0.34 | 0.34 | 0.34 | 0.35 | 0.36 | |

**逆止阀**

| $d/mm$ | 150 | 200 | 250 | 300 | 350 | 400 | 500 | $\geqslant 600$ |
|---|---|---|---|---|---|---|---|---|
| $\zeta$ | 6.5 | 5.5 | 4.5 | 3.5 | 3.0 | 2.5 | 1.8 | 1.7 |

续表

计算局部水头损失公式: $h_j = \zeta \dfrac{v^2}{2g}$, 式中 $v$ 如图说明

| 名　称 | 简　图 | 局部水头损失系数 $\zeta$ 值 |
|---|---|---|

**闸阀**

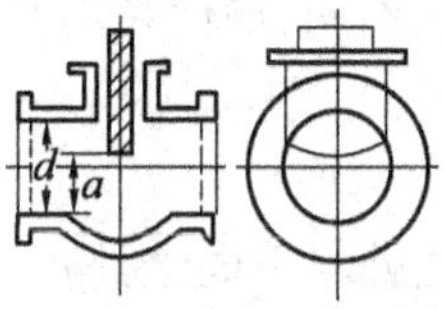

当全开时 $\left(即\dfrac{a}{d}=1\right)$

| $d$/mm | 15 | 20~50 | 80 | 100 | 150 |
|---|---|---|---|---|---|
| $\zeta$ | 1.5 | 0.5 | 0.4 | 0.2 | 0.1 |
| $d$/mm | 200~250 | 300~450 | 500~800 | 900~1000 | |
| $\zeta$ | 0.08 | 0.07 | 0.06 | 0.05 | |

各种开启度时闸阀的局部水头损失系数

| 管径 $d$ | | 开　度　$a/d$ | | | | | |
|---|---|---|---|---|---|---|---|
| mm | in | 1/8 | 1/4 | 3/8 | 1/2 | 3/4 | 1 |
| 12.5 | $\dfrac{1}{2}$ | 450 | 60 | 22 | 11 | 2.2 | 1.0 |
| 19 | $\dfrac{3}{4}$ | 310 | 40 | 12 | 5.5 | 1.1 | 0.28 |
| 25 | 1 | 230 | 32 | 9.0 | 4.2 | 0.9 | 0.23 |
| 40 | $1\dfrac{1}{2}$ | 170 | 23 | 7.2 | 3.3 | 0.75 | 0.18 |
| 50 | 2 | 140 | 20 | 6.5 | 3.0 | 0.68 | 0.16 |
| 100 | 4 | 91 | 16 | 5.6 | 2.6 | 0.55 | 0.14 |
| 150 | 6 | 74 | 14 | 5.3 | 2.4 | 0.49 | 0.12 |
| 200 | 8 | 66 | 13 | 5.2 | 2.3 | 0.47 | 0.10 |
| 300 | 12 | 56 | 12 | 5.1 | 2.2 | 0.47 | 0.07 |

**孔板**

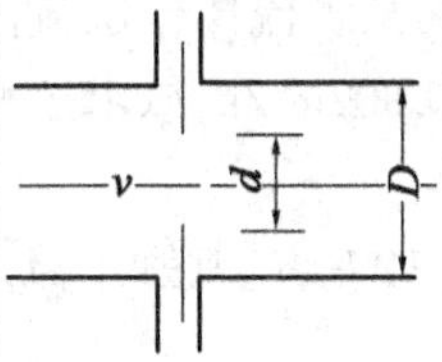

| $\dfrac{收缩截面直径 d}{进水管直径 D}$ | 0.30 | 0.40 | 0.45 | 0.50 | 0.55 | 0.60 | 0.65 | 0.70 | 0.75 | 0.80 |
|---|---|---|---|---|---|---|---|---|---|---|
| $\zeta$ | 309 | 87 | 50.4 | 29.8 | 18.4 | 11.3 | 7.35 | 4.37 | 2.66 | 1.55 |

**标准喷嘴**

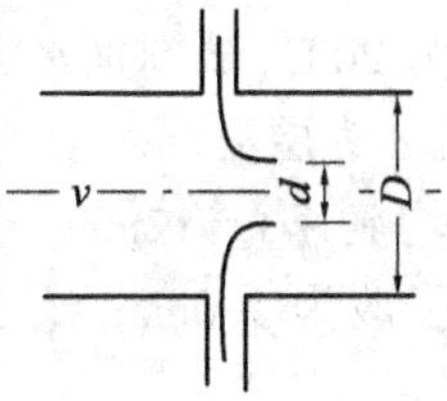

| $\dfrac{收缩截面直径 d}{进水管直径 D}$ | 0.30 | 0.40 | 0.45 | 0.50 | 0.55 | 0.60 | 0.65 | 0.70 | 0.75 | 0.80 |
|---|---|---|---|---|---|---|---|---|---|---|
| $\zeta$ | 108.8 | 29.8 | 16.9 | 9.9 | 5.9 | 3.5 | 2.1 | 1.2 | 0.76 | — |

## 复习思考题 4

4.1 在总流流动中什么情况下将产生沿程水头损失和局部水头损失？试述这两种水头损失的特点。

4.2 试述雷诺数的物理意义,并说明为什么可以作为层流和紊流的判别标准。

4.3 试述在层流流动和紊流流动中产生水头损失的原因其本质上有什么不同。

4.4 紊流中是否存在定常流？为什么？

4.5 已知层流中沿程水头损失与流速的一次方成正比,但计算管道层流沿程水头损失仍可以使用达西—魏斯巴赫公式 $h_f = \lambda \dfrac{l}{d} \dfrac{v^2}{2g}$,为什么？

4.6 试述均匀流沿程水头损失 $h_f$ 与边壁切应力 $\tau_0$ 之间的关系。

4.7 紊流的粘性底层厚度 $\delta_l$ 与哪些因素有关？$\delta_l$ 在紊流流动中的作用是什么？

4.8 水力光滑管、水力粗糙过渡管和水力粗糙管各有什么不同,如何判别？

4.9 管壁的当量粗糙度 $\Delta$ 和糙率 $n$ 是一回事吗？

4.10 水力粗糙区为什么也称为平方阻力区？

4.11 达西—魏斯巴赫公式和谢才公式之间有什么相同之处与不同之处？

4.12 尼古拉兹试验的主要结论是什么？

## 习 题 4

4.1 有一直径 $d = 400$mm 的圆管,输送 40℃ 的空气,若使管内流动保持层流流态,管内最大流速应为多少？当管内空气流量为 200m³/h 时,管内流动处于什么流态？（40℃ 空气的运动粘度 $\nu = 16.9 \times 10^{-6}$m²/s）

4.2 试确定直径 $d = 300$mm 的管道中流体的流动状态：
(1) 15℃ 的水,其运动粘度 $\nu = 1.141 \times 10^{-6}$ m²/s,流速 $v = 1.07$m/s；
(2) 15℃ 的重油,其运动粘度 $\nu = 2.03 \times 10^{-4}$ m²/s,流速 $v = 1.07$m/s。

4.3 在直径 $d = 50$mm 的黄铜管中,有密度 $\rho = 850$kg/m³ 的某种流体作层流流动。现对 10m 长的水平管道测得压力降为 $\Delta p = 300$Pa,流体的流量 $Q = 0.002$m³/s,试求这种流体的动力粘度。

4.4 已知水管直径 $d = 0.1$m,管中流速 $v = 1.0$m/s,水温为 10℃,试判别水流的流态。又当流速等于多少时,流态才变化？

4.5 如图 4-16 所示,有一梯形截面的排水沟,底宽 $b = 70$cm,截面的边坡系数为 1：1.5。当水深 $h = 400$mm,截面平均流速 $v = 0.05$m/s,水的温度为 20℃,试判别水流流态。如果水温和水深都保持不变,试问截面平均流速减到多少时水流才为层流？

4.6 有一送风系统,输送空气的管道直径 $d = 400$mm,平均流速 $v = 12$m/s,空气温度为 10℃,试判别空气在管道内的流动型态。如果输气管道的直径改为 100mm,试求管道内维持紊流时的最小截面平均流速。

4.7 有一直径 $d = 0.02$m,管长 $l = 20$m,管中水流平均流速 $v = 0.12$m/s,水的温度为 10℃,试求水头损失 $h_f$。

4.8 有一直径不变的管道,管长 $l = 100$m,直径 $d = 0.2$m,水流的水力坡度 $J = 0.008$,试

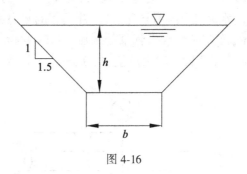

图 4-16

求水流的管壁切应力 $\tau_0$ 及水头损失。

4.9　某输油管道直径 $d=0.15$m,以流量 $Q=0.004\ 53$m³/s 输送石油,石油的运动粘性系数 $\upsilon=0.2\times10^{-4}$m²/s,试判别流体的流态并计算每千米管段的沿程水(油)头损失。

4.10　如图 4-17 所示,水平通风管道中空气流量 $Q=1\ 272$m³/h,管道截面尺寸 $d_1=150$mm、$d_2=300$mm,测得 $p_1=1\ 470$Pa,$p_2=1\ 373$Pa,空气密度 $\rho=1.2$kg/m³,试求截面 1—1 至截面 2—2 之间的能量损失。

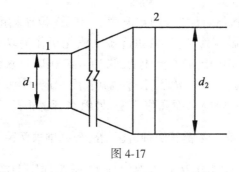

图 4-17

4.11　输油管的直径 $d=150$mm,长 $l=5\ 000$m,出口端比入口端高 $h=10$m,输送油的流量 $Q=18$m³/h,油的密度 $\rho=859.5$kg/m³,入口端油压 $p=49\times10^4$Pa,沿程阻力系数 $\lambda=0.03$,试求出口端的油压 $p_2$。

4.12　管道直径 $d=250$mm,长 $l=300$m,管壁绝对粗糙度 $\varepsilon=0.25$mm,若用来输送油,已知油的流量 $Q=0.095$m³/h,运动粘性系数 $\upsilon=1\times10^{-5}$m²/s,试求沿程油头损失。

4.13　有一矩形风道,横截面积为 $300\times250$mm²,输送 20℃ 的空气,试求流动保持层流流态的最大流量。

4.14　温度为 20℃ 的水,以流速 $\upsilon=1.0$m/s、在直径 $d=20$mm 的使用数年的旧钢管中流动,管长为 50m,试求沿程水头损失。若水的流速增加到 $\upsilon=2.5$m/s,水温升高到 100℃,其他条件保持不变,试求沿程水头损失。

4.15　已知流量 $Q=0.035$m³/s,直径 $d=0.15$m,长度 $l=50$m,试求该管道水流的沿程水头损失。假定该管道的运动粘性系数 $\upsilon=0.01\times10^{-4}$m²/s,粗糙度 $\Delta=0.000\ 15$m。

4.16　有甲、乙两输水管,甲管直径为 200mm,当量粗糙度为 0.86mm,流量为

0.000 94m³/s;乙管直径为 40mm,当量粗糙度为 0.19mm,流量为 0.003 5m³/s,水温均为 15℃,试判别两根管道中的水流处于何种流区,并计算两管的水力坡度 $J$。

4.17 如图 4-18 所示,已知一给水干管某处水压 = 196kN/m²,从该处引出一根铸铁水平输水管,管径 $d = 0.25$m,若保证管道输出流量 $Q = 0.05$m³/s,试问水能送到多远?

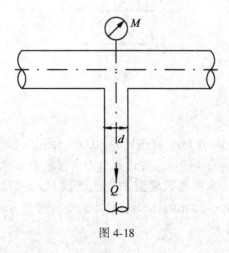

图 4-18

4.18 有一表面式凝汽器,已知冷却水温度 $t = 10$℃,运动粘度 $v = 0.013$m²/s,总流量 $Q = 2.5$m³/h,沿 2 550 根并联铜管道流动,以冷却从汽轮机作完功的蒸汽。为了增加热交换,应保持冷却水在铜管中作稳定的紊流流动,取 Re = 40 000,试求铜管的最大内径。

4.19 设计一给水管道,其直径 $d$ 已定,今就其长度 $l$ 研究 I 和 II 两种方案,第 II 种方案比第 I 种方案短 25%。若水塔的水面高程不变,另因水管都很长,可以不计局部水头损失和流速水头,试就光滑管和完全粗糙管两种流区情况分别推求两种方案的流量比 $\dfrac{Q_{II}}{Q_I}$。

4.20 如图 4-19 所示,用水泵从蓄水池中抽水,蓄水池中的水由自流管从河中引入。自流管长 $l_1 = 20$m,管径 $d_1 = 150$mm,吸水管长 $l_2 = 12$m,管径 $d_2 = 150$mm,两管的当量粗糙度均为 0.6mm,河流水面与水泵进口截面中点的高差 $h = 2.0$m。自流管的莲蓬头进口,自流管出口入池,吸水管的带底阀的莲蓬头进口以及吸水管的缓弯头的局部水头损失系数依次为 $\zeta_1 = 0.2, \zeta_2 = 1.0, \zeta_3 = 6.0, \zeta_4 = 0.3$,水泵进口截面处的最大允许真空高度为 6.0m 水柱高。试求最大的抽水流量。水温为 20℃。

4.21 有一圆形截面有压隧洞,长 $l = 200$m,通过流量 $Q = 700$m³/s,如果隧洞的内壁不加衬砌,其平均直径 $d_1 = 7.8$m,糙率 $n = 0.033$;如果用混凝土衬砌,则直径 $d_2 = 7.0$m,糙率 $n_2 = 0.014$,试问衬砌方案比不衬砌方案的沿程水头损失减少多少?

4.22 如图 4-20 所示,流速由 $v_1$ 变为 $v_2$ 的突然扩大管中,如果中间加一中等粗细管段使其成为两次突然扩大的形式,试求:

(1)中间管段流速取何值时总的局部水头损失最小;

(2)计算总的局部水头损失与原一次扩大形式时局部水头损失的比值。

4.23 如图 4-21 所示,有一新铸铁管路,粗糙度 $\Delta = 0.3$mm,管径 $d = 200$mm,通过流量 $Q = 0.06$m³/s,管路中有一个 90°折角弯头,现为减少其水头损失拟将 90°折角弯头换成两个

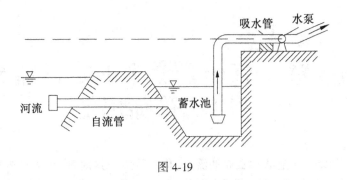

图 4-19

45°折角弯头,或者换成一个 90°缓弯弯头(转弯半径 $R=1\mathrm{m}$),水温为 20℃。试求:

(1)三种弯头的局部水头损失之比;

(2)每个弯头相当于多长管路的沿程水头损失。

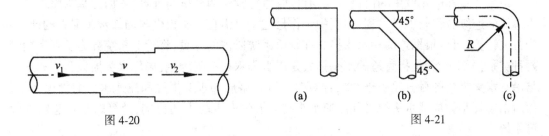

图 4-20　　　　　　　　　　　　　　　　图 4-21

# 第5章 有压管道中的定常流与孔口、管嘴出流

流体完全充满着管道全部横截面的流动,称为管流。这时,由于管道内完全不存在自由液面,并且管壁处处受水流压强的作用,因此,管流也称为有压流。若管流中的所有流动参数均不随时间变化,则称为有压管道中的定常流。当流体没有完全充满管道全部横截面,管道中存在与大气相通的自由液面时,尽管有流体在管道中流动,但此时已不再是管流,而是无压流,属于明渠流的范畴。本章将要讨论有压管道中的定常流,管道内的无压流动将在第8章明渠流动中讨论。

由第3章和第4章中的讨论可知,有压管道定常流的分析与计算,依据的基本原理是一维总流的连续方程与能量方程,主要的工作量在于对沿程水头损失与局部水头损失的计算。为方便计算,可以根据这两种水头损失在管道系统所占的比重,将管道系统分为长管和短管两种类别:所谓长管是指管道的水头损失是以沿程水头损失为主,局部水头损失和流速水头与沿程水头损失的百分比小于5%,计算时可以忽略局部水头损失和流速水头的管道系统;而所谓短管是指局部水头损失和流速水头在总损失中占较大的比例,计算时不可忽略的管道系统。

根据管道的布置,可以将管道系统分为简单管道和复杂管道。简单管道是指管径不变的单根管道;复杂管道是指由两根以上管道组成的管道系统。根据组合情况,复杂管道可以分为串联管道、并联管道以及树枝状管道和环状管网。

有压管道定常流的水力计算问题主要有以下几种情况:(1)给定管道系统的布置、管径及系统作用水头,计算和校核输送流量;(2)已知管道系统所需的输送流量,确定管径;(3)根据管道系统的流量和管径,求系统所必须的作用水头;(4)由设定的管道尺寸和输送的流量,分析沿管道各截面的动水压强的变化情况。

实际工程中,采用管道输水、输油和送气是非常普遍的。如城乡居民使用的自来水管道,热能发电厂、水力发电厂内的技术供水、供油、供气管道系统,水利水电工程中的压力隧洞和压力管道等,都是常见的输送流体的管道。因此讨论有压管道定常流的分析与计算问题是具有普遍实用意义的。

## §5.1 简单管道的水力计算

简单管道是生产实践中最常见的一种管道,也是复杂管道的组成部分。如水泵的吸水管,虹吸管等都是简单管道。在各种管道的水力计算中,简单管道的水力计算是最基本的。需要指出的是,任何类型的简单管道的计算,都是根据具体的条件,按照定常总流能量方程进行的。因此,本节所讨论的各种管道的水力计算,都应视为对定常总流能量

方程的实际应用。

本节将讨论简单管道的自由出流、淹没出流的水力计算问题;给出在长管情况下的简单管道的水力计算方法;提供对管道中动水压强的沿程分布的分析方法;也给出管道直径的计算和选定原则,以及水泵装置、虹吸管的水力计算方法。

### 5.1.1　两种典型出流的水力计算问题

1.自由出流的水力计算

凡经管道出口流入大气的水流过程,称为自由出流。如图 5-1 所示。

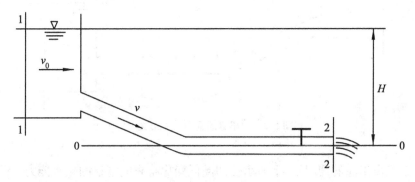

图 5-1　简单管道自由出流示意图

图 5-1 为一简单管道和水池相连接,末端出口水流流入大气。现取通过管道出口中心的水平面 0—0 为基准面,在水池中距管道入口上游较远处取截面 1—1,该截面符合渐变流条件,并在出口截面处取截面 2—2,如图 5-1 所示。然后对截面 1—1 和截面 2—2 建立能量方程

$$H+0+\frac{\alpha_0 v_0^2}{2g}=0+0+\frac{\alpha v^2}{2g}+h_w \tag{5-1}$$

式中:$v_0$——水池中的流速,也称行近流速;$v$——管道中的流速;$H$——管道出口截面中心到水池水面的高差。

式(5-1)还可以写成

$$H_0=\frac{\alpha v^2}{2g}+h_w \tag{5-2}$$

式中,$H_0=H+\dfrac{\alpha_0 v_0^2}{2g}$ 为包括行近流速水头在内的总水头,又称为作用水头。

式(5-2)表明,简单管道在自由出流的情况下,管道的总作用水头一部分消耗于整个管道的水头损失 $h_w$,另一部分转化为出口截面 2—2 处的流速水头。其中水头损失 $h_w$ 为管道中的沿程水头损失与局部水头损失之和,即

$$h_w=\lambda\frac{l}{d}\frac{v^2}{2g}+\sum\zeta\frac{v^2}{2g}=\left(\lambda\frac{l}{d}+\sum\zeta\right)\frac{v^2}{2g}$$

则式(5-2)可以写成

$$H_0=\left(\alpha+\lambda\frac{l}{d}+\sum\zeta\right)\frac{v^2}{2g} \tag{5-3}$$

式(5-3)为简单管道在自由出流的情况下,水流应满足的方程。解该方程,可得 $H$、$v$ 等相关的物理量。

2.淹没出流的水力计算

如果管道的出口是淹没在水下的,这种水流过程称为淹没出流。如图 5-2 所示。

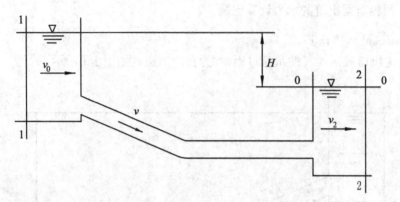

图 5-2　简单管道淹没出流示意图

显然,在淹没出流的情况下,下游水位的高低变化将影响管道的输水能力。因此对淹没出流下游截面的处理将不同于自由出流。如图 5-2 所示,管道出口连接一水池,并淹没于水下。现以下游水面 0—0 为基准面,在上游水池管道入口较远处取截面 1—1,在距下游水池管道出口较远处取截面 2—2。对截面 1—1 和截面 2—2 建立能量方程

$$H+0+\frac{\alpha_0 v_0^2}{2g}=0+0+\frac{\alpha v_2^2}{2g}+h_w \tag{5-4}$$

如果截面 2—2 面积远大于管道截面面积,则流速 $v_2$ 较小,流速水头 $\frac{\alpha v_2^2}{2g}\approx 0$,并以 $H_0 = H+\frac{\alpha_0 v_0^2}{2g}$代入式(5-4),则得

$$H_0 = h_w \tag{5-5}$$

式(5-5)说明,简单管道在淹没出流的情况下,包括行近流速在内的作用水头完全消耗在整个管道系统的水头损失上。

已知管道系统中的水头损失为

$$h_w = \left(\lambda\,\frac{l}{d} + \sum \zeta\right)\frac{v^2}{2g}$$

则式(5-5) 可以写成

$$H_0 = \left(\lambda\,\frac{l}{d} + \sum \zeta\right)\frac{v^2}{2g} \tag{5-6}$$

式(5-6) 为简单管道在淹没出流的情况下,水流应满足的方程。解该方程,可得 $H$、$v$ 等相关的物理量。

对于简单管道的自由出流和淹没出流,若需计算管道系统的流量 $Q$,可以从式(5-3) 和式(5-6) 解出流速 $v$,再代入总流连续性方程(3-38),得

$$Q = vA = \mu_c A \sqrt{2gH_0} \qquad (5\text{-}7)$$

式中：$A$——管道截面面积；$\mu_c$——管道系统的流量系数。其中：

自由出流
$$\mu_c = \frac{1}{\sqrt{\alpha + \lambda \dfrac{l}{d} + \sum \zeta}} \qquad (5\text{-}8)$$

淹没出流
$$\mu_c = \frac{1}{\sqrt{\lambda \dfrac{l}{d} + \sum \zeta}} \qquad (5\text{-}9)$$

若上游水池中行近流速很小，则有 $H_0 \approx H$，式(5-7)可以简化为

$$Q = \mu_c A \sqrt{2gH} \qquad (5\text{-}10)$$

　　式(5-3)或(5-4)与式(5-7)或(5-10)分别是简单管道自由出流和淹没出流水力计算的基本公式。可以用来计算流量 $Q$、管径 $d$ 以及作用水头 $H$。在用上述公式计算时需注意，式中的作用水头 $H$，在自由出流时为上游水位与管道出口截面中心的高差；在淹没出流时为上、下游的水位差。另外，式(5-8)与式(5-9)所给出的两种出流下的流量系数 $\mu_c$ 也有区别，使用时应注意。

### 5.1.2　简单管道水力计算的简化计算问题

　　前面讨论了自由出流和淹没出流的水力计算问题，在计算过程中同时考虑了沿程水头损失和局部水头损失，这是按短管计算的情况。如果管道较长，局部水头损失和流速水头所占比例较小可以忽略时，即所谓长管情况时，水力计算将得以简化。这时式(5-1)与式(5-4)可以写成

$$H = h_f = \lambda \frac{l}{d} \frac{v^2}{2g} \qquad (5\text{-}11)$$

　　从式(5-11)可见，按长管进行水力计算时，管道系统的作用水头正好等于其水头损失。也就是说提供给管道系统的总能量将全部用于克服管道系统的阻力。

　　在正常情况下，有压管道的水流一般属于紊流中的水力粗糙区，其水头损失还可以按谢才公式进行计算。考虑沿程水头损失系数 $\lambda$ 和谢才系数 $C$ 的关系式

$$\lambda = \frac{8g}{C^2} \qquad (5\text{-}12)$$

则式(5-11)可以变为

$$H = h_f = \frac{8g}{C^2} \frac{l}{d} \frac{v^2}{2g} = \frac{8g}{C^2} \frac{l}{4R} \frac{Q^2}{2gA^2} = \frac{Q^2}{A^2 C^2 R} l \qquad (5\text{-}13)$$

由第 4 章知其中流量模数为 $K = AC\sqrt{R}$，即得

$$h_f = \frac{Q^2}{K^2} l \qquad (5\text{-}14)$$

或写成谢才公式形式

$$Q = K\sqrt{J} \qquad (5\text{-}15)$$

式中流量模数 $K$ 具有流量的量纲，因此也称为特性流量。流量模数 $K$ 综合反映了管道的截

面形状、尺寸和边壁粗糙等特性对管道过流能力的影响。在水力坡度 $J = \dfrac{h_f}{l}$ 相同的情况下，管道流量与流量模数 $K$ 成正比。在水力粗糙紊流的情况下，可以用曼宁公式(4-68)计算谢才系数 $C$

$$C = \frac{1}{n} R^{1/6} = \frac{1}{n} \left( \frac{d}{4} \right)^{1/6} \tag{5-16}$$

进而可以求得流量模数 $K$

$$K = AC\sqrt{R} \approx 0.311\,7\, \frac{d^{8/3}}{n} \tag{5-17}$$

这时，对于已知糙率 $n$ 的圆管，流量模数 $K$ 仅为管径 $d$ 的函数。这样可以查表 4-2 得到管道糙率 $n$，由式(5-17)计算求得流量模数 $K$，再代入式(5-14)得到沿程水头损失 $h_f$。

另外，还可以用比阻进行沿程水头损失 $h_f$ 的计算。如果令

$$S_0 = \frac{1}{K^2} = \frac{n^2}{A^2 R^{4/3}} = 10.29\, \frac{n^2}{d^{16/3}} \tag{5-18}$$

则有

$$h_f = S_0 Q^2 l \tag{5-19}$$

式中 $S_0$ 称为比阻，量纲为 $[\mathrm{T^2/L^6}]$，其单位为 $\mathrm{s^2/m^6}$。反映了在单位管道长度与单位流量下的沿程水头损失。式(5-18)与式(5-19)就是实际工程中经常用于沿程水头损失 $h_f$ 计算的公式。

当管道中的流速 $v < 1.2\mathrm{m/s}$ 时，水流可能属于过渡紊流，此时 $h_f$ 近似与流速 $v$ 的 1.8 次方成正比，因此在计算时应加以修正，如在式(5-14)中加一系数 $k$，即

$$h_f = k \frac{Q^2}{K^2} l \tag{5-20}$$

式(5-20)中 $k = \dfrac{1}{v^{0.2}}$ 称为修正系数。

对于以钢管、铸铁管以及混凝土管等为管材的管道系统，可以直接采用达西—魏斯巴赫公式(4-1)或谢才公式(4-63)进行沿程水头损失的计算，或者通过流量模数 $K$、比阻 $S_0$ 来计算沿程水头损失。实际计算中，沿程水头损失系数和糙率的取值可以直接查找第 4 章中相关公式及图表，或查询相关设计手册。流量模数 $K$、比阻 $S_0$ 在有些教材和设计手册中也可以查到。

当钢管、铸铁管使用一段时间后，管壁将发生锈蚀和沉垢，管壁粗糙度增加，沿程水头损失系数 $\lambda$ 将改变，这时可以适当加大糙率 $n$ 来计算沿程水头损失，也可以用第 4 章中介绍的式(4-59)给出沿程水头损失系数 $\lambda$。式(4-59)只适用于水力粗糙区。如果流速 $v < 1.2\mathrm{m/s}$ 时，管内水流为水力粗糙过渡区，计算沿程水头损失系数 $\lambda$ 的式(4-59)则需修改为

$$\lambda = \frac{0.021\,0}{d^{0.3}} \left( 1 + \frac{0.867}{v} \right)^{0.3} \tag{5-21}$$

对于其他管道，如管道为石棉水泥管时，沿程水头损失 $h_f$ 的计算公式为

$$\lambda = 0.000\,561\, \frac{v^2 l}{d^{1.190}} \left( 1 + \frac{0.867}{v} \right)^{0.190} \tag{5-22}$$

若管道为塑料管时，沿程水头损失系数 $\lambda$ 可以取值为

$$\lambda = \frac{0.25}{\mathrm{Re}^{0.226}} \tag{5-23}$$

式(5-23)中 Re 为雷诺数。

对于玻璃管以及铅管、铜管等非铁类金属管,由于这些管道内壁光滑,管内水流一般处于光滑紊流状态。这些管道的沿程水头损失系数 $\lambda$,可以采用第 4 章中所介绍的水力光滑紊流的 $\lambda$ 值计算公式进行估算。

**例 5.1**　某水电厂排水管道系统如图 5-3 所示。已知排水管管径 $d = 200\mathrm{mm}$,管长 $l = 30\mathrm{m}$,糙率 $n = 0.012\,5$,上、下水位差 $H = 7\mathrm{m}$,其他资料见图 5-3。试求由渗水池排入集水井的流量。

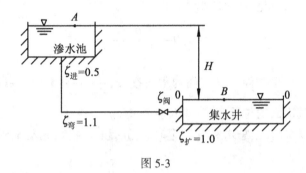

图 5-3

**解**　以集水井液面 0—0 为基准面,对渗水池水面 $A$ 点和集水井 $B$ 点列能量方程

$$H + 0 + 0 = 0 + 0 + 0 + h_f + \sum h_j$$

整理得

$$H = \left(\lambda\,\frac{l}{d} + \sum \zeta\right)\frac{v^2}{2g} \tag{5-24}$$

其中 $v$ 为管道中水流流速,由沿程水头损失系数 $\lambda$ 和糙率 $n$ 的关系式(4-67)得

$$\lambda = \frac{8g}{C^2} = \frac{8gn^2}{R^{1/3}} = \frac{8 \times g \times 0.012\,5^2}{(0.200/4)^{1/3}} = 0.033\,3$$

$$\sum \zeta = \zeta_{进} + \zeta_{弯} + \zeta_{阀} + \zeta_{出} = 0.5 + 1.1 + 2.0 + 1.0 = 4.6$$

将所求得的 $\lambda$ 和 $\sum \zeta$ 代入式(5-24),可以求得管道流速 $v$

$$v = \sqrt{\frac{2gH}{\lambda\,\dfrac{l}{d} + \sum \zeta}} = \sqrt{\frac{2 \times g \times 7}{0.033\,3\,\dfrac{30}{0.200} + 4.6}} = 3.781\,(\mathrm{m/s})$$

$$Q = \frac{\pi d^2 v}{4} = \frac{\pi \times 0.200^2 \times 3.781}{4} = 0.119\mathrm{m}^3/\mathrm{s} = 119\,(\mathrm{L/s})。$$

### 5.1.3　管道系统中动水压强沿程分布问题

从前面的计算与分析知道,水流在流动过程中,同时总存在着水头损失,因此总水头 $H$ 总是沿程减少的;另外从管道系统的安装走向来看,位置水头 $z$ 也在发生变化;再加上各管段管径的不同,使得各管段的流速水头不同。这些因素将引起各截面动水压强 $\dfrac{p}{\gamma}$ 的变化。

动水压强的沿程变化问题,是实际工程中较为重要的问题之一。如发电厂内的技术供水系统中,由于各用水设备(如发电机的空气冷却器、油冷却器及水轮机轴承的润滑用水等)都要求具有一定的动水压强(工作压力),因此当供水系统发生变化时,需要及时了解和计算这些设备所需的动水压强是否满足相关技术要求。另外,管道系统中可能出现的真空压强,将对管道系统的运行发生影响。因为真空压强过大,将会在管道内产生汽化和汽蚀,降低管道的过流能力,甚至还会导致管道的破坏,因此,也需要及时了解和计算各控制截面的动水压强变化情况。

对于如图 5-4 所示的管道系统,管径为 $D$ 并且沿程不变,管中流速为 $v$,若以过管道出口中心的水平面为基准面,设入口前截面 1—1 的总水头为 $H$,那么对任意一截面 $i$—$i$ 列能量方程,可以求得任一截面的动水压强为

$$\frac{p_i}{\gamma} = H - h_{wi} - \frac{\alpha_i v_i^2}{2g} - z_i \qquad (5\text{-}25)$$

式中:$h_{wi}$——截面 1—1 至截面 $i$—$i$ 之间的水头损失;$\frac{\alpha_i v_i^2}{2g}$——截面 $i$—$i$ 的流速水头;$z_i$——截面 $i$—$i$ 形心点距基准面的位置高度(即位置水头)。

从式(5-25)可以看出,当总水头 $H$ 一定时,$v_i$、$h_{wi}$ 和 $z_i$ 越大,则动水压强越小;反之,则越大。

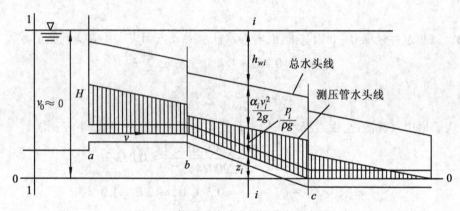

图 5-4 管道系统动水压强分布示意图

然而,需要指出的是,式(5-25)只能求出具体点的动水压强值,不能求得沿管道动水压强的变化情况。如果需要了解沿管道动水压强的分布情况,或者沿管道动水压强的变化情况,可以通过绘制总水头线和测压管水头线来进行。

根据能量方程,总水头 $H_{总} = z + \frac{p}{\gamma} + \frac{\alpha v^2}{2g}$ 减去流速水头 $\frac{\alpha v^2}{2g}$,则为测压管水头 $z + \frac{p}{\gamma}$。这样,由图 5-4 可见,测压管水头线在总水头线的下面,两线中间间隔为流速水头。从测压管水头线、基准面以及截面中心点,可以知道各截面动水压强的大小(如图 5-4 中的阴影部分)和位置水头的大小。加上总水头线,又可以知道各截面流速水头的大小。

具体计算与绘制测压管水头线的步骤是:

(1)在适当地方选定基准面,在管道突变处绘制控制截面(如图 5-4 中的 $a$、$b$、$c$、$d$ 处)。

（2）绘制总水头线。根据计算沿程水头损失的达西—魏斯巴赫公式,沿程水头损失将随着管长呈线性增加,总水头线将绘制成向下倾斜的直线。对于局部水头损失,可以假定集中在一个截面上,根据其大小,用跌坎表示。

（3）绘制测压管水头线。在比总水头线低一个流速水头的位置上,绘制出测压管水头线。若管径不变,测压管水头线应与总水头线平行。

（4）根据所绘制的测压管水头线图,可以求出需了解的点或截面处动水压强。

在绘制总水头线和测压管水头线时,应注意符合上游进口处和下游出口处的边界条件。图5-5给出了上游进口处两种水头线的绘制方法,图5-6则给出了出口为淹没出流的绘制方法。注意各有两种情况,即上、下游流速水头近似等于零和不等于零的两种情况。如图5-5和图5-6所示,当上、下游流速水头较小近似等于零时,水池内的总水头线与测压管水头线(即水面线)重合,在出口处管道测压管水头线与水池测压管水头线正好连接。当上、下游流速水头不等于零时,水池内的总水头线不与测压管水头线(水面线)重合,出口处测压管水头线由管道至水池时还有一个回升。当出口为自由出流时,测压管水头线则应中止于管道中心处。

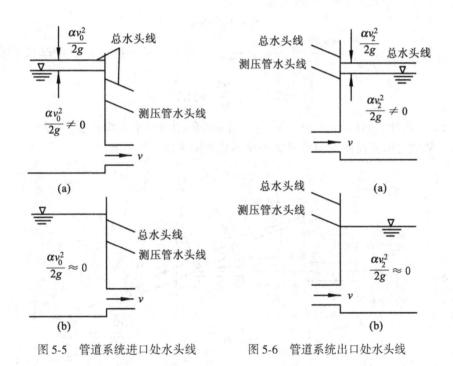

图5-5 管道系统进口处水头线　　图5-6 管道系统出口处水头线

对于渐变的管道系统,总水头线和测压管水头线应是曲线。两条曲线的间距应反映渐变管道各截面的流速水头的变化。总的来说,无论是管径不变的管道或管径渐变的管道,总水头线总是沿程下降的;测压管水头线则可能沿程上升也可能沿程下降。

**例5.2** 某电站上游库水位至水轮机中心线的高程差 $H_1$ 为58m,引水管管径 $D=3$m,如图5-7所示。当机组引用流量 $Q=37\text{m}^3/\text{s}$ 时,如果引水管全部水头损失 $h_{w1-2}=4.9$m,试求此时机组进口处截面2—2的压强。

**解** 设过机组中心线的水平面为基准面,这时由式(5-25)可知截面2—2的动水压强为

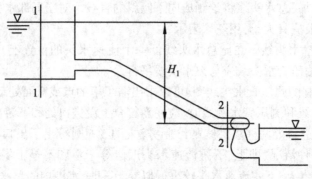

图 5-7

$$\frac{p_2}{\gamma}=H-h_{w1-2}-\frac{\alpha_2 v_2^2}{2g}-z_2$$

由于 $v_1 \approx 0$，则截面 1—1 总水头为

$$H=H_1=58\text{m}$$

另外还已知 $z_2=0, v_2=\dfrac{Q}{A}=\dfrac{4\times37}{\pi\times3^2}=5.23\text{m/s}, h_{w1-2}=4.9(\text{m})$，可得截面 2—2 的动水压强为

$$\frac{p_2}{\gamma}=58-4.9-\frac{5.23^2}{2g}=51.70(\text{m})。$$

**例 5.3**　定性绘制出如图 5-8 所示的管道系统的测压管水头线和总水头线。

**解**　依题意所需绘制的测压管水头线和总水头线如图 5-8 所示。

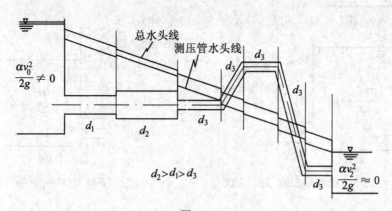

图 5-8

### 5.1.4　管道直径的计算与选定

管道直径的计算与选定，是各种管道系统水力计算的任务之一，是进行管道设计的重要一环。在进行管道直径的计算与选定时，一般有下列两种情况：

1.已知流量 $Q$、管长 $l$、管道布置及设备,要求选定管径 $d$ 和水头 $H$

根据连续性方程 $Q=Av$ 可知,当流量一定时,如果流速 $v$ 较大,则所需的管径较小;如果流速较小,则所需的管径较大。从材料上看,若管道系统选用较小的管径,则使用的管材较省,便于安装,造价较低;若管道系统选用较大的管径,则使用的管材较多,造价较高。又从阻力损失来看,由于管道水流大多数是在阻力平方区,即管道的阻力损失与水流流速的平方成正比。因此,若选定的管道流速较大,则管道的阻力损失增加较多,管道系统克服损失所需的运行费用较大;反之,若选定的管道流速较小,则管道的阻力损失小得多,管道系统克服损失所需的运行费用较小。

另外,从管道使用的技术要求来看,管道还有一个允许流速的问题。如果管道选用的管径较小,则流速过大,将会产生过大的水击压强,引起管道的破坏;如果管道选用的管径较大,则流速过小,将会使得水流中挟带的泥沙发生沉积。

由此可知,管径 $d$ 和水头 $H$ 的选定,是一个综合的技术与经济效益问题,需妥善考虑。对于重要的管道系统,应选择若干个方案进行技术经济比较,使管道系统的投资费用与运行费用的总和最小。一般称这样的流速为经济流速,其相应的管径为经济管径。

在具体进行水力计算时,首先根据已知的流量和选定的允许流速,按下式计算出管径

$$d = \sqrt{\frac{4Q}{\pi v_{允许}}} \tag{5-26}$$

然后按管道产品规格选用接近计算结果又能满足过水流量要求的管径,并按该管径计算管道所需的水头 $H$。

关于管道的允许流速值,对于水电站引水管,水电厂技术供水管道系统,以及民用给水管道,可以参考表 5-1。其他类型的管道系统的允许流速值,可以查阅相关的水力计算手册和设计手册。

表 5-1　　　　　　　　　　　　管道的允许流速表

| 管道类型 | 水电站引水管 | 自流式供水系统 | | 水泵式供水系统 | | 一般给水管道 |
|---|---|---|---|---|---|---|
| | | 电站水头在 15~60m 之间 | 电站水头小于 15m | 吸水管 | 压水管 | |
| 允许流速/(m/s) | 5~6 | 1.5~7.0 | 0.6~1.5 | 1.2~2.0 | 1.5~2.5 | 1.0~3.0 |

2.已知流量 $Q$、管长 $l$、水头 $H$、管道布置及设备,要求选定管径 $d$

在这种情况下,由于管径 $d$ 为一确定值,因而完全可以应用前述的定常管流的计算成果来进行。

若管道可以视为长管,利用式(4-65),这时 $J=\frac{H}{l}$,可以求得与管径对应的流量模数 $K$ 为

$$K = \frac{Q}{\sqrt{\frac{H}{l}}} \tag{5-27}$$

根据所求得的流量模数 $K$,由式(5-17)等可以确定所需的管径 $d$。

若管道属于短管,可以利用式(5-3)或式(5-7),得

$$\mu_c A = \frac{Q}{\sqrt{2gH}} \tag{5-28}$$

显然,在式(5-28)右端,当 $Q$、$H$ 已知的情况下为一确定值,而左端 $A$ 和 $\mu_c$ 则随管径 $d$ 而变化。根据这种情况,可以采用试算法来求解管径 $d$。即先假定一个管径 $d$,代入左端计算 $\mu_c A$,与右端 $\frac{Q}{\sqrt{2gH}}$ 相比较是否相等。若不相等,则重新假定管径 $d$,再进行试算,直至使两端相等时为止。在计算出管径 $d$ 后,还应根据管道产品规格,选择与计算值相近的管径 $d$,作为最后的选定值。表 5-2 给出了部分管道的产品规格,供计算时参考。

| 表 5-2 | | 部分成品管道常用管径表 | | | | | （单位:mm） |
|---|---|---|---|---|---|---|---|
| 15 | 50 | 175 | 350 | 600 | 850 | 1 200 | 1 700 |
| 20 | 75 | 200 | 400 | 650 | 900 | 1 300 | 1 800 |
| 25 | 100 | 225 | 450 | 700 | 950 | 1 400 | 1 900 |
| 32 | 125 | 250 | 500 | 750 | 1 000 | 1 500 | 2 000 |
| 40 | 150 | 300 | 550 | 800 | 1 100 | 1 600 | |

**例 5.4** 如图 5-9 所示为某水电站设备引水系统,电站水头 $H_1 = 54\text{m}$,引水管道全长 $l = 15\text{m}$,用水设备所需流量 $Q = 60\text{L/s}$,设备入口 $B$ 点处的压强不得大于 2at,用水设备高度 $z_B = 8\text{m}$,其他条件如图 5-9 所示。试设计引水管道 $l$ 的管径。

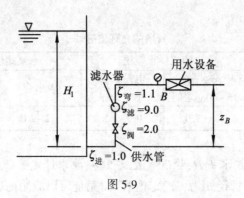

图 5-9

**解** 根据表 5-1 选择 $v_{允许} = 5.5\text{m/s}$,管径初步计算为

$$d = \sqrt{\frac{4Q}{\pi v_{允许}}} = \sqrt{\frac{4 \times 0.06}{\pi \times 5.5}} = 0.118\text{m} = 118\text{mm}$$

由表 5-2 按产品规格选用管径 $d = 125\text{mm}$,同时选用糙率 $n = 0.0125$,这时相应沿程水头损失系数 $\lambda = 0.039$。管道中实际流速为

$$v = \frac{4 \times 0.06}{\pi \times 0.125^2} = 4.9\text{m/s}$$

校核用水设备流量

由于
$$h_w = \left(\lambda\,\frac{l}{d} + \sum \zeta\right)\frac{v^2}{2g}$$

式中
$$\lambda\,\frac{l}{d} = 0.039 \times \frac{15}{0.125} = 4.68$$

$$\sum \zeta = \zeta_{进} + 2\zeta_{弯} + \zeta_{阀} + \zeta_{滤} = 1.0 + 2 \times 1.1 + 2.0 + 9.0 = 14.2$$

则
$$h_w = (4.68+14.2) \times \frac{4.9^2}{2g} = 23.13\,(\text{m})$$

而由水库至 B 点之间的作用水头为

$$H = H_1 - \left(z_B + \frac{p_B}{\gamma}\right) = 54 - (8+20) = 26\,(\text{m})$$

$H > h_w$，由此说明所设计的管径可以满足所要求的流量。

### 5.1.5　水泵装置的水力计算

水泵装置是一种液体输送设备，在现代社会各行业生产与人们的生活中有着广泛的应用。离心式水泵装置是水泵家族中常见的一种水泵装置，下面将对离心式水泵装置的水力计算问题进行讨论。水力计算的任务是，水泵安装高度的计算和水泵扬程的确定。

如图 5-10 所示，水泵装置是由吸水管、水泵、压水管以及管路上的附件所组成的。由于外界动力的输入，使得水泵叶轮转动，造成了水泵进口处的真空，形成与取水处水源之间的压强差，并使水流沿吸水管上升进入水泵。当水流经过水泵时，将获得水泵加给的能量，该能量可以使水流通过压水管送入距取水处较高或较远的用水处。

1.水泵安装高度的计算

水泵的安装高度是指水泵的转轮轴线（图 5-10 中截面 2—2 中心点）与取水处水面的高度差，以 $H_{吸}$ 表示。根据水泵的工作原理知，水泵的安装高度值太大，将使得水泵进口处出现很大的真空值，这对水泵的安全运行产生影响。因此，只有正确的设计水泵的安装高度，才能保证水泵的正常工作。

如图 5-10 所示，若以取水池的水面为基准面，对取水池截面 1—1 水面点和水泵进口处截面 2—2 中心点，列能量方程得

$$0 = H_{吸} + \frac{p_2}{\gamma} + \frac{v^2}{2g} + h_{w1-2}$$

或
$$H_{吸} = -\frac{p_2}{\gamma} - \left(\frac{v^2}{2g} + h_{w1-2}\right) \tag{5-29}$$

式中 $H_{吸}$ 为水泵安装高度，$h_{w1-2}$ 为截面 1—1 至截面 2—2 的水头损失，$\alpha \approx 1$。式中 $-\frac{p_2}{\gamma}$ 为水泵进口处的真空压强，在此以 $h_v$ 表示，式(5-29)可以写成

$$H_{吸} = h_v - \left(\frac{v^2}{2g} + h_{w1-2}\right) \tag{5-30}$$

由式(5-30)可知，水泵安装高度 $H_{吸}$ 越大，则水泵进口处真空压强 $h_v$ 也越大。过大的真空压强将会引起水泵内水流出现空化和空蚀现象，将不利于水泵的正常工作。一般来说

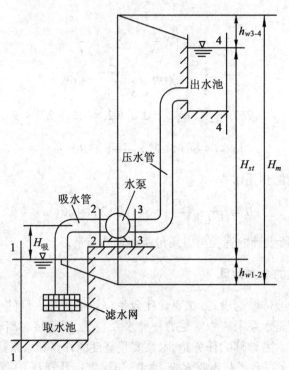

图 5-10   水泵装置示意图

水泵生产厂家对各种水泵标有允许真空压强值 $h_{v允}$。水泵安装高度 $H_{吸}$ 的确定,应以 $h_v$ 不超过水泵允许真空压强值 $h_{v允}$ 为准。当然也有水泵直接给出安装高度允许值。

2.水泵扬程的确定

第 3 章 §3.5 中已给出了有能量输入的总流能量方程(3-74)

$$z_1+\frac{p_1}{\rho g}+\frac{\alpha_1 v_1^2}{2g}+H_m=z_2+\frac{p_2}{\rho g}+\frac{\alpha_2 v_2^2}{2g}+h_w$$

其中 $H_m$ 就是水流经过水泵时,单位重量的液体从水泵获得的外加能量。一般称 $H_m$ 为水泵的扬程,也称为水泵的水头。

根据水泵扬程的定义,$H_m$ 为截面 2—2 和截面 3—3 的能量差。对于如图 5-10 所示的水泵装置,以过水泵进口截面和出口截面中心点的水平面为基准面,分别写出水泵进口截面 2—2 和出口截面 3—3 的总能量,即

$$E_2=\frac{p_2}{\gamma}+\frac{v_2^2}{2g},\quad E_3=\frac{p_3}{\gamma}+\frac{v_3^2}{2g}$$

水泵扬程 $H_m$ 则为

$$H_m=E_3-E_2=\frac{p_3}{\gamma}-\frac{p_2}{\gamma}+\frac{v_3^2-v_2^2}{2g} \tag{5-31}$$

式(5-31)说明,水泵的扬程等于水泵的出口截面和进口截面的压强水头差加上这两处的流速水头差。如果水泵的进口和出口的管径相同,则 $v_2=v_3$,式(5-31)可以写成

$$H_m=\frac{p_3}{\gamma}-\frac{p_2}{\gamma} \tag{5-32}$$

式(5-32)说明,水泵的扬程 $H_m$ 等于水泵的出口截面和进口截面的压强水头差。一般来说,水泵出口截面处安装有压力表,进口截面处安装有真空表。从这两个表的读数差就可以求得水泵的扬程。实际应用中,水泵的扬程 $H_m$ 一般由带动水泵运转的原动机的功率和流量来确定。

对于水泵装置来说,水流除了必须通过水泵本身外,还必须通过吸水管和压水管才能由取水处到达用水处。因此,水流从水泵获得的能量,一部分将用于克服水头损失;另一部分将使取水处的水送到较高较远的用水处。而取水处水面与用水处水面的高度差,称为水泵的静扬程或实际扬程。下面将根据有能量输入的总流能量方程(3-86),讨论水泵静扬程的确定问题。

如图 5-10 所示,现以取水池水面为基准面,对取水池截面 1—1 和用水池截面写出能量方程,可得

$$0+0+0+H_m = H_{st}+0+0+h_{w1-2}+h_{w3-4} \tag{5-33}$$

式中: $H_{st}$ ——水泵的静扬程或实际扬程; $h_{w1-2}$ ——吸水管中的水头损失; $h_{w3-4}$ ——压水管中的水头损失。对上式进行整理后可得

$$H_m = H_{st}+h_{w1-2}+h_{w3-4} \tag{5-34a}$$

或

$$H_{st} = H_m-h_{w1-2}-h_{w3-4} \tag{5-34b}$$

从式(5-34)可见,水泵静扬程 $H_{st}$ 的大小除了与水泵的扬程 $H_m$ 有关外,还与水泵装置的水头损失有关。在确定了水泵的扬程 $H_m$ 后,确定水泵静扬程 $H_{st}$ 的大小,主要在于水头损失的计算。而水头损失则随管线的布置而定,包括管道长度、管径和管壁糙率等。总之,实际使用时应尽可能的减少水泵装置的水头损失,以获得最大的水泵使用效率。

**例 5.5**　一离心泵管路系统如图 5-11 所示。供水池水位高程为 253.40m,取水池水位高程为 218.00m。水泵流量为 $0.28\text{m}^3/\text{s}$;吸水管长为 6m,进口处安装一无底阀滤水网,管道中有一个 90°弯头;压水管长为 40m,管道中安装逆止阀和闸阀各一个,有两个 45°弯头。两管均为铸铁管材料。试确定水泵所需的扬程。

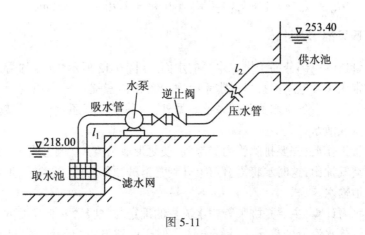

图 5-11

**解**　先选择管径。对于吸水管,由表 5-1 选择 $v_{允许} = 2.0\text{m/s}$,管径初步计算为

$$d_1 = \sqrt{\frac{4Q}{\pi v_{允许}}} = \sqrt{\frac{4 \times 0.28}{\pi \times 2.0}} = 0.422\text{m} = 422\text{mm}$$

由表 5-2 按产品规格选用管径 $d_1 = 450\text{mm}$,管道中实际流速为

$$v_1 = \frac{4Q}{\pi d_1^2} = \frac{4 \times 0.28}{\pi \times 0.450^2} = 1.76(\text{m/s})$$

对于压水管,由表 5-1 选择 $v_{允许} = 2.5\text{m/s}$,管径初步计算为

$$d_1 = \sqrt{\frac{4Q}{\pi v_{允许}}} = \sqrt{\frac{4 \times 0.28}{\pi \times 2.5}} = 0.378(\text{m}) = 378\text{mm}$$

由表 5-2 按产品规格选用管径 $d_2 = 400\text{mm}$,管道中实际流速为

$$v_2 = \frac{4Q}{\pi d_2^2} = \frac{4 \times 0.28}{\pi \times 0.400^2} = 2.23(\text{m/s})$$

为求水泵扬程先计算水头损失。由表 4-3 可以查得各局部水头损失系数为

$$\zeta_{滤} = 2.0, \quad \zeta_{90} = 0.64, \quad \zeta_{45} = 0.30$$

$$\zeta_{闸阀} = 0.07, \quad \zeta_{逆阀} = 2.5, \quad \zeta_{出} = 1.0$$

并按旧铸铁管计算沿程水头损失系数,假定是粗糙紊流流动,则由式(4-59)有 $\lambda = \frac{0.021\,0}{d^{0.3}}$,得吸水管 $\lambda_1 = 0.026\,7$,压水管 $\lambda_2 = 0.027\,6$。可以求得吸水管的水头损失为

$$h_{w1} = \left(\lambda_1 \frac{l_1}{d_1} + \sum \zeta\right)\frac{v_1^2}{2g} = \left(0.026\,7\frac{6}{0.45} + 2 + 0.64\right) \times \frac{1.76^2}{2g} = 0.47(\text{m})$$

以及压水管的水头损失为

$$h_{w2} = \left(\lambda_2 \frac{l_2}{d_2} + \sum \zeta\right)\frac{v_2^2}{2g} = \left(0.027\,6\frac{40}{0.40} + 0.07 + 2.5 + 2 \times 0.3 + 1\right) \times \frac{2.23^2}{2g} = 1.76(\text{m})$$

又由题意知水泵上、下游水位差即水泵静扬程 $H_{st}$ 为

$$H_{st} = 253.4 - 218 = 35.4(\text{m})$$

为此由式(5-34a)可求得水泵扬程 $H_m$ 为

$$H_m = H_{st} + h_{w1} + h_{w2} = 35.4 + 0.47 + 1.76 = 37.63(\text{m})。$$

### 5.1.6  虹吸管的水力计算

如果输水管道的一部分高于供水水源的水面,如图 5-12 所示,这样的管道称为虹吸管。这种输水方式常用于发电厂内技术供水系统中。图 5-13 就是一种利用虹吸原理,给位置高于上游库水位的用水设备供水的管道系统。另外,这种虹吸管还常用于跨越河堤等障碍物向下游低处输水或泄水。

在使虹吸管工作前,先要排除管内的空气,使之形成真空。一般使用抽气泵类的装置将虹吸管顶部的空气抽出,这时水将沿管道上升到管道的顶部,并越过顶部,形成虹吸作用,使管道连续不断地输水。

虹吸管的水力计算,主要是虹吸管输水流量的确定与虹吸管安装高度的确定。

关于虹吸管输水流量的确定。计算方法类似于前述淹没出流的水力计算方法。如图 5-12 所示,现以过下游水面的水平面为基准面,对上游截面 1—1 和下游截面 2—2 列能量方程得

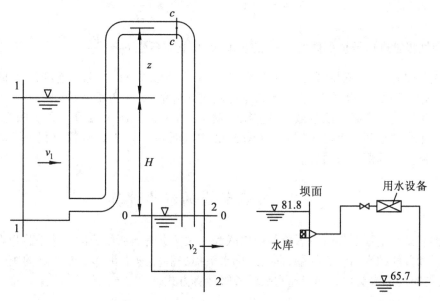

图 5-12　虹吸管装置示意图　　　　图 5-13　虹吸管工程实例示意图

$$H + 0 + \frac{v_1^2}{2g} = 0 + 0 + \frac{v_2^2}{2g} + \lambda \frac{l}{d} \frac{v^2}{2g} + \sum \zeta \frac{v^2}{2g}$$

式中 $H$ 为上、下游水位差，$v_1$、$v_2$ 分别为上游截面 1—1、下游截面 2—2 的流速，$v$ 为管内流速，$l$ 为虹吸管全长。如果上、下游截面 1—1 和截面 2—2 相对于虹吸管面积很大，可以忽略 $v_1$ 和 $v_2$，这时上式可以写成

$$H = \lambda \frac{l}{d} \frac{v^2}{2g} + \sum \zeta \frac{v^2}{2g} \tag{5-35}$$

从式（5-35）可以解出管内流速 $v$，再乘以管道截面面积 $A$，便可得虹吸管的输水流量 $Q$。

从求解过程可见，管内流量 $Q$ 与上、下游水位差和虹吸管的长度、管径、糙率以及局部阻力等因数有关，而与虹吸管顶部的高度及顶部的真空压强无关。但在实际使用时，虹吸管顶部的安装高度是有限的。因为顶部安装的太高，将会引起管道内的真空值过大，引起气穴和空蚀现象，从而大大降低虹吸管的流量。

虹吸管安装高度的确定。该处的安装高度是指虹吸管的顶部截面距上游水面的高度差有多少。

对于图 5-12，以过下游水面的水平面为基准面，对上游截面 1—1 和顶部截面 c—c 列能量方程

$$H + 0 + \frac{v_1^2}{2g} = H + z + \frac{p_c}{\gamma} + \frac{v^2}{2g} + \lambda \frac{l'}{d} \frac{v^2}{2g} + \sum \zeta \frac{v^2}{2g}$$

忽略截面 1—1 的流速 $v_1$，整理后得

$$z = h_v - \left(1 + \lambda \frac{l'}{d} + \sum \zeta\right) \frac{v^2}{2g}$$

或

$$h_v = z + \left(1 + \lambda \frac{l'}{d} + \sum \zeta\right) \frac{v^2}{2g} \qquad (5\text{-}36)$$

式中 $l'$ 为虹吸管进口至顶部截面 $c$—$c$ 的长度,并令真空压强 $h_v = -\dfrac{p_2}{\gamma}$。

从式(5-36)可知,虹吸管的安装高度 $z$,既与真空压强 $h_v$ 有关,也与进口至顶部截面 $c$—$c$ 的水头损失有关。一方面真空压强 $h_v$ 不能超过允许值,另一方面水头损失太大也将对安装高度产生影响。还必须注意最大真空压强发生的位置。如图 5-12 所示的虹吸管,最大真空压强发生在顶部第二个弯头前附近(图 5-12 中截面 $c$—$c$ 附近),计算过程中还应考虑顶部第二个弯头的局部水头损失。

## §5.2  复杂管道的水力计算

各种复杂管道系统都可以看成是由串联和并联两类管道所组成的。本节将以两种方式讨论串联和并联的水力计算问题,即按局部水头损失和流速水头都不能忽略的短管计算方式,以及忽略局部水头损失和流速水头的长管计算方式。

### 5.2.1  串联管道的水力计算

由不同管径的简单管道依次连接的管道系统,称为串联管道。如图 5-14 所示。在串联管道系统中,各管段之间可能有流量分出,也可能没有流量分出。下面主要讨论无流量分出的情况,对于有流量分出的情况将在管网中讨论。

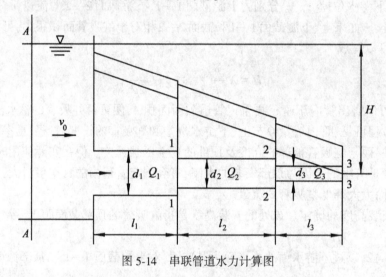

图 5-14  串联管道水力计算图

对于无流量分出的串联管道,由流体的连续性原理可知,通过各管段的流量应相等,即

$$Q_1 = Q_2 = Q_3 = Q \qquad (5\text{-}37)$$

或

$$v_1 A_1 = v_2 A_2 = v_3 A_3 = vA$$

又如图 5-14 所示,以过出口截面的水平面为基准面,对进口上游截面 $A$—$A$ 和出口截面 3—3 列能量方程

$$H = \sum h_f + \sum h_j + \frac{v_3^2}{2g} \tag{5-38}$$

式中：$\frac{v_3^2}{2g}$—— 出口截面 3—3 的流速水头；$\sum h_f$—— 各管段沿程水头损失的总和；$\sum h_j$—— 各管段局部水头损失的总和。

用类似于简单管道的计算方法，由式(5-38)以及式(5-37)可以求得通过串联管段的流量 $Q$ 和作用水头 $H$。计算时应注意，尽管通过的流量是一样的，但由于串联管道中各管段的管径不同，各管段的流速将不一样，则各管段的水头损失不一样，应分段计算水头损失。

如按长管的概念来讨论串联管道的水力计算问题，也就是用忽略局部水头损失和流速水头的简化计算方式进行串联管道的水力计算。这种计算方式在实际工程中应用较多，如给水系统工程等。这时式(5-38)可以写成

$$H = \sum h_f$$

或

$$H = \sum h_{f1} + \sum h_{f2} + \sum h_{f3} \tag{5-39}$$

由式(5-14)，任一管段的沿程水头损失可以写成

$$h_f = \frac{Q^2}{K^2} l$$

则式(5-39)可以写成

$$H = \sum h_f = \left( \frac{l_1}{K_1^2} + \frac{l_2}{K_2^2} + \frac{l_3}{K_3^2} \right) Q^2 \tag{5-40}$$

求解式(5-40)与式(5-37)，可以得到按长管计算的有关串联管道的流量和作用水头。

从上述叙述中可以看出串联管道的特点：
(1)串联管道各管段的流量相等；
(2)串联管道总水头损失等于各管段的水头损失之和。

### 5.2.2 并联管道的水力计算

若干条管道在同一处分叉，又在另一处会合的管道系统，称为并联管道。如图 5-15 所示的管道系统。并联管道系统中，一般已知管道系统的总流量 $Q$，水力计算则是求得各并联支管的流量 $Q_1$、$Q_2$ 和 $Q_3$。

如图 5-15 可见，在 $A$ 截面分叉为支管 1、2、3，共有一个总水头 $H_A$；在 $B$ 截面支管 1、2、3 会合在一起，也共有一个总水头为 $H_B$。因此 $A$、$B$ 两截面之间的水头损失 $h_{wAB} = H_A - H_B$，同时也是支管 1、2、3 的水头损失，即

$$h_{w1} = h_{w2} = h_{w3} = h_{wAB} \tag{5-41}$$

或

$$\begin{cases} h_{wAB} = h_{w1} = \left( \lambda_1 \frac{l_1}{d_1} + \sum \zeta_1 \right) \frac{v_1^2}{2g} \\[2mm] h_{wAB} = h_{w2} = \left( \lambda_2 \frac{l_2}{d_2} + \sum \zeta_2 \right) \frac{v_2^2}{2g} \\[2mm] h_{wAB} = h_{w3} = \left( \lambda_3 \frac{l_3}{d_3} + \sum \zeta_3 \right) \frac{v_3^2}{2g} \end{cases} \tag{5-42}$$

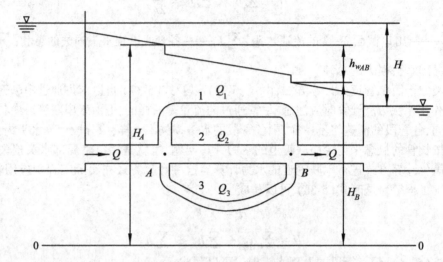

图 5-15　并联管道水力计算示意图

式中下标"1"、"2"、"3"表示各支管的顺序号。

又根据流体的连续性原理可知

$$Q = Q_1 + Q_2 + Q_3 \tag{5-43}$$

联立解式(5-42)和式(5-43),可以求得各并联支管的流量以及并联管道的水头损失 $h_{wAB}$。计算时应注意的是,各并联支管的水头损失相等,亦即通过各支管单位重量流体的机械能损失相等,但由于各支管的长度、管径、管壁糙率以及局部阻力可能不相同,则各支管通过的流量将不相同,各支管的总机械能损失也是不相等的。另外,尽管通过并联管道的总流量不变,但只要改变任一并联支管的长度、管径、管壁糙率以及局部阻力时,通过各支管的流量与作用水头将要重新调整。

若当局部水头损失与流速水头很小可以忽略时,则可以按长管方式进行简化计算。这时式(5-41)可以写成

$$h_{f1} = h_{f2} = h_{f3} = h_{fAB} \tag{5-44}$$

或

$$\frac{Q_1^2}{K_1^2}l_1 = \frac{Q_2^2}{K_2^2}l_2 = \frac{Q_3^2}{K_3^2}l_3 = h_{fAB} \tag{5-45}$$

由式(5-45)和式(5-43)可以求得各并联支管的流量 $Q_1$、$Q_2$、$Q_3$ 与并联管道的水头损失 $h_{fAB}$。

从以上叙述中可以看出并联管道的特点:

(1)各并联支管的流量之和等于并联管道的总流量;

(2)各并联支管的水头损失相等。

**例 5.6**　某水电厂有一两管道并联系统,已知总流量 $Q = 30\text{L}/\text{s}$,其中一支管的长度 $l_1 = 36\text{m}$,管径 $d_1 = 75\text{mm}$,另一支管的长度 $l_2 = 24\text{m}$,管径 $d_2 = 100\text{mm}$,两管道的糙率 $n = 0.012\,5$。试求两支管道的流量 $Q_1$、$Q_2$ 与两结点之间的水头损失。

**解**　按长管计算,可以由式(5-45)和式(5-43)联立求得两结点之间的水头损失

$$h_f = \frac{Q^2}{\left(\dfrac{K_1}{\sqrt{l_1}} + \dfrac{K_2}{\sqrt{l_2}}\right)^2}$$

已知糙率 $n = 0.0125$，及 $d_1 = 75\text{mm}$ 和 $d_2 = 100\text{mm}$，由式（5-17）计算得相应的流量模数为

$$K_1 = 24.94\text{L/s} = 0.024\ 94\text{m}^3/\text{s}$$

$$K_2 = 53.72\text{L/s} = 0.053\ 72\text{m}^3/\text{s}$$

以及 $Q$、$l_1$、$l_2$ 等已知条件得两结点之间的水头损失 $h_f$

$$h_f = \frac{0.03^2}{\left(\dfrac{0.024\ 94}{\sqrt{36}} + \dfrac{0.053\ 72}{\sqrt{24}}\right)^2} = 3.94\text{m}$$

将两结点之间的水头损失 $h_f$ 值代入式（5-45）得两支管的流量

$$Q_1 = K_1\sqrt{\frac{h_f}{l_1}} = 0.024\ 94 \times \sqrt{\frac{3.94}{36}} = 0.008\ 25\text{m}^3/\text{s} = 8.25\text{L/s}$$

$$Q_2 = K_2\sqrt{\frac{h_f}{l_2}} = 0.053\ 72 \times \sqrt{\frac{3.94}{24}} = 0.021\ 77\text{m}^3/\text{s} = 21.77\text{L/s}。$$

## §5.3　管网的计算原理与方法

在给水排水及供热管道系统中，为满足生产和生活实际的需要，常将许多管段组成管网。从管网的布置情况来看，可以分成树枝状管网和环状管网。树枝状管网是由干管和若干支管组成的树枝状的、支管末端互不相连的管道系统，如图 5-16 所示。水电站内机组冷却供水系统，居民的给水系统通常属于树枝状管网系统。环状管网的各支管末端互相连接，水流在一共同结点分流，又在另一共同结点汇合，也称为闭合管网，如图 5-17 所示。一般消防供水系统多采用环状管网。这是由于环状管网可以使得管网内任一处实现多路供水，保证消防系统的安全性。当然，实际工程中也有同时使用树枝状管网和环状管网的，如供热管网系统。下面将分别讨论树枝状管网与环状两种管网的水力计算问题。

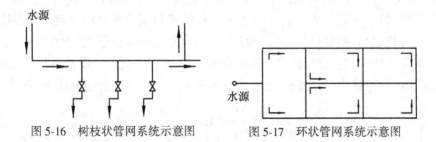

图 5-16　树枝状管网系统示意图　　　　图 5-17　环状管网系统示意图

### 5.3.1　树枝状管网的水力计算

如图 5-18 所示为一种简单的树枝状管网输水系统。$ABCD$ 为干管，在结点 $B$ 和结点 $C$

处各与一支管连接。由图 5-18 可见,从干管输送的水流,经每个结点的支管分流后,流量将减少。从管网形式上来看,可以将干管视为有分流的、并由不同管径的管段组成的串联管道。

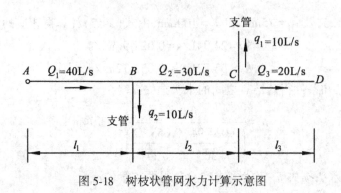

图 5-18  树枝状管网水力计算示意图

因此,在这种情况下,连续性方程可以表述为

$$Q_{i+1} = Q_i - q_i \tag{5-46}$$

式中:$i$——管段的号数;$Q_i$——第 $i$ 段干管的流量;$q_i$——与第 $i$ 段干管末端连接的支管的流量。

同时,在忽略局部水头损失和流速水头(即长管)的情况下,应满足的能量平衡关系为

$$H = \sum_{i=1}^{i=n} h_{fi} = \sum_{i=1}^{i=n} \frac{Q_i^2 l_i}{K_i^2} \tag{5-47}$$

式中:$n$——干管总段数;$h_{fi}$——第 $i$ 段干管的沿程水头损失,其中的沿程水头损失引入式(5-14)。

树枝状管网系统的水力计算,主要是确定管段直径;根据水头损失的大小,确定总作用水头;计算和校核各管段的流量。计算时,主要出发点是上述流体的连续性原理式(5-46)和能量平衡关系式(5-47)。当然需根据实际工程的具体情况,给出具体的关系式进行计算。

1.已知系统的布置情况、各管段的流量和系统的总作用水头,确定系统各管段的管径

与本章 §5.1 中关于管道管径的水力计算类似,在一般情况下可以按经济流速来确定系统各管段的管径。这就是先根据已知的条件从经济角度选定允许流速。即在给定流量下,若选定允许流速小,则管径大,管材使用量大;若选定允许流速大,则管径小,水头损失大,系统平时维护费用大。进行技术经济综合考虑后,能使系统的建设费用和平时维护费用处于合理范围内的流速为经济流速,也称为允许流速。在允许流速选定后,按公式

$$d = \sqrt{\frac{4Q}{\pi v_{允许}}} = 1.13 \sqrt{\frac{Q}{v_{允许}}} \tag{5-48}$$

计算各管段的管径。然后按管道产品的规格选用接近计算成果而又能满足输水流量要求的管径。

2.已知系统的布置情况,各管段的管径和流量,确定系统的总作用水头

为决定管网系统的水塔高度或水泵扬程,需要确定管网系统的总作用水头。一般采用

下列步骤计算和确定系统的总作用水头：

（1）根据系统的布置情况，选定干管（也称设计管线）。一般来说，选由水塔或水泵至最远点通过流量最大的管线作为干管。也常把水头要求最高、通过流量最大的点作为控制点或最不利点。干管的选定也可以按最不利点来选定。

（2）从选定干管的最终点开始，由下而上计算各管段的水头损失。将各管段的水头损失加上终点处用户或用水设备所需的压强水头 $h_e$，则为整个干管输送一定流量下的总作用水头 $H$。即

$$H = \sum_{i=1}^{i=n} h_{fi} + h_e = \sum_{i=1}^{i=n} \frac{Q_i^2 l_i}{K_i^2} + h_e \tag{5-49}$$

式（5-49）中 $H$ 就是整个管网系统的总作用水头。

（3）根据计算出的系统的总作用水头，以及实际地形确定水塔高度或水泵的扬程。若已知水塔地面高程和管网终点地面高程之差为 $\Delta z$，则由能量平衡关系式，可得水塔应有的高度为

$$H_塔 = H - \Delta z \tag{5-50}$$

或

$$H_塔 = \sum_{i=1}^{i=n} \frac{Q_i^2 l_i}{K_i^2} + h_e - \Delta z$$

式中

$$\Delta z = z_塔 - z_终。$$

**例 5.7**　如图 5-19 所示为一水电厂的枝状管网供水系统，各管段的长度、管径及各结点所需的流量如表 5-3 所示，该系统各管段均为铸铁管（糙率 $n = 0.0125$）。水塔地面高程为 178m，各支管末端 $B$、$C$、$D$ 处的高程分别为 184m、185m、186m，末端均需保留压强水头 $h_e = 8$m，试确定各管段的管径、水头损失及水塔应修高度。

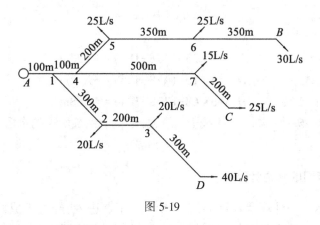

图 5-19

**解**　各管段管径、水头损失计算见表 5-3，其中查表 5-1，由一般给水管道选定允许流速 $v_{允许} = 2.0$m/s，并使用公式（5-48）计算出初设管径，然后定出确定管径。又从式（5-17）计算流量模数 $K$，并使用公式 $h_{fi} = \dfrac{Q_i^2 l_i}{K_i^2}$ 计算出水头损失。

表 5-3 各管段管径、水头损失计算表

| 管线 | 管长/m | 流量/(L/s) | 初设管径/mm | 确定管径/mm | 流速/m·s | 流量模数 $K$/(L/s) | 水头损失 $h_{fi}$/m |
|------|--------|-----------|------------|------------|----------|-------------------|-------------------|
| $A\sim1$ | 100 | 200 | 357 | 350 | 2.08 | 1 517.0 | 1.74 |
| $1\sim2$ | 300 | 80 | 226 | 225 | 2.01 | 467.0 | 8.80 |
| $2\sim3$ | 300 | 60 | 195 | 200 | 1.91 | 341.1 | 9.28 |
| $3\sim D$ | 300 | 40 | 160 | 175 | 1.66 | 238.9 | 8.41 |
| $1\sim4$ | 100 | 120 | 277 | 300 | 1.69 | 1 006.0 | 1.42 |
| $4\sim5$ | 200 | 80 | 226 | 225 | 2.01 | 467.0 | 5.87 |
| $5\sim6$ | 350 | 55 | 187 | 200 | 1.75 | 341.1 | 9.10 |
| $6\sim B$ | 350 | 30 | 138 | 150 | 1.70 | 158.4 | 12.55 |
| $4\sim7$ | 500 | 40 | 160 | 175 | 1.66 | 238.9 | 14.02 |
| $7\sim C$ | 200 | 25 | 126 | 150 | 1.04 | 158.4 | 4.98 |

已知水塔高度计算式(5-50)

$$H_{塔} = \sum h_f + h_e - \Delta z$$

为求水塔应修高度 $H_{塔}$,现分别计算各支线的总作用水头 $H = \sum h_f + h_e$。根据题给条件知各支线末端压强水头 $h_e = 8\text{m}$,各支线的总作用水头 $H$ 为:

沿 $D$—3—2—1—$A$ 线 　　　$H = 8.41 + 9.28 + 8.80 + 1.74 + 8 = 36.23\text{m}$

沿 $C$—7—4—1—$A$ 线 　　　$H = 4.98 + 14.02 + 1.42 + 1.74 + 8 = 30.16\text{m}$

沿 $B$—6—5—4—1—$A$ 线 　　$H = 12.55 + 9.10 + 5.87 + 1.42 + 1.74 + 8 = 38.68\text{m}$

由水塔高度计算式(5-50),即

$$H_{塔} = H - \Delta z$$

可得相对于各支线的水塔高度

沿 $D$—3—2—1—$A$ 线 　　　$H_{塔} = 36.23 - (178 - 186) = 44.23\text{m}$

沿 $C$—7—4—1—$A$ 线 　　　$H_{塔} = 30.16 - (178 - 185) = 37.16\text{m}$

沿 $B$—6—5—4—1—$A$ 线 　　$H_{塔} = 38.68 - (178 - 184) = 44.68\text{m}$

比较可见沿 $B$—6—5—4—1—$A$ 线 $H_{塔}$ 最大,则整个系统所需的水塔高度为

$$H_{塔} = 45\text{m}。$$

### 5.3.2 环状管网的水力计算

如图 5-20 所示为一种环状管网系统。水流由 $A$ 点进入,经过组成两个闭合管环的管段,分别从 $B$、$C$、$D$、$E$、$F$ 结点流出。从形式上看,相邻的管环有共同的结点和共同的管段,而且某管段的管径的变化以及某结点流量的变化将可能影响其他管段的流量。因此,在对环状管网进行计算时,必须同时考虑该环状管网的所有结点和所有管段。

根据上述环状管网的管道特点和水流流动特点,在进行环状管网水力计算时,必须满足下列两个条件:

1.任一结点处所有流入的流量应等于所有流出的流量,或者说任一结点处流量的代数

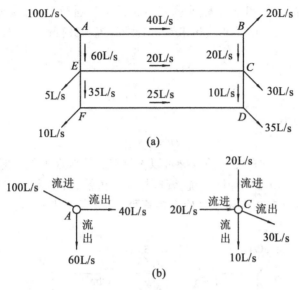

图 5-20　环状管网水力计算示意图

和等于零。即

$$\sum Q_i = 0 \tag{5-51}$$

上述条件反映了水流流动的连续性原理。

2.对于任一闭合管环,任意两个结点之间,沿不同的管线计算的水头损失相等。如图 5-20 所示,对于 $A$ 点和 $C$ 点,水流沿 $A—B—C$ 方向流动的水头损失之和等于沿 $A—E—C$ 方向流动的水头损失之和,即

$$h_{fAB} + h_{fBC} = h_{fAE} + h_{fEC}$$

或

$$h_{fAB} + h_{fBC} - h_{fAE} - h_{fEC} = 0$$

从上式可以看到,若以顺时针方向流动的水头损失为正,以逆时针方向流动的水头损失为负,那么沿同一指定的方向旋转一周计算的水头损失之和等于零。即为

$$\sum h_{fi} = 0 \tag{5-52}$$

对于如图 5-20 所示的环状管网系统,共有六个结点,结合管网结点独立性的考虑,可以利用式(5-51)写出五个独立的方程($6-1=5$);两个闭合管环,可利用式(5-52)写出两个独立的方程。这样,一共可以写出七个方程,可以联立求解七个管段的流量。如果还需求解管道的管径,可以根据流体的连续性原理,按照经济流速与流量的关系来确定。

按照上述方式进行环状管网的水力计算,必须联立求解众多的代数方程。直接求解这些代数方程,理论上是可行的,但由于计算的繁杂性,实际工程中一般使用一些近似的方法求解,近年来随着计算机技术的普及常使用计算机求解。

实际工程中常采用逐步渐近法进行计算。这就是首先根据各结点的供水情况,初步拟定管网中各管段的流动方向,并对各管段的流量进行第一次分配,使之满足式(5-51);然后按照经济流速选用各管段的管径;计算各管段的水头损失,对各环路的水头损失应满足式

(5-52);若水头损失的代数和不为零,则需对分配的流量进行修正,直至满足为止。在具体计算时,一般采用求各管段的校正流量来对所分配的流量进行修正。校正流量按下式计算

$$\Delta Q = - \frac{\sum h_{fi}}{2 \sum \dfrac{h_{fi}}{Q}} \tag{5-53}$$

校正后各管段的流量为

$$Q' = Q + \Delta Q \tag{5-54}$$

具体计算方法见例 5.8。式(5-53)的推导可以参见有关给排水工程书籍。

**例 5.8** 如图 5-21 所示的管网系统,管段材料为铸铁管,糙率 $n = 0.012\,5$。各管段的长度 $l$ 和结点的流量如图 5-21 所示。试确定各管段的管径和流量分配。

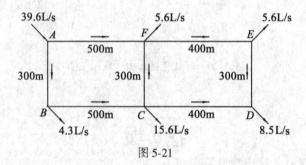

图 5-21

**解** 采用逐步渐近法进行计算。各管段的管径根据初步流量分配和经济流速选定。校正流量按式(5-53)计算。计算过程及结果如表 5-4 所示。

表 5-4 计算过程及结果表

| | 管长/m | 初步流量分配计算 | | | | | 第一次校正计算 | | | |
|---|---|---|---|---|---|---|---|---|---|---|
| | | $Q/(\text{L/s})$ | $d/\text{mm}$ | $K/\text{L/s}$ | $h_f/\text{m}$ | $h_f/Q$ | $\Delta Q/(\text{L/s})$ | $Q/(\text{L/s})$ | $h_f/\text{m}$ | $h_f/Q$ |
| $A \sim F$ | 500 | 25.50 | 150 | 158.39 | 12.96 | 0.51 | 1.777 | 27.28 | 14.83 | 0.54 |
| $F \sim C$ | 300 | 8.80 | 100 | 53.72 | 8.05 | 0.91 | 2.705 | 11.50 | 13.74 | 1.20 |
| $B \sim C$ | 500 | −9.80 | 100 | 53.72 | −16.64 | 1.70 | 1.777 | −8.02 | −11.14 | 1.39 |
| $A \sim B$ | 300 | −14.10 | 100 | 53.72 | −20.67 | 1.47 | 1.777 | | −15.78 | 1.28 |
| $\sum$ | | | | | −16.30 | 4.59 | | −12.32 | 1.66 | 4.41 |
| 计算校正流量 | | 1.777 | | | | | | | | −0.188 |
| $F \sim E$ | 400 | 11.10 | 100 | 53.72 | 17.08 | 1.54 | −0.928 | 10.17 | 14.34 | 1.41 |
| $E \sim D$ | 300 | 5.00 | 75 | 24.94 | 12.05 | 2.41 | −0.928 | 4.07 | 7.99 | 1.96 |
| $C \sim D$ | 400 | −3.50 | 75 | 24.94 | −7.88 | 2.25 | −0.928 | −4.42 | −12.56 | 2.84 |
| $F \sim C$ | 300 | −8.80 | 100 | 53.72 | −8.05 | 0.91 | −2.705 | −11.50 | −13.75 | 1.20 |
| $\sum$ | | | | | −13.21 | 7.11 | | | −3.98 | 7.41 |
| 计算校正流量 | | −0.928 | | | | | | | | 0.269 |

续表

| | 管长/m | 第二次校正计算 | | | | 第三次校正计算 | | | | 最终流量 Q/(L/s) |
|---|---|---|---|---|---|---|---|---|---|---|
| | | $\Delta Q/$(L/s) | $Q/$(L/s) | $h_f/$m | $h_f/Q$ | $\Delta Q/$(L/s) | $Q/$(L/s) | $h_f/$m | $h_f/Q$ | |
| $A\sim F$ | 500 | -0.188 | 27.09 | 14.63 | 0.54 | 0.074 | 27.16 | 14.70 | 0.54 | 27.16 |
| $F\sim C$ | 300 | -0.457 | 11.04 | 12.67 | 1.15 | 0.102 | 11.14 | 12.90 | 1.16 | 11.12 |
| $B\sim C$ | 500 | -0.188 | -8.21 | -11.68 | 1.42 | 0.074 | -8.14 | -11.48 | 1.41 | -8.14 |
| $A\sim B$ | 300 | -0.188 | -12.51 | -16.27 | 1.30 | 0.074 | -12.44 | -16.09 | 1.29 | -12.44 |
| $\sum$ | | | | -0.65 | 4.41 | | | 0.036 | 4.40 | |
| 计算校正流量 | | | 0.074 | | | | -0.004 | | | |
| $F\sim E$ | 400 | 0.269 | 10.43 | 15.08 | 1.45 | -0.028 | 10.40 | 14.99 | 1.44 | 10.41 |
| $E\sim D$ | 300 | 0.269 | 4.34 | 9.08 | 2.09 | -0.028 | 4.31 | 8.96 | 2.07 | 4.32 |
| $C\sim D$ | 400 | 0.269 | -4.15 | -11.07 | 2.67 | -0.028 | -4.18 | -11.23 | 2.68 | -4.16 |
| $F\sim C$ | 300 | 0.457 | -11.04 | -12.67 | 1.18 | -0.102 | -11.14 | -12.90 | 1.15 | -11.12 |
| $\sum$ | | | | 0.42 | 7.35 | | | -0.185 | 7.36 | |
| 计算校正流量 | | | -0.028 | | | | 0.013 | | | |

计算中,当 $\Delta Q \leqslant \pm 0.05$L/s 以及 $\sum h_f \leqslant 0.3 \sim 0.5$m 时,则迭代计算终止。管段 $FC$ 属管环 $ABCFA$ 和管环 $FEDCF$ 所共有,因此在该段校正计算时需用两个校正流量进行校正。

当管网的结点和环数较多时,以逐步渐近法进行管网水力计算,不仅工作量大,还不易收敛。而用计算机进行管网水力计算,可以快速得到准确的解答。特别适用于对复杂管网进行方案比较。使用计算机进行管网水力计算的方法很多,其中主要的方法有:

(1)使用校正流量法进行计算。这是一种经典的解法,解题思路与前述的逐步渐近法类似。

(2)使用有限单元法进行计算。这种方法利用有限单元法的解题思路。亦即,将各管段看做直线单元,整个管网看做一个系统。根据各管段的管长、管径和阻力参数,各结点流入流出的流量以及某些结点处的测压管水头值,求得各结点的水头值和各管段的流量值。解题思路是,首先进行单元分析,也就是建立管段中的沿程水头损失与流量之间的关系式,即单元方程式。其次是对系统中每个结点建立连续性方程式,得到整个系统的总体方程式,并由此解出各结点的测压管水头值。最后根据各管段两端点的测压管水头差计算各管段的流量。具体解题方法可以参见相关资料。

另外,还有直接对式(5-51)和式(5-52)求解的计算机计算方法,这些方法各有利弊,在此不一一介绍,有兴趣的读者可以参见相关资料。

下面例 5.9,将使用校正流量法也就是逐步渐近法进行计算机求解。

**例 5.9**  使用校正流量法对例 5.8 进行计算机求解。

**解**  计算方法、计算思路以及计算程序和结果如下:

(1)在满足结点方程式(5-51)的条件下,初步分配各管段的流量,并按经济流速选择适当管径。

(2)根据式(5-53)和式(5-54)对各管段的流量进行校正,使之各管段水头损失之和在管网各闭合环中满足式(5-52)。实际计算时,各闭合环中管段水头损失之和均小于一允许误差值时,流量校正完毕,计算终止。在进行流量校正计算时,规定各环中水流方向以顺时针为正。

(3)对各管段和各闭合环分别进行编号,并将各管段所处的闭合环号放入数组 im(m)和 jm(m)中。需注意,一部分管段只属于一个闭合环,还有一部分管段属于两个闭合环(这类管段有两个闭合环号)。因此,im(m)数组将存放只属于一个闭合环的管段闭合环号,以及属于两个闭合环管段中较小的闭合环号。jm(m)数组将存放属于两个闭合环管段中较大的闭合环号,其他管段以零表示。同时 im(m)、jm(m)数组为正时表示该管段流向为顺时针方向,为负时表示该管段流向为逆时针方向。各管段编号、流量以及 im(m)和 jm(m)数组值如表 5-5 所示。

表 5-5                           各管段编号、流量与数组值表

|  | 管段号 | 流量/(L/s) | $im/m$ | $jm/m$ |
|---|---|---|---|---|
| $A \sim F$ | 1 | 25.50 | 1 | 0 |
| $F \sim E$ | 2 | 11.10 | 2 | 0 |
| $A \sim B$ | 3 | 14.10 | -1 | 0 |
| $F \sim C$ | 4 | 8.80 | 1 | -2 |
| $E \sim D$ | 5 | 5.00 | 2 | 0 |
| $B \sim C$ | 6 | 9.80 | -1 | 0 |
| $C \sim D$ | 7 | 3.50 | -2 | 0 |

(4)计算程序

```
    dimension xl(10),im(10),jm(10),q(10),d(10),aa(10),
*    ff(10),rr(10),xx(10),ss(10),hh(10)
    data e/0.01/,n/2/,m/7/,cnn/0.0125/
    data xl/500.,400.,300.,300.,300.,500.,400.,3 * 0.0/
    data d/.15,.1,.1,.1,.075,.1,.075,3 * 0.0/
    data q/25.5,11.1,14.1,8.8,5.0,9.8,3.5,3 * 0.0/
    data im/1,2,-1,1,2,-1,-2,3 * 0.0/,jm/0,0,0,-2,0,0,0,3 * 0.0/
    do k = 1,m
     ppk = 78.48 * cnn * cnn/((d(k)/4.) * * (1./3.))
     aa(k) = .7854 * d(k) * d(k)
     ss(k) = (ppk * xl(k))/(19.62 * d(k) * aa(k) * aa(k))
     q(k) = 0.001 * q(k) * im(k)/abs(im(k))
    end do
    ffmax = 0
    ia = 1
```

```
     do while (ia.ge.1)
     write( * , * ) '第',ia,'次迭代'
       do k = 1 , m
         hh(k) = ss(k) * abs(q(k)) * q(k)
       end do
       do it = 1 , n
         ff(it) = 0.0
         rr(it) = 0.0
         do k = 1 , m
           if (abs(im(k)).eq.it) then
            ff(it) = ff(it)+hh(k)
            rr(it) = rr(it)+ss(k) * abs(q(k))
           endif
         end do
         do k = 1 , m
           if (abs(jm(k)).eq.it) then
            ff(it) = ff(it)+hh(k) * abs(jm(k))/jm(k)
            rr(it) = rr(it)+ss(k) * abs(q(k))
           endif
         end do
         xx(it) = -ff(it)/(2. * rr(it))
         if (abs(ff(it)).gt.ffmax) ffmax = abs(ff(it))
       end do
       do k = 1 , m
         k1 = abs(im(k))
         k2 = abs(jm(k))
         q(k) = q(k)+xx(k1)
         if (k2.gt.0) q(k) = q(k)+xx(k2) * k2/jm(k)
       end do
       do k = 1 , m
         write( * , * ) k,xl(k),d(k),q(k) * 1000.,hh(k)
       end do
       if (ffmax.lt.e) exit
       ia = ia+1
     enddo
     end
```

程序中主要变量名与数组名说明：

e——闭合环水头损失之和允许误差；

n——闭合环总数；

m——管段总数；

cnn——管段糙率；

ia——迭代次数；

xl(m)——管段长(m)；

d(m)——管径(m)；

q(m)——管段流量(L/s)；

aa(m)——管段截面面积(m²)；

hh(m)——管段水头损失(m)；

ss(m)——管段摩阻系数$\left(S=\lambda\,\dfrac{1}{d}\,\dfrac{1}{2g}\,\dfrac{1}{A^2}\right)$；

im(m)——管段所属闭合环号(重合时取较小数值号)；

jm(m)——管段所属闭合环号(重合时取较大数值号)；

ff(n)——闭合环水头损失之和,即式(5-52)中的 $\sum h_f$；

rr(n)——校正流量式(5-53)中的 $\sum \dfrac{h_{fi}}{Q_i}$；

xx(m)——闭合环的校正流量。

（5）计算结果如表 5-6 所示。

表 5-6                             计算结果

|  | 管段号 | 管长/m | 管直径/m | 流量/(L/s) | 水头损失/m |
|---|---|---|---|---|---|
| $A \sim F$ | 1 | 500 | 0.150 | 27.157 | 14.700 |
| $F \sim E$ | 2 | 400 | 0.100 | 10.425 | 15.064 |
| $A \sim B$ | 3 | 300 | 0.100 | -12.443 | -16.094 |
| $F \sim C$ | 4 | 300 | 0.100 | 11.132 | 12.883 |
| $E \sim D$ | 5 | 300 | 0.075 | 4.325 | 9.019 |
| $B \sim C$ | 6 | 500 | 0.100 | -8.143 | -11.486 |
| $C \sim D$ | 7 | 400 | 0.075 | -4.175 | -11.206 |

表 5-6 中流量、水头损失计算值各取小数点后的第三位。共迭代 6 次,满足所给允许误差条件。

## §5.4   孔口、管嘴出流

实际工程中经常会遇到液体经孔口和管嘴的出流问题。一般在蓄水池、水箱等贮液容器的侧壁(或底部)开一孔口,液体经过孔口泄流的水力现象称为孔口出流。孔口的用途是控制液体出流和量测流量。如图 5-22 所示。

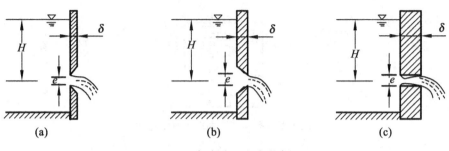

图 5-22　各类孔口出流示意图

孔壁的厚度和形状对液体出流将产生影响。如图 5-22 所示，$e$ 为孔口尺寸，其中圆形孔口则为直径，方形孔口则为高度，$\delta$ 为孔壁厚度。若孔口锐缘厚度较小，出流与孔壁仅接触于一条线，这时比值 $\dfrac{\delta}{e}<\dfrac{1}{2}$，称为薄壁孔口，这种性质的孔口出流仅受到局部阻力作用，如图5-22(a)所示；若孔壁的厚度和形状使得出流与孔壁接触不再限于一条线时，这时 $\dfrac{1}{2}<\dfrac{\delta}{e}<2$，称为非薄壁孔口，这种性质的孔口出流不仅受到局部阻力作用，也受到沿程阻力作用，如图5-22(b)所示；若孔壁的厚度加大，$2<\dfrac{\delta}{e}<4$ 时，出流充满孔壁的全部周界，称为厚壁孔口，其中 $3<\dfrac{\delta}{e}<4$ 也称为管嘴出流，如图 5-22(c)所示，此时的出流不仅受到局部阻力和沿程阻力的作用，同时管嘴中有真空区的存在。

对于薄壁孔口，按孔口高度 $e$ 与水头 $H$ 的比值可以将孔口分为小孔口和大孔口，如图5-22 所示。若 $\dfrac{e}{H}<\dfrac{1}{10}$，称为小孔口，这时作用在小孔口截面上所有各点的水头可以近似地认为相等，并等于形心点处的水头 $H$；若 $\dfrac{e}{H}\geqslant\dfrac{1}{10}$，称为大孔口，这时大孔口截面的上部各点与下部各点的水头有显著差别。

水流从孔口流出是会产生收缩的，孔口的位置与各侧壁距离的远近将对这个出流收缩产生影响，如图 5-23 所示。若 $l_1>3b_1$ 及 $l_2>3b_2$，则侧壁对出流不产生影响，这时出流称为完善收缩；若 $l_1<3b_1$ 及 $l_2<3b_2$，则侧壁对出流的收缩将产生减弱的影响，这时出流称为不完善收缩。若水流流出孔口时孔口全部周界都有收缩产生，则属全部收缩；若有 $l_1=0$ 或 $l_2=0$，如图所示，这时水流流出孔口时只有部分孔口周界有收缩产生，称为非全部收缩。

### 5.4.1　薄壁孔口出流

如图 5-24 所示的小孔口，设孔口出流过程中容器内液面位置维持不变，也就是水头 $H$ 保持不变，这时孔口出流的流量和流速都不随时间变化，称为孔口的定常出流。又根据孔口出流的情况可以分为自由出流与淹没出流，下面分别讨论。

1.孔口自由出流

当孔口出流直接流入大气，称为自由出流。当水流经孔口出流时，由于受孔口的约束，

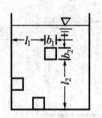

图 5-23　孔口在壁面的位置示意图

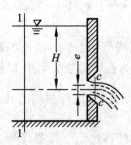

图 5-24　薄壁孔口出流(自由出流情况)分析推导示意图

流线自上游从各个方向向孔口收缩,出孔口后,在惯性作用下,流线将继续收缩,并在出孔口后约 $\frac{1}{2}e$ 处形成截面最小的收缩截面 $c$—$c$。收缩截面 $c$—$c$ 上流线为近似平行状态。以收缩截面面积 $A_c$ 与孔口截面面积 $A$ 之比表示水流经孔口后的收缩程度,即

$$\frac{A_c}{A}=\varepsilon \tag{5-55}$$

式中: $\varepsilon$——收缩系数。

以孔口形心所在的水平面为基准面,对截面 1—1 和收缩截面 $c$—$c$ 列能量方程

$$H+\frac{\alpha_0 v_0^2}{2g}=\frac{\alpha_c v_c^2}{2g}+h_w \tag{5-56}$$

由于薄壁孔口出流主要为局部水头损失 $h_w=h_j=\zeta\frac{v_c^2}{2g}$,并且令 $H_0=H+\frac{\alpha_0 v_0^2}{2g}$,则

$$H_0=\frac{\alpha_c v_c^2}{2g}+\zeta\frac{v_c^2}{2g}=(\alpha_c+\zeta)\frac{v_c^2}{2g}$$

整理后可以求得收缩截面处的流速

$$v_c=\frac{1}{\sqrt{\alpha_c+\zeta}}\sqrt{2gH_0}=\varphi\sqrt{2gH_0} \tag{5-57}$$

以及孔口恒定自由出流的流量,并考虑式(5-55),则有

$$Q=v_c A_c=\varphi A_c\sqrt{2gH_0}$$

或　　　　　　　　$$Q=\varepsilon\varphi A\sqrt{2gH_0}=\mu A\sqrt{2gH_0} \tag{5-58}$$

式中: $\varphi$——孔口流速系数, $\varphi=\frac{1}{\sqrt{\alpha_c+\zeta}}$; $\mu=\varepsilon\varphi$——孔口出流流量系数; $\alpha_c$——收缩截面处动

能修正系数,一般可以取 $\alpha_c \approx 1.0$。

若上游容器中行近流速很小,则有 $H_0 \approx H$,式(5-58)可以简化为

$$Q = \varepsilon \varphi A \sqrt{2gH} = \mu A \sqrt{2gH} \tag{5-59}$$

对于圆形薄壁小孔口完善收缩的自由出流,其系数有下列数值: $\varepsilon = 0.63 \sim 0.64$; $\zeta = 0.05 \sim 0.06$; $\varphi = 0.97 \sim 0.98$; $\mu = 0.60 \sim 0.62$。对其他收缩出流情况下各种系数的取值可以查阅相关水力学手册。

由以上叙述可知,各系数值的变化不大,并与水头 $H$ 无多大关系,因此实际工程中常将薄壁小孔口出流用于量水设备中。

**2.孔口淹没出流**

如图 5-25 所示,若下游水位高于孔口,并把出流淹没于水下,则产生孔口淹没出流。以孔口形心所在的水平面 0—0 为基准面,对截面 1—1 和截面 2—2 列能量方程

$$H_1 = H_2 + h_w \tag{5-60}$$

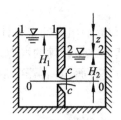

图 5-25　薄壁孔口出流(淹没出流情况)分析推导示意图

由于薄壁孔口出流主要为水流自截面 1—1 流至收缩截面 $c$—$c$ 的局部水头损失 $h_{j1} = \zeta_1 \dfrac{v_c^2}{2g}$,以及自收缩截面 $c$—$c$ 流至截面 2—2 的局部水头损失 $h_{j2} = \zeta_2 \dfrac{v_c^2}{2g}$,并且 $h_w = h_{j1} + h_{j2}$,则

$$z = H_1 - H_2 = (\zeta_1 + \zeta_2) \frac{v_c^2}{2g}$$

整理后可以求得收缩截面处的流速

$$v_c = \frac{1}{\sqrt{\zeta_1 + \zeta_2}} \sqrt{2gz} = \varphi \sqrt{2gz} \tag{5-61}$$

以及孔口恒定淹没出流的流量,并考虑式(5-55),则有

$$Q = v_c A_c = \varphi A_c \sqrt{2gz}$$

或

$$Q = \varepsilon \varphi A \sqrt{2gz} = \mu A \sqrt{2gz} \tag{5-62}$$

式中,$z$ 为两容器的水位差。由于 $\zeta_2$ 为出孔口后水流突然扩大的局部水头损失系数,有 $\zeta_2 = 1.0$,可见薄壁小孔口淹没出流的流量系数 $\mu$ 与自由出流时的流量系数完全一样,也就是说这个系数与流出孔口的水流是否淹没在水下无关,这一点相关实验已证明。

**5.4.2　管嘴出流**

前述已介绍,若孔壁较厚或在孔口上加接一段短管,且孔口壁厚 $\delta$ 或管长 $l$ 相当于孔口

直径 $d$ 的 3~4 倍时,称为管嘴。液体通过管嘴出流的现象,称为管嘴出流。如图 5-26 所示,液体进入管嘴后,由于惯性,在距进口 $\frac{1}{2}d$ 处形成截面最小的收缩截面 c—c,在该处主流与管壁分离,并形成旋涡区,然后扩大充满全管。

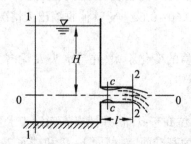

图 5-26　管嘴出流的分析推导示意图

### 1.圆柱形外管嘴出流的水力计算

为了说明管嘴的一般工作性能和管嘴出流的水力计算,现以图 5-26 所示的圆柱形外管嘴的定常自由出流为例进行分析,其他类型管嘴的水力计算可以依此类推。

以过管嘴轴线的水平面 0—0 为基准面,对容器中的有效截面 1—1 和管嘴出口处的截面 2—2 列能量方程得

$$H+\frac{\alpha_0 v_0^2}{2g}=\frac{\alpha v^2}{2g}+h_w \tag{5-63}$$

式中,$v$ 为截面 2—2 的平均流速;$h_w$ 为截面 1—1 至截面 2—2 的水头损失,忽略管嘴内沿程水头损失,则有 $h_w=h_j=\zeta_n \frac{v^2}{2g}$,并且令 $H_0=H+\frac{\alpha_0 v_0^2}{2g}$,则

$$H_0=\frac{\alpha v^2}{2g}+\zeta_n\frac{v^2}{2g}=(\alpha+\zeta_n)\frac{v^2}{2g}$$

整理,并取 $\alpha\approx1.0$,可以求得管嘴出口截面处的流速

$$v=\frac{1}{\sqrt{1+\zeta_n}}\sqrt{2gH_0}=\varphi_n\sqrt{2gH_0} \tag{5-64}$$

由于液体经管嘴出流时,不发生收缩,因此,通过管嘴的流量可以表示为

$$Q=vA=\varphi_n A\sqrt{2gH_0}=\mu_n A\sqrt{2gH_0} \tag{5-65}$$

其中圆柱形外管嘴的流量系数 $\mu_n$ 等于圆柱形外管嘴的流速系数 $\varphi_n$,即

$$\mu_n=\varphi_n=\frac{1}{\sqrt{1+\zeta_n}} \tag{5-66}$$

式中,$\zeta_n$ 为圆柱形外管嘴的水头损失系数,这个系数应与管道直角进口的局部水头损失系数是一样的,故可以取 $\zeta_n=0.5$,将 $\zeta_n$ 代入式(5-66),即可得圆柱形外管嘴的流量系数 $\mu_n=0.82$。注意式(5-58)和式(5-65)的孔口与管嘴定常自由出流的流量公式,在形式上完全相同,其差别仅限于流量系数的不同。孔口出流的流量系数约为 0.61,而管嘴出流的流量系数为 0.82,经比较可见圆柱形外管嘴的流量系数为孔口流量系数的 1.34 倍。也就是说在相同的水头以及孔口与管嘴的截面相等的条件下,管嘴的出流流量是孔口的 1.34 倍。

### 2. 圆柱形外管嘴的真空

从前面的讨论可知,在孔口上加接管嘴后,显然水头损失较孔口出流时有所增加,但过流能力却反而增大,其原因在于收缩截面处真空的作用。

当液体经孔口出流时,液流收缩截面处于大气之中,收缩截面上的压强就等于大气压;当加接了圆柱形管嘴后,将在管嘴内液流的收缩截面上产生真空。而真空的形成,往往会增加管嘴出流的流量。

为了确定收缩截面 $c$—$c$ 的真空度,现以过管嘴轴线的水平面 0—0 为基准面,如图 5-26 所示,列有效截面 1—1 至截面 $c$—$c$ 的能量方程,得

$$H+\frac{\alpha_0 v_0^2}{2g}=\frac{p_c}{\rho g}+\frac{\alpha_c v_c^2}{2g}+h_w \tag{5-67}$$

式中,$\frac{p_c}{\rho g}$ 为收缩截面的压强水头,这时水头损失主要为进入管嘴的局部水头损失 $h_w=h_j=\zeta_1$

$\frac{v_c^2}{2g}$,并且令 $H_0=H+\frac{\alpha_0 v_0^2}{2g}$,$\alpha_c \approx 1.0$,则

$$\frac{p_c}{\rho g}=H_0-(1+\zeta_1)\frac{v_c^2}{2g} \tag{5-68}$$

又依据连续方程和式(5-55),以及管嘴流速表达式(5-64),可得

$$v_c=\frac{A}{A_c}v=\frac{v}{\varepsilon}, \quad \frac{v_c^2}{2g}=\frac{1}{\varepsilon^2}\frac{v^2}{2g}=\frac{1}{\varepsilon^2}\varphi_n^2 H_0$$

式中,$v$ 为管嘴出口截面 2—2 的流速。将上式代入式(5-68),得

$$\frac{p_c}{\rho g}=\left[1-(1+\zeta_1)\frac{\varphi_n^2}{\varepsilon^2}\right]H_0$$

或真空度

$$\frac{p_v}{\rho g}=\left[(1+\zeta_1)\frac{\varphi_n^2}{\varepsilon^2}-1\right]H_0 \tag{5-69}$$

对于圆柱形外管嘴,已知 $\zeta_1=0.06$,$\varepsilon=0.64$,$\varphi_n=\mu_n=0.82$,可得

$$\frac{p_c}{\rho g}\approx -0.74 H_0 \quad 或 \quad \frac{p_v}{\rho g}\approx 0.74 H_0 \tag{5-70}$$

从式(5-70)可以看出,收缩截面的压强水头 $\frac{p_c}{\rho g}$ 为负,说明圆柱形外管嘴收缩截面上出现真空。圆柱形外管嘴收缩截面上的真空度可达作用水头的 0.74 倍,也就是相当于把作用水头增大了 74%。正是由于这种真空的存在,并使得增大的作用水头超过了加管嘴后水头损失的增加值,这就是管嘴出流的流量系数大于孔口出流流量系数的原因。

从以上叙述可见,收缩截面处真空区的存在对增加管嘴出流流量有利,而且作用水头越大,收缩截面处的真空度也越大。但应注意的是,这个真空度的增加是具有一定限度的。如果管嘴中的真空度过大,即收缩截面的压强低于当地饱和蒸汽压,外面的空气就会经过管嘴出口截面进入真空区,从而造成真空的破坏。一般来说管嘴中的允许真空度不宜大于 7m 水柱,故由式(5-70)可以得出圆柱形外管嘴的作用水头必须满足 $H_0 \leqslant \frac{7}{0.74}\approx 9\text{m}$。

另外,为形成管嘴出流,管嘴不能太短也不能太长。如果管嘴长度 $l<(3\sim4)d$,则水流

在管嘴中还没有扩大并充满全管就流出管嘴,使得在管嘴中不能形成或维持真空区,如图 5-27 所示,这时的流动仍为孔口出流;若管嘴长度 $l>4d$,则液体在管嘴中流动所产生的沿程水头损失成为不可忽略的部分,这时就需按管流流动来处理。

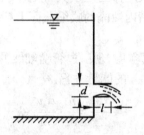

图 5-27　管嘴较短时情况

总的来说,保证圆柱形外管嘴正常工作的条件是:

(1)作用水头 $H_0 \leq 9\text{m}$ 或真空度 $\dfrac{p_v}{\rho g} \leq 7\text{m}$;

(2)管嘴长度 $l=(3 \sim 4)d$。

3.其他类型管嘴

圆柱形外管嘴是实际工程中经常使用的管嘴类型,为增加出流速度和流量实际工程中还经常使用其他类型的管嘴,如图 5-28 所示,一般来说有下列几种类型。

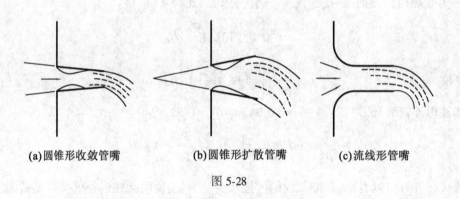

(a)圆锥形收敛管嘴　　　　(b)圆锥形扩散管嘴　　　　(c)流线形管嘴

图 5-28

(1)圆柱形管嘴:按其所在位置不同,又可以分为圆柱形外管嘴(见图 5-26)和圆柱形内管嘴(见图 5-29)。

(2)圆锥形管嘴:根据圆锥形沿水流方向是扩张或收敛,又可以分为圆锥形扩张管嘴(见图 5-28(b))和圆锥形收敛管嘴(见图 5-28(a))。

(3)流线形管嘴:是在管嘴进口处作成符合水流流线的曲线形管嘴,如图 5-28(c)所示。

这些管嘴具有不同的水力特点。圆锥形扩张管嘴在收缩截面处产生的真空值将随着圆锥角的增大而增大,因而具有较大的过流能力和较低的出口速度等特点,适用于要求形成较大的真空或出口流速较小的情况。实际工程中常用于引射器、水轮机尾水管等,喷射水泵等也常用这种管嘴。这种管嘴的扩张角不得超过 7°,否则形成孔口出流。圆锥形收敛管嘴的所有系数都与圆锥角 $\theta$ 有关,相关实验证明,当 $\theta=13°24'$ 时,流量系数达到最大值 $\mu=0.95$。

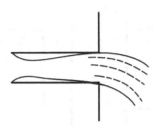

图 5-29　圆柱形内管嘴示意图

这种管嘴出流是具有较大的出口流速和动能的射流,主要用于喷灌机的喷头、冲击式水轮机的喷射管嘴和消防用喷嘴等。对于流线形管嘴,水流在这类管嘴内无收缩和扩大,水头损失系数最小,常用于水坝泄水管。

上述各种类型的管嘴以及孔口出流都具有各自不同的特性,表 5-7 列出了它们的主要特性。

表 5-7　　　　　　　　　　　　　孔口、管嘴的水力特性表

| 管 嘴 种 类 | 水头损失系数 $\zeta$ | 收缩系数 $\varepsilon$ | 流速系数 $\varphi$ | 流量系数 $\mu$ | 出口单位动能 $\dfrac{v^2}{2g}=\varphi^2 H_0$ |
|---|---|---|---|---|---|
| 圆柱形外管嘴 | 0.5 | 1.0 | 0.82 | 0.82 | $0.67H_0$ |
| 圆柱形内管嘴（满流） | 1.0 | 1.0 | 0.707 | 0.707 | $0.50H_0$ |
| 圆锥形收敛管嘴（$\theta=13°24'$） | 0.09 | 0.98 | 0.96 | 0.95 | $0.90H_0$ |
| 圆锥形扩散管嘴（$\theta=5°\sim7°$） | $4.0\sim3.0$ | 1.0 | $0.45\sim0.50$ | $0.45\sim0.50$ | $(0.2\sim0.3)H_0$ |
| 流线形管嘴 | 0.04 | 1.0 | 0.98 | 0.98 | $0.96H_0$ |
| 薄壁小孔口（圆形） | 0.06 | 0.64 | $0.97\sim0.98$ | $0.60\sim0.62$ | $0.95H_0$ |
| 修圆小孔口 | | 1.00 | 0.98 | 0.98 | $0.96H_0$ |

注:表 5-7 中所列系数均系对管嘴出口截面而言。

**例 5.10**　实验室中有四只水箱,如图 5-30 所示,水箱壁上都钻一圆形孔口,直径 $d$ 均为 10cm,孔口形心水头均为 1.4m。其中一只水箱保持为孔口,另三只水箱孔口处分别连接圆柱形内管嘴、圆柱形外管嘴和圆锥形扩散管嘴($\theta=6°$),管嘴长为 40cm。试分别计算四种情况的泄流量。

**解**　由于 $l=0.4=4d=4\times0.1$,则第一种情况为孔口自由出流,后三种情况均为管嘴自由出流。按照式(5-58)、式(5-65)和表 5-7,可以计算四种情况的泄流量。计算时令行进流速 $\dfrac{v_0^2}{2g}\approx0.0$,面积

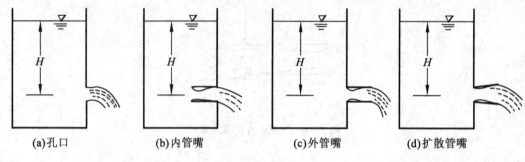

(a)孔口　　　　　(b)内管嘴　　　　　(c)外管嘴　　　　　(d)扩散管嘴

图 5-30

$$A = \frac{\pi d^2}{4} = \frac{\pi \times 0.1^2}{4} = 0.007\ 854\ (\mathrm{m}^2)。$$

(1)孔口出流的泄流量

$$Q = \mu A \sqrt{2gH} = 0.62 \times 0.007\ 854 \times \sqrt{2 \times 9.8 \times 1.4}$$
$$= 0.025\ 5\ (\mathrm{m}^3/\mathrm{s}) = 25.5\mathrm{L/s}。$$

(2)圆柱形内管嘴出流的泄流量

$$Q = \mu_n A \sqrt{2gH} = 0.707 \times 0.007\ 854 \times \sqrt{2 \times 9.8 \times 1.4}$$
$$= 0.029\ 1\ (\mathrm{m}^3/\mathrm{s}) = 29.1\mathrm{L/s}。$$

(3)圆柱形外管嘴出流的泄流量

$$Q = \mu_n A \sqrt{2gH} = 0.82 \times 0.007\ 854 \times \sqrt{2 \times 9.8 \times 1.4}$$
$$= 0.033\ 7\ (\mathrm{m}^3/\mathrm{s}) = 33.7\mathrm{L/s}。$$

(4)圆锥形扩散管嘴出流的泄流量

出口直径　　　　　$D = d + 2l\tan 3° = 0.1 + 2 \times 0.4 \times \tan 3° = 0.142\ (\mathrm{m})$

面积　　　　　$A = \frac{\pi d^2}{4} = \frac{\pi \times 0.142^2}{4} = 0.015\ 84\ (\mathrm{m}^2)$

$$Q = \mu_n A \sqrt{2gH} = 0.45 \times 0.015\ 84 \times \sqrt{2 \times 9.8 \times 1.4}$$
$$= 0.037\ 3\ (\mathrm{m}^3/\mathrm{s}) = 37.3\mathrm{L/s}。$$

## 复习思考题 5

5.1　什么是有压流和无压流？实际工程中,有压流、无压流一般各指哪些流动？

5.2　简单管道和复杂管道主要根据什么来区分,各指哪些管道？

5.3　何谓短管和长管？两者的判别标准是什么？如果某管道系统按短管计算,但欲采用长管计算方法计算,应怎么办？

5.4　进行有压管道定常流水力计算的基本方程是什么？

5.5　什么是总水头线、测压管水头线？绘制水头线的主要目的是什么？

5.6　试给出经济管径、允许流速的含义,并指出管径 $d$ 设计计算时应注意哪些问题？

5.7　水泵、虹吸管水力计算的主要内容是什么？两者有哪些异同？

5.8　试述串联管道系统、并联管道系统的主要特性。

5.9   试简述薄壁小孔口出流的收缩系数 $\varepsilon$、流速系数 $\varphi$ 及流量系数 $\mu$ 的物理意义,并写出这些系数的表达式。

5.10   试简述管嘴出流的水力特点,并指出管嘴出流的流量计算与孔口出流的流量计算有何不同?

5.11   若管嘴出口面积和孔口面积相等,且作用水头 $H$ 也相等,试比较孔口与管嘴的出流量,并写出圆柱形外管嘴的正常工作条件。

# 习 题 5

5.1   混凝土坝内有一泄水钢管,管长 $l=15\text{m}$,管径 $d=0.5\text{m}$,进口为较平顺的喇叭口,还装有一闸阀,开度为 $\frac{3}{4}d$,钢管底部高程▽132m。坝上游水面高程▽148m,试分别计算坝下游水面高程为▽137m 和▽131m 时,通过泄水钢管的流量 $Q$。

5.2   如图 5-32 所示,用一钢管将一大水池中的水自流引入一小水池,钢管长度 $l=200\text{m}$,管径 $d=0.4\text{m}$,糙率 $n=0.012\,5$,钢管上安装一闸阀,开度为 $\frac{a}{d}=\frac{1}{4}$,有两个 90°弯头。假定两水池水面恒定不变,试计算:

(1)当钢管中通过流量 $Q=0.2\text{m}^3/\text{s}$ 时,两水池的水面高差 $H$ 应是多少?

(2)若两水池水面高差 $H=3.0\text{m}$ 时,管中流量将是多少?

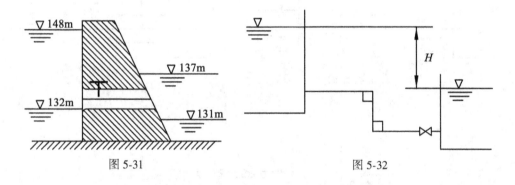

图 5-31                                    图 5-32

5.3   利用水电站水头从压力钢管取水,如图 5-33 所示。已知 $z_1=1.5\text{m}$,压力表的读数为 $382.2\text{kN/m}^2$;取水管道中的流量 $Q=0.065\text{m}^3/\text{s}$,$d=150\text{mm}$,取水处至用水设备处的管道长为 $l=12\text{m}$,$z_2=7\text{m}$,试求用水设备处的压强 $p$。

5.4   一输水管道系统如图 5-34 所示。试求要保持管道系统最大输水流量 $Q=50\text{L/s}$ 时,管道系统所需的水头 $H$,并绘制总水头线和测压管水头线。其中 $d_1=125\text{mm}$,$d_2=175\text{mm}$,$d_3=d_4=d_5=150\text{mm}$,$l_1=2\text{m}$,$l_2=3\text{m}$,$l_3=l_4=1.5\text{m}$,$l_5=2.5\text{m}$,折角 $\alpha=30°$,管道材料为铸铁。

5.5   定性绘制出图 5-35 中各图的总水头线和测压管水头线,并标出 $A$ 点的压强水头。

5.6   一圆形有压供水涵管,管长 $l=100\text{m}$,设计供水流量 $Q=4\text{m}^3/\text{s}$,已知管道沿程水头损失系数 $\lambda=0.03$,总的局部水头损失系数 $\sum\zeta=3.0$。如果上、下游水位差为 $H=4.0\text{m}$ 时,应选择多大的管径?

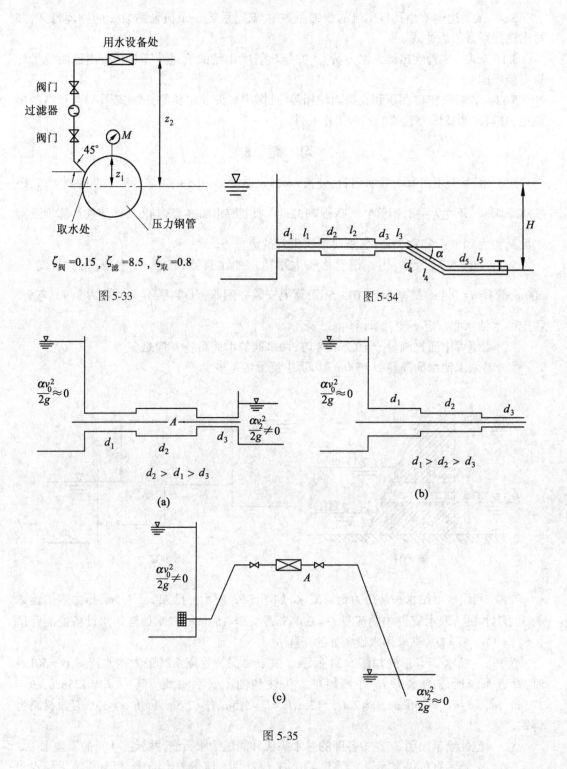

图 5-33

$\zeta_{阀} = 0.15$, $\zeta_{滤} = 8.5$, $\zeta_{取} = 0.8$

图 5-34

(a)

$d_2 > d_1 > d_3$

(b)

$d_1 > d_2 > d_3$

(c)

图 5-35

5.7 如图 5-36 所示,一抽水系统,流量 $Q = 100\text{L/s}$,吸水管管长 $l_1 = 30\text{m}$,压水管管长 $l_2 = 500\text{m}$,管径 $d = 300\text{mm}$,管道糙率 $n = 0.012\ 5$,水泵允许真空度为 6m 水柱,局部水头损失

系数 $\zeta_{滤}=6.0,\zeta_{弯}=0.4$,水泵的功率 $N_m=103kW$,效率 $\eta_m=0.75$,试计算:

(1)水泵的提水高度 $H$;

(2)水泵最大安装高度 $z$。

5.8　如图 5-37 所示为一水泵式排水装置,吸水管和压水管管径沿程不变。水泵施加水流的单位能量为 $H_m$,试比较图 5-37 中各点的动水压强的大小。

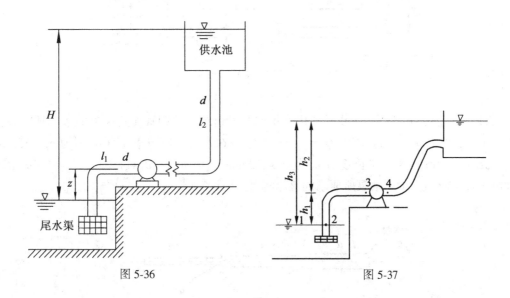

图 5-36　　　　　　　　　　　图 5-37

5.9　如图 5-38 所示为一通过虹吸管从水井输水至集水池示意图。水井与集水池之间保持恒定水位差 $H=1.80m$。已知虹吸管全长 80m,其中 $AB$ 段 30m;管道直径 $d=200mm$;管道的沿程阻力系数 $\lambda=0.03$。管道按顺序有 120°弯头和 90°弯头各一个。试求:

(1)通过虹吸管的流量 $Q$;

(2)如果虹吸管顶部 $B$ 点安装高度 $z=4.5m$,校核计算该处的真空度。

5.10　如图 5-39 所示,用虹吸管自水井输水至集水井。水井与集水井之间有恒定水位高差 $H=1.5m$。虹吸管直径 $d=200mm$,虹吸管三段长分别为 $l_1=5m,l_2=40,l_3=8m$。管道为钢管,有 90°弯头两个。试求虹吸管的流量。如果管道内最大真空度为 7m 水柱,试求最大安装高度 $z$。

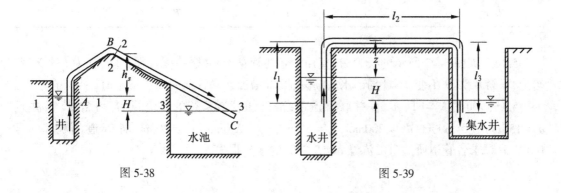

图 5-38　　　　　　　　　　　图 5-39

5.11　如图 5-40 所示,一串联管道系统,已知各管段的长度 $l_1 = l_2 = l_3 = 10\text{m}$,各管段的直径 $d_1 = 200\text{mm}$,$d_2 = 300\text{mm}$,$d_3 = 100\text{mm}$,沿程水头损失系数 $\lambda_1 = 0.016$,$\lambda_2 = 0.014$,$\lambda_3 = 0.02$。如果 $H_1 = 15\text{m}$,$H_2 = 12\text{m}$,试求管道系统的流量。

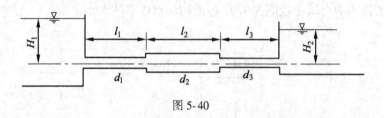

图 5-40

5.12　如图 5-41 所示,一水泵向由水平串联管道组成的钢管管路系统供水。其中 $D$ 点要求有自由水头 $h_D = 10\text{m}$,流量 $Q_D = 5\text{L/s}$;$B$ 点和 $C$ 点要求有支管流量分别为 $q_B = 15\text{L/s}$,$q_C = 10\text{L/s}$。管道的直径和长度分别为 $d_1 = 200\text{mm}$,$l_1 = 500\text{m}$;$d_2 = 150\text{mm}$,$l_2 = 400\text{m}$;$d_3 = 100\text{mm}$,$l_3 = 300\text{m}$。试求水泵所要求的最小扬程。

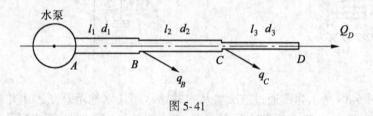

图 5-41

5.13　如图 5-42 所示串联供水管路,各段管道尺寸如表 5-8 所示,管道为正常铸铁管。在图 5-42 所示流量要求情况下,试求水塔高度 $H$。

表 5-8

| 管道编号 | 1 | 2 | 3 | 4 |
|---|---|---|---|---|
| $d/\text{mm}$ | 300 | 200 | 100 | 75 |
| $l/\text{m}$ | 150 | 100 | 75 | 50 |

5.14　如图 5-43 所示的长为 $2l$、直径为 $d$ 的管路上,并联一根直径相同、长为 $l$ 的支管。若上、下游水头 $H$ 不变,不计局部水头损失,试求增加并联管前后的流量比值。

5.15　如图 5-44 所示,一并联管道系统,已知管道系统的总流量 $Q = 0.25\text{m}^3/\text{s}$,并且 $d_1 = 150\text{mm}$,$l_1 = 600\text{m}$,$d_2 = 200\text{mm}$,$l_2 = 800\text{m}$,$d_3 = 250\text{mm}$,$l_3 = 700\text{m}$,各管道的糙率 $n = 0.012\,5$,试求各管道所通过的流量和 $AB$ 之间的水头损失 $h_f$。

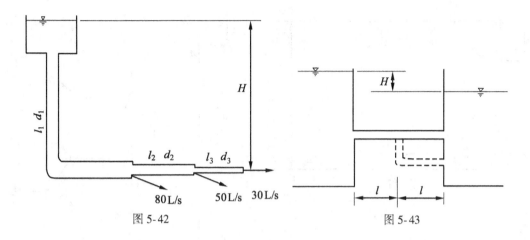

图 5-42　　　　　　　　　　　　　图 5-43

5.16　如图 5-45 所示,由铸铁管组成的并联管道系统,各段管道尺寸如表 5-9 所示。当流量 $Q=0.32\mathrm{m}^3/\mathrm{s}$ 时,试求该管道系统中的每一管段的流量及水头损失。

表 5-9

| 管道编号 | 1 | 2 | 3 | 4 |
|---|---|---|---|---|
| $d/\mathrm{mm}$ | 500 | 650 | 800 | 1 000 |
| $l/\mathrm{m}$ | 300 | 250 | 200 | 150 |

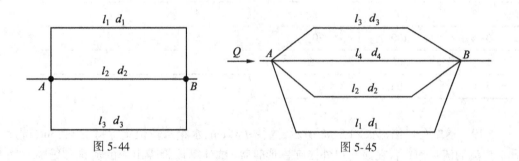

图 5-44　　　　　　　　　　　　　图 5-45

5.17　如图 5-46 所示为由水塔供水的管道系统,该系统管道为铸铁管,有并联管道 2 及 3。在 C 点有自由水头 $h_e=5\mathrm{m}$ 和流量 $Q_C=10\mathrm{L/s}$,在 B 点有 $q_B=5\mathrm{L/s}$ 的支流量分出,其余数据如表 5-10 所示,试决定并联管道的流量分配以及整个管道系统所需的水塔高度。

表 5-10

| 管道编号 | 1 | 2 | 3 | 4 |
|---|---|---|---|---|
| $d/\mathrm{mm}$ | 200 | 150 | 100 | 150 |
| $l/\mathrm{m}$ | 500 | 300 | 500 | 500 |

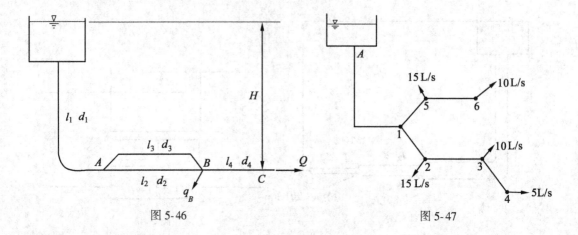

图 5-46

图 5-47

5.18  如图 5-47 所示,一枝状管网供水系统,水塔处地面高程为 25m,管网末端 4 点和 6 点处高程分别为 15m 和 18m,并要求管网末端 4 点和 6 点具有 15m 的自由水头,糙率 $n=0.013$,其他数据如表 5-11、表 5-12 所示。试确定水塔高度。

表 5-11

| 管线 | 管长/m | 管径/mm |
|------|--------|---------|
| $A \sim 1$ | 100 | 200 |
| $1 \sim 2$ | 150 | 150 |
| $2 \sim 3$ | 200 | 100 |
| $3 \sim 4$ | 100 | 70 |
| $1 \sim 5$ | 300 | 125 |
| $5 \sim 6$ | 200 | 80 |

表 5-12

| 结点 | 流量/(L/s) |
|------|-----------|
| 2 | 15 |
| 3 | 10 |
| 4 | 5 |
| 5 | 15 |
| 6 | 10 |

5.19  薄壁孔口出流如图 5-48 所示,直径 $d=2cm$,水箱水位恒定保持 $H=2.5m$,试计算孔口出流的流量 $Q$。若在该孔口外接圆柱形管嘴,试计算该管嘴出流的流量和管嘴收缩断面的真空度。

5.20  有一薄壁圆形孔口,其直径 $d=10mm$,水头 $H=2m$。现测得孔口出流收缩断面的直径 $d_c=8mm$;在 32.8s 时间内,经孔口流出的水量为 0.01m$^3$。试求该孔口的收缩系数 $\varepsilon$、流量系数 $\mu$、流速系数 $\varphi$ 及孔口局部阻力系数 $\zeta$。

5.21  如图 5-49 所示,水箱 $A$ 和水箱 $B$ 之间有直径 $d$ 为 10cm 的薄壁孔口,水箱 $A$ 的水经孔口流入水箱 $B$。已知孔口流量系数为 0.62,水箱 $A$ 的水面高程 $H_1=3m$,并保持不变。试分别就下列情况计算通过孔口的流量:

(1)水箱 $A$ 敞开,水箱 $B$ 中无水;

(2)水箱 $A$ 敞开,水箱 $B$ 中的水深 $H_2=2m$;

(3)水箱 $A$ 密闭,该水箱水面压强为 2kPa,水箱 $B$ 中的水深 $H_2=2m$。

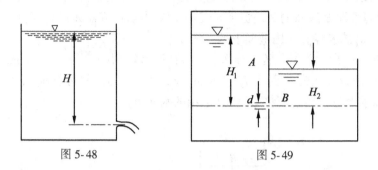

图 5-48　　　　　　　　　　　图 5-49

5.22　如图 5-50 所示为一底部开孔的大贮水箱,孔口直径 $d=50\text{mm}$。已知该贮水箱上部密闭,水面上相对压强 $p_0=70\text{kN/m}^2$,水深保持为 $h=1.8\text{m}$。若孔口流量系数 $\mu=0.62$,试求用该底孔排水时的作用水头及出流量。

5.23　如图 5-51 所示,一直径 $d=0.2\text{m}$ 的圆形锐缘薄壁孔口,其中心位于上游水面下的深度 $H=5.0\text{m}$,孔口前上游来水流速 $v_0=0.5\text{m/s}$,设孔口出流为全部完善收缩的自由出流,试求孔口的出流量 $Q$。

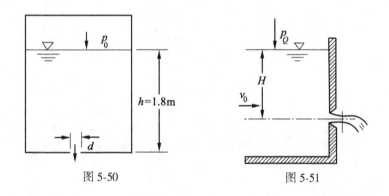

图 5-50　　　　　　　　　　　图 5-51

5.24　在混凝土坝中设置一泄水管,如图 5-52 所示,管长 $l=4\text{m}$,管轴处的水头 $H=6\text{m}$,现需通过流量 $Q=10\text{m}^3/\text{s}$,若流量系数 $\mu=0.82$,试决定所需管径 $d$,并求管中水流收缩断面处的真空度。若 $d=0.8\text{m}$,$l=3.0\text{m}$,上游水头 $H_1=10.0\text{m}$,下游水头 $H_2=4.5\text{m}$,试求通过泄水管的流量。

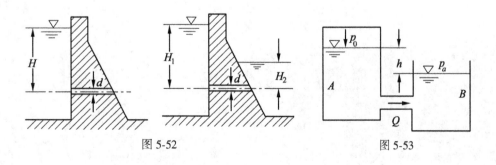

图 5-52　　　　　　　　　　　图 5-53

5.25 在封闭的立式容器 $A$ 和开口水池 $B$ 之间有一直径 $d=8\text{cm}$ 的管嘴,如图 5-53 所示,容器 $A$ 液面与水池 $B$ 液面的高差恒为 $h=3\text{m}$,现要求水从容器 $A$ 经管嘴流入水池 $B$ 的流量 $Q=5\times10^{-2}\text{m}^3/\text{s}$,试求容器 $A$ 内液面上的压强 $p_0$。

5.26 如图 5-54 所示为某工程一装置,有 $A$、$B$ 两水箱用一直径 $d_1=40\text{mm}$ 的薄壁孔口相连接,$B$ 水箱的底部连接为一直径 $d_2=30\text{mm}$、长 $l=0.1\text{m}$ 的圆柱形管嘴,$A$ 水箱保持恒定水深 $H_1=3\text{m}$,试求经过管嘴的流量 $Q$,和 $B$ 水箱的水深 $H_2$。

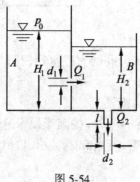

图 5-54

# 第6章　有压管道中的非定常流

　　第 5 章中已讨论了实际工程中常见的有压管道的水力计算问题。实际工程中还会遇到在有压管道流动过程中与时间相关的非定常流动问题。如水电站引水系统的有压管道中，由于管道阀门突然启闭或水轮机突然停机等原因，将引起压力管道、水轮机蜗壳等的压强和流速等水力要素随时间的急剧变化。本章将讨论这些有压管道的非定常流问题。

　　从物理意义上讲，上述有压管道非定常流都属于某种扰动引起水流中的流速、压强等水力要素的变化，并沿管道的上、下游发展的现象。在物理学中，把这样的扰动在介质中的传播现象称为波。有压管道非定常流就是这样的一种波，波所到之处，破坏了原先的定常流状态，使该处水力要素随时间发生显著的变化。由于有压管道非定常流没有自由表面，主要表现为压强和液体密度的变化和传播，因此需考虑液体的可压缩性和管壁弹性变形的影响。这种波主要以弹性波的形式传播，起主要作用的力是惯性力和弹性力。

　　本章首先介绍这种非定常流的基本概念和流动特点，进而以总流为基础，推导适合管道非定常流的基本方程；然后根据其流动的特点，导出适合有压管道流动的水击基本方程组，并介绍这种方程组的基本计算方法。

## §6.1　水　击　现　象

　　当有压管道中的阀门等装置快速调节时，引起管道内流量的迅速改变，使得液体的流速骤然增加或减少，同时伴有压强的剧烈波动，并在整个管道内传播。这种现象称为水击(水锤)。水击压强的升高和降低，可以达到很高的程度，甚至引起管道的破裂。由于水击的危害很大，故在管道及水轮机等工程设计中必须充分考虑水击的问题。

　　本节将研究水击的发生、发展和消失的过程及分类，下一节将推导水击基本微分方程。

### 6.1.1　水击特征和水击波速

　　如图 6-1 所示的简单管道系统，管道的首部与水库相通，末端安装有一可以调节流量的阀门，管长为 $L$，管径 $D$ 与管壁厚度 $e$ 沿程不变。设初始时管道水流为定常流，流速为 $v_0$，压强为 $p_0$。下面以管道阀门突然(瞬时)关闭为例，分析水击波所呈现的特性。

　　当如图 6-1 所示的简单管道系统，其管道末端的阀门瞬时完全关闭时，首先是与阀门紧密相连的微小段的水流速度为零，这时该微小段水流的动量发生相应的变化，压强增大，液体受到压缩，密度增大，管壁受压膨胀。紧连着该微小段的另一微小段内的液体也相应地速度为零、压强增大和受到压缩。并依次一段一段地以波的形式向上游传播，这个波就称为水击波。由于传播的过程中最显著的特征是液体的压强变化和密度变化，也称为弹性波。其传播速度称为水击波速，以 $c$ 表示。

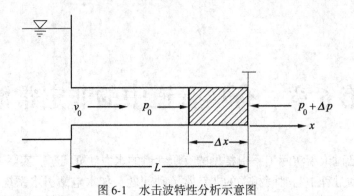

图 6-1　水击波特性分析示意图

由液体速度的减小,引起压强的增大,所产生的这一压强增量可以根据动量定理来确定。现设与阀门紧密相连的微小段的长度为 $\Delta x$,在 $\Delta t$ 时段内,当该微小段的液体速度由 $v_0$ 减少至 $v$ 时,因惯性作用,压强由 $p_0$ 增大到 $p_0+\Delta p$,密度由 $\rho_0$ 增加到 $\rho_0+\Delta\rho$,管道截面面积由 $A_0$ 增大到 $A_0+\Delta A$。如图 6-1 所示。

在 $\Delta t$ 时段内,$\Delta x$ 微小段液体的动量变化为

$$\left[(\rho+\Delta\rho)\Delta x(A+\Delta A)v\right]-\rho\Delta xAv_0$$

略去二阶微量,其动量变化可以写成

$$\rho\Delta xA(v-v_0)$$

同时,微小段所受到的作用力,在不计阻力的情况下,为

$$p_0A-(p_0+\Delta p)(A+\Delta A)$$

根据动量定理,有

$$\left[p_0A-(p_0+\Delta p)(A+\Delta A)\right]\Delta t=\rho\Delta xA(v-v_0)$$

略去二阶微量,并考虑 $\Delta pA\gg p_0\Delta A$,整理后可得

$$\Delta pA\Delta t=\rho\Delta xA(v-v_0)$$

或

$$\Delta p=\rho\frac{\Delta x}{\Delta t}(v_0-v)$$

式中,$\frac{\Delta x}{\Delta t}$ 表示压强变化的传播速度,即水击波(弹性波)的传播速度,以 $c$ 表示。这样上式还可以写成

$$\Delta p=\rho c(v_0-v) \tag{6-1}$$

式(6-1)为阀门关闭时的水击压强增量表达式。若以 $\rho g$ 同除式(6-1)两边,可得水柱高表示式

$$\Delta H=\frac{c}{g}(v_0-v) \tag{6-2}$$

当阀门瞬时完全关闭时,有 $v=0$,则有

$$\Delta p=\rho cv_0$$

或

$$\Delta H=\frac{cv_0}{g} \tag{6-3}$$

需要指出的是,当阀门瞬时完全关闭时,管道所受的压强是很大的。若管道流速 $v_0 =$ 1m/s,假定波速 $c = 1\ 000$m/s,则按式(6-3)计算得 $\Delta H = 102$m。可见在对水电站和水泵站进行设计时要充分考虑水击问题,否则会出现严重的后果。

从式(6-1)可见,水击压强增量与水击波速 $c$ 成正比。因此要正确分析计算水击问题,就必须了解水击波的波速问题。水击波速的计算,要考虑液体的压缩性和管壁的弹性。可以利用 $\Delta x$ 微小段液体的质量守恒的连续性条件,推导水击波速的表达式。

设水击波在 $\Delta t$ 时段内,由阀门截面处传播到相距 $\Delta x$ 的截面处。在水击波所经过的截面,压强由 $p_0$ 增大到 $p_0 + \Delta p$,密度由 $\rho_0$ 增加到 $\rho_0 + \Delta \rho$,管道截面面积由 $A_0$ 增大到 $A_0 + \Delta A$,速度由 $v_0$ 减至 $v$。在 $\Delta t$ 时段内,$\Delta x$ 微小段内的液体质量的变化量为

$$\Delta m_t = (\rho + \Delta\rho)(A + \Delta A)\Delta x - \rho A \Delta x \tag{6-4}$$

同时,从上游截面流入的质量与从下游截面流出的质量差为

$$\Delta m_x = \rho A v_0 \Delta t - (\rho + \Delta\rho)(A + \Delta A)v\Delta t \tag{6-5}$$

根据质量守恒定律,这两者应相等,即

$$\Delta m_t = \Delta m_x \tag{6-6}$$

将式(6-4)、式(6-5)代入式(6-6),并忽略二阶以上的微量,整理后得

$$\frac{v_0 - v}{c} = \frac{\Delta\rho}{\rho} + \frac{\Delta A}{A} \tag{6-7}$$

将式(6-1)代入式(6-7),并取极限,可得水击波速 $c$ 的表达式

$$c = \frac{1}{\sqrt{\rho\left(\dfrac{1}{\rho}\dfrac{\mathrm{d}\rho}{\mathrm{d}p} + \dfrac{1}{A}\dfrac{\mathrm{d}A}{\mathrm{d}p}\right)}} \tag{6-8}$$

式(6-8)中分母的第一项 $\dfrac{\mathrm{d}\rho}{\rho\mathrm{d}p}$ 反映了液体的压缩性,由第 1 章中式(1-10)知

$$\frac{1}{\rho}\frac{\mathrm{d}\rho}{\mathrm{d}p} = \frac{1}{K}$$

式(6-8)中分母的第二项 $\dfrac{\mathrm{d}A}{A\mathrm{d}p}$ 反映了管壁的弹性。如图 6-2 所示,设管道直径为 $D$,管壁厚度为 $e$,管材弹性系数为 $E$。这时由于管内压强 $p$ 的作用在管壁内将产生应力 $\sigma$,对于单位管长,这个应力乘上管壁截面面积 $e\cdot 1$,则为管壁所受的张力 $2\sigma e$。按照力的平衡法则,这个管壁所受的张力应等于压强作用在管壁上的力 $pD\cdot 1$,即

$$2\sigma e = pD$$

微分得应力与压强的关系 $\qquad\qquad \mathrm{d}\sigma = \dfrac{D}{2e}\mathrm{d}p$

又由于压强增量 $\Delta p$ 的作用,使管道直径 $D$ 增加 $\Delta D$,管壁应力 $\sigma$ 相应增加 $\Delta\sigma$。按材料力学中应力与应变的关系有 $\dfrac{\mathrm{d}\sigma}{E} = \dfrac{\mathrm{d}D}{D}$,并考虑前述的应力与压强的关系,则

$$\frac{1}{A}\frac{\mathrm{d}A}{\mathrm{d}p} = \frac{4}{\pi D^2}\frac{\mathrm{d}\left(\dfrac{\pi D^2}{4}\right)}{\mathrm{d}p} = \frac{2}{D}\frac{\mathrm{d}D}{\mathrm{d}p} = \frac{2}{E}\frac{\mathrm{d}\sigma}{\mathrm{d}p} = \frac{D}{eE} \tag{6-9}$$

将式(1-10)、式(6-9)代入式(6-8),整理后可得水击波速计算式

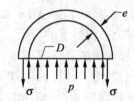

图 6-2　管壁应力与压强示意图

$$c = \sqrt{\dfrac{\dfrac{K}{\rho}}{1+\dfrac{DK}{eE}}} \qquad\qquad (6\text{-}10)$$

式中，$K$ 为液体的体积弹性系数，$E$ 为管壁材料的弹性系数。表 6-1 给出了常用管壁材料的弹性系数。表 6-1 中水的体积弹性系数 $K \approx 20.6\times10^8\,\mathrm{N/m^2}$。

表 6-1　　　　　　　　　　常用管壁材料的弹性系数 $E$ 及 $K/E$ 值表

| 管壁材料 | $E/(\mathrm{N/m^2})$ | $K/E$ |
|---|---|---|
| 钢　　管 | $19.6\times10^{10}$ | 0.01 |
| 铸　铁　管 | $9.8\times10^{10}$ | 0.02 |
| 混凝土管 | $20.58\times10^9$ | 0.10 |
| 木　　管 | $9.8\times10^9$ | 0.21 |

当管壁为绝对刚性，即管壁的材料弹性系数 $E=\infty$ 时，有最大水击波速 $c_0$，即

$$c_0 = \sqrt{\dfrac{K}{\rho}} \qquad\qquad (6\text{-}11)$$

根据物理学相关知识，式(6-11)给出的波速 $c_0$ 正是当不考虑边界的弹性时，弹性波在连续介质中的传播速度。当压强为 1~25 个大气压，水温为 10℃时，密度 $\rho \approx 999.6\,\mathrm{kg/m^3}$，体积弹性系数 $K \approx 20.6\times10^8\,\mathrm{N/m^2}$，可以求得弹性波在水中的传播速度 $c_0 = 1\,435\,\mathrm{m/s}$。

这样水击波速计算式还可以写成

$$c = \dfrac{c_0}{\sqrt{1+\dfrac{DK}{eE}}}$$

或

$$c = \dfrac{1435}{\sqrt{1+\dfrac{DK}{eE}}} \qquad\qquad (6\text{-}12)$$

从式(6-12)可见，水击波速 $c$ 随管径 $D$ 的增大而减小，随管壁材料的弹性系数 $E$ 和管壁厚度 $e$ 的减小而减小。由于式(6-12)中分母总大于 1.0，所以水击波速 $c$ 总小于 $c_0$。可见，水击引起的任何压强的变化，将以一个很大而有限的波速传播。

需要指出的是,如果认为水是不可压缩的刚体,即体积弹性系数 $K \to \infty$,由式(6-11)可以得出 $c_0 \to \infty$。也就是说,无论管长 $L$ 多么长,整个管道中的水流将在瞬间同时减速或停下来。这个结论显然是错误的。其原因在于,由于扰动过程极短,并与水击波传播到全部区域所需的时间属于同一数量级时,就需要考虑水击波的传播过程,并且不能忽略水的压缩性。

### 6.1.2　水击波的传播过程

在给出了水击波的传播特性后,现在将具体讨论水击波的传播过程。水击波如同声波等弹性波一样,都有传播、反射和叠加等现象。

如图 6-3 所示,表示一简单引水管,上游从水库引水,下游末端 $A$ 安装一调节阀门,管长为 $L$,管径 $D$ 与管壁厚度 $e$ 沿程不变。当阀门全开时,管道中水流为定常流,流速为 $v_0$。由于管道中的流速水头和水头损失等影响因素比扰动所产生的压强增量 $\Delta p$ 或 $\Delta H$ 小得多,故可以忽略不计。这样在讨论水击波的传播时,可以不考虑管道的倾斜度,认为管道水平放置。并设定常流时的测压管水头为一条与水库水位等高的水平线。下面将讨论当阀门瞬时完全关闭,所引起的水击波沿管道传播的发展过程。

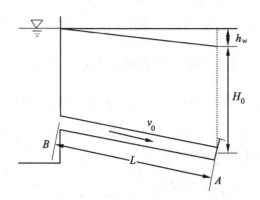

图 6-3　简单管道引水系统示意图

当 $t = 0$ 瞬时,阀门完全关闭,如图 6-1 所示,紧邻阀门处长为 $\Delta x$ 的微小段水体,首先停止流动,流速由 $v_0$ 变为 0,同时产生压强增量 $\Delta p$,其大小可以由式(6-1)确定,该微小段水体受到压缩,密度增大,管壁膨胀。该微小段上游流动未受阀门关闭影响,仍以 $v_0$ 的速度继续向下游流动。紧接着,紧靠微小段 $\Delta x$ 上游的另一微小段水体,速度变为 0,压强升高,水体压缩,密度增大,管壁膨胀。如此这样,水体向上游一段又一段地受到影响,并以同样的方式重复出现这些现象,使阀门关闭产生的水击波以波速 $c$ 向上游传播。当 $t = \dfrac{L}{c}$ 时,这一水击波传播到管道的进口截面 $B$ 处,这时整个管道流速为零,压强增加 $\Delta p$,密度增加,管壁膨胀。从 $t = 0$ 到 $t = \dfrac{L}{c}$ 这一时段称为水击波传播的第一阶段。这一阶段,水击波的特征是流速减小,压强增加,波的传播方向与定常流时的方向相反,故称为增压逆波。又因波直接由阀门动作所引起,也称为直接波。这一阶段如图 6-4 所示。

在第一阶段末,即 $t = \dfrac{L}{c}$ 时,水击波传播到管道进口截面 $B$ 处。这时 $B$ 截面左边因水库

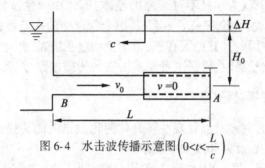

图 6-4　水击波传播示意图 $\left(0 < t < \dfrac{L}{c}\right)$

很大,水位不变,边界压强保持为 $p_0$;$B$ 截面右边边界压强为 $p_0+\Delta p$。在这种不均衡的压强作用下,使紧邻 $B$ 截面右边一微小段的静止水体,获得一反向流速 $v_0$(可以由式(6-1)计算得出),向水库方向流动。同时压强恢复到 $p_0$,密度、管壁也相应恢复。紧接着,紧靠该微小段下游的另一微小段水体,受该影响,也获得一反向流速 $v_0$,压强、密度、管壁等均得到恢复。如此这样,水体向下游一段又一段地受到影响,并以同样的方式重复出现这些现象,即为由进口沿管道向阀门方向传播波速为 $c$ 的水击波。当 $t=\dfrac{2L}{c}$ 时,水击波传播到阀门 $A$ 处,这时整个管道水体以流速 $v_0$ 向水库方向流动,压强恢复到 $p_0$,密度、管壁均恢复。从 $t=\dfrac{L}{c}$ 到 $t=\dfrac{2L}{c}$ 这一时段称为水击波传播的第二阶段。这一阶段,水击波的特征是流速减为 $-v_0$,压强减少,波的传播方向与定常流时的方向相同,故称为降压顺波。该波是第一阶段直接波在水库进口处的反射波。这一阶段如图 6-5 所示。

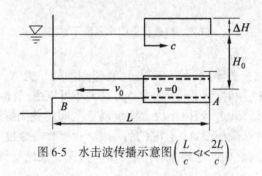

图 6-5　水击波传播示意图 $\left(\dfrac{L}{c} < t < \dfrac{2L}{c}\right)$

由于水击波从管道末端阀门 $A$ 处开始,向上游传播到管道进口截面 $B$ 处,又返回到阀门 $A$ 处,所需时间为 $\dfrac{2L}{c}$。这一时段称为水击的相长,以 $T_r$ 表示,即 $T_r=\dfrac{2L}{c}$。从 $t=0$ 到 $t=\dfrac{2L}{c}$ 这一时段还称为水击的首相或第一相。

在首相末,即 $t=\dfrac{2L}{c}$ 瞬时,全管道压强恢复到原定常流时的压强 $p_0$,密度、管壁也恢复原状。由于惯性作用,管中的液体以流速 $v_0$ 继续向水库流动,但此时阀门依然关闭,则紧邻阀

门 $A$ 处的水体有脱离阀门的趋势。根据流体的连续性原理,这是不可能的。于是,紧邻阀门 $A$ 处一微小段的水体,将被迫停下来,流速从 $-v_0$ 变为 0。由于水体的动量的变化,将引起压强由 $p_0$ 降低 $\Delta p$,并使水体膨胀,密度减小,管壁收缩。同前面两阶段一样,向上游每一微小段的水体受该影响,重复这些现象,一直到水库进口 $B$ 处。即形成由阀门沿管道向水库进口方向传播波速为 $c$ 的水击波。当 $t = \dfrac{3L}{c}$ 时,水击波传播到水库进口 $B$ 处,此时全管道流速为零,压强降低 $\Delta p$,密度减少,管壁收缩。从 $t = \dfrac{2L}{c}$ 到 $t = \dfrac{3L}{c}$ 这一时段称为水击波传播的第三阶段。这一阶段,水击波的特征是流速由 $-v_0$ 增加为 0,压强减少,波的传播方向与定常流时的方向相反,故称为降压逆波,该波是第二阶段降压顺波在阀门处的反射波。这一阶段如图 6-6 所示。

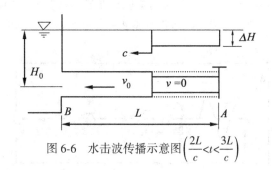

图 6-6　水击波传播示意图 $\left(\dfrac{2L}{c} < t < \dfrac{3L}{c}\right)$

在第三阶段末,即 $t = \dfrac{3L}{c}$ 时,水击波传播到管道进口截面 $B$ 处。这时 $B$ 截面左边因水库很大,水位不变,边界压强保持为 $p_0$;$B$ 截面右边边界压强为 $p_0 - \Delta p$。在这种不均衡的压强作用下,使紧邻 $B$ 截面右边一微小段的静止水体,获得一正向流速 $v_0$(可以由式(6-1)计算得出),向阀门方向流动。同时压强增加恢复到 $p_0$,密度、管壁也相应恢复。紧靠该微小段下游的各微小段水体,均受该影响,相应获得一正向流速 $v_0$,压强、密度、管壁等均得到恢复,一直到阀门 $A$ 处。即形成由水库进口沿管道向阀门方向传播波速为 $c$ 的水击波。当 $t = \dfrac{4L}{c}$ 时,水击波传播到阀门 $A$ 处,此时全管道水体以流速 $v_0$ 向阀门方向流动,压强恢复到 $p_0$,密度、管壁均恢复。从 $t = \dfrac{3L}{c}$ 到 $t = \dfrac{4L}{c}$ 这一时段称为水击波传播的第四阶段。这一阶段,水击波的特征是流速增加为 $v_0$,压强增加,波的传播方向与定常流时的方向相同,故称为增压顺波。这一阶段如图 6-7 所示。

从 $t = \dfrac{2L}{c}$ 到 $t = \dfrac{4L}{c}$,水击波由阀门 $A$ 开始、经水库进口反射后又返回阀门 $A$ 处,水击波又经历了一相,该相称为末相或第二相。首相与末相之和称为水击波的一个周期,这是因为 $t = \dfrac{4L}{c}$ 时全管道的水流状态与 $t = 0$ 时的水流状态完全一样,如果阀门还是关闭,则水击波的传播将重复以上四个阶段,周而复始的继续进行下去。当然,实际上由于管道内阻力的存

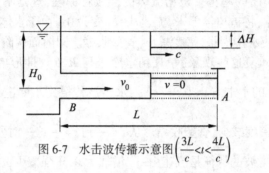

图 6-7　水击波传播示意图 $\left(\dfrac{3L}{c}<t<\dfrac{4L}{c}\right)$

在,水击波不可能无休止地传播下去,而是逐渐衰竭,最后消失,形成新的定常流状态。如图 6-8 所示。因此,水击波运动过程只是在阀门关闭(动作)后的一段时间内的非定常流流动,是一种暂时的过渡状态。所以又将水击过程称为水力暂态过程,或水力瞬变过程。

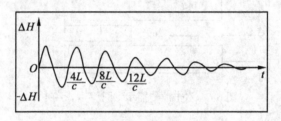

图 6-8　实际水击压强变化图

表 6-2 简要总结了水击波传播的四个阶段的物理特性,有助于深化理解水击波的传播。

表 6-2　　　　　　　　　　　　　　　　水击波传播的物理特性

| 阶段 | 时　段 | 流速变化 | 水流方向 | 压强变化 | 水击波传播方向 | 运动状态 | 液体、管壁状态 |
|---|---|---|---|---|---|---|---|
| 1 | $0<t<\dfrac{L}{c}$ | $v_0\to 0$ | 水库→阀门 | 增高 $\Delta p$ | 阀门→水库 | 减速增压 | 液体压缩 管壁膨胀 |
| 2 | $\dfrac{L}{c}<t<\dfrac{2L}{c}$ | $0\to -v_0$ | 阀门→水库 | 恢复原状 | 水库→阀门 | 减速减压 | 恢复原状 |
| 3 | $\dfrac{2L}{c}<t<\dfrac{3L}{c}$ | $-v_0\to 0$ | 阀门→水库 | 降低 $\Delta p$ | 阀门→水库 | 增速减压 | 液体膨胀 管壁收缩 |
| 4 | $\dfrac{3L}{c}<t<\dfrac{4L}{c}$ | $0\to v_0$ | 水库→阀门 | 恢复原状 | 水库→阀门 | 增速增压 | 恢复原状 |

　　分析水击波传播的四个过程示意图,还可以了解沿管道各截面压强增量随时间的变化关系。图 6-9(a)、(b)和(c)分别给出了阀门截面 A 处、管道中某截面处与水库进口 B 处的水击压强增量随时间的变化过程。图 6-9(a)所示阀门截面 A 处的压强总是在每相末发生改变,由升高变为降低或由降低变为升高,而且持续时间最长,变化幅度最大;图 6-9(c)所

示水库进口 $B$ 处的压强仅在 $t=\dfrac{L}{c},\dfrac{3L}{c},\cdots$ 特定的时刻瞬时出现,持续时间最短;图 6-9(b) 所示管道中某截面的压强的持续时间与升降幅度处于前两者之间。可见,阀门截面 $A$ 处所受水击压强最为严重,在进行水击分析和计算中,首先要考虑阀门截面 $A$ 处的水击压强变化情况。

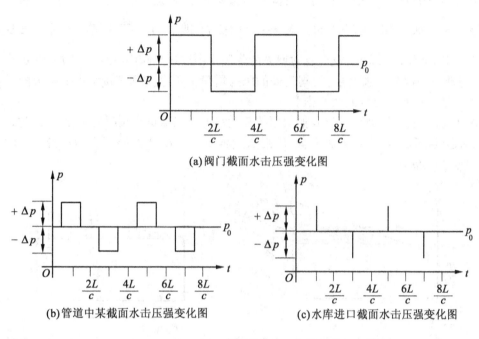

图 6-9

以上是以阀门瞬时完全关闭为例,讨论了水击波的传播过程和特性。对于阀门由关闭状态到瞬时完全开启,所产生的水击现象与上述规律完全类似,只是第一个阶段,水击波是增速减压波,压强增量 $\Delta p$ 和流速的变化可以用式(6-1)计算得到。

### 6.1.3　水击波的分类

前面讨论了阀门瞬时完全关闭时水击波的产生和发展问题。实际上,阀门的关闭不可能瞬时完成,总需要一定的时间。因此可以将整个关闭过程分解为一系列瞬时微小关闭的过程。每一个微小关闭过程都将产生一个水击波,依照上述四个阶段传播和反射。这样管道中任何一个截面在任何时间的流动状况,是一系列不同发展阶段的水击波综合叠加的结果。

如图 6-10 所示,由于每个水击波是在不同时间产生的。当第二个水击波产生时,第一个水击波已传播了一段距离;当第三个水击波产生时,第二个水击波也已传播了一段距离,水击波的波前如图 6-10 中的斜线所示。同时阀门处的压强也随着微小水击波的产生而增加。当第一个增压水击波经过时段 $t=\dfrac{L}{c}$ 到达水库进口截面时,随即反射为降压水击波,并向阀门方向传播。第二个、第三个水击波等也同样如此。这些降压水击波将与自阀门相继而来的后续增压水击波相遇时,管中的压强必然降低。再经过时段 $t=\dfrac{L}{c}$,第一个降压水击波将到达阀门处,这时阀门处将受到降压水击波的影响,压强不会再升高。如果阀门关闭时间 $T_s$ 小于或等于一个相长 $T_r$,即 $T_s \leqslant T_r = \dfrac{2L}{c}$,则第一个水击波还未到或刚到阀门处,这时阀门动作完毕,阀门处的压强增量将不受降压水击波的影响,达到最大值。我们把这种水击称为直接水击。如果阀门关闭时间 $T_s$ 大于一个相长 $T_r$,即 $T_s > T_r = \dfrac{2L}{c}$,则第一个水击波到达阀门处时,阀门动作还未完毕,这时反射回来的降压水击波遇到阀门继续关闭所产生的增压水击波,将抵消一部分压强增量,使阀门处的压强增量值不会达到直接水击那样大的压强增量。我们把这种水击称为间接水击。

由于受反射波的影响,管道其他截面的最大水击压强增量比阀门处小,距水库越近的截面,因为遇到的反射波的机会越多,则压强增量越小。图 6-11 给出了实际水击压强增量沿管道的近似分布图。

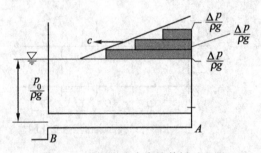 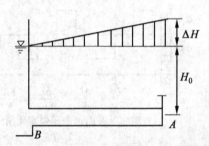

图 6-10  系列微小水击波传播过程图        图 6-11  水击压强增量沿程分布示意图

间接水击所受的压强增量比直接水击要小,因此在实际工程中,要合理地选择参数和阀门启闭方式,避免产生直接水击。直接水击和间接水击没有本质的区别,都是管流中惯性力和弹性力起主要作用而发生的一种特殊流态。但由于间接水击要考虑波的反射、干涉以及复杂的边界条件,分析和计算时要比直接水击困难得多。下面将在总流微分方程的基础上,建立水击的基本微分方程,为实际计算各种复杂的水击问题打下基础。

# §6.2  水击基本方程

## 6.2.1  水击连续性方程

在一总流流动中,沿液体流动方向任取相距 $\mathrm{d}x$ 的截面 1—1 和截面 2—2 两截面的微小流段,如图 6-12 所示。设截面 1—1 的面积为 $A$,流速为 $v$,液体密度为 $\rho$,坐标 $x$ 的方向与液体流动方向一致。

在 $\mathrm{d}t$ 时段内,从截面 1—1 流入该流段的液体质量为

$$m_1 = \rho v A \mathrm{d}t$$

同一时段内,从截面 2—2 流出的液体质量为

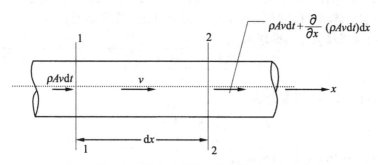

图 6-12　水击连续性方程推导示意图

$$m_2 = \rho vA\mathrm{d}t + \frac{\partial}{\partial x}(\rho vA\mathrm{d}t)\,\mathrm{d}x$$

流入与流出该流段的液体质量差为

$$\Delta m_x = m_1 - m_2 = -\frac{\partial}{\partial x}(\rho vA\mathrm{d}t)\,\mathrm{d}x$$

另一方面,该流段在 $\mathrm{d}t$ 时段初瞬时液体的质量为

$$m' = \rho A\mathrm{d}x$$

在 $\mathrm{d}t$ 时段末瞬时液体的质量为

$$m'' = \rho A\mathrm{d}x + \frac{\partial}{\partial t}(\rho A\mathrm{d}x)\,\mathrm{d}t$$

由此得 $\mathrm{d}t$ 时段内液体质量的变化量为

$$\Delta m_t = m'' - m' = \frac{\partial}{\partial t}(\rho A\mathrm{d}x)\,\mathrm{d}t$$

　　根据质量守恒原理,$\mathrm{d}t$ 时段内流入与流出该流段的液体质量差应等于同一时段内液体质量的变化量,即 $\Delta m_x = \Delta m_t$,也就是

$$-\frac{\partial}{\partial x}(\rho vA\mathrm{d}t)\,\mathrm{d}x = \frac{\partial}{\partial t}(\rho A\mathrm{d}x)\,\mathrm{d}t$$

整理得

$$\frac{\partial(\rho A)}{\partial t} + \frac{\partial(\rho vA)}{\partial x} = 0 \qquad (6\text{-}13)$$

式(6-13)为非定常流连续性方程。

　　在产生水击情况下,动水压强 $p$、截面平均流速 $v$、液体密度 $\rho$ 以及截面面积 $A$ 均为坐标 $x$ 和时间 $t$ 的函数。展开式(6-13),各项同除以 $\rho A$ 得

$$\frac{1}{A}\frac{\partial A}{\partial t} + \frac{v}{A}\frac{\partial A}{\partial x} + \frac{1}{\rho}\frac{\partial \rho}{\partial t} + \frac{v}{\rho}\frac{\partial \rho}{\partial x} + \frac{\partial v}{\partial x} = 0$$

上式第一项与第二项之和为 $\dfrac{1}{A}\dfrac{\mathrm{d}A}{\mathrm{d}t}$,第三项与第四项之和为 $\dfrac{1}{\rho}\dfrac{\mathrm{d}\rho}{\mathrm{d}t}$,故上式可以写成

$$\frac{1}{A}\frac{\mathrm{d}A}{\mathrm{d}t} + \frac{1}{\rho}\frac{\mathrm{d}\rho}{\mathrm{d}t} + \frac{\partial v}{\partial x} = 0 \qquad (6\text{-}14)$$

式(6-14)为管道非定常流连续性方程的一般形式。然而,分析方程(6-14),可见式(6-14)中

第一项是表示由管壁弹性及压力变化所引起的有效截面面积的变化,第二项是表示液体的可压缩性所引起液体密度的变化。下面将对这两项进行变形整理。

由式(6-9)可以将第一项整理为

$$\frac{1}{A}\frac{\mathrm{d}A}{\mathrm{d}t}=\frac{D}{eE}\frac{\mathrm{d}p}{\mathrm{d}t}\tag{6-15}$$

又由式(1-10)可以将第二项整理为

$$\frac{1}{\rho}\frac{\mathrm{d}\rho}{\mathrm{d}t}=\frac{1}{K}\frac{\mathrm{d}p}{\mathrm{d}t}\tag{6-16}$$

将式(6-15)和式(6-16)代入式(6-14),得

$$\frac{1}{K}\frac{\mathrm{d}p}{\mathrm{d}t}\left(1+\frac{DK}{eE}\right)+\frac{\partial v}{\partial x}=0$$

引入波速表达式(6-10),上式可以整理为

$$\frac{1}{\rho}\frac{\mathrm{d}p}{\mathrm{d}t}+c^2\frac{\partial v}{\partial x}=0\tag{6-17}$$

由于实际工程中使用水头 $H$ 较为方便,现将式(6-17)改写成以水头 $H$ 表示的方程。由于 $p=p(x,t)$,以及 $p=\rho g(H-z)$,可得

$$\frac{\mathrm{d}p}{\mathrm{d}t}=\frac{\partial p}{\partial t}+v\frac{\partial p}{\partial x}=\rho g\left(\frac{\partial H}{\partial t}-\frac{\partial z}{\partial t}\right)+v\rho g\left(\frac{\partial H}{\partial x}-\frac{\partial z}{\partial x}\right)\tag{6-18}$$

其中由于水头 $H$ 随 $x$ 或 $t$ 的变化远大于密度 $\rho$ 随 $x$ 或 $t$ 的变化,故可以将 $\rho$ 近似视为常数。又因为管道是静止的,则 $\frac{\partial z}{\partial t}=0$,同时有 $\frac{\partial z}{\partial x}=-\sin\alpha$,$\alpha$ 为管轴与水平面的夹角,如图 6-13 所示。则式(6-18)可以写成

$$\frac{1}{\rho}\frac{\mathrm{d}p}{\mathrm{d}t}=g\frac{\partial H}{\partial t}+vg\left(\frac{\partial H}{\partial x}+\sin\alpha\right)$$

将上式代入式(6-17)得以水头 $H$ 表示的方程

$$\frac{\partial H}{\partial t}+v\frac{\partial H}{\partial x}+\frac{c^2}{g}\frac{\partial v}{\partial x}+v\sin\alpha=0\tag{6-19}$$

如果考虑 $\frac{\partial z}{\partial x}\ll\frac{\partial H}{\partial x}$,则式(6-19)中 $v\sin\alpha$ 可以忽略,则有

$$\frac{\partial H}{\partial t}+v\frac{\partial H}{\partial x}+\frac{c^2}{g}\frac{\partial v}{\partial x}=0\tag{6-20}$$

式(6-19)与式(6-20)为管道非定常流连续性方程的实用形式,这两式考虑了液体的压缩性和管壁的弹性变形。

另外,如果考虑 $\frac{\partial H}{\partial x}\ll\frac{\partial H}{\partial t}$,则管道非定常流连续性方程式(6-20)可以简化为

$$\frac{\partial H}{\partial t}=-\frac{c^2}{g}\frac{\partial v}{\partial x}\tag{6-21}$$

### 6.2.2 水击运动方程

在总流中取长为 $\mathrm{d}x$ 的微小流段作为隔离体,坐标轴 $x$ 的方向与液体流动方向一致,如图 6-13 所示。其中总流有效截面面积为 $A$,流速为 $v$,湿周为 $\chi$,截面 1—1 和截面 2—2 的动

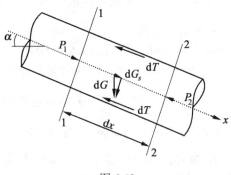

图 6-13

水压强分别为 $p$ 和 $p+\dfrac{\partial p}{\partial x}\mathrm{d}x$，侧壁表面平均切应力为 $\tau$，坐标轴 $x$ 与水平面的夹角为 $\alpha$。现根据牛顿第二定律建立运动方程。

首先，考虑作用于隔离体的所有外力沿坐标轴 $x$ 方向的分力有：

1. 截面 1—1 和截面 2—2 的动水压力　　　$P_1 = pA$；$P_2 = \left(p+\dfrac{\partial p}{\partial x}\mathrm{d}x\right)A$

2. 重力　　　　　　$dG_s = \mathrm{d}G\sin\alpha = \rho gA\mathrm{d}x\sin\alpha = -\rho gA\mathrm{d}x\dfrac{\partial z}{\partial x}$

3. 侧壁面上的阻力　　　　$\mathrm{d}T = \tau\chi\mathrm{d}x = \rho gRJ\chi\mathrm{d}x = \rho gAJ\mathrm{d}x$

式中：$\tau = \rho gRJ$；$R$——水力半径；$J$——水力坡度。

其次，由于流速 $v$ 是坐标 $x$ 和时间 $t$ 的函数，则液体沿 $x$ 方向的加速度为

$$a_x = \frac{\mathrm{d}v}{\mathrm{d}t} = \frac{\partial v}{\partial t} + \frac{\partial v}{\partial x}\frac{\mathrm{d}x}{\mathrm{d}t} = \frac{\partial v}{\partial t} + v\frac{\partial v}{\partial x}$$

隔离体内的液体的质量为 $\mathrm{d}m = \rho A\mathrm{d}x$。根据牛顿第二定律，有 $\sum F_x = \mathrm{d}ma_x$，即

$$pA - \left(p+\frac{\partial p}{\partial x}\mathrm{d}x\right)A - \rho gA\mathrm{d}x\frac{\partial z}{\partial x} - \rho gAJ\mathrm{d}x = \rho A\mathrm{d}x\left(\frac{\partial v}{\partial t} + v\frac{\partial v}{\partial x}\right)$$

对上式等号两边同除以 $\rho gA\mathrm{d}x$，并整理得

$$\frac{\partial}{\partial x}\left(z+\frac{p}{\rho g}\right) + \frac{1}{g}\frac{\partial v}{\partial t} + \frac{v}{g}\frac{\partial v}{\partial x} + J = 0 \tag{6-22}$$

式 (6-22) 为非定常流运动方程的一般形式，式 (6-22) 适用于有压管道和明槽非定常流。式 (6-22) 反映了作用在 $\mathrm{d}x$ 微小流段上的所有作用力即重力、压力、惯性力及阻力的平衡关系。

为讨论在非定常流条件下的能量特性，现将式 (6-22) 进行整理

$$\frac{\partial}{\partial x}\left(z+\frac{p}{\rho g}+\frac{v^2}{2g}\right) + \frac{1}{g}\frac{\partial v}{\partial t} + J = 0$$

将上式等号两边同乘以 $\mathrm{d}x$，对同一时刻 $t$，在截面 1—1 和截面 2—2 之间沿流向积分，其中流速 $v$ 已是平均流速的含义，可得一元非定常总流的能量方程

$$z_1 + \frac{p_1}{\rho g} + \frac{v_1^2}{2g} = z_2 + \frac{p_2}{\rho g} + \frac{v_2^2}{2g} + h_i + h_f \tag{6-23}$$

194 ──────────────────────────────────────────────── 工程流体力学

式中：$h_f = \int_1^2 J\mathrm{d}x$——d$x$ 微小流段上的单位重量液体机械能的损失值；$h_i = \dfrac{1}{g}\int_1^2 \dfrac{\partial v}{\partial t}\mathrm{d}x$——d$x$ 微小流段上单位重量液体所具有的惯性能。

该惯性能 $h_i$ 是具有一定质量的液体，流经 d$x$ 微小流段时，是由该流段各处的流速随时间而变化所引起的，也可以说是水流的当地加速度或者是水流的非定常所引起的。$h_i$ 也称为单位惯性能或惯性水头。$h_i$ 值可正、可负，当 $\dfrac{\partial v}{\partial t}>0$，即流速随时间增加时，$h_i>0$，表明为提高截面 1—1 与截面 2—2 之间的整个液体的流速，需克服该液体的惯性，而从其原有机械能中转移的一部分能量；当 $\dfrac{\partial v}{\partial t}<0$，即流速随时间减小时，$h_i<0$，表明水流将释放出相应的惯性能，转化为水流的其他能量。而水头损失 $h_f$ 与 $h_i$ 不同，在流体流动中，水流始终要克服阻力而消耗机械能，$h_f$ 转化为热能耗散了，而 $h_i$ 则仍为水流本身所蕴藏，继续参与水流机械能的转换，在这个意义上，惯性能也是机械能的一部分。总的来说，非定常流的总机械能由四个部分组成，即位置势能、压强势能、动能和惯性能。

考虑压强与水头的关系式 $z+\dfrac{p}{\rho g}=H$，以及水力坡度关系式 $J=\dfrac{\mathrm{d}h_f}{\mathrm{d}x}=\dfrac{\lambda}{D}\dfrac{v^2}{2g}$，代入前面已推出的总流非定常流运动方程式(6-22)，有

$$\frac{\partial H}{\partial x}+\frac{1}{g}\left(\frac{\partial v}{\partial t}+v\frac{\partial v}{\partial x}\right)+\frac{\lambda}{D}\frac{v^2}{2g}=0 \tag{6-24}$$

由于水流阻力总是与流速方向相反的，现将式(6-24)阻力项中的 $v^2$ 改写成 $v|v|$，这样当流动方向改变时，符号可以自动调整，于是

$$\frac{\partial H}{\partial x}+\frac{1}{g}\left(\frac{\partial v}{\partial t}+v\frac{\partial v}{\partial x}\right)+\frac{\lambda}{D}\frac{v|v|}{2g}=0 \tag{6-25}$$

式(6-25)就是考虑阻力的管道非定常流运动方程，或称为水击运动方程。

如果忽略水流阻力，并且当 $\dfrac{\partial v}{\partial x}<<\dfrac{\partial v}{\partial t}$ 时，式(6-25)可以简化为

$$\frac{\partial H}{\partial x}=-\frac{1}{g}\frac{\partial v}{\partial t} \tag{6-26}$$

式(6-26)为不计阻力时水击运动方程。

总的来说，考虑阻力时管道非定常流基本方程组为

$$\left.\begin{array}{l}\text{连续性方程}\quad \dfrac{\partial H}{\partial t}+v\dfrac{\partial H}{\partial x}+\dfrac{c^2}{g}\dfrac{\partial v}{\partial x}+v\sin\alpha=0\\[3mm]\text{运动方程}\quad \dfrac{\partial H}{\partial x}+\dfrac{1}{g}\left(\dfrac{\partial v}{\partial t}+v\dfrac{\partial v}{\partial x}\right)+\dfrac{\lambda}{D}\dfrac{v|v|}{2g}=0\end{array}\right\} \tag{6-27}$$

式(6-27)为一阶拟线性双曲型偏微分方程组。该方程组包含两个自变量($x,t$)和两个因变量($v,H$)。由于方程的复杂性，一般情况下得不到积分解，可以借助于特征线等计算方法用计算机编程计算得到数值解。本章§6.4中对此将作详细介绍。

当不考虑阻力损失，并同时忽略 $v\sin\alpha$、$v\dfrac{\partial H}{\partial x}$ 与 $v\dfrac{\partial v}{\partial x}$ 时，水击基本方程组可以简化为

$$\begin{cases} \dfrac{\partial H}{\partial t} = -\dfrac{c^2}{g}\,\dfrac{\partial v}{\partial x} \\[3mm] \dfrac{\partial H}{\partial x} = -\dfrac{1}{g}\,\dfrac{\partial v}{\partial t} \end{cases} \tag{6-28}$$

式(6-28)是不计阻力的水击基本方程组的另一种形式。该方程组为数学物理方程中所述的描述波动现象的波动方程。本章 §6.3 中将详细讨论应用水击简化方程组式(6-28),进行水击压强等参数的求解问题。

# §6.3 水击简化方程的解析法

实际工程中,常需了解和估算管道水流发生水击时,管道阀门等处所承受的压强最大值,这时可以利用水击简化方程组进行计算。本节将给出水击简化方程组的通解及其物理含义,进而推导连锁方程,并根据边界条件给出连锁方程的解析表达式。

### 6.3.1 水击简化方程组的通解

在不考虑阻力损失等简化条件时,上节给出了水击简化基本方程组式(6-28),即

$$\begin{cases} \dfrac{\partial H}{\partial t} = -\dfrac{c^2}{g}\,\dfrac{\partial v}{\partial x} \\[3mm] \dfrac{\partial H}{\partial x} = -\dfrac{1}{g}\,\dfrac{\partial v}{\partial t} \end{cases}$$

对式(6-28)中的两个方程分别对 $t$ 和 $x$ 各求一次偏导数,并考虑到连续函数的二阶导数连续时,其大小与求导次序无关,可得另一种形式的简化方程式

$$\begin{cases} \dfrac{\partial^2 H}{\partial x^2} = \dfrac{1}{c^2}\,\dfrac{\partial^2 H}{\partial t^2} \\[3mm] \dfrac{\partial^2 v}{\partial x^2} = \dfrac{1}{c^2}\,\dfrac{\partial^2 v}{\partial t^2} \end{cases} \tag{6-29}$$

式(6-29)为数学物理方程中所述的描述波动现象的波动方程。从数学物理方程中,可知该波动方程存在一通解,即

$$H - H_0 = F\left(t - \dfrac{x}{c}\right) + f\left(t + \dfrac{x}{c}\right) \tag{6-30}$$

$$v - v_0 = -\dfrac{g}{c}\left[ F\left(t - \dfrac{x}{c}\right) - f\left(t + \dfrac{x}{c}\right) \right] \tag{6-31}$$

在给出通解式(6-30)和式(6-31)时,是取阀门到水库的方向为 $x$ 的正方向。这是因为开始产生的水击波都是由阀门启、闭动作后产生的,并由下游阀门向上游水库方向传播,这样做可以为以后的计算提供方便。需注意的是,此处所设的 $x$ 方向与原推导总流动量方程时的方向是不一样的,而原 $x$ 的正方向是与水库到阀门的方向一致。由于式(6-30)和式(6-31)是式(6-29)给出的通解,则也称为水击简化计算的基本方程。对于需考虑液体的压缩性和管壁的弹性不计阻力的各类水击问题,都可以式(6-30)和式(6-31)来求解。

在式(6-30)和式(6-31)中 $v_0$ 与 $H_0$ 是管道中水击还未发生时,定常流的测压管水头和流速;$F$ 与 $f$ 为两个未知的函数,取决于管道的边界条件。式(6-30)和式(6-31)给出了任意

截面 $x$ 在任意瞬时 $t$ 的测压管水头增量 $\Delta H = H - H_0$ 和流速增量 $\Delta v = v - v_0$,这两个增量完全与未知函数 $F$ 和 $f$ 有关。下面将对函数 $F$ 和 $f$ 的物理意义进行分析。

对于一个以波速 $c$ 沿 $x$ 方向运动的观察者来说,函数 $F\left(t - \dfrac{x}{c}\right)$ 为一个常数。这是因为在 $t = 0$ 时,如果观察者位置为 $x_1$,而在任意瞬时 $t$ 观察者位置为 $x = x_1 + ct$,现将 $x$ 值代入函数 $F$ 中,可得 $F\left(-\dfrac{x_1}{c}\right)$,即为常数。由此说明函数 $F\left(t - \dfrac{x}{c}\right)$ 是一个由阀门启、闭(或阀门反射)产生的以波速 $c$ 向 $x$ 方向传播的波,而且在传播过程中波形不变。这样,可以认为函数 $F\left(t - \dfrac{x}{c}\right)$ 是阀门启、闭和阀门反射所产生的逆行水击波的表示式。同理,函数 $f\left(t + \dfrac{x}{c}\right)$ 是一个以波速 $c$ 向 $-x$ 方向传播的波,而且在传播过程中波形不变,该函数就是从水库进口边界所反射的顺行水击波的表示式。由式(6-30)和式(6-31)知,任何截面的水头和流速的大小是逆行和顺行水击波叠加的结果。由这两式反映的水头与流速的关系和式(6-2)表示的水头与流速的关系一样。

然而,函数 $F\left(t - \dfrac{x}{c}\right)$ 和 $f\left(t + \dfrac{x}{c}\right)$ 的具体波形即函数形式取决于管道两端的边界条件,对不同的问题有各种不同的形式。因此,要从边界条件来确定函数 $F$ 和 $f$ 的具体表示式是相当困难的。下面通过对式(6-30)和式(6-31)进行变换,推得连锁方程。由连锁方程直接得到计算水击压强的关系式,从而避开了求解函数 $F$ 和 $f$。

### 6.3.2　水击的连锁方程

将式(6-30)和式(6-31)相加,得

$$2F\left(t - \frac{x}{c}\right) = H - H_0 - \frac{c}{g}(v - v_0) \tag{6-32}$$

又将式(6-30)和式(6-31)相减,得

$$2f\left(t + \frac{x}{c}\right) = H - H_0 + \frac{c}{g}(v - v_0) \tag{6-33}$$

式(6-32)中,只有函数 $F$,表明此时的水头和流速的变化,是由逆行波引起的。而式(6-33)中,只有函数 $f$,则表明此时的水头和流速的变化,是由顺行波引起的。

如图 6-14 所示,在管道中取 $A$、$B$ 两截面,坐标分别为 $x_1$、$x_2$。现设逆行波在 $t_1$ 瞬时,传到 $A$ 截面,水头为 $H_{t_1}^A$,流速为 $v_{t_1}^A$;又于 $t_2$ 瞬时,传到 $B$ 截面,水头为 $H_{t_2}^B$,流速为 $v_{t_2}^B$。将该两截面的数值分别代入式(6-32)中,有

$A$ 截面　　　　　$$2F\left(t_1 - \frac{x_1}{c}\right) = H_{t_1}^A - H_0 - \frac{c}{g}(v_{t_1}^A - v_0) \tag{6-34}$$

$B$ 截面　　　　　$$2F\left(t_2 - \frac{x_2}{c}\right) = H_{t_2}^B - H_0 - \frac{c}{g}(v_{t_2}^B - v_0) \tag{6-35}$$

由于水击波 $t_1$ 瞬时在截面 $A$ 处,$t_2$ 瞬时传到截面 $B$ 处,应有

$$t_2 = t_1 + \frac{x_2 - x_1}{c} \quad 即 \quad t_1 - \frac{x_1}{c} = t_2 - \frac{x_2}{c}$$

又由于逆行波在传播过程中波形不变,则式(6-34)和式(6-35)二式左边相等,二式的右边也

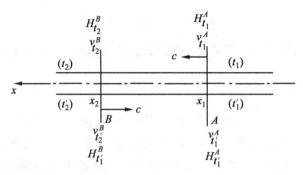

图6-14 水击连锁方程推导示意图

应相等。即得

$$H_{t_1}^A - H_{t_2}^B = \frac{c}{g}(v_{t_1}^A - v_{t_2}^B) \tag{6-36}$$

式(6-36)已消去未知函数 $F$ 和 $f$。式(6-36)表明了,逆行水击波在 $t_1$ 瞬时由截面 $A$,在 $t_2$ 瞬时传到截面 $B$ 处时,这两个截面的水头和流速的关系。

又如图6-14所示,有顺行波在 $t_2'$ 瞬时,传到 $B$ 截面,水头为 $H_{t_2'}^B$,流速为 $v_{t_2'}^B$;又于 $t_1'$ 瞬时,传到 $A$ 截面,水头为 $H_{t_1'}^A$,流速为 $v_{t_1'}^A$。将该两截面的数值分别代入式(6-33)中,有:

$B$ 截面
$$2f\left(t_2' + \frac{x_2}{c}\right) = H_{t_2'}^B - H_0 + \frac{c}{g}(v_{t_2'}^B - v_0) \tag{6-37}$$

$A$ 截面
$$2f\left(t_1' + \frac{x_1}{c}\right) = H_{t_1'}^A - H_0 + \frac{c}{g}(v_{t_1'}^A - v_0) \tag{6-38}$$

由于水击波 $t_2'$ 瞬时在截面 $B$ 处,$t_1'$ 瞬时传到截面 $A$ 处,应有

$$t_1' = t_2' + \frac{x_2 - x_1}{c} \quad 即 \quad t_1' + \frac{x_1}{c} = t_2' + \frac{x_2}{c}$$

同样由于顺行波在传播过程中波形不变,式(6-37)和式(6-38)二式的左边相等,二式的右边也应相等。即得

$$H_{t_1'}^A - H_{t_2'}^B = -\frac{c}{g}(v_{t_1'}^A - v_{t_2'}^B) \tag{6-39}$$

式(6-39)也消去了未知函数 $F$ 和 $f$。式(6-39)表明了,顺行水击波在 $t_2'$ 瞬时由截面 $B$,在 $t_1'$ 瞬时传到截面 $A$ 处时,这两个截面的水头和流速的关系。

式(6-36)和式(6-39)表达了水击波在不同瞬时两个截面上的水头和流速之间的关系。式(6-36)反映了水击波从下游向上游传播时的关系;式(6-39)则反映了水击波从上游向下游传播时的关系。利用这两个关系式可以从已知截面在某瞬时的水头和流速,求解另一截面在水击波传到的瞬时水头和流速。由于这两个方程表征了两个截面之间的关系,所以将这两个方程称为连锁方程。注意,这两个方程形式上一致,仅仅相差一个负号。

在实际计算时,常使用相对水头 $\zeta = \dfrac{H - H_0}{H_0}$ 和相对流速 $\eta = \dfrac{v}{v_{max}}$,其中 $v_{max}$ 为阀门全开时的管道定常流流速。由式(6-36)和式(6-39),得用相对水头和相对流速表示的方程

$$\zeta_{t_1}^A - \zeta_{t_2}^B = 2\mu(\eta_{t_1}^A - \eta_{t_2}^B) \tag{6-40}$$

$$\zeta_{t_1}^A - \zeta_{t_2}^B = -2\mu(\eta_{t_1}^A - \eta_{t_2}^B) \tag{6-41}$$

式(6-40)和式(6-41)为连锁方程的无量纲形式。式中 $\mu = \dfrac{cv_{max}}{2gH_0}$ 为管道特征系数。

### 6.3.3　定解条件

在运用连锁方程求解时,需首先确定水击问题的初始条件和边界条件。初始条件为水击发生前,管道处于定常流时沿管道各截面的水头 $H_0$ 和流速 $v_0$。边界条件为水击问题所涉及的管道系统中某些截面的水流条件,这些条件对水击的发生和发展过程起着控制作用。在此,将主要讨论简单管道的边界条件,对于复杂管道的边界条件或需更详细了解实际情况下的各种边界条件,读者可以参阅相关专业书籍或手册。

对于如图6-3所示的简单管道系统,应有上游水库进口截面 $B$ 和下游阀门截面 $A$ 两个边界条件。对上游边界条件,因水库进口截面 $B$ 处的水头受水库水位的控制,而水库水位不受管道内非定常流的影响,则水库进口截面 $B$ 处的边界条件为

$$H^B = H_0 \qquad 或 \qquad \zeta^B = \frac{H^B - H_0}{H_0} = 0 \tag{6-42}$$

关于管道下游边界条件,由于管道下游端装有控制流量的阀门,一般来说是给出流速与阀门开度的关系。由于液体将经过阀门流向大气,则可以将阀门处的流动视为孔口出流,于是通过阀门的流量 $Q_t$ 可以近似表示为

$$Q_t = \mu' A_t' \sqrt{2gH_t^A}$$

式中:$\mu'$——阀门的流量系数;$A_t'$——阀门有效截面面积;$H_t^A$——阀门前管道截面的水头。

在 $t$ 瞬时阀门前管道截面 $A$ 处的流速 $v_t^A$ 为

$$v_t^A = \frac{Q_t}{A} = \mu' \frac{A_t'}{A} \sqrt{2gH_t^A} \tag{6-43}$$

式(6-43)中 $A$ 为管道的有效截面面积。如果阀门全开,则阀门处的有效截面面积 $A_t' = A_{max}'$,相应的水头为 $H_0$,并假定流量系数 $\mu'$ 不随阀门的开启度而变,管道内最大流速 $v_{max}$ 为

$$v_{max} = \frac{Q_{max}}{A} = \mu' \frac{A_{max}'}{A} \sqrt{2gH_0} \tag{6-44}$$

由式(6-43)和式(6-44)可得 $t$ 瞬时的相对流速

$$\eta_t^A = \frac{v_t^A}{v_{max}} = \frac{A_t'}{A_{max}'} \sqrt{\frac{H_t^A}{H_0}} = \tau_t \sqrt{1 + \zeta_t^A} \tag{6-45}$$

式(6-45)为以相对流速表示的下游阀门处的边界条件表达式。式中 $\tau_t = \dfrac{A_t'}{A_{max}'}$ 为阀门在 $t$ 瞬时的相对开度。相对开度的大小在 1 与 0 之间,对应着全开到全关。一般只要知道了阀门的启闭规律,即知道阀门的相对开度 $\tau_t$,就可以根据式(6-45)确定 $\eta_t^A$ 和 $\zeta_t^A$ 的关系。实际工程中,阀门等控制流量的装置都有相对开度 $\tau_t$ 随时间 $t$ 的变化关系,若缺乏这些变化关系的资料或简化计算时,可以近似假定开度 $\tau_t$ 随时间 $t$ 作如图6-15所示的直线变化,即阀门作线性启、闭的动作。

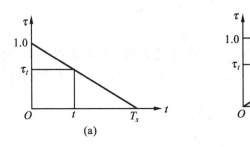

图 6-15　阀门相对开度 $\tau_t$ 与时间 $t$ 的变化关系图

### 6.3.4　求解水击压强的解析法

根据连锁方程和水击问题的初始条件及边界条件,可以得到求解任意截面在任意瞬时的水击压强的解析表达式。

在实际工程中,人们最感兴趣的是确定水击发生时管道的最大水击压强。从本章 §6.1 中的讨论可知,对全管段而言,最大水击压强将在阀门截面 $A$ 出现。又由于水击波从发生经反射回到原来截面的时间为一个相长 $T_r = \dfrac{2L}{c}$,所以在下游阀门截面 $A$,水击压强的增减趋势的改变总是发生在各相之末。这样对于求间接水击,只需求出各相末的水击压强,然后从中再找出可能的最大水击压强。对于求直接水击,只需求出阀门截面 $A$ 的第一相末的水击压强就是所求的最大水击压强。

由于只是计算各相末的水击压强,为方便计算,将变量的时间下标以相长的倍数来表示。如 $\zeta_{t=0} = \zeta_0$,$\eta_{t=L/c} = \eta_{0.5}$,$\zeta_{t=2L/c} = \zeta_1$,$\eta_{t=4L/c} = \eta_2$ 等。

又由于上游水库进口截面处的已知量最多,因此对阀门截面 $A$ 和水库进口截面 $B$ 运用连锁方程。前半相运用连锁方程式(6-40),后半相运用连锁方程式(6-41)。两式联立可以解出各相末阀门截面 $A$ 处的水击压强。

首先,推求计算第一相末水击压强的表达式。

在 $t_1 = 0$ 至 $t_2 = \dfrac{L}{c}$ 即 0.5 相时段内,水击波由下游阀门截面 $A$ 逆行传播至上游水库进口截面 $B$ 处,可以应用连锁方程式(6-40),即

$$\zeta_0^A - \zeta_{0.5}^B = 2\mu(\eta_0^A - \eta_{0.5}^B)$$

由初始条件和边界条件知,$\zeta_0^A = 0$,$\eta_0^A = \tau_0\sqrt{1+\zeta_0^A} = \tau_0$,$\zeta_{0.5}^B = 0$,代入上式解出

$$\eta_{0.5}^B = \eta_0^A = \tau_0$$

在 $t_2' = 0.5$ 相至 $t_1' = 1$ 相时段内,水击波由上游水库进口截面 $B$ 顺行传播至下游阀门截面 $A$ 处,可以应用连锁方程式(6-41),即

$$\zeta_1^A - \zeta_{0.5}^B = -2\mu(\eta_1^A - \eta_{0.5}^B)$$

由边界条件,$\zeta_{0.5}^B = 0$,$\eta_1^A = \tau_1\sqrt{1+\zeta_1^A}$(式(6-45)给出),以及前式解出的 $\eta_{0.5}^B = \tau_0$,代入上式可得计算第一相末水击压强 $\zeta_1^A$ 的表达式

$$\tau_1\sqrt{1+\zeta_1^A} = \tau_0 - \frac{\zeta_1^A}{2\mu} \tag{6-46}$$

其次,推求计算第二相末水击压强的表达式。

与推求计算第一相末水击压强的表达式相同,现将第一相末至第二相末的时间段,分成 $t_1=1$ 相至 $t_2=1.5$ 相的逆行和 $t_1'=1.5$ 相至 $t_1'=2$ 相的顺行两段,分别应用连锁方程式(6-40)和式(6-41),得

$$\zeta_1^A - \zeta_{1.5}^B = 2\mu(\eta_1^A - \eta_{1.5}^B)$$

$$\zeta_2^A - \zeta_{1.5}^B = -2\mu(\eta_2^A - \eta_{1.5}^B)$$

由边界条件,$\zeta_{1.5}^B=0$,$\eta_2^A=\tau_2\sqrt{1+\zeta_2^A}$(式(6-45)给出),以及第一相末水击压强表达式(6-46),可以联立解得

$$\eta_{1.5}^B = \tau_0 - \frac{\zeta_1^A}{\mu}$$

$$\tau_2\sqrt{1+\zeta_2^A} = \tau_0 - \frac{\zeta_2^A}{2\mu} - \frac{\zeta_1^A}{\mu} \tag{6-47}$$

式(6-47)为计算第二相末水击压强 $\zeta_2^A$ 的表达式。继续按连锁方程逐相求解的思路,可以解得计算阀门截面 $A$ 处第 $n$ 相末水击压强 $\zeta_n^A$ 的表达式

$$\tau_n\sqrt{1+\zeta_n^A} = \tau_0 - \frac{\zeta_n^A}{2\mu} - \frac{1}{\mu}\sum_{i=1}^{n-1}\zeta_i^A \tag{6-48}$$

式(6-48)为计算简单管道各相末水击压强 $\zeta_n^A(n=1,2,3,\cdots)$ 的表达式。取 $n=1$ 时,可以解得直接水击$\left(T_s < T_r = \dfrac{2L}{c}\right)$时的水击压强;取 $n>1$ 时,可以逐相计算间接水击($T_s > T_r$)时的水击压强,从中找出最大水击压强。

显然,阀门关闭的时间越长,相数就越多,计算量也越大。为简化计算,根据实际情况,阀门处的最大水击压强有两种可能:

(1)出现在第一相末,即 $\zeta_{max}^A = \zeta_1^A$,称为首相水击。图6-16(a)为这种情况。此时只需用式(6-46)计算 $\zeta_1^A$ 即可;

(2)出现在阀门关闭结束时,称为末相水击。这种情况是在阀门关闭的过程中,水击压强逐步升高,有 $\zeta_{max}^A = \zeta_m^A$(阀门关闭时间 $T_s$ 内共有 $m$ 相)。图6-16(b)给出了这种情况。为计算末相水击压强,对于阀门开度按线性变化的情况下,当相数增加时,水击压强将趋近 $\zeta_m^A$,亦即 $\zeta_{m-1}^A$ 与 $\zeta_m^A$ 非常接近。如果假定 $\zeta_m^A = \zeta_{m-1}^A$,由式(6-48)可得一计算末相水击压强的近似计算公式

$$\zeta_m^A = \frac{\sigma}{2}\left(\sqrt{\sigma^2+4}+\sigma\right) \tag{6-49}$$

式中

$$\sigma = \mu\frac{2L}{cT_s} = \frac{Lv_{max}}{gH_0T_s}。$$

需注意的是,在实际工程中,最大水击压强也可能出现在关闭过程中的任何一相。因此对重点工程,需计算每一相末的水击压强。

**例6.1** 某水电站用压力钢管从水库引水带动水轮机发电,管端安装有自动调节流量的阀门。已知压力钢管管长 $L=300\mathrm{m}$,管内径 $D=800\mathrm{mm}$,管壁厚度 $e=6\mathrm{mm}$,电站水头 $H_0=$

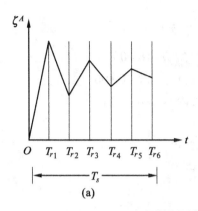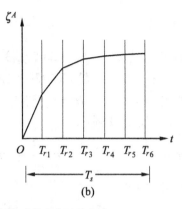

图 6-16　阀门截面处各相末水击压强变化示意图

100m,阀门全开时通过流量 $Q_{max}=1.2\text{m}^3/\text{s}$,假定阀门按线性关系启闭。试求阀门完全关闭的时间分别为 $T_s=0.6\text{s}$ 和 $T_s=4\text{s}$ 时的水击压强。

**解**　已知 $\dfrac{D}{e}=133.33$,查表 6-1 得 $\dfrac{K}{E}=0.01$。由水击波速公式(6-12),得

$$c=\frac{1435}{\sqrt{1+133.33\times0.01}}=940\text{m/s}$$

又知相长为 $T_r=\dfrac{2L}{c}=\dfrac{2\times300}{940}=0.64\text{s}$,则可判别水击类型,当 $T_s=0.6\text{s}$ 时,$T_s<T_r$ 为直接水击。当 $T_s=4\text{s}$ 时,$T_s>T_r$ 为间接水击。

（1）计算直接水击压强。

由第一相末水击压强表达式(6-46),此时因阀门关闭,其开度 $\tau_1=0,v_1=0$,得

$$\tau_0-\frac{\zeta_1^A}{2\mu}=0$$

其中 $\mu=\dfrac{cv_{max}}{2gH_0}$,$\tau_0=\dfrac{v_0}{v_{max}}$,可得直接水击压强计算式

$$H_1^A-H_0=\frac{c}{g}v_0 \qquad 或 \qquad \Delta H=\frac{c}{g}v_0$$

上式与 §6.1 中推导出的计算式(6-3)完全一样。因此由

$$v_0=v_{max}=\frac{Q_{max}}{\dfrac{\pi}{4}D^2}=\frac{1.2}{\dfrac{\pi}{4}\times0.8^2}=2.39\text{m/s}$$

得直接水击压强　　　　　$$H_1^A=H_0+\frac{c}{g}v_0=100+\frac{940}{9.8}\times2.39=329\text{m}$$

（2）计算间接水击压强。

先计算首相水击压强,由于阀门按线性关系关闭,则

$$\tau_0=1,\tau_1=\tau_0-\frac{2L}{cT_s}=1-\frac{0.64}{4}=0.84$$

管道特性系数　　　　　$$\mu=\frac{cv_{max}}{2gH_0}=\frac{940\times2.39}{2\times9.8\times100}=1.15$$

代入式(6-46)得
$$0.84\sqrt{1+\zeta_1^A}=1-\frac{\zeta_1^A}{2\times1.15}=1-0.435\zeta_1^A$$

化简整理后得
$$0.268\ (\zeta_1^A)^2-2.233\zeta_1^A+0.416=0$$

解一元二次方程,得　　　$\zeta_1^A=8.142$(不合理,略去)　　　$\zeta_1^A=0.190$

则得首相水击压强　　　$H_1^A=H_0+\zeta_1^A H_0=100+0.190\times100=119\text{m}$

再计算末相水击压强:

已知水击常数
$$\sigma=\frac{Lv_{\max}}{gH_0T_s}=\frac{300\times2.39}{9.8\times100\times4}=0.183$$

根据式(6-46),有

$$\zeta_m^A=\frac{\sigma}{2}\left(\sqrt{\sigma^2+4}+\sigma\right)=\frac{0.183}{2}\left(\sqrt{0.183^2+4}+0.183\right)=0.201$$

则得末相水击压强　　　$H_m^A=H_0+\zeta_m^A H_0=100+0.201\times100=120.1\text{m}$

则间接水击压强　　　　　　　$H_m^A=120.1\text{m}$。

# §6.4　水击方程的特征线法

根据偏微分方程的理论,双曲型偏微分方程组具有两族不同的实特征线,沿特征线可以将双曲型偏微分方程组降阶化成常微分方程组——特征方程组,再对常微分方程组进行求解。这种可以方便地求解较复杂的偏微分方程的方法称为特征线法。水击基本方程组式(6-27)属于双曲型偏微分方程组,可以使用特征线法进行求解。特征线法的优点是物理思路清晰,力学意义明确,便于计算机编程。本节首先简要介绍特征线法的基本思想,继而叙述如何建立特征线方程和特征方程,以及怎样用特征线法求解水击基本方程组。

## 6.4.1　特征线法的基本思想

已知一因变量为 $u$、自变量为 $s$ 和 $t$ 的拟线性偏微分方程,方程形式为

$$a(s,t,u)\frac{\partial u}{\partial s}+b(s,t,u)\frac{\partial u}{\partial t}=c(s,t,u) \tag{6-50}$$

与常微分方程相比较,偏微分方程(6-50)的复杂性在于,偏微分方程包含有两个方向的微商。特征线法的思想是,能否引进一条曲线,使两个方向的微商化成一个方向的微商。根据二元函数的微商公式,引进一条曲线,其方程的一般形式为

$$a(s,t,u)\mathrm{d}t-b(s,t,u)\mathrm{d}s=0 \tag{6-51}$$

或
$$\frac{\mathrm{d}s}{\mathrm{d}t}=\frac{a(s,t,u)}{b(s,t,u)}$$

沿该曲线,式(6-50)左端可以整理为

$$a(s,t,u)\frac{\partial u}{\partial s}+b(s,t,u)\frac{\partial u}{\partial t}=b(s,t,u)\left[\frac{a(s,t,u)}{b(s,t,u)}\frac{\partial u}{\partial s}+\frac{\partial u}{\partial t}\right]$$

$$=b(s,t,u)\left[\frac{\partial u}{\partial s}\frac{\mathrm{d}s}{\mathrm{d}t}+\frac{\partial u}{\partial t}\right]=b(s,t,u)\frac{\mathrm{d}u}{\mathrm{d}t}$$

因此式(6-50)可以写成

$$b(s,t,u)\frac{\mathrm{d}u}{\mathrm{d}t}=c(s,t,u) \tag{6-52}$$

式(6-52)为引入曲线式(6-51)后,偏微分方程(6-50)所化成的只包含一个方向微商的常微分方程。所引入的曲线方程(6-51)称为特征线方程,其中$\frac{\mathrm{d}s}{\mathrm{d}t}$称为特征方向;而式(6-52)则称为特征方程或特征关系式。这时原来的拟线性偏微分方程(6-50),转化为与之等价的常微分方程(6-51)和式(6-52),可以用求解常微分方程的方法得到原偏微分方程的解。

具体求解的方法是联解特征线方程和相应的特征方程,得到特征线上各点$(s,t)$的未知量。由于方程的系数$a$、$b$及右端项$c$同时也是未知量$u$的函数。故无法得到两个常微分方程的解析解。一般情况下,是将这两个常微分方程改变为有限差分形式的方程,再根据给定的初始条件及边界条件求得近似数值解。

从上述推导可见,特征线法的关键在于如何引入特征线方程。对于如水击基本方程组这样的含两个因变量的偏微分方程组,可以利用线性组合法求得与之等价的特征线方程和特征方程,然后再求数值解。下面将针对水击基本方程组,叙述这个方程的特征线解法。

### 6.4.2　水击基本方程组的特征线解法

考虑阻力时管道非定常流基本方程组式(6-27)为

连续性方程

$$\left.\begin{array}{l}\dfrac{\partial H}{\partial t}+v\dfrac{\partial H}{\partial x}+\dfrac{c^2}{g}\dfrac{\partial v}{\partial x}+v\sin\alpha=0\\[4mm]\dfrac{\partial H}{\partial x}+\dfrac{1}{g}\left(\dfrac{\partial v}{\partial t}+v\dfrac{\partial v}{\partial x}\right)+\dfrac{\lambda}{D}\dfrac{v|v|}{2g}=0\end{array}\right\}$$

运动方程

方程组式(6-27)为一阶拟线性双曲型偏微分方程组,该方程组存在两条实特征线,故可以用特征线法求解。现将水击基本方程组式(6-27)改写为

$$J_1=\frac{\partial v}{\partial t}+v\frac{\partial v}{\partial x}+g\frac{\partial H}{\partial x}+\frac{\lambda}{2D}v|v|=0 \tag{6-53}$$

$$J_2=\frac{c^2}{g}\frac{\partial v}{\partial x}+\frac{\partial H}{\partial t}+v\frac{\partial H}{\partial x}+v\sin\alpha=0 \tag{6-54}$$

由于以上两式的量纲不一样,故将$J_2$乘以待定系数$\lambda_1$,使两式线性组合起来

$$J=J_1+\lambda_1 J_2=\left[\frac{\partial v}{\partial t}+\left(v+\lambda_1\frac{c^2}{g}\right)\frac{\partial v}{\partial x}\right]+\left[\frac{\partial H}{\partial t}+\left(\frac{g}{\lambda_1}+v\right)\frac{\partial H}{\partial x}\right]\lambda_1+\lambda_1 v\sin\alpha+\frac{\lambda}{2D}v|v|=0 \tag{6-55}$$

方程(6-55)与方程(6-53)、方程(6-54)一样,包含两个因变量$H$和$v$。现在的问题是,怎样选择$\lambda_1$值,使方程(6-55)变为常微分方程。

假定式(6-27)的解为$v=v(x,t)$和$H=H(x,t)$,同时自变量$x$是时间$t$的函数,即因变量$H$和$v$为自变量$x$和$t$的复合函数。则$H$和$v$的全导数可以写成

$$\frac{\mathrm{d}v}{\mathrm{d}t}=\frac{\partial v}{\partial t}+\frac{\partial v}{\partial x}\frac{\mathrm{d}x}{\mathrm{d}t},\quad \frac{\mathrm{d}H}{\mathrm{d}t}=\frac{\partial H}{\partial t}+\frac{\partial H}{\partial x}\frac{\mathrm{d}x}{\mathrm{d}t} \tag{6-56}$$

对照式(6-56)可以看出,如果要使式(6-55)中的方括号项分别为因变量$H$和$v$的全导数,则应有

$$\frac{\mathrm{d}x}{\mathrm{d}t}=v+\lambda_1\frac{c^2}{g},\quad \frac{\mathrm{d}x}{\mathrm{d}t}=\frac{g}{\lambda_1}+v \tag{6-57}$$

这时式(6-55)可以写成常微分方程

$$J=\frac{\mathrm{d}v}{\mathrm{d}t}+\lambda_1\frac{\mathrm{d}H}{\mathrm{d}t}+\lambda_1 v\sin\alpha+\frac{\lambda}{2D}v\,|\,v\,|=0 \tag{6-58}$$

根据式(6-57),有待定系数 $\lambda_1$ 应满足的关系式

$$v+\lambda_1\frac{c^2}{g}=\frac{g}{\lambda_1}+v$$

可以解得

$$\lambda_1=\pm\frac{g}{c} \tag{6-59}$$

将式(6-59)中的两个 $\lambda_1$ 值代入式(6-57),得

$$\frac{\mathrm{d}x}{\mathrm{d}t}=v+c \tag{6-60}$$

$$\frac{\mathrm{d}x}{\mathrm{d}t}=v-c \tag{6-61}$$

在 $xOt$ 坐标系中,式(6-60)和式(6-61)各为一簇曲线。从上述推导可知,正是沿该曲线,原方程式(6-27)转化为常微分方程。这些曲线就是前述的特征线。式(6-60)和式(6-61)为特征线方程,相应的式(6-58)为特征方程。特征线方程(6-60)、式(6-61)的物理意义在于,方程的右边反映了顺行水击波($+c$)和逆行水击波($-c$)的绝对速度,方程中的 $x$ 并不是指任意断面坐标,而是指某一水击波波峰在 $t$ 时刻所处的断面位置。如果式(6-60)和式(6-61)解出函数 $x=f_1(t)$ 和 $x=f_2(t)$,则这两个函数表示了顺行和逆行两个水击波波峰的运动规律。因此,把式(6-60)所代表的特征线,称为顺行特征线,以 $c^+$ 表示;把式(6-61)所代表的特征线,称为逆行特征线,以 $c^-$ 表示。如图6-17所示。

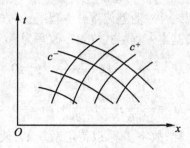

图6-17　特征线示意图

将式(6-59)中的两个 $\lambda_1$ 值代入式(6-58),并与式(6-60)和式(6-61)对应组合,可得两个常微分方程组

沿 $c^+$

$$\frac{\mathrm{d}x}{\mathrm{d}t}=v+c \tag{6-60}$$

$$\frac{\mathrm{d}v}{\mathrm{d}t}+\frac{g}{c}\frac{\mathrm{d}H}{\mathrm{d}t}+\frac{g}{c}v\sin\alpha+\frac{\lambda}{2D}v\,|\,v\,|=0 \tag{6-62}$$

沿 $c^-$

$$\frac{\mathrm{d}x}{\mathrm{d}t}=v-c \tag{6-61}$$

$$\frac{\mathrm{d}v}{\mathrm{d}t}-\frac{g}{c}\frac{\mathrm{d}H}{\mathrm{d}t}-\frac{g}{c}v\sin\alpha+\frac{\lambda}{2D}v\,|\,v\,|=0 \tag{6-63}$$

式(6-62)、式(6-63)为前述的特征方程或特征关系式,这两个方程表示了在相应的特征线上应满足的常微分关系式。式(6-60)和式(6-62)这对常微分方程沿顺行特征线 $c^+$ 上适用;而式(6-61)和式(6-63)这对常微分方程沿逆行特征线 $c^-$ 上适用。这两对常微分方程统称为特征方程组。

由于特征线决定了波峰的运动规律,同时也规定了沿波峰水头和流速的变化规律。所以特征线法只能沿特征线即波峰的轨迹求解各水力要素。如图 6-18 所示,在 $xOt$ 平面上,过点 $R$ 作一条顺行特征线 $c^+$,其方程为式(6-60),式(6-62)仅沿该特征线 $c^+$ 成立;过点 $S$ 作一条逆行特征线 $c^-$,其方程为式(6-61),式(6-63)仅沿该特征线 $c^-$ 成立。如果已知 $R$、$S$ 点的位置 $(x_R, t_R)$、$(x_S, t_S)$,以及相应点的水头流速 $(v_R, H_R)$、$(v_S, H_S)$ 值,那么经过 $R$ 点和 $S$ 点的 $c^+$ 和 $c^-$ 两条特征线的交点 $P$ 的位置 $(x_P, t_P)$ 可以先由式(6-60)和式(6-61)求得,$P$ 点的水头流速 $(v_P, H_P)$ 值可以由式(6-62)和式(6-63)求得。这样,从已知的 $R$、$S$ 点的水头和流速,可以确定新的未知交点 $P$ 的位置及其水头、流速。依此类推,可以逐点求出后继时刻各点的水头和流速。

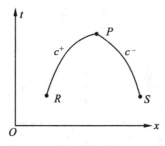

图 6-18　沿特征线求解示意图

现将式(6-60),式(6-62)沿顺行特征线积分,即从 $R$ 点到 $P$ 点积分,得

$$\int_{x_R}^{x_P} \mathrm{d}x - \int_{t_R}^{t_P} (v + c)\,\mathrm{d}t = 0$$

$$\int_{v_R}^{v_P} \mathrm{d}v + \int_{H_R}^{H_P} \frac{g}{c}\,\mathrm{d}H + \int_{t_R}^{t_P} \frac{g}{c} v\sin\alpha\,\mathrm{d}t + \int_{t_R}^{t_P} \frac{\lambda}{2D} v\,|v|\,\mathrm{d}t = 0$$

引入积分中值定理 $\int_a^b f(x)\,\mathrm{d}x = f(\xi)(b - a)$,其中 $a < \xi < b$,如果 $\xi$ 取积分下限 $a$ 或上限 $b$ 则有一阶积分近似式

$$\int_a^b f(x)\,\mathrm{d}x \approx f(a)(b - a),\quad \int_a^b f(x)\,\mathrm{d}x \approx f(b)(b - a)$$

由此,以上两式的有限差分形式为

沿 $c^+$
$$x_P - x_R - (v + c)_R(t_P - t_R) = 0 \tag{6-64}$$

$$(v_P - v_R) + \frac{g}{c}(H_P - H_R) + \frac{g}{c} v_R\sin\alpha(t_P - t_R) + \frac{\lambda}{2D} v_R\,|v_R|(t_P - t_R) = 0 \tag{6-65}$$

同理,将式(6-61),式(6-63)沿逆行特征线从 $S$ 点到 $P$ 点积分,得

沿 $c^-$
$$x_P - x_S - (v - c)_S(t_P - t_S) = 0 \tag{6-66}$$

$$(v_P - v_S) - \frac{g}{c}(H_P - H_S) - \frac{g}{c} v_S\sin\alpha(t_P - t_S) + \frac{\lambda}{2D} v_S\,|v_S|(t_P - t_S) = 0 \tag{6-67}$$

式(6-64)~式(6-67)为特征方程组离散后的四个差分方程,这四个方程共含有四个未知量 $x_P, t_P, v_P, H_P$,方程是封闭的。在给定已知点的 $x_R, t_R, v_R, H_R$ 及 $x_S, t_S, v_S, H_S$ 可以由式(6-64)和式(6-66)求出 $x_P, t_P$,然后由式(6-65)和式(6-67)求出 $v_P, H_P$。

由特征方程组的差分方程求解数值近似解的方法主要有两类,一类是特征线网格法,另一类是矩形网格法。主要的区别在于,用什么样的网格计算特征方程组的差分方程。特征线网格法的特点是整个求解过程是建立在如图 6-18 所示的全部由特征线组成的网格点上进行的。这种特征线网格很不规则,只适用于手工计算,不适宜编程计算。现多采用后一类方法即矩形网格特征差分法。下面针对这种方法,介绍几种计算格式以及相应计算步骤。

**1.特征线近似为直线**

对于刚性较大的管道,当管道中的流速 $v$ 远小于水击波的波速 $c$,特征线方程式(6-60)和式(6-61)中的 $v$ 可以略去,特征线则成为斜率为 $\pm c$ 的直线。现采用如图 6-19 所示的矩形网格,其中沿管道方向分成 $N$ 等份,距离步长为 $\Delta x$,时间步长为 $\Delta t$。由式(6-64)和式(6-66)可以写出特征线差分方程

沿 $c^+$ $\qquad\qquad\qquad\qquad\qquad \Delta x = c\Delta t$

沿 $c^-$ $\qquad\qquad\qquad\qquad\qquad \Delta x = -c\Delta t$

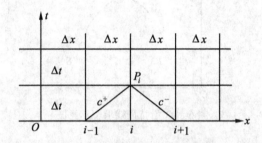

图 6-19　特征线为直线的差分网络图

如果时间步长采用 $\Delta t = \dfrac{\Delta x}{c}$,则两条特征线即为网格的对角线,也就是说,网格的每一个结点上都满足特征线方程。

现根据如图 6-19 所示的矩形网格,将特征方程的差分方程式(6-65)和式(6-67)改写为

沿 $c^+$ $\qquad (v_{P_i}-v_{i-1})+\dfrac{g}{c}(H_{P_i}-H_{i-1})+\dfrac{g}{c}\Delta t\sin\alpha v_{i-1}+\dfrac{\lambda\Delta x}{2Dc}v_{i-1}\,|\,v_{i-1}\,|=0$ $\qquad$ (6-68)

沿 $c^-$ $\qquad (v_{P_i}-v_{i+1})-\dfrac{g}{c}(H_{P_i}-H_{i+1})-\dfrac{g}{c}\Delta t\sin\alpha v_{i+1}-\dfrac{\lambda\Delta x}{2Dc}v_{i+1}\,|\,v_{i+1}\,|=0$ $\qquad$ (6-69)

以上两式对于网格除边界点外的结点都应满足。式中只有 $v_{P_i}, H_{P_i}$ 两个未知量,联立求解可得这两个量的显式表达式

$$H_{P_i}=\frac{1}{2}\left[H_{i-1}+H_{i+1}+\frac{c}{g}(v_{i-1}-v_{i+1})-\Delta t\sin\alpha(v_{i-1}+v_{i+1})-\frac{\lambda\Delta x}{2gD}(v_{i-1}\,|\,v_{i-1}\,|+v_{i+1}\,|\,v_{i+1}\,|)\right]$$ (6-70)

$$v_{P_i}=\frac{1}{2}\left[\frac{g}{c}(H_{i-1}-H_{i+1})+(v_{i-1}+v_{i+1})-\frac{g}{c}\Delta t\sin\alpha(v_{i-1}-v_{i+1})-\frac{\lambda\Delta x}{2Dc}(v_{i-1}\,|\,v_{i-1}\,|-v_{i+1}\,|\,v_{i+1}\,|)\right]$$

(6-71)

计算的初始条件为 $t=0$ 时刻,管道 $N+1$ 个结点(断面)的 $v$ 和 $H$ 的初始值。由于实际边界条件比较复杂,在此只介绍简单管道的两个常用边界条件。

(1)管道的上游端为水位恒定的水库,即 $x=0$ 时,

$$H_{P_1}=H_0 \tag{6-72}$$

(2)管道下游端为阀门。设阀门按直线规律启闭,阀门可以视为孔口出流,即 $x=L$ 时

$$v_{P_{N+1}}=\tau\varphi_1\sqrt{2gH_{P_{N-1}}}=\left(1-\frac{t}{T_s}\right)\varphi_1\sqrt{2gH_{P_{N-1}}} \tag{6-73}$$

首先根据初始条件,即管道上 $t=0$ 时刻,管道 $N+1$ 个结点的 $v$ 和 $H$ 的初始值,利用式(6-70)和式(6-71)可以求得 $t=\Delta t$ 时刻,除边界结点外的各结点值,即编号为 $i=2,3,\cdots,N$ 的结点上的 $v_{P_i}$, $H_{P_i}$ 值;同时由上游边界条件式(6-72)和沿特征线 $c^-$ 的式(6-69)可以求得上游边界 $i=1$ 处的 $v_{P_1}$ 值,由下游边界条件式(6-73)和沿特征线 $c^+$ 的式(6-68)可以求得下游边界 $i=N+1$ 处的 $H_{P_{N+1}}$ 值。将已求出 $t=\Delta t$ 时刻各结点的流速、水头值作为已知值,重复上述步骤,可以计算 $t=2\Delta t,3\Delta t,\cdots$ 时刻各结点的流速、水头值,直到达到计算要求时止。

2.特征线为曲线

当管道中的流速 $v$ 不可略去时,特征线则成为曲线,如图 6-20 所示。图 6-20 中顺行特征线 $c^+$ 由 $R$ 点到 $P$ 点;逆行特征线 $c^-$ 由 $S$ 点到 $P$ 点,两线交于 $P$ 点。现采用矩形网格,其中沿管道方向分成 $N$ 等份,距离步长为 $\Delta x$,时间步长为 $\Delta t$。为了保证解的稳定性和收敛性,$\Delta x$ 与 $\Delta t$ 之间必须满足下列关系

$$\frac{\Delta x}{\Delta t}\geqslant(v+c) \quad \text{或} \quad \Delta x\geqslant c\Delta t$$

上述关系式的意义在于,必须保证交于 $P$ 点的两条特征线的端点 $R$ 和 $S$ 落在 $A$、$B$ 两点之间。这一关系也称库朗(Courant)条件。

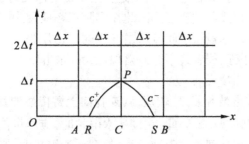

图 6-20 特征线为曲线的差分网络图

由于网格已经确定,无须再计算结点坐标 $x_P, t_P$。这时在选择了 $\Delta x$(或 $\Delta t$)之后,即可计算结点 $P$ 的解。从图 6-20 可见,要求 $P$ 的解,需先求得 $R$、$S$ 的解,而 $R$、$S$ 点的解可以由已知的 $A$、$B$、$C$ 三点的值用内插法得到。于是根据线性内插,对于 $R$ 点有

$$\frac{x_C-x_R}{x_C-x_A}=\frac{v_C-v_R}{v_C-v_A}, \quad \frac{x_C-x_R}{x_C-x_A}=\frac{H_C-H_R}{H_C-H_A}$$

注意到 $x_P=x_C$, $x_C-x_A=\Delta x$,以及式(6-64)可以写成 $x_C-x_R=(v_R+c_R)\Delta t$,代入上式可以分别得到

$$v_R = \frac{v_C - \theta c_R (v_C - v_A)}{1 + \theta (v_C - v_A)} \tag{6-74}$$

$$H_R = H_C - \theta (v_R + c_R)(H_C - H_A) \tag{6-75}$$

式中步长比 $\theta = \dfrac{\Delta t}{\Delta x}$。类似地可得 $S$ 点的 $v_S, H_S$ 内插值为

$$v_S = \frac{v_C - \theta c_S (v_C - v_B)}{1 - \theta (v_C - v_B)} \tag{6-76}$$

$$H_S = H_C + \theta (v_S - c_S)(H_C - H_B) \tag{6-77}$$

使用式(6-74)~式(6-77)可以求出插值点的 $v_R, H_R, v_S, H_S$ 值,然后由式(6-65)和式(6-67)求解 $v_P, H_P$ 值。具体求解步骤和边界条件与特征线近似为直线的计算格式一样。

最后需指出的是,此处介绍了矩形网格特征差分法的两个计算格式。这两个计算格式都属于显式格式。显式格式的特点是,时间步长一般受库朗条件的限制,是有条件稳定格式。除了显式格式外,还有隐式格式,隐式格式的优点是无条件稳定,时间步长可以适当加大。隐式格式比显式格式要复杂,有兴趣的读者可以参阅相关文献。

## §6.5　减小水击压强的措施与调压井

### 6.5.1　减小水击压强的措施

通过前面对水击现象、水击基本方程以及水击压强的计算方法等的讨论,了解了水击压强的各种影响因素,例如阀门启、闭时间 $T_s$、管道长度 $L$ 以及管道流速 $v_0$ 等运动要素都对水击压强的增大和减少产生影响。从实际工程应用表明,阀门启、闭时间过短,引水管道过长和流速过大均将引起很大的水击压强。特别是直接水击可以使管道瞬时压强高达正常压强的数倍,有可能使管道破裂或严重变形。因此在实际工程应用中应尽可能避免发生直接水击,在发生间接水击的同时尽量减小间接水击产生的水击压强。实际工程中常用以下几种方法减小所产生的水击压强,或者说不允许出现过大的水击压强。

1.缩短管道长度

管道较短,可以使水击波相长 $T_r$ 较短,则逆行向上游传播的水击波的反射波可以提早返回阀门端,以使水击压强减小。因此,在设计水电站时,应尽可能将厂房靠近引水管的进口,以缩短管道的长度。当受到条件限制,管道长度无法缩短时,则可以用设置调压井的办法来减小水击压强,同时还可以使调压井上游的管段免受水击的影响。另外,所用的管道较短,管道中的水体质量就比较小,因而水流惯性所引起的水击压强也较小。

2.减小管道流速

如果在水击波发生前管道的流速较小,那么因阀门突然关闭而引起的流速变化也将较小,也就是运动水体的动量变化较小,在其他条件相同时,所产生的水击压强也将较小。因此,在经济条件许可或其他条件允许时,可以采用管径较大的管道,用减小管道的流速方法减小可能产生的水击压强。

3.适当延长阀门的启、闭时间

从直接水击和间接水击的讨论可知,阀门的启、闭时间越长,阀门处的水击压强受到反

射回来的减压波的机会就越多,就会使水击压强大大减小,所以实际工程应用中常用延长阀门启、闭时间的办法来减小水击压强,在小型水电站多采用这种办法。然而阀门启、闭时间的延长是有限的,阀门启、闭时间 $T_s$ 超过一定数值时,可能使发电机组不能稳定工作并影响输出电能的质量。另外当 $T_s > \dfrac{10L}{c}$ 时,水的压缩作用减小,粘滞性的影响增大。因为在缓慢调节时,流体流动主要受惯性和粘性所支配,这时问题的性质发生了变化。

### 4.其他方法

为减少水击压强,可以在管道系统中的有关设备上安装相关装置。

例如可以在水轮机蜗壳上设置空放阀(减压阀)。当阀门突然关闭时,空放阀能在压强增大到额定值(如 $\zeta^A \geqslant 0.38$ 时),自动投入工作,使压强减小。在水头较高,机组数目不多的情况下,设置空放阀具有明显的经济效果。还有其他方法,如装设偏流器、水电阻等,具体工作原理可以参阅相关专业书籍和文献。

通常水电站减少负荷时,最大的相对水击压强水头 $\zeta^A_{\max}$ 限制在下列范围内:

当 $H_0 < 40\mathrm{m}$ 时 $\qquad\qquad \zeta^A_{\max} = 0.50 \sim 0.60$

当 $40 < H_0 < 100\mathrm{m}$ 时 $\qquad\qquad \zeta^A_{\max} = 0.30 \sim 0.50$

当 $H_0 > 100\mathrm{m}$ 时 $\qquad\qquad \zeta^A_{\max} = 0.15 \sim 0.30$

在水电站增加负荷时,压强的降低值以不使管道内产生局部真空为原则。

### 6.5.2　调压井

从前面的水击波传播过程的讨论可知,在其他条件不变时,所产生的水击压强将随管道长度的增加而加大。而过大的水击压强不仅会增加有压管道和水轮机的造价,而且会给机组运行带来困难。因此,一般可以采用设置调压井的措施减少水击压强的增加。例如在电力系统中占重要地位的大型引水式水电站中,当有压引水管道较长时,为确保电站的安全,常设置调压井来限制水击压强的增长和缩小其影响范围,同时改善机组在负荷变化时的运行条件。

调压井也称为调压室,是具有自由水面和一定容积的井式建筑物,如图 6-21 所示,相当于一个小水库,起临时调节流量的作用,并保护上游低压引水管道或隧洞免受水击侵害。

当水电站因负荷变化而产生的水击波由阀门(或导叶)传至调压井时,由于调压井所具有的自由液面和能存储一定水体的功能,水击波将被调压井反射回下游的压力管道,而使调压井上游引水管道基本不承受水击波的作用。这时,调压井代替了水库对水击波的反射作用,成为水击过程的上游边界,缩短了水击波的传播长度,减少了水击波的相长 $T_r$。从而削减了水击压强增量,并使因负荷变化而在引水系统中产生的非定常流动在较短的时间内平稳下来,达到新的稳定状态。显然,调压井越接近阀门,水击压强增量的减少越明显。因此在布置调压井的位置时,应尽可能地减小调压井下游压力管道的长度。

调压井在反射水波的同时,也使井内的液面产生上、下波动的现象。因此调压井液面波动的最高水位和最低水位高程以及波动的稳定条件,是进行调压井尺寸和上、下有压力管道设计的重要依据。对于较重要的大型引水式电站的设计计算,必须进行调压井的水力计算。对于具体调压井的水位波动计算和稳定条件,以及调压井的类型、调压井在引水管道中位置的确定、调压井的具体设计等可以参阅相关专业书籍。

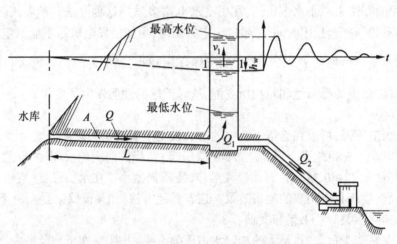

图 6-21　具有简单调压井的水电站引水系统示意图

总的来说,调压井有以下两个功能:

1.可以缩短受水击影响的管道长度,使水击波提早返回到阀门处,以减小水击压强增量。同时能阻止绝大部分水击波进入上游低压管道或隧洞,对这些管道和隧洞起着保护作用。

2.在电站增减负荷时,调压井可以存储一定的水量,具有临时调节流量的作用,从而改善机组在负荷变化时的运行条件。

## §6.6　计 算 实 例

### 6.6.1　采用连锁方程计算水击压强

**例 6.2**　一水电站引水钢管,如图 6-22 所示,钢管管长 $l = 2500\text{m}$,水库水位与管道末端断面的高差 $H_0 = 400\text{m}$。管道末端装有可按直线规律启、闭的自动调节阀门,已知阀门全开时管道中最大流速 $v_m = 2\text{m/s}$,水击波速 $c = 1000\text{m/s}$,试求当阀门以 20s 完全关闭时,阀门断面处的最大水击压强。计算时不考虑水头损失。

**解**　根据已知条件,首先计算相长 $T_r$,并与阀门关闭时间 $T_s$ 相比较,判别水击类型。若为直接水击,则由连锁方程推导出的阀门断面 $A$ 第一相末水击压强表达式(6-46),可得直接水击的最大水击压强。计算过程见例 6.1。若为间接水击,在一般情况下,可以采用由连锁方程推导出的阀门断面 $A$ 各相末水击压强 $\zeta_n^A (n = 1, 2, 3, \cdots)$ 的表达式

$$\tau_n \sqrt{1 + \zeta_n^A} = \tau_0 - \frac{\zeta_n^A}{2\mu} - \frac{1}{\mu} \sum_{i=1}^{n-1} \zeta_i^A$$

可以逐相计算管道受间接水击($T_s > T_r$)作用时各相末的水击压强,然后从中找出最大水击压强。从式(6-48)可见,$\zeta_i^A (i = 1, 2, 3, \cdots)$ 为已知值,$\zeta_n^A$ 为未知值。在此将式(6-48)进行下列变形,即

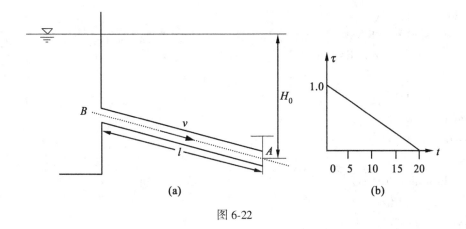

图 6-22

$$\frac{1}{4\mu^2}\left(\zeta_n^A\right)^2 + \left[\left(\sum_{i=1}^{n-1}\zeta_i^A - \tau_0\mu - \tau_n^2\mu^2\right)\Big/\mu^2\right]\left(\zeta_n^A\right)$$

$$+ \left[\tau_0^2 - \tau_n^2 + \left(\sum_{i=1}^{n-1}\zeta_i^A/\mu\right)^2 - 2\tau_0\sum_{i=1}^{n-1}\zeta_i^A/\mu\right] = 0 \tag{6-78}$$

在式(6-78)中,若令

$$\begin{cases} A = \dfrac{1}{4\mu^2} \\[3mm] B = \left(\displaystyle\sum_{i=1}^{n-1}\zeta_i^A - \tau_0\mu - \tau_n^2\mu^2\right)\Big/\mu^2 \\[3mm] C = \tau_0^2 - \tau_n^2 + \left(\displaystyle\sum_{i=1}^{n-1}\zeta_i^A/\mu\right)^2 - 2\tau_0\left(\displaystyle\sum_{i=1}^{n-1}\zeta_i^A/\mu\right) \end{cases} \tag{6-79}$$

则式(6-78)可以写成

$$A\left(\zeta_n^A\right)^2 + B\left(\zeta_n^A\right) + C = 0 \tag{6-80}$$

式(6-80)为标准的求解 $\zeta_n^A$ 的一元二次方程式。关于对这类实际问题所形成的一元二次方程式的求解过程中,一般不会出现虚根,而将得到的两个不等的实根,即

$$\zeta_n^A = \frac{-B + \sqrt{B^2 - 4AC}}{2A} \tag{6-81}$$

$$\zeta_n^A = \frac{-B - \sqrt{B^2 - 4AC}}{2A} \tag{6-82}$$

根据实际经验,式(6-81)为增根,可以略去。式(6-82)即为所求的实根,从式(6-82)可得阀门断面 A 各相末的水击压强 $\zeta_n^A(n = 1,2,3,\cdots)$。

计算程序:

```
dimension hn(20)
data h0/400.0/,v0/2.0/,c0/1 000.0/,t0/1.0/,ts/20./
data ll/2 500.0/
uu = c0 * v0/(19.6 * h0)
```

```
tr=2.*ll/c0
if (tr.ge.ts) then
        h=c0*v0/9.8
        write( * , * ) 'h=',h
    else
        hh=0.0
hn(1)=0.0
tt=tr
i=1
    do while (tt.le.ts)
        tn=1.0-tt/ts
hh=hh+hn(i)
aa=1.0/(4.0*uu*uu)
bb=(hh-t0*uu-tn*tn*uu*uu)/(uu*uu)
cc=t0*t0-tn*tn+(hh/uu)**2-2.0*t0*hh/uu
ddn=abs(bb*bb-4.*aa*cc)
    dd=sqrt(ddn)
hn(i+1)=(-bb-dd)/(2.0*aa)
h=h0*hn(i+1)
write( * , * ) tt,tn,hn(i+1),h
    i=i+1
tt=tr*i
  enddo
  endif
end
```

程序中主要变量名和数组名说明：

$h_0$——定常流时管道测压管水头；$v_0$——定常流时管道流速；$c_0$——水击波波速；$t_0$——阀门初始开度；$t_s$——阀门完全关闭时间；$t_t$——时间量；$t_n$——第 $n$ 相末阀门开度；$h_n$——第 $n$ 相末水击压强相对水头值；h——水击压强水头增量值；uu——管道断面系数。

计算结果如表 6-3 所示。

表 6-3 连锁方程计算成果表

| tt | tn | hn | h |
|----|----|----|----|
| 5 | 7.5 | 0.107 5 | 43.002 8 |
| 10 | 5.0 | 0.035 6 | 14.235 3 |
| 15 | 2.5 | 0.098 0 | 36.319 0 |
| 20 | 0 | 0.042 4 | 16.967 3 |

从每相末的水击压强水头值的计算成果来看,时间 $t$ 等于 5s 时,有最大水击压强水头值。

### 6.6.2 采用特征线法计算水击压强

**例 6.3** 已知一引水钢管直径 $D=4.6m$,管壁厚度 $e=0.02m$,管道长度 $L=395m$,管道沿程水头损失系数 $\lambda=0.025$,定常流时压强水头 $H_0=40.0m$,最大流量 $Q=45m^3/s$,关闭时间 $T_s$ $=7s$,阀门为线性关闭,$\tau=\left(1-\dfrac{t}{T_s}\right)^m$,其中 $m=1$。假定管道为水平放置,即管道与水平面的夹角 $\alpha=0$。试计算 $T_{max}=16s$ 内,管道沿程压强水头的变化情况。

**解** 由于本例需考虑管道阻力,因此将采用特征线法进行编程求解。又根据本例所给条件,可得流速

$$v=\frac{4Q}{\pi D^2}=\frac{4\times45}{\pi\times4.6^2}\approx2.7m/s$$

以及由式(6-12)和表 6-1 可得波速

$$c=1\ 435/\sqrt{1+\frac{0.01D}{e}}=\frac{1\ 435}{\sqrt{1+\dfrac{0.01\times4.6}{0.02}}}=790m/s$$

则将采用特征线近似为直线的特征线方法进行计算。

(1)计算公式

内点计算使用式(6-70)和式(6-71),上游边界条件使用式(6-72),下游边界条件使用式(6-73)。

将管道化分成四段,五个计算断面,距离步长 $\Delta s=100$,时间步长则为 $\Delta t=\dfrac{\Delta s}{c}$。

(2)计算程序

```
dimension h(200,5),v(200,5),p(200)
data d/4.6/,e/0.02/,l/395/,n/5/,ts/7/,tmax/16/,h0/40.0/,q/45/,f/0.025/,
g/9.81/
c=1 435./sqrt(1.+.01*d/e)
    t=l/(n*c)
  M=tmax/t+1
   v0=q/(0.785 4*d*d)
   c1=c/g
   c2=(f*t)/(2.*d)
   c4=f*l/(2.*g*d*n)
   do in=1,n+1
    h(1,in)=h0-(in-1)*c4*v0*v0
    v(1,in)=v0
   enddo
   p(1)=1.
   do im=2,m+1
```

```
            tt = (im-1) * t
         do in = 2,n
            p(im) = 1.-(im-1) * t/ts
            if (p(im).le.0.0) p(im) = 0.0
            a = h(im-1,in-1)+h(im-1,in+1)+c1 * (v(im-1,in-1)-v(im-1,in+1))
            b = -c4 * (v(im-1,in-1) * abs(v(im-1,in-1))-v(im-1,in+1) * abs(v(im
-1,in+1)))
            h(im,in) = 0.5 * (a+b)
            cc = (h(im-1,in-1)-h(im-1,in+1))/c1+(v(im-1,in-1)+v(im-1,in+1))
            d = -c2 * (v(im-1,in-1) * abs(v(im-1,in-1))+v(im-1,in+1) * abs(v(im
-1,in+1)))
            v(im,in) = 0.5 * (cc+d)
         enddo
         h(im,1) = h0
         cm = h(im-1,2)-v(im-1,2) * (c1-c4 * abs(v(im-1,2)))
         v(im,1) = (h0-cm)/c1
         cp = h(im-1,n)+v(im-1,n) * (c1-c4 * abs(v(im-1,n)))
         d1 = v0 * v0 * p(im) * p(im)/h0
         v(im,n+1) = -d1 * c1/2.0+sqrt((d1 * c1/2.0) * (d1 * c1/2.)+d1 * cp)
         h(im,n+1) = cp-c1 * v(im,n+1)
      enddo
      open(2,file = 'ff.dat',status = 'UNKNOWN')
      do im = 1,m+1
         tt = (im-1) * t
         write(2,'(1x,i3,f6.1,6f10.4,f10.6)')im,tt,(h(im,in),in = 1,n+1),p(im)
      enddo
      close(2)
      end
```

程序中主要变量名与数组名说明：

$t_s$——阀门关闭时间；$t_{max}$——计算最长时间；$h_0$——定常流时压强水头；q——定常流时最大流量；f——沿程损失系数 $\lambda$；g——重力加速度；h——管道断面压强水头；v——管道断面流速；p——阀门开度。

（3）计算成果如表6-4所示。

表 6-4                        全管道各计算断面水击压强水头及阀门开度变化表

| $t$ | 0 | 0.2L | 0.4L | 0.6L | 0.8L | L | 开度 |
|---|---|---|---|---|---|---|---|
| .0 | 40.0 | 39.839 6 | 39.679 1 | 39.518 7 | 39.358 2 | 39.197 8 | 1.000 00 |
| .5 | 40.0 | 41.266 8 | 41.974 3 | 42.709 3 | 43.471 7 | 44.263 3 | .928 566 |

| $t$ | 0 | 0.2L | 0.4L | 0.6L | 0.8L | L | 开　度 |
|-----|-----|-----|-----|-----|-----|-----|-----|
| 1.0 | 40.0 | 41.766 3 | 43.534 8 | 45.307 6 | 47.086 6 | 49.456 9 | .857 132 |
| 1.5 | 40.0 | 42.573 5 | 44.932 1 | 47.285 2 | 49.632 4 | 51.976 5 | .785 698 |
| 2.0 | 40.0 | 42.914 5 | 45.829 2 | 48.744 0 | 51.659 0 | 54.779 8 | .714 265 |
| 2.5 | 40.0 | 43.286 7 | 46.512 8 | 49.729 5 | 52.935 4 | 56.130 9 | .642 831 |
| 3.0 | 40.0 | 43.463 0 | 46.925 0 | 50.384 7 | 53.841 2 | 57.344 2 | .571 397 |
| 3.5 | 40.0 | 43.603 1 | 47.195 3 | 50.782 6 | 54.363 3 | 57.936 8 | .499 963 |
| 4.0 | 40.0 | 43.674 9 | 47.348 9 | 51.021 0 | 54.690 4 | 58.362 6 | .428 529 |
| 4.5 | 40.0 | 43.719 8 | 47.438 8 | 51.156 2 | 54.871 3 | 58.583 4 | .357 095 |
| 5.0 | 40.0 | 43.745 5 | 47.490 5 | 51.234 8 | 54.977 9 | 58.719 4 | .285 661 |
| 5.5 | 40.0 | 43.761 4 | 47.522 6 | 51.283 5 | 55.043 7 | 58.803 2 | .214 228 |
| 6.0 | 40.0 | 43.772 3 | 47.544 4 | 51.316 2 | 55.087 7 | 58.858 5 | .142 794 |
| 6.5 | 40.0 | 43.779 5 | 47.558 8 | 51.337 8 | 55.116 3 | 58.894 2 | .071 360 |
| 7.0 | 40.0 | 43.782 8 | 47.565 3 | 51.347 5 | 55.129 0 | 58.890 2 | .000 000 |
| 7.5 | 40.0 | 39.981 6 | 39.982 4 | 39.982 9 | 39.983 2 | 39.983 2 | .000 000 |
| 8.0 | 40.0 | 36.217 9 | 32.435 9 | 28.654 6 | 24.873 9 | 21.113 9 | .000 000 |
| 8.5 | 40.0 | 40.018 4 | 40.017 6 | 40.017 1 | 40.016 8 | 40.016 8 | .000 000 |
| 9.0 | 40.0 | 43.781 5 | 47.562 8 | 51.343 3 | 55.123 2 | 58.882 0 | .000 000 |
| 9.5 | 40.0 | 39.981 6 | 39.982 4 | 39.982 9 | 39.983 2 | 39.983 2 | .000 000 |
| 10.0 | 40.0 | 36.219 1 | 32.438 4 | 28.658 7 | 24.879 7 | 21.122 1 | .000 000 |

## 复习思考题 6

6.1　试述水击波的主要传播特点与传播形式,以及主要作用力。

6.2　水击波速 c 与哪些因素有关?

6.3　从简单管道系统水击波传播的四个过程来看,哪些地方受水击波的影响最大?

6.4　实际管道系统的阀门启闭总是有个时间过程,而研究理想状态下阀门突然启闭的水击现象有什么意义?

6.5　直接水击与间接水击的概念是什么? 生产实际中希望产生什么水击?

6.6　采用水击连锁方程求解水击压强,为什么只关注各相末的情况? 这种方法在实际生产中一般用于求解什么水击压强?

6.7　特征线法的基本思想是什么?

6.8　有哪些减小水击压强的措施?

6.9　试述调压井减小水击压强的主要机理,以及调压井的主要功能。

# 习 题 6

6.1 对于图 6-1 所示的简单管道系统,试绘制阀门突然开启过程中,水击波传播四个阶段的示意图。

6.2 某一水电站的引水管,管长 $L=500\text{m}$,管径 $D=200\text{cm}$,阀门中心点的高程为 240m。因水库较大,假定库水位恒定,其水面高程为 310m。已知阀门全开时管中流量 $Q=12.56\text{m}^3/\text{s}$,管中水击波速 $c=1\,000\text{m/s}$,阀门从全开到全部关闭结束的时间为 2s。试求阀门 $A$ 断面的最大水击压强。计算时水头损失忽略不计。

6.3 某水电站压力钢管,管长 $L=800\text{m}$,管径 $D=100\text{cm}$,管壁厚度 $e=20\text{mm}$,水头 $H_0=100\text{m}$,水头损失忽略不计。管道末端装有一节流阀门,用以控制水轮机的运转。阀门全开时,管中流速 $v_{max}=2\text{m/s}$。若假定阀门的起闭 $T_s=1\text{s}$,试计算:(1) 初始开度 $\tau_0=1$,终止开度 $\tau_e=0.5$;(2) 初始开度 $\tau_0=1$,终止开度 $\tau_e=0$,这两种情况下阀门断面的水头。

6.4 一水电站压力钢管的直径 $D=2.5\text{m}$,管壁厚度 $e=25\text{mm}$,若钢管从水库引水到水电站管道长度 $L=2\,000\text{m}$,管道末端阀门关闭时间 $T_s=3\text{s}$,试问将产生直接水击还是间接水击?若关闭时间为 6s,则将产生什么水击? 若在距水电站 $L_1=500\text{m}$ 处设置调压室,阀门关闭时间仍为 3s,这时将产生什么水击? 如果阀门关闭前管道通过流量为 $10\text{m}^3/\text{s}$,相应水头 $H_0=90\text{m}$,关闭后将产生最大水击压强的增量是多少? 计算时不考虑水头损失。

6.5 某水电站引水钢管的长度 $L=950\text{m}$,水头 $H_0=300\text{m}$,阀门全开时管道流速 $v_0=4\text{m/s}$,钢管直径 $D=3.0\text{m}$,厚度 $e=25\text{mm}$,已知最大水击压强值产生在第一相末。若要求最大水击压强水头不超过 $1.25H_0$,则阀门关闭时间应为相长 $T_r$ 的多少倍? 设阀门关闭为线性规律。

6.6 一水平放置的电站引水管道,管径 $D=0.9\text{m}$,管长 $L=1\,296\text{m}$,上游端与水库相连接,其水头 $H_0=90.0\text{m}$,流量 $Q=0.7\text{m}^3/\text{s}$,沿程损失系数 $\lambda=0.02$,波速 $c=1\,000\text{m/s}$,阀门关闭规律 $\tau=(1-T/T_s)^y$,阀门关闭时间 $T_s=6\text{s}$。试计算在关闭指数 $y=1,2$ 两种情况下,总时间 $T_e=16\text{s}$ 内,管道水击压强沿程的变化情况。计算时可以将管道分为 $N=5$ 段。

# 第7章  气体动力学基础

前面几章讨论的是以水为代表的不可压缩流体的流动问题。本章将讨论以气体为代表的可压缩流体的流动问题,即气体动力学问题。气体动力学主要研究气体等可压缩流体的运动规律及其在实际工程中的应用。

本章主要介绍气体动力学的一些基本知识,如微弱扰动在气体中的传播,声速和马赫数,可压缩流体的一维等熵定常流动,流体在变截面管内及各种喷管内流动的特性,激波、膨胀波和压缩波的特性等。

## §7.1  气体动力学基本方程组

第3章已讨论了可压缩流体流动所遵守的连续性方程(3-29),以及理想流体流动所遵守的运动微分方程(3-42)。第11章也讨论了粘性流体流动所遵守的运动微分方程(11-20)。其中,对于可压缩粘性流体流动,应遵守下列连续性方程和运动微分方程

$$\begin{cases} \dfrac{\partial \rho}{\partial t}+\dfrac{\partial(\rho u_x)}{\partial x}+\dfrac{\partial(\rho u_y)}{\partial y}+\dfrac{\partial(\rho u_z)}{\partial z}=0 \\[2mm] \dfrac{\partial u_x}{\partial t}+u_x\dfrac{\partial u_x}{\partial x}+u_y\dfrac{\partial u_x}{\partial y}+u_z\dfrac{\partial u_x}{\partial z}=f_x-\dfrac{1}{\rho}\dfrac{\partial p}{\partial x}+\upsilon\ \nabla^2 u_x \\[2mm] \dfrac{\partial u_y}{\partial t}+u_x\dfrac{\partial u_y}{\partial x}+u_y\dfrac{\partial u_y}{\partial y}+u_z\dfrac{\partial u_y}{\partial z}=f_y-\dfrac{1}{\rho}\dfrac{\partial p}{\partial y}+\upsilon\ \nabla^2 u_y \\[2mm] \dfrac{\partial u_z}{\partial t}+u_x\dfrac{\partial u_z}{\partial x}+u_y\dfrac{\partial u_z}{\partial y}+u_z\dfrac{\partial u_z}{\partial z}=f_z-\dfrac{1}{\rho}\dfrac{\partial p}{\partial z}+\upsilon\ \nabla^2 u_z \end{cases} \tag{7-1}$$

气体的流动也同样满足方程组(7-1)。根据气体流动的特点,可以作下列假定,并对上述方程进行简化。

1.忽略粘性的作用,将流体看做为理想的流体

从量阶的角度分析运动微分方程中的惯性力项和粘性力项的比值关系,即

$$\frac{惯性力}{粘性力}\sim\frac{\rho u^2/L}{\mu u/L^2}=\frac{\rho uL}{\mu}=\mathrm{Re} \tag{7-2}$$

在一般条件下,高速流动的气流,其雷诺数都很大,这就是说流体的惯性力远大于流体的粘性力。因此,除去边界层内的区域以及某些与耗损、衰减、扩散相联系的流动外,都可以忽略粘性力的影响,即$\upsilon=0$。因此可以将这种流体的流动视为理想流体的流动。

2.忽略重力的作用

从量阶的角度分析惯性力和重力的比值关系,即

$$\frac{惯性力}{重力}\sim\frac{\rho u^2/L}{\rho g}=\frac{u^2}{Lg}=\mathrm{Fr} \tag{7-3}$$

在高速流动的气流中,特征速度 $u$ 的平方远大于特征长度 $L$,因此佛汝德(Froude)数 Fr 很大,也就是说重力比惯性力小得多,可忽略不计。

3.忽略热传导的作用,将过程看做为绝热的过程

由相关理论分析可知,质点携带的热量变化与传导引起的热量变化的比值和雷诺数 Re 成正比。对于高速气体流动,其雷诺数很大,则相对于质点携带的热量,传导引起的热量变化可以忽略不计,因此气体流动的过程可以看做为绝热的。由于可逆的绝热过程就是等熵过程,则气体流动的能量方程有如下形式

$$\frac{ds}{dt}=0 \tag{7-4}$$

4.假设气体是完全的,且比热是常数

物理学中给出完全气体的状态方程

$$p\bar{V}=RT \text{ 或 } p=\rho RT \tag{7-5}$$

式中:$\bar{V}$——气体体积;$R$——摩尔气体常数;$T$——热力学温度。

由物理学知识可知,完全气体(由于流体力学中已定义无粘性流体为理想流体,则物理学或热力学中的理想气体,在流体力学中称为完全气体)是理想化的气体,在通常条件下,实际气体可以当做完全气体处理,其结果与实际相差不大。但对于低温高压状态的气体,或高温低压状态的气体,完全气体的假设不再适用,需对状态方程(7-5)进行修正,详情可以参阅物理学或热力学中的相关内容。一般来说,在下列温度和压力范围内可以采用完全气体的假设

$$240K<T<2\ 000K,\quad p<10\times10^5Pa$$

在完全气体假设的范围内,如果温度不太高,即 $T<1\ 000K$ 时,等压比热 $c_p$ 和等容比热 $c_v$ 随温度的变化很小,可以近似看做为常数。

根据上述四个假定,气体动力学的基本方程组可以写成下列形式

$$\begin{cases} \dfrac{\partial \rho}{\partial t}+\nabla(\rho u)=0 \\ \rho\dfrac{du}{dt}=-\nabla p \\ \dfrac{ds}{dt}=0 \\ p=\rho RT \end{cases}$$

引入完全气体熵的表达式 $s=c_v\ln\dfrac{p}{\rho^\gamma}$,气体动力学的基本方程组还可以写成

$$\begin{cases} \dfrac{\partial \rho}{\partial t}+\nabla(\rho v)=0 \\ \rho\dfrac{dv}{dt}=-\nabla p \\ \dfrac{d}{dt}\left(\dfrac{p}{\rho^\gamma}\right)=0 \end{cases} \tag{7-6}$$

气体动力学基本方程组(7-6)共有五个方程,需确定的未知数 $u$、$p$、$\rho$ 共五个,从理论上说方程组(7-6)是可解的。当 $u$、$p$、$\rho$ 解出后,温度 $T$ 可以由状态方程给出。然而,由于方程

组(7-6)是非线性的,一般情况下给出解是相当困难的。目前,由于计算机技术的进步,对于一些具体的流动问题,加上适当的边界条件,可以通过简化等途径,编程计算得到其解。

# §7.2　声速与马赫(Mach)数

### 7.2.1　微弱扰动的一维传播

在一截面积为 $A$,足够长的直圆管中充满了压强为 $p$、密度为 $\rho$、温度为 $T$ 的静止气体,如图 7-1 所示。将圆管左端的活塞以微小速度 $dv$ 向右轻微推一下,然后活塞保持 $dv$ 速度向右运动。由于活塞的运动,使紧贴活塞右侧的一层气体获得大小为 $dv$ 的速度,同时气体的体积受到压缩,气体的压强、温度相应升高,也就是活塞的运动给这一层的气体一个微弱扰动。已受到扰动的第一层气体,紧接着对与此相邻的第二层气体产生扰动,使该层的气体获得大小为 $dv$ 的速度,气体的体积受到压缩,气体的压强、温度相应升高。依此类推,每一层受到扰动的气体,都将所受到的扰动传至下一层,也就是一层一层的将活塞产生的微弱扰动向右作用而传播。

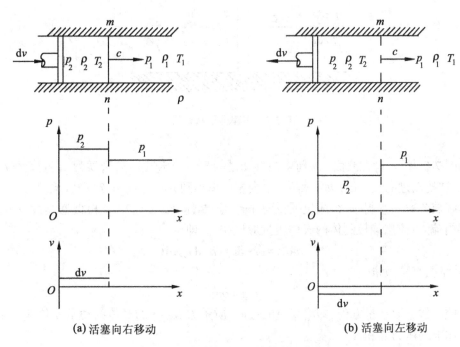

图 7-1　微弱扰动的一维传播示意图

这样一层一层地传播,使圆管中形成一个不连续的微弱的压强突跃,即微弱扰动波 $mn$。这个微弱扰动波 $mn$ 以速度 $c$ 向右推进。微弱扰动波面 $mn$ 是受活塞运动的影响而被扰动过的气体与未被扰动过的静止气体的分界面。需要指出的是,微弱扰动波的传播,是波面一层一层以速度 $c$ 向前推进,而质点只在波面附近以速度 $dv$ 作微小移动。这是两种不同的运动形态,前者为波动,其速度是扰动信号(或能量)在流体介质中的传播速度;后者为质点的机械运动,其速度是质点本身的运动速度。

我们把微弱扰动波在流体介质中的传播速度 $c$ 称为声速。由物理学知识可知,声速就是声音传播的速度,而声音是由微弱压缩波和微弱膨胀波交替组成的。在上述微弱扰动的实验中,如活塞向右运动使气体体积有微小压缩,压强等有微小升高,这时产生的微弱扰动波为压缩波,如图 7-1(a)所示;如活塞向左运动使气体体积有微小膨胀,压强等有微小降低,这时产生的微弱扰动波为膨胀波,如图 7-1(b)所示。

为推求微弱扰动波在圆管中的传播速度即声速 $c$,现分析移动的微弱扰动波面 $mn$ 以及波面 $mn$ 前后的气体状况。由于微弱扰动波面 $mn$ 以速度 $c$ 向前传播,波前未被扰动的气体为静止气体,波后已被扰动过的气体以与活塞作微小运动时同样的微小速度 $dv$ 向右运动,若以静坐标系观察,则为一非定常流动。为方便分析,选用与微弱扰动波面 $mn$ 一起运动的动坐标系来观察,这时波面 $mn$ 静止不动,波前未被扰动的气体以速度 $c$ 向左运动,波后已被扰动过的气体以速度 $c-dv$ 向左运动,为一定常流动,参见图 7-2。

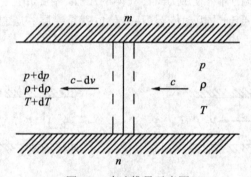

图 7-2 声速推导示意图

如图 7-2 所示,设在波面 $mn$ 前未被扰动过的气体的压强为 $p$,密度为 $\rho$,温度为 $T$;波面 $mn$ 后已被扰动过的气体的压强、密度、温度相应增加到 $p+dp$,$\rho+d\rho$,$T+dT$。现在波面 $mn$ 前后相邻区域各取一控制面,组成包围波面 $mn$ 的控制体,参见图 7-2。根据连续性方程,即在 $dt$ 时间内流入、流出该控制体的气体质量应该相等,即

$$c\rho A dt = (c-dv)(\rho+d\rho)A dt$$

化简,并略去高阶微量

$$c d\rho = \rho dv \qquad (7\text{-}7)$$

又在该控制体上取动量方程,即沿气流的方向,质量为 $c\rho A dt$ 的气体的动量变化率等于作用在该气体上的压力之和,即

$$c\rho A dt \frac{\left[(c-dv)-(c)\right]}{dt} = \left[p-(p+dp)\right]A$$

由于微弱扰动波很薄,式中还忽略了作用在气体上的摩擦力。对上式化简得

$$c\rho dv = dp \qquad (7\text{-}8)$$

由式(7-7)和式(7-8)得

$$c = \sqrt{\frac{dp}{d\rho}} \qquad (7\text{-}9)$$

式(7-9)与物理学中声音在弹性介质中传播速度(即声速)的计算公式完全一致。

由于微弱扰动波的传播过程进行得非常快,与外界来不及进行热交换,气体的压强、密度、温度的变化也很微小,因此这个传播过程可以近似地认为是一个可逆的绝热过程,即等熵过程。

现假定气体为完全气体,由式(7-6)中的第三式,可得等熵过程关系式

$$\frac{p}{\rho^{\gamma}} = \text{const} \tag{7-10}$$

对式(7-10)微分,并考虑完全气体状态方程 $p = \rho RT$,可得

$$\frac{\mathrm{d}p}{\mathrm{d}\rho} = \gamma \frac{p}{\rho} = \gamma RT$$

代入式(7-9)得声速计算公式

$$c = \sqrt{\gamma \frac{p}{\rho}} = \sqrt{\gamma RT} \tag{7-11}$$

式中,$R$ 为气体常数,$\gamma$ 为比热容比或绝热指数。对于空气(20℃),$R = 287\text{J/kg} \cdot \text{K}$,$\gamma = 1.4$,得

$$c = 20.05\sqrt{T} \tag{7-12}$$

当 $T = 288.2\text{K}$ 时,则声速为 $c = 340.3\text{m/s}$。

分析声速表达式(7-9)和式(7-11),可见:

流体的声速随气体的状态参数而变化。在同一流体介质中,各个点的瞬时状态参数是不同的,因而各个点的声速是不同的。对非定常流,声速随点的坐标和时间的变化而变化;对定常流,声速则随点的坐标的变化而变化。因此在一般情况下,所提到的声速都是指当地声速。

流体的声速可以作为判别气体的压缩性标准。在相同的温度下,不同的介质具有不同的声速。流体可压缩性大的,微弱扰动波传播得慢,声速低;流体可压缩性小的,微弱扰动波传播得快,声速高。

在同一流体介质中,声速随着介质温度的升高而加快,并与温度的平方根成正比。

在气体流动中,声速是气体动力学中一个重要的界限参数。当流速低于声速时,为亚声速流动;当流速等于声速时,为声速流动;当流速高于声速时,为超声速流动。

一般情况下可以用无量纲数 $Ma$ 作为具体流动判别标准。$Ma$ 称为马赫数,其定义是气体在某点的流速与当地声速之比。即

$$Ma = \frac{v}{c} \tag{7-13}$$

以当地声速为标准,可以将气流的流动分为:

$v < c$ 或 $Ma < 1$,亚声速流动;

$v = c$ 或 $Ma = 1$,声速流动;

$v > c$ 或 $Ma > 1$,超声速流动。

对于完全气体,将式(7-11)代入式(7-13),得

$$Ma^2 = \frac{v^2}{c^2} = \frac{v^2}{\gamma RT} \tag{7-14}$$

从式(7-14)可见马赫数 $Ma$ 的物理意义:分子中的 $v^2$ 表示气体宏观运动的动能大小;分母中的气体温度 $T$ 表示气体的内能大小;马赫数 $Ma$ 则表示气体的宏观运动的动能与气体的内能之比。马赫数 $Ma$ 小,则气体的内能大而气体的宏观动能小,流速的变化不会引起温度等状态参数的显著变化;马赫数 $Ma$ 大,则气体的宏观动能大而气体的内能小,流速的变化将会引起温度等状态参数的显著变化。

**例 7.1** 有一喷气式发动机,其尾部喷管出口处,气流的速度为 $v=556\text{m/s}$,气流的温度为 $T=860\text{K}$,气流的绝热指数 $\gamma=1.33$,气体常数 $R=287\text{J/(kg·K)}$,试求喷管出口处气流的声速和马赫数。

**解** 由式(7-11)得气流的声速 $c$

$$c=\sqrt{\gamma RT}=\sqrt{1.33\times287\times860}=573\text{m/s}$$

马赫数为

$$Ma=\frac{v}{c}=\frac{556}{573}=0.97。$$

## §7.3 微弱扰动在可压缩流体中的传播

上节通过研究微弱扰动在长直圆管中的一维传播过程,初步探讨了微弱扰动波的传播特征,给出了微弱扰动波波速——声速的计算公式,给出了马赫数及亚声速、声速和超声速流动的概念。本节将进一步研究微弱扰动波在可压缩流体空间中的传播规律,讨论马赫数及亚声速、声速和超声速流动的特性。

假定空间中某点有一个微弱扰动源,在气体等静止的可压缩流体中静止不动或作直线等速运动时,所发出的微弱扰动波在空间传播过程中,将反映不同的流动特性。下面分四种情况予以讨论。

### 7.3.1 微弱扰动源静止不动($v=0$)

当微弱扰动源静止不动($v=0$)时,静止的微弱扰动源所发出的微弱扰动波是以球面波的形式向四周传播的,也就是说受扰动的气体与未受扰动的气体的分界面是一个球面,波速为声速 $c$,如图7-3所示。图7-3中圆心为静止的微弱扰动源,三个同心圆分别表示微弱扰动波在第1秒末、第2秒末和第3秒末所到达的位置。如果不考虑气体的粘性损耗,随着时间的延续,这个扰动波将传遍整个流场。图8-9(a)也给出了这种情况的示意图。

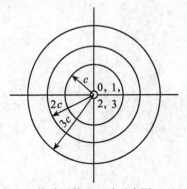

图 7-3 扰动源静止不动示意图

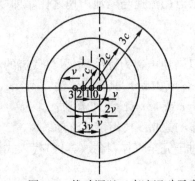

图 7-4 扰动源以亚声速运动示意图

### 7.3.2　微弱扰动源以亚声速作直线等速运动($v<c$)

如图 7-4 所示,微弱扰动源以 $v$ 的速度向左移动。这时,移动的微弱扰动源发出的微弱扰动波仍然是一系列的球面,以声速 $c$ 向四周传播,球面中心是微弱扰动源发出扰动波瞬间所处的位置。由于扰动波已离开了扰动源,这个瞬时中心是静止的,不随微弱扰动源的移动而改变位置。如图 7-4 所示,给出了 $t=3s$ 末时扰动波的传播图。图 7-4 中圆心 0、1、2、3 为时间 $t=0s$、1s、2s、3s 末,微弱扰动源所处的位置。在 $t=0s$ 末,处于圆心 0 处的微弱扰动源发出的扰动波,在 $t=3s$ 末,到达了以圆心 0 为中心、半径 $r=3c$ 的球面处;在 $t=1s$ 末,微弱扰动源移动到了圆心 1 的位置,此时微弱扰动源发出的扰动波在 $t=3s$ 末时,到达了以以圆心 1 为中心、半径 $r=2c$ 的球面处;在 $t=2s$ 末,微弱扰动源移动到了圆心 2 的位置,此时微弱扰动源发出的扰动波在 $t=3s$ 末时,到达了以以圆心 2 为中心、半径 $r=1c$ 的球面处;在 $t=3s$ 末,微弱扰动源移动到了圆心 3 的位置。从图 7-4 可见,扰动波始终走在扰动源的前面,也就是说在扰动源还没有到达以前,气体就已被扰动了。如果不考虑气体的粘性损耗,在一定的时间后,这个扰动波将传遍整个流场。因此,当物体以亚声速运动时,该物体所产生的微弱扰动波可以到达空间中的任何一点。

如果采用动坐标,即坐标建立在微弱扰动源上,图 8-9(b)可以看做微弱扰动源不动,气体以 $v<c$ 的速度自左向右流动的扰动波传播图。由于气体具有速度 $v$,则扰动波在顺流和逆流方向上不对称。顺流方向微弱扰动波的绝对速度为 $v+c$;逆流方向微弱扰动波的绝对速度为 $v-c<0$,即扰动波仍可逆流传播。从扰动波传播图图 8-9(b)来看,点 3 为微弱扰动源所在的位置,微弱扰动源所产生的扰动波,部分被运动的气体带向下游,即形成一整套偏心圆簇。这种气体的流动为亚声速流动。

### 7.3.3　微弱扰动源以声速作直线等速运动($v=c$)

如图 7-5 所示,微弱扰动源以 $v=c$ 的速度向左移动。这时,移动的微弱扰动源发出的微弱扰动波以声速 $c$ 向四周传播,形成一系列的球面。同前述的亚声速运动,球面瞬时中心是微弱扰动源发出扰动波的瞬间所处的位置,如图 7-5 中的圆心 0、1、2 等。由于 $v=c$,则微弱扰动源和向左运动的波以相同的速度前进,微弱扰动波到达的地方也是微弱扰动源到达的地方。如图 7-5 所示,在 $t=0s$ 末时,处于圆心 0 处的微弱扰动源发出的扰动波,在 $t=3s$ 末时形成了以圆心 0 为中心、半径 $r=3c$ 的球面,左边的球面到达了点 3 的位置;在 $t=1s$ 末,移动到圆心 1 处的微弱扰动源发出的扰动波,在 $t=3s$ 末时形成了以圆心 1 为中心、半径 $r=2c$ 的球面,左边的球面也正好到达了点 3 的位置;依此类推,在 $t=2s$ 末,移动到圆心 2 处的微弱扰动源发出的扰动波,在 $t=3s$ 末时形成了以圆心 2 为中心、半径 $r=c$ 的球面,左边的球面也刚好到达了点 3 的位置。另一方面,移动的微弱扰动源经过圆心 0、1、2 等,在 $t=3s$ 末也正好到达了点 3 的位置。若增大观测时间,点 3 处则为无数扰动波球面的相切点,在该切点将出现一个分界面。该分界面前面的气体是未被扰动的,称为寂静区域;而分界面后面的气体则是被扰动的。可以说当物体以声速运动时,该物体所产生的微弱扰动波只能向下游传播,不能向上游传播。

当采用动坐标,微弱扰动源静止不动,气体以 $v=c$ 的速度自左向右流动。这时,顺流方向微弱扰动波的绝对速度为 $v+c=2c$;逆流方向微弱扰动波的绝对速度为 $v-c=0$,即扰动波在逆流方向的传播速度为零。这就是说,处于点 3 的微弱扰动源发出的微弱扰动波只向下游方向传播,完全不向上游传播,这就形成了如图 8-9(c)所示的传播图。这种气体的流动为声速流动。

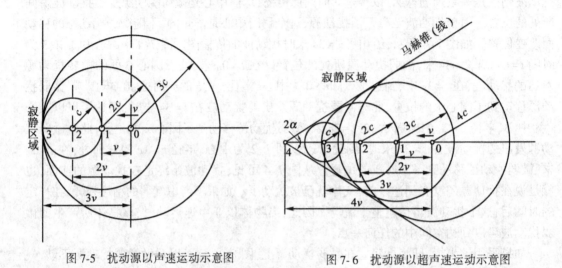

图 7-5　扰动源以声速运动示意图　　　　　图 7-6　扰动源以超声速运动示意图

### 7.3.4　微弱扰动源以超声速作直线等速运动($v>c$)

如图 7-6 所示,微弱扰动源以 $v>c$ 的速度向左移动。这时,移动的微弱扰动源发出的微弱扰动波以声速 $c$ 向四周传播,也形成一系列的球面。同前述的亚声速运动,球面瞬时中心是微弱扰动源发出扰动波的瞬间所处的位置,如图 7-5 中的圆心 0、1、2、3 等。由于 $v>c$,微弱扰动源向左移动的速度大于扰动波向左运动的速度,也就是说微弱扰动源将走在所发出的微弱扰动波的前面。如图 7-6 中,圆心 0、1、2、3 和点 4 为微弱扰动源在 $t=0s$、$1s$、$2s$、$3s$、$4s$末所处的位置,在这些位置所发出的扰动波分别为以上述圆心为中心大小不一的球面。从图 7-6 中可见,在 $t=4s$ 末时,微弱扰动源在 $t=0s$、$1s$、$2s$、$3s$ 末时所发出的扰动波的球面均未到达点 4。这就是说,点 4 前面的(左边)气体是未被扰动区域,微弱扰动波的影响范围只在点 4 的后面(右边)。注意到不同时间扰动波的传播界面——球面,将形成一个公切圆锥面。这个公切圆锥面,将成为一个扰动与未扰动的分界面。圆锥面外为不受微弱扰动波扰动影响的寂静区域,圆锥面内则为受微弱扰动波扰动影响的区域。这个分界面被称为微弱扰动波面,又称为马赫锥,$t=4s$ 末扰动源所在的点 4 为锥顶。马赫锥的顶角,即圆锥的母线与运动方向的夹角称为马赫角,用 $\alpha$ 表示。即

$$\sin\alpha=\frac{c}{v}=\frac{1}{Ma}, \quad \alpha=\sin^{-1}\left(\frac{1}{Ma}\right) \tag{7-15}$$

从式(7-15)可见,马赫角 $\alpha$ 的大小受马赫数 $Ma$ 所决定。马赫数 $Ma$ 越大,则马赫角 $\alpha$ 越小;反之马赫数 $Ma$ 越小,则马赫角 $\alpha$ 越大。当 $Ma=1$ 时,$\alpha=90°$,为马赫锥的极限位置,就是图 7-5 所示的分界面,所以该切面也可以称为马赫锥。当马赫数 $Ma<1$ 时,微弱扰动波的传播已无界,不存在马赫锥,则式(7-15)无意义。

现采用动坐标,即微弱扰动源静止不动,气体以 $v>c$ 的速度自左向右流动。这时,顺流

方向微弱扰动波的绝对速度为 $v+c>2c$；逆流方向微弱扰动波的绝对速度为 $v-c>0$。这就是说，微弱扰动源发出的微弱扰动波全部向下游方向传播。如图 8-9(d)所示的传播图，处于点 4 处的微弱扰动源，所发出的球面波，整体向下游传播，随着时间的推移，球面波的影响范围越来越大，这就形成了如图 7-6 所示马赫锥形的影响区域。也就是说，在超声速流场中，微弱扰动只能在马赫锥内部传播，绝不可能传播到扰动源的上游或马赫锥以外的区域。这种气体的流动为超声速流动。

　　总的来说，亚声速流动和超声速流动的主要区别在于：在亚声速流场中，微弱扰动波可以逆流向上游传播，扰动可以达到全流场，扰动区域是无界的；在超声速流场中，微弱扰动波不能逆流向上游传播，扰动只能在马赫锥内传播，扰动区域是有界的。由于两者的流动有本质的不同，故这两种解法有本质的区别。

　　日常生活中有类似的例子。老远能听到嗡嗡声的飞机一定是亚声速飞机。超声速飞机只有在掠过观察者的头顶后才可以听到飞机的声音。幸亏汽车的速度远低于声速，如果汽车的速度达到或超过声速，则汽车碰上行人之前，行人是绝对不知道的，等行人知道时，已经出事了。

## §7.4　气体的一维等熵定常流动

　　本节将讨论气体等可压缩流体一维定常等熵流动。这是由于实际工程中，喷管、扩压管等管道内的可压缩流体在流动中，如果管道中心线的曲率不大，有效截面的形状和面积沿管道中心线的变化不大，则可以认为这些管道有效截面上的各点流动要素近似相等，可以用有效截面上的平均流动要素代替有效截面上各点的流动要素。因此，再结合 §7.1 中的假定，用一维等熵定常流动来处理管道内的气体流动，既反映了气体流动的本质，又使气体流动的研究大大简化。

### 7.4.1　气体一维定常流动的基本方程

#### 1.连续性方程

　　在管道中任取一由相距 $dx$ 的两个有效截面 1—1、2—2 和管壁组成的微元控制体，如图 7-7 所示。由第 3 章中给出的一维定常可压缩流体的连续方程(3-37)可得

$$\rho_1 v_1 A_1 = \rho_2 v_2 A_2 \quad 或 \quad \rho v A = Q = C \tag{7-16}$$

即对一维定常可压缩流体，通过流管的任意有效截面的质量流量 $Q$ 为常数。对于积分形式的式(7-16)，两边取对数，得

$$\ln\rho + \ln v + \ln A = C$$

两边微分得

$$\frac{\mathrm{d}\rho}{\rho} + \frac{\mathrm{d}v}{v} + \frac{\mathrm{d}A}{A} = 0 \tag{7-17}$$

　　式(7-17)为连续性方程的微分形式。式(7-16)、式(7-17)为一维定常可压缩流体流动的基本方程之一。

#### 2.运动方程

　　应用理想流体的运动方程(3-43)中的第一式

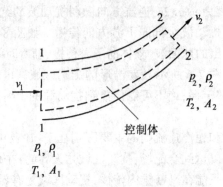

图 7-7　连续性方程推导示意图

$$\frac{\partial u_x}{\partial t}+u_x\frac{\partial u_x}{\partial x}+u_y\frac{\partial u_x}{\partial y}+u_z\frac{\partial u_x}{\partial z}=-\frac{1}{\rho}\frac{\partial p}{\partial x}+f_x$$

由于流动为一维定常流动,质量力忽略,有 $u_x=v,u_y=u_z=0$,则可以写成

$$v\frac{\mathrm{d}v}{\mathrm{d}x}=-\frac{1}{\rho}\frac{\mathrm{d}p}{\mathrm{d}x}$$

或

$$v\mathrm{d}v+\frac{1}{\rho}\mathrm{d}p=0 \tag{7-18}$$

将式(7-18)沿流线积分,得

$$\int\frac{\mathrm{d}p}{\rho}+\frac{v^2}{2}=\mathrm{const} \tag{7-19}$$

　　式(7-19)为一维定常可压缩流体流动的基本方程之一。只要知道了 $\rho$、$p$ 的关系,就可以求得式(7-19)的积分,进而求解方程(7-18)。

　　从式(7-18)可见,压强增量 $\mathrm{d}p$ 为正值时,速度增量 $\mathrm{d}v$ 为负值;反之亦然。也就是说,气流压强增大之处,则为流速减小之处;或者,气流压强减小之处,则为流速增大之处。

　　3.能量方程

　　由热力学第一定律即能量守恒定律

$$\delta q=\mathrm{d}u+p\mathrm{d}\overline{V}$$

或

$$\mathrm{d}q=\mathrm{d}u+p\mathrm{d}\overline{V}$$

式中:$q$──热量;$u$──内能;$\overline{V}$──体积。

　　现引入焓 $h$ 的表达式有 $h=u+p\overline{V}$,两边进行微分,可得

$$\mathrm{d}h=\mathrm{d}u+p\mathrm{d}\overline{V}+\overline{V}\mathrm{d}p=\mathrm{d}q+\frac{1}{\rho}\mathrm{d}p$$

式中,$\overline{V}=\frac{1}{\rho}$。将上式代入式(7-18),得 $v\mathrm{d}v+\mathrm{d}h-\mathrm{d}q=0$,移项可得用于流动的能量关系式

$$\mathrm{d}q=\mathrm{d}h+v\mathrm{d}v \tag{7-20}$$

对于绝热流动,有 $\mathrm{d}q=0$,则有

$$\mathrm{d}h+v\mathrm{d}v=0 \ \text{或} \ \mathrm{d}h+\mathrm{d}\left(\frac{v^2}{2}\right)=0 \tag{7-21}$$

进行积分可得能量方程的一种表达式

$$h+\frac{v^2}{2}=\text{const} \tag{7-22}$$

式(7-22)可以用于可逆或不可逆的绝热流动,也就是在熵增加的情况下也是正确的。

由物理学与热力学相关知识可知,对于完全气体,有

$$h=c_p T=\frac{c_p}{R}\frac{p}{\rho}=\frac{\gamma}{\gamma-1}\frac{p}{\rho} \tag{7-23}$$

则式(7-22)可以写成完全气体的能量方程

$$\frac{\gamma}{\gamma-1}\frac{p}{\rho}+\frac{v^2}{2}=\text{const} \tag{7-24}$$

注意到,$\frac{\gamma}{\gamma-1}\frac{p}{\rho}=\frac{1}{\gamma-1}\frac{p}{\rho}+\frac{p}{\rho}$。由物理学与热力学相关知识可知,其中第一项有

$$\frac{1}{\gamma-1}\frac{p}{\rho}=\frac{c_v}{c_p-c_v}\frac{p}{\rho}=\frac{c_v}{R}\frac{p}{\rho}=c_v T=u$$

即第一项为单位质量气体所具有的内能。因此,改写能量方程(7-22)为

$$\frac{1}{\gamma-1}\frac{p}{\rho}+\frac{p}{\rho}+\frac{v^2}{2}=\text{const} \tag{7-24a}$$

现在说明能量方程(7-24)的物理意义:在完全气体的一维定常流中,流管内任意有效截面(或流线上任一点)上的单位质量气体的内能 $u$、压强势能 $\frac{p}{\rho}$ 和速度动能 $\frac{v^2}{2}$ 三项之和保持不变。

### 7.4.2　完全气体一维定常等熵流动的基本方程

根据前面的推导,下列方程

$$\rho v A = Q = \text{const}$$
$$\int\frac{\mathrm{d}p}{\rho}+\frac{v^2}{2}=\text{const}$$
$$\frac{\gamma}{\gamma-1}\frac{p}{\rho}+\frac{v^2}{2}=\text{const}$$
$$\frac{p}{\rho}=RT$$

为一维定常理想可压缩流体(完全气体)流动的基本方程组。方程组有 $p$、$\rho$、$T$、$v$ 等 4 个未知数,共有四个方程,方程组是封闭的。

为计算式(7-19)中的积分,需要知道 $p$ 与 $\rho$ 的关系式。针对一维定常等熵流动,有等熵过程关系式 $\frac{p}{\rho^\gamma}=C(\text{const})$。对该式微分得

$$\mathrm{d}p=C\gamma\rho^{\gamma-1}\mathrm{d}\rho$$

代入式(7-19)第一个积分,得

$$\int\frac{C\gamma\rho^{\gamma-1}}{\rho}\mathrm{d}\rho=Ck\int\rho^{\gamma-2}\mathrm{d}\rho=C\frac{\gamma}{\gamma-1}\rho^{\gamma-1}=\frac{\gamma}{\gamma-1}\frac{C\rho^\gamma}{\rho}=\frac{\gamma}{\gamma-1}\frac{p}{\rho}$$

即

$$\frac{\gamma}{\gamma-1}\frac{p}{\rho}+\frac{v^2}{2}=\text{const} \tag{7-25}$$

式(7-25)与能量方程式(7-24)完全相同。这就是说,在等熵的条件下,能量方程式(7-24)与运动方程式(7-19)完全一致。但是在非可逆的绝热过程条件下,或者说在非等熵的条件下,由运动方程式(7-19)是推不出能量方程式(7-24)的。

这样,在等熵的条件下,能量方程与运动方程重合,其基本方程只有三个独立方程。为使基本方程封闭,需增加等熵过程方程式(7-10)。则有下列方程

$$\rho v A = Q = \text{const}$$

$$\frac{\gamma}{\gamma-1}\frac{p}{\rho}+\frac{v^2}{2}=\text{const}$$

$$\frac{p}{\rho}=RT$$

$$\frac{p}{\rho^{\gamma}}=\text{const}$$

均为一维定常等熵流动的基本方程组,上述方程组只能用于可逆的绝热流动。

### 7.4.3 气流的三种参考状态

根据前面的叙述,已知在求解一维定常等熵流动中某一有效截面上的未知流动参数时,需要知道流动中的另一个有效截面上的有关已知参数。对这个具有已知参数的有效截面,在前叙方程推导时,并没有规定必须是什么截面。如果能找到一些参考截面,这种参考截面上的参数在整个流动过程中是不变的,则对一维定常等熵流动的计算和讨论将带来方便。这种参考截面上的参数,就是下面将要讨论的气流参考状态。

1.滞止状态

如果在一维定常等熵流动中,对于气流速度不为零的某截面或某点的压强 $p$、密度 $\rho$ 和温度 $T$ 等参数,可称为静参数。如静压 $p$、静温 $T$ 等。如果当某截面或某点的气流速度等于零时,这个截面或这个点上的气流状态称为滞止状态。滞止状态下相应的参数称为滞止参数或总参数。如驻点处就是滞止状态,驻点处的参数为滞止参数。

对于一维定常等熵流动,滞止参数可以从流动中存在的滞止点得到,也可以通过设想气流速度等熵地滞止到零而得到。也就是说,滞止参数在一些流动中,可以是存在于流动中的,也可以是隐含在整个流动过程中的。因此可以作为一种参考状态的参数,在计算和分析中使用。

滞止参数以下标为"0"来表示,如 $p_0, \rho_0, T_0, c_0$ 等。

对能量方程式(7-22),并考虑式(7-23)、式(7-11),有下列能量方程式

$$h+\frac{v^2}{2}=c_p T+\frac{v^2}{2}=\frac{c_p}{R}\frac{p}{\rho}+\frac{v^2}{2}=\frac{\gamma}{\gamma-1}\frac{p}{\rho}+\frac{v^2}{2}=\frac{c^2}{\gamma-1}+\frac{v^2}{2}=\text{const} \tag{7-26}$$

令 $v=0$,得到用滞止参数表示的常数

$$h_0=\frac{\gamma}{\gamma-1}\frac{p_0}{\rho_0}=\frac{\gamma}{\gamma-1}RT_0=c_p T_0=\frac{c_0^2}{\gamma-1}=\text{const} \tag{7-27}$$

这样能量方程可以写成常数中含有滞止参数的方程,如

$$h+\frac{v^2}{2}=h_0=\text{const} \tag{7-28}$$

或
$$T+\frac{v^2}{2c_p}=T_0 \tag{7-29}$$

注意方程(7-28),在滞止状态下,动能全部转变为其他的能量,这时,$h$ 可以取最大值 $h_0$,称为总焓、驻点焓、滞止焓。方程(7-29)中 $T$ 可以取最大值 $T_0$,称滞止温度、总温,比气流的温度(静温)高 $\frac{v^2}{2c_p}$。因此,测量温度时应注意,静止的温度计只能测出气流的总温。只有以与气流速度相同速度运动的温度计才可以测出静温。

在滞止时的压强 $p_0$,称为总压,滞止压强。对应于滞止温度 $T_0$,有滞止声速 $c_0=\sqrt{\gamma R T_0}$。这些都是常用的参考参数。

**例7.2**　有一一维定常等熵气流,测得其中一截面上压强为 $p=1.67\times10^5\mathrm{Pa}$,温度为 $T=25℃$,速度为 $v=167\mathrm{m/s}$。试给出该气流的滞止压强、滞止温度和滞止密度。其中气体为空气,$\gamma=1.4$,$R=287\mathrm{J/(kg\cdot K)}$。

**解**　已知温度 $T=25+273=298K$。由能量方程(7-26)
$$\frac{\gamma}{\gamma-1}RT+\frac{v^2}{2}=\frac{\gamma}{\gamma-1}RT_0$$

得
$$T_0=T+\frac{v^2}{2}\frac{\gamma-1}{\gamma R}=25+273+\frac{167^2}{2}\times\frac{1.4-1}{1.4\times287}=312(\mathrm{K})$$

由状态方程(7-5)和等熵过程关系式(7-10)得
$$\frac{p}{p_0}=\left(\frac{\rho}{\rho_0}\right)^\gamma=\left(\frac{T}{T_0}\right)^{\frac{\gamma}{\gamma-1}}$$

即
$$p_0=p\left(\frac{T_0}{T}\right)^{\frac{\gamma}{\gamma-1}}=1.67\times10^5\left(\frac{312}{298}\right)^{\frac{1.4}{1.4-1}}=1.96\times10^5(\mathrm{Pa})$$

再由状态方程可得
$$\rho_0=\frac{p_0}{RT_0}=\frac{1.96\times10^5}{287\times312}=2.19(\mathrm{kg/m^3})。$$

2.极限状态

如果在一维定常等熵气流的某一截面上,气流的温度 $T=0$,即焓 $h=0$,则根据能量方程式(7-26),在该截面上气流的速度可达最大值 $v_{\max}$。这个最大值 $v_{\max}$ 称为最大速度或极限速度,这时的状态称为极限状态。也就是说在这个状态中,等熵气流随着气体的膨胀、加速,分子无规则运动的动能全部转换成宏观运动的动能,这时气流的静温和静压均降低到零,气流速度达到极限速度 $v_{\max}$。由式(7-28)、式(7-27)可得
$$v_{\max}=\sqrt{2h_0}=\sqrt{\frac{2\gamma R}{\gamma-1}T_0} \tag{7-30}$$

由于实际气体在达到这个速度之前已经液化了,因此极限速度 $v_{\max}$ 仅仅具有理论上的意义。但由于极限速度 $v_{\max}$ 在等熵气流中不变,是一个常数,因此常用做参考速度。另外由式(7-26)还可以得下列极限速度 $v_{\max}$ 关系式
$$\frac{c^2}{\gamma-1}+\frac{v^2}{2}=\frac{c_0^2}{\gamma-1}=\frac{v_{\max}^2}{2} \tag{7-31}$$

式(7-31)说明,沿流程单位质量气体所具有的总能量等于极限速度的速度动能。

3.临界状态

一维定常等熵气流的某一截面上的速度等于当地声速时的状态称为临界状态。可以说临界状态是处于滞止状态和极限状态之间的一种状态。注意式(7-31)以及表示该式的图7-8中 $c$—$v$ 曲线平面图,可以看出,当气流速度 $v$ 被滞止到零时,当地声速 $c$ 则上升到滞止声速 $c_0$;在当地声速 $c$ 下降到零时,气流速度 $v$ 则被加速到极限速度 $v_{max}$。因此,在气流速度 $v$ 由小变大和当地声速 $c$ 由大变小的过程中,必定会出现气流速度 $v$ 恰好等于当地声速 $c$ 的状态,即 $v=c$ 或 $Ma=1$ 的状态,即为临界状态。临界状态下的气流参数称为临界参数,出现临界状态的截面称为临界截面。临界状态用下标 $cr$ 表示之。

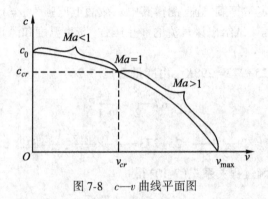

图7-8 $c$—$v$ 曲线平面图

在临界状态,$v_{cr}=c_{cr}$,由式(7-31)可得

$$c_{cr} = \sqrt{\frac{2}{\gamma+1}} c_0 = \sqrt{\frac{\gamma-1}{\gamma+1}} v_{max} \qquad (7-32)$$

或

$$c_{cr} = \sqrt{\gamma R T_{cr}} = \sqrt{\frac{2\gamma R}{\gamma+1} T_0} \qquad (7-32a)$$

可见,对于给定的气体,临界声速也只决定于总温,在绝热流中临界声速是常数,在气体动力学中临界声速是一个重要的参考速度。

要注意区别当地声速 $c$ 与临界声速 $c_{cr}$:当地声速是指气体所处状态下实际存在的声速;而临界声速则是与气流所处状态相对应的临界状态下的声速。然而,当 $Ma=1$ 时,当地声速便是临界声速。对于气体的某种实际流动状态,有与之相对应的滞止参数,也有与之相对应的临界参数。

### 7.4.4 一维定常等熵气流中各参数关系式

1.以马赫数 $Ma$ 为变量的各参数关系式

利用关系式 $\qquad C_p = \frac{\gamma}{\gamma-1} R, \quad \gamma RT = c^2, \quad Ma^2 = \frac{v^2}{c^2} = \frac{v^2}{\gamma RT}$

可以将式(7-29)推导为

$$\frac{T_0}{T} = \frac{c_0^2}{c^2} = 1 + \frac{\gamma-1}{2} Ma^2 \qquad (7-33)$$

又从等熵过程关系式(7-10)，得 $\dfrac{p_0}{p}=\left(\dfrac{\rho_0}{\rho}\right)^{\gamma}=\left(\dfrac{T_0}{T}\right)^{\frac{\gamma}{\gamma-1}}$，可以推得

$$\frac{p_0}{p}=\left(1+\frac{\gamma-1}{2}Ma^2\right)^{\frac{\gamma}{\gamma-1}} \tag{7-34}$$

$$\frac{\rho_0}{\rho}=\left(1+\frac{\gamma-1}{2}Ma^2\right)^{\frac{1}{\gamma-1}} \tag{7-35}$$

从上述各参数关系式可见，只要知道气流的马赫数 $Ma$ 和滞止参数，就可以求解一维定常等熵流动的 $T$、$p$、$\rho$ 等流动参数。

2.速度系数 $M_*$ 为变量的各参数关系式

在分析气流各参数的关系时，还使用另一个无量纲参数，即表示气流速度与临界声速之比的速度系数，用 $M_*$ 表示，即

$$M_*=\frac{v}{c_{cr}} \tag{7-36}$$

速度系数 $M_*$ 是与马赫数 $Ma$ 相类似的另一个无量纲参数，两者有确定的对应关系。从式(7-32)解出 $c_0$，代入式(7-31)，两边同除以 $v^2$，可得

$$\frac{1}{\gamma-1}\frac{1}{Ma^2}+\frac{1}{2}=\frac{\gamma+1}{2(\gamma-1)}\frac{1}{M_*^2} \tag{7-37}$$

整理，可得
$$M_*^2=\frac{(\gamma+1)Ma^2}{2+(\gamma-1)Ma^2} \tag{7-37a}$$

$$Ma^2=\frac{2M_*^2}{(\gamma+1)-(\gamma-1)M_*^2} \tag{7-37b}$$

式(7-37)所表示的速度系数 $M_*$ 与马赫数 $Ma$ 的关系曲线如图 7-9 所示。

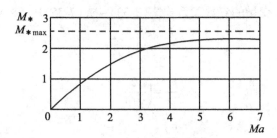

图 7-9　$M_*$ 与 $Ma$ 的关系曲线

另将式(7-37b)代入式(7-33)～式(7-35)，可得速度系数表示的表达式

$$\frac{T}{T_0}=\frac{c^2}{c_0^2}=1-\frac{\gamma-1}{\gamma+1}M_*^2 \tag{7-38}$$

$$\frac{p}{p_0}=\left(1-\frac{\gamma-1}{\gamma+1}M_*^2\right)^{\frac{\gamma}{\gamma-1}} \tag{7-39}$$

$$\frac{\rho}{\rho_0}=\left(1-\frac{\gamma-1}{\gamma+1}M_*^2\right)^{\frac{1}{\gamma-1}} \tag{7-40}$$

从上述各参数关系式可见，对于一维定常等熵流，速度系数的增大，气流的温度、声速、

压强和密度都将降低。只要知道气流的速度系数 $M_*$ 和滞止参数,就可以求解一维定常等熵流动的 $T$、$p$、$\rho$ 等流动参数。

引用速度系数 $M_*$ 的意义:

(1)使用速度系数 $M_*$ 计算气流速度 $v$ 比使用马赫数 $Ma$ 方便。

在等熵流动中临界声速 $c_{cr}$ 是一个常数,根据速度系数的定义,在已知速度系数 $M_*$ 计算气流速度 $v$ 时,只需用 $M_*$ 乘以常数 $c_{cr}$ 即可;而等熵流动中的当地声速 $c$ 是随当时当地的气流参数 $T$ 等变化的,在使用马赫数 $Ma$ 计算气流速度 $v$ 时,则要通过气流参数 $T$ 求出当地声速 $c$,然后才能求出气流速度 $v$,比使用 $M_*$ 要麻烦许多。

(2)在极限状态中,马赫数 $Ma$ 趋于无穷大,速度系数 $M_*$ 则为一常数。

在等熵流中,当气流速度 $v$ 趋于极限速度 $v_{max}$ 时,当地声速 $c$ 趋于零,则马赫数 $Ma$ 趋于无穷大,因而在极限状态附近无法利用马赫数 $Ma$ 为变量的参数关系式计算有关气流参数。此处如果利用速度系数 $M_*$ 为变量的参数关系式,则无上述困难,因为当 $v=v_{max}$ 时,有

$$M_{*max}=\frac{v_{max}}{c_{cr}}=\sqrt{\frac{\gamma+1}{\gamma-1}} \tag{7-41}$$

极限状态下的速度系数 $M_{*max}$ 为一有限量。例如对于 $\gamma=1.4$ 的气体,$M_{*max}=2.449\,5$。

(3)速度系数 $M_*$ 可以作为流动类型的判别标准

速度系数 $M_*$ 与马赫数 $Ma$ 之间具有确定的对应关系,如式(7-37a)、式(7-37b),并参见图 7-9,可得:

$Ma=0$ 时,$M_*=0$,不可压缩流;

$Ma<1$ 时,$M_*<1$,亚声速流;

$Ma=1$ 时,$M_*=1$,声速流;

$Ma>1$ 时,$M_*>1$,超声速流。

3.临界参数与滞止参数的关系式

在以马赫数 $Ma$ 为变量的参数关系式式(7-33)~式(7-35)中,令 $Ma=1$,有

$$\frac{T_{cr}}{T_0}=\frac{c_{cr}^2}{c_0^2}=\frac{2}{\gamma+1} \tag{7-42}$$

$$\frac{p_{cr}}{p_0}=\left(\frac{2}{\gamma+1}\right)^{\frac{\gamma}{\gamma-1}} \tag{7-43}$$

$$\frac{\rho_{cr}}{\rho_0}=\left(\frac{2}{\gamma+1}\right)^{\frac{1}{\gamma-1}} \tag{7-44}$$

从上述各式可见,对于气体的等熵流,各临界参数与对应滞止参数的比值是常数。当 $\gamma=1.4$ 时,$\frac{T_{cr}}{T_0}=\frac{c_{cr}^2}{c_0^2}=0.833\,3$,$\frac{p_{cr}}{p_0}=0.528\,3$,$\frac{\rho_{cr}}{\rho_0}=0.633\,9$。这些参数还可以作为一维定常等熵气流流动的判别准则:

若 $\frac{T_{cr}}{T_0}>0.833\,3$,$\frac{p_{cr}}{p_0}>0.528\,3$,$\frac{\rho_{cr}}{\rho_0}>0.633\,9$,则为亚声速流;

若 $\frac{T_{cr}}{T_0}<0.833\,3$,$\frac{p_{cr}}{p_0}<0.528\,3$,$\frac{\rho_{cr}}{\rho_0}<0.633\,9$,则为超声速流。

**例 7.3** 气体在一无摩擦的渐缩管道中流动,已知截面 1 的压强为 $p_1=2.67\times10^5\mathrm{Pa}$,温

度为 $T_1 = 330K$,流速为 $v_1 = 157m/s$,并且在管道出口截面 2 达到临界状态。试求气流在出口截面的压强、密度、温度和速度。假定气体为空气,$\gamma = 1.4$,$R = 287J/(kg \cdot K)$。

**解** 首先利用式(7-11)、式(7-33)和式(7-34),计算截面 1 的声速、马赫数、滞止压强和滞止温度

$$c_1 = \sqrt{\gamma RT_1} = \sqrt{1.4 \times 287 \times 330} = 364.1(m/s)$$

$$Ma_1 = \frac{v_1}{c_1} = \frac{157}{364.1} = 0.4312$$

$$p_0 = p_1 \left(1 + \frac{\gamma-1}{2}Ma_1^2\right)^{\frac{\gamma}{\gamma-1}} = 2.67 \times 10^5 \times \left(1 + \frac{1.4-1}{2}0.4312^2\right)^{\frac{1.4}{1.4-1}} = 3.034 \times 10^5(Pa)$$

$$T_0 = T_1 \left(1 + \frac{\gamma-1}{2}Ma_1^2\right) = 330\left(1 + \frac{1.4-1}{2} \times 0.4312^2\right) = 342.3(K)$$

然后利用式(7-42)、式(7-43)、式(7-11)以及状态方程计算截面 2 处于临界状态的临界压强、临界温度、临界密度以及临界流速。

$$p_2 = p_{cr} = \left(\frac{2}{\gamma+1}\right)^{\frac{\gamma}{\gamma-1}} p_0 = \left(\frac{2}{1.4+1}\right)^{\frac{1.4}{1.4-1}} \times 2.67 \times 10^5 = 1.411 \times 10^5(Pa)$$

$$T_2 = T_{cr} = \frac{2}{\gamma+1} T_0 = \frac{2}{1.4+1} \times 342.3 = 285.25(K)$$

$$\rho_2 = \rho_{cr} = \frac{p_{cr}}{RT_{cr}} = \frac{1.411 \times 10^5}{287 \times 342.3} = 1.436(kg/m^3)$$

$$v_2 = c_{cr} = \sqrt{\gamma RT_{cr}} = \sqrt{1.4 \times 287 \times 285.25} = 338.5(m/s)。$$

**例 7.4** 有一绝热无摩擦管道,空气在其内流动。已知截面 1 的马赫数 $Ma_1 = 0.92$,压强 $p_1 = 3.68 \times 10^5 Pa$;截面 2 的马赫数 $Ma_2 = 0.23$,试计算截面 1 和截面 2 的压强差。

**解** 由式(7-34)可知,截面 1 和截面 2 上的压强与滞止压强之比分别为

$$\frac{p_1}{p_0} = \left(1 + \frac{\gamma-1}{2}Ma_1^2\right)^{-\frac{\gamma}{\gamma-1}}$$

$$\frac{p_2}{p_0} = \left(1 + \frac{\gamma-1}{2}Ma_2^2\right)^{-\frac{\gamma}{\gamma-1}}$$

将上述两式整理为

$$\frac{p_2}{p_1} = \frac{\left(1 + \frac{\gamma-1}{2}Ma_2^2\right)^{-\frac{\gamma}{\gamma-1}}}{\left(1 + \frac{\gamma-1}{2}Ma_1^2\right)^{-\frac{\gamma}{\gamma-1}}} = \left(\frac{1 + \frac{\gamma-1}{2}Ma_2^2}{1 + \frac{\gamma-1}{2}Ma_1^2}\right)^{-\frac{\gamma}{\gamma-1}} = \left(\frac{1 + \frac{1.4-1}{2} \times 0.23^2}{1 + \frac{1.4-1}{2} \times 0.92^2}\right)^{-\frac{1.4}{1.4-1}} = 1.669$$

从而 $\qquad p_2 = 1.669p_1 = 1.669 \times 3.68 \times 10^5 = 6.142 \times 10^5(Pa)$

两截面的压强差为 $\qquad p_2 - p_1 = (6.142 - 3.68) \times 10^5 = 2.462 \times 10^5(Pa)。$

## §7.5 正 激 波

当超声速气流绕流通过较大的物体(如在空中飞行的超声速飞机、炮弹和火箭等)时,

在物体前的流动区域将出现突跃的强压缩波。在气流通过这种压缩波时,气流受到突然的压缩,其压强、温度和密度等都将突跃地升高,而速度则突跃地降低。这种突跃变化的强压缩波称为激波。

激波是超声速气流中经常出现的重要物理现象。例如,当超声速飞机飞过时,人们听到的爆震声便是掠过人们耳朵的空气密度有很大变化的激波;超声速气流绕过叶片、叶栅或其他物体流动时,以及超声速风洞启动时,都会出现激波;缩放喷管在非设计工况运行时,喷管内的超声速流中也可能出现激波;煤粉在煤粉炉中爆燃时产生的高压强火焰烽面也是激波。

按照激波的形状,可以将激波分为以下三种情况:

(1)正激波。波面与气流方向相垂直的平面激波,气流通过波面后,不改变流动方向。如图 7-10(a)所示。

(2)斜激波。波面与气流方向不垂直的平面激波,气流通过波面后,要改变流动方向。如图 7-10(b)所示。一般在超声速气流流过楔形物体时,物体的前缘将产生斜激波。

(3)脱体激波。波形是弯曲的,也称为曲激波,如图 7-10(c)所示。当超声速气流流过钝头物体时,物体的前面将产生脱体激波。

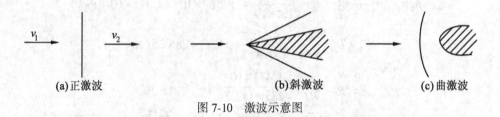

(a)正激波        (b)斜激波        (c)曲激波

图 7-10    激波示意图

本节只介绍正激波,后两种激波不作介绍。主要讨论正激波的产生原理及激波前后各参数的变化关系和特征。

### 7.5.1  激波的形成

应用 §7.2 中所述的、气体的微弱扰动波以声速在直圆管中传播的情况来说明正激波形成的物理过程。

现有一个充满静止气体的长直圆管,圆管中有一活塞,该活塞向右作突然加速运动,活塞的速度由零加速到某一速度 $v$,之后活塞以速度 $v$ 匀速运动。如图 7-11 所示。这是一个由于活塞的扰动使活塞右侧的静止气体获得了持续压缩、压强被升高的过程,这个压缩扰动的影响逐渐向右展开。

为分析方便,把这个扰动过程分成无数个微小的阶段,如图 7-11 所示,每一个微小阶段为一个微弱压缩扰动。设每一个微弱压缩扰动产生微小压强增量 $\mathrm{d}p$,每一个微小阶段活塞的速度增加 $\mathrm{d}v$,则整个扰动过程中产生的有限的压强增量 $\Delta p$ 就是无限个微小的压强增量 $\mathrm{d}p$ 的总和。这样,活塞的压缩扰动将产生一系列微弱扰动波向右运动,每一个微弱扰动波都使气体的压强增加了 $\mathrm{d}p$,同时每一次微弱扰动阶段活塞的速度增加 $\mathrm{d}v$。

如表 7-1 所示,在活塞开始运动前,气体是静止的,气体的压强、密度和温度分别为 $p_1$、$\rho_1$ 和 $T_1$。当活塞开始运动时,产生的第一个微弱扰动波以声速 $c_1$ 在未被扰动的静止气体中传播,扰动后气体获得与活塞相同的速度 $\mathrm{d}v$,气体压强获得增量成为 $p_1+\mathrm{d}p=p_2$,密度、温度

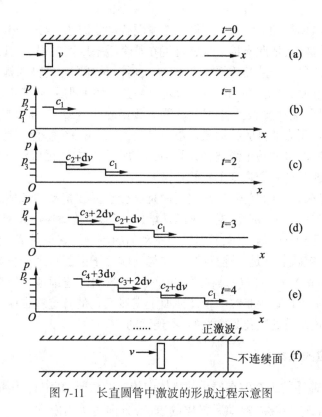

图 7-11　长直圆管中激波的形成过程示意图

也有类似的增加；紧接着产生第二个微弱扰动波,并在被第一个微弱扰动波已扰动过的气体中传播,这时第二个微弱扰动波的声速为 $c_2$,气体已有速度 $dv$,则扰动波传播速度为 $c_2+dv$,由于这次扰动活塞速度又增加了 $dv$,那么扰动后气体速度为 $2dv$,气体压强获得增量成为 $p_2+dp=p_3$,密度、温度也有类似的增加；接着第三个微弱扰动波产生,并在被第二个微弱扰动波已扰动过的气体中传播,同理第三个微弱扰动波的传播波速为 $c_3+2dv$,依此类推。

表 7-1　　　　　　　　　　　　　各扰动波前后气体状态

| | 扰动前 | 扰动后 | | | 声速 | 波速 |
|---|---|---|---|---|---|---|
| 第一个波 | $p_1\rho_1 T_1$ | $p_1+dp$ $\overset{p_2}{}$ | $\rho_1 + d\rho$ $\overset{\rho_2}{}$ $dv$ | $T_1+dT$ $\overset{T_2}{}$ | $c_1=\sqrt{kRT_1}$ | $c_1$ |
| 第二个波 | $p_2\rho_2 T_2 dv$ | $p_2+dp$ $\overset{p_3}{}$ | $\rho_2 + d\rho$ $\overset{\rho_3}{}$ $2dv$ | $T_2+dT$ $\overset{T_3}{}$ | $c_2=\sqrt{kRT_2}$ | $c_2+dv$ |
| 第三个波 | $p_3\rho_3 T_3 2dv$ | $p_3+dp$ $\overset{p_4}{}$ | $\rho_3+ d\rho$ $\overset{\rho_4}{}$ $3dv$ | $T_3+dT$ $\overset{T_4}{}$ | $c_3=\sqrt{kRT_3}$ | $c_3+2dv$ |
| … | … | … | | | … | … |

　　由表 7-1 可见,由于

$$p_1 < p_2 < p_3 < \cdots, \quad \rho_1 < \rho_2 < \rho_3 < \cdots, \quad T_1 < T_2 < T_3 < \cdots$$

则声速有

$$c_1 < c_2 < c_3 < \cdots$$

波速也有 $$c_1 < c_2 + \mathrm{d}v < c_3 + 2\mathrm{d}v < \cdots$$

可见,第二个微弱扰动波波速大于第一个微弱扰动波波速,第三个微弱扰动波波速大于第二个微弱扰动波波速,依此类推。这就是说在整个活塞压缩过程中,管道内将产生并形成若干道微弱压缩波,每一个波的传播速度不一样,后一时刻产生的微弱扰动波的传播速度将大于前一时刻产生的微弱扰动波的传播速度。经过一段时间后,后产生的微弱扰动波将逐渐接近先产生的微弱扰动波,波与波之间的距离逐渐缩小,波形越来越陡。最后,后面的波终于赶上前面的波,所有的微弱扰动波聚集在一起,叠加成一个垂直于流动方向的具有压强不连续面的强压缩波,也就是正激波,如图 7-11(f)所示。往后,随着活塞以不变的速度 $v$ 继续移动,则管道内能维持一个强度不变的正激波。

正激波前面是未扰动的气体,正激波后面是已受正激波扰动的气体。可以通过实验验证,正激波前后的气体压强、密度、温度突跃地增加;正激波传播速度大于未受扰动气体的声速 $c_1$;正激波后面受到扰动的气体,其速度由扰动前的零增加到与活塞相同的速度 $v$。

正激波的这种突跃变化是不连续的,是在与气体分子平面自由行程同一数量级内完成的(空气约 $3\times10^{-4}\mathrm{mm}$),也可以说是在厚度极小的激波内部连续地进行变化的。由于激波的厚度极薄,宏观上可以认为是在一个几何面上突然变化的。这些也就说明激波是不连续的间断面,气流通过激波的变化是突然的、不连续的。

### 7.5.2  正激波的基本方程

图 7-12(a)为前述的正激波在静止的气体中传播的状况,其中 $v_s$ 为激波的传播速度,传播方向为由左向右,$v_g$ 为激波扰动后气体的速度,方向也为由左向右。由于这种流动为非定常流动,进行分析时不方便。在此引入相对坐标,即把参考坐标系固连在运动的激波上,这样相对于该坐标系激波不动,激波前后的气体则以定常的速度流动。如图 7-7(b)所示,激波左边的气流是未受激波影响的,即激波波前状态;激波右边的气流是已受激波影响的,即激波波后状态。设激波波前气流速度为 $v_1$,波前气流的压强、密度和温度分别为 $p_1$、$\rho_1$ 和 $T_1$;波后气流速度为 $v_2$,波后气流的压强、密度和温度分别为 $p_2$、$\rho_2$ 和 $T_2$。

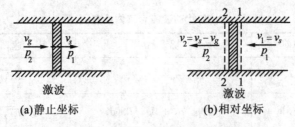

(a)静止坐标        (b)相对坐标

图 7-12  正激波基本方程推导示意图

比较图 7-12(a)和图 7-12(b),显然有

$$v_1 = v_s \qquad v_2 = v_s - v_g \tag{7-45}$$

选取激波两侧的 1—1、2—2 两个平面和 1—2 两个端面组成控制体,如图 7-12(b)所示。对该控制体建立连续方程,有

$$\rho_1 v_1 = \rho_2 v_2 \tag{7-46}$$

对此控制体建立动量方程(忽略摩擦的影响),有

$$p_1 - p_2 = \rho_1 v_1 (v_2 - v_1)$$

考虑连续性方程(7-46),可以写成

$$p_1 + \rho_1 v_1^2 = p_2 + \rho_2 v_2^2 \qquad (7\text{-}47)$$

对该控制体建立能量方程

$$h_1 + \frac{v_1^2}{2} = h_2 + \frac{v_2^2}{2} \qquad (7\text{-}48)$$

由上述这一组方程可以确定激波的性质及激波前后的各种关系式。式(7-48)就是 §7.4 中已推出的能量方程(7-22)。

### 7.5.3　兰金-许贡纽公式

兰金-许贡纽(Rankine-Hugoniot)公式,即激波前后状态参数相互关系式,可以用于分析激波在热力学上所具有的性质。下面运用已给出的激波基本方程,推导该公式。

将连续性方程(7-46)代入动量方程(7-47),有

$$v_1 - v_2 = \frac{p_2}{\rho_2 v_2} - \frac{p_1}{\rho_1 v_1} \qquad (7\text{-}49)$$

以 $v_1 + v_2 = \dfrac{v_1 \rho_1}{\rho_1} + \dfrac{v_2 \rho_2}{\rho_2}$ 乘以上式两边,并注意到连续性方程(7-46)可得

$$v_1^2 - v_2^2 = (p_2 - p_1)\left(\frac{1}{\rho_2} + \frac{1}{\rho_1}\right)$$

将上式代入能量方程(7-48),可得

$$h_2 - h_1 = \frac{1}{2}\left(\frac{1}{\rho_2} + \frac{1}{\rho_1}\right)(p_2 - p_1) \qquad (7\text{-}50)$$

式(7-50)就是著名的兰金-许贡纽公式。式(7-50)反映了激波前后焓突变、压强突变以及密度突变等三者的关系。对于完全气体,有

$$h = \frac{\gamma}{\gamma - 1}\frac{p}{\rho}$$

则式(7-50)可写成

$$\frac{\gamma}{\gamma - 1}\frac{p_2}{\rho_2} - \frac{\gamma}{\gamma - 1}\frac{p_1}{\rho_1} = \frac{1}{2}\left(\frac{1}{\rho_2} + \frac{1}{\rho_1}\right)(p_2 - p_1)$$

整理得

$$\frac{\rho_2}{\rho_1} = \frac{\dfrac{(\gamma+1)}{(\gamma-1)}\dfrac{p_2}{p_1} + 1}{\dfrac{(\gamma+1)}{(\gamma-1)} + \dfrac{p_2}{p_1}} \qquad (7\text{-}51)$$

或

$$\frac{p_2}{p_1} = \frac{\dfrac{(\gamma+1)}{(\gamma-1)}\dfrac{\rho_2}{\rho_1} - 1}{\dfrac{(\gamma+1)}{(\gamma-1)} - \dfrac{\rho_2}{\rho_1}} \qquad (7\text{-}52)$$

式(7-51)和式(7-52)表示了激波前后压强突变与密度突变的一一对应关系。引入状态方程还可以得到温度突变与压强突变的关系,即

$$\frac{T_2}{T_1} = \frac{\frac{(\gamma+1)}{(\gamma-1)}\frac{p_2}{p_1}+\left(\frac{p_2}{p_1}\right)^2}{\frac{(\gamma+1)}{(\gamma-1)}\frac{p_2}{p_1}+1} \tag{7-53}$$

对于等熵过程,有关系式

$$\frac{p}{\rho^\gamma} = \text{const} \tag{7-10}$$

或

$$\frac{p_2}{p_1} = \left(\frac{\rho_2}{\rho_1}\right)^\gamma \tag{7-10a}$$

式中下标1、2表示等熵过程中任意两点。比较式(7-52)和式(7-10a)可见,激波前后流体所经历的过程与等熵过程有很大的区别。图7-13给出了由式(7-52)、式(7-53)和式(7-10a)绘制的变化曲线。从图7-13(c)可见,在同一压缩比下,激波过程的温度变化大于等熵过程的温度变化,说明经过激波的影响,气体的温度有明显的升高;从图7-13(b)可以看出,当

$\frac{p_2}{p_1}\to\infty$时,$\frac{\rho_2}{\rho_1}\to\frac{\gamma+1}{\gamma-1}$,即图7-13中激波过程曲线存在一渐近线$\frac{\gamma+1}{\gamma-1}$。激波过后,压强可以无限升高;但密度的升高是有限的,最多升高$\frac{\gamma+1}{\gamma-1}$倍。如$\gamma=1.4$的气体,密度升高极限为6倍。而等熵过程压强和密度的升高规律与激波过程不同。

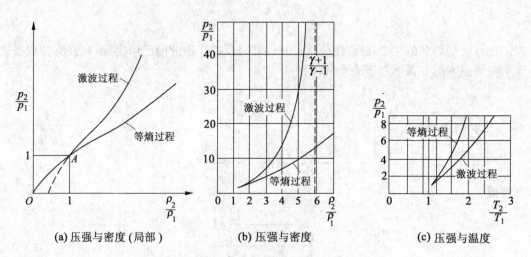

图7-13 激波过程与等熵过程的比较图

根据热力学第二定律,单位质量流体的熵增可以表示为

$$ds = \frac{\delta q}{T} = \frac{dh}{T} - \frac{dp}{\rho T} = c_p\frac{dT}{T} - R\frac{dp}{p}$$

对过程的起点1到终点2进行积分,也就是对过程的起点、终点两状态进行积分

$$\int_{s_1}^{s_2} \mathrm{d}s = c_p \int_{T_1}^{T_2} \frac{\mathrm{d}T}{T} - R \int_{p_1}^{p_2} \frac{\mathrm{d}p}{p}$$

对于完全气体,过程的起点、终点两状态可得

$$s_2 - s_1 = c_p \ln \frac{T_2}{T_1} + R\ln \frac{p_1}{p_2} = c_p \ln \frac{p_2/\rho_2}{p_1/\rho_1} + c_p \ln \frac{p_1}{p_2} - c_v \ln \frac{p_1}{p_2}$$

$$= c_p \ln \frac{\rho_1}{\rho_2} - c_v \ln \frac{p_1}{p_2} = \gamma c_v \ln \frac{\rho_1}{\rho_2} + c_v \ln \frac{p_2}{p_1} = c_v \ln \frac{p_2/p_1}{(\rho_2/\rho_1)^\gamma} \tag{7-54}$$

式(7-54)中引用了完全气体参数关系式,$R = c_p - c_v$,$c_p = \gamma c_v$ 等。

由式(7-54)可见,当 $\dfrac{p_2}{p_1} = \left(\dfrac{\rho_2}{\rho_1}\right)^\gamma$ 时,则 $s_2 - s_1 = 0$;当 $\dfrac{p_2}{p_1} > \left(\dfrac{\rho_2}{\rho_1}\right)^\gamma$ 时,则 $s_2 - s_1 > 0$;当 $\dfrac{p_2}{p_1} < \left(\dfrac{\rho_2}{\rho_1}\right)^\gamma$ 时,则 $s_2 - s_1 < 0$。分析图 7-13(a),等熵过程曲线的上部为熵增过程,该曲线的下部为熵减过程。A 点为熵不变过程,激波过程曲线与等熵过程曲线在 A 点相交。对比等熵过程曲线,在 A 点以上的激波过程曲线为熵增区域,在此处 $\dfrac{p_2}{p_1} > 1$,即气体经过激波受到绝热压缩,压缩过程就是熵增过程;在 A 点以下的激波过程曲线为熵减区域,在此处 $\dfrac{p_2}{p_1} < 1$,即气体经过激波受到绝热膨胀,膨胀过程就是熵减过程。激波熵减的结论违反热力学第二定律,所以实际上并不存在这样的绝热膨胀激波。

通过上述分析可以得出结论,激波只可能是压缩波,气体通过激波的过程是熵增过程。但在激波前和激波后,气流所经历的过程都是等熵过程。

### 7.5.4　正激波前后气流参数的关系

利用正激波基本方程式(7-46)、式(7-47)和式(7-48),可以导出激波前后气流参数之间的关系式。下面针对完全气体进行讨论。

将连续性方程式(7-46)代入动量方程式(7-47),并考虑到式(7-11)$c^2 = \dfrac{\gamma p}{\rho}$,有

$$v_1 - v_2 = \frac{c_2^2}{\gamma v_2} - \frac{c_1^2}{\gamma v_1} \tag{7-55}$$

考虑气流通过激波为绝热的不可逆熵增加过程,又引入临界状态参数,则能量方程式(7-48)还可以写成

$$\frac{v_1^2}{2} + \frac{\gamma}{\gamma-1} \frac{p_1}{\rho_1} = \frac{v_2^2}{2} + \frac{\gamma}{\gamma-1} \frac{p_2}{\rho_2} = \frac{\gamma}{\gamma-1} \frac{p_0}{\rho_0} = \frac{\gamma+1}{\gamma-1} \frac{c_{cr}^2}{2}$$

或

$$\frac{v_1^2}{2} + \frac{c_1^2}{\gamma-1} = \frac{v_2^2}{2} + \frac{c_2^2}{\gamma-1} = \frac{c_0^2}{\gamma-1} = \frac{\gamma+1}{\gamma-1} \frac{c_{cr}^2}{2} \tag{7-56}$$

由式(7-56)可以解出 $c_1^2$、$c_2^2$,并将 $c_1^2$、$c_2^2$ 代入式(7-55),可得

$$\frac{\gamma+1}{2\gamma}(v_2 - v_1)\left(1 - \frac{c_{cr}^2}{v_1 v_2}\right) = 0$$

由于 $v_2 \neq v_1$,所以

$$v_2 v_1 = c_{cr}^2 \tag{7-57}$$

或

$$M_{*1} M_{*2} = 1 \tag{7-57a}$$

式(7-57a)为反映激波前后气流速度的关系式,称为普朗特公式。从式(7-57a)可知,激波前后的速度系数的乘积等于1,意味着若一种状态为超声波流动,另一种状态必为亚声波流动。另外由动量方程(7-47)和连续性方程(7-46)可得

$$p_2-p_1=\rho_1 v_1^2-\rho_2 v_2^2=\rho_1 v_1^2\left(1-\frac{v_2}{v_1}\right)$$

由于激波为压缩波,即 $p_2>p_1$,则有 $\frac{v_2}{v_1}<1$ 或 $v_2<v_1$。由此可以根据普朗特公式得到一重要结论:正激波前气流一定为超声速,正激波后气流一定为亚声速。

将速度系数与马赫数的关系式(7-37)代入普朗特公式(7-57),可得激波前后马赫数之间的关系式

$$Ma_2^2=\frac{2+(\gamma-1)Ma_1^2}{2\gamma Ma_1^2-(\gamma-1)} \tag{7-58}$$

由式(7-57)整理可得激波前后速度之间的关系式

$$\frac{v_1}{v_2}=\frac{v_1^2}{v_1 v_2}=\frac{v_1^2}{c_{cr}^2}=M_{*1}^2 \tag{7-59}$$

利用式(7-37a)可得

$$\frac{v_1}{v_2}=M_{*1}^2=\frac{(\gamma+1)Ma_1^2}{2+(\gamma-1)Ma_1^2} \tag{7-60}$$

再根据连续性方程(7-46),可得激波前后密度之间的关系式

$$\frac{\rho_2}{\rho_1}=\frac{v_1}{v_2}=\frac{(\gamma+1)Ma_1^2}{2+(\gamma-1)Ma_1^2} \tag{7-61}$$

又由连续性方程(7-46)、动量方程(7-47),以及声速方程(7-11)可得

$$\frac{p_2}{p_1}=1+\gamma Ma_1^2\left(1-\frac{v_2}{v_1}\right)$$

再将式(7-60)和式(7-37)代入上式,得

$$\frac{p_2}{p_1}=\frac{(\gamma+1)M_{*1}^2-(\gamma-1)}{(\gamma+1)-(\gamma-1)M_{*1}^2}=\frac{2\gamma}{\gamma+1}Ma_1^2-\frac{\gamma-1}{\gamma+1} \tag{7-62}$$

引入完全气体状态方程可得激波前后温度之间的关系式

$$\frac{T_2}{T_1}=\frac{1}{M_{*1}^2}\frac{(\gamma+1)M_{*1}^2-(\gamma-1)}{(\gamma+1)-(\gamma-1)M_{*1}^2}=\frac{2+(\gamma-1)Ma_1^2}{(\gamma+1)Ma_1^2}\left(\frac{2\gamma}{\gamma+1}Ma_1^2-\frac{\gamma-1}{\gamma+1}\right) \tag{7-63}$$

根据式(7-34)、式(7-39)和式(7-62),可得激波前后的总压比

$$\frac{p_{02}}{p_{01}}=(M_{*1}^2)^{\frac{\gamma}{\gamma-1}}\left[\frac{(\gamma+1)-(\gamma-1)M_{*1}^2}{(\gamma+1)M_{*1}^2-(\gamma-1)}\right]^{\frac{1}{\gamma-1}}=\left[\frac{(\gamma+1)Ma_1^2}{2+(\gamma-1)Ma_1^2}\right]^{\frac{\gamma}{\gamma-1}}\left(\frac{2\gamma}{\gamma+1}Ma_1^2-\frac{\gamma-1}{\gamma+1}\right)^{-\frac{\gamma}{\gamma-1}} \tag{7-64}$$

从以上各式可以看出,激波前后气流参数的关系比都决定于波前的无量纲速度——马赫数 $Ma_1$ 或速度系数 $M_{*1}$ 以及完全气体的比热容比 $\gamma$。从式(7-62)还可以看出,如不考虑较小的常数 $\frac{\gamma-1}{\gamma+1}$,衡量激波强度的压强比几乎与波前马赫数的平方成正比。这就是说,波前气流马赫数的高低也可以作为激波强弱的重要标志。波前气流马赫数越高,产生的突跃变化越大,激波越强;反之亦然。

### 7.5.5　正激波在静止流体中的传播

我们在讨论正激波基本方程式(7-46)、式(7-47)、式(7-48)时,是将坐标固联在激波上的,如图 7-12(b)所示。现将图 7-12(b)所示的气流流场上叠加一个速度$-v_1$,即回到图 7-12(a)所示的静止坐标流动中,激波前气体处于静止状态,激波以速度 $v_s$ 由左向右传播,激波波后的气体以速度 $v_g$ 也由左向右运动,其大小为

$$v_s = v_1, \quad v_g = v_s - v_2$$

正激波在静止流体中的传播速度 $v_s$ 可以由式(7-62)求得

$$v_s = v_1 = c_1 \sqrt{\frac{\gamma-1}{2\gamma} + \frac{\gamma+1}{2\gamma} \frac{p_2}{p_1}} \tag{7-65}$$

由式(7-65)可见,激波强度越弱,也就是$\frac{p_2}{p_1}$越小,激波传播速度越低;当$\frac{p_2}{p_1} \sim 1$ 时,激波传播速度接近于声速 $c_1$。

正激波波后气体的速度 $v_g$ 可由式(7-45a)、连续性方程(7-46)、激波前后密度比表达式(7-51)以及激波传播速度 $v_s$ 表达式(7-65)求得

$$v_g = v_1 - v_2 = -\left(\frac{v_2}{v_1}-1\right)v_1 = -\left(\frac{\rho_1}{\rho_2}-1\right)v_1 = -\left[\frac{\dfrac{(\gamma+1)}{(\gamma-1)}+\dfrac{p_2}{p_1}}{\dfrac{(\gamma+1)}{(\gamma-1)}\dfrac{p_2}{p_1}+1}-1\right]c_1\left[\frac{\gamma-1}{2\gamma}+\frac{\gamma+1}{2\gamma}\frac{p_2}{p_1}\right]^{\frac{1}{2}}$$

整理得

$$v_g = \frac{\sqrt{\dfrac{2}{\gamma}}\left(\dfrac{p_2}{p_1}-1\right)c_1}{\sqrt{(\gamma-1)+(\gamma+1)\dfrac{p_2}{p_1}}} \tag{7-66}$$

由式(7-66)可见,激波强度越弱,也就是$\frac{p_2}{p_1}$越小,激波波后气体的速度越低;当$\frac{p_2}{p_1} \sim 1$ 时,激波波后气体的速度接近于零。

**例 7.5**　如图 7-12 所示的长管中,用活塞压缩气体产生激波。已知长管中激波前静止气体的压强 $p_1 = 1.162 \times 10^5 \text{Pa}$,温度 $T_1 = 292\text{K}$,激波后气体的压强 $p_2 = 1.281 \times 10^5 \text{Pa}$。试求激波后气体的密度 $\rho_2$、温度 $T_2$、声速 $c_2$ 以及激波传播速度 $v_s$、波后气流速度 $v_g$。设气体为空气,$\gamma = 1.4, R = 287\text{J}/(\text{kg} \cdot \text{K})$。

**解**　由题给条件知,激波前后气体的压强比为$\frac{p_2}{p_1} = \frac{1.281}{1.162} = 1.102$。利用状态方程可得波前气体的密度为

$$\rho_1 = \frac{p_1}{RT_1} = \frac{1.162 \times 10^5}{287 \times 292} = 1.387 \, (\text{kg/m}^3)$$

利用式(7-51),可得激波后气体的密度 $\rho_2$

$$\frac{\rho_2}{\rho_1} = \frac{\dfrac{(\gamma+1)}{(\gamma-1)}\dfrac{p_2}{p_1}+1}{\dfrac{(\gamma+1)}{(\gamma-1)}+\dfrac{p_2}{p_1}} = \frac{\dfrac{(1.4+1)}{(1.4-1)}\times 1.102+1}{\dfrac{(1.4+1)}{(1.4-1)}+1.102} = 1.072$$

$$\rho_2 = 1.072\rho_1 = 1.072 \times 1.387 = 1.487\,(\mathrm{kg/m^3})$$

利用式(7-53),可得激波后气体的温度 $T_2$

$$\frac{T_2}{T_1} = \frac{\dfrac{(\gamma+1)}{(\gamma-1)}\dfrac{p_2}{p_1} + \left(\dfrac{p_2}{p_1}\right)^2}{\dfrac{(\gamma+1)}{(\gamma-1)}\dfrac{p_2}{p_1} + 1} = \frac{\dfrac{(1.4+1)}{(1.4-1)}\times 1.102 + 1.102^2}{\dfrac{(1.4+1)}{(1.4-1)}\times 1.102 + 1} = 1.028$$

$$T_2 = 1.028\,T_1 = 1.028 \times 292 = 300.2\,(\mathrm{K})$$

由式(7-11)得激波前后的声速 $c_1$、$c_2$

$$c_1 = \sqrt{\gamma R T_1} = \sqrt{1.4 \times 287 \times 292} = 342.5\,(\mathrm{m/s})$$

$$c_2 = \sqrt{\gamma R T_2} = \sqrt{1.4 \times 287 \times 300.2} = 347.3\,(\mathrm{m/s})$$

再由式(7-65)、式(7-66)得

$$v_s = c_1 \sqrt{\frac{\gamma-1}{2\gamma} + \frac{\gamma+1}{2\gamma}\frac{p_2}{p_1}} = 342.5\sqrt{\frac{1.4-1}{2\times 1.4} + \frac{1.4+1}{2\times 1.4}\times 1.102} = 357.2\,(\mathrm{m/s})$$

$$v_g = \frac{\sqrt{\dfrac{2}{\gamma}\left(\dfrac{p_2}{p_1}-1\right)}\,c_1}{\sqrt{(\gamma-1)+(\gamma+1)\dfrac{p_2}{p_1}}} = \frac{\sqrt{\dfrac{2}{1.4}}(1.102-1)\times 342.5}{\sqrt{(1.4-1)+(1.4+1)\times 1.102}} = 23.93\,(\mathrm{m/s})$$

从上述计算结果可以看出:激波相对于波前气体的传播速度 $v_s$ 是大于声速 $c_1$ 的;相对于波后气体激波的传播速度 $v_s - v_g = 357.2 - 23.93 = 333.27\,\mathrm{m/s}$ 是小于声速 $c_2$ 的;活塞只要以速度 $v_g = 23.93\,\mathrm{m/s}$ 向前推进,就可以维持强度 $\dfrac{p_2}{p_1} = 1.102$ 的激波,并不需要将活塞以超声速的推进速度前进。

**例7.6** 暂冲式超声速风洞内有缩放喷管,可以将气流加速为超声速流。已知在缩放喷管进口前的空气流的总压 $p_{01} = 1.62 \times 10^6\,\mathrm{Pa}$,总温 $T_{01} = 500\mathrm{K}$,空气在喷管内作等熵流动,到喷管出口截面处气流的速度系数 $M_{*1} = 2.15$。由于喷管出口外压强的作用,在喷管出口截面产生正激波。试求这个激波前后的马赫数、速度、压强、温度、密度以及总压比。

**解** 由式(7-37b)和式(7-58)可得激波前后马赫数 $Ma_1$ 和 $Ma_2$

$$Ma_1 = \sqrt{\frac{2M_*^2}{(\gamma+1)-(\gamma-1)M_*^2}} = \sqrt{\frac{2\times 2.15^2}{(1.4+1)-(1.4-1)\times 2.15^2}} = 4.096\,2$$

$$Ma_2 = \sqrt{\frac{2+(\gamma-1)Ma_1^2}{2\gamma Ma_1^2-(\gamma-1)}} = \sqrt{\frac{2+(1.4-1)\times 4.0962^2}{2\times 1.4\times 4.0962^2-(1.4-1)}} = 0.432\,5$$

利用式(7-39)和式(7-62)可得激波前后压强 $p_1$ 和 $p_2$

$$p_1 = p_{01}\left(1 - \frac{\gamma-1}{\gamma+1}M_*^2\right)^{\frac{\gamma}{\gamma-1}} = 1.62\times 10^6 \times \left(1-\frac{1.4-1}{1.4+1}\times 2.15^2\right)^{\frac{1.4}{1.4-1}} = 9.393\times 10^3\,(\mathrm{Pa})$$

$$p_2 = p_1\frac{(\gamma+1)M_{*1}^2-(\gamma-1)}{(\gamma+1)-(\gamma-1)M_{*1}^2} = 9.393\times 10^3 \times \frac{(1.4+1)\times 2.15^2-(1.4-1)}{(1.4+1)-(1.4-1)\times 2.15^2} = 1.823\times 10^5\,(\mathrm{Pa})$$

利用式(7-38)和式(7-63)可得激波前后温度 $T_1$ 和 $T_2$

$$T_1 = T_{01}\left(1 - \frac{\gamma-1}{\gamma+1}M_{*1}^2\right) = 500\times\left(1-\frac{1.4-1}{1.4+1}2.15^2\right) = 114.79\,(\mathrm{K})$$

$$T_2 = \frac{T_1}{M_{*1}^2}\frac{(\gamma+1)M_{*1}^2-(\gamma-1)}{(\gamma+1)-(\gamma-1)M_{*1}^2} = \frac{114.79}{2.15^2}\times\frac{(1.4+1)\times2.15^2-(1.4-1)}{(1.4+1)-(1.4-1)\times2.15^2} = 481.97(\text{K})$$

利用式(7-40)和式(7-60)可得激波前后密度 $\rho_1$ 和 $\rho_2$

$$\rho_1 = \frac{p_{01}}{RT_{01}}\left(1-\frac{\gamma-1}{\gamma+1}M_{*1}^2\right)^{\frac{1}{\gamma-1}} = \frac{1.62\times10^6}{287\times500}\times\left(1-\frac{1.4-1}{1.4+1}\times2.15^2\right)^{\frac{1}{1.4-1}} = 0.285(\text{kg/m}^3)$$

$$\rho_2 = \rho_1 M_{*1}^2 = 0.285\times2.15^2 = 1.317(\text{kg/m}^3)$$

利用式(7-36)、式(7-32a)和式(7-59)可得激波前后速度 $v_1$ 和 $v_2$

$$v_1 = c_{cr}M_{*1} = M_{*1}\sqrt{\frac{2\gamma}{\gamma+1}RT_{01}} = 2.15\times\sqrt{\frac{2\times1.4}{1.4+1}\times287\times500} = 879.7(\text{m/s})$$

$$v_2 = \frac{v_1}{M_{*1}^2} = \frac{879.7}{2.15^2} = 190.3(\text{m/s})$$

由式(7-64)可得激波前后总压比 $\dfrac{p_{02}}{p_{01}}$

$$\frac{p_{02}}{p_{01}} = (M_{*1}^2)^{\frac{\gamma}{\gamma-1}}\left[\frac{(\gamma+1)-(\gamma-1)M_{*1}^2}{(\gamma+1)M_{*1}^2-(\gamma-1)}\right]^{\frac{1}{\gamma-1}}$$

$$= (2.15^2)^{\frac{1.4}{1.4-1}}\left[\frac{(1.4+1)-(1.4-1)\times2.15^2}{(1.4+1)\times2.15^2-(1.4-1)}\right]^{\frac{1}{1.4-1}} = 0.128\ 0$$

## §7.6  截面面积变化的管流

前面讨论了气体等可压缩流体速度发生变化时,相应的压强、密度和温度等气流参数的变化规律。本节将讨论管道截面面积变化对气流流动的影响。

### 7.6.1  气流速度与通道截面的关系

气体在变截面管道中流动时的速度与通道截面的关系,在与不可压缩流体在变截面通道中的流动相比有着不一样的地方。

一般来说,电厂中经常遇到可压缩气流在管道中的流动问题,如:

(1)如何最大限度地提高气流的速度;

(2)如何达到实际工程中需要的速度、压强等;

(3)如何实现实际工程中所需的流动,如超声速流等,

都需要了解气流速度与通道截面的关系。

为了深入了解气流速度与通道截面的关系,先讨论不可压缩流体的速度与通道截面的变化规律。

对于不可压缩的流体流动,由连续性方程

$$vA = C$$

取对数后微分

$$\frac{dv}{v}+\frac{dA}{A} = 0, \quad \frac{dv}{v} = -\frac{dA}{A}$$

从上式可见,$\dfrac{dv}{v}$ 与 $\dfrac{dA}{A}$ 异号,这就意味着流速与截面面积的关系是:面积增加,流速减小;

面积减小,流速增加。

下面我们讨论气体流动时,流速与通道截面面积的关系。

设气体作一维定常等熵流动,有连续性方程和欧拉(Euler)运动微分方程

$$\frac{\mathrm{d}\rho}{\rho}+\frac{\mathrm{d}v}{v}+\frac{\mathrm{d}A}{A}=0$$

$$v\mathrm{d}v+\frac{1}{\rho}\mathrm{d}p=0$$

加上马赫数关系式(7-13)和声速式(7-11),有

$$v=Ma\cdot c=Ma\sqrt{\gamma\frac{p}{\rho}} \tag{7-67}$$

以及声速定义式

$$c^2=\frac{\mathrm{d}p}{\mathrm{d}\rho}$$

现将式(7-18)两边同除以 $v^2$,并将式(7-67)代入

$$\frac{\mathrm{d}v}{v}+\frac{\mathrm{d}p}{\rho v^2}=\frac{\mathrm{d}v}{v}+\frac{\mathrm{d}p}{\rho Ma^2\gamma\frac{p}{\rho}}=\frac{\mathrm{d}v}{v}+\frac{1}{\gamma Ma^2}\frac{\mathrm{d}p}{p}=0 \tag{7-68}$$

又将式(7-18)整理为,并考虑式(7-9)

$$\frac{\mathrm{d}v}{v}+\frac{1}{v^2}\frac{\mathrm{d}p}{\mathrm{d}\rho}\frac{\mathrm{d}\rho}{\rho}=\frac{\mathrm{d}v}{v}+\frac{1}{v^2}c^2\frac{\mathrm{d}\rho}{\rho}=\frac{\mathrm{d}v}{v}+\frac{1}{Ma^2}\frac{\mathrm{d}\rho}{\rho}=0 \tag{7-69}$$

再将式(7-17)整理为 $\frac{\mathrm{d}\rho}{\rho}=-\frac{\mathrm{d}v}{v}-\frac{vA}{A}$,并代入(7-69)

$$\frac{\mathrm{d}v}{v}+\frac{1}{Ma^2}\left(-\frac{\mathrm{d}v}{v}-\frac{\mathrm{d}A}{A}\right)=0$$

整理可得气流速度变化与通道截面变化的关系式

$$\frac{\mathrm{d}v}{v}=\frac{1}{Ma^2-1}\frac{\mathrm{d}A}{A} \tag{7-70}$$

将式(7-70)代入式(7-68)、式(7-69),可得压强、密度变化与通道截面变化的关系式

$$\frac{\mathrm{d}p}{p}=\frac{\gamma Ma^2}{1-Ma^2}\frac{\mathrm{d}A}{A} \tag{7-71}$$

$$\frac{\mathrm{d}\rho}{\rho}=\frac{Ma^2}{1-Ma^2}\frac{\mathrm{d}A}{A} \tag{7-72}$$

对于式(7-23),有 $h=c_pT=\frac{\gamma}{\gamma-1}\frac{p}{\rho}=\frac{c^2}{\gamma-1}$ 代入式(7-21),可得

$$c_p\mathrm{d}T+v\mathrm{d}v=0$$

两边同除以 $c_pT$,得

$$\frac{\mathrm{d}T}{T}+\frac{v\mathrm{d}v}{c_pT}=\frac{\mathrm{d}T}{T}+(\gamma-1)\frac{v\mathrm{d}v}{c^2}=0$$

引入马赫数和式(7-70)并整理可得温度变化与通道截面变化的关系式

$$\frac{\mathrm{d}T}{T}=\frac{(\gamma-1)Ma^2}{1-Ma^2}\frac{\mathrm{d}A}{A} \tag{7-73}$$

由气流速度、压强、密度以及温度的变化与通道截面变化的关系式式(7-70)、式(7-71)、式(7-72)、式(7-73),可得三个重要结论:

(1)对于亚声速流动,$Ma<1$。由式(7-70)可见,$\dfrac{\mathrm{d}v}{v}$ 与 $\dfrac{\mathrm{d}A}{A}$ 异号;由式(7-71)、式(7-72)、式(7-73)可见,$\dfrac{\mathrm{d}p}{p}$、$\dfrac{\mathrm{d}\rho}{\rho}$、$\dfrac{\mathrm{d}T}{T}$ 与 $\dfrac{\mathrm{d}A}{A}$ 同号。这就是说:

当 $\mathrm{d}A>0$,即通道面积增加时,气流速度减小($\mathrm{d}v<0$),压强升高($\mathrm{d}p>0$),密度升高($\mathrm{d}\rho>0$),温度升高($\mathrm{d}T>0$),这种通道为亚声速扩压管;

当 $\mathrm{d}A<0$,即通道面积减小时,气流速度增加($\mathrm{d}v>0$),压强降低($\mathrm{d}p<0$),密度降低($\mathrm{d}\rho<0$),温度降低($\mathrm{d}T<0$),这种通道为亚声速喷管。

亚声速流动的流动规律与不可压缩流体的流动规律相似。

(2)对于超声速流动,$Ma>1$。由式(7-70)可见,$\dfrac{\mathrm{d}v}{v}$ 与 $\dfrac{\mathrm{d}A}{A}$ 同号;由式(7-71)、式(7-72)、式(7-73)可见,$\dfrac{\mathrm{d}p}{p}$、$\dfrac{\mathrm{d}\rho}{\rho}$、$\dfrac{\mathrm{d}T}{T}$ 与 $\dfrac{\mathrm{d}A}{A}$ 异号。这就是说:

当 $\mathrm{d}A>0$,即通道面积增加时,气流速度增加($\mathrm{d}v>0$),压强降低($\mathrm{d}p<0$),密度降低($\mathrm{d}\rho<0$),温度降低($\mathrm{d}T<0$),这种通道为超声速喷管;

当 $\mathrm{d}A<0$,即通道面积减小时,气流速度减小($\mathrm{d}v<0$),压强升高($\mathrm{d}p>0$),密度升高($\mathrm{d}\rho>0$),温度升高($\mathrm{d}T>0$),这种通道为超声速扩压管。

超声速流动的流动规律完全不同于不可压缩流体的流动规律。

(3)对于声速流动,$Ma=1$。

由式(7-70)、式(7-71)得

$$\frac{\mathrm{d}A}{A}=\frac{1-Ma^2}{\gamma Ma^2}\frac{\mathrm{d}p}{p}=(Ma^2-1)\frac{\mathrm{d}v}{v}$$

当 $Ma=1$ 时,有 $\dfrac{\mathrm{d}A}{A}=0$,即声速流可能发生在通道截面无变化的地方。

又将式(7-70)变形为

$$Ma^2=\frac{\mathrm{d}A}{\mathrm{d}v}\frac{v}{A}+1 \tag{7-74}$$

当 $\mathrm{d}A\to\pm0$ 时,$Ma\to1$,可见,无论通道是由大到小还是由小到大,在通道截面无变化处,流速有变成声速的趋势。下面分析说明,只有在最小截面上,才可能发生声速流。这个截面可以称为临界截面,一般简称为喉部。

对于先收缩后扩大的通道,即缩放管或缩扩管,收缩通道有 $\mathrm{d}A<0$,扩大通道有 $\mathrm{d}A>0$,中间有 $\mathrm{d}A=0$ 的最小截面,即喉部,由式(7-74)可知:

对于 $\mathrm{d}v>0$,即流速增加的情况。收缩通道有 $\dfrac{\mathrm{d}A}{\mathrm{d}v}\dfrac{v}{A}<0$;扩大通道有 $\dfrac{\mathrm{d}A}{\mathrm{d}v}\dfrac{v}{A}>0$。当气体在收缩通道流向喉部时,$\mathrm{d}A$ 由小于 0 处趋近于 0,$Ma$ 由小于 1 处趋近于 1;当气体在由喉部流向扩大通道时,$\mathrm{d}A$ 由 0 逐渐增大并大于 0,$Ma$ 由 1 逐渐增大并大于 1。这就是说,当亚声速的气流流过通道时,在喉道之前,气流随面积的减小而速度增加,压强下降;到达喉部时,$\mathrm{d}A=0$,$Ma=1$,速度增大成声速;过喉部后,成为超声速流,随着通道面积的增加,速度继续增加,压强继续下降。

对于 $dv<0$,即流速减小的情况。收缩通道有 $\dfrac{dA}{dv}\dfrac{v}{A}>0$;扩大通道有 $\dfrac{dA}{dv}\dfrac{v}{A}<0$。当气体在收缩通道流向喉部时,$dA$ 由小于 0 处趋近于 0,$Ma$ 由大于 1 处趋近于 1;当气体在由喉部流向扩大通道时,$dA$ 由 0 逐渐增大并大于 0,$Ma$ 由 1 逐渐减小并小于 1。这就是说,当超声速流通过通道时,在喉道之前,气流随面积的减小而速度下降,压强升高;在喉部时,速度降为声速;过喉部后,成为亚声速流,随着通道面积的增加,速度继续减小,压强继续升高。

又对于先扩大后收缩的通道,中间有 $dA=0$ 的最大截面:

当亚声速的气流流过通道时,在喉道之前,气流随面积逐渐增加,速度逐渐下降,在最大截面处不可能达到声速。

当超声速的气流流过通道时,在喉道之前,气流随面积逐渐增加,速度逐渐增加,在最大截面处也不可能达到声速。

在喉部或临界截面上的相应参数,就是临界参数。

根据式(7-70)和式(7-72),可以整理为

$$\frac{d\rho}{\rho}=-Ma^2\,\frac{dv}{v} \tag{7-75}$$

由式(7-75)可以分析在扩大通道和收缩通道内所产生相应流动特性的原因。在 $Ma>1$ 的条件下,密度 $\rho$ 的下降率大于速度 $v$ 的上升率,因此要通过相同的流量 $\rho vA$ 需要更大的截面面积 $A$,所以只有在 $dA>0$ 的扩大通道内才能使超声速流加速;而在 $Ma<1$ 的条件下,密度 $\rho$ 的下降率小于速度 $v$ 的上升率,因此要通过相同的流量 $\rho vA$ 需要较小的截面面积 $A$,所以只有在 $dA<0$ 的收缩通道内才能使亚声速流加速。

总的来说,变截面通道可按功能的不同分为喷管和扩压器。

1. 喷管

喷管的作用是将高温高压气体经降压加速转换为高速气流。

对于亚声速气流,喷管的形状为截面面积逐渐收缩,即 $\dfrac{dA}{A}<0$,也就是收缩喷管。

对于超声速气流,喷管的形状为截面面积逐渐扩大,即 $\dfrac{dA}{A}>0$,也就是扩大喷管。

对于需将亚声速流加速到超声速流,其喷管的形状为截面面积先收缩后扩大,即先有 $\dfrac{dA}{A}<0$,经过喉部后,$\dfrac{dA}{A}>0$,也就是缩放喷管或超声速喷管,也称为拉伐尔喷管。如图 7-14 所示。

2. 扩压器

扩压器的作用是通过减速增压使高速气流的动能转换为气体的压强势能和内能。

对于亚声速气流,扩压器的形状为截面面积逐渐扩大,即 $\dfrac{dA}{A}>0$,也就是扩大管。

对于超声速气流,扩压器的形状为截面面积逐渐收缩,即 $\dfrac{dA}{A}<0$,也就是收缩管。

对于缩放管,当超声速气流通过时,气流减速,压强增加,在最窄处(喉道),减为声速流;之后继续减速,成为亚声速流,压强继续增加。

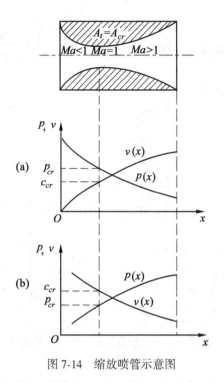

图 7-14　缩放喷管示意图

### 7.6.2　喷管的工况分析

实际工程中使用的喷管有两种:一种是能获得亚声速流或声速流的收缩喷管;另一种是能获得超声速流的缩放喷管。下面将讨论这两种喷管在实际工程中应用时的特性和特点。

1.收缩喷管

为获得高速气流,当气流未达到当地声速时,为使气流速度增加,喷管截面逐渐收缩,一直达到当地声速时,截面收缩到最小,如图 7-15 所示,这种喷管称为收缩喷管或渐缩喷管。这种喷管广泛应用于蒸汽机或燃气轮机、校正风洞(或叶栅风洞)、引射器以及涡轮喷气发动机等动力装置和实验装置中。

(1)出口截面的流速和流量。

如图 7-15(a)所示为收缩喷管,该喷管连通两个具有不同压强的空间,气体是由左边的容器经过收缩喷管流出。由于收缩喷管进口处容器的容量很大,可以近似把容器中的速度看做为零,则容器中的气体处于滞止状态,其参数为 $p_0$、$\rho_0$、$T_0$ 等;喷管出口截面上的气流参数为 $v_1$、$p_1$、$\rho_1$、$T_1$ 等;喷管出口后的压强为 $p_b$,也称环境背压。流动可以认为是一维定常等熵流动,不考虑流动中的损失。若已知喷管截面的变化规律以及滞止状态参数 $p_0$、$\rho_0$、$T_0$ 和环境背压 $p_b$,则由前面给出的公式,可以确定整个喷管各截面上的各种物理量。图 7-15(b)和图 7-15(c)中的曲线,表示了在不同的环境背压条件下,喷管内压强和马赫数的分布曲线。

由图 7-15(b)可见,如果 $p_b = p_0$,则喷管中压强均相等,即图 7-15(b)中的曲线(1),此时

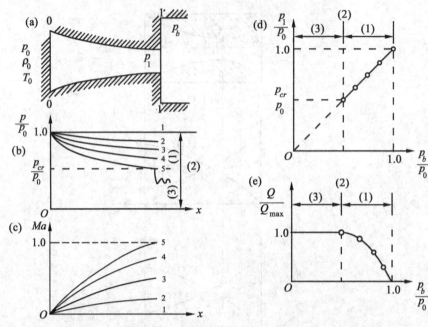

图 7-15　收缩喷管及变工况分析示意图

喷管内无流体流动。如果环境背压下降，即 $p_b < p_0$，则喷管内有流体以一定的流量通过。下面讨论喷管出口截面处的气流流速和通过喷管的流量。

如图 7-15(a)所示，对容器中截面 0—0 和喷管出口截面 1—1 列一维定常等熵流动的能量方程

$$c_p T_1 + \frac{1}{2} v_1^2 = c_p T_0 \quad 或 \quad \frac{\gamma}{\gamma-1} \frac{p_1}{\rho_1} + \frac{v_1^2}{2} = \frac{\gamma}{\gamma-1} \frac{p_0}{\rho_0}$$

可得，喷管出口截面的速度

$$v_1 = \sqrt{\frac{2\gamma}{\gamma-1} R T_0 \left(1 - \frac{T_1}{T_0}\right)} = \sqrt{\frac{2\gamma}{\gamma-1} \frac{p_0}{\rho_0} \left(1 - \frac{p_1}{\rho_1} \frac{\rho_0}{p_0}\right)} \tag{7-76a}$$

式中，有 $c_p = \frac{\gamma}{\gamma-1} R$。引用等熵过程关系式和状态方程

$$\frac{p_0}{\rho_0^\gamma} = \frac{p_1}{\rho_1^\gamma} 或 \frac{\rho_0}{\rho_1} = \left(\frac{p_0}{p_1}\right)^{\frac{1}{\gamma}}$$

可得

$$v_1 = \sqrt{\frac{2\gamma}{\gamma-1} R T_0 \left[1 - \left(\frac{p_1}{p_0}\right)^{\frac{\gamma-1}{\gamma}}\right]} = \sqrt{\frac{2\gamma}{\gamma-1} \frac{p_0}{\rho_0} \left[1 - \left(\frac{p_1}{p_0}\right)^{\frac{\gamma-1}{\gamma}}\right]} \tag{7-76b}$$

由喷管出口截面的速度式(7-76)可见，对于给定的气体，在收缩喷管出口气流未达到临界状态之前，进入通道的气流的总温 $T_0$ 越高，或者出口气流的压强对滞止压强比越小，则出口气流的速度 $v_1$ 越高。由前述气流速度与通道截面的分析可知，收缩喷管出口气流的最高速度为当地声速，即出口气流可以处于临界状态。

通过喷管的质量流量

$$Q = A_1\rho_1 v_1 = A_1\rho_0 \left(\frac{p_1}{p_0}\right)^{\frac{1}{\gamma}} v_1 \tag{7-77}$$

将式(7-76b)代入式(7-77)可得

$$Q = A_1\rho_0 \sqrt{\frac{2\gamma}{\gamma-1}\frac{p_0}{\rho_0}\left[\left(\frac{p_1}{p_0}\right)^{\frac{2}{\gamma}}-\left(\frac{p_1}{p_0}\right)^{\frac{\gamma+1}{\gamma}}\right]} = A_1 \sqrt{\frac{2\gamma}{\gamma-1}\frac{p_0^2}{RT_0}\left[\left(\frac{p_1}{p_0}\right)^{\frac{2}{\gamma}}-\left(\frac{p_1}{p_0}\right)^{\frac{\gamma+1}{\gamma}}\right]} \tag{7-78}$$

由式(7-78)可以看出，$Q$ 是 $p_1$ 的连续函数，并且当 $p_1=0$ 和 $p_1=p_0$ 时，$Q$ 都等于零。可见，在 $0<p_1<p_0$ 的范围内必有 $Q$ 的极值，即有最大值 $Q_{max}$。为了推求流量的最大值 $Q_{max}$，将式(7-78)对 $p_1$ 求导数，并令其为零，即

$$\frac{dQ}{dp_1} = \frac{d}{dp_1}\left[\left(\frac{p_1}{p_0}\right)^{\frac{2}{\gamma}}-\left(\frac{p_1}{p_0}\right)^{\frac{\gamma+1}{\gamma}}\right] = 0$$

得

$$p_1 = p_0\left(\frac{2}{\gamma+1}\right)^{\frac{\gamma}{\gamma-1}} = p_{cr} \tag{7-43a}$$

也就是说 $p_1$ 等于临界压强 $p_{cr}$ 时，收缩喷管的流量达到最大值 $Q_{max}$，这时喷管出口气流为临界状态 $Ma=M_*=1$。将式(7-43a)的临界压强代入式(7-76b)和式(7-78)，可得收缩喷管出口气流的临界速度和临界流量(也就是最大流量)分别为

$$v_{1cr} = \sqrt{\frac{2\gamma}{\gamma+1}\frac{p_0}{\rho_0}} = \sqrt{\frac{2\gamma R}{\gamma+1}T_0} = c_{cr} \tag{7-32b}$$

$$Q_{cr} = A_1\left(\frac{2}{\gamma+1}\right)^{\frac{\gamma+1}{2(\gamma-1)}}(\gamma p_0\rho_0)^{\frac{1}{2}} \tag{7-79}$$

由此可见，对于给定的气体，收缩喷管出口的临界速度决定于进口气流的滞止参数，经过喷管的最大流量决定于进口气流的滞止参数和出口截面面积。

(2)变工况下的流动分析。

喷管能在设计工况下工作是最理想的状况，然而这种理想状况并不是总能实现的。因为，喷管进口的总压或喷管出口的环境背压是会不断发生变化的，这时喷管将在变动的工况下工作。下面将讨论常见的环境背压变化引起的喷管变工况流动。

首先讨论喷管出口气流压强 $p_1$ 与环境背压 $p_b$ 的关系。由本章§7.2可知，压强的变化所产生的微弱扰动是以当地声速传播的，如果气流速度小于声速，这个微弱扰动可以逆流向上游传播。当喷管出口的气流速度为亚声速时，由环境背压变化所产生扰动的传播速度将大于气流速度，背压所引起的扰动可以逆流向上游传播。也就是使得喷管出口的气流压强随环境背压的变化而变化，始终与环境背压保持相等 $p_1=p_b$，并影响管内压强等参数的分布，如图7-15(b)所示。这种情况一直保持到临界状态。当喷管出口气流处于临界状态时，有 $p_1=p_b=p_{cr}$，$v_{1cr}=c_{cr}$。如果 $p_b$ 再降低，由于环境背压变化所产生扰动的传播速度还是等于出口气流的临界速度，环境背压的扰动已不能逆流上传，喷管出口气流压强保持 $p_1=p_{cr}$，而不受环境背压 $p_b$ 的影响。

由扰动传播的分析，可以根据临界压强比 $\frac{p_{cr}}{p_0}$ 将收缩喷管的变工况流动分为以下三种流动状态：

①$\dfrac{p_b}{p_0} > \dfrac{p_{cr}}{p_0}$，为亚临界流动。这时喷管内的流动都是亚声速,即

$$Ma(M_*)<1, \quad p_1=p_b$$

随着 $p_b$ 的降低,$p_1$ 也降低,由式(7-76)和式(7-78),$v_1(Ma_1)$ 和 $Q$ 将增加和增大,气体在喷管内得到完全膨胀。参数状态如图 7-15(b)、图 7-15(c)、图 7-15(d)和图 7-15(e)中(1)所示。

②$\dfrac{p_b}{p_0} = \dfrac{p_{cr}}{p_0}$，为临界流动。这时喷管内为亚声速流,但出口截面的气流达临界状态。即

$$Ma_1(M_{*1})=1, \quad p_1=p_{cr}=p_b; \quad \dfrac{Q}{Q_{max}}=1$$

环境背压与出口压强相等并等于临界压强,出口气流的速度和喷管的流量达到最大,气体在喷管内仍可得到完全膨胀。参数状态如图 7-15(b)、图 7-15(c)、图 7-15(d)和图 7-15(e)中(2)所示。

③$\dfrac{p_b}{p_0} < \dfrac{p_{cr}}{p_0}$，为超临界流动。这时整个喷管的气体流动与临界流动完全一样,即

$$Ma_1(M_{*1})=1, \quad p_1=p_{cr}>p_b; \quad \dfrac{Q}{Q_{max}}=1$$

参数状态如图 7-15(b)、图 7-15(c)、图 7-15(d)和图 7-15(e)中(3)所示。由于出口的气流压强高于环境背压,气体在喷管内没有完全膨胀,故称为膨胀不足,气体流出喷管后将继续膨胀。这时尽管环境背压 $p_b$ 低于临界压强 $p_{cr}$ 并继续降低,但喷管的出口气流速度和喷管的流量没有增加,还是保持临界流动时的大小。这就是说,流动已经壅塞了。产生的壅塞现象就是由于管道内出现了限制流量的声速截面,该截面流量已达最大值,更大的流量无论如何也通不过,流动便壅塞了。

**例 7.7** 有一收缩喷管。已知喷管前容器中空气的压强 $p_0 = 1.75 \times 10^5 Pa$,密度为 $\rho_0 = 1.68 kg/m^3$,温度为 $T_0 = 363K$。收缩喷管的出口处的环境背压为 $p_b = 10^5 Pa$,出口截面面积 $A_1 = 21.6 cm^2$。试求:

(1)喷管的出口流速 $v_1$ 和通过喷管的流量 $Q$;

(2)喷管前容器中的压强为 $p_0 = 2.65 \times 10^5 Pa$,温度为 $T_0 = 380K$,$v_1$ 和 $Q$ 又各为多少?

**解** 已知喷管内气体为空气,有 $\gamma = 1.4, R = 287 J/(kg \cdot K)$。由式(7-43a),喷管内气流的临界压强比为

$$\dfrac{p_{cr}}{p_0} = \left(\dfrac{2}{\gamma+1}\right)^{\frac{\gamma}{\gamma-1}} = \left(\dfrac{2}{1.4+1}\right)^{\frac{1.4}{1.4-1}} = 0.528\,3$$

(1)计算出口处环境背压与总压的压强比,并与临界压强比相比较

$$\dfrac{p_b}{p_0} = \dfrac{10^5}{1.75 \times 10^5} = 0.5714 > 0.528\,3$$

这时为亚临界流动,即喷管内为亚声速流动,环境背压 $p_b$ 等于出口截面压强 $p_1$,由式(7-76b)可以计算喷管出口截面的速度 $v_1$ 为

$$v_1 = \sqrt{\dfrac{2\gamma}{\gamma-1}\dfrac{p_0}{\rho_0}\left[1-\left(\dfrac{p_1}{p_0}\right)^{\frac{\gamma-1}{\gamma}}\right]} = \sqrt{\dfrac{2\times1.4}{1.4-1}\times\dfrac{1.75\times10^5}{1.68}\left[1-\left(\dfrac{10^5}{1.75\times10^5}\right)^{\frac{1.4-1}{1.4}}\right]} = 328.24\,(m/s)$$

代入式(7-77)可得通过喷管的流量 $Q$

$$Q = A_1\rho_0 \left(\frac{p_1}{p_0}\right)^{\frac{1}{\gamma}} v_1 = 1.68 \times 21.6 \times 10^{-4} \times 0.571 \ 4^{\frac{1}{1.4}} \times 328.24 = 0.798 \ 6(\text{kg/s})_\circ$$

（2）这时出口处环境背压与总压的压强比为

$$\frac{p_b}{p_0} = \frac{10^5}{2.65 \times 10^5} = 0.3773 < 0.528 \ 3$$

因小于临界压强比,则为超临界流动。由于收缩喷管出口最大速度只能达到声速,即 $Ma_1 = M_{*1} = 1$,即为临界流动状态。这时喷管出口气流的速度为临界速度、流量为临界流量,分别由（7-32b）和式（7-79）以及状态方程得

$$\rho_0 = \frac{p_0}{RT_0} = \frac{2.65 \times 10^5}{287 \times 380} = 2.429 \ 9(\text{kg/m}^3),$$

$$v_1 = v_{1cr} = \sqrt{\frac{2\gamma R}{\gamma+1} T_0} = \sqrt{\frac{2 \times 1.4 \times 287}{1.4+1} \times 380} = 356.7\text{m/s}$$

$$Q_{cr} = A_1 \left(\frac{2}{\gamma+1}\right)^{\frac{\gamma+1}{2(\gamma-1)}} (\gamma p_0 \rho_0)^{\frac{1}{2}}$$

$$= 21.6 \times 10^{-4} \times \left(\frac{2}{1.4+1}\right)^{\frac{1.4+1}{2(1.4-1)}} (1.4 \times 2.65 \times 10^5 \times 2.429 \ 9)^{\frac{1}{2}} = 1.186 \ 8(\text{kg/s})_\circ$$

**2.缩放喷管**

缩放喷管可以使气流从亚声速流加速到超声速流。这种超声速喷管广泛应用于高参数蒸汽机或燃气涡轮机、超声速风洞、引射器以及喷气式飞机和火箭等动力装置和试验装置中。

缩放喷管收缩部分的作用与收缩喷管完全一样,即在喷管的收缩部分,气流膨胀到最小截面处达到临界声速。然后气流在扩大部分继续膨胀,加速到超声速。图 7-17(a),为一缩放喷管,该喷管连通两个具有不同压强的空间,假定喷管左边进口处气体的速度为零、状态为滞止,其参数为 $p_0$、$\rho_0$、$T_0$ 等;喷管出口截面上的气流参数为 $v_1$、$p_1$、$\rho_1$、$T_1$ 等;喷管右边出口外部的环境背压为 $p_b$,并且 $p_0 > p_b$。在两端的压差作用下,气体在通道内流动。由于环境背压的变化,缩放喷管的出口将呈现不同的流动状态,图 7-17 中的各种参数曲线,表示了在不同的环境背压条件下缩放喷管内外的流动状况。

（1）缩放喷管的流量和面积比公式。

由于喷管内的气流为绝热等熵流动,如果喷管内的气流是在设计工况下得到完全膨胀的正常流动,则喷管出口截面的气流速度仍可以按收缩喷管的式（7-76b）计算;通过喷管的质量流量可以按式（7-78）或式（7-79）计算。当用式（7-79）计算时,式中的截面积必须为喉部截面积 $A_t = A_{cr}$,即

$$Q_{cr} = A_t \left(\frac{2}{\gamma+1}\right)^{\frac{\gamma+1}{2(\gamma-1)}} (\gamma p_0 \rho_0)^{\frac{1}{2}} \tag{7-80}$$

因为气流在喉部已经达到声速,所通过的流量就是喉部能通过的最大值。

喷管的截面积的变化规律对管道内气流流动的影响是很大的,因为这种变化规律直接影响获取某一马赫数的超声气流。由流体的连续性方程可以求得喷管的截面积随马赫数等无量纲速度的变化规律。根据连续性方程

$$\rho v A = \rho_{cr} c_{cr} A_{cr} \tag{7-16a}$$

可得

$$\frac{A}{A_t} = \frac{A}{A_{cr}} = \frac{\rho_{cr}c_{cr}}{\rho v} \tag{7-81}$$

将临界声速式(7-32)、临界密度式(7-44)、式(7-76)以及等熵过程关系式

$$\frac{\rho_0}{\rho_1} = \left(\frac{p_0}{p_1}\right)^{\frac{1}{\gamma}}$$

代入式(7-81)得以压强表示的面积比公式

$$\frac{A}{A_{cr}} = \frac{\left(\dfrac{2}{\gamma+1}\right)^{\frac{1}{\gamma-1}}}{\left\{\dfrac{\gamma+1}{\gamma-1}\left[\left(\dfrac{p}{p_0}\right)^{\frac{2}{\gamma}} - \left(\dfrac{p}{p_0}\right)^{\frac{\gamma+1}{\gamma}}\right]\right\}^{\frac{1}{2}}} \tag{7-82}$$

将马赫数和速度系数表示滞止参数式(7-34)和式(7-39)代入式(7-82)，得以马赫数和速度系数表示的面积比公式

$$\frac{A}{A_{cr}} = \frac{1}{Ma}\left(\frac{2}{\gamma+1} + \frac{\gamma-1}{\gamma+1}Ma^2\right)^{\frac{\gamma+1}{2(\gamma-1)}} = \frac{1}{M_*}\left(\frac{\gamma+1}{2} - \frac{\gamma-1}{2}M_*^2\right)^{-\frac{1}{\gamma-1}} \tag{7-83}$$

图 7-16 给出了面积比与压强比、面积比与马赫数的关系曲线。从该曲线图可见，马赫数与面积比的关系曲线在亚声速和超声速各自的范围内是单值的；压强比与面积比的关系曲线也是单值的。这就是说，要得到一定马赫数的超声速气流，则需要唯一面积比的缩放喷管，而且与这个面积比相对应的压强比也是唯一的。也就是说，要利用缩放喷管得到某一马赫数的超声速气流，不仅需要具备必要的几何条件，而且同时需要具备必要的压强条件，两者缺一不可。

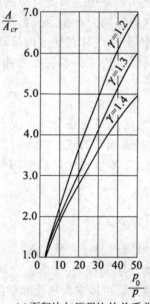

(a)面积比与压强比的关系曲线

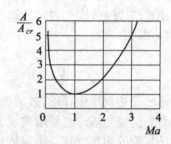

(b)面积比与马赫数的关系曲线

图 7-16

（2）变工况流动分析。

一般来说缩放喷管的尺寸是根据气流在某种压强比下可以正常膨胀的设计工况下确定的。但在实际工程中，喷管并不都是在设计工况下工作的，因为喷管出口的环境背压是在不断变化的，出口的压强比也随之变化，喷管内气流的流动情况也将随之改变。按照收缩喷管的讨论方式，下面将讨论由常见的环境背压变化引起的缩放喷管变工况流动。

根据缩放喷管的变工况流动状况，首先讨论三种典型流动工况，计算这三种流动工况时出口处环境背压应具有的压强比；然后根据这三种划界的压强比，讨论环境背压在这三种压强比之间的四种流动工况。如图 7-17 所示。

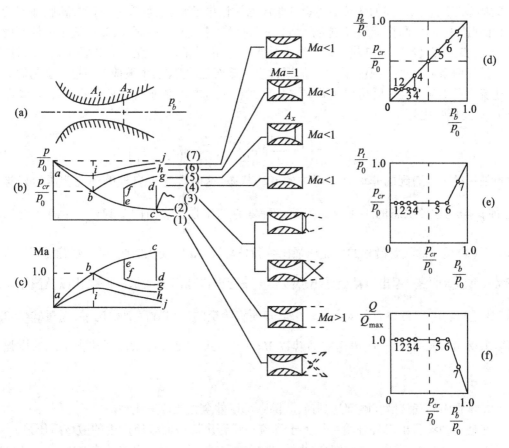

图 7-17　缩放喷管及变工况分析示意图

①气流在喷管中作正常完全膨胀。

这是一种最理想的流动工况，即为设计工况。由式（7-34），可得出口截面的压强比为

$$\frac{p_1}{p_0}=\left(1+\frac{\gamma-1}{2}Ma_1^2\right)^{-\frac{\gamma}{\gamma-1}}\qquad(7\text{-}34a)$$

在这种设计工况中，喷管出口外的环境背压正好等于出口截面处的气流压强，即 $p_b=p_1$，这是第一种划界的压强比。由图 7-17（b）、（c）中的曲线 $abc$ 至（2）所示的喷管沿程的气

流压强比 $\frac{p}{p_0}$ 和马赫数 $Ma$ 的变化曲线,可见喷管沿程气流作正常膨胀流动状态。喷管出口截面和喉部的压强比以及流量比由图 7-17(d)、(e)、(f)中的点(2)所示。由已知喷管给定的出口截面面积比 $\frac{A_1}{A_{cr}}$,通过式(7-83)可以求得出口截面处的、超声速的马赫数 $Ma_1$,再由式(7-34a)可以求得与之对应的压强比 $\frac{p_1}{p_0}$。

②气流在喷管中作正常膨胀、但在出口截面产生正激波。

这是一种喷管出口外环境背压大于气流在喷管中作正常膨胀所产生的出口截面处压强 $p_1$ 的典型工况。从前述的变截面通道和激波的讨论中已知,在喷管中作正常膨胀加速的气流,在到达出口截面时,就已经成为压强为 $p_1$ 的超声速气流。然而,因为喷管出口外环境背压较高,将迫使气流在出口截面处产生正激波,压强由波前的 $p_1$ 跃升为波后的 $p_2$,以适应高背压的环境条件。这时,喷管内的气流通过出口截面处的激波,由波前超声速流变为波后亚声速流顺利地流出。这时可以由式(7-34a)、式(7-62)求得激波后应具有的压强 $p_2$ 和滞止压强 $p_0$ 的压强比为

$$\frac{p_2}{p_0}=\frac{p_1}{p_0}\frac{p_2}{p_1}=\left(1+\frac{\gamma-1}{2}Ma_1^2\right)^{\frac{\gamma}{\gamma-1}}\left(\frac{2\gamma}{\gamma+1}Ma_1^2-\frac{\gamma-1}{\gamma+1}\right) \tag{7-84}$$

这也是一种可能遇到的非设计工况中的流动状态,这时喷管出口外的环境背压恰好等于 $p_2$,即 $p_b=p_2$,这种状态的 $\frac{p_2}{p_0}$ 可以作为第二种划界的压强比。由图 7-17(b)、(c)中的曲线 $abcd$ 至(4)所示的喷管沿程的气流压强比 $\frac{p}{p_0}$ 和马赫数 $Ma$ 的变化曲线,可见喷管沿程气流作正常膨胀流动状态,但出口截面处出现激波。喷管出口截面和喉部的压强比以及流量比由图 7-17(d)、(e)、(f)中的点 4 所示。由已知喷管给定的出口截面面积比 $\frac{A_1}{A_{cr}}$,通过式(7-83)可以求得出口截面处的、超声速的马赫数 $Ma_1$,再由式(7-84)可以计算这种工况的压强比 $\frac{p_2}{p_0}$。

③喷管中的气流恰在喉部达到声速、除喉部以外全为亚声速流动。

这是一种喷管出口外环境背压大于气流在喷管出口截面处所产生的激波后压强 $p_2$ 的典型工况。这时由于环境背压较高,将原在喷管出口截面处所产生的激波上压,一直压到喉部,产生一种退化的激波——声速波,即气流在喷管前半部分为亚声速加速流,在喉部达到声速,向下游离开喉部后,气流为亚声速增压减速流,以适应高环境背压的情况。设产生这种流动工况的喷管出口截面处的压强为 $p_3$,显然 $p_3>p_2$。

由于这种工况为正常的亚声速流动,可以用式(7-34)来计算这种工况的出口截面压强比 $\frac{p_3}{p_0}$,不过式(7-34)中的 $Ma_1'$ 为表示这种流动状态下气流在出口截面亚声速的马赫数

$$\frac{p_3}{p_0}=\left(1+\frac{\gamma-1}{2}Ma_1'^2\right)^{-\frac{\gamma}{\gamma-1}} \tag{7-34b}$$

这是另一种可能遇到的非设计工况中的流动状态,这时喷管出口截面的环境背压恰好等于 $p_3$ ,即 $p_b = p_3$ ,这种状态的 $\dfrac{p_3}{p_0}$ 可以作为第三种划界的压强比。由图 7-17(b)、(c)中的曲线 $abh$ 至(6)所示的喷管沿程的气流压强比 $\dfrac{p}{p_0}$ 和马赫数 $Ma$ 的变化曲线,可见喷管沿程的气流开始作加速降压流动、在喉部达到声速、而后作减速增压的流动状态。喷管出口截面和喉部的压强比以及流量比由图 7-17(d)、(e)、(f)中的点(6)所示。由已知喷管给定的出口截面面积比 $\dfrac{A_1}{A_{cr}}$ ,通过式(7-83)可以求得出口截面处的、亚声速的马赫数 $Ma_1'$ ,再由式(7-34b)可以求得与之对应的压强比 $\dfrac{p_3}{p_0}$ 。

　　从以上叙述可以看出,三个划界的压强比都是受出口截面面积比 $\dfrac{A_1}{A_{cr}}$ 所决定的。这三个压强比代表着三种可能的流动状态,当环境背压正好与这三个压强相等时,则为三种典型的流动工况,如图 7-17 中(2)、(4)、(6)三种工况。还可以这三个压强比为界,把缩放喷管中气流的变工况流动划分为四个区段工况,这四个区段工况代表着四种类型的流动状态或流动工况。

　　① $0 < \dfrac{p_b}{p_0} < \dfrac{p_1}{p_0}$ ,环境背压 $p_b$ 低于设计工况下出口截面压强 $p_1$ 的流动工况。

　　气流在喷管内作正常的加速降压膨胀,如图 7-17(b)、(c)中的曲线 $abc$ 至(1)所示的喷管沿程的气流压强比 $\dfrac{p}{p_0}$ 和马赫数 $Ma$ 的变化曲线就反映了这一点。但由于环境背压 $p_b$ 低于气流在喷管出口截面的压强 $p_1$ ,使得超声速气流流出喷管后,以膨胀波的形式在出口外继续膨胀,如图 7-17(b)中 $c$ 至(1)的波折线和出口外的交叉虚线就表示了这一点。这种现象称为膨胀不足。由于微弱扰动不能在超声速流中逆流向上游传播,那么低环境背压使气流膨胀的这种连续微弱扰动不会影响喷管内的气体流动,由图 7-17(d)、(e)、(f)中的点(1)所示的喷管出口截面和喉部的压强比以及流量比的关系可见。

　　② $\dfrac{p_1}{p_0} < \dfrac{p_b}{p_0} < \dfrac{p_2}{p_0}$ ,环境背压 $p_b$ 高于设计工况下出口截面压强 $p_1$ 、低于在出口截面上产生正激波时压强 $p_2$ 的流动工况。

　　气流在喷管内仍作正常的加速降压膨胀,如图 7-17(b)、(c)中的曲线 $abc$ 至(3)所示的喷管沿程的气流压强比 $\dfrac{p}{p_0}$ 和马赫数 $Ma$ 的变化曲线可见。由于气流在喷管出口截面的压强 $p_1$ 低于环境背压 $p_b$ ,当超声速气流流出喷管后,将受到较高环境背压的压缩,在喷管出口外形成系列激波。激波的强度和形式由压强比 $\dfrac{p_b}{p_1}$ 来决定,当环境背压 $p_b$ 比 $p_1$ 大得不多时,在出口外只产生弱的斜激波;当环境背压 $p_b$ 逐渐增大时,压强比 $\dfrac{p_b}{p_1}$ 也加大,所产生的激波也不断加强,逐渐由弱的斜激波发展为近似正激波,激波发生的位置也逐渐向出口截面靠拢;当

环境背压 $p_b$ 等于第二划界压强 $p_2$ 时,激波则发展成出口截面处的正激波。如图 7-17(b) 中
(3) 所示。对于从喷管流出的气流经过激波,使压强跃升,并适应高背压的环境条件的现象
称为膨胀过度。这种在喷管出口外产生系列激波的情况,并不影响在管内的气流流动,由图
7-17(d)、(e)、(f) 中的点 (3) 所示的喷管出口截面和喉部的压强比以及流量比的关系可见。

③$\dfrac{p_2}{p_0} < \dfrac{p_b}{p_0} < \dfrac{p_3}{p_0}$,环境背压 $p_b$ 高于在出口截面上产生正激波时压强 $p_2$、低于在喉部形成声
速(或在喉部产生退化的激波)时压强 $p_3$ 的流动工况。

从前节正激波产生过程的讨论可知,激波发生的位置恰好是激波波前气流速度等于激
波传播速度 $v_s$ 的位置。由式 (7-65) 给出激波的传播速度 $v_s$

$$v_s = c_1' \sqrt{\dfrac{\gamma-1}{2\gamma} + \dfrac{\gamma+1}{2\gamma} \dfrac{p_2'}{p_1'}} \qquad (7\text{-}65\text{a})$$

式中,$\dfrac{p_2'}{p_1'}$ 为激波前后压强比,$c_1'$ 为激波前声速。对于第二划界压强流动工况,环境背压 $p_b$ 等
于第二划界压强 $p_2$ 时,喷管出口截面处将发生激波,这时激波传播速度 $v_s$ 等于出口截面上
的气流速度 $v_1$,即 $v_s = v_1$。其中激波传播速度 $v_s$ 可以用式 (7-65a) 求得,式中 $p_1' = p_1$,$p_2' = p_2 =$
$p_b$;出口截面上的气流速度 $v_1$ 可以由式 (7-83) 求出 $M_{*1}$ 或 $Ma_1$ 后求得。

当环境背压 $p_b$ 大于在喷管出口截面处产生激波的压强 $p_2$ 时,由式 (7-65a) 可见,激波
传播速度 $v_s$ 将大于出口截面上的气流速度 $v_1$,激波将在喷管内向上游移动。这是因为,激
波前后压强比 $\dfrac{p_2'}{p_1'}$ 由波前马赫数确定,随着激波在管内向上游移动,波前马赫数将减少,$\dfrac{p_2'}{p_1'}$ 也
将减少,激波传播速度 $v_s$ 也随之减少。这样当激波移动到某一截面 $A_x$ 时,激波传播速度 $v_s$
与该截面上的气流速度 $v$ 相等时,激波则稳定在该截面 $A_x$ 上。这时,气流经过激波由超声
速流降为亚声速流,压强得到跃升,以及激波后的亚声速流在扩大段继续减速增压以达到与
喷管出口截面的环境背压相匹配。可见,环境背压越高,激波后的亚声速流在扩大段减速增
压的距离越长,$\dfrac{p_2'}{p_1'}$ 将越小,激波将越靠近喉部,激波也越弱。当环境背压提高到第三划界压
强 $p_3$ 时,喷管内激波恰好移到喉部,$\dfrac{p_2'}{p_1'}$ 等于 1,激波退化为声速流,声速流前为亚声速增速减
压,声速流后为亚声速减速增压。

这是一种在喷管的扩张段出现正激波的流动工况。如图 7-17(b)、(c) 中的曲线 $abefg$
至 (5) 的变化曲线给出了这种工况时,喷管中沿程的气流压强比和马赫数的变化规律。从
图 7-17(b) 中可见,气流在收缩段按曲线 $abe$ 增速减压,过喉部后在扩大段某截面,经激波由
$e$ 跃变至 $f$,再按曲线 $fg$ 减速增压直至出口。由于出口为亚声速流,根据亚声速微弱传播原
理,出口截面压强就等于环境背压。这种工况的喷管出口截面和喉部的压强比以及流量比
如图 7-17(d)、(e)、(f) 中的点 (5) 所示。

喷管内出现正激波的截面 $A_x$ 可以根据环境背压 $p_b$ 按下列步骤计算得到。一般首先可
以根据喷管喉部截面面积 $A_t$ 和出口截面面积 $A_1$,由式 (7-83) 计算得到出口截面在作超声速
流时的速度系数 $M_{*1}$,以及在作亚声速流时的速度系数 $M_{*1}'$。并根据速度系数 $M_{*1}$,由式

(7-34a)计算得到第一划界压强 $p_1$ 和由式(7-84)计算得到第二划界压强 $p_2$。又根据速度系数 $M'_{*1}$，由式(7-34b)计算得到第三划界压强 $p_3$。当 $p_2 < p_b < p_3$ 时，喷管的扩张段必出现正激波，这时激波前为一种流动状态，总压为喷管进口前的滞止压强 $p_0$；激波后为另一种流动状态，这时总压为 $p''_0$，出口截面压强为 $p''_1 = p_b$。尽管激波前后为两种流动状态，但由于均通过同一喷管，其流量应相等，则可以由式(7-78)计算通过出口截面的流量，由式(7-80)计算通过喉部截面的流量，两者应相等，就可以求得激波后的总压 $p''_0$。以激波前后总压比 $\dfrac{p''_0}{p_0}$ 代入式(7-64)，可得激波前速度系数 $M_{*x}$，再通过式(7-83)得到激波所在截面的面积 $A_x$。

④ $\dfrac{p_3}{p_0} < \dfrac{p_b}{p_0} < \dfrac{p_0}{p_0} = 1$，环境背压 $p_b$ 高于在喉部形成声速(或在喉部产生退化的激波)时压强 $p_3$、低于滞止压强 $p_0$ 的流动工况。

这时气流在喉部也达不到声速，喷管内全部都是亚声速流，可以产生超声速流的缩放喷管完全退变为文丘里管。这时气流在出口截面处的压强完全等于环境背压，出口截面的气流速度不再与面积比相关，而与压强比 $\dfrac{p_b}{p_0}$ 相关。即环境背压 $p_b$ 的升高和降低，速度将减小或增加。若环境背压 $p_b$ 进一步增大，达到 $p_b = p_0$，则喷管内气体便不再流动了。这种流动工况中喷管沿程的压强比、马赫数如图 7-17(b)、(c)中的曲线 $aij$ 至(7)所示，喷管出口截面和喉部的压强比以及流量比如图 7-17(d)、(e)、(f)中的点(7)所示。

**例 7.8**　现拟用一喷管将大容器内的过热蒸汽的热能转换为具有高速气流的动能。已知大容器内的过热蒸汽参数为 $\gamma = 1.3$，$R = 462\mathrm{J/(kg \cdot K)}$，$p_0 = 2.94 \times 10^6 \mathrm{Pa}$，$T_0 = 773\mathrm{K}$。若喷管出口截面的压强就是环境背压 $p_b = 9.8 \times 10^5 \mathrm{Pa}$，试问应采用何种形式的喷管？并计算这种工况下蒸汽流在喷管中的临界流速、出口流速和出口马赫数。如果要使通过喷管的流量为 $Q = 8.5\mathrm{kg/s}$，那么该喷管的喉部直径和出口截面的直径应各为多少？计算时不计蒸汽在喷管中流动的损失。

**解**　由临界参数与总压的关系式(7-43)可得临界压强

$$p_{cr} = p_0 \left( \frac{2}{\gamma+1} \right)^{\frac{\gamma}{\gamma-1}} = 2.94 \times 10^6 \times \left( \frac{2}{1.3+1} \right)^{\frac{1.3}{1.3-1}} = 1.604 \times 10^6 (\mathrm{Pa})$$

因为 $p_b < p_{cr}$，只能采用缩放喷管。按照题意，为设计工况，$p_1 = p_b$，则可以用式(7-32a)、式(7-76b)和式(7-34)计算得到蒸汽流在喷管中的临界流速、出口流速和出口马赫数。

$$v_{cr} = c_{cr} = \sqrt{\frac{2\gamma R}{\gamma+1} T_0} = \sqrt{\frac{2 \times 1.3 \times 462}{1.3+1} \times 773} = 635.38 (\mathrm{m/s})$$

$$v_1 = \sqrt{\frac{2\gamma}{\gamma-1} R T_0 \left[ 1 - \left( \frac{p_1}{p_0} \right)^{\frac{\gamma-1}{\gamma}} \right]} = \sqrt{\frac{2 \times 1.3}{1.3-1} \times 462 \times 773 \left[ 1 - \left( \frac{9.5 \times 10^5}{2.94 \times 10^6} \right)^{\frac{1.3-1}{1.3}} \right]} = 842.786 \mathrm{m/s}$$

$$Ma_1 = \sqrt{\frac{2}{\gamma-1} \left[ \left( \frac{p_0}{p_1} \right)^{\frac{\gamma-1}{\gamma}} - 1 \right]} = \sqrt{\frac{2}{1.3-1} \left[ \left( \frac{2.94 \times 10^6}{9.5 \times 10^5} \right)^{\frac{1.3-1}{1.3}} - 1 \right]} = 1.409$$

由式(7-80)可以求得喷管喉部截面直径 $d_t$

$$Q = Q_{cr} = \frac{\pi d_t^2}{4} \left( \frac{2}{\gamma+1} \right)^{\frac{\gamma+1}{2(\gamma-1)}} \left( \frac{\gamma}{RT_0} \right)^{\frac{1}{2}} p_0$$

代入数据
$$8.5 = \frac{\pi d_t^2}{4}\left(\frac{2}{1.3+1}\right)^{\frac{1.3+1}{2(1.3-1)}} \times \left(\frac{1.3}{462\times773}\right)^{\frac{1}{2}} \times 2.94\times10^6$$

解之,得喷管喉部截面直径 $d_t = 0.057\ 42\text{m}$。

又由式(7-83),并利用出口截面马赫数 $Ma_1$ 和喷管喉部截面直径 $d_t$,可以求得出口截面直径 $d_1$

$$d_1 = d_t \sqrt{\frac{1}{Ma_1}\left(\frac{2}{\gamma+1}+\frac{\gamma-1}{\gamma+1}Ma_1^2\right)^{\frac{\gamma+1}{2(\gamma-1)}}}$$

代入数据
$$d_1 = 0.057\ 42\sqrt{\frac{1}{1.409}\left(\frac{2}{1.3+1}+\frac{1.3-1}{1.3+1}1.409^2\right)^{\frac{1.3+1}{2(1.3-1)}}} = 0.060\ 99\text{m}。$$

**例7.9** 某一暂冲式超声速风洞内有一缩放喷管。已知喷管喉部截面面积 $A_t = 0.02\text{m}^2$,出口截面面积 $A_1 = 0.25\text{m}^2$,该喷管进口气流的总压为 $p_0 = 2.026\ 5\times10^6\text{Pa}$,总温 $T_0 = 500\text{K}$。试求流动工况中三个划界的压强 $p_1$、$p_2$ 和 $p_3$。如果使环境背压 $p_b = 4.053\times10^5\text{Pa}$,是否产生激波? 若产生激波则应出现在哪个截面上?

**解** 当缩放喷管内气体作正常流动时,由出口截面面积与喷管喉部截面面积之比和出口截面速度系数的关系式(7-83),得

$$\frac{A_1}{A_{cr}} = \frac{1}{M_{*1}}\left(\frac{\gamma+1}{2}-\frac{\gamma-1}{2}M_{*1}^2\right)^{-\frac{1}{\gamma-1}}$$

代入喷管喉部截面面积和出口截面面积值

$$\frac{0.25}{0.02} = \frac{1}{M_{*1}}\left(\frac{1.4+1}{2}-\frac{1.4-1}{2}M_{*1}^2\right)^{-\frac{1}{1.4-1}}$$

得 $M_{*1} = 2.159, M'_{*1} = 0.050\ 77$。其中,设气体为空气,$\gamma = 1.4, R = 287\text{J/(kg·K)}$。

对于气体在喷管内作正常加速膨胀的设计工况,可以将已得到的 $M_{*1}$ 代入速度系数表示的压强比公式(7-39),得第一划界压强 $p_1$

$$p_1 = p_0\left(1-\frac{\gamma-1}{\gamma+1}M_{*1}^2\right)^{\frac{\gamma}{\gamma-1}} = 2.265\times10^6\left(1-\frac{1.4-1}{1.4+1}2.159^2\right)^{\frac{1.4}{1.4-1}} = 1.188\ 4\times10^4(\text{Pa})$$

第二划界压强为气流在喷管出口截面出现激波的流动工况,可以将已得到的 $M_{*1}$ 和 $p_1$ 代入激波前后的压强比公式(7-62),得第二划界压强 $p_2$

$$p_2 = p_1\frac{(\gamma+1)M_{*1}^2-(\gamma-1)}{(\gamma+1)-(\gamma-1)M_{*1}^2} = 1.188\ 4\times10^4\times\frac{(1.4+1)\times2.159^2-(1.4-1)}{(1.4+1)-(1.4-1)\times2.159^2} = 2.394\times10^5(\text{Pa})$$

由于气流仅在喉部出现声速,其他部分都以亚声速作正常流动,则可以将已得到的 $M'_{*1}$ 代入速度系数表示的压强比公式(7-39),得第三划界压强 $p_3$

$$p_3 = p_0\left(1-\frac{\gamma-1}{\gamma+1}M'^2_{*1}\right)^{\frac{\gamma}{\gamma-1}} = 2.265\times10^6\left(1-\frac{1.4-1}{1.4+1}0.050\ 77^2\right)^{\frac{1.4}{1.4-1}} = 2.261\ 6\times10^6(\text{Pa})$$

当环境背压 $p_b = 4.053\times10^5\text{Pa}$,有 $p_2<p_b<p_3$,将在扩大段产生激波。由计算出口截面的流量公式(7-78)和计算喉部截面的流量公式(7-80),有流量关系式

$$0.25\sqrt{\frac{2\times1.4}{1.4-1}\times\frac{p''^2_0}{287\times500}\left[\left(\frac{4.053\times10^5}{p''_0}\right)^{\frac{2}{1.4}}-\left(\frac{4.053\times10^5}{p''_0}\right)^{\frac{1.4+1}{1.4}}\right]}$$

$$= 0.02 \times \left(\frac{2}{1.4+1}\right)^{\frac{1.4+1}{2(1.4-1)}} \left(\frac{1.4}{287 \times 500}\right)^{\frac{1}{2}} \times 2.265 \times 10^6$$

求解上述关系式,得 $p_0'' = 4.148 4 \times 10^5 \text{Pa}$,代入式(7-64)给出的激波前后气流总压比与速度系数关系式

$$\frac{p_0''}{p_0} = (M_{*x}^2)^{\frac{\gamma}{\gamma-1}} \left[\frac{(\gamma+1) - (\gamma-1) M_{*x}^2}{(\gamma+1) M_{*x}^2 - (\gamma-1)}\right]^{\frac{1}{\gamma-1}}$$

即

$$\frac{4.148 4 \times 10^5}{2.265 \times 10^6} = (M_{*x}^2)^{\frac{1.4}{1.4-1}} \left[\frac{(1.4+1) - (1.4-1) M_{*x}^2}{(1.4+1) M_{*x}^2 - (1.4-1)}\right]^{\frac{1}{1.4-1}}$$

得激波发生截面速度系数 $M_{*x} = 2.092 5$,再由式(7-83),得

$$A_x = \frac{A_t}{M_*} \left(\frac{\gamma+1}{2} - \frac{\gamma-1}{2} M_*^2\right)^{-\frac{1}{\gamma-1}} = \frac{0.2}{2.092 5} \left(\frac{1.4+1}{2} - \frac{1.4-1}{2} \times 2.092 5^2\right)^{-\frac{1}{1.4-1}} = 0.159 6 (\text{m}^2)$$

可知激波将出现在 $A_x = 0.159 6 \text{m}^2$ 的截面上。

## 复习思考题7

7.1　试述声速、当地声速和临界声速的定义和它们的区别。

7.2　什么是马赫数、速度系数? 引入速度系数有什么好处?

7.3　亚声速流动和超声速流动的主要区别是什么?

7.4　试述可压缩流体一维定常等熵流动的基本方程中各项的物理意义及其表达形式。

7.5　为什么要讨论滞止状态、极限状态和临界状态? 这三种状态各有什么特点?

7.6　什么是激波? 激波与声波有什么区别? 试述激波的形成过程。

7.7　激波通过后,气流的速度、压强、温度和密度等参数各有什么变化? 气流中存在激波时,流体的连续介质的假设是否成立?

7.8　试述一维定常等熵气流在马赫数 Ma<1、Ma = 1、Ma>1 时,通道截面面积与速度、压强等参数的变化关系。

7.9　什么是喷管、扩压管? 亚声速流和超声速流时,喷管和扩压管各是什么形状? 若要将气流从亚声速加速到超声速应使用什么样的喷管?

7.10　渐缩喷管所能达到的最大速度是多少? 为什么?

7.11　什么是临界压强比? 使用临界压强比有什么意义?

7.12　讨论缩放喷管时,为什么首先讨论三种划界压强比? 这三种划界压强比在变工况分析中有什么作用?

7.13　试对缩放喷管的各个变工况流动进行分析。

7.14　什么是壅塞现象? 什么是膨胀不足和膨胀过度? 这些现象在哪些情况下发生?

## 习　题　7

7.1　试求下列气体在20℃时的音速:(1)氢气;(2)氮气;(3)二氧化碳;(4)水蒸汽。

7.2　飞机在82kPa与0℃的空气中,以960km/h的速度飞行,试求飞机的马赫数。

7.3　25℃的空气以马赫数1.9流动。试求空气的速度与马赫角。

7.4　有一超音速飞机在距离地面17km的空中以马赫数 $Ma = 2.2$ 的速度水平飞行,设

飞机处空气为标准状态,试问飞机越过地面观察者多长时间,观察者才能听到其声音。

7.5 有一扰动源在30℃空气中运动,该扰动源所形成的马赫角为35°,试求扰动源的速度。

7.6 用热电耦温度计测量速度为225m/s的过热蒸汽流的温度,温度计上的读数等于314℃,试求过热蒸汽流的真实温度为多少?已知过热蒸汽的绝热指数 $\gamma = 1.33$,气体常数 $R = 462 \text{J}/(\text{kg} \cdot \text{K})$。

7.7 已知标准状况下的空气以600m/s的速度流动,试求该气流的滞止温度、滞止压强。

7.8 试求速度为85m/s空气流中的滞止压强、滞止密度和滞止温度,设在未受扰动流场中的压强与温度各为101.3kPa(abs)与22℃。

7.9 已知过热蒸汽进入汽轮机动叶片时,温度为430℃、压强为5000kPa(abs)、速度为525m/s,试求蒸汽在动叶片前的滞止压强与滞止温度。

7.10 二氧化碳气体作等熵流动,在流场中第一点上的温度为60℃,速度为14.8m/s,在同一流线上第二点上的温度为30℃,试求第二点上的速度。若第一点上的压强为101.5kPa,其他条件保持不变,试求在同一流线第二点上的压强。

7.11 在均熵空气流场中,某一点的速度与温度分别为90m/s与55℃,试求在速度为180m/s这点上的温度。

7.12 已知正激波前的空气流的参数为 $p_1 = 90 \text{kPa}(\text{abs.})$,$V_1 = 680 \text{m/s}$ 与 $t_1 = 0℃$。试求正激波后空气流的相应参数值。

7.13 试问超声速过热蒸汽通过正激波时,密度最大能增加多少倍?

7.14 已知正激波后空气流的参数为 $p_2 = 360 \text{kPa}$、$v_2 = 210 \text{m/s}$、$t_2 = 50℃$,试求激波前的马赫数。

7.15 空气流在管道中发生正激波,已知激波前的马赫数为2.5、压强为30kPa、温度为25℃,试求激波后的马赫数、压强、温度和速度。

7.16 空气从大容器经过渐缩喷管排到大气中,已知大容器中空气的压强为71kPa,温度为30℃,试求在等熵条件下喷管出口截面处的速度(大气压强为101.3kPa(绝对压强))。

7.17 大容器中空气的压强为965kPa(abs.)、温度为22℃,该空气经过最小直径为25mm的渐缩喷管流向大气,试求流量。若在渐缩喷管后接上一个出口直径为36mm的渐扩管,试求这时的流量。设为等熵流动。

7.18 在空气流场中,已知一点的压强、温度与速度为37kPa、100℃与45m/s,以及在同一流线上另一点的速度为135m/s,若流动为等熵流动,试求另一点上的压强与温度。

7.19 某喷管安装在一大储气罐上,罐中空气经由喷管流向大气,若储气罐中的压强与温度为550kPa与45℃,试问应采用什么形式的喷管?若流动为等熵流动,试求喷管出口截面处的速度(大气压强为101.3kPa)。

7.20 空气罐中的绝对压强 $p_0 = 700 \text{kPa}$,$t_0 = 40℃$,通过一个喉部直径 $d = 25 \text{mm}$ 的拉伐尔喷管向大气中喷射,大气压强 $p_b = 98.1 \text{kPa}$,试求:(1)质量流量;(2)喷管出口截面直径 $d_2$;(3)喷管出口的马赫数 $Ma_2$。

7.21 喷管前的蒸汽滞止参数为 $p_0 = 1180 \text{kPa}$(绝对),$t_0 = 300℃$;喷管后的压强 $p_2 = 294 \text{kPa}$(绝对),应采用什么形式的喷管?在等熵流动情况下,试求喷管的喉部面积及出口面积。已知蒸汽的流量 $Q_m = 12\text{kg/s}$。

7.22 利用缩放喷管将空气从某一气源中引出,已知气源的滞止压强为 $6.8 \times 10^6\text{Pa}$,滞止温度为 280℃。在喷管的渐扩段中某一压强为 $8.7 \times 10^5\text{Pa}$ 的截面上,产生正激波。假定激波前后的流动都是等熵流,试求:(1)激波前后的马赫数;(2)激波前后的温度;(3)激波后的压强。

7.23 设计一 $Ma = 3.5$ 的超声速喷管,其出口截面的直径为 200mm,出口气流的压强为 7kPa,温度为 $-85$℃,试计算喷管的喉部直径、气流的总压与总温。

7.24 在题 7.26 给定的条件下,计算 $Ma$ 为 1.5、2.0、2.5 所对应的截面直径。

7.25 试求题 7.13 中正激波内移到喷管喉部时的出口压强。

7.26 一缩放喷管的喉部截面面积为出口截面面积之半,来流的总压为 140kPa,出口外的环境背压为 100kPa。试证明气流在管内必形成激波,并求出口截面的气流总压、激波前后的马赫数以及激波所在截面与喉部截面的面积比。

# 第 8 章　明渠中的定常流、堰流

明渠也称为明槽,是一种用于输送具有自由面水流的水道。在自然界和实际工程中常见的明渠有人工渠道、天然河道以及未充满水流的管道(如输水隧洞,涵洞等)。由于明渠水流具有自由面,其表面上的压强为大气压强,相对压强为零,因此明渠水流也称为无压流。由于自由面的存在,使得明渠水流状态完全不同于管道水流状态,再加上各种明渠受地形、土质等诸多因素的影响,水流流动的复杂性将大于管道水流的复杂性。也说明了明渠水流的水力计算将不同于管道水流的水力计算。

同管道水流流动一样,明渠水流流动也可以分为恒定流和非恒定流,均匀流和非均匀流(其中非均匀流可以分为渐变流和急变流)。受篇幅的限制,本章将集中研究明渠恒定流,对于非恒定流,读者可以参阅其他有关书籍。根据循序渐进的原则,本章首先讨论明渠恒定均匀流,然后是恒定非均匀渐变流。此外,还将介绍一些急变流动,如水跃和堰流,这些流动主要以局部水头损失为主。由于实际工程中的明渠水流一般属于紊流,其流动结构接近或处于阻力平方区,本章所讨论的明渠流动均限于这种情况。

分析研究明渠水流流动按照一维流动法来进行,本章将根据明渠恒定流的特点使用一维总流的连续方程和能量方程对明渠恒定均匀流和恒定非均匀渐变流进行研究;使用一维总流的连续方程和动量方程对恒定非均匀急变流进行分析。研究和了解明渠水流运动规律的实际意义在于:明渠均匀流理论的学习将给出渠道设计的依据;明渠非均匀流水面曲线理论的学习将为确定渠道沿岸高程以及坝址上游淹没范围提供计算思路。

## §8.1　明渠的几何特性

明渠的主要功能是输送水流。工程实践表明,明渠底坡的大小和横断面的形状及尺寸的几何特性对明渠水流状态和输送流量的大小有着重要的影响。因此在研究明渠水流运动规律之前,首先介绍明渠的底坡、横断面等几何特性。

### 8.1.1　明渠的底坡

在大多数情况下,明渠的渠底沿流向向下倾斜,其倾斜程度对明渠水流的状态是有影响的。一般将明渠渠底线在单位长度内的高程差(渠底倾斜程度),称为明渠的底坡,以符号 $i$ 表示。如图 8-1 所示,设断面 1—1 和断面 2—2 两断面之间渠底线长度为 $\mathrm{d}x$,两断面的渠底高程分别为 $z_{01}$ 和 $z_{02}$,则渠底高程差为

$$z_{01}-z_{02}=-(z_{02}-z_{01})=-\mathrm{d}z_0$$

根据底坡的定义,底坡 $i$ 可以表示为

$$i = \frac{z_{01} - z_{02}}{\mathrm{d}x} = -\frac{\mathrm{d}z_0}{\mathrm{d}x} = \sin\theta \qquad\qquad (8\text{-}1)$$

式(8-1)中 $\theta$ 为渠底线与水平线之间的夹角。当夹角 $\theta$ 较小($\theta = 6°$)时,渠底线长度 $\mathrm{d}x$ 近似等于水平距离 $\mathrm{d}l$,则 $i \approx \tan\theta$。

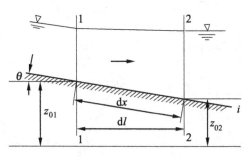

图 8-1　明渠的底坡示意图

如图 8-2 所示,明渠底坡可能有三种情况:

渠底线高程沿流程下降的底坡称为正坡,或称顺坡,这时 $\mathrm{d}z_0 < 0$,$i > 0$,见图 8-2(a);

渠底线高程沿流程不变的底坡称为平坡,这时 $\mathrm{d}z_0 = 0$,$i = 0$,见图 8-2(b);

渠底线高程沿流程上升的底坡称为负坡,或称逆坡,这时 $\mathrm{d}z_0 > 0$,$i < 0$,见图 8-2(c)。

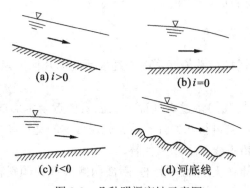

图 8-2　几种明渠底坡示意图

对于人工渠道上述三种底坡都可能出现,只是大多数情况下为正坡,负坡情况最为少见。由于天然河道的河底线为复杂的曲线,其底坡只是指某一河段的平均底坡。

### 8.1.2　明渠的横断面

明渠的横断面有各种各样的形状,如图 8-3 所示。人工渠道的横断面均为规则形状;土渠大多为梯形断面;涵管、隧洞则多为圆形断面,也有采用马蹄形断面或蛋形断面;混凝土渠道或渡槽则可能采用矩形断面或半圆形断面。天然河道的横断面一般为不规则形状,同一条河道各个横断面的形状和尺寸差别较大。大多横断面的形状由主槽和滩地组成,流量小水位低时,水流集中在主槽内;流量大水位高时,主槽内的水流将漫至滩地。

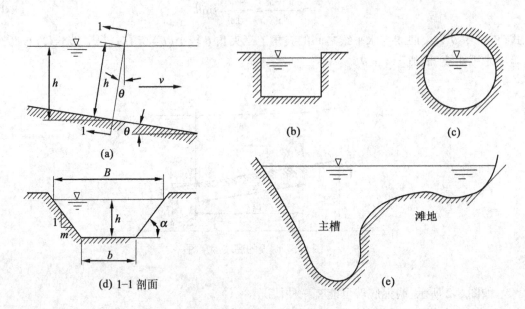

图 8-3　明渠的横断面示意图

需注意的是,明渠的横断面与过水断面是有区别的。横断面一般泛指渠道的断面形状,而过水断面是指与流向垂直的横断面。

### 8.1.3　过水断面的几何要素

在对明渠进行水力计算时,常须计算渠道过水断面的几何要素。现以梯形过水断面为例,进行讨论。

当渠道有水流通过时,我们将过水断面上渠底最低点至水面的距离称为水深,以 $h$ 表示,如图 8-3 所示。水深 $h$ 是进行水力计算时首先需考虑的基本尺寸。工程实际中,当夹角 $\theta$ 较小时,水深 $h$ 可以用铅垂线深度 $h'$ 来代替。

一般梯形渠道是修建在土质地基上的,断面两侧边坡的倾斜程度用边坡系数 $m$ 来表示。边坡系数 $m$ 的大小为边坡倾角 $\alpha$ 的余切,即 $m = \dfrac{m}{1} = \cot\alpha$。边坡系数 $m$ 的取值应根据土质的种类或边坡护面的情况而定。

关于过水断面面积、湿周、水力半径的计算,有

过水断面面积
$$A = (b + mh)h \tag{8-2}$$

湿周
$$\chi = b + 2h\sqrt{1 + m^2} \tag{8-3}$$

水力半径
$$R = \frac{A}{\chi} = \frac{(b + mh)h}{b + 2h\sqrt{1 + m^2}} \tag{8-4}$$

其他断面形状的过水断面面积、湿周、水力半径等物理量可以用相应的公式求得。

总的来说,可以按明渠底坡和横断面是否沿流程变化将明渠分为棱柱体明渠和非棱柱体明渠。对于横断面形状和尺寸以及底坡沿程不变的顺直明渠称为棱柱体明渠;而横断面

形状和尺寸以及底坡沿流程有变化的明渠,或者弯曲的明渠称为非棱柱体明渠。如图 8-4 所示。

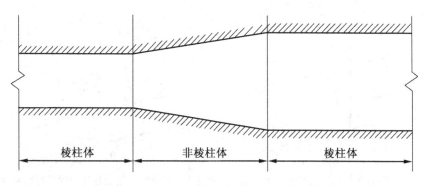

图 8-4 棱柱体明渠与非棱柱体明渠示意图

# §8.2 明渠均匀流

明渠均匀流是明渠水流中最简单的流动状态。明渠均匀流的理论是进行明渠水力计算的基础,也是研究和进行明渠非均匀流水力计算的必备知识。本节将首先研究明渠均匀流的力学特性及发生条件,进而给出明渠均匀流的基本计算公式和进行水力计算的基本计算方法。

## 8.2.1 明渠均匀流的力学特性

根据前面章节所述均匀流的定义,均匀流的流线为一系列相互平行的直线,同一流线上相应点的流速沿程不变,可以推得明渠均匀流有下列特性:

1.过水断面的形状和大小沿程不变;

2.过水断面的水深、流速分布沿程不变,因而过水断面的流量、平均流速以及动能修正系数、动量修正系数、流速水头沿程不变;

3.总水头线、测压管水头线(水面线)、渠底坡线三线相互平行。也就是说,这三线在单位流程内的降落值相等。那么反映总水头降落值的水力坡度 $J$、测压管水头降落值的水面坡度 $J_p$ 以及渠底坡降落值的底坡 $i$ 三者相等,即

$$J = J_p = i \tag{8-5}$$

如图 8-5 所示。

由于明渠均匀流为一种等速直线流动,没有加速度的作用,那么作用在明渠均匀流水体上的各种外力将保持平衡。如图 8-6 所示,在明渠均匀流水流中,取过水断面 1—1 和断面 2—2 之间的水体为隔离体来分析。作用在该水体上的作用力有过水断面 1—1 和过水断面 2—2 上的动水压力 $P_1$ 和 $P_2$,重力 $G$,渠壁的摩擦阻力 $T$。沿流动方向可以写出力的平衡方程

$$P_1 + G\sin\theta - T - P_2 = 0 \tag{8-6}$$

由于过水断面 1—1 和过水断面 2—2 断面完全相等,两断面的压强分布均符合流体静压强的分布,动水压力 $P_1$ 和 $P_2$ 大小相等方向相反。因此平衡方程式(8-6)可以写成

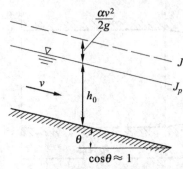

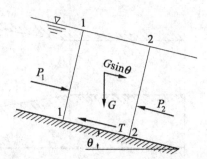

图 8-5　明渠均匀流三线平行示意图　　　图 8-6　明渠均匀流上各外力保持平行示意图

$$G\sin\theta = T \tag{8-7}$$

式(8-7)表明,明渠均匀流是水流的重力在流动方向上的分力与水流的摩擦阻力达到平衡时的一种流动。从能量角度来看,在明渠均匀流中,对单位重量的水体,重力所做的功正好等于阻力所做的负功。从另一角度来说,水体的动能将沿流程不变,势能将沿程减少(即水面沿程下降),其减少值正好等于水流因克服阻力而损耗的能量。式(8-5)的物理意义也在于此。

从上述分析可知,只有如下所述的水流和渠道才可能产生均匀流:水流必须是恒定的,流量保持不变,沿流程没有支流汇入和汇出;渠道必须是长而直的正坡棱柱体渠道,而且边壁粗糙情况沿程不变,没有建筑物的局部干扰。可见能产生明渠均匀流的条件是非常苛刻的。

在一般情况下,受各种因素的限制,明渠的水流和渠道是达不到上述要求的,因而渠道中大量存在着非均匀流。然而,对于顺直的正坡棱柱体渠道,只要有足够的长度,总是存在着非均匀流转化为均匀流趋势的。当明渠水流的水深大于均匀流的水深时,水流的平均流速将小于均匀流的平均流速,这时重力将增大,阻力将减少。因而将有重力沿流动方向的分量大于水流的阻力情况,使得水流作加速运动。由于明渠水流一般处于阻力平方区,水流阻力与流速的平方成正比。因此随着流速的增加,阻力也将增加,水深将不断减少。这样,经过一段流程,重力分量与阻力在新的状态下达到平衡,成为均匀流。又当明渠水流的水深小于均匀流的水深时,水流的平均流速将大于均匀流的平均流速,使得水流的阻力大于重力沿流动方向的分量,将使水流作减速运动。随着流速的减小,阻力相应减小,水深将不断增加,在经过一段流程后,阻力与重力达到新的平衡,成为均匀流。总的来说,只要渠道足够长,同时没有其他干扰,由各种原因所产生的非均匀流总是向均匀流发展。

由于明渠均匀流是明渠水流中最基本的流动,是明渠非均匀流的发展趋势。对于人工渠道一般都是尽可能的使渠线顺直,底坡也尽量在长距离保持不变,尽量采用同一种材料做成规则一致的横断面。在这样的渠道是最有可能发生均匀流的。因此,实际工程中一般情况下均按明渠均匀流来设计渠道。

### 8.2.2　明渠均匀流的计算公式

前面章节叙述的连续性方程(3-37)和谢才公式可以作为明渠均匀流水力计算的基本公式

$$Q = Av$$

$$v = C\sqrt{RJ}$$

在均匀流情况下,水力坡度 $J$ 等于渠道底坡 $i$,以上两式整理后得流量计算公式

$$Q = AC\sqrt{Ri} = K\sqrt{i} \tag{8-8}$$

式(8-8)中 $K = AC\sqrt{R}$ 称为流量模数。当 $i = 1$ 时,$Q = K$,可知 $K$ 的物理意义是底坡为 1 时的流量。当糙率 $n$ 取为一定值时,$K$ 值仅与渠道过水断面的形状、尺寸及水深有关。

明渠均匀流计算公式(8-8)中的谢才系数 $C$,常采用曼宁公式计算,即

$$C = \frac{1}{n}R^{\frac{1}{6}} \tag{8-9}$$

式(8-9)中 $R$ 是水力半径,$n$ 为糙率。也可以采用巴甫洛夫斯基公式计算。谢才系数 $C$ 是反映渠道水流阻力的系数,与渠道的水力半径 $R$ 和糙率 $n$ 有关。具体来说,水力半径 $R$ 代表着渠道横断面的形状及尺寸,糙率 $n$ 体现着渠道的粗糙程度。从工程实践来看,水力半径 $R$ 和糙率 $n$ 的取值与计算都直接影响水力计算的成果。特别是 $n$ 值的影响比 $R$ 值大得多。在设计渠道时,如果 $n$ 值选得偏小,计算所得的渠道过水断面偏小,渠道的过水能力将达不到设计要求,实际使用时容易发生渠道漫溢和泥沙淤积;如果 $n$ 值选得偏大,计算所得的渠道过水断面偏大,将增大施工工程量,造成浪费,实际使用时将因流速过大引起冲刷。所以,根据实际情况正确的选定糙率 $n$,是明渠的设计和计算的一个关键问题。

根据多年来的观测资料和工程经验,已分析和整理出了对于各种土质或衬砌材料的渠壁可选定糙率 $n$ 的概略值。表 8-1 给出了部分情况下的糙率 $n$ 值,可以供计算时参考。我国相关部门也对全国的典型河道进行了广泛调查,整理了一系列糙率 $n$ 值资料,可供查阅。

表 8-1　　　　　　　　　　　各种材料人工渠道的糙率 $n$ 值表

| 渠道表面的特性 | $n$ 值 |
|---|---|
| 1.土　渠:坚实光滑的土渠 | 0.017 |
| 　　　　掺有少量粘土或石砾的沙土渠 | 0.020 |
| 　　　　砂砾底、砌石坡的渠道 | 0.020~0.022 |
| 　　　　细砾石(直径 10~30mm)渠道 | 0.022 |
| 　　　　中砾石(直径 20~60mm)渠道 | 0.025 |
| 　　　　细砾石(直径 50~150mm)渠道 | 0.030 |
| 　　　　散布粗石块的土渠 | 0.033~0.04 |
| 　　　　野草丛生的砂壤土渠或砾石渠 | 0.04~0.05 |
| 2.石　渠:中等粗糙的凿岩渠 | 0.033~0.040 |
| 　　　　细致爆开的凿岩渠 | 0.04~0.05 |
| 　　　　粗劣的极不规则的凿岩渠 | 0.05~0.065 |

| 渠道表面的特性 | $n$ 值 |
|---|---|
| 3.圬 工 渠:整齐勾缝的浆砌砖渠 | 0.013 |
| 细琢条石渠 | 0.018~0.024 |
| 细致浆砌碎石渠 | 0.013 |
| 一般浆砌碎石渠 | 0.017 |
| 粗糙的浆砌碎石渠 | 0.020 |
| 干砌块石渠 | 0.025 |
| 4.混凝土渠:水泥浆抹光,水泥浆粉刷,钢模混凝土 | 0.01~0.011 |
| 模板较光、高灰分的光混凝土 | 0.011~0.013 |
| 木模不加喷浆的混凝土 | 0.014~0.015 |
| 表面较光的夯打混凝土 | 0.0155~0.0165 |
| 表面干净的旧混凝土 | 0.0165 |
| 粗劣的混凝土衬砌 | 0.018 |
| 表面不整齐的混凝土 | 0.020 |

### 8.2.3　明渠均匀流的水力计算

鉴于均匀流为非均匀流的基础,也为了与非均匀流区别,通常称明渠内水流为均匀流时的水深为正常水深,以 $h_0$ 表示。同时,相应于 $h_0$ 的各种量都加上下标"0"。

使用均匀流计算公式(8-8),可以解决实际工程中常见的明渠均匀流的计算问题。分析式(8-8),可见该式中包含着流量 $Q$、底坡 $i$、糙率 $n$、断面要素 $A$ 和 $R$ 等变量。对于梯形渠道断面要素就是 $h_0$、$b$ 和 $m$。式(8-8)中的各变量可以写成下列函数关系

$$Q=f(m,b,h_0,i,n) \tag{8-10}$$

式(8-10)中共有六个变量,其中边坡系数 $m$ 通常是根据土质或衬砌材料性质预先确定的。水力计算就是给定这六个变量中的五个,计算另一个。可能的计算类型列表如表 8-2 所示。表 8-2 中"√"表示已知量,"?"表示待求量。

表 8-2　　　　　　　　　　　　　明渠均匀流水力计算类型

| 类　型 | 糙率 | 流　量 | 正常水深 $h_0$ | 底　坡 $i$ | 断面尺寸 $m$、$b$ |
|---|---|---|---|---|---|
| 1 | √ | ? | √ | √ | √ |
| 2 | √ | √ | ? | √ | √ |
| 3 | √ | √ | √ | ? | √ |
| 4 | ? | √ | √ | √ | √ |
| 5 | √ | √ | √ | √ | ? |

关于明渠均匀流水力计算的五种类型,可以分为两大基本情况。一种情况是对已建成

的渠道,根据实际工程的需要,针对某些变量进行水力计算。如,校核流量 $Q$、流速 $v$,求某段渠道的底坡 $i$ 以及糙率 $n$ 的计算等。另一种情况是为设计渠道进行的水力计算,如确定正常水深,底宽 $b$ 等。

然而,在进行水力计算时,尽管只求解一个未知数,但有时计算很简单,有时则需求解复杂的高次方程。因此,从计算角度来说,一般有下列几种方法进行明渠均匀流的水力计算。

1. 直接求解法

如表 8-2 所示,对于第 1、3、4 种类型,需求解流量 $Q$,或者底坡 $i$,或者糙率 $n$,只要根据式(8-8)和式(8-9),进行简单的代数运算,就可以获得解答。

**例 8.1**　某水电站引水渠为梯形明渠,如图 8-7 所示。已知边坡系数为 $m=1.5$,底宽为 $b=40\mathrm{m}$,糙率 $n=0.03$,底坡 $i=0.000\,15$,若测得均匀流时水深 $h_0=2.5\mathrm{m}$,试问此时通过渠道的流量为多少?

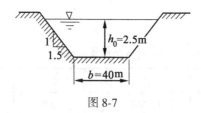

图 8-7

**解**　当水深 $h_0=2.5\mathrm{m}$ 时,各水力要素为:

断面面积　　　$A=(b+mh_0)h_0=(40+1.5\times2.5)\times2.5=109.38(\mathrm{m}^2)$

湿周　　　　　$\chi=b+2h_0\sqrt{1+m^2}=40+2\times2.5\sqrt{1+1.5^2}=49.01(\mathrm{m})$

水力半径　　　$R=\dfrac{A}{\chi}=\dfrac{109.38}{49.01}=2.23(\mathrm{m})$

谢才系数　　　$C=\dfrac{1}{n}R^{1/6}=\dfrac{1}{0.03}\times2.23^{1/6}=38.10(\mathrm{m}^{0.5}/\mathrm{s})$

代入式(8-8)可得通过的流量为

$$Q=AC\sqrt{Ri}=109.38\times38.10\sqrt{2.23\times0.000\,15}=76.22(\mathrm{m}^3/\mathrm{s})。$$

**例 8.2**　某地区干渠流量 $Q=20\mathrm{m}^3/\mathrm{s}$,边坡系数 $m=1.5$,底宽 $b=5\mathrm{m}$,水深 $h_0=3.00\mathrm{m}$,底坡 $i=1/6\,000$,试求该干渠的糙率 $n$。

**解**　根据题给的数据,可得各水力要素为

断面面积　　　$A=(b+mh_0)h_0=(5+1.5\times3.00)\times3.00=28.52(\mathrm{m}^2)$

湿周　　　　　$\chi=b+2h_0\sqrt{1+m^2}=5+2\times3.00\sqrt{1+1.5^2}=15.82(\mathrm{m})$

水力半径　　　$R=\dfrac{A}{\chi}=\dfrac{28.52}{15.82}=1.80(\mathrm{m})$

由式(8-8)可得干渠的糙率为

$$n=\frac{AR^{2/3}i^{1/2}}{Q}=\frac{28.52\times1.80^{2/3}}{20\times6\,000^{1/2}}=0.02\,72。$$

2. 迭代试算法

如表 8-2 所示,对于第 2、5 种类型,需求解正常水深 $h_0$,或者底宽 $b$,这时计算式为 $h_0$ 或

$b$ 的高次方表达式,不能直接求解,只能使用迭代试算法。一般有两种求解方法,一种是基于手工的试算法;另一种是基于计算机求解的迭代法。

(1)试算法。

假设若干个 $h_0$,代入计算式中求相应的 $Q$,并绘成 $h_0 \sim Q$ 曲线,然后根据已知的 $Q$,从曲线图上定出 $h_0$。如果需求 $b$,则绘制 $b \sim Q$ 曲线,其他和求 $h_0$ 一样。一般在绘制曲线时假设 $3 \sim 5$ 个 $h_0$ 或 $b$ 值即可。这种方法也称为试算图解法。

**例 8.3** 电站中有一梯形断面引水渠,浆砌块石衬砌,边坡系数为 $m = 1.0$,底坡为 $i = 0.001\ 25$,底宽 $b = 7.0$m,在设计流量 $Q = 80$m$^3$/s 情况下,试计算引水渠的堤顶高度(堤顶安全超高 0.5m)。

**解** 首先求出正常水深 $h_0$,加上堤顶安全超高后可得堤顶高度。

由表 8-1 查得糙率 $n = 0.025$。分析式(8-8)可见,该式为 $h_0$ 的高次方表达式,不能直接求解,将用试算图解法求解。使用列表法,表 8-3 给出了在不同的 $h_0$ 值时,由式(8-8)计算出各水力要素的值。

表 8-3                                               各水力要素计算值

| $h_0$ | $A$ | $\chi$ | $R$ | $C$ | $Q$ |
| --- | --- | --- | --- | --- | --- |
| 2.0 | 18.00 | 12.657 | 1.422 | 42.418 | 32.192 |
| 2.5 | 23.75 | 14.071 | 1.688 | 43.647 | 47.614 |
| 3.0 | 30.00 | 15.485 | 1.937 | 44.661 | 65.933 |
| 3.5 | 36.75 | 16.899 | 2.174 | 45.529 | 87.236 |

将表 8-3 中 $h_0$ 与 $Q$ 的相应值绘制在方格坐标上,得 $h_0 \sim Q$ 曲线,如图 8-8 所示,由 $Q = 80$ m$^3$/s 在 $h_0 \sim Q$ 曲线上查得相应的水深 $h_0 = 3.34$m。

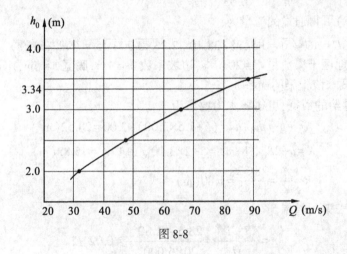

图 8-8

(2)迭代法。

采用迭代法时表达式(8-8)为一求解正常水深 $h_0$ 或者底宽 $b$ 的非线性代数方程。在计算方法中求解这一非线性代数方程的方法较多,如用单纯迭代法、二等分迭代法等。

下面以二等分迭代法求解正常水深 $h_0$ 为例,简单叙述求解方法。

将式(8-8)写成

$$F(h_0) = 1 - \frac{Qn\chi^{2/3}}{i^{1/2}A^{5/3}} = 0$$

开始将 $h_1 = 0$,$h_2 > h_0$ 两值代入,并令 $h_3 = \dfrac{h_1 + h_2}{2}$,设 $F(h_2) = F_4$,$F(h_3) = F_5$。

如果 $F_4$ 与 $F_5$ 同号,则令 $h_2 = h_3$,$F_4 = F_5$;

如果 $F_4$ 与 $F_5$ 异号,则令 $h_1 = h_2$,$h_2 = h_3$,$F_4 = F_5$。

重复上述过程继续二等分,直到 $\Delta h = h_1 - h_2 \leqslant$ 允许误差,所得方程 $F(h_0) = 0$ 的根就是正常水深 $h_0$。

按照上述方法编制程序,对于例8.3,通过上机计算得 $h_0 = 3.34\text{m}$。

3.图解、数表法

由于迭代试算法工作量较大,国内外相关学者提出了许多简便的计算方法。一般为两类:一类是图解法,另一类是数表法。

关于图解法,在我国较通用的是使用一种关于梯形断面渠道均匀流水深或底宽的求解图,来计算梯形断面渠道均匀流水深 $h_0$ 或底宽 $b$。图解法的优点是查找求解比较方便。其缺点是精度较差,有些结果可能查不到。这一类求解法在许多较早版的教材和设计计算手册中可见。

关于数表法,就是将计算结果用数值表表示出来,供设计计算时查用的一种方法。一些设计计算手册常给出这样的数值表。使用数表法的优点是查算方便,具有足够的精度。其缺点是有时要使用内插法。

最后还应指出,在对明渠均匀流进行水力计算后,要对渠道中可能发生的流速进行分析。因为当渠道中的流速过大时,将会引起渠道冲刷,特别是对土渠应尤为注意。而当流速过小时,将会引起渠道淤积。这两种情况均将导致渠道发生变形,影响渠道的过流能力。因此,渠道的断面平均流速 $v$ 必须控制在一定的范围内,也就是应满足下列条件

$$v' > v > v''$$

式中 $v'$ 为不发生冲刷的允许(最大)流速,简称不冲流速;$v''$ 为不发生淤积的允许(最小)流速,简称不淤流速。不冲流速 $v'$ 值主要与渠道土质、衬砌等材料有关,不淤流速 $v''$ 值主要与渠中水流的挟沙能力有关。$v'$ 与 $v''$ 的取值可以参阅相关资料,并结合经验确定。

# §8.3　缓流、急流、临界流

从本节开始我们将研究明渠恒定非均匀流。明渠恒定非均匀流是与明渠均匀流不同的一种流动过程。本节首先根据自然现象引入缓流和急流的概念,然后根据水波的传播特点给出明渠中存在缓流、急流和临界流三种流态,以及这三种流态的判别原则。并且还从能量的观点分析缓流和急流的性质,同时引入临界水深的概念。最后介绍临界坡、缓坡和陡坡的概念。本节引入和介绍的这些概念,是研究明渠恒定非均匀流的基础,将对后述的明渠急变

流和明渠渐变流的学习有着重要意义。

### 8.3.1  缓流和急流现象

有机会观察河道溪流的流动,可以发现有两种截然不同的流动状态。在底坡陡峻、水流湍急的山区河道或溪流中,若有大块石头等障碍物阻水,水面将在障碍物上隆起并跃过障碍物,同时激起浪花,障碍物对上游较远处的水流不产生影响;在底坡平坦、水流徐缓的平原河道中,若遇桥墩、石头等障碍物时,障碍物上游的水面将会壅高,直至上游较远处,在越过障碍物时水流将会下跌。这样的情况,在我们身边也存在。在下大雨过后,如果注意一下路边的集水沟,也可以发现类似的水流现象,只是规模较小。同时还可以注意到,在水面宽阔,水流缓慢的地方,雨滴落入时,水面上出现一系列近乎圆形的波纹,向四周扩散并逐渐消逝;在水面狭窄,底坡大,水流湍急的地方,雨滴落入时,水面上可以看到自落入点顺水流方向逐渐张开的锐角形扩散波纹。

上述的两种水流状态说明,明渠水流存在着两种完全不同的流态。其中一种流态,水势平稳,流速低,若遇障碍物的干扰,其干扰可以向上游传播,越过障碍物时水流下跌;而另一种流态,水势湍急,流速高,若遇障碍物一跃而过,其干扰不向上游传播。前者称为缓流,后者称为急流。

下面将进一步讨论,明渠水流为什么会出现这两种状态,两者的实质以及判别标准。

### 8.3.2  微波的传播与三种流态

明渠水流遇到障碍物所受到的干扰与连续不断地扰动水流所形成的干扰在本质上是一样的。

如果在平静的湖水中同一点不断扔石子,湖水水面上将因这一干扰,不断产生微小的波,其波形犹如以干扰点为中心的同心圆,以一定的波速 $c$ 向四周扩散。如图 8-9(a)所示。如果在一等速流动的明渠水流中同一地点不断扔石子,则不断产生的干扰波,将随水流向上、下游传播。根据水流速度 $v$ 的不同,将有三种情况:

(1)当 $v<c$ 时,干扰波以速度 $v-c$ 向上游传播,同时以速度 $v+c$ 向下游传播,干扰波的波形如图 8-9(b)所示。

(2)当 $v=c$ 时,由于 $v-c=0$,干扰波不向上游传播,而只以速度 $v+c=2c$ 向下游传播,干扰波的波形如图 8-9(c)所示。

(3)当 $v>c$ 时,$v-c$ 和 $v+c$ 均大于零,干扰波以这两个速度向下游传播,干扰波的波形如图 8-9(d)所示。这是因为水流速度大于波速,将干扰所产生的影响完全带向下游。各时间干扰波波前所形成的外包线,组成了以干扰点为锥顶的锥形角 $\beta$,称为干扰角。干扰角内的水流受干扰波的影响,干扰角外的水流不受干扰波的影响。

我们把 $v<c$ 的水流称为缓流,这时干扰波既可以向上游传播也可以向下游传播;把 $v>c$ 的水流称为急流,这时干扰波只能向下游传播;把 $v=c$ 的水流称为临界流,这时只有一个向下游传播的干扰波。临界流是缓流和急流的分界点。

比较图 8-9 与图 7-4~图 7-6,可见明渠水流中干扰波的传播与可压缩流体流动中微弱扰动的传播有相似之处。明渠水流中缓流、急流和临界流与可压缩流体流动中亚声速流动、超声速流动和声速流动也具有相似之处。但也要注意这两种流动的不同点。

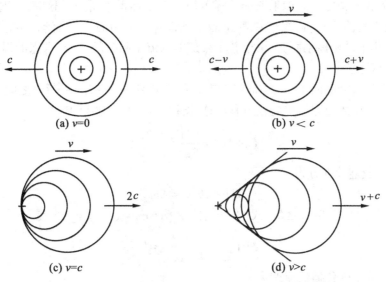

图 8-9 明渠水流中干扰波的传播示意图

### 8.3.3 三种流态的判别及佛汝德数

从前述讨论可见,缓流、急流以及临界流这三种流态与水流速度和波速的大小对比关系是紧密相关的。因此,要深入研究这三种流态,判别这三种流态,首先要确定干扰波的传播速度。

为确定干扰波的波速,可以通过分析渠道中产生的一个单一的孤立波的运动过程来进行。对于如图 8-10 所示的孤立波,形状简单,完全处于正常水面以上并且光滑地毫无干扰地移动。在无阻力的情况下,可以传到无穷远处,其形状和速度保持不变。然而,实际上由于阻力的作用,波高将逐渐减小以至消失。

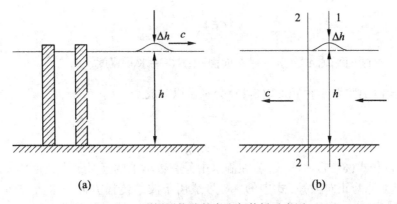

图 8-10 明渠干扰波的产生与传播示意图

设想一平底矩形棱柱体明渠,渠内水体静止,水深为 $h$。用一直立平板以一定的速度由左向右拨动一下,在平板的右边产生一个孤立波,以速度 $c$ 向右传播。显然,由于波的传播,使得明渠中形成非恒定流。如果取随波峰运动的动坐标系来研究。这时,相对于这个动坐标系来说,波将是静止的,而渠内原静止的水则以速度 $c$ 由右向左流动。如图 8-10(b)所示。此时,就这个动坐标系而言,由于整个渠道的水流不随时间改变,水深沿程变化,则为恒定非均匀流流动过程。

现在波峰处选择断面 1—1,在波峰的左边缘选择断面 2—2。两断面之间的间距很近,忽略能量损失。引入恒定流的能量方程和连续性方程。可得能量方程

$$(h+\Delta h)+\frac{\alpha_1 v_1^2}{2g}=h+\frac{\alpha_2 v_2^2}{2g} \tag{8-11}$$

式中 $v_2=c$。以及连续性方程

$$B(h+\Delta h)v_1=Bhv_2 \tag{8-12}$$

式中,$B$ 为渠宽。将式(8-12)代入式(8-11),并令 $\alpha_1=\alpha_2=\alpha$ 以及 $v_2=c$,得

$$h+\Delta h+\frac{\alpha c^2}{2g}\frac{h^2}{(h+\Delta h)^2}=h+\frac{\alpha c^2}{2g}$$

解上式得波在静水中传播的速度为

$$c=\pm\sqrt{gh\frac{\left(1+\dfrac{\Delta h}{h}\right)^2}{\alpha\left(1+\dfrac{\Delta h}{2h}\right)}} \tag{8-13}$$

对于波高较小的微波,有 $\dfrac{\Delta h}{h}\approx 0$,则有

$$c=\pm\sqrt{\frac{gh}{\alpha}} \tag{8-14}$$

式(8-14)为矩形明渠静水中干扰波的传播速度的公式。式(8-14)表明明渠静水中干扰波的传播速度与重力和波所在断面的水深有关。对于非矩形断面的棱柱体渠道,波速公式可以写成

$$c=\pm\sqrt{\frac{g\bar{h}}{\alpha}} \tag{8-15}$$

式中:$\bar{h}=\dfrac{A}{B}$——断面平均水深;$A$——断面面积;$B$——水面宽度。

若令 $\alpha=1.0$,则式(8-14)和式(8-15)分别可以写成

$$c=\pm\sqrt{gh} \tag{8-14a}$$

$$c=\pm\sqrt{g\bar{h}} \tag{8-15a}$$

式(8-14)和式(8-15)中的+、-号在静水中只有数学上的意义。在速度为 $v$ 的明渠水流中,静水波 $c$ 称为相对波速,式中的"+"号适用于波的传播方向与水流方向一致的顺水波,"-"号适用于波的传播方向与水流方向相反的逆水波。这时渠道中干扰波的传播速度为相对波速和水流速度之和,称为绝对波速。其中,向下游的传播速度(顺水波)为 $v+\sqrt{gh}$,向上游的传播速度(逆水波)为 $v-\sqrt{gh}$。

由于缓流和急流主要取决于流速 $v$ 和波速 $c$ 的相对大小,因此可以将流速 $v$ 和波速 $c$ 的

比值作为判别缓流和急流的标准。这个比值是一个无量纲数,一般以符号 $Fr$ 表示,称为佛汝德数,即

$$Fr = \frac{v}{c} = \frac{v}{\sqrt{g\frac{\bar{h}}{\alpha}}} = \frac{v}{\sqrt{\frac{gA}{\alpha B}}} = \sqrt{\frac{\alpha Q^2 B}{gA^3}} \qquad (8\text{-}16a)$$

令 $\alpha = 1.0$,则

$$Fr = \sqrt{\frac{Q^2 B}{gA^3}} \qquad (8\text{-}16b)$$

对于临界流,有 $v = c = \sqrt{g\bar{h}}$,则 $Fr = 1.0$;

对于缓流,有 $v < \sqrt{g\bar{h}}$,则 $Fr < 1.0$;

对于急流,有 $v > \sqrt{g\bar{h}}$,则 $Fr > 1.0$。

因此,若需判别某一实际水流所属的流态,只需测得平均流速 $v$,过水面积 $A$,水面宽度 $B$ 或水深 $\bar{h}$,计算出 $Fr$ 数。若 $Fr < 1$,属缓流;若 $Fr > 1$,属急流;若 $Fr = 1$,则属临界流。

佛汝德数 $Fr$ 是流体力学中重要的无量纲判别数,为探讨 $Fr$ 数的物理意义,将式(8-16a)作下列变形

$$Fr = \frac{v}{\sqrt{g\bar{h}}} = \sqrt{2\frac{\frac{v^2}{2g}}{\bar{h}}}$$

由上式可知,佛汝德数表示的是单位重量动能 $\frac{v^2}{2g}$ 与单位重量势能 $\bar{h}$ 的比值的二倍的开平方。也可以说,佛汝德数反映了水流中单位动能和单位势能的对比关系。对于某种流动,如果单位动能占优,$Fr > 1$,则为急流;如果单位势能占优,$Fr < 1$,则为缓流;如果两种能量所占比值相当,$Fr = 1$,则为临界流。从力的角度还可以证明,佛汝德数反映了水流的惯性力与重力两种作用力的对比关系。两种作用力相等,则为临界流;惯性力作用大于重力作用,惯性力对水流起主导作用,则为急流;惯性力作用小于重力作用,重力对水流起主导作用,则为缓流。

由于临界流是缓流和急流之间的一种特殊的流动,在以后的叙述中,我们将属于临界流的各水力要素的符号均加以下标 $k$。如临界流的断面面积 $A_k$、水面宽度 $B_k$ 等。临界流的水深称为临界水深,以 $h_k$ 表示,相应的流速称为临界流速,以 $v_k$ 表示。

### 8.3.4　断面比能,临界水深

前述从运动学的观点分析了缓流和急流的特性,下面将从能量方面进行分析,并引申出临界水深。

对于如图 8-11 所示的明渠渐变流,在图 8-11 所示的过水断面上某点 $A$,以 0—0 水平面为基准面,可以写出水流的单位总机械能 $E$ 为

$$E = z + \frac{p}{\rho g} + \frac{\alpha v^2}{2g}$$

式中:$z$——$A$ 点的位置水头;$\frac{p}{\rho g}$——压强水头;$\frac{\alpha v^2}{2g}$——流速水头;$E$——总水头。

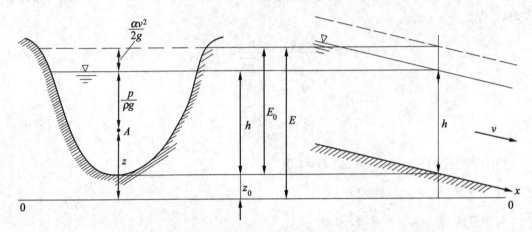

图 8-11　明渠渐变流的能量分析示意图

由于渐变流过水断面上的压强分布近似按流体静压强分布,也就是该过水断面上各点的测压管水头为常数。如果还同时还考虑该断面上最低点的测压管水头,有

$$z+\frac{p}{\rho g}=z_0+h=\text{const}$$

式中 $z_0+h$ 为该过水断面上最低点的测压管水头。其中 $z_0$ 为断面最低点的高程即位置水头, $h$ 为断面最大水深即最低点的压强水头。在计算过水断面上最低点的测压管水头时,假定渠道底坡较小,$\cos\theta\approx1$,水深可以近似取做铅垂线。如图 8-11 所示。于是,单位总机械能 $E$ 可以写成

$$E=z_0+h+\frac{\alpha v^2}{2g} \tag{8-17}$$

由于 $z_0$ 只取决于基准面的位置与水流状态无关,而 $h$ 与 $\frac{\alpha v^2}{2g}$ 却反映了水流的运动状态,因此我们单独考虑这两项。也就是将断面最大水深与平均流速水头之和定义为断面单位能量或断面比能,并以 $E_s$ 表示,即

$$E_s=h+\frac{\alpha v^2}{2g} \tag{8-18}$$

由式(8-17)和式(8-18)可以看出,单位总机械能 $E$ 与断面单位能量 $E_s$ 仅相差 $z_0$,也可以说断面单位能量 $E_s$ 是基准面建在断面最低点的单位总机械能或总水头。两者的关系可以由下式表示

$$E=E_s+z_0 \tag{8-19}$$

或

$$E_s=E-z_0 \tag{8-20}$$

由于明渠水流存在能量损失,单位总机械能 $E$ 总是沿流程 $x$ 减少,即 $\frac{\text{d}E}{\text{d}x}<0$ 。

对于断面单位能量 $E_s$ 沿流程的变化,由式(8-20)有

$$\frac{\text{d}E_s}{\text{d}x}=\frac{\text{d}E}{\text{d}x}-\frac{\text{d}z_0}{\text{d}x} \tag{8-21}$$

其中
$$\frac{dE}{dx}=-J, \quad \frac{dz_0}{dx}=-i$$

因而式(8-21)可以写成

$$\frac{dE_s}{dx}=i-J \tag{8-22}$$

对于均匀流有 $i=J$，则 $\frac{dE_s}{dx}=0$，即断面单位能量 $E_s$ 沿程不变；对于非均匀流，有 $i\neq J$，则 $\frac{dE_s}{dx}\neq 0$，即断面单位能量 $E_s$ 沿程变化表示了明渠水流的非均匀程度，从 $i$ 的三种取值情况($i>0$，$i=0$，$i<0$)以及和 $J$ 值的对比关系可见，$E_s$ 可以沿流程减少，沿流程不变甚至沿流程增加。

对于断面单位能量 $E_s$ 的表达式(8-18)，现将流速 $v=\frac{Q}{A}$ 代入，得

$$E_s=h+\frac{\alpha Q^2}{2gA^2}=f(h) \tag{8-23}$$

当渠道流量 $Q$、渠道断面形状尺寸给定后，过水断面面积 $A$ 只是水深 $h$ 的函数，式(8-23)为水深 $h$ 的函数。按照该函数可以绘出断面单位能量 $E_s$ 随水深 $h$ 变化的关系曲线，这个曲线称为比能曲线。

假定已给定渠道的流量和渠道断面形状尺寸，现根据式(8-23)定性地讨论比能曲线的特征。

当 $h$ 趋近于 0 时，面积 $A$ 趋近于 0，则式(8-23)右边第一项趋近于 0，第二项趋近于无穷大。有 $E_s$ 趋近于无穷大。

当 $h$ 趋近于无穷大时，面积 $A$ 趋近于无穷大，则式(8-23)右边第一项趋近于无穷大，第二项趋近于 0。$E_s$ 仍趋近于无穷大。

若以 $h$ 为纵坐标，以 $E_s$ 为横坐标，从上述讨论知，该比能曲线为一条二次抛物曲线，曲线的上端以与坐标轴成45°角并通过坐标原点的直线为渐近线，下端则以与横坐标重合的水平线为渐近线。当 $h$ 在由 0 到趋近于无穷大的变化过程中，$E_s$ 值则相应地从无穷大逐渐变小，到达某个最小值 $E_{smin}$ 后，又逐渐增大到无穷大。如图 8-12 所示。

从数学意义上说最小值 $E_{smin}$ 处为极值点，该点也称为 $K$ 点。由图 8-12 可见，$K$ 点将比能曲线分成上、下两支。为分析上、下两支曲线的变化规律及对应的流态，由式(8-23)，对 $h$ 求导得

$$\frac{dE_s}{dh}=\frac{d}{dh}\left(h+\frac{\alpha Q^2}{2gA^2}\right)=1-\frac{\alpha Q^2}{gA^3}\frac{dA}{dh} \tag{8-24}$$

式中，$dA$ 是由水深增量 $dh$ 而引起的面积的增量，以 $B$ 表示对应于水深为 $h$ 时的水面宽度，忽略两岸边坡的影响，则 $\frac{dA}{dh}=B$，如图 8-13 所示。代入上式，得

$$\frac{dE_s}{dh}=1-\frac{\alpha Q^2 B}{gA^3}=1-\frac{\alpha v^2}{g\bar{h}}=1-Fr^2 \tag{8-25}$$

式中，取 $\alpha=1.0$。式(8-25)说明，明渠水流的断面单位能量 $E_s$ 随水深 $h$ 的变化规律取决于断面上的佛汝德数 Fr。

在极值点 $K$ 点处，有 $\frac{dE_s}{dh}=0$，由式(8-25)得，$Fr^2=1$ 或 Fr $=1$，即 $K$ 点代表着水流为临界

流的状态。因此相应于 $K$ 点也就是相应于最小值 $E_{smin}$ 的水深就是前述的临界水深 $h_K$。

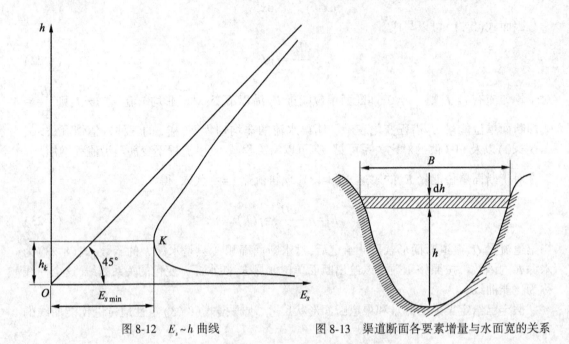

图 8-12　$E_s \sim h$ 曲线　　　　　图 8-13　渠道断面各要素增量与水面宽的关系

对于缓流，$Fr<1$，由式(8-25)有 $\dfrac{\mathrm{d}E_s}{\mathrm{d}h}>0$，相当于比能曲线的上半支，断面单位能量 $E_s$ 随水深 $h$ 的增加而增加，同时有 $h>h_K$。

对于急流，$Fr>1$，由式(8-25)有 $\dfrac{\mathrm{d}E_s}{\mathrm{d}h}<0$，相当于比能曲线的下半支，断面单位能量 $E_s$ 随水深 $h$ 的增加而减少，同时有 $h<h_K$。

由 $E_s \sim h$ 曲线可见，当 $E_s \neq E_{smin}$ 时，同一个 $E_s$ 值对应于两个不同的水深：一个是缓流 $h>h_K$；另一个是急流 $h<h_K$。由于确定的 $E_s$ 对应于渠道中通过某一确定的流量，因此可以说，对于某一确定的流量渠道中既可能发生缓流也可能发生急流。

根据 $E_s$ 最小值点 $K$ 点是极值点的性质，应用式(8-25)，可得临界水深应满足的条件

$$1-\frac{\alpha Q^2 B}{gA^3}=0 \tag{8-26}$$

在此将相应于临界流的水力要素加以下标 $K$，上式可以写成

$$\frac{\alpha Q^2}{g}=\frac{A_K^3}{B_K} \tag{8-27}$$

在流量和过水断面的形状及尺寸给定时，使用上式可求解临界水深 $h_K$。由于式(8-27)为高次方程，在对不同的断面形状及尺寸的渠道，有不同的求解临界水深 $h_K$ 的方法。

1.对于矩形断面

如果渠道断面为矩形，其宽为 $b$，则 $B_K=b$，$A_K=bh_K$，代入式(8-27)可以解得

$$h_K=\sqrt[3]{\frac{\alpha}{g}\left(\frac{Q}{b}\right)^2}=\sqrt[3]{\frac{\alpha q^2}{g}} \tag{8-28}$$

式中, $q=\dfrac{Q}{b}$ 称为矩形渠道单宽流量。

**例 8.4**　有一底宽 $b=8\mathrm{m}$ 的矩形断面渠道,当流量 $Q=40\mathrm{m^3/s}$ 时,试求渠中的临界水深。

**解**　由于 $q=\dfrac{Q}{b}=\dfrac{40}{8}=5\mathrm{m^2/s}$,代入式(8-28)得临界水深 $h_K$

$$h_K=\sqrt[3]{\frac{\alpha q^2}{g}}=\sqrt[3]{\frac{1.0\times5^2}{g}}=1.366\mathrm{m}$$

**2. 对于任意形状断面**

如果渠道断面为梯形或其他任意形状,由于过水断面面积与水深之间的函数关系比较复杂,将这样的关系式代入式(8-27),不能得出临界水深 $h_K$ 的直接解。在这样情况下,一般可以采用试算法或图解法,实际工程中也有一些近似计算方法。

针对式(8-27)的特点,当渠道流量 $Q$ 和断面形状尺寸给定后,式(8-27)的左端 $\dfrac{\alpha Q^2}{g}$ 为一定值,右端 $\dfrac{A^3}{B}$ 仅为水深的函数。可以用试算法计算,即可以假定一水深值计算右端 $\dfrac{A^3}{B}$ 的值,如果该值刚好等于左端的 $\dfrac{\alpha Q^2}{g}$ 值,则假定的水深即为所求的临界水深 $h_K$。否则,重新假定水深继续试算右端值,直至左右两端值相等时为止。在使用试算法进行上述计算时,结合图解法,可以减少试算的次数。

由于式(8-27)为求解 $h_K$ 的非线性方程,利用计算方法中的牛顿迭代法、二等分迭代法可以求解。下面以牛顿迭代法为例给出计算思路,读者可根据该思路编程使用计算机进行计算。

根据式(8-27),可以令 $F(h_k)=1-\dfrac{\alpha Q^2 B}{gA^3}=F_1$,并令 $F(h_k)$ 的导数 $F'(h_k)=F_2$,按照牛顿迭代法求根的迭代公式为

$$(h_k)_{+1}=h_k-\frac{F(h_k)}{F'(h_k)}=h_k-\frac{F_1}{F_2}=h_k-F_3$$

如果计算出下一步的临界水深 $(h_K)_{+1}$ 与上一次的临界水深 $h_K$ 相等则迭代终止,实际上用 $F_3$ 不大于允许误差来控制。

实际工程中,有一些近似计算方法计算临界水深。如对于梯形断面渠道,可以用下列近似公式计算

$$h_K=\left(1-\frac{\sigma_n}{3}+0.105\sigma_n^2\right)h_{kn} \tag{8-29}$$

式中, $\sigma_n=\dfrac{m}{b}h_{Kn}$,其中 $m$ 为梯形断面的边坡系数, $b$ 为底宽, $h_{kn}$ 由下式计算

$$h_{Kn}=\sqrt{\frac{\alpha}{g}\left(\frac{Q}{b}\right)^2}$$

当求出临界水深 $h_K$ 后,根据前述分析,可以利用临界水深 $h_K$ 作为水流流态的判别标准,即:

当 $h > h_K$ 时，$Fr < 1$，为缓流。

当 $h = h_K$ 时，$Fr = 1$，为临界流。

当 $h < h_K$ 时，$Fr > 1$，为急流。

### 8.3.5 临界底坡、缓坡和陡坡

由明渠均匀流计算公式(8-8)

$$Q = AC\sqrt{Ri} = K\sqrt{i} \tag{8-8}$$

可见式中流量模数 $K$ 为正常水深 $h_0$ 的函数，即 $K = f(h_0)$。式(8-8)可以写成

$$Q = f(h_0)\sqrt{i} \tag{8-30}$$

由式(8-30)可见，底坡 $i$ 与正常水深 $h_0$ 成反比关系。在渠道的流量 $Q$、糙率 $n$ 以及渠道断面形状尺寸一定的情况下，正常水深 $h_0$ 与底坡 $i$ 的关系如图 8-14 所示。由于曲线在 $0 < h_0 < \infty$ 之间为连续的，则必可在曲线上找出一个正常水深正好等于临界水深的 $K$ 点。此时 $K$ 点所对应的底坡称为临界底坡，以 $i_K$ 表示。换句话说，临界底坡就是在一定流量下，水流可以形成均匀临界流的底坡。根据相关定义，临界底坡 $i_K$ 可以由式(8-8)与临界流条件式(8-27)联立解得，即

$$i_K = \frac{Q^2}{C_K^2 A_K^2 R_K} = \frac{gA_K}{\alpha C_K^2 R_K B_K} \tag{8-31}$$

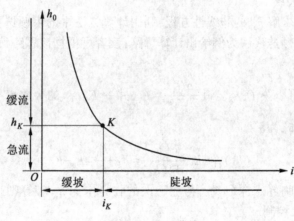

图 8-14　$i \sim h_0$ 曲线

式(8-31)中，$C_K$、$A_K$、$R_K$ 分别为相应于临界水深的谢才系数、过水断面面积和水力半径。

由式(8-31)可见，明渠的临界底坡 $i_K$ 与渠道断面的形状、尺寸、流量和糙率有关，而与渠道的实际底坡无关。这就是说，在流量、渠道断面形状、尺寸和糙率给定的棱柱体渠道中，当水流作均匀流时，一般存在一个与实际底坡无关的假想的底坡即临界底坡。如果渠道的实际底坡正好等于该临界底坡，则渠道内发生均匀临界流。当渠道的水流条件如渠道断面的形状、尺寸、流量和糙率等其中某一项发生改变，则该渠道的临界底坡 $i_K$ 将发生改变。临界底坡实际上反映了明渠水流为均匀流时内部隐含的水流流动特性。由于实际底坡 $i$ 一般是不等于临界底坡 $i_K$ 的，将实际底坡 $i$ 与计算出的某种临界底坡 $i_K$ 相比较可以将实际底坡

分成三类：

当 $i<i_K$ 时,为缓坡；

当 $i=i_K$ 时,为临界坡；

当 $i>i_K$ 时,为陡坡。

注意,由于只有可以产生均匀流的正坡渠道才可以分为三种底坡。同一个 $i$ 在流量 $Q$、糙率 $n$ 等不同的水流条件下,可能为不同性质的底坡。对于具有确定的流量 $Q$、糙率 $n$ 等值的明渠水流,$i$ 属于哪一种性质的底坡则是确定的。

从图 8-14 可见,当明渠中水流为均匀流时,有下面三种情况：

1.在缓坡($i<i_K$)上,$h_0>h_K$,水流为缓流；

2.在临界坡($i=i_K$)上,$h_0=h_K$,水流为临界流；

3.在陡坡($i>i_K$)上,$h_0<h_K$,水流为急流；

图 8-15 给出了上述三种情况。图 8-15 中 $N$—$N$ 线表示正常水深线,$K$—$K$ 线表示临界水深线。对于平坡($i=0$)和负坡($i<0$)渠道,由于不可能出现均匀流,所以没有 $N$—$N$ 线,因为临界水深 $h_K$ 与底坡 $i$ 无关,故可以绘制出 $K$—$K$ 线。图 8-15 也给出了后两种情况。

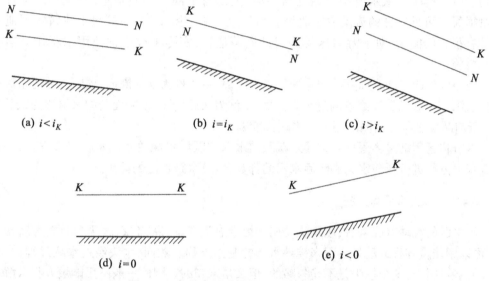

图 8-15 各种底坡明渠的 $N$—$N$、$K$—$K$ 参考线

如果在缓坡、临界坡、陡坡上发生非均匀流,则缓流、急流和临界流都有可能发生。具体研究将在 §8.5 中进行。

## §8.4 水 跃

当渠道中的水流受某种水工建筑物的影响,由急流状态向缓流状态过渡时,将会产生一种水面突然跃起的局部水流现象。也就是在一段短距离的渠段内,水深由小于临界水深急剧地跃至大于临界水深。对于这种特殊的水流现象称为水跃。如图 8-16 所示。一般在闸、坝等水工建筑物以及陡坡明渠(也称陡槽)的下游易产生水跃。

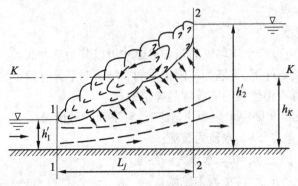

图 8-16　水跃及水跃各要素示意图

　　观察水跃的流动状况,可以看到在短距离内,水深急剧上升,水面不连续,上部有一个作剧烈运动的表面旋滚,并使水面剧烈波动和翻腾,掺入大量气泡。下部则是急剧扩散的主流。整个区域水流剧烈紊动与掺混,上部与下部之间质量不断交换,产生较大的能量损失。可见这样的流动属于明渠非均匀急变流。由于闸、坝等泄水建筑物下泄的水流带有很大的能量,对下游河床易造成冲刷等危害,实际工程中常使用水跃作为消能的主要措施。

　　表面旋滚起点即水面开始变化处的过水断面 1—1 称为跃前断面,该断面处的水深称为跃前水深 $h'$。表面旋滚终点的过水断面 2—2 称为跃后断面,该断面处的水深称为跃后水深 $h''$。跃前断面至跃后断面的距离为水跃长度 $L_j$。

　　本节将运用动量方程推导描述水跃跃前水深和跃后水深关系的水跃基本方程,并根据水跃基本方程进行跃前水深和跃后水深的计算,以及水跃长度的计算。

### 8.4.1　水跃的基本方程

　　从水跃的流动状况来看,水跃流动属于恒定总流流动,跃前、跃后两个断面为渐变流断面,可以用能量方程或动量方程来推导水跃的基本方程。然而,水流经过水跃过程后,将有较大的能量损失,这个损失是不能忽略的,但又是未知的。因此一般不用能量方程求解水跃问题。而用动量方程来解决这一问题。

　　为简化起见,假设一水跃发生在棱柱体水平明渠中,如图 8-17 所示。以跃前断面 1—1 和跃后断面 2—2 之间的水体为隔离体,对该隔离体写出动量方程

$$\rho Q(\alpha_1' v_1 - \alpha_2' v_2) = P_1 - P_2 - T \tag{8-32}$$

式(8-32)中 $Q$ 为流量;$v_1$、$v_2$ 分别为跃前、跃后断面处的流速;$\alpha_1'$、$\alpha_2'$ 为跃前、跃后断面处的动量修正系数,在此假定 $\alpha_1' = \alpha_2' = \alpha'$;$T$ 为水跃中水流与渠壁的壁面阻力,因 $L_j$ 较小而忽略不计;$P_1$ 及 $P_2$ 分别为跃前、跃后断面的动水总压力,由于这两个断面为渐变流,可以按流体静压力公式计算,即

$$P_1 = \rho g A_1 h_{c1}, \quad P_2 = \rho g A_2 h_{c2}$$

其中 $A_1$ 及 $A_2$ 分别为跃前、跃后断面的面积;$h_{c1}$ 及 $h_{c1}$ 分别为跃前、跃后两断面的形心点距水

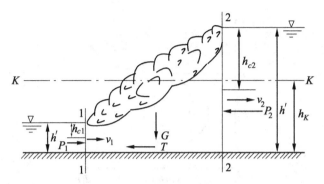

图 8-17　水跃受力分析示意图

面的距离,也就是形心点水深。

再考虑连续性方程
$$v_1 = \frac{Q}{A_1}, \quad v_2 = \frac{Q}{A_2}$$

代入式(8-32),并化简整理后得

$$\frac{\alpha' Q^2}{g A_1} + A_1 h_{c1} = \frac{\alpha' Q^2}{g A_2} + A_2 h_{c2} \tag{8-32a}$$

式(8-32a)为所求的水跃基本方程。当明渠断面形状、尺寸与流量一定时,断面面积 $A$、形心点水深 $h_c$ 均为水深 $h$ 的函数,因此方程左右两边都是水深 $h$ 的函数。由于两边函数形式完全一样,故称该函数为水跃函数,以 $J(h)$ 表示,即

$$J(h) = \frac{\alpha' Q^2}{g A} + A h_c \tag{8-33}$$

于是,式(8-32a)可以写成

$$J(h') = J(h'') \tag{8-34}$$

式(8-34)说明,尽管跃前水深 $h'$ 与跃后水深 $h''$ 不相等,但两者的水跃函数值是相等的。具有这种性质的两个水深也称为共轭水深。

类似于断面单位能量 $E_s$ 曲线,在给定流量 $Q$ 和渠道断面形状及尺寸的情况下,可以绘制出水深 $h$ 与水跃函数 $J(h)$ 的关系曲线,即水跃函数曲线。如图 8-18 所示。该曲线存在一极小值 $J_{\min}$,可以证明与极小值对应的水深为临界水深 $h_K$。水跃函数曲线的极值点将该曲线分成上、下两支曲线,下支曲线为急流区,对应的水深为跃前水深 $h'$,有 $h' < h_K$;上支曲线为缓流区,对应的水深为跃后水深 $h''$,有 $h'' > h_K$。由图 8-18 可见,对于同一个水跃函数 $J(h)$,有相应的两个水深 $h'$ 与 $h''$。跃前水深 $h'$ 越小,则跃后水深 $h''$ 越大,反之亦然。理解了上述这些水跃函数曲线的性质,有助于水跃的水力计算。

尽管上述推导的水跃基本方程是基于水平底坡渠道的,对于底坡不大的棱柱体明渠也可以近似应用。

### 8.4.2　水跃的水力计算

进行水跃水力计算,就是根据已知的渠道断面形状、尺寸、流量 $Q$ 和其中一个共轭水深,从水跃基本方程求解另一个共轭水深。由于水跃基本方程中的面积 $A$ 和形心点水深 $h_c$

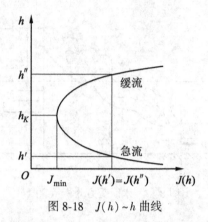

图 8-18 $J(h) \sim h$ 曲线

均为共轭水深的复杂函数,共轭水深一般不易直接由方程解出。除了断面形状为简单的矩形可以用直接求解外,其余的只能用试算法、图解法等方法求解。

图解法是利用水跃函数曲线来直接求解共轭水深。当流量和明渠断面形状及尺寸给定时,作出如图 8-18 所示的水跃函数曲线。根据同一个水跃函数 $J(h)$,有相应的两个水深 $h'$ 和 $h''$ 的性质,先由已知的某一共轭水深,推算出水跃函数 $J(h)$,然后过横坐标轴已知值 $J(h)$ 作一平行于纵坐标轴的直线,由该直线与另一支曲线的交点,可以找到相应的未知共轭水深。在具体计算时,只需绘出上支曲线或下支曲线即可。如,已知跃前水深 $h'$,需求解跃后水深 $h''$,这时只需绘制出上支曲线就可以求出跃后水深 $h''$。

运用试算法求解共轭水深时,一般是假定未知的共轭水深,代入水跃基本方程推算水跃函数 $J(h)$,若等式两边的水跃函数 $J(h)$ 相等,则该假定值为所求的共轭水深。否则,重新假定未知的共轭水深,继续进行试算,直至等式两边相等时为止。该方法较麻烦,但其精度比图解法高。

也可以利用前述的求解非线性方程的一些方法用计算机来求解,读者可以自己编程进行计算。

对于矩形断面的渠道,可以用直接法求解共轭水深。如果矩形断面渠道的底宽为 $b$,单宽流量 $q = \dfrac{Q}{b}$,水跃基本方程可以写成

$$\frac{\alpha' q^2}{g h'} + \frac{1}{2} h'^2 = \frac{\alpha' q^2}{g h''} + \frac{1}{2} h''^2$$

整理后,可得

$$h' h'' (h' + h'') = \frac{2\alpha' q^2}{g}$$

分别以跃后水深 $h''$ 或跃前水深 $h'$ 为未知数,解上式一元二次方程,得

$$h'' = \frac{h'}{2} \left[ \sqrt{1 + \frac{8\alpha' q^2}{g h'^3}} - 1 \right] = \frac{h'}{2} \left[ \sqrt{1 + 8\mathrm{Fr}_1^2} - 1 \right] \tag{8-35a}$$

$$h' = \frac{h''}{2} \left[ \sqrt{1 + \frac{8\alpha' q^2}{g h''^3}} - 1 \right] = \frac{h''}{2} \left[ \sqrt{1 + 8\mathrm{Fr}_2^2} - 1 \right] \tag{8-35b}$$

式中,$\mathrm{Fr}^2=\dfrac{\alpha q^2}{gh^3}\approx\dfrac{\alpha' q^2}{gh^3}$,$\mathrm{Fr}_1$、$\mathrm{Fr}_2$ 分别为水跃跃前断面和跃后断面的佛汝德数。

经过相关实验验证,式(8-35)给出的计算成果在一定的佛汝德数范围内($1.7<\mathrm{Fr}_1<9$)与实验结果相比较是吻合的。

由于水跃内部的紊动机制和产生消能的机理的研究还不充分,至今为止,还没有关于水跃长度计算的可以应用的理论公式。目前,实际工程中大多使用通过实验得到的经验公式来近似估算水跃长度。关于平底矩形明渠的水跃长度经验公式很多,但由于水跃位置是颤动的,水面的波动也较大,将影响水跃长度的观测精度,而且各单位和学者对跃后断面位置的选定标准不一,使得各个经验公式结果相差较大,使用时应注意。下面给出几个计算水跃长度的经验公式:

1.以跃后水深表示的公式

$$L_j=6.1h'' \tag{8-36a}$$

适用范围为 $4.5<\mathrm{Fr}_1<10$。

2.以跃高 $h''-h'$ 表示的公式

$$L_j=C(h''-h') \tag{8-36b}$$

斯麦塔纳(Smetana)取 $C=6$,长江水利科学研究院取 $C=4.4\sim6.7$。

3.以佛汝德数 $\mathrm{Fr}_1$ 表示的公式

$$L_j=Ah'(\mathrm{Fr}_1-1)^B \tag{8-36c}$$

对于系数 $A$ 与指数 $B$,姚琢之给出 $A=11.4$、$B=0.78$;陈椿庭给出 $A=9.4$、$B=1$。

**例 8.5**　一平底矩形断面明渠,底宽 $b=2\mathrm{m}$,流量 $Q=12\mathrm{m}^3/\mathrm{s}$,水跃跃前水深 $h'=0.68\mathrm{m}$。试求水跃跃后水深 $h''$ 及水跃长度 $L_j$。

**解**　将单宽流量 $q=\dfrac{Q}{b}=\dfrac{12}{2}=6\mathrm{m}^2/\mathrm{s}$、跃前水深 $h'=0.68\mathrm{m}$ 代入式(7-33)得

$$h''=\frac{0.68}{2}\left[\sqrt{1+\frac{8\times6^2}{g\times0.68^3}}-1\right]=2.96\mathrm{m}$$

由于

$$\mathrm{Fr}_1=\sqrt{\frac{q^2}{gh'^3}}=\sqrt{\frac{6^2}{g\times0.68^3}}=3.42\mathrm{m}$$

代入式(8-36c)得水跃长度 $L_j$ 为

$$L_j=11.4\times0.68\times(3.42-1)^{0.78}=15.44\mathrm{m}$$

式中使用姚琢之系数。

## §8.5　明渠非均匀渐变流

天然河道或人工渠道中的水流大多可以归结为恒定非均匀流。明渠恒定非均匀流主要的特点是水深和流速沿程都在不断地变化,其水力坡度 $J$、水面坡度 $J_p$ 和底坡 $i$ 互不相等,即 $J\neq J_p\neq i$。本节主要是研究明渠非均匀流中的渐变流,这是一种流线接近相互平行的直线,或流线之间的夹角很小、曲率半径很大的流动。研究的主要问题是明渠渐变流的基本特性及其水力要素的沿程变化规律问题。具体来说是要对明渠渐变流的水面曲线进行形状分析和坐标计算。这些在实际工程中具有十分重要的意义。

### 8.5.1　基本微分方程的推导

**1.明渠渐变流基本微分方程**

对于如图 8-19 所示的明渠非均匀渐变流水流过程,在渠道沿水流方向任取相距为 $dx$ 的断面 1—1 和断面 2—2 两断面。设断面 1—1 的水位为 $z$,断面流速为 $v$;断面 2—2 的水位为 $z+dz$,断面流速为 $v+dv$。以 0—0 为基准面,对断面 1—1 和断面 2—2 列能量方程,即

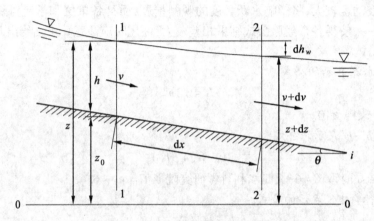

图 8-19　明渠非均匀渐变流分析示意图

$$z+0+\frac{\alpha v^2}{2g}=(z+dz)+0+\frac{\alpha\ (v+dv)^2}{2g}+dh_w \tag{8-37}$$

式中,$\alpha_1 \approx \alpha_2 = \alpha$。$dh_w$ 为水流在断面 1—1 和断面 2—2 两断面之间发生的能量损失。

又因

$$\frac{(v+dv)^2}{2g}=\frac{v^2}{2g}+\frac{2vdv}{2g}+\frac{(dv)^2}{2g}=\frac{v^2}{2g}+\frac{d(v^2)}{2g}+\frac{(dv)^2}{2g}$$

略去二阶以上的微量,得

$$\frac{\alpha\ (v+dv)^2}{2g}=\frac{\alpha v^2}{2g}+d\left(\frac{\alpha v^2}{2g}\right)$$

将上式代入能量方程式(8-37),可以简化为微分形式的能量方程

$$dz+d\left(\frac{\alpha v^2}{2g}\right)+dh_w = 0 \tag{8-38}$$

根据第 4 章中的叙述,能量方程式(8-37)中的 $dh_w$ 应等于沿程水头损失和局部水头损失之和,即

$$dh_w=dh_f+dh_j$$

其中微分流段 $dx$ 内的局部水头损失 $dh_j$ 可以写成

$$dh_j=\zeta d\left(\frac{v^2}{2g}\right) \tag{8-39}$$

在一般明渠水流中,收缩段或微弯段的局部水头损失很小,有时可以忽略不计。扩大段局部阻力系数值 $\zeta$ 取值参阅相关资料。

由于明渠非均匀流情况下沿程水头损失的计算目前尚无精确的计算方法。在渐变流的条件下,其沿程水头损失可以近似地借用均匀流沿程水头损失的计算方法来计算。亦即

$$J = \frac{Q^2}{K^2} = \frac{\mathrm{d}h_f}{\mathrm{d}x}$$

或

$$\mathrm{d}h_f = \frac{Q^2}{K^2}\mathrm{d}x \tag{8-40}$$

将式(8-39)和式(8-40)代入微分形式的能量方程式(8-38),并化简得

$$\frac{\mathrm{d}z}{\mathrm{d}x} + (\alpha+\zeta)\frac{\mathrm{d}}{\mathrm{d}x}\left(\frac{v^2}{2g}\right) + \frac{Q^2}{K^2} = 0 \tag{8-41}$$

式(8-41)为明渠恒定渐变流的基本微分方程。该方程表示了水位沿程变化的情况,是实际液体总流能量方程在明渠水流中的具体表达式。与连续性方程配合,可以用于分析天然河道与人工渠道的能量变化情况和水面曲线的变化情况。

2.人工渠道渐变流基本微分方程

对于有固定底坡 $i$ 的人工渠道,一般需了解水深沿程变化规律。因此为今后讨论方便,应将基本微分方程式(8-41)转化为水深沿流程变化关系的形式。

由图 8-19 可知,$z = z_0 + h$,并且

$$\frac{\mathrm{d}z}{\mathrm{d}x} = \frac{\mathrm{d}z_0}{\mathrm{d}x} + \frac{\mathrm{d}h}{\mathrm{d}x} = \frac{\mathrm{d}h}{\mathrm{d}x} - i \tag{8-42}$$

代入式(8-41)得

$$\frac{\mathrm{d}h}{\mathrm{d}x} + (\alpha+\zeta)\frac{\mathrm{d}}{\mathrm{d}x}\left(\frac{v^2}{2g}\right) = i - \frac{Q^2}{K^2} \tag{8-43}$$

式中

$$\frac{\mathrm{d}}{\mathrm{d}x}\left(\frac{v^2}{2g}\right) = \frac{\mathrm{d}}{\mathrm{d}x}\left(\frac{Q^2}{2gA^2}\right) = -\frac{Q^2}{gA^3}\frac{\mathrm{d}A}{\mathrm{d}x} \tag{8-44}$$

一般情况下,断面形状和尺寸随水深 $h$ 和流程 $x$ 而变,同时水深也是流程 $x$ 的函数。对于断面面积 $A$,按复合函数的求导法则,有

$$\frac{\mathrm{d}A}{\mathrm{d}x} = \frac{\partial A}{\partial x} + \frac{\partial A}{\partial h}\frac{\mathrm{d}h}{\mathrm{d}x} \tag{8-45}$$

如图 8-13,有

$$\frac{\partial A}{\partial x} = B \tag{8-46}$$

考虑式(8-45)及式(8-46),式(8-44)可以写成

$$\frac{\mathrm{d}}{\mathrm{d}x}\left(\frac{v^2}{2g}\right) = -\frac{Q^2}{gA^3}\left(\frac{\partial A}{\partial x} + B\frac{\mathrm{d}h}{\mathrm{d}x}\right) \tag{8-47}$$

将式(8-47)代入式(8-43),并化简整理后得

$$\frac{\mathrm{d}h}{\mathrm{d}x} = \frac{i - \frac{Q^2}{K^2} + (\alpha+\zeta)\frac{Q^2}{gA^3}\frac{\partial A}{\partial s}}{1 - (\alpha+\zeta)\frac{Q^2 B}{gA^3}} \tag{8-48}$$

式(8-48)就是表示水深沿程变化的人工渠道恒定非均匀渐变流基本微分方程式。该

方程可以用于棱柱体和非棱柱体渠道。

对于棱柱体渠道,则$\frac{\partial A}{\partial x}=0$,同时由于棱柱体渠道渐变流中局部水头损失很小,一般可以忽略不计,即$\zeta=0$。因此式(8-48)可以简化为

$$\frac{dh}{dx}=\frac{i-\dfrac{Q^2}{K^2}}{1-\dfrac{\alpha Q^2 B}{gA^3}}=\frac{i-J}{1-Fr^2} \tag{8-49}$$

式(8-49)主要用于分析棱柱体明渠恒定渐变流水面线的变化规律。

需要说明的是,上述基本微分方程是从能量平衡观点出发,又考虑了各明渠水力要素之间的相互关系推导出来的。尽管推导过程中依据的是正坡渠道情况,但对平坡、负坡等情况依然适用。

### 8.5.2 水面曲线形状的分析

由于明渠渐变流水面曲线比较复杂,因此需要首先对水面曲线进行定性分析,然后再进行水面曲线的计算。下面针对棱柱体渠道水面曲线进行定性分析。对于非棱柱体渠道由于影响因素很多,一般都是通过定量计算直接得到结果。

已知棱柱体明渠渐变流基本微分方程为

$$\frac{dh}{dx}=\frac{i-J}{1-Fr^2}$$

由式(8-49)可知,水深$h$沿流程$x$的变化是与渠道底坡$i$及实际水流状态有关的。式(8-49)等号右边项分子反映了水流的非均匀程度,即实际水深$h$与正常水深$h_0$的偏离程度;分母反映了水流的缓急程度,即实际水深$h$与临界水深$h_K$的相对位置。这样,在对水面曲线进行定性分析时,水面线的形式和划分将根据渠道底坡$i$的实际情况和水流实际水深$h$的变化范围来进行。

对于渠道底坡$i$,有:

1.正坡渠道$i>0$,有三种情况:

第Ⅰ种:缓坡,$i<i_K$,缓坡上水面曲线以$M$表示。(Mild slope)

第Ⅱ种:陡坡,$i>i_K$,陡坡上水面曲线以$S$表示。(Steep slope)

第Ⅲ种:临界坡,$i=i_K$,临界坡上水面曲线以$C$表示。(Critical slope)

2.平坡,$i=0$,平坡上水面曲线以$H$表示。(Horizontal slope)

3.负坡,$i<0$,负坡上水面曲线以$A$表示。(Adverse slope)

由于实际水深$h$的变化与渠道的底坡和水流流态有关,因此将正常水深$h_0$和临界水深$h_K$所处的位置作为参考线,给出实际水深的变化范围或区域。如图8-20所示,在渠道中绘出一条距渠底铅垂距离为正常水深$h_0$的平行线,即正常水深参考线$N—N$;再绘制一条距渠底铅垂距离为临界水深$h_K$的平行线,即临界水深参考线$K—K$。将实际水深$h$或实际水面线在既大于$N—N$线也大于$K—K$线范围内变化的区域称为第1区;在$N—N$线和$K—K$线之间范围内变化的区域称为第2区;在既小于$N—N$线也小于$K—K$线范围内变化的区域称为第3区。对于实际发生在某区域的水面线,其区域号以下标表示。如发生在缓坡第1区的水面曲线以$M_1$表示,其他类型曲线见图8-20。从图8-20可见,缓坡和陡坡各有1、2、3三

个区域,临界坡因正常水深和临界水深重合只有 1、3 两个区域,平坡和负坡因不发生均匀流只有 2、3 两个区域。五种底坡共有 12 个区域,也就是相应有 12 条水面曲线。

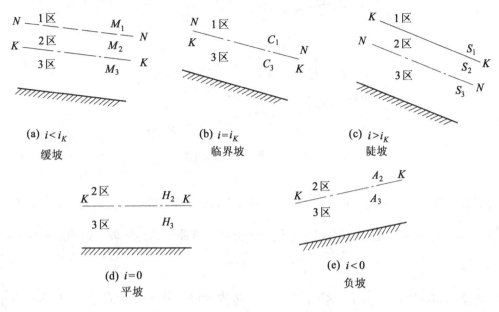

(a) $i<i_K$
缓坡

(b) $i=i_K$
临界坡

(c) $i>i_K$
陡坡

(d) $i=0$
平坡

(e) $i<0$
负坡

图 8-20　明渠水面线可能发生的 12 个区域示意图

在利用式(8-49)进行水面线的分析时,水深沿程变化率 $\dfrac{\mathrm{d}h}{\mathrm{d}x}$ 可能出现以下几种情况,分别表示了实际水深不同的变化趋势:$\dfrac{\mathrm{d}h}{\mathrm{d}x}\to 0$,水面线以 N—N 为渐近线,水流趋于均匀流;$\dfrac{\mathrm{d}h}{\mathrm{d}x}=(+)$,即 $\dfrac{\mathrm{d}h}{\mathrm{d}x}>0$,水深沿程增加,水面线为壅水曲线;$\dfrac{\mathrm{d}h}{\mathrm{d}x}=(-)$,即 $\dfrac{\mathrm{d}h}{\mathrm{d}x}<0$,水深沿程减少,水面线为降水曲线;$\dfrac{\mathrm{d}h}{\mathrm{d}x}\to i$,水面线趋于水平线;$\dfrac{\mathrm{d}h}{\mathrm{d}x}\to \pm\infty$,此时 $Fr\to 1$,水面线垂直趋于临界水深参考线 K—K,在 K——K 线附近,水流属于急变流,一般用虚线表示。

现根据棱柱体明渠渐变流水深沿程变化的基本微分方程式(8-49)来定性地分析棱柱体明渠渐变流在各区水面线的性质。分析时主要给出水面线的总体变化趋势是壅水还是降水,以及曲线两端的衔接及发生场合。

对于正坡渠道 $i>0$,可以产生均匀流,将 $Q=K_0\sqrt{i}$ 代入基本方程式(8-49),可以化为

$$\frac{\mathrm{d}h}{\mathrm{d}x}=i\frac{1-\dfrac{K_0^2}{K^2}}{1-Fr^2} \tag{8-50}$$

式中:$K_0$——相应于正常 $h_0$ 的流量模数。

当渠道为缓坡明渠 $i<i_K$ 时,有 $h_0>h_K$,N—N 线在 K—K 线之上,如图 8-21 所示。

在 1 区,$h>h_0>h_K$。由于 $h>h_0$,则 $K>K_0$,又因 $h>h_K$,则 $Fr<1$,并且 $i>0$,因此有 $\dfrac{\mathrm{d}h}{\mathrm{d}x}=$

$(+)\dfrac{(+)}{(+)}=(+)$,水面线为壅水曲线。对曲线上端,$h\to h_0$,$K\to K_0$,$Fr\to$ 定值,故 $\dfrac{\mathrm{d}h}{\mathrm{d}x}\to i\dfrac{1-1}{1-Fr^2}\to$

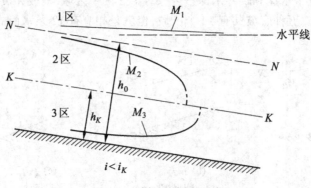

图 8-21　缓坡明渠水面线

0,即曲线上端以 $N$—$N$ 线为渐近线,上游水流为均匀流。对曲线下端,$h\to\infty$,$K\to\infty$,$Fr\to0$,故 $\dfrac{\mathrm{d}h}{\mathrm{d}x}\to i\dfrac{1-K_0^2/\infty}{1-0}\to i$,即曲线下端以水平线为渐近线。该曲线称为缓坡 1 区壅水曲线——$M_1$ 型壅水曲线。

在 2 区,$h_0>h>h_K$。由于 $h<h_0$,则 $K<K_0$,又因 $h>h_K$,则 $Fr<1$,并且 $i>0$,因此有 $\dfrac{\mathrm{d}h}{\mathrm{d}x}=(+)\dfrac{(-)}{(+)}=(-)$,水面线为降水曲线。对曲线上端,$h\to h_0$,$K\to K_0$,$Fr\to$ 定值,故 $\dfrac{\mathrm{d}h}{\mathrm{d}x}\to0$,即曲线上端以 $N$—$N$ 线为渐近线,上游水流为均匀流。对曲线下端,$h\to h_K$,$K\to K_K$,$Fr\to1$,又因 $h_0>h_K$,有 $K_0>K_K$,故 $\dfrac{\mathrm{d}h}{\mathrm{d}x}=(+)\dfrac{(-)}{0}\to-\infty$,即曲线下端水深垂直趋近于 $K$—$K$ 线。该曲线称为缓坡 2 区降水曲线——$M_2$ 型降水曲线。

在 3 区,$h<h_K<h_0$。由于 $h<h_0$,则 $K<K_0$,又因 $h<h_K$,则 $Fr>1$,并且 $i>0$,因此有 $\dfrac{\mathrm{d}h}{\mathrm{d}x}=(+)\dfrac{(-)}{(-)}=(+)$,水面线为壅水曲线。对曲线上端,根据某种边界情况,$h$ 为一定值。对曲线下端,$h\to h_K$,$K\to K_K$,$Fr\to1$,故 $\dfrac{\mathrm{d}h}{\mathrm{d}x}\to+\infty$,即曲线下端水深垂直趋近于 $K$—$K$ 线。该曲线称为缓坡 3 区壅水曲线——$M_3$ 型壅水曲线。

$M_1$ 型、$M_2$ 型、$M_3$ 型三种水面曲线,在实际水利工程中常常遇到。当明渠中建有闸、坝、桥墩等阻水建筑物时,有可能在建筑物的上游产生 $M_1$ 型壅水曲线。如图 8-22 所示。在缓坡渠道末端有跌坎处或下游端与陡坡相连接处,以及下游与水库、湖泊相连接处,并且水库、湖泊的水位低于渠道末端的 $N$—$N$ 线的高度时,将发生 $M_2$ 型降水曲线,并以水跌形式平滑通过 $K$—$K$ 线。如图 8-23 所示。如果水库、湖泊的水位高于渠道末端的 $N$—$N$ 线高度,则出现 $M_1$ 型壅水曲线。缓坡渠道中当闸孔开启高度为 $e<h_K$ 时的闸下出流,或者在与陡坡、跌坎的下游连接的缓坡渠道上,将发生 $M_3$ 型壅水曲线,并以水跃形式通过 $K$—$K$ 线。如图 8-24 所示。

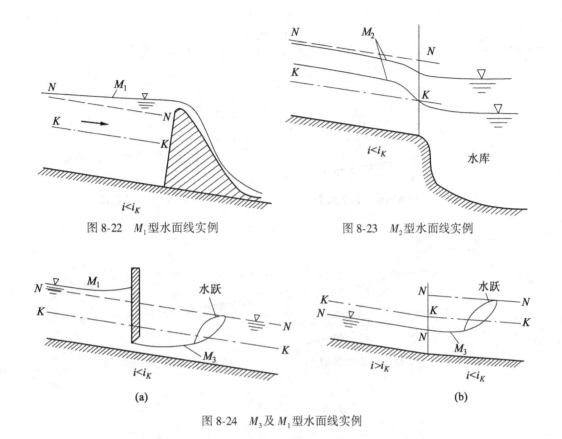

图 8-22　$M_1$ 型水面线实例　　　　　图 8-23　$M_2$ 型水面线实例

(a)　　　　　　　　　　　　　　　　　(b)

图 8-24　$M_3$ 及 $M_1$ 型水面线实例

当渠道为陡坡明渠 $i>i_K$，有 $h_0<h_K$，N—N 线在 K—K 线之下。如图 8-25 所示。分析方法与缓坡渠道分析方法相同，在此不再详述。通过分析，可知在 1 区为 $S_1$ 型壅水曲线；在 2 区为 $S_2$ 型降水曲线；在 3 区为 $S_3$ 型壅水曲线。$S_1$ 型、$S_2$ 型的上游端与 K—K 线垂直，$S_3$ 型曲线的上游端由具体边界条件决定。$S_1$ 型曲线下游端以水平线为渐近线，$S_2$ 型、$S_3$ 型曲线以 N—N 线为渐近线。$S_1$ 型壅水曲线一般发生在陡坡渠道的急流突遇障碍物时或下游渠道坡度突然变缓时的情况，如图 8-26 所示。当相连接的两段渠道，其中下游段的渠道为陡坡，上游段渠道底坡小于下游端底坡，常常在下游陡坡渠道上发生 $S_2$ 型降水曲线，如图 8-27 所示。如果连接的两段渠道都为陡坡，下游段渠道底坡小于上游端底坡，则下游段将发生 $S_3$ 型壅水曲线。如图 8-28 所示。

当渠道为临界坡明渠时，N—N 线与 K—K 线重合。不存在第 2 区。经分析知 1 区、3 区分别为 $C_1$ 型壅水曲线和 $C_3$ 型壅水曲线，还可以推得这两种曲线的下游端或上游端以水平线为渐近线，因此这两种曲线在形式上基本是水平线。实际上当水深接近 K—K 线（即 N—N 线）时，水面是比较平滑的，水面坡度近似为 $i$，如图 8-29 所示。$C_3$ 型曲线上游随边界而定。$C_1$ 型壅水曲线发生在临界坡渠道与水库、湖泊连接处，下游边界水深大于临界水深。$C_3$ 型壅水曲线一般发生在急流水流的下游为临界坡的情况。

对于平坡渠道 $i=0$，基本方程式(8-49)可以化为

$$\frac{\mathrm{d}h}{\mathrm{d}x}=\frac{-J}{1-\mathrm{Fr}^2} \tag{8-51}$$

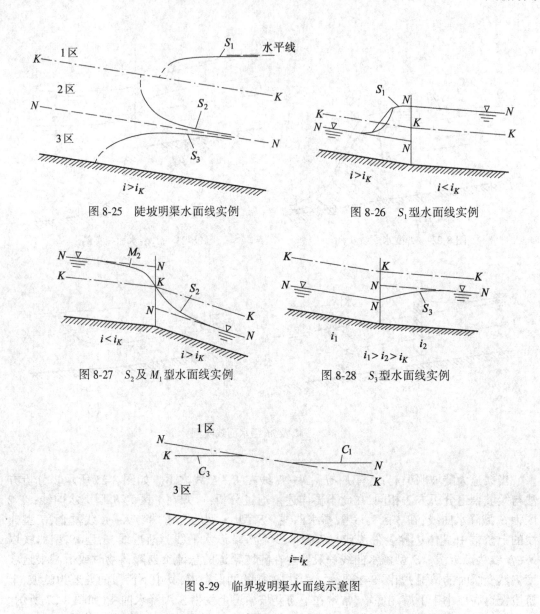

图 8-25 陡坡明渠水面线实例

图 8-26 $S_1$型水面线实例

图 8-27 $S_2$ 及 $M_1$ 型水面线实例

图 8-28 $S_3$型水面线实例

图 8-29 临界坡明渠水面线示意图

以及负坡渠道 $i<0$,令 $i'=|i|$,表示底坡 $i$ 的绝对值。基本方程式(8-49)可以化为

$$\frac{\mathrm{d}h}{\mathrm{d}x}=-\frac{i'+J}{1-\mathrm{Fr}^2} \qquad (8\text{-}52)$$

由于平坡渠道和负坡渠道不发生均匀流,只有 $K$—$K$ 线。水面曲线变化区域只有 2 区和 3 区。根据式(8-51)和式(8-52)可以分析得出,2 区、3 区分别为 $H_2$型、$A_2$型降水曲线和 $H_3$型、$A_3$型壅水曲线。这四种曲线的下游端均垂直趋近于 $K$—$K$ 线,$H_2$型、$A_2$型曲线的上游端以水平线为渐近线,$H_3$型、$A_3$型曲线的上游端受某种边界条件控制。如图 8-30 所示。

根据上述定性分析,棱柱体明渠中可能发生的恒定渐变流水面曲线共有 12 条。分析这些水面曲线的形状可以得出下列规律,供分析和绘制水面曲线时参考:

1.每一个区域只可能有一种形式确定的水面曲线,不可能有其他形式的水面曲线。

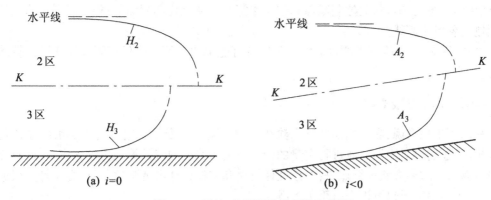

(a) $i=0$　　　　(b) $i<0$

图 8-30　平坡、负坡明渠水面线示意图

2. 全部 1 区和 3 区都是壅水曲线, 2 区是降水曲线。

3. 长而直的正坡渠道, 在非均匀流影响不到的地方, 水流为均匀流, 实际水面曲线就是 $N—N$ 线即均匀流水面线。

4. 水面曲线接近临界水深即 $K—K$ 线时, 垂直趋近于 $K—K$ 线。只是在 $K—K$ 线附近水面曲线已不是渐变流, 而属于急变流。绘制时用虚线。

5. 水流从缓流过渡到急流时, 水面曲线以水跌形式平滑通过 $K—K$ 线与渠道突变断面的交点。水流从急流过渡到缓流时, 除临界底坡渠道外, 将发生水跃。

6. 建筑物处的上、下游水深已知的断面以及其他处水深已知的断面, 称为控制断面, 相应的水深称为控制水深。水面曲线的分析和绘制应从控制断面处开始或结束。

7. 根据明渠中干扰波的传播性质, 若是缓流, 则绘制和计算水面曲线时, 应从下游控制断面向上游进行。若是急流, 则应从上游控制断面向下游进行。

**例 8.6**　图 8-31 为某水库输水渠道, 渠道各断面位置、底坡情况如图 8-31 所示, 并且渠道为断面形式一致, 糙率沿程不变的棱柱体渠道, 试分析水面曲线的形式。

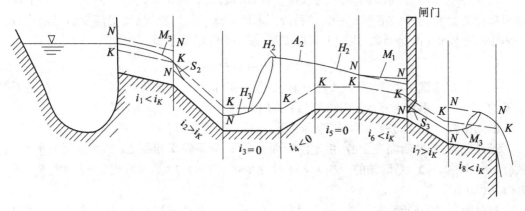

图 8-31

**解** 先对渠道各变化处作细垂线,又根据渠底性质绘制出各渠段的 $K—K$ 和 $N—N$ 参考线,然后标出各已知水深的控制断面和控制水深。并从该控制断面起,根据各段渠道底坡情况绘制出各段水面线。

注意,图 8-31 中绘制出的水面线只是所有可能中的一种。实际水面线需通过计算才能确定。

### 8.5.3 水面曲线的计算

从水利工程来说,需要确切知道水深和水位沿流程的变化。这就是在对水面线进行定性分析后,还需要对水面曲线进行定量的计算。关于水面曲线计算的方法很多,在此只介绍逐段试算法。这种方法的特点是,对棱柱体渠道和非棱柱体渠道都适用;适合于计算机编程求解,对于简单情况也可以进行手工求解。

对于明渠恒定渐变流,其基本方程(式(8-41))为

$$\frac{\mathrm{d}z}{\mathrm{d}x}+(\alpha+\zeta)\frac{\mathrm{d}}{\mathrm{d}x}\left(\frac{v^2}{2g}\right)+\frac{Q^2}{K^2}=0 \tag{8-41}$$

若为有固定底坡 $i$ 的人工渠道,可以写成式(8-43),即

$$\frac{\mathrm{d}h}{\mathrm{d}x}+(\alpha+\zeta)\frac{\mathrm{d}}{\mathrm{d}x}\left(\frac{v^2}{2g}\right)=i-\frac{Q^2}{K^2} \tag{8-43}$$

由于渐变流局部水头损失小,可忽略,即 $\zeta=0$。则上式可以改写为 $E_s$ 表示的方程

$$\frac{\mathrm{d}E_s}{\mathrm{d}x}=i-\frac{Q^2}{K^2}=i-J \tag{8-53}$$

式中,断面单位能量 $E_s=h+\frac{\alpha v^2}{2g}$,流量模数 $K=AC\sqrt{R}$。

因为计算是逐段进行的,则将微分方程式(8-53)改写成差分方程

$$\frac{\Delta E_s}{\Delta x}=i-\bar{J}$$

或

$$\Delta E_s=(i-\bar{J})\Delta x \tag{8-54}$$

式中:$\bar{J}$ 为 $\Delta x$ 流段内的平均水力坡度。在 $\Delta x$ 流段内,如果 $E_{s1}$、$E_{s2}$ 分别为上端和下端的断面单位能量 $E_s$,并且 $\Delta E_s=E_{s2}-E_{s1}$。另外当断面形式、尺寸、糙率、流量等要素已给定,$E_s$、$J$ 等项只是水深 $h$ 的隐函数,因此上式可以写成下列 $F(h)$ 函数式

$$F(h)=E_{s2}-E_{s1}-(i-\bar{J})\Delta x=0 \tag{8-55}$$

设初值 $h'$ 为试算水深,当 $F(h)=0$ 时,$h'$ 即为实际水深 $h$,试算结束。实际上 $h'$ 是不等于 $h$ 的,则 $F(h)$ 不等于零,经多次试算后以 $F(h)$ 小于允许误差值为试算终止。

根据函数 $F(h)$ 的特点和波的传播性质,在计算时应注意:

若是急流,控制断面在上游,由上游断面水深 $h_1$ 向下游求相距 $\Delta x$ 的下游断面水深 $h_2$。式(8-55)中,$E_{s1}+i\Delta x$ 是已知的。当 $h_2'<h_2$ 时,$E_{s2}'>E_{s2}$,$J'>J$,$F(h)>0$;当 $h_2'>h_2$ 时,$E_{s2}'<E_{s2}$,$J'<J$,$F(h)<0$。

若是缓流,控制断面在下游,由下游断面水深 $h_2$ 向上游求相距 $\Delta x$ 的上游断面水深 $h_1$。式(8-55)中,$E_{s2}-i\Delta x$ 是已知的。当 $h_1'<h_1$ 时,$E_{s1}'<E_{s1}$,$J'>J$,$F(h)>0$;当 $h_1'>h_1$ 时,$E_{s1}'>E_{s1}$,$J'<J$,$F(h)<0$。

以上两种情况通过试算都可以分别找到一个满足 $F(h)=0$ 的根 $h$,这就是所要求的断面实际水深。

实际计算时,还应注意平均水力坡度 $\bar{J}$ 是代表整个 $\Delta x$ 流段的,计算时可设

$$\bar{J}=\frac{J_1+J_2}{2} \tag{8-56}$$

式(8-56)中 $J_1$、$J_2$ 分别为 $\Delta x$ 流段上端断面和下端断面的水力坡度。

在开始计算时,由已知边界条件给出控制断面的水深。断面划分时应根据水面曲线的变化情况,确定流段 $\Delta x$ 的大小。当然情况允许时应尽量使流段距离 $\Delta x$ 较小。

对于棱柱体渠道,如果已知某流段两端的流速、水深等量,可以直接由式(8-54)计算该流段距离 $\Delta x$,不必进行试算。对于非棱柱体渠道则需通过试算求出 $\Delta x$。

具体计算的思路可以参考例 8.8。

至于天然河道水面曲线的计算,由于天然河道的复杂性,一般不易用水深 $h$ 为自变量的方程进行计算,而采用水位 $z$ 表示的方程式(8-41)进行计算。计算方法和思路类似于人工渠道水面曲线的计算。只是在面积要素的计算,计算断面的划分,水头损失的估算等方面与进行人工渠道水面曲线计算时不同。详细方法可以参阅相关资料。

**例 8.7**  如图 8-32 所示为某水库矩形断面的泄水渠,由浆砌块石护面,其糙率 $n=0.025$,底宽 $b=4.6\text{m}$,底坡 $i=0.26$,渠长 $x=60.0\text{m}$,当通过流量 $Q=38\text{m}^3/\text{s}$ 时,试绘制其水面曲线。

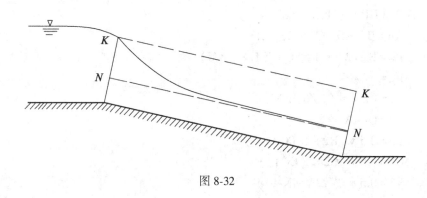

图 8-32

**解**  根据题给已知条件 $i=0.26$,$n=0.025$,矩形断面 $b=4.6\text{m}$,$Q=38\text{m}^3/\text{s}$,先计算正常水深 $h_0$ 和临界水深 $h_K$,判断渠道底坡性质及水面曲线形式,然后进行水面曲线的计算并绘制水面曲线。

(1)根据明渠均匀流计算公式(8-8)及式(8-9)和本章 §8.2 中介绍的计算方法用手算或编程可以求得正常水深 $h_0=0.634\text{m}$。

(2)按照式(8-28)或本章 §8.3 中介绍的计算方法,可以计算得临界水深 $h_K=1.971\text{m}$。

(3)由于 $h_0<h_K$,渠道为陡坡。水流自水库进入泄水渠后,在水库与泄水渠的交界断面处通过临界水深点,变为急流。在泄水渠中水深 $h$ 的变化在 $h_K$ 和 $h_0$ 之间,水面曲线为 $S_2$ 型降水曲线。

(4)按照上述介绍的逐段试算法的计算方法编制程序进行计算。

①计算程序

```
REAL M,I,NN,J
DIMENSION H(100),R(100),V(100),C(100),S(100)
DATA Q/38./,I/0.26/,G/9.8/,NN/0.025/,E1/0.000 5/,D/1.1/,M/0.0/
DATA BB/4.6/,IX0/13/,HK/1.971/,H0/0.641/
DATA S/0.0,0.5,1.0,2.0,4.0,8.0,12.0,16.0,20.0,30.0,40.0,
*      50.0,60.0,87*0.0/
H(1)=HK
AA=BB*H(1)+M*H(1)*H(1)
PP=BB+2.*H(1)*SQRT(1.+M*M)
R(1)=AA/PP
C(1)=R(1)**(1./6.)/NN
V(1)=Q/AA
DO IX=2,IX0
  H1=H(IX-1)
  H2=H0
  H3=H2
  IIH=0
  FF1=0.0
  D O WHILE (H0.GT.0.0)
    AA=BB*H3+M*H3*H3
    PP=BB+2*H3*SQRT(1.+M*M)
    R2=AA/PP
    C2=R2**(1./6.)/NN
    V2=Q/AA
    R3=0.5*(R2+R(IX-1))
    C3=0.5*(C2+C(IX-1))
    V3=0.5*(V2+V(IX-1))
    J=V3*V3/(C3*C3*R3)
    DS=S(IX)-S(IX-1)
    E2=(I-J)*DS
    FF2=SI1*(H(IX-1)-H3)+D*(V(IX-1)*V(IX-1)-V2*V2)/(2.*G)+E2
    IIH=IIH+1
    I F (IIH.GT.1) THEN
      I F (FF1*FF2.LT.0.0) THEN
        H1=H2
      E ND IF
        H2=H3
      I F (ABS(H1-H2).LE.E1) THEN
```

```
            H( IX) = H3
            V( IX) = V2
            C( IX) = C2
            R( IX) = R2
            WRITE( * , * ) IX,H(IX),V(IX),C(IX),R(IX)
            EXIT
          END IF
        END IF
        H3 = 0.5 * ( H1+H2)
        FF1 = FF2
      END DO
    END DO
    END
```

②主要变量名及数组名说明：

Q——流量($m^3/s$)；

I——渠道底坡；

G——重力加速度($m/s^2$)；

NN——糙率；

E1——允许误差；

D——动能修正系数；

M——边坡系数；

BB——渠道底宽(m)；

IX0——渠道断面总数；

S(IX0)——断面距离(m)；

H(IX0)——断面水深(m)；

H0——正常水深(m)；

HK——临界水深(m)；

AA——断面面积($m^2$)；

PP——断面湿周(m)；

R(IX0)——断面水力半径(m)；

V(IX0)——断面平均流速(m/s)；

C(IX0)——断面谢才系数。

③计算成果如表 8-4 所示。

表 8-4　　　　　　　　　　　　　　计算成果表

| 断　面 | 水深/m | 流速/(m/s) | 谢才系数 | 水力半径 |
|---|---|---|---|---|
| 2 | 1.634 | 5.056 | 39.696 | 0.955 3 |
| 3 | 1.514 | 5.455 | 39.398 | 0.913 1 |

| 断　面 | 水深/m | 流速/(m/s) | 谢才系数 | 水力半径 |
|---|---|---|---|---|
| 4 | 1.367 | 6.042 | 38.988 | 0.857 5 |
| 5 | 1.199 | 6.890 | 38.444 | 0.788 1 |
| 6 | 1.022 | 8.085 | 37.758 | 0.707 5 |
| 7 | 0.923 | 8.954 | 37.309 | 0.658 5 |
| 8 | 0.857 | 9.639 | 36.980 | 0.624 4 |
| 9 | 0.811 | 10.185 | 36.732 3 | 0.599 6 |
| 10 | 0.740 | 11.175 | 36.309 | 0.559 4 |
| 11 | 0.701 | 11.790 | 36.063 | 0.530 1 |
| 12 | 0.678 | 12.184 | 35.912 | 0.523 7 |
| 13 | 0.664 | 12.429 | 35.819 | 0.515 6 |

④步骤说明：

在计算渠道上,划分 IX0 个计算断面。各个断面距起始断面的距离为 S( IX0)。根据前述分析,起始断面的水深为临界水深。开始计算时,将正常水深作为各断面水深计算初值代入进行计算,根据前述的计算方法,进行迭代计算。当两次水深计算值的差的绝对值小于允许误差 E1 时,则该断面的水深计算终止,程序进入下一断面的计算。本例为急流,则计算是从上游至下游。如果为缓流则应从下游算至上游。

(5)根据已计算出的各断面水深,绘制水面曲线,如图 8-32 所示。

# §8.6　堰　　流

堰是水电站和水利工程中常用的溢流建筑物,堰的主要作用是抬高并控制河道和渠道的水位、宣泄和控制过堰的流量。水流经堰顶下溢(泄)的水力现象称为堰流,也称为堰顶溢流。本节将简要叙述堰的种类、堰流基本公式以及水力计算。

## 8.6.1　堰的分类

如图 8-33 所示,堰上游水流接近堰顶时,由于流线收缩,流速加大,自由表面将逐渐下降。一般将堰前水面无明显下降的 0—0 断面称为堰前断面,在该断面由水面到堰顶的高差称为堰顶水头,以 $H$ 表示。图 8-33 中,$\delta$ 称为堰顶厚度,$P$ 为堰高。实测表明,堰前断面距堰上游壁面的距离约为

$$l=(3\sim5)H \tag{8-57}$$

按照堰顶厚度和堰顶水头的比值大小可以将堰分为：

1.薄壁堰,$\dfrac{\delta}{H}<0.67$。由于堰顶厚度较薄,实验观测表明,水流越过堰顶时的溢流水舌的下缘在堰顶翘起,其水舌形状不受堰厚度的影响。水舌下缘与堰顶为线接触,过堰的水面为

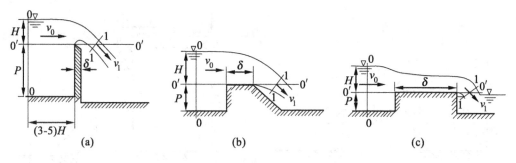

图 8-33　各种类型的堰流示意图

单一的降落曲线,如图 8-33(a)所示。这种堰的堰顶通常削尖做成锐缘形,故薄壁堰又称为锐缘堰。薄壁堰在实验室或现场测流中被广泛用做量水设备,如矩形薄壁堰、三角形薄壁堰等,如图 8-34 所示。

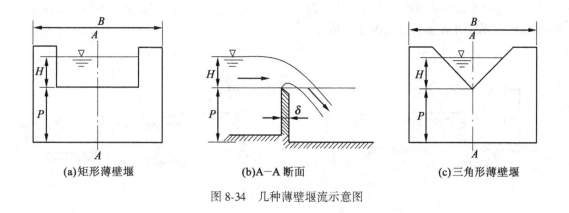

(a)矩形薄壁堰　　　　　　　(b)A—A 断面　　　　　　　(c)三角形薄壁堰

图 8-34　几种薄壁堰流示意图

2.实用堰,$0.67<\dfrac{\delta}{H}<2.5$。由于堰顶厚度增加,水流越过堰顶时的溢流水舌的下缘与堰顶呈面接触,水舌受到堰顶的约束和顶托。但这种约束和顶托的影响还不大,水流越过堰顶后,主要还是在重力作用下自由跌落,如图 8-33(b)所示。这种堰从剖面上看有折线型和曲线型两类,如图 8-35 所示。前者称为折线型实用堰,一般用于低堰,其轮廓尺寸多根据具体情况拟定;后者称为曲线型实用堰,一般用于具有较高水头的溢流坝。曲线型实用堰又根据坝面是否允许出现真空分为真空堰和非真空堰两种。非真空曲线堰的堰面曲线形式基本上是参照薄壁堰溢流水舌的下缘,并通过实验确定,使坝面不出现过大的真空并获得尽可能大的过水能力。常用的有克里格-奥菲采洛夫(Creager—Офицеров)(简称克-奥)剖面、美国水道实验站(W.E.S)标准剖面及我国长研 I 型剖面等。关于堰型的设计,读者可以查阅和参考相关设计手册及文献。

3.宽顶堰,$2.5<\dfrac{\delta}{H}<10$。由于堰顶厚度进一步增加,堰顶厚度对水流的顶托作用非常明显。进入堰顶的水流,受到堰顶垂直方向的约束,过流断面逐渐缩小,流速逐渐加大。这时

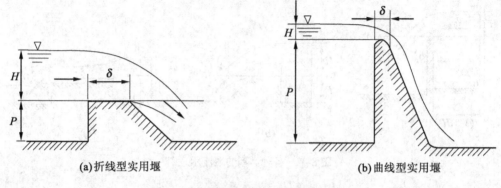

图 8-35   折线型与曲线型实用堰示意图

水流的动能也逐渐加大,势能则随之减小,加上进入堰顶时产生的局部水头损失,水流则在堰顶进口处形成水面跌落,如图 8-33(c)所示。在此之后,由于堰顶对水流的顶托作用,有一段水流的水面几乎与堰顶平行。当下游水位较低时,流出堰顶的水流又产生第二次跌落。图 8-36 表示了几种宽顶堰上的水流情况。

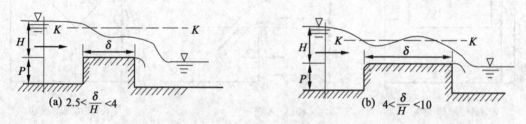

图 8-36   几种宽顶堰示意图

渠道、河道的宽度与堰顶溢流宽度相等的称为无侧收缩堰或全宽堰;渠道、河道的宽度大于堰顶溢流宽度的称为有侧收缩堰。下游水位达到一定高度后影响过水能力的称为淹没堰流,否则称为自由堰流。

在 $\frac{\delta}{H}<10$ 的范围内,堰流的水头损失仍以局部水头损失为主;而 $\frac{\delta}{H}>10$ 以后,沿程水头损失不可忽略,此时已属明渠水流。

### 8.6.2   堰流的基本计算公式

堰流的水力计算主要是确定影响其过流能力的因素和它们之间的函数关系。现以薄壁堰为例来建立这个关系。

以过堰顶的水平面为基准面 $0'—0'$,并对堰前断面 $0—0$ 及过堰水舌中部渐变流断面 $1—1$ 列能量方程,如图 8-37 所示。断面 $1—1$ 的中心点位于基准面 $0'—0'$ 上,设该断面中心处的压强为 $p_1$,则有

$$H+\frac{\alpha_0 v_0^2}{2g}=\frac{p_1}{\rho g}+\frac{\alpha_1 v_1^2}{2g}+\zeta\frac{v_1^2}{2g}$$

式中: $v_0$——堰前断面 0—0 的行进速,为断面 1—1 的平均流速; $\zeta$——局部水头损失系数。

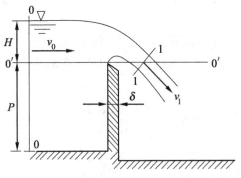

图 8-37　堰流基本公式推导示意图

令 $H+\frac{\alpha_0 v_0^2}{2g}=H_0$ ,即为包括行进流速水头在内的堰顶水头,称为堰顶全水头。这时能量方程可以写成

$$H_0=\frac{p_1}{\rho g}+(\alpha_1+\zeta)\frac{v_1^2}{2g}$$

解得

$$v_1=\frac{1}{\sqrt{\alpha_1+\zeta}}\sqrt{2g\left(H_0-\frac{p_1}{\rho g}\right)}$$

或

$$Q=v_1 A_1=\frac{A_1}{\sqrt{\alpha_1+\zeta}}\sqrt{2g\left(H_0-\frac{p_1}{\rho g}\right)} \tag{8-58}$$

在此令 $\frac{1}{\sqrt{\alpha_1+\zeta}}=\varphi$ 为流速系数;令断面 1—1 上的压强 $p_1$ 为堰顶全水头 $H_0$ 的倍数,即 $\frac{p_1}{\rho g}=$ $\xi H_0$ ;又设水舌断面 1—1 的厚度也为堰顶全水头 $H_0$ 的倍数,即 $kH_0$ ,并且堰顶宽度为 $b$ ,则断面 1—1 的过流面积为 $A_1=bkH_0$ ,其中 $k$ 反映堰顶水流垂直收缩的系数。则式(8-58)可以整理为

$$Q=k\varphi\sqrt{1-\xi}\,b\sqrt{2g}\,H_0^{\frac{3}{2}} \tag{8-59}$$

式中引入堰的流量系数 $m=k\varphi\sqrt{1-\xi}$ ,于是

$$Q=mb\sqrt{2g}\,H_0^{\frac{3}{2}} \tag{8-60}$$

式(8-60)为堰流的基本公式。对于宽顶堰和实用堰,按照上述原理对图 8-33(b)和图 8-33(c)分别进行推导,其推导过程无需作原则上的修正,可以得到如式(8-60)的堰流基本公式。堰流基本公式(8-60)表明,过堰流量 $Q$ 与堰顶宽度 $b$ 及堰顶全水头 $H_0$ 的 1.5 次方成正比。流量系数 $m=f(\varphi,k,\xi)$ ,即综合了水头损失 $\varphi$ 、水舌压强分布 $\xi$ 、水舌收缩程度 $k$ 等各种影响因素。而这些因素本身又是渠道横断面尺寸及流速分布情况,堰高及堰面粗糙情况,堰顶厚度,上游水位等条件的反映。所以流量系数 $m$ 是一个极为复杂的并受多种因素影响的

函数。流量系数的取值只能通过对具体的堰进行实验求得。为了便于设计计算,有许多单位已对某些有代表性的堰型做了大量的系统研究,得到了许多流量系数 $m$ 的经验公式及数据。但是由于问题本身的复杂性,加上各单位进行试验研究的具体条件不尽相同,使得这些公式的计算结果可能相差甚大。所以在选择公式和取值时应审慎,对于重要的溢流堰则应做模型试验进行校验。

实际工程中,堰顶水头 $H$ 的量测比较方便,而行进流速 $v_0$ 的量测和计算不太方便,这样 $H_0$ 的计算也不容易。为便于应用,可以将堰流的基本公式中的 $H_0$ 改用堰顶水头 $H$ 来表示。这时式(8-60)可以写成

$$Q = m_0 b \sqrt{2g} H^{\frac{3}{2}} \tag{8-61}$$

式中流量系数修改为

$$m_0 = m \left(1 + \frac{\alpha v_0^2}{2gH}\right)^{\frac{3}{2}}$$

式(8-60)和式(8-61)的区别是,前者为广义的堰顶全水头 $H_0$,其中还包括了行进流速水头;后者将行进流速水头计入流量系数 $m_0$ 内。式(8-61)比较方便、实用。

上述推导过程中并未考虑侧向收缩的影响以及下游水位的淹没作用。当出现这两种情况时,堰的过流能力均将减少,一般是在上述给出的堰流基本公式再加以相应的系数,即侧向收缩系数 $\sigma_c$ 和淹没系数 $\sigma_s$ 来反映这两种作用的影响。这时堰流的基本公式为

$$Q = \sigma_c \sigma_s m b \sqrt{2g} H_0^{\frac{3}{2}} \tag{8-62}$$

或

$$Q = \sigma_c \sigma_s m_0 b \sqrt{2g} H^{\frac{3}{2}} \tag{8-63}$$

### 8.6.3 堰流的水力计算

下面分别针对薄壁堰、实用堰和宽顶堰简要介绍水力计算的基本方法。

1. 薄壁堰

常用的薄壁堰,按照堰体顶部过流部位的缺口形式分为矩形薄壁堰和三角形薄壁堰,这些薄壁堰均作为量水设备。

(1)矩形薄壁堰。

如图 8-34(a)所示的矩形薄壁堰流可以使用式(8-61)进行水力计算。

$$Q = m_0 b \sqrt{2g} H^{\frac{3}{2}}$$

其中流量系数 $m_0$ 可以采用巴赞(Bazin)经验公式

$$m_0 = \left(0.405 + \frac{0.003}{H}\right)\left[1 + 0.55\left(\frac{H}{H+P}\right)^2\right] \tag{8-64}$$

式(8-64)中方括号项反映行进流速水头的影响。式(8-64)的使用条件原为:水头 $H = 0.1 \sim 0.6$m,堰顶宽度 $b = 0.2 \sim 2.0$m,堰高 $P = 0.75$m。后来纳格勒(Nagler)的实验证实,式(8-64)的适用范围可以扩大为 $H \leq 1.24$m,$b \leq 2$m,$P \leq 1.13$m。

由试验证明,当矩形薄壁堰流为无侧收缩、自由出流时,水流最为稳定,测量精度也较高。因此,用于量水的矩形薄壁堰,其上游渠宽应与堰顶宽度相等,下游水位低于堰顶,不要产生淹没出流。另外为保证堰流为自由出流,还应满足:

①堰顶水头不应过小，一般应满足 $H>0.025\text{m}$，否则溢流水舌受表面张力的作用，出流将很不稳定；

②水舌下面的空间气体应与大气相通，否则溢流水舌将把水舌下缘区域的空气带走，压强降低，形成真空，这样将使得出流不稳定。

对于有侧向收缩的情况，也就是堰前渠道宽度大于堰顶宽度的情况，这时流量系数可以按爱格利（Hegly）根据实验总结的公式计算

$$m_0 = \left(0.405 + \frac{0.0027}{H} - 0.030\frac{B-b}{B_0}\right) \cdot \left[1 + 0.55\left(\frac{b}{B_0}\right)^2\frac{H^2}{(h+P)^2}\right] \tag{8-65}$$

（2）三角形薄壁堰。

矩形薄壁堰适宜于量测较大的流量，同时也需要在较大的堰顶水头下水流较为稳定。当所需测量的流量较小时（如 $Q<0.1\text{m}^3/\text{s}$），或堰顶水头较小时（如 $H<0.15\text{m}$），若用矩形薄壁堰量测则误差较大，这时可以使用如图 8-34（c）所示的直角三角形薄壁堰。由于过流断面为三角形，按照微积分原理，可得基本计算公式为

$$Q = C_0 H^{\frac{5}{2}} \tag{8-66}$$

式中，$C_0$ 为直角三角形薄壁堰的流量系数。根据汤姆森（P. W. Thomson）的实验，在 $H = 0.05 \sim 0.25\text{m}$ 时，取流量系数 $C_0 = 1.4$。

另外，金（H. W. King）根据实验提出，在 $H = 0.06 \sim 0.55\text{m}$ 时，基本计算公式为

$$Q = 1.343 H^{2.47} \tag{8-67}$$

上述两式的单位，$H$ 用 m，$Q$ 用 $\text{m}^3/\text{s}$。

2. 实用堰

常用的有克里格—奥菲采洛夫（简称克—奥）剖面、美国水道实验站（W.E.S）标准剖面及我国长研 I 型剖面等。这些定型剖面的实用堰可以用基本计算公式（8-62）进行水力计算。下面针对（W.E.S）标准剖面实用堰介绍基本的计算方法。

（1）流量系数 $m$ 的取值。

在进行（W.E.S.）标准剖面堰型设计时，其堰顶曲线是依据某一定型设计水头 $H_d$ 绘制的。而堰顶曲线影响着过堰水流中流线弯曲的情况，影响过堰水流的流速和流量。因此流量系数基本上是由堰顶曲线决定的。然而在实际工作时，由于堰顶的实际工作水头 $H$ 可能大于或小于设计水头 $H_d$，流量系数也将随之变化。另外，堰高及堰上游面坡度等对流量系数也有影响。

对于上游面垂直的 WES 堰，当堰高与设计水头的比值 $\frac{P}{H_d} \geqslant 1.33$ 时，流量系数 $m$ 只与 $\frac{H}{H_d}$ 有关，而与 $\frac{P}{H_d}$ 无关。根据实验和原型观测成果，图 8-38 给出了流量系数 $m$ 与 $\frac{H}{H_d}$ 的变化规律为单值关系曲线。从该曲线知，流量系数 $m$ 随 $\frac{H}{H_d}$ 的增加而增加，当 $\frac{H}{H_d} = 1$ 时，即实际堰顶水头等于设计水头时，流量系数 $m_d = 0.502$，$m_d$ 表示堰顶水头等于设计水头时的流量系数。当实际工作水头 $H<H_d$ 时，过堰水舌将紧贴堰面，堰面水流压强势能增加，使得由堰顶水头转化为动能的量减少，相当于作用水头减少，故流量系数 $m$ 减少，即 $m<m_d$。当实际工作水头

$H>H_d$ 时,过堰水舌将挑离堰面,堰面将产生局部真空,水流压强势能将减少,使得由堰顶水头转化为动能的量增加,相当于作用水头增加,故流量系数 $m$ 增加,即 $m>m_d$。图 8-38 中的关系曲线是整理许多堰高 $P>1.33H_d$ 的模型和原型数据点绘制而成的一条平均适配曲线。在绘制该关系曲线时,未计行进流速,即 $H=H_0$。

图 8-39 给出了各种不同相对高度的 WES 堰的 $\dfrac{m}{m_d}$ 与 $\dfrac{H_0}{H_d}$ 的关系曲线。从图 8-39 中可以看出,当 $\dfrac{P}{H_d}<1.33$ 时的一个特点,这时流量系数不仅与 $\dfrac{H_0}{H_d}$ 有关,还与 $\dfrac{P}{H_d}$ 有关。根据这个特点,一般将堰高 $P<1.33H_d$ 的堰称为 WES 低堰。对于上游面不是垂直的 WES 堰,从图 8-38 和图 8-39 查得的流量系数,还应乘以改正系数 $C$,改正系数 $C$ 值由图 8-39 左上角小图中查取。

(2)侧向收缩系数 $\sigma_c$ 的取值。

为了减少堰的建造费用,堰宽总比上游引水河渠的宽度要小;为控制水位和流量,堰上常设有多孔闸门和闸墩;为使堰与两岸及上游引水河渠连接,还设有边墩,如图 8-40 所示。由于上述原因,使得过堰水流发生侧向收缩,也就是水流沿宽度方向变窄。水流侧向收缩的存在,增加了过堰水流的局部阻力,减少了堰的过流能力。侧向收缩系数 $\sigma_c$ 反映了侧向收缩对堰的过流能力的影响。

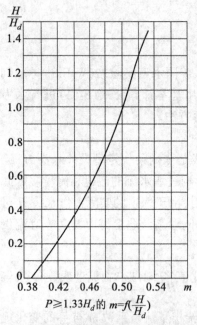

图 8-38 WES 高堰流量系数曲线

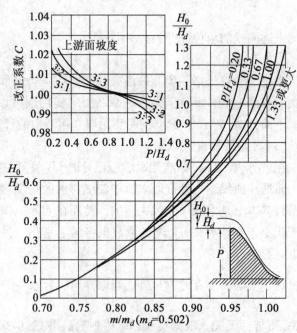

图 8-39 WES 低堰流量系数曲线

通过实验表明,侧向收缩系数 $\sigma_c$ 与闸墩、边墩的形式,闸孔数目、尺寸以及堰顶全水头 $H_0$ 等因素有关,可以用下列公式计算

$$\sigma_c = 1 - 0.2 \left[ \zeta_k + (n-1)\zeta_0 \right] \frac{H_0}{nb'} \tag{8-68}$$

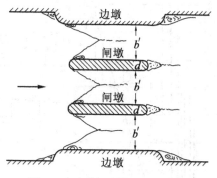

图 8-40　闸墩、边墩设置示意图

式中:$\zeta_k$——边墩形状系数;$\zeta_0$——闸墩形状系数;$n$——闸孔数目;$b'$——单孔净宽。

系数 $\zeta_k$ 和 $\zeta_0$ 可以按图 8-41 选取。需要注意的是式(8-68)的适用条件是 $\dfrac{H_0}{b}\leqslant 1$ 以及上游引渠宽度大于堰顶总溢流宽度(包括墩厚)。

在设置了多孔闸门、闸墩和边墩后,过堰水流通道被分割成数个等宽的闸孔,如图 8-40 所示。这时基本计算公式(8-62)中的堰顶宽度 $b=nb'$,式(8-62)则应为

$$Q=\sigma_c\sigma_s mnb'\sqrt{2g}H_0^{\frac{3}{2}} \tag{8-62a}$$

当仅有边墩而无闸墩存在时,$n=1$,$b=b'$。

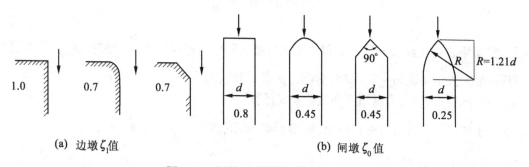

图 8-41　闸墩、边墩形状系数值示意图

(3)淹没系数 $\sigma_s$ 的取值。

当下游水位超过堰顶,并同时在下游发生淹没水跃时,过堰水流则呈淹没溢流状态。这时堰的过流能力低于自由溢流状态,淹没系数 $\sigma_s$ 反映了这种状况。如图 8-42 所示,淹没系数 $\sigma_s$ 决定于 $\dfrac{z}{H_0}$ 及 $\dfrac{z+h_t}{H_0}$。当堰顶全水头 $H_0$、上下游水位差 $z$ 以及下游水深 $h_t$ 已知时,根据计算得出的 $\dfrac{z}{H_0}$ 及 $\dfrac{z+h_t}{H_0}$ 值,由图 8-42 可以查得淹没系数 $\sigma_s$。图 8-42 对高、低 WES 堰都适用。

3.宽顶堰

宽顶堰可以用基本计算公式(8-62)进行水力计算。

(1)流量系数 $m$ 的取值。

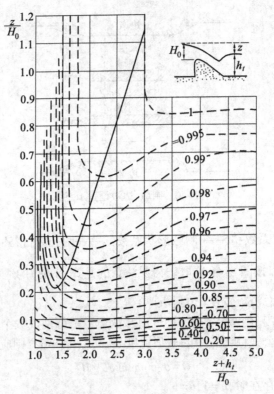

图 8-42  淹没系数曲线

宽顶堰的流量系数 $m$ 决定于堰顶的进口形式和堰的相对高度 $\dfrac{P}{H}$,相关理论分析表明宽顶堰的最大流量系数 $m_{max}=0.385$,实际的流量系数 $m$ 应小于 $m_{max}$。

关于流量系数 $m$,可以用下列经验公式计算。

对于堰顶入口为直角的宽顶堰,如图 8-43 所示,当 $0\leqslant\dfrac{P}{H}\leqslant3.0$ 时

$$m=0.36+0.01\frac{3-\dfrac{P}{H}}{0.46+0.75\dfrac{P}{H}} \tag{8-69}$$

当 $\dfrac{P}{H}>3.0$ 时,$m=0.32$。

对于堰顶入口为圆角的宽顶堰,如图 8-44 所示,当 $0\leqslant\dfrac{P}{H}\leqslant3.0$ 时

$$m=0.36+0.01\frac{3-\dfrac{P}{H}}{1.2+1.5\dfrac{P}{H}} \tag{8-70}$$

当 $\dfrac{P}{H}>3.0$ 时,$m=0.36$。

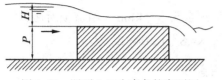

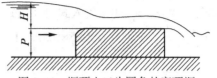

图 8-43　堰顶入口为直角的宽顶堰　　　　　图 8-44　堰顶入口为圆角的宽顶堰

（2）侧向收缩系数 $\sigma_c$ 的取值。

宽顶堰流所受的测向收缩影响，实质上与实用堰流的情况一样。因此，宽顶堰侧向收缩系数 $\sigma_c$ 可以按照式（8-68）计算取值。

（3）淹没系数 $\sigma_s$ 的取值。

宽顶堰的淹没溢流，可以根据下游水位超过堰顶的水深 $h_s$ 和堰顶全水头 $H_0$ 的比值来判别。当 $\dfrac{h_s}{H_0} \geq 0.80$ 时，则为淹没溢流，这时应考虑淹没系数 $\sigma_s$。淹没系数 $\sigma_s$ 的大小与 $\dfrac{h_s}{H_0}$ 值有关，可以从表 8-5 查得。

表 8-5　　　　　　　　　　　　　　宽顶堰淹没系数 $\sigma_s$

| $\dfrac{h_s}{H_0}$ | 0.80 | 0.81 | 0.82 | 0.83 | 0.84 | 0.85 | 0.86 | 0.87 | 0.88 | 0.89 |
|---|---|---|---|---|---|---|---|---|---|---|
| $\sigma_s$ | 1.00 | 0.995 | 0.99 | 0.98 | 0.97 | 0.96 | 0.95 | 0.93 | 0.90 | 0.87 |
| $\dfrac{h_s}{H_0}$ | 0.90 | 0.91 | 0.92 | 0.93 | 0.94 | 0.95 | 0.96 | 0.97 | 0.98 | |
| $\sigma_s$ | 0.84 | 0.82 | 0.78 | 0.74 | 0.70 | 0.65 | 0.59 | 0.50 | 0.40 | |

**例 8.8**　某溢流坝为 WES 标准剖面型的实用堰。堰宽 $b$ 为 44m，堰孔数 $n=1$（即无闸墩），堰与非溢流的混凝土坝相接，边墩头部为半圆形，上游堰高 $P=12m$，下游水深 $h_t=7m$，设计水头 $H_d$ 为 3.81m。试求堰顶水头 $H=4.8m$ 时溢流坝所通过的流量。

**解**　由于堰顶水头 $H=4.8m$，$\dfrac{P}{H}=\dfrac{14}{4.8}=2.92>1.33$，为高堰，可不计行径流速的影响，即有 $H_0=H$。这时溢流坝所通过的流量可按式（8-61a）进行计算，即

$$Q = \sigma_c \sigma_s m n b' \sqrt{2g} H_0^{\frac{3}{2}}$$

查图 8-41 半圆形边墩形状系数 $\zeta_k=0.7$。因无闸墩，闸墩形状系数 $\zeta_0=0$。则侧向收缩系数 $\sigma_c$ 为

$$\sigma_c = 1 - 0.2[0.7+(1-1)\times0]\frac{4.8}{1\times44} = 0.985$$

由于 $\dfrac{z}{H_0}=\dfrac{P+H-h_t}{H_0}=\dfrac{12+4.8-7}{4.8}=\dfrac{9.8}{4.8}=3.5$ 和 $\dfrac{z+h_t}{H_0}=\dfrac{9.8+7}{4.8}=3.5$，查图 8-42，得淹没系数 $\sigma_s=1.0$，实际为自由出流。

对 WES 实用堰，当水流为设计水头 $H_d=3.81m$，并且 $\dfrac{P}{H_d}=\dfrac{12}{3.81}=3.15>1.33$ 时，流量系数 $m_d=0.502$。当水流为某一实际水头 $H=4.8m$，并且 $\dfrac{H}{H_d}=\dfrac{4.8}{3.81}=1.26$，查表 8-38 此时流量系数

$$m = 0.517。$$

将已知的 $\sigma_c$、$\sigma_s$ 和 $m$ 代入式(8-61a)可得堰顶水头 $H = 4.8\text{m}$ 时溢流坝所通过的流量

$$Q = 1 \times 0.985 \times 0.517 \times 1 \times 44\sqrt{2g} \times 4.8^{3/2} = 1043.2\,(\text{m}^3/\text{s})$$

## 复习思考题 8

8.1 试述明渠均匀流的力学特性与发生条件,并说明实际工程中在一般情况下为什么均按明渠均匀流来设计渠道。

8.2 明渠均匀流是哪些力作用相互平衡时的流动?是以什么能量转化为什么能量来维持流动的?试论证之。

8.3 只要渠道是足够长的正坡棱柱体渠道,在没有其他干扰情况下,各种原因产生的非均匀流,总是向均匀流发展。试说明之。

8.4 在设计渠道时,糙率 $n$ 的取值非常关键,试说明糙率 $n$ 取值过大与过小会造成什么后果?

8.5 什么是缓流、急流与临界流?这三种流态在自然界与生活环境中是否可以观察到?这三种流态的判别方法有哪些?

8.6 佛汝德数 $Fr$ 的物理意义是什么?为什么可以用于判别明渠的缓流、急流等流态?

8.7 断面单位能量 $E_s$ 与单位总机械能 $E$ 有何区别?相应于断面单位能量 $E_s$ 最小值的水深是什么水深?

8.8 什么是缓坡、陡坡与临界坡?这三种底坡与实际底坡的关系是什么?这三种底坡是否可以用于判别明渠的缓流、急流等流态?

8.9 棱柱体明渠渐变流基本微分方程(8-49)的分子与分母各表示什么意义?并说明在绘制明渠定常非均匀流水面曲线时,所选择的两条参考线 $N$—$N$ 与 $K$—$K$ 的物理意义。

8.10 有几种堰流?这些堰流是怎样进行分类的?

8.11 堰流流量与堰顶水头的几次方成正比?影响堰流流量的因素有哪些?

8.12 宽顶堰的最大流量系数是多少?在什么情况下,实用堰的流量系数等于0.502?

# 习 题 8

8.1 某灌区一梯形断面棱柱体引水渠道,底坡 $i = 0.000\,26$,底宽 $b = 2.0\text{m}$,边坡系数 $m = 1.5$,糙率 $n = 0.025$。试计算当水深 $h_0 = 1.2\text{m}$ 时,通过渠道的流量。

8.2 一梯形灌溉渠道,底宽 $b = 2.2\text{m}$,边坡系数 $m = 1.5$,在 1 800m 长的顺直渠段,测得水面落差 $\Delta h = 0.6\text{m}$,此时水深 $h = 2.2\text{m}$,流量 $Q = 8.55\text{m}^3/\text{s}$,试按均匀流计算渠道的糙率 $n$。

8.3 水电站引水渠道为梯形断面,底宽 $b = 3.5\text{m}$,边坡系数 $m = 2$,渠道糙率 $n = 0.025$,底坡 $i = 0.000\,12$,设计流量 $Q = 30\text{m}^3/\text{s}$,最大不冲流速为 $v' = 0.8\text{m/s}$,试计算相应的水深。

8.4 某土质明渠,通过流量 $Q = 15\text{m}^3/\text{s}$,相应水深 $h_0 = 1.8\text{m}$,渠道断面底宽 $b = 5.5\text{m}$,边坡系数 $m = 2.5$,糙率 $n = 0.025$,试求底坡 $i$ 及流速 $v$。

8.5 一矩形输水明渠,通过流量 $Q = 20.1\text{m}^3/\text{s}$,渠道断面底宽 $b = 4.0\text{m}$,糙率 $n = 0.02$,底坡 $i = 0.001$,要求流速 $v$ 不超过 2.0m/s,试求渠道的水深 $h_0$。

8.6 一渠道由混凝土衬砌,糙率 $n = 0.017$,底坡 $i = 0.000\,14$,水深 $h = 4\text{m}$,边坡系数 $m = 2.0$,流量 $Q = 41.0\text{m}^3/\text{s}$,试求渠道底宽 $b$。

8.7　某矩形断面明渠,通过流量 $Q=11\mathrm{m}^3/\mathrm{s}$,平均水深 $h=1.6\mathrm{m}$,渠道底宽 $b=1.7\mathrm{m}$,试问此时渠道流速为多少? 并判别流态是缓流还是急流。

8.8　一供水渠道断面为矩形,底宽 $b=4\mathrm{m}$,糙率 $n=0.023$,底坡 $i=0.000\,45$,输水流量 $Q=5.6\mathrm{m}^3/\mathrm{s}$,试从不同角度判别渠道内水流流态。

8.9　试求通过底宽为 $b=3.4\mathrm{m}$ 的矩形渠道输送流量为 $Q=6.3\mathrm{m}^3/\mathrm{s}$ 时的临界水深 $h_K$。

8.10　一梯形断面渠道,底宽 $b=8\mathrm{m}$,边坡系数 $m=1.5$,糙率 $n=0.023$,底坡 $i=0.000\,45$,流量 $Q=18\mathrm{m}^3/\mathrm{s}$,试分别用绘制 $h\sim E_s$ 曲线、试算法和计算机编程求解临界水深 $h_K$。

8.11　一梯形断面棱柱体渠道,底宽 $b=1.5\mathrm{m}$,边坡系数 $m=1.5$,糙率 $n=0.0275$,底坡 $i=0.000\,25$,流量 $Q=6\mathrm{m}^3/\mathrm{s}$,试判断此时渠道底坡为缓坡或陡坡。

8.12　一矩形断面棱柱体平底明渠,底宽 $b=4.0\mathrm{m}$,当通过流量 $Q=14\mathrm{m}^3/\mathrm{s}$ 时,渠道发生水跃,已知跃前水深 $h'=0.65\mathrm{m}$,试计算跃后水深 $h''$ 及水跃长度 $L_j$。

8.13　根据式(8-49)或式(8-50),分析说明 $i>i_K$、$i=0$ 与 $i<0$ 三种底坡情况下,水面曲线沿流程的变化趋势。

8.14　试定性分析与绘制图 8-45 中渠道底坡变化时,可能发生的水面曲线。已知各渠段的断面形状、尺寸及糙率相同,均为长直棱柱体明渠。

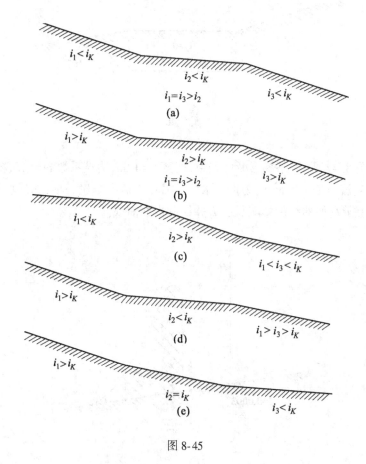

图 8-45

8.15 如图 8-46 所示,下列渠道,有关数据条件见图 8-46,试定性绘制 $L$ 较长、较短与适中时可能发生的水面曲线。其中各渠段的断面形状、尺寸及糙率相同,均为长直棱柱体明渠。

8.16 有一条由两段渠道构成的矩形渠道,上游段底坡 $i_1 = 0.01$,下游段底坡 $i_2 = 0.000\ 9$,两渠段底宽 $b = 10\text{m}$,糙率 $n = 0.015$。当通过流量 $Q = 43\text{m}^3/\text{s}$ 时,是否有可能发生水跃?若发生试说明在上游段还是在下游段发生水跃。

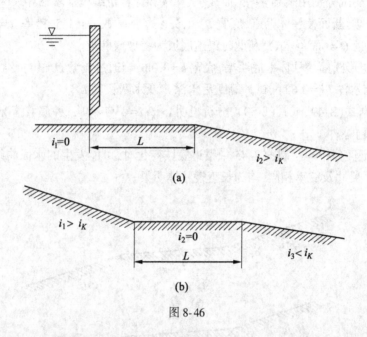

(a)

(b)

图 8-46

8.17 如图 8-47 所示,某梯形断面渠道,底宽 $b = 12\text{m}$,边坡系数 $m = 1.5$,糙率 $n = 0.025$,底坡 $i = 0.000\ 3$,流量 $Q = 46\text{m}^3/\text{s}$,为抬高水位现需在渠道中修建一坝,如果坝前水深 $H + P = 4\text{m}$,试计算坝上游水面曲线的影响长度 $L$ 并绘制水面曲线。

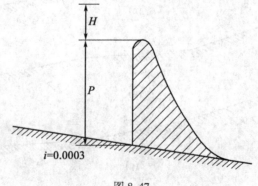

图 8-47

8.18 有一无侧收缩的矩形薄壁堰,上游堰高 $P = 0.65\text{m}$,堰宽 $b = 1.0\text{m}$,堰顶水头 $H = 0.86\text{m}$,下游水位不影响堰顶出流,试求过堰的流量。

8.19 在 $B_0 = 5.0\text{m}$ 的矩形水槽中建有一矩形薄壁堰,堰高 $P = 0.95\text{m}$,堰宽 $b = 1.45\text{m}$,堰顶水头 $H = 0.45\text{m}$,下游水深 $h_t = 0.45\text{m}$,试求通过该堰的流量。

8.20 WES 堰型高坝,上游坝面垂直,坝高 $P = 107.0\text{m}$,最大水头 $H_{max} = 11.0\text{m}$,设计水头取为 $H_d = 0.85H_{max}$。若通过的最大流量 $Q_{max} = 3\ 100\text{m}^3/\text{s}$,堰孔总净宽 $B$ 为多少? 若每孔定为 $b = 10\text{m}$,应设多少孔? 已知闸墩与边墩头部都是圆形,墩厚 $d = 2.0\text{m}$,上游引渠宽 $B_0 = 410\text{m}$。

8.21 某水库溢洪道,采用低 WES 堰。上、下游堰高相同,$P = P_1 = 3.0\text{m}$,堰顶高程 $21.0\text{m}$,设计水头 $H_d = 15\text{m}$。在正常库水位时,采用宽 $b = 14\text{m}$ 的弧形闸门控制泄洪,墩厚 $d = 2.0\text{m}$,边墩与中墩的头部都是圆形。要求保坝洪水流量 $Q = 8\ 770\text{m}^3/\text{s}$ 时,库内非常洪水位不超过 $37.5\text{m}$。设溢洪道上游引水渠与溢洪道同样宽。溢洪道低 WES 堰下游连接矩形陡槽。试问该闸应设几孔?

8.22 已知堰高 $P = 50\text{m}$,上游堰面垂直,设计水头 $H_d = 8.0\text{m}$,堰面下游直线段坡 $m_t = 0.65$,若最大工作水头为 $10\text{m}$,有 $12$ 个闸孔,每孔净宽 $b = 15\text{m}$,闸墩与边墩的头部为尖圆形,堰上游的引水渠总宽 $B_0 = 220\text{m}$,闸墩厚 $d = 2.5\text{m}$,采用 WES 堰型,试求通过的流量。

8.23 水库的正常高水位为 $72.0\text{m}$,非常洪水位为 $75.6\text{m}$,溢洪道为无闸控制的宽顶堰进口,下接陡槽和消能池。顶堰宽为 $60\text{m}$,堰坎高 $P = 2\text{m}$,坎顶高程为 $70.6\text{m}$,坎顶进口修圆。若堰与上游引水渠同宽,试问在上述两种水位时溢洪道通过的流量各为多少?

# 第 9 章　理想流体的旋涡运动

旋涡运动是流体运动的一种重要类型,在日常生活与实际工程中经常遇到。本章首先介绍描述旋涡运动的各种物理量以及这些物理量之间的关系,在此基础上将着重讨论旋涡的运动学性质和动力学性质,包括旋涡运动随时间与空间的变化规律,旋涡对周围流场的诱导速度以及旋涡的形成机理等。

## §9.1　流体微团运动的分析

流体的流动非常复杂,要讨论流体的流动,首先要分析和研究流体微团的运动过程。在理论力学中,刚体的一般运动可以分解为平动与转动两部分。流体具有易流动性、极易变形的特点,使得流体微团在运动过程中不但与刚体一样可能有平动和转动,而且还可能发生变形运动。所以,在一般情况下流体微团的运动可以分解为平动,转动和变形运动三部分,其中变形运动还可以进一步分为线变形运动与角变形运动。

为讨论流体微团运动中可以分解的几种运动的数学表达式,首先讨论流场中某一点邻域内速度的变化。如图 9-1 所示,在某瞬时 $t$,已知点 $M_0(x_0,y_0,z_0)$ 的流速为 $\boldsymbol{u}_0$,对点 $M_0$ 邻域内的流速场进行讨论。对流体中点 $M_0$ 的邻域内任意一点 $M$,其坐标为 $x_0+\mathrm{d}x$、$y_0+\mathrm{d}y$、$z_0+\mathrm{d}z$,流速为 $\boldsymbol{u}$。点 $M$ 处流速 $\boldsymbol{u}$ 与点 $M_0$ 处的流速 $\boldsymbol{u}_0$ 的关系可以用泰勒级数表示,在略去高阶无穷小项后,得

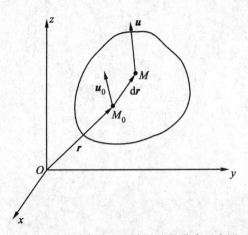

图 9-1　流场中任意空间点速度的分布示意图

$$\begin{cases} u_x = u_{0x} + \dfrac{\partial u_x}{\partial x}\mathrm{d}x + \dfrac{\partial u_x}{\partial y}\mathrm{d}y + \dfrac{\partial u_x}{\partial z}\mathrm{d}z \\[3mm] u_y = u_{0y} + \dfrac{\partial u_y}{\partial x}\mathrm{d}x + \dfrac{\partial u_y}{\partial y}\mathrm{d}y + \dfrac{\partial u_y}{\partial z}\mathrm{d}z \\[3mm] u_z = u_{0z} + \dfrac{\partial u_z}{\partial x}\mathrm{d}x + \dfrac{\partial u_z}{\partial y}\mathrm{d}y + \dfrac{\partial u_z}{\partial z}\mathrm{d}z \end{cases} \tag{9-1}$$

现对式(9-1)进行变换整理。即对第一式右边加、减 $\dfrac{1}{2}\dfrac{\partial u_y}{\partial x}\mathrm{d}y$ 和 $\dfrac{1}{2}\dfrac{\partial u_z}{\partial x}\mathrm{d}z$,对第二式右边加、减 $\dfrac{1}{2}\dfrac{\partial u_z}{\partial y}\mathrm{d}z$ 和 $\dfrac{1}{2}\dfrac{\partial u_x}{\partial y}\mathrm{d}x$,对第三式右边加、减 $\dfrac{1}{2}\dfrac{\partial u_x}{\partial z}\mathrm{d}x$ 和 $\dfrac{1}{2}\dfrac{\partial u_y}{\partial z}\mathrm{d}y$,将各式重新组合后得

$$u_x = u_{0x} + \frac{\partial u_x}{\partial x}\mathrm{d}x + \frac{1}{2}\left(\frac{\partial u_y}{\partial x} + \frac{\partial u_x}{\partial y}\right)\mathrm{d}y + \frac{1}{2}\left(\frac{\partial u_x}{\partial z} + \frac{\partial u_z}{\partial x}\right)\mathrm{d}z + \frac{1}{2}\left(\frac{\partial u_x}{\partial z} - \frac{\partial u_z}{\partial x}\right)\mathrm{d}z - \frac{1}{2}\left(\frac{\partial u_y}{\partial x} - \frac{\partial u_x}{\partial y}\right)\mathrm{d}y$$

$$u_y = u_{0y} + \frac{1}{2}\left(\frac{\partial u_y}{\partial x} + \frac{\partial u_x}{\partial y}\right)\mathrm{d}x + \frac{\partial u_y}{\partial y}\mathrm{d}y + \frac{1}{2}\left(\frac{\partial u_z}{\partial y} + \frac{\partial u_y}{\partial z}\right)\mathrm{d}z + \frac{1}{2}\left(\frac{\partial u_y}{\partial x} - \frac{\partial u_x}{\partial y}\right)\mathrm{d}x - \frac{1}{2}\left(\frac{\partial u_z}{\partial y} - \frac{\partial u_y}{\partial z}\right)\mathrm{d}z$$

$$u_z = u_{0z} + \frac{1}{2}\left(\frac{\partial u_x}{\partial z} + \frac{\partial u_z}{\partial x}\right)\mathrm{d}x + \frac{1}{2}\left(\frac{\partial u_z}{\partial y} + \frac{\partial u_y}{\partial z}\right)\mathrm{d}y + \frac{\partial u_z}{\partial z}\mathrm{d}z + \frac{1}{2}\left(\frac{\partial u_z}{\partial y} - \frac{\partial u_y}{\partial z}\right)\mathrm{d}y - \frac{1}{2}\left(\frac{\partial u_x}{\partial z} - \frac{\partial u_z}{\partial x}\right)\mathrm{d}x$$

为简化上式,采用下列符号

$$\varepsilon_{xx} = \frac{\partial u_x}{\partial x}, \quad \varepsilon_{yy} = \frac{\partial u_y}{\partial y}, \quad \varepsilon_{zz} = \frac{\partial u_z}{\partial z}$$

$$\varepsilon_{xy} = \frac{1}{2}\left(\frac{\partial u_y}{\partial x} + \frac{\partial u_x}{\partial y}\right), \quad \varepsilon_{yz} = \frac{1}{2}\left(\frac{\partial u_z}{\partial y} + \frac{\partial u_y}{\partial z}\right), \quad \varepsilon_{zx} = \frac{1}{2}\left(\frac{\partial u_x}{\partial z} + \frac{\partial u_z}{\partial x}\right)$$

$$\omega_z = \frac{1}{2}\left(\frac{\partial u_y}{\partial x} - \frac{\partial u_x}{\partial y}\right), \quad \omega_x = \frac{1}{2}\left(\frac{\partial u_z}{\partial y} - \frac{\partial u_y}{\partial z}\right), \quad \omega_y = \frac{1}{2}\left(\frac{\partial u_x}{\partial z} - \frac{\partial u_z}{\partial x}\right)$$

于是有

$$\begin{cases} u_x = u_{0x} + (\varepsilon_{xx}\mathrm{d}x + \varepsilon_{xy}\mathrm{d}y + \varepsilon_{zx}\mathrm{d}z) + (\omega_y\mathrm{d}z - \omega_z\mathrm{d}y) \\ u_y = u_{0y} + (\varepsilon_{xy}\mathrm{d}x + \varepsilon_{yy}\mathrm{d}y + \varepsilon_{yz}\mathrm{d}z) + (\omega_z\mathrm{d}x - \omega_x\mathrm{d}z) \\ u_z = u_{0z} + (\varepsilon_{zx}\mathrm{d}x + \varepsilon_{yz}\mathrm{d}y + \varepsilon_{zz}\mathrm{d}z) + (\omega_x\mathrm{d}y - \omega_y\mathrm{d}x) \end{cases} \tag{9-2}$$

式(9-2)给出了流场中任意一点 $M$ 的流速 $\boldsymbol{u}$ 的表达式,该点上的液体微团的运动同样由前述的平动、旋转运动、线变形运动和角变形运动所组成。下面针对图9-2所示的平行六面体流体微团,分析微团运动中这四种运动的表现形式,并给出和解释式(9-2)中所采用符号的含义。

现设在某瞬时 $t$ 流场中有一边长为 $\mathrm{d}x$、$\mathrm{d}y$、$\mathrm{d}z$ 的平行六面体的流体微团,已知其形心点 $M_0$ 处的流速为 $\boldsymbol{u}_0$,这时八个顶点的流速分量可以利用泰勒级数,按照式(9-1)而求得。如图9-2所示,其中点 $A$、点 $G$ 的流速分别为

$$\begin{cases} u_{Ax} = u_{0x} - \dfrac{\partial u_x}{\partial x}\dfrac{\mathrm{d}x}{2} - \dfrac{\partial u_x}{\partial y}\dfrac{\mathrm{d}y}{2} - \dfrac{\partial u_x}{\partial z}\dfrac{\mathrm{d}z}{2} \\[3mm] u_{Ay} = u_{0y} - \dfrac{\partial u_y}{\partial x}\dfrac{\mathrm{d}x}{2} - \dfrac{\partial u_y}{\partial y}\dfrac{\mathrm{d}y}{2} - \dfrac{\partial u_y}{\partial z}\dfrac{\mathrm{d}z}{2} \\[3mm] u_{Az} = u_{0z} - \dfrac{\partial u_z}{\partial x}\dfrac{\mathrm{d}x}{2} - \dfrac{\partial u_z}{\partial y}\dfrac{\mathrm{d}y}{2} - \dfrac{\partial u_z}{\partial z}\dfrac{\mathrm{d}z}{2} \end{cases} \quad \begin{cases} u_{Gx} = u_{0x} + \dfrac{\partial u_x}{\partial x}\dfrac{\mathrm{d}x}{2} + \dfrac{\partial u_x}{\partial y}\dfrac{\mathrm{d}y}{2} + \dfrac{\partial u_x}{\partial z}\dfrac{\mathrm{d}z}{2} \\[3mm] u_{Gy} = u_{0y} + \dfrac{\partial u_y}{\partial x}\dfrac{\mathrm{d}x}{2} + \dfrac{\partial u_y}{\partial y}\dfrac{\mathrm{d}y}{2} + \dfrac{\partial u_y}{\partial z}\dfrac{\mathrm{d}z}{2} \\[3mm] u_{Gz} = u_{0z} + \dfrac{\partial u_z}{\partial x}\dfrac{\mathrm{d}x}{2} + \dfrac{\partial u_z}{\partial y}\dfrac{\mathrm{d}y}{2} + \dfrac{\partial u_z}{\partial z}\dfrac{\mathrm{d}z}{2} \end{cases} \tag{9-3}$$

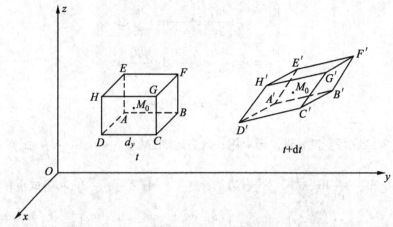

图 9-2 平行六面体流体微团的运动分析示意图

从式(9-3)可见该微团上各点的速度不同。在经过微小时段 $dt$ 之后,该微团将运动到新的位置,一般来说,其形状和大小都将发生变化,即该正交的平行六面体流体微团将变成任意斜六面体微团,如图 9-2 所示。为叙述方便,以图 9-3 所示的二维流体微团即流体平面 *ABCD* 为例,描述和分析这几种运动,然后再将表达式推演到三维立体中。

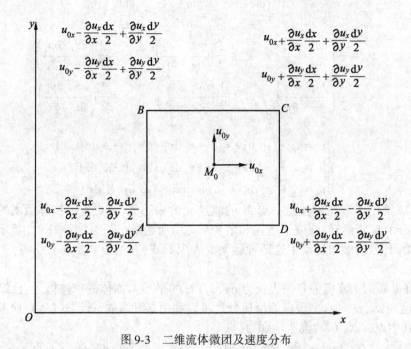

图 9-3　二维流体微团及速度分布

### 9.1.1　平移运动

由图 9-3 可知,形心点 $M_0$ 的流速分量 $u_{0x}$、$u_{0y}$ 是流体微团中各点流速分量的组成部分,即整个微团每一个点的流速中都含有 $u_{0x}$、$u_{0y}$ 项。如对 $A$、$B$、$C$、$D$ 等各点,只考虑这些点流速

分量中的 $u_{0x}$、$u_{0y}$ 两项，则在经过时间 $\mathrm{d}t$ 后，矩形平面体 $ABCD$ 向右移动 $u_{0x}\mathrm{d}t$ 距离，向上移动 $u_{0y}\mathrm{d}t$ 距离，平移到新的位置，矩形平面体形状不变，如图 9-4(a) 所示。

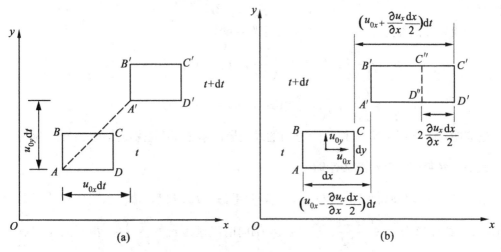

图 9-4　流体微团的平移运动与线变形运动示意图

也就是说，平行六面体微团作为一个整体，其中各质点以同一速度矢量 $\boldsymbol{u}_0$ 做平移运动。平移运动不改变平行六面体流体微团的形状、大小和方向。

### 9.1.2　线变形运动

从图 9-3 中可知，点 $D$ 和点 $C$ 在 $Ox$ 轴方向上的流速分量分别比点 $A$ 和点 $B$ 快（或慢）$2\dfrac{\partial u_x}{\partial x}\dfrac{\mathrm{d}x}{2}\left(\text{如}\dfrac{\partial u_x}{\partial x}\text{为正或为负}\right)$，故边长 $AD$ 和 $BC$ 在 $\mathrm{d}t$ 时间内沿 $x$ 方向都将相应地伸长（或缩短）$2\dfrac{\partial u_x}{\partial x}\dfrac{\mathrm{d}x}{2}\mathrm{d}t$，即流体微团在 $Ox$ 轴方向产生了线变形，或者说存在线变形运动，如图 9-4(b) 所示。线变形的大小可以用线变形速率即单位时间、单位长度的伸长（或缩短）量来计量。按照线变形速率的定义，在 $Ox$ 轴方向有

$$\frac{2\dfrac{\partial u_x}{\partial x}\dfrac{\mathrm{d}x}{2}\mathrm{d}t}{\mathrm{d}x\mathrm{d}t}=\frac{\partial u_x}{\partial x}=\varepsilon_{xx}$$

即得 $Ox$ 轴方向的线变形速率为

同理，可得 $Oy$ 轴、$Oz$ 轴方向的线变形速率为

$$\left.\begin{array}{l}\varepsilon_{xx}=\dfrac{\partial u_x}{\partial x}\\[2mm]\varepsilon_{yy}=\dfrac{\partial u_y}{\partial y}\\[2mm]\varepsilon_{zz}=\dfrac{\partial u_z}{\partial z}\end{array}\right\}\tag{9-4}$$

总的来说运动过程中平行六面体三条正交的棱边 $\mathrm{d}x$、$\mathrm{d}y$、$\mathrm{d}z$ 的伸长或缩短，以及与之相应的平行六面体流体微团的体积膨胀和压缩，就是流体微团线变形运动的反映。

注意到不可压缩流体连续性方程(3-31)

$$\frac{\partial u_x}{\partial x}+\frac{\partial u_y}{\partial y}+\frac{\partial u_z}{\partial z}=0$$

可以写成

$$\varepsilon_{xx}+\varepsilon_{yy}+\varepsilon_{zz}=0 \tag{9-5}$$

整个流体微团经过 $\mathrm{d}t$ 时段后,其体积的改变量为

$$\Delta V=\left(\frac{\partial u_x}{\partial x}\mathrm{d}x\mathrm{d}t\right)\mathrm{d}y\mathrm{d}z+\left(\frac{\partial u_y}{\partial y}\mathrm{d}y\mathrm{d}t\right)\mathrm{d}z\mathrm{d}x+\left(\frac{\partial u_z}{\partial z}\mathrm{d}z\mathrm{d}t\right)\mathrm{d}x\mathrm{d}y$$

$$=\left(\frac{\partial u_x}{\partial x}+\frac{\partial u_y}{\partial y}+\frac{\partial u_z}{\partial z}\right)\mathrm{d}x\mathrm{d}y\mathrm{d}z\mathrm{d}t=0 \tag{9-6}$$

这表明对于不可压缩流体,三个方向的线变形速率之和(也就是体积改变量)为零。

### 9.1.3 角变形运动和旋转运动

首先考虑边线偏转,如图 9-5(a)所示,若只考虑 $AD$ 边和 $BC$ 边。从图 9-5(a)可见,点 $A$ 在 $Oy$ 轴向的流速为 $u_{0y}-\frac{\partial u_y}{\partial x}\frac{\mathrm{d}x}{2}$,点 $D$ 在 $Oy$ 轴向的流速为 $u_{0y}+\frac{\partial u_y}{\partial x}\frac{\mathrm{d}x}{2}$。由于点 $A$ 和点 $D$ 在 $Oy$ 轴向的流速不同,在 $\mathrm{d}t$ 时段后,$A$ 点移至 $A'$ 点,$D$ 点移至 $D'$ 点,从图 9-5(a)可见,$D$ 点较 $A$ 点在 $y$ 方向上多移动的距离 $\overline{DD'}=\frac{\partial u_y}{\partial x}\mathrm{d}x\mathrm{d}t$,即 $\overline{AD}$ 发生了边线偏转,其转角量 $\mathrm{d}\alpha$ 为

$$\mathrm{d}\alpha\approx\tan(\mathrm{d}\alpha)=\frac{\frac{\partial u_y}{\partial x}\mathrm{d}x\mathrm{d}t}{\mathrm{d}x}=\frac{\partial u_y}{\partial x}\mathrm{d}t \tag{9-7}$$

同理对于 $AB$ 边和 $DC$ 边,由于 $A$ 点和 $B$ 点在 $Ox$ 轴向的流速不同,在 $\mathrm{d}t$ 时段后,$A$ 点移至 $A'$ 点,$B$ 点移至 $B'$ 点,从图 9-5(b)可见,$B$ 点较 $A$ 点在 $x$ 方向上多移动的距离 $\overline{BB'}=\frac{\partial u_x}{\partial y}\mathrm{d}y\mathrm{d}t$,即 $\overline{AB}$ 发生了边线偏转,其转角量 $\mathrm{d}\beta$ 为

$$\mathrm{d}\beta\approx\tan(\mathrm{d}\beta)=\frac{\frac{\partial u_x}{\partial y}\mathrm{d}y\mathrm{d}t}{\mathrm{d}y}=\frac{\partial u_x}{\partial y}\mathrm{d}t \tag{9-8}$$

如果两条边线的转角量 $\mathrm{d}\alpha$ 与 $\mathrm{d}\beta$ 数值相等而方向相同,则原矩形形状保持不变,整个矩形将发生转动,如图 9-5(c)所示。

如果两条边线的转角量 $\mathrm{d}\alpha$ 与 $\mathrm{d}\beta$ 数值相等而方向相反,则原矩形变为菱形,但原对角线方位不变,即只有单纯的角变形而无转动,如图 9-5(d)所示。

如果两条边线的转角量 $\mathrm{d}\alpha$ 与 $\mathrm{d}\beta$ 数值不等,则微团除了有角变形外还有转动,微团将由矩形变为任意四边形。如图 9-5(e)所示,矩形 $ABCD$ 变为任意四边形 $AB''C''D''$ 的过程,可以分成以下两步完成。首先,矩形 $ABCD$ 旋转到 $AB'C'D'$ 的位置,旋转角量为 $\mathrm{d}A$;然后再发生角变形,由矩形 $AB'C'D'$ 变为任意四边形 $AB''C''D''$,角变形量为 $\mathrm{d}B$。转角 $\mathrm{d}A$ 及角变形量 $\mathrm{d}B$ 与边线转角 $\mathrm{d}\alpha$、$\mathrm{d}\beta$ 之间有如下关系

$$\mathrm{d}\alpha=\mathrm{d}B-\mathrm{d}A$$

$$\mathrm{d}\beta=\mathrm{d}B+\mathrm{d}A \tag{9-9}$$

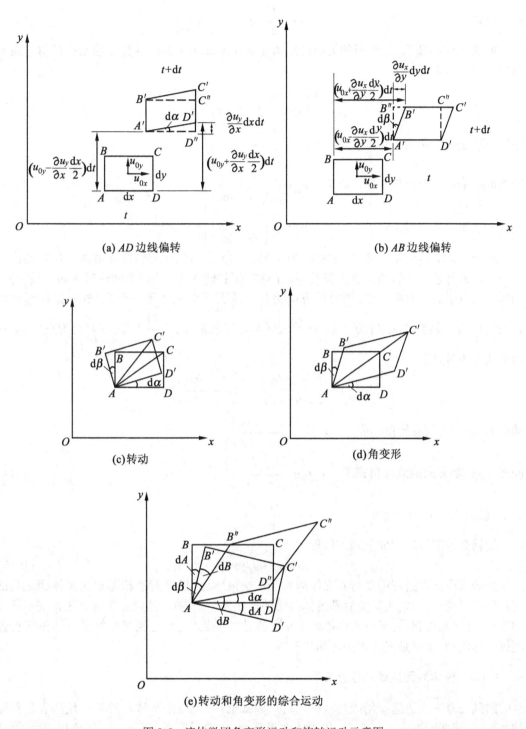

图 9-5　流体微团角变形运动和旋转运动示意图

解得角变形量

$$dB = \frac{1}{2}(d\alpha + d\beta)$$

旋转角量
$$dA = \frac{1}{2}(d\beta - d\alpha) \tag{9-10}$$

如图 9-5(e)所示,角变形的大小可用角变形速率即单位时间的角变形量来计量。按照角变形速率的定义,有

$$\frac{dB}{dt} = \frac{1}{2}\left(\frac{d\alpha}{dt} + \frac{d\beta}{dt}\right) = \frac{1}{2}\left(\frac{\partial u_y}{\partial x} + \frac{\partial u_x}{\partial y}\right) \tag{9-11}$$

即得 $xOy$ 平面的角变形速率为 $\quad \varepsilon_{xy} = \frac{1}{2}\left(\frac{\partial u_y}{\partial x} + \frac{\partial u_x}{\partial y}\right)$

同理可得 $yOz$ 平面的角变形速率为 $\quad \varepsilon_{yz} = \frac{1}{2}\left(\frac{\partial u_z}{\partial y} + \frac{\partial u_y}{\partial z}\right) \left.\begin{array}{c}\\\\\\\end{array}\right\} \tag{9-12}$

和 $zOx$ 平面的角变形速率为 $\quad \varepsilon_{zx} = \frac{1}{2}\left(\frac{\partial u_x}{\partial z} + \frac{\partial u_z}{\partial x}\right)$

由于转动的过程是在 $dt$ 时段内完成的,转动的大小可以用旋转角速度即单位时间内的旋转角量来计量。旋转角速度为矢量,其方向为右手螺旋规则所指向的旋转平面法线方向,旋转方向以逆时针方向为正,顺时针方向为负。从图 9-5(e)可见,矩形 $ABCD$ 是顺时针旋转到 $AB'C'D'$,旋转角量 $dA$ 则为负,按照旋转角速度的定义,则 $\frac{dA}{dt}$ 为负,若要变为正的,需在前面加上负号,即

$$-\frac{dA}{dt} = -\frac{1}{2}\left(\frac{d\beta}{dt} - \frac{d\alpha}{dt}\right) = \frac{1}{2}\left(\frac{\partial u_y}{\partial x} - \frac{\partial u_x}{\partial y}\right) = \omega_z \tag{9-13}$$

即得 $Oz$ 轴方向的旋转角速度 $\quad \omega_z = \frac{1}{2}\left(\frac{\partial u_y}{\partial x} - \frac{\partial u_x}{\partial y}\right)$

同理得 $Ox$ 轴方向的旋转角速度 $\quad \omega_x = \frac{1}{2}\left(\frac{\partial u_z}{\partial y} - \frac{\partial u_y}{\partial z}\right) \left.\begin{array}{c}\\\\\\\end{array}\right\} \tag{9-14}$

和 $Oy$ 轴方向的旋转角速度 $\quad \omega_y = \frac{1}{2}\left(\frac{\partial u_x}{\partial z} - \frac{\partial u_z}{\partial x}\right)$

旋转角速度可以写成下列矢量形式

$$\boldsymbol{\omega} = \omega_x \boldsymbol{i} + \omega_y \boldsymbol{j} + \omega_z \boldsymbol{k} \tag{9-15}$$

总的来说运动过程中平行六面体的六个正交流体面,任意两个相邻正交流体面之间的夹角发生了变化,与之相对应的是流体微团的形状发生了变化,这就是流体微团角变形运动的反映;在运动过程中,平行六面体各个正交流体面的旋转,与之相对应的是流体微团也像刚体一样转动,这就是流体微团转动的反映。

### 9.1.4 流体微团运动的组合表达

回到任意一点流速 $\boldsymbol{u}$ 的表达式(9-2),可以知道式(9-2)中所涉及的符号代表着各种运动类型,如线变形速率 $\varepsilon_{xx}$、$\varepsilon_{yy}$、$\varepsilon_{zz}$ 代表线变形运动;角变形速率 $\varepsilon_{xy}$、$\varepsilon_{yz}$、$\varepsilon_{zx}$ 代表角变形运动;旋转角速度 $\omega_x$、$\omega_y$、$\omega_z$ 代表旋转运动。因此,由式(9-2)表示的流体微团运动或流体中任意一点运动可以普遍地表示成平移、转动和变形运动的叠加。

式(9-2)中三个表达式右边第一项为平移速度,第二、三、四项为线变形和角变形引起的速度增量,第五、六项则为转动产生的速度增量。所以,除平移外,流体微团的运动状态在一

般情况下需要有 9 个独立的分量来描述,他们分别是:$\varepsilon_{xx}$,$\varepsilon_{yy}$,$\varepsilon_{zz,}$$\varepsilon_{xy}$,$\varepsilon_{yz,}$$\varepsilon_{xz,}$$\omega_x$,$\omega_y$,$\omega_z$。

## §9.2　有旋流动与无旋流动

　　根据 §9.1 中所介绍的流体微团的基本运动形式的分析,按流体微团有无旋转运动,可以将流体运动分为有旋运动和无旋运动。有旋运动也称为有涡流,无旋运动也称为无涡流。

　　如果流场中某一区域表征流体旋转运动的旋转角速度 $\omega \neq 0$,则说明该区域的流体质点或流体微团在作旋转运动,这种流体运动称为有旋流动,或有涡流动。

　　注意到旋转角速度表达式(9-14),写成矢量表达式

$$\boldsymbol{\omega} = \frac{1}{2}\mathrm{rot}\boldsymbol{u} \tag{9-16}$$

式中 $\mathrm{rot}\boldsymbol{u}$ 为速度旋度,也是一点邻域内流体质点作旋转运动的重要特征量。令 $\boldsymbol{\Omega} = \mathrm{rot}\boldsymbol{u}$,称为涡量。显然有

$$\boldsymbol{\Omega} = 2\boldsymbol{\omega} \tag{9-17}$$

其分量式

$$\begin{cases} \Omega_x = 2\omega_x = \dfrac{\partial u_z}{\partial y} - \dfrac{\partial u_y}{\partial z} \\[2mm] \Omega_y = 2\omega_y = \dfrac{\partial u_x}{\partial z} - \dfrac{\partial u_z}{\partial x} \\[2mm] \Omega_z = 2\omega_z = \dfrac{\partial u_y}{\partial x} - \dfrac{\partial u_x}{\partial y} \end{cases} \tag{9-18}$$

可见涡量 $\boldsymbol{\Omega}$ 为旋转角速度 $\boldsymbol{\omega}$ 的两倍,与 $\boldsymbol{\omega}$ 的方向相同。引入涡量 $\boldsymbol{\Omega}$,最主要的是在数学上使用矢量分析时,对一些公式可以方便使用。从物理意义上而言两者并无区别,都可以用于描述旋涡运动。

　　如果流场中各流体微团的旋转角速度都为零,则各质点或流体微团不存在旋转运动,这种流体流动称为无旋运动,或称为无涡流。根据无涡流的定义,有

$$\boldsymbol{\omega} = 0, \quad \omega_x = \omega_y = \omega_z = 0$$

或

$$\boldsymbol{\Omega} = 0, \quad \Omega_x = \Omega_y = \Omega_z = 0 \tag{9-19}$$

亦即

$$\begin{cases} \omega_x = \dfrac{1}{2}\left(\dfrac{\partial u_z}{\partial y} - \dfrac{\partial u_y}{\partial z}\right) = 0 & \text{或} \quad \dfrac{\partial u_z}{\partial y} = \dfrac{\partial u_y}{\partial z} \\[2mm] \omega_y = \dfrac{1}{2}\left(\dfrac{\partial u_x}{\partial z} - \dfrac{\partial u_z}{\partial x}\right) = 0 & \text{或} \quad \dfrac{\partial u_x}{\partial z} = \dfrac{\partial u_z}{\partial x} \\[2mm] \omega_z = \dfrac{1}{2}\left(\dfrac{\partial u_y}{\partial x} - \dfrac{\partial u_x}{\partial y}\right) = 0 & \text{或} \quad \dfrac{\partial u_y}{\partial x} = \dfrac{\partial u_x}{\partial y} \end{cases} \tag{9-20}$$

　　需要指出的是,流动是否为有涡流,依据流体微团本身是否旋转而定,或者说流体质点是否绕其自身瞬时轴旋转,而并不在乎该微团或质点的轨迹形状。

　　图 9-6(a)中,微团运动轨迹为一圆周,但微团本身并无旋转,故为无涡流。而在图 9-6(b)中,微团的轨迹虽是一直线,但微团本身却在转动,故为有涡流。

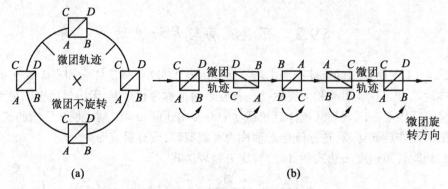

图 9-6  无涡流与有涡流示意图

按照上述定义,在流体流场中可以是一部分流动为无旋的,另一部分流动为有旋的。实际流体由于粘性的作用,一般都是有旋流动。

**例 9.1**  已知平行剪切流动,如图 9-7 所示,流场具有抛物线型的速度分布

$$u_x = \frac{u_0}{h}\left(2y - \frac{y^2}{h}\right); u_y = 0; u_z = 0$$

试问这种流动是否为有旋流动?

**解**  容易验证:$\omega_x = \omega_y = 0$,而

$$\omega_z = \frac{1}{2}\left(\frac{\partial u_y}{\partial x} - \frac{\partial u_x}{\partial y}\right) = -\frac{1}{2}\frac{u_0}{h}\left(2 - 2\frac{y}{h}\right) = \frac{u_0}{h}\left(\frac{y}{h} - 1\right) \neq 0$$

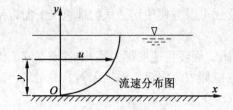

图 9-7  有旋的直线运动示意图

所以该流动为有旋流动。

**例 9.2**  水桶中的水从桶底中心孔流出时,可以观察到桶中的水以通过孔的铅垂轴为中心,作近似的圆周流动,如图 9-8 所示,流速分布近似为 $u = \dfrac{k}{r}$($k$ 为常数),试分析其流动形态。

**解**  由图 9-8 可得

$$u_x = -u\sin\theta = -\frac{k}{r} \cdot \frac{y}{r} = -\frac{ky}{r^2} = \frac{-ky}{x^2 + y^2}$$

$$u_y = u\cos\theta = \frac{k}{r} \cdot \frac{x}{r} = \frac{kx}{x^2 + y^2}$$

由此可得
$$\frac{\partial u_x}{\partial y}=\frac{k(y^2-x^2)}{(x^2+y^2)^2};\ \frac{\partial u_y}{\partial x}=\frac{k(y^2-x^2)}{(x^2+y^2)^2}$$

可见
$$\omega_z=\frac{1}{2}\left(\frac{\partial u_y}{\partial x}-\frac{\partial u_x}{\partial y}\right)=0$$

易验证
$$\omega_x=\omega_y=0$$

所以该流动为无涡流。本题流动中的质点虽作圆周运动,但流体微团并无旋转。

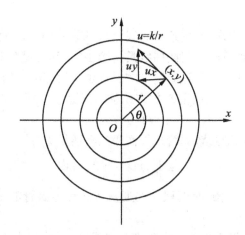

图 9-8  无旋的圆周运动示意图

## §9.3  有涡流动中的几个基本概念

前面已指出有涡流动的流场中处处存在旋转角速度矢量 $\boldsymbol{\omega}$,并且 $\boldsymbol{\omega}\neq0$,如果用欧拉法描述流体运动,则各点的旋转角速度组成一个矢量场,称为速度涡量场。一般来说,涡量场中的旋转角速度 $\boldsymbol{\omega}$ 和涡量 $\boldsymbol{\Omega}$ 都是空间坐标和时间的函数,即

$$\boldsymbol{\omega}=\boldsymbol{\omega}(x,y,z,t)\quad\text{或}\quad\boldsymbol{\Omega}=\boldsymbol{\Omega}(x,y,z,t)$$

将涡量场中的涡量比做流场中的流速,则可以用描述流场相类似的方法来描述涡量场中的与旋转角速度或涡量有关的概念。即类似于流场中的流线、流管、流束和流量,在涡量场中引入涡线、涡管、涡束和涡通量。

首先引进涡线的概念。涡线是在有涡流动中反映瞬时角速度方向的一条曲线,即在任意指定时刻,处于涡线上所有各点的流体质点的旋转角速度方向都与该点的切线方向重合。如图 9-9 所示。涡线的作法与流线的作法相似,同样,与流线类比,可写出涡线方程为

$$\frac{\mathrm{d}x}{\omega_x}=\frac{\mathrm{d}y}{\omega_y}=\frac{\mathrm{d}z}{\omega_z} \tag{9-21}$$

涡线的性质也和流线的性质类似,如在非定常流动中,涡线随时间而变化,不同瞬时会呈现不同的形状,而定常流中涡线的形状保持不变,涡线彼此不能相交、分叉等。涡线方程的求解可以类似于流线方程的求解。

其次引入涡管、涡束的概念。在指定的瞬时,在涡量场中任取一不是涡线的封闭曲线,

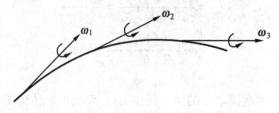

图 9-9　涡线

在该封闭曲线上的每一点作涡线,由这些涡线组成的管状封闭曲面则称为涡管。涡管内的有旋流体称为涡束,因作涡管时的封闭曲线具有微小的特征,则涡束也称为元涡或涡丝。当作涡管时的封闭曲线为有限大时,这时所作的涡管也是为有限大的。

涡束的有效截面面积 $dA$ 和涡量 $\Omega$ 的乘积称为涡通量,并以 $dI$ 表示

$$dI = \Omega dA = 2\omega dA \tag{9-22}$$

对于有限大的涡管,则通过该涡管截面面积的涡通量 $I$ 为

$$I = \iint_A \Omega dA = \iint_A 2\omega dA \tag{9-23}$$

式中,$A$ 为有限大涡管的有效截面面积。涡通量 $I$ 又称为涡管的旋涡强度,也称为涡管强度。

如果所取的涡束或涡管截面不一定垂直于涡量,涡通量的大小应为涡量与涡束或涡管截面的点积,即

$$dI = \Omega \cdot dA = 2\omega \cdot dA \tag{9-24}$$

$$I = \iint_A \Omega \cdot dA = \iint_A 2\omega \cdot dA = \iint_A \Omega_n dA = \iint_A 2\omega_n dA \tag{9-25}$$

式中,$\Omega_n$ 或 $\omega_n$ 为涡量或旋转角速度在涡束或涡管截面法线方向的分量,涡通量 $I$ 为标量。

# §9.4　速度环量、斯托克斯定理

一般来说,流动流体的流速场(包括流速,流量等)很容易通过直接测量获得,而流体的涡动力学特征量,包括涡量、涡通量及旋转角速度是无法直接测得的。由实际观测发现,在有旋流动中流体微团是绕某一核心旋转,涡通量越大,则旋转速度越快,旋转范围也越大。由此可以推知,流体的涡动力学特征量与这个环绕核心的流体流速分布有一定关系,由此引入速度环量的概念。

### 9.4.1　速度环量

在流场中任取一封闭的空间曲线 $L$,如图 9-10 所示。曲线 $L$ 上任一点 $M$ 的速度矢量为 $u$,在点 $M$ 附近沿曲线 $L$ 取一微元线段 $dL$,则定义速度环量 $\Gamma$ 为

$$\Gamma = \oint_L u \cdot dL \tag{9-26}$$

速度环量常简称为环量,若点 $M$ 的速度矢量 $u$ 与该点上沿曲线 $L$ 的切线方向的夹角为 $\alpha$,则

环量亦可以表示为

$$\Gamma = \oint_L u\cos\alpha\,\mathrm{d}L = \oint_L (u_x\mathrm{d}x + u_y\mathrm{d}y + u_z\mathrm{d}z) \tag{9-27}$$

式中，$u_x$、$u_y$、$u_z$ 和 dx、dy、dz 分别为速度 $\boldsymbol{u}$ 及微元线段 dL 在 x、y、z 方向上的投影。

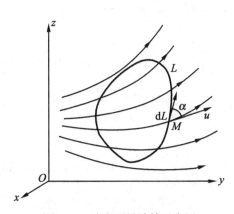

图 9-10　速度环量计算示意图

　　环量 $\Gamma$ 是标量，环量的数值大小取决于流速场和所选取封闭曲线（积分曲线），环量的正负取决于沿流线积分的绕行方向是否和流速方向一致。为统一起见，沿曲线积分的方向由右手螺旋法则来确定，右手大拇指的方向指向以 L 为边界曲面的外法线方向，弯曲的四指所指的方向为沿 L 的积分方向。如图 9-10 所示，如果以 L 为边界的曲面的外法线方向向上，则沿 L 的积分方向为逆时针方向。

　　对于非定常流动，环量是时间的函数；对于定常流动，给定封闭曲线的环量为常数。

　　按照速度环量的定义，无论曲线是否封闭，均可以求其环量值。如在流场中，对于沿 A 到 B 的一段任意非封闭曲线，这时环量为

$$\Gamma = \int_A^B \boldsymbol{u}\cdot\mathrm{d}\boldsymbol{L} = \int_A^B u\cos\alpha\,\mathrm{d}L \tag{9-28}$$

不过在实际运用中我们所求的大多是沿封闭曲线的环量。

　　速度环量的概念在流体力学中具有重要地位。用速度环量描述旋涡场十分方便，这一点在后述的内容中将可以体会到。

### 9.4.2　斯托克斯定理

　　前面已经介绍了旋涡强度与速度环量这两个重要的基本概念，旋涡强度与速度环量之间的关系可以由著名的斯托克斯定理来阐明。

　　**斯托克斯(Stokes)定理**　沿包围单连通区域的有限封闭曲线的速度环量，等于穿过该单连通区域的旋涡强度（涡通量）。

　　下面就几种情况来证明斯托克斯定理。

　　1.平面上微小封闭周线的斯托克斯定理

　　在旋涡连续分布的流体中，任取一微小矩形 ABCD，如图 9-11 所示，其边长为 dx 和 dy，分别平行于 Ox、Oy 坐标轴。设 $u_x$、$u_y$ 为 A 点的速度在 x、y 方向上的投影，根据泰勒级数展

开,并略去高阶无穷小量,就可以得到 $B,C,D$ 各点的速度在 $x$、$y$ 方向上的分量,如图 9-11 所示。沿微小矩形周线 $ABCDA$ 的环量 $\mathrm{d}\Gamma$ 应等于矩形上每一段边线环量之和。根据环量的定义,沿每一段边线的环量可以用该边线上起点速度和终点速度的平均值与边线长度之积来表示。下面就从 $A$ 点开始,沿逆时针方向计算该微小矩形周线的速度环量,

$$\mathrm{d}\Gamma = \mathrm{d}\Gamma_{ABCDA} = \mathrm{d}\Gamma_{AB} + \mathrm{d}\Gamma_{BC} + \mathrm{d}\Gamma_{CD} + \mathrm{d}\Gamma_{DA} \tag{9-29}$$

式中

$$\mathrm{d}\Gamma_{AB} = \frac{1}{2}\left[u_x + \left(u_x + \frac{\partial u_x}{\partial x}\mathrm{d}x\right)\right]\mathrm{d}x \qquad \mathrm{d}\Gamma_{BC} = \frac{1}{2}\left[\left(u_y + \frac{\partial u_y}{\partial x}\mathrm{d}x\right) + \left(u_y + \frac{\partial u_y}{\partial x}\mathrm{d}x + \frac{\partial u_y}{\partial y}\mathrm{d}y\right)\right]\mathrm{d}y$$

$$\mathrm{d}\Gamma_{CD} = -\frac{1}{2}\left[\left(u_x + \frac{\partial u_x}{\partial x}\mathrm{d}x + \frac{\partial u_x}{\partial y}\mathrm{d}y\right) + \left(u_x + \frac{\partial u_x}{\partial y}\mathrm{d}y\right)\right]\mathrm{d}x \qquad \mathrm{d}\Gamma_{DA} = -\frac{1}{2}\left[\left(u_y + \frac{\partial u_y}{\partial y}\mathrm{d}y\right) + u_y\right]\mathrm{d}y$$

代入式(9-29)得

$$\mathrm{d}\Gamma = \mathrm{d}\Gamma_{ABCDA} = \left(\frac{\partial u_y}{\partial x} - \frac{\partial u_x}{\partial y}\right)\mathrm{d}x\mathrm{d}y = 2\omega_z\mathrm{d}A_z = \Omega_z\mathrm{d}A_z = \mathrm{d}I \tag{9-30}$$

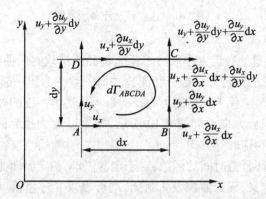

图 9-11 平面上微小周线上的斯托克斯定理推证示意图

式中,$\mathrm{d}A_z = \mathrm{d}x\mathrm{d}y$ 为微小矩形的面积,$\mathrm{d}I$ 为涡通量。将上述结果推广到空间任意方位的微小封闭周线区域,则有

$$\mathrm{d}\Gamma = 2\omega_n\mathrm{d}A = \Omega_n\mathrm{d}A = \mathrm{d}I \tag{9-31}$$

式中,$\mathrm{d}A$ 为空间任意方位的微小矩形面积,$\omega_n$ 和 $\Omega_n$ 为旋转角速度和涡量在 $\mathrm{d}A$ 法线方向上的投影。

由此证明了沿平面微小封闭周线的速度环量等于通过该周线所包围的面积的涡通量,即对于平面微小封闭周线的斯托克斯定理是成立的,也说明斯托克斯定理可以用于平面微小封闭周线所围的区域。

2.平面上任意封闭曲线的斯托克斯定理

下面将平面上微小封闭曲线的斯托克斯定理推广到平面上有限大小的任意封闭曲线 $L$ 所围成的区域中去。为此,我们将曲线 $L$ 所围成的面积用分别平行于 $Ox$ 轴、$Oy$ 轴的两组互相垂直的直线分割成 $m$ 个微小矩形,如图 9-12 所示。对于每一个微小矩形周线均有

$$\mathrm{d}\Gamma_i = 2\omega_{ni}\mathrm{d}A_i = \Omega_{ni}\mathrm{d}A_i = \mathrm{d}I_i \tag{9-32}$$

将所有沿微小矩形周线上的速度环量相加得

$$\sum_{i=1}^{m} \mathrm{d}\varGamma_i = \sum_{i=1}^{m} 2\omega_{ni}\mathrm{d}A_i \tag{9-33}$$

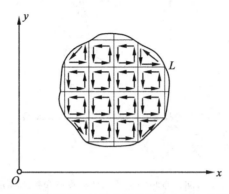

图 9-12　任意有限平面上封闭曲线的斯托克斯定理推证示意图

从图 9-12 可以看出,在封闭曲线 $L$ 区域的内部,当绕每一个微小矩形的周线按照逆时针计算环量 $\mathrm{d}\varGamma_i$ 时,则对沿位于区域内部的相邻两微小矩形的共同周线部分进行了两次线积分,而两次线积分的方向不同,则其值大小相等而符号相反,在求总和时彼此抵消。只有沿位于封闭曲线 $L$ 上的微小矩形周线上的线积分还存在。因此,上述所有沿微小矩形周线上的速度环量的总和等于沿封闭曲线 $L$ 的积分,当微小矩形数 $m$ 无限多时,亦即矩形无限细分时,有

$$\lim_{m \to \infty} \sum_{i=1}^{m} \mathrm{d}\varGamma_i = \sum \mathrm{d}\varGamma_{\text{外边界}} = \oint_L \boldsymbol{u} \cdot \mathrm{d}\boldsymbol{L} = \varGamma_L \tag{9-34}$$

而

$$\lim_{m \to \infty} \sum_{i=1}^{m} 2\omega_{ni}\mathrm{d}A_i = \iint_A 2\omega_n \mathrm{d}A = I \tag{9-35}$$

将式(9-34)、式(9-35)代入式(9-33),得

$$\varGamma_L = \oint_L \boldsymbol{u} \cdot \mathrm{d}\boldsymbol{L} = \iint_A 2\omega_n \mathrm{d}A = I \tag{9-36}$$

这就是平面上有限大小的任意封闭曲线区域的斯托克斯定理。即沿平面上有限大小的任意封闭曲线 $L$ 的速度环量等于通过该周线 $L$ 所包围区域的涡通量,即旋涡强度。

3.空间任意曲面上任意封闭曲线的斯托克斯定理

现将上述结论推广到空间任意曲面上任意封闭曲线 $L$ 的区域中去,如图 9-13 所示。为此对任意封闭曲线 $L$ 所围成的任意曲面 $A$,用两组相互正交的曲线将空间曲面 $A$ 分割成无数的微小曲面面积 $\mathrm{d}A$,每个微小曲面都为矩形,可以近似视为平面,根据式(9-31)有

$$\mathrm{d}\varGamma = 2\omega_n \mathrm{d}A = \varOmega_n \mathrm{d}A = \mathrm{d}I$$

式中,$\omega_n$ 为旋转角速度矢量在微小曲面 $\mathrm{d}A$ 法线方向上的投影。类似于平面上任意封闭曲线斯托克斯定理的证明过程,将任意封闭曲线 $L$ 内无限多微小矩形周线上的速度环量叠加起来,由于两相邻微小面积共同周线上的速度线积分由于大小相等,方向相反而相互抵消,只剩下沿封闭曲线 $L$ 的速度环量,即有

$$\varGamma_L = \oint_L \boldsymbol{u} \cdot \mathrm{d}\boldsymbol{L} = \iint_A 2\omega_n \mathrm{d}A = I \tag{9-37}$$

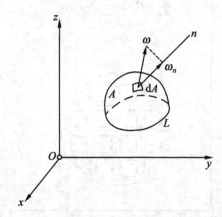

图 9-13　空间任意封闭曲线的斯托克斯定理推证示意图

　　这就是空间任意封闭曲线的斯托克斯定理。同样表明,沿空间任意曲面上任意封闭曲线 $L$ 的速度环量等于通过以该曲线为周界的任意开口曲面的涡通量,即旋涡强度。

　　需要指出的是,以上给出的几种情况下斯托克斯定理只对单连通区域或单连通空间适用。所谓单连通区域是指这样的区域,在该区域内任意一条封闭曲线可以连续地收缩到一点,而不越出该区域的范围外,反之,不满足这个条件的就是复连通区域。对于复连通区域问题则可以通过一些变换将复连通区域问题转化为单连通区域问题来处理,或者说单连通区域条件下的斯托克斯定理,通过变换和调整可以应用于复连通区域问题。

　　如图 9-14 为流场中存在有一二元物体(翼型)。作一周线 $L$ 包围这个二元翼型,就 $L$ 所包围的整个区域来说这是一个复连通区域,分别存在外边界 $L$ 和内边界 $L'$。如果我们将这一区域在 $AB$ 处切开,该复连通区域就可以转变为单连通区域,就可以应用适用于单连通区域的斯托克斯定理

$$\Gamma_{ABCB'A'EA} = \iint_s 2\omega_n \mathrm{d}s = \iint_s \Omega_n \mathrm{d}s \tag{9-38}$$

式(9-38)中的 $s$ 为物体表面 $AEA$ 与围线 $BCB$ 所包围的面积。针对图 9-14 所示情况,速度环量有

$$\Gamma_{ABCB'A'EA} = \Gamma_{AB} + \Gamma_{BCB'} + \Gamma_{B'A'} + \Gamma_{A'EA} \tag{9-39}$$

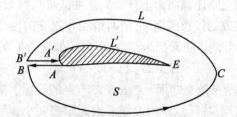

图 9-14　复连通域的斯托克斯定理推证示意图

　　其中 $\overline{AB}$ 和 $\overline{B'A'}$ 为方向不同、无限接近的两条路径,则有 $\Gamma_{AB} = -\Gamma_{B'A'}$;将积分路径 $\overline{A'EA}$ 的积

分方向变为 $\overline{AEA'}$ 的积分方向,则有 $\Gamma_{A'EA} = -\Gamma_{AEA'}$,这时式(9-39)可以写成

$$\Gamma_{ABCB'A'EA} = \Gamma_{BCB'} - \Gamma_{AEA'} = \Gamma_L - \Gamma_{L'}$$

代入式(9-38)得

$$\Gamma_L - \Gamma_{L'} = \iint_s 2\omega_n \mathrm{d}s = \iint_s \Omega_n \mathrm{d}s \qquad (9\text{-}40)$$

式(9-40)为复连通区域的斯托克斯定理表达式。此时说明,对于复连通区域,沿外边界速度环量减去沿内边界的速度环量,等于通过内外两边界所包围的面积的涡通量,即旋涡强度。

到此为止,我们全面证明了斯托克斯定理。根据斯托克斯定理,可以得出以下推论:

(1)沿包围旋涡在内的任意封闭曲线 $L$ 的环量 $\Gamma$ 等于该旋涡的旋涡强度 $I$,如图 9-15(a)所示。

(2)沿不包括旋涡在内的任意封闭曲线 $L$ 的环量 $\Gamma$ 等于零,如图 9-15(b)所示。

(3)沿包括若干个旋涡在内的任意封闭曲线 $L$ 的环量 $\Gamma$ 等于这些旋涡的旋涡强度之和。如图 9-15(c)所示。即

$$\Gamma = \Gamma_1 + \Gamma_2 + \cdots + \Gamma_n \qquad (9\text{-}41)$$

式中,$\Gamma_1,\Gamma_2,\cdots,\Gamma_n$ 分别为各旋涡的强度。

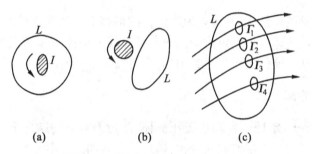

图 9-15  斯托克斯定理推论示意图

从上述分析可知,涡量和环量都可以表征旋涡的强度。但是,在大多数场合,用环量来研究旋涡运动会更方便,主要原因如下:

(1)在速度环量的表达式中只含有速度矢量本身,而速度分布一般可以直接用仪器测量获得,一旦知道速度分布便可以求出环量。而在涡量的表达式中含有速度的偏导数,要求出这些偏导数值,就要求速度测量精度较高,即测量点必须布置得很密。这样,测量工作量会增加很多而计算精度增加有限。

(2)环量的计算形式比涡量的计算形式简单。因为前者为线积分,被积函数为速度矢量本身,后者是面积分,被积函数是速度的偏导数,所以用环量来研究旋涡运动比采用涡量简单。

**例 9.3**  已知柱坐标表示的流场速度分布为 $u = Bre_\theta$,其中 $B$ 为常数。试求:

(1)半径为 $a$ 的周线上的速度环量;

(2)通过半径为 $a$ 的圆平面上的涡通量。

**解** （1）根据速度环量的定义　$\Gamma = \oint_L \boldsymbol{u} \cdot \mathrm{d}\boldsymbol{L} = \int_0^{2\pi} Ba^2 \mathrm{d}\theta = 2\pi Ba^2$

（2）根据涡通量的定义　　　　　$I = \int_A \boldsymbol{\Omega} \cdot \boldsymbol{n} \mathrm{d}A$

由柱面坐标表示的流场速度分布,得直角坐标表示的速度分量为

$$u_x = -u\sin\theta = -By$$
$$u_y = u\cos\theta = Bx$$

则得相应的涡量场为　　　　$\boldsymbol{\Omega} = \Omega_z \boldsymbol{e}_z = \left( \dfrac{\partial u_y}{\partial x} - \dfrac{\partial u_x}{\partial y} \right) \boldsymbol{e}_z = 2B\boldsymbol{e}_z$

所以通过半径为 $a$ 的圆平面上的涡通量为

$$I = \int \boldsymbol{\Omega} \cdot \boldsymbol{n} \mathrm{d}A = \int_0^{2\pi} \int_0^a 2B\boldsymbol{e}_z \cdot \boldsymbol{e}_z r \mathrm{d}r \mathrm{d}\theta = 2\pi Ba^2$$

$I = \Gamma$,由此再一次证明了绕周线一圈的环量等于通过该曲线所张成的任意曲面 $A$ 的涡通量。

## §9.5　汤姆逊定理、亥姆霍兹旋涡定理

前面几节介绍了描述旋涡运动的一些物理量,本节将讨论有关旋涡的一些运动学和动力学的规律。

在介绍旋涡运动的特性之前,首先说明流体线的概念。所谓流体线是指在流体运动过程中始终由许多相同流体质点所组成的曲线。流体线不但随流体质点的运动而移动,而且还将改变其几何形状。流体线可以是封闭的,也可以是不封闭的。

### 9.5.1　汤姆逊定理

**汤姆逊( Thomson) 定理**　在理想正压流体、质量力有势的条件下,沿封闭流体线的速度环量在整个运动过程中不随时间而变化,即环量在运动过程中守恒。用数学式表示为

$$\frac{\mathrm{d}\Gamma}{\mathrm{d}t} = 0 \tag{9-42}$$

这就是汤姆逊定理,也称为环量对时间的守恒定理。为对汤姆逊定理进行证明,首先证明一个引理。

**引理**　沿封闭流体线的速度环量的随体导数等于沿同一流体线的加速度环量。

**证**　如图 9-16 所示,在 $t$ 时刻沿流场中任一封闭流体线 $L$ 的速度环量为

$$\Gamma = \oint_L \boldsymbol{u} \cdot \delta\boldsymbol{L} \tag{9-43}$$

式中,$\delta\boldsymbol{L}$ 为沿流体线所取的微分长度。为有所区别,符号 $\delta$ 表示对空间的微分,此处微分符号 d 表示对时间的微分。现将速度环量 $\Gamma$ 对时间求导数,有

$$\frac{\mathrm{d}\Gamma}{\mathrm{d}t} = \frac{\mathrm{d}}{\mathrm{d}t} \oint_L \boldsymbol{u} \cdot \delta\boldsymbol{L} = \oint_L \frac{\mathrm{d}}{\mathrm{d}t}(\boldsymbol{u} \cdot \delta\boldsymbol{L}) = \oint_L \frac{\mathrm{d}\boldsymbol{u}}{\mathrm{d}t} \cdot \delta\boldsymbol{L} + \oint_L \boldsymbol{u} \cdot \frac{\mathrm{d}\delta\boldsymbol{L}}{\mathrm{d}t} \tag{9-44}$$

式(9-44) 右边第一项是由于速度的变化引起的;第二项是由于封闭曲线的形状变化所引起的。现对第二项进行分析。

在该流体线 $L$ 上取一微元段 $\delta\boldsymbol{L}$,已知该微元段起点 $a$ 的流速为 $\boldsymbol{u}$,终点 $b$ 的流速为 $\boldsymbol{u} +$

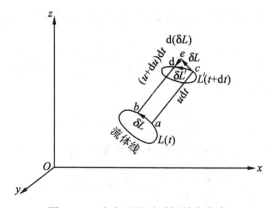

图 9-16 速度环量对时间的变化率

d$\boldsymbol{u}$。经过微小时段 d$t$ 后,流体线 $L$ 移动到新的位置成为流体线 $L'$,如图 9-16 所示。其中,$a$ 点流体质点以流速 $\boldsymbol{u}$ 运动到 $c$ 点,$b$ 点流体质点以流速 $\boldsymbol{u}+\mathrm{d}\boldsymbol{u}$ 运动到 $d$ 点,原微元段 $\delta L$ 成为 $cd$ 处的新微元段 $\delta L'$。可见,线段 $ac$ 的长度为 $\boldsymbol{u}\mathrm{d}t$,线段 $bd$ 的长度为 $(\boldsymbol{u}+\mathrm{d}\boldsymbol{u})\mathrm{d}t$。从图 9-16 中可见有下列关系

$$\boldsymbol{u}\mathrm{d}t + \delta\boldsymbol{L}' = \delta\boldsymbol{L} + (\boldsymbol{u}+\mathrm{d}\boldsymbol{u})\mathrm{d}t \tag{9-45}$$

根据矢量规则,有

$$\mathrm{d}(\delta\boldsymbol{L}) = \delta\boldsymbol{L}' - \delta\boldsymbol{L} \tag{9-46}$$

由式(9-45)、式(9-46)可得

$$\frac{\mathrm{d}(\delta\boldsymbol{L})}{\mathrm{d}t} = \frac{\delta\boldsymbol{L}' - \delta\boldsymbol{L}}{\mathrm{d}t} = \mathrm{d}\boldsymbol{u} \tag{9-47}$$

所以

$$\boldsymbol{u}\cdot\frac{\mathrm{d}(\delta\boldsymbol{L})}{\mathrm{d}t} = \boldsymbol{u}\cdot\mathrm{d}\boldsymbol{u} = \mathrm{d}\left(\frac{u^2}{2}\right) \tag{9-48}$$

由于 $\boldsymbol{u}$ 为空间点的单值函数,则由式(9-44)中第二项有

$$\oint_L \boldsymbol{u}\cdot\frac{\mathrm{d}(\delta\boldsymbol{L})}{\mathrm{d}t} = \oint_L \mathrm{d}\left(\frac{u^2}{2}\right) = 0 \tag{9-49}$$

于是式(9-44)简化为

$$\frac{\mathrm{d}\varGamma}{\mathrm{d}t} = \oint_L \frac{\mathrm{d}\boldsymbol{u}}{\mathrm{d}t}\cdot\delta\boldsymbol{L} \tag{9-50}$$

即证得引理:沿封闭流体线的速度环量的随体导数等于沿该封闭流体线的加速度环量。

现证明汤姆逊定理。

**证** 假定流动为理想流体的情况,根据理想流体的欧拉运动微分方程(3-42),有

$$\boldsymbol{f} - \frac{1}{\rho}\nabla p = \frac{\mathrm{d}\boldsymbol{u}}{\mathrm{d}t}$$

两边同时对封闭曲线 $L$ 作曲线积分,并考虑式(9-50),则有

$$\frac{\mathrm{d}\varGamma}{\mathrm{d}t} = \oint_L \left(\boldsymbol{f} - \frac{1}{\rho}\nabla p\right)\cdot\delta\boldsymbol{L} = \oint_L \left(\boldsymbol{f}\cdot\delta\boldsymbol{L} - \frac{1}{\rho}\nabla p\cdot\delta\boldsymbol{L}\right) \tag{9-51}$$

由于假定质量力有势,则存在力势函数 $W$,式(9-51)右边第一项可以写成

$$\oint_L \boldsymbol{f}\cdot\delta\boldsymbol{L} = \oint_L \left(\frac{\partial W}{\partial x}\delta x + \frac{\partial W}{\partial y}\delta y + \frac{\partial W}{\partial z}\delta z\right) = \oint_L \delta W = 0 \tag{9-52}$$

又由于假定流体正压,则密度仅为压强的函数,定义压力函数 $P = \int \dfrac{\mathrm{d}p}{\rho}$,对 $P$ 微分,有

$$\delta P = \frac{\delta p}{\rho} = \frac{1}{\rho} \nabla p \cdot \delta \boldsymbol{L} \tag{9-53}$$

则式(9-51)右边第二项可以写成

$$\oint_L \frac{1}{\rho} \nabla p \cdot \delta \boldsymbol{L} = \oint_L \delta P \tag{9-54}$$

代入式(9-51),并且势函数 $W$ 和压力函数 $P$ 均为单值函数,则有

$$\frac{\mathrm{d}\Gamma}{\mathrm{d}t} = \oint_L \left( \boldsymbol{f} - \frac{1}{\rho} \nabla p \right) \cdot \delta \boldsymbol{L} = \oint_L (\delta W - \delta P) = 0 \tag{9-55}$$

亦即
$$\Gamma = C$$

即速度环量在运动过程中守恒。至此,汤姆逊定理得到了证明。

上述这个结论是在有势的质量力作用下的理想正压流体中推导出来的。汤姆逊定理说明:假定流体中沿某一任意封闭流体线的环量恒有 $\Gamma \neq 0$,根据斯托克斯定理,在封闭流体线内涡旋强度恒有 $I \neq 0$,并等于环量 $\Gamma$,这说明流体中永远存在旋涡,或永远有旋。反之,这种流体中,假定环量恒有 $\Gamma = 0$,则说明永远不存在旋涡,或永远无旋。由此得出汤姆逊定理的一个重要推论——拉格朗日定理:

**拉格朗日(Lagrange)定理**　在有势的质量力作用下的理想正压流体中,若在某一时刻某一部分的流体没有旋涡,则在以前或以后的任一时刻,该部分的流体将永远不会有旋涡;相反,若在某一时刻某一部分的流体有旋涡,则在以前或以后的任一时刻,该部分的流体将永远有旋涡。

拉格朗日定理也称为旋涡不生不灭定理。这个定理可以用于判断某种流动是有旋或无旋的。例如,对于某种流动,已知初始时刻的流动是无旋的,如果流体是理想、正压且质量力有势的,那么这种流动将永远是无旋的。如果流动初始时是有旋的,则这种流体的流动永远是有旋的。

需要注意的是,根据汤姆逊定理,对某种理想、正压且质量力有势的流体,如果是从静止状态开始运动,由于在静止时流场中每一条封闭周线的速度环量都等于零,即没有旋涡,那么在以后的流动中环量仍然等于零,也没有旋涡。然而,也可能有另一种情况,即这种流体从静止开始流动后,由于某种原因在某瞬间使流场中产生了旋涡,也有了速度环量,但根据汤姆逊定理,在此同一瞬时必然会产生一个与该环量大小相等且方向相反的旋涡,以保持流场的总环量等于零。

由于只限定了流体是正压的,所以汤姆逊定理对于不可压缩流体和可压缩流体都适用。

### 9.5.2　亥姆霍兹定理

1.亥姆霍兹第一定理

**亥姆霍兹(Helmholtz)第一定理**　在同一瞬时,涡管各截面上的涡旋强度都相同。写成数学表达式,即

$$\iint_{A_1} \Omega_{1n} \mathrm{d}A = \iint_{A_2} \Omega_{2n} \mathrm{d}A \tag{9-56}$$

**证**　设在任意时刻 $t$，在涡量场内任取一涡管。假定 $A_1$、$A_2$ 为该时刻在同一涡管上任取的两个截面，如图 9-17 所示。在涡管截面 $A_1$ 的管壁处取封闭曲线 $L$，沿该封闭曲线 $L$ 作速度环量 $\Gamma_L$。封闭曲线 $L$ 张成有两个曲面，一个是涡管截面 $A_1$，另一个是涡管侧表面 $\sigma$ 与涡管截面 $A_2$ 所组成的空间曲面。对封闭曲线 $L$ 所张成的两个曲面分别应用斯托克斯定理。

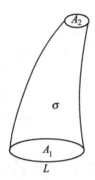

图 9-17　亥姆霍兹第一定理证明示意图

对于涡管截面 $A_1$，通过的旋涡强度等于绕封闭曲线 $L$ 的速度环量 $\Gamma_L$，即

$$\Gamma_L = \iint_{A_1} \Omega_{1n} \, \mathrm{d}A \tag{9-57}$$

对于由涡管侧表面 $\sigma$ 和涡管截面 $A_2$ 所组成的空间曲面，通过的旋涡强度也等于绕封闭曲线 $L$ 的速度环量 $\Gamma_L$，即

$$\Gamma_L = \iint_{\sigma} \Omega_n \, \mathrm{d}A + \iint_{A_2} \Omega_{2n} \, \mathrm{d}A \tag{9-58}$$

显然通过这两个曲面的旋涡强度应当相等。又根据涡管的性质可知，在涡管侧表面 $\sigma$ 上，涡量的方向与侧表面 $\sigma$ 的法线方向垂直，或者说在该表面上无涡量的穿入或穿出，这时有 $\Omega_n = 0$，亦即 $\iint_{\sigma} \Omega_n \, \mathrm{d}A = 0$，即旋涡强度为零。从而

$$\Gamma_L = \iint_{A_1} \Omega_{1n} \, \mathrm{d}A = \iint_{A_2} \Omega_{2n} \, \mathrm{d}A = \mathrm{const} \tag{9-59}$$

由此，亥姆霍兹第一定理就得到了证明。这个定理表明，在任意瞬时，沿涡管速度环量保持不变，旋涡强度保持不变，或者说涡通量保持不变。这是旋涡运动的重要性质之一，这个性质反映了旋涡运动的空间变化规律。

类似于元流和流束，对于给定的微小涡管，环量可以用平均涡量和有效截面面积的乘积来表示，这时式 (9-59) 可以写成

$$\Omega_1 A_1 = \Omega_2 A_2 \tag{9-60}$$

式中，$A_1$、$A_2$ 为涡管的有效截面面积，$\Omega_1$、$\Omega_2$ 为相应有效截面上的平均涡量。从式 (9-60) 可见，在同一时刻，涡管截面面积和平均涡量成反比。即涡管截面面积越小的地方涡量值越大，反之，截面面积越大的地方涡量值越小。

由涡管不同截面的旋涡强度保持不变的性质可知，涡管截面面积不可能无限小，因为这样涡量 $\Omega_n$ 将趋于无穷大；涡管截面面积也不可能为无穷大，因为这样涡管的旋涡强度将为

零。又可以得到结论:涡管不可能在流体中突然中断或消失,也不可能在流体中突然发生。只能起始于边界,终止于边界(刚体壁上或流体的表面上),或形成封闭涡圈。如图 9-18 所示,例如烟圈,或形成闭环,或搭接于固体表面或自由面上,或伸展至无穷远处。另外旋风或龙卷风也是一种一头搭接于地面或水面、另一头伸展至无穷远的旋涡或涡管。

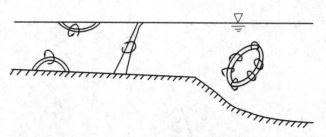

图 9-18    涡管的可能形式示意图

最后需指出,上述讨论的亥姆霍兹第一定理,其性质是纯运动学的,并未涉及流体的物理性质,也就是说,该定理既可以适用理想流体,又可以适用粘性流体;既可以适用可压缩体,又可以适用不可压缩流体,等等。

2.亥姆霍兹第二定理

**亥姆霍兹第二定理**    理想正压流体,在质量力有势的条件下,在某时刻组成一个涡管的流体质点将永远保持为一个涡管。

**证**    如图 9-19 所示,设想时刻 $t$,在一涡管 $T$ 表面上任取一封闭流体线 $L$,则由斯托克斯定理知,沿该封闭流体线 $L$ 的速度环量有

$$\Gamma_L = \oint_L \boldsymbol{u} \cdot \mathrm{d}\boldsymbol{L} = \iint_\sigma \Omega_n \mathrm{d}A$$

由于涡管表面的涡量处处与涡管表面相切,则有 $\Omega_n = 0$,因而沿涡管表面上任取一封闭流体线 $L$ 的速度环量 $\Gamma_L = 0$。式中 $\sigma$ 为涡管 $T$ 表面任一封闭流体线 $L$ 所包围的面积。

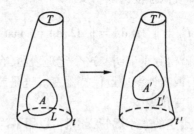

图 9-19    亥姆霍兹第二定理证明示意图

又设在另一时刻 $t'$,原来组成涡管 $T$ 的流体质点移到另一位置形成了新的管形体 $T'$,而原涡管 $T$ 上的封闭流体线 $L$ 在新的管形体 $T'$ 上成为新的封闭流体线 $L'$,所包围的面积 $\sigma'$,如图 9-19 所示。

根据汤姆逊定理,理想正压流体,在质量力有势的条件下,速度环量不随时间变化。那么时刻 $t'$ 沿封闭流体线 $L'$ 的速度环量 $\Gamma_{L'}$ 等于时刻 $t$ 沿封闭流体线 $L$ 的速度环量 $\Gamma_L$,并且

$$\Gamma_{L'} = \Gamma_{L} = 0$$

由斯托克斯定理,得

$$\Gamma_{L'} = \oint_{L'} \boldsymbol{u} \cdot \mathrm{d}\boldsymbol{L} = \iint_{A'} \Omega'_n \mathrm{d}A = 0$$

由于 $\sigma'$ 为管形体 $T'$ 表面上封闭流体线 $L'$ 所包围的面积,并且 $L'$ 以及 $\sigma'$ 是随 $L$ 在管形体 $T'$ 表面上任意选取的,故在管形体 $T'$ 表面上所有各点都有 $\Omega'_n = 0$。根据涡管的定义,新形成的管形体 $T'$ 也应是涡管。

亥姆霍兹第二定理说明,在流体运动过程中,涡管可以变动位置,也可以改变形状,但始终由原来那些流体质点所组成。或者说在理想正压流体,在质量力有势的条件下,涡管将随时间而保持。

### 3. 亥姆霍兹第三定理

**亥姆霍兹第三定理**　理想正压流体,在质量力有势的条件下,流体中任何涡管的涡旋强度不随时间变化,永远保持定值。

**证**　设想某时刻 $t$,在流场中有一涡管,其旋涡强度为 $I$,现任取一包围该涡管的封闭流体线 $L$,如图 9-20 所示。根据斯托克斯定理,沿包围涡管的封闭流体线 $L$ 的速度环量 $\Gamma_L$ 等于旋涡强度 $I$。又设另一时刻 $t'$,流体线随涡管运动到新的位置,形成新的封闭流体线 $L'$,根据汤姆逊定理,该速度环量不随时间而变化,即 $\Gamma_{L'} = \Gamma_L = \mathrm{const}$,又根据斯托克斯定理,沿新封闭流体线 $L'$ 的速度环量 $\Gamma_{L'}$ 等于此时旋涡强度 $I'$,所以有 $I' = \Gamma_{L'} = \Gamma_L = I$。

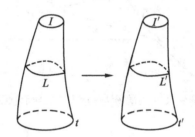

图 9-20　亥姆霍兹第三定理证明示意图

由此证得在理想正压、质量力有势的条件下,流体涡管的旋涡强度将随时间而保持不变。

综上所述,亥姆霍兹第一定理是斯托克斯定理的推论,是运动学问题,亥姆霍兹第一定理既适用于理想流体也适用于粘性流体,而亥姆霍兹第二定理、亥姆霍兹第三定理需要运用汤姆逊定理来证明,所以只适用于理想的正压流体。

对于某种流动,已知进口处的流动是无旋的,如果流体是理想、正压且质量力有势的,那么这种流动在流动区域内永远是无旋的。

## §9.6　旋涡的诱导速度

前面几节从运动学和动力学的角度讨论了旋涡的一些规律,这些规律对于了解旋涡运动的发生和发展,以及对速度与旋涡场之间的关系的了解是非常重要的。因为,在一些实际工程流动中经常有旋涡的出现,这就需要了解旋涡对流动的影响,以及旋涡所引起的对周边区域的诱导速度问题,亦即由旋涡场求流速场的问题。一般来说流速场较容易获得,在流速场的基础上通过简单的计算就可以求得旋涡场;反之,若已知旋涡场要求流速场就比较复杂。本节将不讨论由旋涡场求流速场的一般问题,而是通过其主要结论,讨论实际工程中人们较关注的直线涡束的诱导速度、平面涡层的诱导速度以及平面圆形涡的诱导速度问题。

### 9.6.1　涡束的诱导速度

如图 9-21 所示,在一理想不可压缩流体的流场中,某空间区域 $\tau$ 内存在一旋涡场,已知旋涡场的涡量分布函数 $\boldsymbol{\Omega}(\xi,\eta,\zeta)$。由流体力学知识可以给出由这样的旋涡场所确定的流速场表达式为

$$\boldsymbol{u} = \frac{1}{4\pi} \nabla \times \left( \int_{\tau} \frac{\boldsymbol{\Omega}(\xi,\eta,\zeta)}{r} \right) \mathrm{d}\tau \tag{9-61}$$

式中 $r = \sqrt{(x-\xi)^2 + (y-\eta)^2 + (z-\zeta)^2}$，$\mathrm{d}\tau = \mathrm{d}\xi\mathrm{d}\eta\mathrm{d}\zeta$，$\boldsymbol{u} = \boldsymbol{u}(x,y,z)$ 为旋涡场产生的诱导速度,即图 9-21 中 $P$ 点的速度。

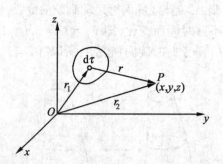

图 9-21　涡量场诱导速度的推导示意图

现将式(9-61)应用于图 9-22 所示的截面积为 $\mathrm{d}A$、长为 $L$ 的一段曲线涡束。涡束的涡量为 $\boldsymbol{\Omega}$,在涡束上取一微元段 $\mathrm{d}L$,其对应的体积 $\mathrm{d}\tau = \mathrm{d}A\mathrm{d}L$，$\mathrm{d}L$ 的方向与 $\boldsymbol{\Omega}$ 的方向一致,于是有

$$\boldsymbol{\Omega}\mathrm{d}\tau = \boldsymbol{\Omega}\mathrm{d}A\mathrm{d}L = \Gamma\mathrm{d}L \tag{9-62}$$

式中,$\Gamma = \boldsymbol{\Omega}\mathrm{d}A$,为该涡束的旋涡强度。对任意一点 $P$ 的涡束诱导速度 $\boldsymbol{u}$,由式(9-61)得

$$\boldsymbol{u} = \frac{1}{4\pi} \nabla \times \left( \int_{L} \frac{\Gamma}{r} \mathrm{d}\boldsymbol{L} \right) \tag{9-63}$$

由亥姆霍兹第一定理可知,涡束的旋涡强度 $\Gamma$ 为常数,在上式中算子 $\nabla$ 是关于 $x$、$y$、$z$ 的微分,而 $\mathrm{d}L$ 是 $\xi$、$\eta$、$\zeta$ 的函数,如图 9-22 所示,式(9-63)可以写成

$$\boldsymbol{u} = \frac{\Gamma}{4\pi} \int_{L} \nabla \frac{1}{r} \times \mathrm{d}\boldsymbol{L} = -\frac{\Gamma}{4\pi} \int_{L} \frac{\boldsymbol{r} \times \mathrm{d}\boldsymbol{L}}{r^3} \tag{9-64}$$

式(9-64)为曲线涡束所产生的诱导速度表达式。其中涡束微元段所产生的诱导速度为

$$\mathrm{d}\boldsymbol{u} = \frac{\Gamma}{4\pi} \frac{\mathrm{d}\boldsymbol{L} \times \boldsymbol{r}}{r^3} \tag{9-65}$$

其模为

$$\mathrm{d}u = \frac{\Gamma}{4\pi} \frac{\sin\theta\mathrm{d}L}{r^2} \tag{9-66}$$

式中,$\theta$ 是 $r$ 与 d$L$ 的夹角,如图9-22所示。式(9-64)是由整个涡束所产生的诱导速度场的计算公式;式(9-65)、式(9-66)是由涡束微元段产生的诱导速度场的计算公式。式(9-66)是诱导速度的模,即大小计算式。这个计算式与电磁学中由电流段所感生的磁场强度的计算式完全一致。式(9-64)也就是著名的比奥 - 萨伐尔(Biot-Savart)定律。

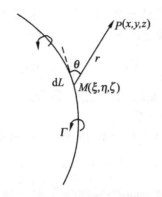

图 9-22　涡束诱导速度的推导示意图

关于诱导速度 d$u$,其大小则与距离 $r$ 的平方成反比,与 d$L$ 以及 $\theta$ 夹角的正弦成正比;根据 d$L$ 与 $r$ 矢量积的原则,其方向按照右手螺旋法则垂直于 d$L$ 与 $r$,即右手四指由 d$L$ 方向转向 $r$ 方向,则大拇指为 d$u$ 方向;或者大拇指为涡束的涡量方向即 d$L$ 方向,其余四指为诱导速度 d$u$ 的方向。

### 9.6.2　直线涡束的诱导速度

设有一直线涡束 $AB$,长度为 $L$,涡旋强度为 $\Gamma$,如图9-23所示,求涡束以外距涡束直线距离为 $h$ 的一点 $M$ 处的诱导速度。

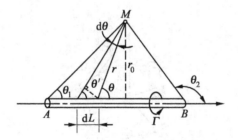

图 9-23　直线涡束诱导速度的推导示意图

在涡束上取一微元段 d$L$,d$L$ 在 $M$ 点处产生的诱导速度,根据(9-66)式,即

$$du = \frac{\Gamma}{4\pi}\frac{\sin\theta dL}{r^2}$$

式中,$r$ 为微元段 d$L$ 距 $M$ 点的距离,$\theta$ 为线段 $r$ 与直线涡束 $AB$ 之间的夹角。

现要求整根涡束 $AB$ 在 $M$ 点处的诱导速度,即将上式沿涡束从 $A$ 到 $B$ 积分。即

$$u = \frac{\Gamma}{4\pi} \int_L \frac{\sin\theta \mathrm{d}L}{r^2} \qquad (9\text{-}67)$$

从图 9-23 中的几何关系可以看出

$$\frac{r\mathrm{d}\theta}{\mathrm{d}L} = \sin\theta' \approx \sin\theta, \quad \sin\theta = \frac{r_0}{r}$$

将以上两式代入式(9-67)，这时积分元为 $\mathrm{d}\theta$，积分上、下限为 $A$ 点的 $MA$ 连线与涡束之间的夹角 $\theta_1$ 和 $B$ 点的 $MB$ 连线与涡束之间的夹角 $\theta_2$，并且积分得

$$u = \frac{\Gamma}{4\pi r_0} \int_{\theta_1}^{\theta_2} \sin\theta \mathrm{d}\theta = \frac{\Gamma}{4\pi r_0} (\cos\theta_2 - \cos\theta_1) \qquad (9\text{-}68)$$

式(9-68)为直线涡束 $AB$ 对 $M$ 点处的诱导速度计算公式。

下面讨论两种特殊情况：

（1）若涡束为无限长，则 $\theta_1 = 0$、$\theta_2 = \pi$，由式(9-68)可得 $M$ 点诱导速度的大小为

$$u = \frac{\Gamma}{2\pi r_0} \qquad (9\text{-}69)$$

式(9-69)说明距离涡束为 $r_0$ 的各点处诱导速度都相等。诱导流动发生在与涡束垂直的平面内，且所有平面上的流动完全相同。无限长涡束在任意一个平面上都表现为一个点涡，因此式(9-69)也就是平面点涡的速度表达式。

（2）若涡束为半无限长，这相当于 $\theta_1 = \dfrac{\pi}{2}$、$\theta_2 = \pi$，代入式(9-68)可得

$$u = \frac{\Gamma}{4\pi r_0} \qquad (9\text{-}70)$$

式(9-70)说明，半无限长涡束对空间一点的诱导速度，恰好等于无限长涡束对空间一点的诱导速度的一半。

**例 9.4** 如图 9-24 所示，已知半径为 $a$，强度为 $\Gamma$ 的涡环，试求过圆心对称轴线上的诱导速度分布。

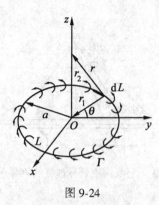

图 9-24

**解** 图 9-24 中的 $Oz$ 轴即为过涡环圆心的对称轴线。根据任意涡线的诱导速度公式(9-64)，可得对称轴线上的速度分布为

$$u = -\frac{\Gamma}{4\pi} \int_L \frac{r \times \mathrm{d}L}{r^3}$$

考虑到 $r = r_1 + r_2, r = \sqrt{a^2 + z^2}$,因而

$$\boldsymbol{u} = -\frac{\Gamma}{4\pi}\int_L \frac{\boldsymbol{r} \times \mathrm{d}\boldsymbol{L}}{r^3} = -\frac{\Gamma}{4\pi}\int_L \frac{\boldsymbol{r}_1 \times \mathrm{d}\boldsymbol{L}}{r^3} - \frac{\Gamma}{4\pi}\int_L \frac{\boldsymbol{r}_2 \times \mathrm{d}\boldsymbol{L}}{r^3}$$

$$= \frac{\Gamma}{4\pi}\int_0^{2\pi} \frac{a \cdot a\mathrm{d}\theta}{r^3}\boldsymbol{k} + \frac{\Gamma}{4\pi}\int_0^{2\pi} \frac{z \cdot a\mathrm{d}\theta}{r^3}(\cos\theta\boldsymbol{i} + \sin\theta\boldsymbol{j})$$

$$= \frac{\Gamma}{4\pi}\frac{2\pi a^2}{r^3}\boldsymbol{k} = \frac{\Gamma a^2}{2(a^2 + z^2)^{3/2}}\boldsymbol{k}$$

这就是涡环在对称轴线上的诱导速度。环量的方向如图 9-24 所示,轴线上的速度方向为 $Oz$ 轴方向。

**例 9.5**　$xOy$ 平面上有如图 9-25(a)(b)所示的一对点涡,试分别决定它们的运动规律。

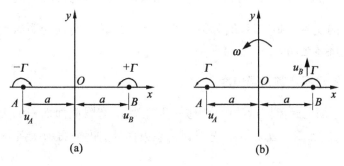

图 9-25　一对点涡

**解**　(1)对于如图 9-25(a)所示的点涡,$A$ 点受 $B$ 点处强度为 $+\Gamma$ 的点涡影响,所产生的诱导速度的大小可以由式(9-69)确定,方向按右手螺旋法则确定,即

$$u_{Ax} = 0, \quad u_{Ay} = -\frac{\Gamma}{4\pi a}$$

$B$ 点受 $A$ 点处强度为 $-\Gamma$ 的点涡影响,所产生的诱导速度的大小可以由式(9-69)确定,可以按右手螺旋法则确定方向,即

$$u_{Bx} = 0, \quad u_{By} = -\frac{\Gamma}{4\pi a}$$

可见图 9-25 所示的两个强度相同、旋转方向相反的点涡,都使对方产生沿负 $Oy$ 轴方向的诱导速度,相互作用的结果是两个点涡以同样速度向下运动(即向负 $Oy$ 轴方向运动)。

(2)对于如图 9-25(b)所示的点涡,$A$ 点受 $B$ 点处强度为 $+\Gamma$ 的点涡影响,所产生的诱导速度的大小可以由式(9-69)确定,可以按右手螺旋法则确定方向,即

$$u_{Ax} = 0, \quad u_{Ay} = -\frac{\Gamma}{4\pi a}$$

$B$ 点受 $A$ 点处强度为 $+\Gamma$ 的点涡影响,所产生的诱导速度的大小可以由式(9-69)确定,可以按右手螺旋法则确定方向,即

$$u_{Bx} = 0, \quad u_{By} = \frac{\Gamma}{4\pi a}$$

可见图 9-25 所示的两个强度相同、旋转方向相同的点涡,都使对方产生两个相反的诱

导速度,即一个沿负 $Oy$ 轴方向,另一个沿正 $Oy$ 轴方向,相互作用的结果是两个点涡围绕连接线中心点 $O$ 作逆时针运动,旋转角速度为

$$\omega = \frac{u}{a} = \frac{\Gamma}{4\pi a^2}。$$

总的来说,两个强度大小相等,旋转方向相反的点涡,其相互作用的结果是在流体中以同样的速度 $u = \dfrac{\Gamma}{4\pi a}$ 作直线运动,其运动方向垂直于旋涡 $A$ 和 $B$ 的中心点的连线,所以又称为涡偶。如果两个点涡的旋转方向均向内,则同向下运动(即负 $Oy$ 轴方向);如果两个点涡的旋转方向均向外,则同向上运动(即正 $Oy$ 轴方向)。

两个强度大小相等,旋转方向相同的点涡,其相互作用的结果是在流体中以旋转角速度 $\omega = \dfrac{\Gamma}{4\pi a^2}$ 作围绕连接线中心点 $O$ 的旋转运动。如果两个点涡的旋转方向均为逆时针方向,则作绕中心点 $O$ 的逆时针旋转运动;如果两个点涡的旋转方向均为顺时针方向,则作绕中心点 $O$ 的顺时针旋转运动。

### 9.6.3 平面圆形涡及其诱导速度

在均质不可压缩无旋流体运动中,考虑一半径为 $r_0$ 有限截面面积的无限长涡束,其旋转角速度 $\omega$ 为常量,如图 9-26 所示。分析讨论涡束内外速度分布和压强分布。

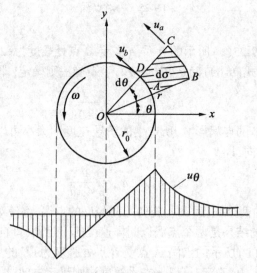

图 9-26 朗肯(Rankina)组合涡示意图

该流动可以看做为在 $xOy$ 平面上半径为 $r_0$ 的圆形旋涡。这是一个涡量 $\Omega = 2\omega$,并在涡束内均匀分布的强迫涡。涡束内的速度分布为 $u_\theta = \omega r, u_r = 0$;旋涡边界上的速度分布为 $u_b = \omega r_0$;绕旋涡边界的环量 $\Gamma = 2\pi r_0 u_b = 2\pi \omega r_0^2$;由斯托克斯定理,旋涡强度 $I = \Gamma = \text{const}$。

在圆形涡外部取一包括圆形涡边界在内的微元面积 $\mathrm{d}A$,如图 9-26 所示。由于旋涡外为无旋流动,沿 $\mathrm{d}A$ 周线 $ABCD$ 的环量为零,即

$$\mathrm{d}\Gamma = r u_\theta \mathrm{d}\theta - u_b r_0 \mathrm{d}\theta = 0$$

由此得到圆形涡之外由圆形涡产生的诱导速度分布为

$$u_\theta = \frac{u_b r_0}{r} = \frac{\omega r_0^2}{r} = \frac{\Gamma}{2\pi r} \tag{9-71}$$

可见圆形涡外部诱导速度的大小与半径 $r$ 成反比,即 $r$ 越小,$u_\theta$ 越大;$r$ 越大,$u_\theta$ 越小;当 $r\to\infty$ 时,$u_\theta\to 0$。圆形涡内外部的速度分布如图 9-26 所示。通常称圆形涡之外的流动为自由涡。

当 $r=r_0$ 时,$u_\theta = u_b = \dfrac{\Gamma}{2\pi r_0}$。当圆形涡的半径 $r_0$ 缩至无穷小,即 $r_0\to 0$ 时,则圆形涡变成涡线,在垂直于涡线的 $xOy$ 平面上为一点,可以称为涡点。如果涡点的旋涡强度为 $\Gamma$,则距点涡 $r$ 处的诱导速度为

$$u_\theta = \frac{\Gamma}{2\pi r} \tag{9-72}$$

与无限长涡束的诱导速度的计算式(9-69)相同,即圆形涡退化为点涡。注意到,当 $r\to 0$ 时,$u_\theta\to\infty$,实际上这是不可能的,因为流体是有粘性的,同时涡核总有一定的半径。

下面进一步讨论流场中的压强分布。

首先讨论圆形涡外部($r>r_0$)。流动显然是无旋的,对流场中的任意两点,有下列无旋流动的伯努利(Bernoulli)方程

$$p_1 + \frac{\rho u_{\theta_1}^2}{2} = p_2 + \frac{\rho u_{\theta_2}^2}{2}$$

假设不计质量力,并且把上式中一点取为无穷远,并注意到在 $r\to\infty$ 时,$u=u_\theta=0$,$p=p_\infty$,则流场中任一点的压强为

$$p = p_\infty - \frac{\rho u_\theta^2}{2} \tag{9-73}$$

考虑到 $u_\theta = \dfrac{\Gamma}{2\pi r}$,则

$$p = p_\infty - \frac{\rho}{2}\frac{\Gamma^2}{4\pi^2 r^2} \tag{9-74}$$

从上述式子可知,半径 $r$ 越小,则速度 $u_\theta$ 越大,而压强 $p$ 越小,当 $r=r_0$ 时,强迫涡速度达最大值,即在 $r=r_0$ 时

$$u_{\theta 0} = u_{\max} = \frac{\Gamma}{2\pi r_0} \tag{9-75}$$

压强 $p_0$ 将达到最小值

$$p_0 = p_{\min} = p_\infty - \frac{\rho}{2}\frac{\Gamma^2}{4\pi^2 r_0^2} \tag{9-76}$$

接下来讨论强迫涡($r<r_0$)的情况。为方便计,将坐标系取在旋转流体上,此时流体相对于所取坐标系是静止的。由此可知旋转流体的伯努利方程对流场中任意两点成立,即

$$p_1 - \frac{\rho\omega^2 r_1^2}{2} = p_2 - \frac{\rho\omega^2 r_2^2}{2} \tag{9-77}$$

若将其中一点取在圆形涡的周界($r=r_0$)上,注意到 $r=r_0$ 时,

$$u_\theta=u_{\theta0}, \quad p=p_0$$

这样,圆形涡内任一点的压强为

$$p=p_0+\frac{\rho\omega^2 r^2}{2}-\frac{\rho\omega^2 r_0^2}{2} \tag{9-78}$$

将式(9-75)、式(9-76)代入式(9-78),有

$$p=\frac{\rho\omega^2 r^2}{2}+p_\infty-\frac{\rho\omega^2 r_0^2}{2}-\frac{1}{2}\rho u_{\theta_0}^2$$

由于当 $r=r_0$ 时,$u_\theta=u_{\theta0}=\omega r_0$,因而

$$p=\frac{\rho\omega^2 r^2}{2}+p_\infty-\rho u_{\theta_0}^2 \tag{9-79}$$

特别指出,在圆形涡核心($r=0$)处,压强达到最小值。

圆形涡内外压强和速度的分布如图 9-27 所示。从上述分析可知,圆形涡内外压强和速度之间的关系完全不一样。在圆形涡外,压强随速度的增大而减小。在圆形涡内,速度随半径的减小而减小,压强也随之降低,中心点压强最小。

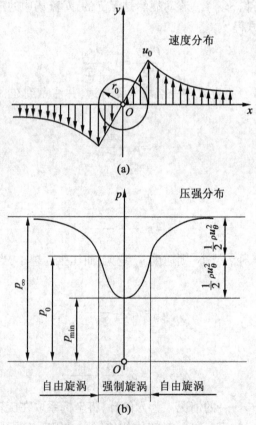

图 9-27  速度和压强分布示意图

# §9.7 旋涡的形成、卡门涡街

上述各节阐明了理想流体中旋涡运动的基本概念和主要定理。但在理想流体中旋涡是怎样形成的? 根据前面的讨论,旋涡形成的可能原因有三个:流体是非正压的;质量力是无势的;流体是非理想的。下面将从流体为非正压和质量力无势两个方面分别讨论旋涡的形成,另外还将讨论间断面对旋涡形成的影响,以及卡门涡街的发展和对流动的作用。

### 9.7.1 流体非正压时旋涡的形成

设流体是理想流体,且质量力有势,但流体是非正压的。流体是非正压的特性说明:流体密度不仅由压强所决定,而且也由温度等其他因素所决定。下面将分析计算流场中任一封闭流体线 $L$ 上的速度环量 $\Gamma$ 随时间的变化,来说明旋涡形成的因素。

对于理想流体,有欧拉运动方程

$$\frac{\mathrm{d}\boldsymbol{u}}{\mathrm{d}t} = \nabla W - \frac{1}{\rho}\nabla p \tag{3-40b}$$

式中,$W$ 为质量力势函数。对流场中任一封闭流体线 $L$ 上的速度环量随时间的变化率为

$$\frac{\mathrm{d}\Gamma}{\mathrm{d}t} = \oint_L \frac{\mathrm{d}\boldsymbol{u}}{\mathrm{d}t} \cdot \mathrm{d}\boldsymbol{L} = \oint_L \mathrm{d}W - \oint_L \frac{1}{\rho}\mathrm{d}p \tag{9-80}$$

因质量力有势,有 $\oint_L \mathrm{d}W = 0$,则

$$\frac{\mathrm{d}\Gamma}{\mathrm{d}t} = -\oint_L \frac{1}{\rho}\mathrm{d}p \tag{9-81}$$

引入比容 $\bar{v}$,并且 $\bar{v} = \dfrac{1}{\rho}$,则上式可以写成

$$\frac{\mathrm{d}\Gamma}{\mathrm{d}t} = -\oint_L \bar{v}\mathrm{d}p \tag{9-82}$$

为了计算式(9-82)的线积分值,引入伯耶克纳斯(Bjerknes)命名的等压、等比容单位管的概念。为此,在流场中作一系列等压面和等比容面。这些等压面的 $p$ 值和等比容面的 $\bar{v}$ 值,依次各相差一个单位。由此,整个流场被分隔为一系列的由两个相邻的等压面和两个相邻等比容面所构成的管子,如图 9-28 所示,这种管子即称为等压、等比容单位管。显然,在正压流场中,有 $\rho = \rho(p)$,这些等压面和等比容面将重合,此时等压、等比容单位管将不存在。而在非正压流场中,这种等压、等比容单位管将一定存在。下面针对绕等压、等比容单位管 $ADCBA$ 的周线 $L_1$ 计算式(9-82)的线积分。计算时,规定积分路线的环行方向与以从 $\nabla p$ 的箭头向 $\nabla \bar{v}$ 的箭头转动的方向相同时为正。由图 9-28 知

$$\oint_{L_1} \bar{v}\mathrm{d}p = \int_{AD} \bar{v}\mathrm{d}p + \int_{DC} \bar{v}\mathrm{d}p + \int_{CB} \bar{v}\mathrm{d}p + \int_{BA} \bar{v}\mathrm{d}p$$

$$= \bar{v}_0 \int_{p_0}^{p_0+1} \mathrm{d}p + 0 + (\bar{v}_0 + 1) \int_{p_0+1}^{p_0} \mathrm{d}p + 0 = \bar{v}_0 - (\bar{v}_0 + 1) = -1$$

于是

$$-\oint_{L_1} \bar{v}\mathrm{d}p = 1$$

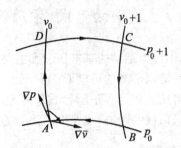

图 9-28    等压、等容单位管示意图

若将周线 $L_1$ 改为相反的方向,则得

$$-\oint_{L_1} \bar{v}\mathrm{d}p = -1$$

这就是说围绕等压、等比容单位管的周线 $L_1$ 进行积分有

$$-\oint_{L_1} \bar{v}\mathrm{d}p = \pm 1 \tag{9-83}$$

在此把沿其周线的积分 $-\oint_{L_1} \bar{v}\mathrm{d}p = 1$ 的等压、等比容单位管称为正单位管,而把积分

$-\oint_{L_1} \bar{v}\mathrm{d}p = -1$ 的等压、等比容单位管称为负单位管。

一般情况下,周线 $L$ 包含许多等压、等比容单位管,其中既有正单位管又有负单位管。通过作辅助线,将 $L$ 分成 $L_1$ 和 $L_2$ 两个部分,使得 $L_1$ 只包含正单位管,而使得 $L_2$ 只包围负单位管。如果周线 $L_1$ 包围 $N_1$ 个正单位管,周线 $L_2$ 包含 $N_2$ 个负单位管,则分别沿周线 $L_1$、$L_2$ 的积分为

$$-\oint_{L_1} \bar{v}\mathrm{d}p = N_1, \qquad -\oint_{L_2} \bar{v}\mathrm{d}p = -N_2$$

这样对沿周线 $L$ 的积分为

$$-\oint_{L} \bar{v}\mathrm{d}p = -\oint_{L_1} \bar{v}\mathrm{d}p - \oint_{L_1} \bar{v}\mathrm{d}p = N_1 - N_2 \tag{9-84}$$

将上式代入式(9-82)可得

$$\frac{\mathrm{d}\varGamma}{\mathrm{d}t} = N_1 - N_2 \tag{9-85}$$

式(9-85)说明,如果流体是理想的,且质量力有势,则沿着任何封闭流体线 $L$ 的速度环量对于时间的导数,应等于穿过该周线 $L$ 的正负单位等压、等比容管数目之差。这个规律常称为伯耶克纳斯定理。

又根据斯托克斯定理,沿任意封闭流体曲线的速度环量应等于穿过以该曲线为周界的任意曲面的涡通量。故伯耶克纳斯定理又可以描述如下:

如果流体是理想的且质量力有势,则通过任意流体曲面的涡通量对于时间的导数,应等于穿过该曲面的正的和负的单位等压、等比容管数目之差。由此说明流体的非正压能够形成流体的旋涡运动。或者说流场等压面和等比容面的交叉是形成旋涡的原因之一。

下面以气象学中的贸易风为例说明上述等压、等比容管的应用。

考虑地球表面的大气层,设大气是干燥的,则根据气体状态方程有

$$p\bar{v}=RT \tag{7-5}$$

式中:$R$——摩尔气体常数;$T$——温度;$\bar{v}$——比容;$p$——压强。

　　假定地球是圆的,在高度相同的地方压强相同,即等压面是以地球中心为球心的球面。其次,由于太阳对地球表面的照射强度不同,同一高度上,在赤道要比北极温度高,因此沿球面从北极向赤道温度逐渐升高。根据状态方程式(7-5),并考虑到在同一高度 $p$ 不变,我们得到密度由北极向赤道逐渐减少,而比容由北极向赤道逐渐增大,此外,在同一地面,高度越高空气越稀薄,随着高度的增加比容将逐渐增大。因此,等比容面并不是球面,而是如图 9-29 中虚线所示,自赤道开始向上偏转直到北极。这样等压面与等比容面交叉,产生图中箭头所示的旋涡运动。空气沿底面从北纬流向南纬,在赤道处上升,再从上层流向北纬,在北极处下降到地面。这种环流就是气象学中所说的贸易风。

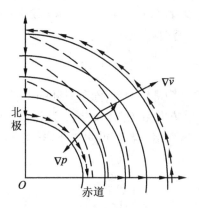

图 9-29　北半球的贸易风示意图

### 9.7.2　质量力无势时旋涡的形成

　　对于理想流体,考虑质量力无势,并且流体是非正压的流动。地面上的大气运动除受地球引力的影响,还由于地球的自转的原因,受牵连惯性力和哥里奥利(Coriolis,简称哥氏)惯性力的影响。这三种力都属于质量力,但哥氏惯性力是无势质量力。现在以这样的大气运动为例来说明在质量力无势的情况下旋涡的形成机理。

　　由于大气运动可以忽略粘性影响,则看作理想流体。又因为受地球自转的影响,应用运动坐标系,这时大气运动应遵守理想流体的相对运动方程

$$\frac{\mathrm{d}\boldsymbol{w}}{\mathrm{d}t}=\boldsymbol{f}-\frac{1}{\rho}\nabla p-\boldsymbol{a}_e-2(\boldsymbol{\omega}\times\boldsymbol{w}) \tag{9-86}$$

式中:$\boldsymbol{w}$——大气相对速度;$\boldsymbol{a}_e$——牵连加速度;$\boldsymbol{\omega}$——地球自转角速度。

　　可以认为地球自转角速度 $\boldsymbol{\omega}$ 是定常的,则距地球自转轴的距离 $R$ 处流体质点的牵连加速度为

$$\boldsymbol{a}_e=-\nabla\left(\frac{\omega^2R^2}{2}\right) \tag{9-87}$$

以及地球引力与力势函数的关系 $f = -\nabla W$,方程(9-86)可以化为

$$\frac{\mathrm{d}\boldsymbol{w}}{\mathrm{d}t} = -\nabla\left(W - \frac{\omega^2 R^2}{2}\right) - \frac{1}{\rho}\nabla p - 2(\boldsymbol{\omega} \times \boldsymbol{w}) \tag{9-88}$$

将上述结果代入汤姆逊表达式(9-50),表达式中的 $\boldsymbol{u}$ 应为相对速度 $\boldsymbol{w}$,即

$$\frac{\mathrm{d}\Gamma}{\mathrm{d}t} = \oint_L \frac{\mathrm{d}\boldsymbol{w}}{\mathrm{d}t} \cdot \delta \boldsymbol{L}$$

$$\frac{\mathrm{d}\Gamma}{\mathrm{d}t} = \oint_L \frac{1}{\rho}\nabla p \cdot \mathrm{d}\boldsymbol{L} - 2\oint_L (\boldsymbol{\omega} \times \boldsymbol{w}) \cdot \mathrm{d}\boldsymbol{L} \tag{9-89}$$

式中,因地球引力和牵连惯性力为有势力,则在式(9-89)中的积分为零,使式(9-89)的右边只有两项积分不为零。第一项对形成旋涡的作用已在前面讨论过了。现在我们研究哥氏惯性力对形成旋涡的作用。在地球层以位于旋转轴上某点为圆心,作一垂直于地球自转轴线的圆。将该圆取作 $L$,令逆时针方向为正方向。由于贸易风,在圆上每一点都有自北向南的速度 $\boldsymbol{w}$。于是从图9-30中可以看出 $(\boldsymbol{\omega} \times \boldsymbol{w}) \cdot \mathrm{d}\boldsymbol{L} = (\boldsymbol{w} \times \mathrm{d}\boldsymbol{L}) \cdot \boldsymbol{\omega}$ 将是大于零的。这样式(9-89)右边的第二项,即哥氏力无势时存在

$$\frac{\mathrm{d}\Gamma}{\mathrm{d}t} < 0 \tag{9-90}$$

也就是说,由于式(9-89)中的无势哥氏力项,随着时间的增长,速度环量 $\Gamma$ 将减少。于是势必产生如图9-30所示的顺时针方向由东向西的风。这样,贸易风最后在地面上将不是自北向南吹,而是自东向西南吹。这个结果与赤道两边所作的实际观察相符合。

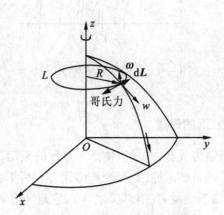

图9-30  哥氏力对环量的影响示意图

### 9.7.3  间断面与旋涡形成

实际流动中,一般说来是不会出现间断面的,在某些分界的区域内,无论区域如何薄以及物理量变化如何剧烈,区域内的流体都是连续的。但是在处理实际问题时,视作间断面的例子很多,如自由水面是水和空气两种流体的分界面,也是速度和密度的间断面。间断面就是运动流体的特征量($p,\rho,u,T$ 等)或其某阶导数在分界面的两侧有显著差别。利用间断面的概念,就可以解释理想流体中产生旋涡的原因,并利用理想流体理论求解实际问题。

一般来说,间断面很不稳定,仅仅在流动发展初期的很短时间内能保持原状,任何偶然

的微弱扰动,都将使间断面最终破裂为一个个旋涡,形成旋涡流动的现象。

如图 9-31 所示,在某物体尾部有两股流体汇合在一起,两股运动流体的分界面就是速度间断面。上层的速度为 $u_1$,下层的速度为 $u_2$,速度间断面上的压强处处相等。在速度间断面上取封闭回线 $ABDCA$,取 $BD=AC=l$,以及 $AB=CD=\delta$,则沿该封闭回线上的速度环量为

$$\Gamma=\Gamma_{AB}+\Gamma_{BD}+\Gamma_{DC}+\Gamma_{CA}=(u_2-u_1)l \tag{9-91}$$

以及存在于间断面上的涡量为

$$\Omega=\frac{\Gamma}{l\delta}=\frac{u_2-u_1}{\delta} \tag{9-92}$$

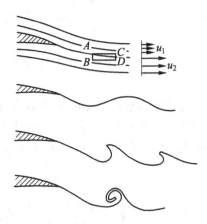

图 9-31　间断面与旋涡的形成示意图

这种速度间断面是不稳定的,如受到偶然的干扰,间断面就会产生波动,并有强烈的增强弯曲的趋势,如图 9-31 所示,最后使速度间断面破裂而形成集中的旋涡。

### 9.7.4　卡门涡街

流动在圆柱体后形成的分离以及由此形成的尾流一直是学者们关注的问题,在实验和理论上都作过大量的研究。尾流中的流动状况主要决定于流体流动的雷诺数。现以无限长圆柱绕流为例进行说明。

当圆柱的轴与来流方向垂直,雷诺数 $Re<0.5\left(Re=\frac{u_0d}{\nu}\right)$ 时,惯性力与粘性力相比较可以忽略,则流线在圆柱的下游处重新会合,前后驻点明显可见,边界层不会分离,如图 9-32(a)所示。当雷诺数 $Re$ 增大到 2~30 时,则边界层在上、下两个对称点 $S$ 与柱体分离,并形成两个旋转方向相反的旋涡,如图 9-32(b)所示。当雷诺数 $Re$ 再增大时,旋涡区拉长,如图 9-31(c)所示。当雷诺数 $Re$ 增大到 40~70 时,可以观察到尾流发生周期性的摆动,如图 9-32(d)所示。当雷诺数 $Re$ 增大到 90 时,旋涡在圆柱两侧交替发生,并向下游发展。雷诺数 $Re$ 的这个限值与来流的紊动强度、绕流柱体的形状和其他固体边界的影响有关。雷诺斯 $Re$ 大于这个限值以后,就会不断地在柱体两侧产生交替方向的旋涡并向下游传递,形成两条涡列,尾流中这样的两列交替方向的旋涡称为涡街。

对于圆柱绕流,当雷诺数 70<$Re$<120 时,旋涡会从柱体表面交替脱落,在尾流中形成有

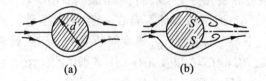

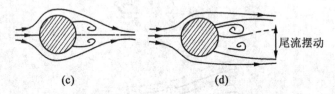

图 9-32　不同 $Re$ 数下圆柱后的旋涡现象示意图

规则排列的两条涡列,并以小于主流的速度在尾流中运动,旋涡的能量由于流体的粘性会逐渐消耗,因此在柱体后面一段距离以后,旋涡就会逐渐衰减最终会消失。冯·卡门最早发现了这种现象,因此这两列旋涡就称为卡门涡街,如图 9-33 所示。

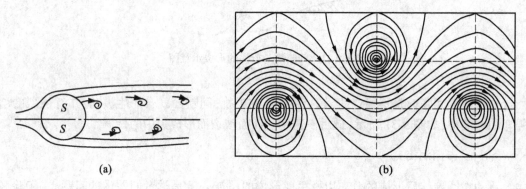

图 9-33　卡门涡街示意图

　　根据汤姆逊环量保持定理,当旋涡脱离柱体时,在柱体上必然就会产生一个与旋涡所具有的大小相等、方向相反的环量,从而在柱体绕流中产生一个横向力,即升力。注意到在柱体上、下两侧交替地产生着方向相反的旋涡,因此柱体上的环量符号也交替变化,横向力的方向也是交替变化的。这样就使柱体产生了一定频率的振动。例如在大风中电线发出的响声就是由于振动频率接近电线的自振频率,产生共振现象而发生的。潜水艇的潜望镜、烟囱、悬索桥、拦污栅等的设计都应考虑这种现象所导致的对结构的破坏性。从柱体上产生旋涡的频率 $f$ 可以用下述经验公式计算

$$f = 0.198 \frac{u_0}{d} \left(1 - \frac{19.7}{Re}\right) \qquad (9-93)$$

公式(9-93)适用于雷诺数为 $250 < Re < 2 \times 10^5$。一般说来,频率 $f$ 是粘性系数 $\upsilon$,来流速度 $u_0$ 以及柱体直径 $d$ 的函数,这些参数之间的关系可以用无量纲量斯特鲁哈数 $St$ 来表示

$$\mathrm{St}=\frac{fd}{u_0}=f'(Re) \qquad (9\text{-}94)$$

在高雷诺数($Re = 2000 \sim 5000$)时,每个单独的旋涡角速度将增加,切应力也将增加,这些将使得旋涡分解为随机的紊动水流,涡街也就消失了。

卡门涡街的形成是流体诱发振动的主要原因,早已引起人们的重视,减少振动的主要方法有:

(1)使用松散体以及弹性体混合材料来增加物体自身对振动的阻尼,以消除共振。

(2)增加物体的自振频率,使之与旋涡脱落频率错开,避免共振。

(3)改变物体的横截面形状。对水上支墩,采用接近流线型的剖面,如图9-34(a)所示。对于高大的烟囱等柱状杆件,附加螺旋形箍,如图9-34(b)所示。对于输电线可以粘上沙粒或在柱状体的下游两涡列之间附加金属片;对于水下电缆,可以用塑性板条编织于电缆中,如图9-34(c)所示。这些措施有的是通过稳定柱后旋涡,阻止旋涡交替脱落;有的是通过改变结构本身的振动频率,从而消除共振和由此而产生的过大的横向推力。具体采用时应视具体情况进行分析。

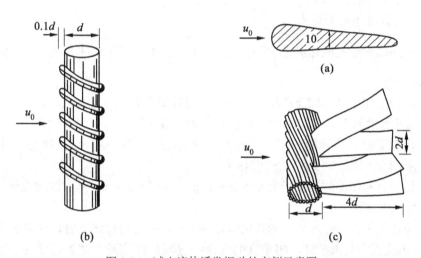

图9-34 减少流体诱发振动的实例示意图

## 复习思考题9

9.1 流体作有旋运动时,流体微团一定作圆周运动吗? 无旋运动时,流体微团一定作直线运动吗?

9.2 流体微团的旋转角速度与刚体的旋转角速度有什么本质的差别?

9.3 解释下列流体力学名词:
涡线,涡管,涡束,涡通量。

9.4 试给出旋涡强度和速度环量的定义,并说明两者之间的关系。

9.5 理想流体形成旋涡的可能原因有哪些?

9.6 在某洋面上的一场龙卷风之后,某地一次降雨中降下几百条鱼;又一次龙卷风毁坏了一个红豆仓库,几天后在某地下了一次"红豆雨",试用旋涡运动解释这种现象。

9.7 流体诱发振动的主要原因是什么? 如何消除?

# 习 题 9

9.1 试确定下列不可压缩均质流体运动是否满足连续性条件。

(1)$u_x = -ky, u_y = kx, u_z = 0$;

(2)$u_x = kx, u_y = -ky, u_z = 0$;

(3)$u_x = \dfrac{-y}{x^2+y^2}, u_y = \dfrac{x}{x^2+y^2}, u_z = 0$;

(4)$u_x = k\sin(xy), u_y = -k\sin(xy)$;

(5)$u_x = k\ln(xy), u_y = -ky/x$;

(6)$u_r = k/r(k$ 是不为零的常数$), u_\theta = 0$。

9.2 已知圆管层流流速分布为:$u_x = \dfrac{\gamma J}{4\mu}[r_0^2 - (y^2+z^2)], u_y = 0, u_z = 0$,试分析:

(1) 有无线变形、角变形;

(2) 是有旋流还是无旋流。

9.3 已知圆管紊流流速分布为:$u_x = u_m\left(\dfrac{y}{r_0}\right)^n, u_y = 0, u_z = 0$,试求角速度 $\omega_x, \omega_y, \omega_z$ 和角变率 $\varepsilon_{xy}, \varepsilon_{yz}, \varepsilon_{zx}$。

9.4 已知空间不可压缩流体运动的两个流速分量分别为 $u_x = 10x, u_y = -6y$,试求:(1)$z$ 方向上的流速分量的表达式;(2)验证该流动是否为有涡流。

9.5 已知平面不可压缩流动速度分布 $u_x = -2yt, u_y = -2xt$,试问该流体是否有旋? 并求 $t=1$ 时刻沿坐标原点至点$(x, y)$的速度环量。

9.6 已知有旋流动的速度场为 $u_x = 2y+3z, u_y = 2z+3x, u_z = 2x+3y$。试求旋转角速度、角变形速度和涡线方程。

9.7 直径为 1.2m,长为 50m 的圆柱体以 90r/min 的角速度绕其轴顺时针旋转,空气流以 80km/h 的速度沿与圆柱体轴相垂直的方向绕过圆柱体流动。试求速度环量、升力和驻点的位置。假设环流与圆柱体之间没有滑动,$\rho = 1.205\text{kg/m}^3$。

9.8 已知平面不可压缩流动速度分布为:

$$r \leqslant 5 \text{ 时}, \ u_x = -\frac{1}{5}y, \ u_y = -\frac{1}{5}x;$$

$$r \geqslant 5 \text{ 时}, \ u_x = -\frac{5y}{x^2+y^2}, \ u_y = \frac{5x}{x^2+y^2}。$$

试求沿圆周 $x^2+y^2 = R^2$ 的速度环量,其中圆的半径 $R$ 分别为(1)$R=3$;(2)$R=5$;(3)$R=10$。

9.9 已知速度场 $u_x = -ky, u_y = kx, u_z = \sqrt{F(z) - 2k^2(x^2+y^2)}$,式中 $F(z)$ 为 $z$ 的函数。试验证该流速场所确定的流动的涡量与速度矢量具有相同的方向,并计算涡量为速度矢量的多少倍。

9.10 假定定常二维理想不可压缩流中速度分量为 $x$、$y$ 的线性函数,即:$u_x = Ax+By$,$u_y = Cx+Dy$,式中 $A, B, C, D$ 均为常量。试问:

（1）在什么条件下满足连续方程？

（2）求涡量并指出在何种情况下流动无旋？

9.11　如图 9-35 所示圆柱形容器内的流体，已知其在柱坐标中的速度场为（$a$ 为常数）$u_r=0, u_\theta=arz, u_z=0$。

（1）求涡量场 $\Omega$；

（2）证明涡线的方程为 $r^2=\dfrac{C}{z}$。

图 9-35

9.12　如图 9-36 所示，在河湾的平面问题中，若略去径向流速，试求沿周线 $abcd$ 的环量，并证明涡量为 $\Omega=\dfrac{u}{r}+\dfrac{\partial u}{\partial r}$。

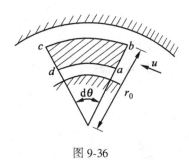

图 9-36

9.13　设平面流动的速度场在极坐标系中为 $u_\theta=\dfrac{\Gamma_0}{2\pi r}\left(1-e^{\frac{-r^2}{2vt}}\right), u_r=0$，式中 $\Gamma_0, v$ 均为常数，$t$ 为时间。试求：

（1）流体微团的角速度 $\omega$；

（2）沿任一半径为 $R$ 的圆周的速度环量 $\Gamma$；

（3）通过全平面的旋涡总强度。

9.14　在原静止不可压无界流场中给定坐标中的涡量分布为

$$\Omega=2\omega k, r\leqslant a$$

$$\Omega=0, r\geqslant a$$

式中：$a, \omega$ 为常量，试求相应的速度分布。

9.15 在原静止不可压缩无界流场中放置两根平行直线涡,如图 9-37 所示,在 $t=0$ 时刻,强度为 $\Gamma_1$ 的线涡置于$(x_0,O)$,强度为 $\Gamma_2$ 的线涡置于$(-x_0,O)$,并且 $\Gamma_1>\Gamma_2>O$,试求这两根直线涡的运动轨迹。

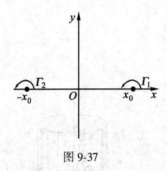

图 9-37

# 第 10 章　　理想不可压缩流体的无旋运动

理想不可压缩流体的无旋流动是一种简化了的近似流动。就某一具体的流动问题而言,流体的粘性所起的作用并不相同,在粘性力比惯性力小得多的情况下,就可以按理想流体模型来近似处理流体的流动问题。例如,流体绕物体流动,靠近物体表面很薄的一层(边界层)内,其粘性效应占优势,不能按理想流体来处理,而在边界层以外的广阔流动区域内,流体粘性的影响很小,可以忽略,因此理想流体的模型是完全适用的;其次,通常情况下研究的流体流动和低速的气体运动均可视为不可压缩流体;至于无旋运动,在第 9 章已经证明,在理想、正压流体和质量力有势的条件下,从静止或无旋状态开始的非定常流动及无穷远处均匀来流的定常连续绕流,均可以视为无旋流动。因此,本章将对理想流体的无旋流动进行研究。

## §10.1　有势流动与速度势函数

### 10.1.1　速度势函数的概念

对于无旋运动,由第 9 章 §9.2 中的内容可知,在流场中处处满足 $\boldsymbol{\Omega}=2\boldsymbol{\omega}=\nabla\times\boldsymbol{u}=0$,亦即

$$\begin{cases} \Omega_x = \dfrac{\partial u_z}{\partial y} - \dfrac{\partial u_y}{\partial z} = 0 \\[2mm] \Omega_y = \dfrac{\partial u_x}{\partial z} - \dfrac{\partial u_z}{\partial x} = 0 \quad \text{或} \\[2mm] \Omega_z = \dfrac{\partial u_y}{\partial x} - \dfrac{\partial u_x}{\partial y} = 0 \end{cases} \begin{cases} \dfrac{\partial u_z}{\partial y} = \dfrac{\partial u_y}{\partial z} \\[2mm] \dfrac{\partial u_x}{\partial z} = \dfrac{\partial u_z}{\partial x} \\[2mm] \dfrac{\partial u_y}{\partial x} = \dfrac{\partial u_x}{\partial y} \end{cases} \tag{10-1}$$

由高等数学知识可知式(10-1)是使表达式 $u_x\mathrm{d}x+u_y\mathrm{d}y+u_z\mathrm{d}z$ 为某一函数 $\varphi(x,y,z,t)$ 的全微分的充分必要条件。因此在无旋流中,存在下列函数 $\varphi(x,y,z,t)$ 的表达式

$$\mathrm{d}\varphi = \frac{\partial \varphi}{\partial x}\mathrm{d}x + \frac{\partial \varphi}{\partial y}\mathrm{d}y + \frac{\partial \varphi}{\partial z}\mathrm{d}z = u_x\mathrm{d}x + u_y\mathrm{d}y + u_z\mathrm{d}z \tag{10-2}$$

其中
$$u_x = \frac{\partial \varphi}{\partial x}, \quad u_y = \frac{\partial \varphi}{\partial y}, \quad u_z = \frac{\partial \varphi}{\partial z} \tag{10-3}$$

对式(10-2)积分有

$$\varphi = \int u_x\mathrm{d}x + u_y\mathrm{d}y + u_z\mathrm{d}z \tag{10-4}$$

由式(10-4)定义的函数 $\varphi$ 被称为速度势函数,简称为速度势。由于无旋流动必然存在速度势,则无旋流动也称为有势流动(简称势流)。反之,若能证明某个流动存在速度势,则

这个流动一定是无旋流。对于无旋流动,只要求得速度势 $\varphi$,就可以按式(10-3)求得流速。

### 10.1.2 速度势函数的性质

速度势在求解理想流体无旋运动中具有十分重要的应用。速度势函数具有以下主要性质:

1.速度势函数可以相差任一常数值,而不影响求解流速场。

如果已知速度势 $\varphi$,根据式(10-3)求导可以求得流速 $u$,注意到常数求导为零的情况,由式(10-4)求积分时 $\varphi$ 应加上积分常数,然而这个积分常数求导时为零,不影响流速的最后结果,对流场毫无影响。

2.速度势为一标量函数,在有势流动空间存在等势面。

在任意瞬时 $t$,速度势是空间位置 $(x,y,z)$ 的连续函数,空间任一点都有一个对应的 $\varphi$ 值存在,由一系列的 $\varphi$ 值相等的点组成的面就称为等势面。等势面的方程可以写成

$$\varphi(x,y,z,t)=0 \tag{10-5}$$

显然,对于非定常流动,其等势面是随时间变化的;而定常流的等势面将不随时间变化。在定常平面势流中,势函数相等的点连成的线称为等势线,$\varphi(x,y)=C$ 称为等势线方程。

3.速度势在任一方向 $l$ 上的有向导数,等于速度在该方向上的投影。

这一性质可以依据有向导数的定义得到证明。由这一性质很容易得出流体沿物体表面法线 $n$ 和切线 $\tau$ 两个方向上的速度投影分别为

$$u_n=\frac{\partial\varphi}{\partial n},\quad u_\tau=\frac{\partial\varphi}{\partial\tau} \tag{10-6}$$

在固体边界 $b$ 上,应有 $u_n\Big|_b=\dfrac{\partial\varphi}{\partial n}\Big|_b=0$ 的条件。

4.在不可压缩流体中,速度势函数 $\varphi$ 满足拉普拉斯(Laplace)方程。

对于不可压缩流体流动,应满足的连续性微分方程为

$$\frac{\partial u_x}{\partial x}+\frac{\partial u_y}{\partial y}+\frac{\partial u_z}{\partial z}=0$$

若流动无旋,则存在速度势函数 $\varphi$,将式(10-3)代入上式,则有

$$\frac{\partial^2\varphi}{\partial x^2}+\frac{\partial^2\varphi}{\partial y^2}+\frac{\partial^2\varphi}{\partial z^2}=0 \tag{10-7}$$

式(10-7)就是高等数学中的拉普拉斯方程。该方程还可以写成

$$\nabla^2\varphi=0 \quad \text{或} \quad \Delta\varphi=0$$

在数学分析中,凡是满足拉普拉斯方程的函数称为调和函数,所以速度势函数为一调和函数。速度势函数 $\varphi$ 满足拉普拉斯方程表明流动既存在,且为无旋流动。这一性质对于分析、计算无旋流动场具有重要作用。

5.在有势流动的单连通区域中,速度势函数单值;在多连通区域中,速度势函数多值。

在单连通的有势流中任取一封闭周线 $L$ 作速度环量 $\Gamma$,并考虑式(10-2),有

$$\Gamma=\oint_L u\cdot\mathrm{d}L=\oint_L u_x\mathrm{d}x+u_y\mathrm{d}y+u_z\mathrm{d}z=\oint_L \mathrm{d}\varphi$$

根据斯托克斯定理,$\Gamma=I=\iint_A \Omega_n\mathrm{d}A$,在封闭周线 $L$ 所围成的区域 $A$ 中,因无旋流有 $\Omega_n=0$,则

有 $\Gamma = 0$,从而有

$$\oint_L \boldsymbol{u} \cdot \mathrm{d}\boldsymbol{L} = \oint_L u_x \mathrm{d}x + u_y \mathrm{d}y + u_z \mathrm{d}z = \oint_L \mathrm{d}\varphi = 0 \tag{10-8}$$

式(10-8)说明,积分 $\int_{P_0}^{P} \boldsymbol{u} \cdot \mathrm{d}\boldsymbol{L}$ 与路径无关,只与起点 $P_0$ 和终点 $P$ 有关,这时势函数 $\varphi$ 必为单值函数。

在复连通区域的有势流中,一般来说积分 $\oint_L \boldsymbol{u} \cdot \mathrm{d}\boldsymbol{L} = k\Gamma$,其中 $k$ 是沿 $\boldsymbol{L}$ 积分时经过某指定点的次数或绕行的圈数。$k$ 称为旋涡常数。这时

$$\varphi(M) = \varphi(M_0) + k\Gamma$$

这是因为在复连通区域中,积分 $\int_{P_0}^{P} \boldsymbol{u} \cdot \mathrm{d}\boldsymbol{L}$ 与路径有关,所以流速势函数 $\varphi$ 为多值。

在圆柱坐标下,则有

$$u_r = \frac{\partial \varphi}{\partial r}, \quad u_\theta = \frac{1}{r} \frac{\partial \varphi}{\partial \theta}, \quad u_z = \frac{\partial \varphi}{\partial z} \tag{10-9}$$

速度势函数
$$\varphi = \int u_r \mathrm{d}r + r u_\theta \mathrm{d}\theta + u_z \mathrm{d}z \tag{10-10}$$

圆柱坐标下的不可压缩流体连续方程为

$$\frac{1}{r} \frac{\partial (r u_r)}{\partial r} + \frac{1}{r} \frac{\partial u_\theta}{\partial \theta} + \frac{\partial u_z}{\partial z} = 0 \tag{10-11}$$

将式(10-9)代入式(10-11),则得用圆柱坐标表达的势函数 $\varphi$ 的拉普拉斯方程为

$$\frac{\partial^2 \varphi}{\partial r^2} + \frac{1}{r} \frac{\partial \varphi}{\partial r} + \frac{1}{r^2} \frac{\partial^2 \varphi}{\partial \theta^2} + \frac{\partial^2 \varphi}{\partial z^2} = 0 \tag{10-12}$$

在极坐标系下,则有

$$u_r = \frac{\partial \varphi}{\partial r}, \quad u_\theta = \frac{1}{r} \frac{\partial \varphi}{\partial \theta} \tag{10-13}$$

速度势函数
$$\varphi = \int u_r \mathrm{d}r + r u_\theta \mathrm{d}\theta \tag{10-14}$$

这时拉普拉斯方程为

$$\frac{\partial^2 \varphi}{\partial r^2} + \frac{1}{r} \frac{\partial \varphi}{\partial r} + \frac{1}{r^2} \frac{\partial^2 \varphi}{\partial \theta^2} = 0 \tag{10-15}$$

## §10.2　基本方程及其定解条件

第 3 章中已给出,由连续性方程和欧拉(Euler)运动方程所组成的理想不可压缩流体运动的基本微分方程组。这个方程组表述了理想不可压缩流体运动所应遵循的普遍规律,但由于任何具体的流动都是发生或处于某一特定条件之下的。因此,为描述各种具体的理想不可压缩流体运动,还应加上作为这些具体流动的特定条件,如初始条件和边界条件等。在数学分析中,这些初始条件和边界条件等称为定解条件,描述某问题的基本微分方程和定解条件一起称为定解问题。

对于理想不可压缩流体运动的定解问题可以概括为

连续性方程
$$\frac{\partial u_x}{\partial x} + \frac{\partial u_y}{\partial y} + \frac{\partial u_z}{\partial z} = 0$$

$$f_x - \frac{1}{\rho}\frac{\partial p}{\partial x} = \frac{\partial u_x}{\partial t} + u_x\frac{\partial u_x}{\partial x} + u_y\frac{\partial u_x}{\partial y} + u_z\frac{\partial u_x}{\partial z}$$

运动方程
$$f_y - \frac{1}{\rho}\frac{\partial p}{\partial y} = \frac{\partial u_y}{\partial t} + u_x\frac{\partial u_y}{\partial x} + u_y\frac{\partial u_y}{\partial y} + u_z\frac{\partial u_y}{\partial z}$$

$$f_z - \frac{1}{\rho}\frac{\partial p}{\partial z} = \frac{\partial u_z}{\partial t} + u_x\frac{\partial u_z}{\partial x} + u_y\frac{\partial u_z}{\partial y} + u_z\frac{\partial u_z}{\partial z}$$

(10-16)

初始条件　　　当 $t = t_0$ 时
$$\left.\begin{array}{l} \boldsymbol{u} = \boldsymbol{u}_0(x,y,z) \\ p = p_0(x,y,z) \end{array}\right\}$$
(10-17)

边界条件
　　在静止固壁上　　　$u_n = 0$
　　在自由表面上　　　$p = p_a$　　　　(10-18)
　　在无穷远处　　　　$\boldsymbol{u} = \boldsymbol{u}_\infty$

其中初始条件式(10-17)是表明在初始瞬间方程组中的 $\boldsymbol{u}$、$p$ 应等于流场中已知的初始值 $\boldsymbol{u}_0$、$p_0$,如果是定常流,则定解条件中不含初始条件。关于式(10-18)中的边界条件,所表示的是某种流动中流场的具体边界状况。静止固壁上的边界条件式表明,理想流体沿静止固壁流动时,因为流体不可能穿过壁面,但可以沿壁面滑移,故沿法向的流速分量 $u_n$ 为零,沿切向的流速分量 $u_\tau$ 不为零。自由表面上的边界条件式表明,在流体自由表面处的压强 $p$ 等于大气压强 $p_a$,若某流动问题无自由表面存在,则定解条件中不含有自由表面的边界条件。对于在无穷远处的边界条件表明,在较远处不受流动影响的地方的流速值为 $\boldsymbol{u}_\infty$,$\boldsymbol{u}_\infty$ 一般为常数。需要指出的是,实际工程中的流动问题所存在的边界条件是多种多样的,式(10-18)给出的边界条件仅给出了实际工程中出现较多的几种情况。在对每个具体的流动问题进行分析计算时,应根据具体情况确定边界条件。

由于上述这组方程组为包含四个方程的一阶非线性偏微分方程组,原则上可用来确定四个未知函数 $p$、$u_x$、$u_y$、$u_z$。但由于方程组是非线性的,而且 $p$ 和 $u_x$、$u_y$、$u_z$ 还交错在一起,在联解时有较多的困难。然而在无旋的条件下,则可以将上述方程组简化,并以较简单的方式求得方程组的解。

对于理想不可压缩流体作无旋流动,存在着速度势函数 $\varphi$,将 $\varphi$ 与流速的关系式(10-3),代入连续性方程,则得以速度势函数 $\varphi$ 为未知函数的拉普拉斯方程 $\Delta\varphi = 0$。这样,通过求解拉普拉斯方程 $\Delta\varphi = 0$,可以解出速度势函数 $\varphi$,然后利用式(10-3)可以求得流场中的流速分布。这样原本求速度场的问题就转变为求标量函数的问题,使原方程组得到了简化。当然,在用拉普拉斯方程求解速度势函数 $\varphi$ 时,还应加上所求问题的边界条件。

由于已通过拉普拉斯方程求解出速度势函数 $\varphi$ 后得到了流速分布,原方程组中的运动方程只有压强 $p$ 还未知。这时可以利用无旋流动的特点,通过积分的方式,对这三个运动方程进行简化,然后再从简化的积分式求得流场中的压强分布。

首先将式(10-16)中的理想流体运动方程进行变形。对第一式右边分别加减 $u_y\dfrac{\partial u_y}{\partial x}$ 和 $u_z\dfrac{\partial u_z}{\partial x}$,并整理为

$$f_x - \frac{1}{\rho}\frac{\partial p}{\partial x} = \frac{\partial u_x}{\partial t} + \left(u_x\frac{\partial u_x}{\partial x} + u_y\frac{\partial u_y}{\partial x} + u_z\frac{\partial u_z}{\partial x}\right) + u_y\left(\frac{\partial u_x}{\partial y} - \frac{\partial u_y}{\partial x}\right) + u_z\left(\frac{\partial u_x}{\partial z} - \frac{\partial u_z}{\partial x}\right)$$

$$= \frac{\partial u_x}{\partial t} + \frac{\partial}{\partial x}\left(\frac{u_x^2 + u_y^2 + u_z^2}{2}\right) - 2u_y\omega_z + 2u_z\omega_y = \frac{\partial u_x}{\partial t} + \frac{\partial}{\partial x}\left(\frac{u^2}{2}\right) + 2(u_z\omega_y - u_y\omega_z)$$

同理,对第二式右边分别加减 $u_z\dfrac{\partial u_z}{\partial y}$ 和 $u_x\dfrac{\partial u_x}{\partial y}$,并对第三式右边分别加减 $u_x\dfrac{\partial u_x}{\partial z}$ 和 $u_y\dfrac{\partial u_y}{\partial z}$,整理后可得

$$\begin{cases} f_x - \dfrac{1}{\rho}\dfrac{\partial p}{\partial x} = \dfrac{\partial u_x}{\partial t} + \dfrac{\partial}{\partial x}\left(\dfrac{u^2}{2}\right) + 2(u_z\omega_y - u_y\omega_z) \\[2mm] f_y - \dfrac{1}{\rho}\dfrac{\partial p}{\partial y} = \dfrac{\partial u_y}{\partial t} + \dfrac{\partial}{\partial x}\left(\dfrac{u^2}{2}\right) + 2(u_x\omega_z - u_z\omega_x) \\[2mm] f_z - \dfrac{1}{\rho}\dfrac{\partial p}{\partial z} = \dfrac{\partial u_z}{\partial t} + \dfrac{\partial}{\partial x}\left(\dfrac{u^2}{2}\right) + 2(u_y\omega_x - u_x\omega_y) \end{cases} \quad (10\text{-}19)$$

式(10-19)为兰姆(Lamb)运动微分方程。由于是无旋流动,有 $\omega_x = \omega_y = \omega_z = 0$,则右边第三项为零。将上述三个方程分别乘以 $\mathrm{d}x$、$\mathrm{d}y$、$\mathrm{d}z$,然后相加得

$$f_x\mathrm{d}x + f_y\mathrm{d}y + f_z\mathrm{d}z - \frac{1}{\rho}\left(\frac{\partial p}{\partial x}\mathrm{d}x + \frac{\partial p}{\partial y}\mathrm{d}y + \frac{\partial p}{\partial z}\mathrm{d}z\right)$$

$$= \frac{\partial}{\partial t}(u_x\mathrm{d}x + u_y\mathrm{d}y + u_z\mathrm{d}z) + \frac{\partial}{\partial x}\left(\frac{u^2}{2}\right)\mathrm{d}x + \frac{\partial}{\partial y}\left(\frac{u^2}{2}\right)\mathrm{d}y + \frac{\partial}{\partial z}\left(\frac{u^2}{2}\right)\mathrm{d}z \quad (10\text{-}20)$$

假定质量力为有势力,则存在单值力势函数 $W$,并且

$$\mathrm{d}W = f_x\mathrm{d}x + f_y\mathrm{d}y + f_z\mathrm{d}z$$

另外,由于流动无旋,则存在速度势函数 $\varphi$,且 $\varphi$ 满足式(10-2)。于是式(10-20)可以写成

$$\mathrm{d}W - \mathrm{d}\left(\frac{p}{\rho}\right) - \mathrm{d}\left(\frac{u^2}{2}\right) - \mathrm{d}\left(\frac{\partial\varphi}{\partial t}\right) = 0$$

或

$$\mathrm{d}\left(W - \frac{p}{\rho} - \frac{u^2}{2} - \frac{\partial\varphi}{\partial t}\right) = 0 \quad (10\text{-}21)$$

对式(10-21)两端积分,有

$$W - \frac{p}{\rho} - \frac{u^2}{2} - \frac{\partial\varphi}{\partial t} = f(t) \quad (10\text{-}22)$$

式(10-22)为不可压缩理想流体运动方程的拉格朗日-柯西积分式。从式(10-21)可见括号内的各项之和与坐标 $x$、$y$、$z$ 无关,则式(10-22)中的积分常数 $f(t)$ 为时间 $t$ 的函数。该常数的意义在于:在同一瞬时流场中各点处的积分常数都相同,但在不同时刻,这些积分常数可能会有不同的值。

对于定常流动,$f(t)$ 为常数 $C$,并且 $\dfrac{\partial\varphi}{\partial t} = 0$,则有

$$W - \frac{p}{\rho} - \frac{u^2}{2} = C \quad (10\text{-}23)$$

若质量力仅为重力,取铅直向上为 $z$ 方向,即 $W = -gz$,则拉格朗日-柯西积分式变为

$$zg + \frac{p}{\rho} + \frac{u^2}{2} + \frac{\partial\varphi}{\partial t} = f(t) \quad (10\text{-}24)$$

定常流时
$$z + \frac{p}{\rho g} + \frac{u^2}{2g} = C \tag{10-25}$$

根据上述分析,理想不可压缩流体无旋流动的基本方程可以写成
$$\left. \begin{array}{l} \nabla^2 \varphi = \Delta \varphi = 0 \\[2mm] W - \dfrac{p}{\rho} - \dfrac{u^2}{2} - \dfrac{\partial \varphi}{\partial t} = f(t) \end{array} \right\} \tag{10-26}$$

初始条件:当 $t = t_0$ 时 $\qquad \boldsymbol{u} = \mathrm{grad}\varphi = \boldsymbol{u}_0(x,y,z), p = p_0(x,y,z) \tag{10-27}$
边界条件:

在静止的固壁上
$$\left. \begin{array}{l} \dfrac{\partial \varphi}{\partial n} = 0 \end{array} \right.$$

在自由表面上 $\qquad\qquad\qquad\qquad\qquad p = p_a \left.\begin{array}{l}\\\\\\\end{array}\right\} \tag{10-28}$

对于无穷远处 $\qquad\qquad\qquad\qquad \mathrm{grad}\varphi = \boldsymbol{u}_\infty$

由上述讨论可知,在理想不可压缩流体无旋流动的条件下,其定解问题可以大为简化。这时,需求解的方程由四个减为两个,未知函数也由四个减为两个;原来需求解的四个方程都是非线性的,现在变为一个线性微分方程和一个确定的关系式;需求解的微分方程为拉普拉斯方程,数学分析中对该方程的性质和解法已研究得非常清楚;原方程中待求的函数 $\boldsymbol{u}$ 和 $p$ 相互交错,需一起解出,而简化后的方程可以先由拉普拉斯方程解出函数 $\varphi(x,y,z,t)$,由式(10-3)、式(10-9)等对 $\varphi(x,y,z,t)$ 求导即得流速 $\boldsymbol{u}$,然后由拉格朗日 - 柯西积分式解得压强 $p$。

## §10.3 平面流动的流函数

实际的流动问题,如大气的运动,水流的运动等都是三元流动。但如果某种流动中各物理量沿某一方向上的变化比另两个方向上的变化小得多并且可以忽略的情况下,就可以将这种三维流动简化为二维流动来处理。二维流动也称为平面流动,也就是说在流场中所有的相互平行的平面上,流动都是相同的,只要分析其中任意一个平面上的流动就可以知道整个流场中的流动。

### 10.3.1 流函数的概念

流函数的概念是从不可压缩流体平面流动引入的。现设流动所在的平面为 $xOy$ 平面,对于不可压缩流体的平面流动,其连续性方程为
$$\frac{\partial u_x}{\partial x} + \frac{\partial u_y}{\partial y} = 0 \tag{10-29}$$

或写成
$$\frac{\partial u_x}{\partial x} = \frac{\partial(-u_y)}{\partial y} \tag{10-30}$$

由高等数学知识知,只要上式成立,则 $u_x \mathrm{d}y - u_y \mathrm{d}x$ 必是某一函数 $\psi(x,y,t)$ 的全微分,即
$$u_x \mathrm{d}y - u_y \mathrm{d}x = \mathrm{d}\psi \tag{10-31}$$

同时
$$\mathrm{d}\psi = \frac{\partial \psi}{\partial x}\mathrm{d}x + \frac{\partial \psi}{\partial y}\mathrm{d}y \tag{10-32}$$

比较上述两式,有以下关系

$$u_x = \frac{\partial \psi}{\partial y}, \quad u_y = -\frac{\partial \psi}{\partial x} \tag{10-33}$$

对式(10-31)两端积分可得

$$\psi(x,y,t) = \int u_x \mathrm{d}y - u_y \mathrm{d}x \tag{10-34}$$

由式(10-34)定义的 $\psi(x,y,t)$ 就称为流函数,流函数 $\psi(x,y,t)$ 与流速 $\boldsymbol{u}$ 的关系由式(10-33)给出。对于定常流,$\psi(x,y,t)$ 不随时间变化。

从流函数概念的引入过程可知,不可压缩流体平面流动的连续性方程是流函数存在的充分必要条件。这就是说无论是有旋流还是无旋流、是理想流体还是实际流体,只要是不可压缩流体的平面流动,流函数都存在,并同时满足不可压缩流体平面流动的连续性方程。

对于平面极坐标系,有

$$\psi(r,\theta,t) = \int u_r r \mathrm{d}\theta - u_\theta \mathrm{d}r \tag{10-35}$$

其中流速分量 $u_r$、$u_\theta$ 与流函数 $\psi(x,y,t)$ 的关系为

$$u_r = \frac{1}{r}\frac{\partial \psi}{\partial \theta}, \quad u_\theta = -\frac{\partial \psi}{\partial r} \tag{10-36}$$

### 10.3.2　流函数的性质

1.等流函数 $\psi(x,y,t)$ 可以相差一个常数值,而不影响所求的流速场。

2.等流函数线 $\psi(x,y,t) = C$ 就是平面流动的流线。

已知二维平面流动的流线微分方程为

$$\frac{\mathrm{d}x}{u_x} = \frac{\mathrm{d}y}{u_y} \qquad 或 \qquad -u_y \mathrm{d}x + u_x \mathrm{d}y = 0$$

将上式代入式(10-31),可得 $\qquad\qquad \mathrm{d}\psi = 0 \tag{10-37}$

式(10-37)是流线微分方程(3-19a)的另一表现形式。对式(10-37)积分,得

$$\psi(x,y,t) = C \tag{10-38}$$

式(10-38)表明同一条流线上各点的流函数均相等并等于常数 $C$,当 $C$ 取不同的值时,便得到不同的流线,如图 10-1 所示,流函数也由此而得名。同时该方程也是流函数的等值线方程,即等流函数线是与平面流动的流线重合的。

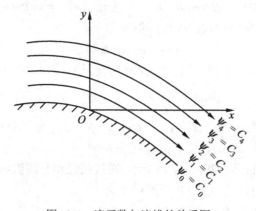

图 10-1　流函数与流线的关系图

3.任意两条流线间通过的流量等于两流线的流函数值之差

如图 10-2 所示的平面流动中,任取两条相邻的流线 $\psi_1$ 与 $\psi_2$,在两条流线之间任取一曲线 $AB$,现计算通过任意曲线 $AB$ 的流量。其中,设任意曲线 $AB$ 上 $M$ 点处的流速为 $\boldsymbol{u}(u_x,$ $u_y)$,在 $M$ 点附近沿曲线 $AB$ 取一微分线段 $\mathrm{d}l$,其法线方向为 $\boldsymbol{n}$,沿 $x$、$y$ 的投影分量分别为 $\mathrm{d}x$、$\mathrm{d}y$,如图 10-2 所示。

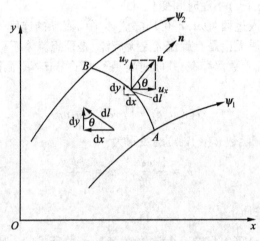

图 10-2  流函数值与单宽流量示意图

根据流量的定义,通过线段 $\mathrm{d}l$ 的流量 $\mathrm{d}q$ 可以写成

$$\mathrm{d}q = \boldsymbol{u} \cdot \boldsymbol{n}\mathrm{d}l = u_n\mathrm{d}l \qquad (10\text{-}39)$$

这里 $\mathrm{d}q \cdot 1 = u_n\mathrm{d}l \cdot 1 = \mathrm{d}Q$,式中 1 为单宽厚度,一般 $\mathrm{d}q$ 以及 $q$ 可以称为单宽流量。如图 10-2 可知流速 $\boldsymbol{u}$ 及其分量 $u_x$、$u_y$ 与 $\mathrm{d}l$ 的法线方向 $\boldsymbol{n}$ 的关系为

$$u_n = u_x\cos(n,x) + u_y\cos(n,y) \qquad (10\text{-}40)$$

将式(10-40)代入式(10-39),得

$$\mathrm{d}q = (u_x\cos(n,x) + u_y\cos(n,y))\mathrm{d}l = u_x\cos(n,x)\mathrm{d}l + u_y\cos(n,y)\mathrm{d}l \qquad (10\text{-}41)$$

从图 10-2 可知,

$$\cos(n,x)\mathrm{d}l = \cos\theta\mathrm{d}l = \mathrm{d}y, \quad \cos(n,y)\mathrm{d}l = \sin\theta\mathrm{d}l = -\mathrm{d}x$$

将上式代入式(10-41),并考虑式(10-31),得

$$\mathrm{d}q = u_x\mathrm{d}y - u_y\mathrm{d}x = \mathrm{d}\psi$$

则通过曲线 $AB$ 的流量应等于通过微分线段 $\mathrm{d}l$ 的流量 $\mathrm{d}q$ 沿曲线 $AB$ 的积分,即

$$q = \int_A^B \mathrm{d}q = \int_A^B \mathrm{d}\psi = \psi_B - \psi_A$$

已知沿流线流函数为常数 $\psi(x,y,t) = C$,有 $\psi_A = \psi_1$,$\psi_B = \psi_2$,则上式可以写成

$$q = \psi_2 - \psi_1$$

由此可见,对于不可压缩流体的平面运动,通过任意相邻两流线之间的流量等于该二流线的流函数值之差,且与所选曲线 $AB$ 的形状无关。

4.在不可压缩流体平面有势流动中,流函数 $\psi(x,y,t)$ 满足拉普拉斯方程,即 $\Delta\psi = 0$,则流函数也是调和函数。

对于平面无旋流动,有 $\Omega_z = 0$,即

$$\frac{\partial u_y}{\partial x} - \frac{\partial u_x}{\partial y} = 0$$

将流函数与流速各分量的关系式(10-33)代入上式,则得

$$\Delta \psi = \nabla^2 \psi = \frac{\partial^2 \psi}{\partial x^2} + \frac{\partial^2 \psi}{\partial y^2} = 0 \tag{10-42}$$

可见在平面不可压缩流体的无旋流动中,流函数与速度势函数一样,都满足拉普拉斯方程。

## §10.4　平面势流运动与流网

前述已经提到,对于理想流体的无旋流动,既存在流函数,又存在速度势函数。本节将讨论流函数和速度势函数之间的关系,并引入流网的概念。

### 10.4.1　平面势流中流函数与速度势之间的关系

由前述讨论可知,平面势流场的 $\varphi(x,y,z,t)$ 和 $\psi(x,y,t)$ 这两个标量函数与流速分量 $u_x$ 和 $u_y$ 的关系分别为

$$u_x = \frac{\partial \varphi}{\partial x}, \quad u_y = \frac{\partial \varphi}{\partial y}$$
$$u_x = \frac{\partial \psi}{\partial y}, \quad u_y = -\frac{\partial \psi}{\partial x} \tag{10-33}$$

比较以上两式,知速度势与流函数的关系为

$$\begin{cases} \dfrac{\partial \varphi}{\partial x} = \dfrac{\partial \psi}{\partial y} \\ \dfrac{\partial \varphi}{\partial y} = -\dfrac{\partial \psi}{\partial x} \end{cases} \tag{10-43}$$

式(10-43)为柯西—黎曼(Cauchy-Riemann)条件,简写为 C-R 条件。满足柯西-黎曼条件的两个函数称为共轭函数。又因为两者都是调和函数,所以平面势流的流函数 $\psi(x,y,t)$ 与速度势函数 $\varphi(x,y,z,t)$ 是一对共轭调和函数。如已知 $\varphi(x,y,z,t)$ 或 $\psi(x,y,t)$,即可由共轭关系式(10-43)求出另外一个。下面举例予以说明。

**例 10.1**　已知流体作平面流动,流速分布为 $u_x = y^2 - x^2 + 2x$,$u_y = 2xy - 2y$,试问:

(1)该流动是否存在流函数 $\psi(x,y,t)$? 若存在,试求之;

(2)该流动是否存在速度势 $\varphi(x,y,z,t)$? 若存在,试求之。

**解**　(1)判断流动的连续性,判断流函数是否存在。由题中所给出的流速分布可以求得

$$\frac{\partial u_x}{\partial x} + \frac{\partial u_y}{\partial y} = -2x + 2 + 2x - 2 = 0$$

可知满足平面不可压缩连续性方程,所以存在流函数。可以求得流函数

$$\psi(x,y,t) = \int u_x \mathrm{d}y - u_y \mathrm{d}x = \int (y^2 - x^2 + 2x)\mathrm{d}y - (2xy - 2y)\mathrm{d}x$$

$$= \int y^2 \mathrm{d}y - \mathrm{d}(x^2 y) + 2\mathrm{d}(xy) = \frac{1}{3}y^3 - x^2 y + 2xy + C_1。$$

（2）判断流动是否无旋（有势）。从前述已知流动是存在的，再由题中所给条件代入无旋条件求得

$$\omega = \omega_z = \frac{1}{2}\left(\frac{\partial u_y}{\partial x} - \frac{\partial u_x}{\partial y}\right) = \frac{1}{2}(2y - 2y) = 0$$

可知流体作无旋运动，所以存在速度势函数 $\varphi(x,y,z,t)$。可以求速度势函数 $\varphi(x,y,z,t)$，由速度势函数与流速的关系式第一式

$$u_x = \frac{\partial \varphi}{\partial x} = y^2 - x^2 + 2x$$

积分得 $\qquad \varphi(x,y,z,t) = \int(y^2 - x^2 + 2x)\mathrm{d}x = xy^2 - \frac{1}{3}x^3 + x^2 + f_2(y)$

将上式求出的速度势函数 $\varphi(x,y,z,t)$，对 $y$ 求导并又代入速度势函数与流速的关系式第二式，得

$$\frac{\partial \varphi}{\partial y} = 2xy + f_2'(y) = u_y = 2xy - 2y$$

从上式可见，$f_2'(y) = -2y$，积分得 $f_2(y) = -y^2 + C_2$，速度势函数为

$$\varphi(x,y,z,t) = xy^2 - \frac{1}{3}x^3 + x^2 - y^2 + C_2$$

上述例题给出了两种积分求解方法，这两种方法都可以有效求解速度势函数和流函数，请读者注意两种方法的区别。

在实际应用中，也可以速度势函数 $\varphi(x,y,z,t)$ 为实部，$\psi(x,y,t)$ 为虚部构成复变函数 $W(z) = \varphi + \mathrm{i}\psi$，从而借助复变函数理论来研究平面势流问题，这里不作进一步讨论。

### 10.4.2 流网

#### 1. 流网的特性

在不可压缩平面无旋流动中，流场中任一点都有一个 $\psi$ 和 $\varphi$ 值。由各点的 $\psi$ 和 $\varphi$ 值可以作出一系列的等流函数线（即流线），和等势线。等流函数线和等势线在流场中所组成的正交网格，称为流网。流网具有两个重要的特性，现介绍如下：

（1）构成流网的流线与等势线正交。这一正交条件正是绘制流网的重要依据之一，下面将对这一性质予以证明。

在流线上存在 $\qquad\qquad \mathrm{d}\psi = u_x \mathrm{d}y - u_y \mathrm{d}x = 0$

则过任一点 $M$ 的流线的斜率 $\qquad m_1 = \frac{\mathrm{d}y}{\mathrm{d}x} = \frac{u_y}{u_x}$

在等势线上存在 $\qquad\qquad \mathrm{d}\varphi = u_x \mathrm{d}x + u_y \mathrm{d}y = 0$

则过同一指定点 $M$ 的等势线的斜率 $\qquad m_2 = \frac{\mathrm{d}y}{\mathrm{d}x} = -\frac{u_x}{u_y}$

故过 $M$ 的流线和等势线的斜率的乘积

$$m_1 \cdot m_2 = \frac{u_y}{u_x}\left(-\frac{u_x}{u_y}\right) = -1 \qquad\qquad (10\text{-}44)$$

所以,过同一点的流线和等势线互相正交,如图 10-3 所示。

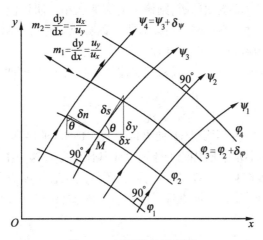

图 10-3　流网特性示意图

(2)流网中每一网格的边长之比 $\left(\dfrac{\delta s}{\delta n}\right)$ 等于 $\varphi$ 与 $\psi$ 的增值之比 $\left(\dfrac{\mathrm{d}\varphi}{\mathrm{d}\psi}\right)$,若取 $\mathrm{d}\varphi=\mathrm{d}\psi$,则每个微小网格都将为正交方格($\delta s=\delta n$)。

如图 10-3 所示,在已绘制出的流网中任取一网格,对网格上一点 $M$,其流速为 $u$,则有

$$u_x=u\cos\theta,\qquad \delta x=\delta s\cos\theta$$
$$u_y=u\sin\theta,\qquad \delta y=\delta s\sin\theta$$

由于

$$\mathrm{d}\varphi=\frac{\partial\varphi}{\partial x}\mathrm{d}x+\frac{\partial\varphi}{\partial y}\mathrm{d}y=u_x\mathrm{d}x+u_y\mathrm{d}y=u\delta s(\cos^2\theta+\sin^2\theta)=u\delta s \qquad (10\text{-}45)$$

由式(10-39)可知

$$\mathrm{d}\psi=\mathrm{d}q=u\delta n \qquad (10\text{-}46)$$

由以上两式可知

$$\frac{\mathrm{d}\varphi}{\mathrm{d}\psi}=\frac{\delta s}{\delta n} \qquad (10\text{-}47)$$

故证得流网中每一网格的边长之比等于 $\varphi$ 与 $\psi$ 的增值之比。

在绘制流网时,各流线之间的 $\mathrm{d}\psi$ 值和各等势线之间的 $\mathrm{d}\varphi$ 值各为一个固定的常数,因此网格的边长之比应该不变,为简便见,常取 $\mathrm{d}\varphi=\mathrm{d}\psi$,则有 $\delta s=\delta n$。这样,所有的网格都是正交的曲边正方形。对于网格是曲边正方形的流网,因为任何流线之间的流量 $\mathrm{d}q$ 是一常数,所以任何网格的流速为

$$u=\frac{\mathrm{d}q}{\delta n} \qquad (10\text{-}48)$$

在绘制流网时,各网格中的 $\mathrm{d}q$ 是一常数,由此可得

$$\frac{u_1}{u_2}=\frac{\delta n_2}{\delta n_1} \qquad (10\text{-}49)$$

即流速 $u$ 与 $n$ 成反比。在流网上直接量出各处的 $\delta n$，根据式(10-49)可以得出流速的相对变化关系，若已知其中一点的流速就可以计算出其他各点的流速。从上式还可以看出，流线愈密集，则该点流速愈大；流线愈稀疏，则该点的流速愈小。所以流网图型可以清晰的表示出流速的分布情况。通过绘制流网图可以获得平面势流问题的近似解答，如在水力机械中，便可以利用流网来设计导叶或水轮机叶片。

至于定常流中的压强分布，则可以从理想流体的拉格朗日-柯西积分式(10-25)求得，即

$$\frac{p_1-p_2}{\rho g}=\frac{\Delta p}{\rho g}=z_2-z_1+\frac{u_2^2-u_1^2}{2g} \tag{10-50}$$

若某一点(如边界处)的压强已知，便可以由式(10-50)求得其他各点的压强。因此，通过绘制流网图可以解答定常平面势流的流速分布和压强分布这一中心问题。流网之所以能给出定常平面势流问题的唯一解答，是因为流网图就是拉普拉斯方程在一定边界条件下的图解，在特定边界条件下，拉普拉斯方程只能有一个解，故针对一种特定的边界条件只能有唯一确定的流网。

2.流网图的绘制

在绘制流网图时，常需在绘图纸上用铅笔进行试绘。先按一定比例绘制出流动的边界并根据边界条件定出边界流线和边界等势线。因此绘制流网图时，首先要确定边界条件，边界条件一般有固体边界、自由表面边界以及入流断面条件和出流断面条件等。固体边界上的运动学条件是垂直于边界的流速分量应为零，流体必然沿着固定边界流动，固体边界成为一条流线，则等势线必与边界正交，如图10-4所示。

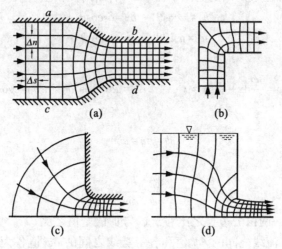

图10-4  不同边界条件下的流网图

**例10.2**  试绘图表示 $\psi=x^2-y^2$ 的流线、等势线和流动方向，并求出在点(1,1)上的流速及方向。

**解**  因 $\psi=x^2-y^2$，故有 $u_x=\dfrac{\partial \psi}{\partial y}=-2y$，$u_y=-\dfrac{\partial \psi}{\partial x}=-2x$。已知流函数等值线就是流线，令 $\psi=$ const，可得流线。从 $\psi$ 的函数形式看，流线为双曲线。现令 $\psi=1,2,\cdots,10$，其部分坐标计算结果如表10-1所示，据此可点绘出如图10-5所示的流线。

由通过 $\psi$ 已求得的 $u_x=-2y, u_y=-2x$，由式（10-4）可以求得速度势

$$\varphi = \int(u_x \mathrm{d}x + u_y \mathrm{d}y) = \int(-2y\mathrm{d}x - 2x\mathrm{d}y) = -2xy$$

从所求得的等势线可知等势线也为等轴双曲线，如 $\varphi > 0$，则在 II、IV 象限内。当 $x, y$ 都为正值时，$u_x, u_y$ 均为负值，反之则都为正值。在点（1，1）处的流速为 $u = \sqrt{u_x^2 + u_y^2} = \sqrt{4(x^2 + y^2)} = 2\sqrt{2}$，其斜率为 $\dfrac{\mathrm{d}y}{\mathrm{d}x} = \dfrac{-2x}{-2y} = 1$，故流速向量与 $Ox$ 轴倾斜成 45°角。

表 10-1　　　　　　　　　　　　流函数 $\psi$ 的坐标计算值

| $\psi$ | $y$ | $x = \pm\sqrt{y^2 - \psi}$ |
|:---:|:---:|:---:|
| | 0 | $=\pm 1$ |
| 1 | 1 | $=\pm\sqrt{2}$ |
| | 2 | $=\pm\sqrt{5}$ |
| | 3 | $=\pm\sqrt{10}$ |
| | 0 | $=\pm\sqrt{2}$ |
| 2 | 1 | $=\pm\sqrt{3}$ |
| | 2 | $=\pm\sqrt{6}$ |
| | 3 | $=\pm\sqrt{11}$ |

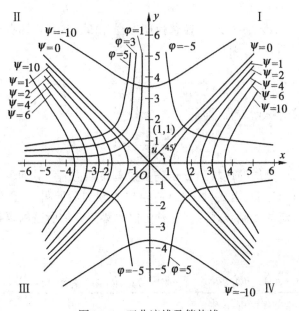

图 10-5　双曲流线及等势线

# §10.5　平面势流运动的叠加

对于实际流动中一些具有比较复杂边界条件的势流,直接通过求解拉普拉斯方程来获得流函数和势函数往往是比较困难的。而对某些简单势流的速度势和流函数却比较容易求得,如果将这些容易求得的简单势流在一定条件下叠加,就可以得到一些既符合给定的边界条件又具有实际意义的势流,从而可以方便求解这些势流问题。这样的方法称为势流叠加法,这个方法简便易行,有一定的应用价值,本节将对这个方法进行讨论。

### 10.5.1　势流的叠加原理

若干个简单势流叠加组合成的较复杂的流动仍为势流,也就是说势流具有可叠加性。其叠加方式是,将若干个简单势流的速度势函数 $\varphi$ 和流函数 $\psi$ 分别简单相加等于新的势流的速度势函数 $\varphi$ 和流函数 $\psi$,即

$$\varphi=\varphi_1+\varphi_2+\cdots+\varphi_n \tag{10-51}$$
$$\psi=\psi_1+\psi_2+\cdots+\psi_n \tag{10-52}$$

上述势流叠加原理可以证明如下:

设 $n$ 个简单势流,其速度势为 $\varphi_1,\varphi_2,\cdots,\varphi_n$,它们都满足拉普拉斯方程

$$\frac{\partial^2\varphi_1}{\partial x^2}+\frac{\partial^2\varphi_1}{\partial y^2}=0,\frac{\partial^2\varphi_2}{\partial x^2}+\frac{\partial^2\varphi_2}{\partial y^2}=0,\cdots,\frac{\partial^2\varphi_n}{\partial x^2}+\frac{\partial^2\varphi_n}{\partial y^2}=0 \tag{10-53}$$

将拉普拉斯算子对式(10-51)两边同时作用,得

$$\frac{\partial^2\varphi}{\partial x^2}+\frac{\partial^2\varphi}{\partial y^2}=\frac{\partial^2(\varphi_1+\varphi_2+\cdots+\varphi_n)}{\partial x^2}+\frac{\partial^2(\varphi_1+\varphi_2+\cdots+\varphi_n)}{\partial y^2}$$

右边项可以展开成对 $\varphi_1,\varphi_2,\cdots,\varphi_n$ 的拉普拉斯方程,由式(10-53)知右边各简单势流的速度势函数应满足拉普拉斯方程,则有

$$\left(\frac{\partial^2\varphi_1}{\partial x^2}+\frac{\partial^2\varphi_1}{\partial y^2}\right)+\left(\frac{\partial^2\varphi_2}{\partial x^2}+\frac{\partial^2\varphi_2}{\partial y^2}\right)+\cdots+\left(\frac{\partial^2\varphi_n}{\partial x^2}+\frac{\partial^2\varphi_n}{\partial y^2}\right)=0+0+\cdots+0=0$$

从而左边项也满足拉普拉斯方程,即

$$\frac{\partial^2\varphi}{\partial x^2}+\frac{\partial^2\varphi}{\partial y^2}=0$$

由此证明 $\varphi_1,\varphi_2,\cdots,\varphi_n$ 叠加的代数和 $\varphi$ 也满足拉普拉斯方程。由此可见,叠加所得新的流动仍为势流。同理可以证明,由式(10-52)所给出的叠加后所得平面势流的流函数 $\psi$ 也等于被叠加平面简单势流的流函数之和。这种由简单势流叠加所得的复杂势流被称为复合势流。

此外,因

$$\frac{\partial\varphi}{\partial x}=\frac{\partial(\varphi_1+\varphi_2+\cdots+\varphi_n)}{\partial x}=\frac{\partial\varphi_1}{\partial x}+\frac{\partial\varphi_2}{\partial x}+\cdots+\frac{\partial\varphi_n}{\partial x},\frac{\partial\varphi}{\partial y}=\frac{\partial(\varphi_1+\varphi_2+\cdots+\varphi_n)}{\partial y}=\frac{\partial\varphi_1}{\partial y}+\frac{\partial\varphi_2}{\partial y}+\cdots+\frac{\partial\varphi_n}{\partial y}$$

所以
$$u_x=u_{1x}+u_{2x}+\cdots+u_{nx},u_y=u_{1y}+u_{2y}+\cdots+u_{ny}$$

或
$$\boldsymbol{u}=\boldsymbol{u}_1+\boldsymbol{u}_2+\cdots+\boldsymbol{u}_n$$

由此可知,势流叠加意味着流速场的几何相加,复合势流的流速场等于各简单势流的流速场

的矢量和。

### 10.5.2　几种简单的平面势流

对于一些简单的基本势流,其流速分布通常是已知的,相应的速度势、流函数及流动图像便容易求得,它们之间的对应关系将是势流叠加的基础。

#### 1.均匀等速流

均匀等速流是一种最简单的平面势流。因其流线和等势线均为互相平行的直线,故又称为平面平行流。设流速 $u$ 与 $Ox$ 轴成 $\alpha$ 角,如图 10-6 所示,则

$$\begin{cases} u_x = u\cos\alpha \\ u_y = u\sin\alpha \end{cases} \tag{10-54}$$

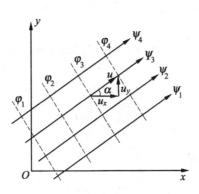

图 10-6　均匀等速势流示意图

又因是均匀等速流,$u$ 及 $u_x,u_y$ 均为常数,将上式代入式(10-34),可得

$$\psi = \int u_x \mathrm{d}y - u_y \mathrm{d}x = u_x y - u_y x + C_1 \tag{10-55}$$

同理可得
$$\varphi = \int u_x \mathrm{d}x + \int u_y \mathrm{d}y = u_x x + u_y y + C_2 \tag{10-56}$$

若令过 $O$ 点的流线及等势线上的 $\varphi$ 值均为 0,则 $C_1 = C_2 = 0$,即

$$\begin{cases} \psi = u_x y - u_y x = u(y\cos\alpha - x\sin\alpha) \\ \varphi = u_x x + u_y y = u(x\cos\alpha + y\sin\alpha) \end{cases} \tag{10-57}$$

对于式(10-57),令 $\varphi = \mathrm{const}$ 和 $\psi = \mathrm{const}$ 给出的等势线和流线,如图 10-6 所示。

另外,若 $\alpha = 0°$,则均匀等速势流平行于 $Ox$ 轴,有 $u_x = u, u_y = 0$,此时 $\psi = uy, \varphi = ux$。若 $\alpha = 90°$,则均匀等速势流平行于 $Oy$ 轴,有 $u_x = 0, u_y = u$,此时 $\psi = -ux, \varphi = uy$。

实际流动中,如风洞或水洞中的实验段流动,均可以近似看做均匀等速流动。

#### 2.平面点源与点汇的流动

设流体由平面上一点 $O$ 沿径向直线均匀地向各个方向流出,如图 10-7 所示,这种流动称为点源流动,简称源流,$O$ 点称为源点。

由于点源流动中只有径向流速 $u_r$,若将极坐标的原点作源点,则可以写出极坐标表示的流速分布为

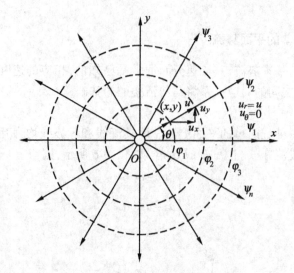

图 10-7  平面源流示意图

$$\begin{cases} u_r = \dfrac{q}{2\pi r} \\ u_\theta = 0 \end{cases} \tag{10-58}$$

或直角坐标表示的流速分布为

$$u_x = \frac{qx}{2\pi(x^2+y^2)}, \quad u_y = \frac{qy}{2\pi(x^2+y^2)} \tag{10-59}$$

式中,$q$ 为沿 $Oz$ 轴单位长度上所流出的流量,称为点源强度。

当 $r \to 0$ 时,$u \to \infty$,故 $r=0$ 这一点(即源点)为奇点。作点源流场的涡量

$$\Omega_z = \frac{1}{r}\frac{\partial(ru_\theta)}{\partial r} - \frac{1}{r}\frac{\partial u_r}{\partial \theta} = 0$$

可见除源点以外,流动是连续的、无旋的,为势流。根据流速分布式(10-58),可以求得表征源流的速度势函数 $\varphi$ 和流函数 $\psi$

$$\varphi = \int (u_r \mathrm{d}r + u_\theta r\mathrm{d}\theta) = \int \frac{q}{2\pi r}\mathrm{d}r = \frac{q}{2\pi}\ln r \tag{10-60}$$

$$\psi = \int (-u_\theta \mathrm{d}r + u_r r\mathrm{d}\theta) = \int \frac{q}{2\pi r}r\mathrm{d}\theta = \frac{q}{2\pi}\theta \tag{10-61}$$

以及直角坐标表示的 $\varphi$ 和 $\psi$

$$\psi = \frac{q}{2\pi}\arctan\frac{y}{x}, \quad \varphi = \frac{q}{2\pi}\ln\sqrt{x^2+y^2} \tag{10-62}$$

令 $\varphi = \mathrm{const}$,有等势线方程 $r = C_1$;$\psi = \mathrm{const}$ 流线方程 $\theta = C_2$。即源流的等势线则是一簇以原点为中心的同心圆,流线是一簇从源点出发的径向射线,这两簇线互相正交,构成如图 10-7 所示的流网图形。

点汇的流动则是流体从各方沿径向均匀地汇入一点 $O$ 的流动,如图 10-8 所示,称为点汇流动,简称汇流,$O$ 点称为汇点。依据定义,其流速分布为

$$\begin{cases} u_r = -\dfrac{q}{2\pi r} \\ u_\theta = 0 \end{cases} \tag{10-63}$$

式中,$q$ 为沿 $Oz$ 轴的单位长度上所流入的流量,表示点汇流动的强度。应用与点源流动相同的分析方法,可知除汇点以外,汇流流场为连续、无旋,也为势流。可以得到描述这类流动的速度势函数与流函数为

$$\varphi = -\frac{q}{2\pi}\ln r \tag{10-64}$$

$$\psi = \frac{q}{2\pi}\theta \tag{10-65}$$

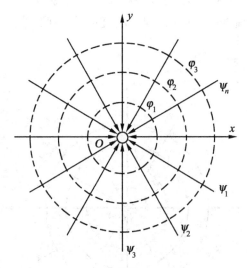

图 10-8　平面汇流示意图

　　汇流的等势线也是一簇以原点为中心的同心圆,流线也是一簇径向射线,这两簇线互相正交,所不同的是流动以汇点为终止点。如图 10-8 为汇流的流网图形。

　　若不考虑源点、汇点,实际流体中有些流动与平面源流、汇流类似,例如,泉水从泉眼向外均匀流出的情况,就是源流的近似;而实际流动中地下水从四周均匀流入水井的流动,可以作为汇流的近似。源流与汇流这一概念的重要意义还在于,许多复杂的实际势流,可以通过源流和其他简单势流的组合得到。

　　3. 平面点涡的流动

　　第 9 章 §9.6 中讨论了平面圆形涡外自由涡流动的问题,当平面圆形涡的半径 $r_0 \rightarrow 0$ 时,且旋涡强度保持不变,平面圆形涡则退化为一点涡,点涡的自由涡流场(即诱导速度场)速度分布为

$$\begin{cases} u_\theta = \dfrac{\varGamma}{2\pi r} \\ u_r = 0 \end{cases} \tag{10-66}$$

式中,速度环量 $\varGamma$ 称为旋涡强度。显然,当 $r \rightarrow 0$ 时,$u \rightarrow \infty$,故 $r = 0$ 这一点(即涡点)为奇点。

又从第 9 章中的分析可知,点涡外自由涡流场为连续、无旋流动。由此,这个流动除涡点外,为一简单平面势流流动。

根据极坐标下,流速势函数与流函数的柯西—黎曼条件

$$u_r=\frac{\partial\varphi}{\partial r}=\frac{1}{r}\frac{\partial\psi}{\partial\theta}, \quad u_\theta=\frac{1}{r}\frac{\partial\varphi}{\partial\theta}=-\frac{\partial\psi}{\partial r} \tag{10-67}$$

将点涡流速分布式(10-66)代入式(10-67)可得点涡流动的流速势函数 $\varphi$ 和流函数 $\psi$

$$\varphi=\frac{q\theta}{2\pi} \tag{10-68}$$

$$\psi=-\frac{\Gamma}{2\pi}\ln r \tag{10-69}$$

令 $\varphi=\text{const}$,有等势线方程 $r=C_1$;$\psi=\text{const}$ 流线方程 $\theta=C_2$。即点涡的等势线则是一簇从源点出发的径向射线,流线是一簇以原点为中心的同心圆,这两簇线互相正交,构成如图 10-9 所示的流网图形。

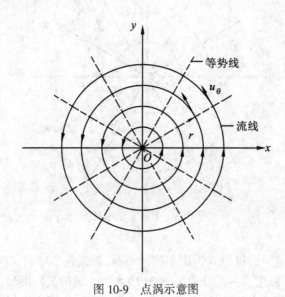

图 10-9　点涡示意图

需要说明的是,旋涡强度 $\Gamma$ 为正时,点涡的旋转方向为逆时针方向,反之亦然。在实际流动中,河道或渠道中的立轴旋涡,大气中出现的气旋等,大多可以近似看做点涡流动。

**4.偶极子流动**

如图 10-10 所示,假设 $B,C$ 两点分别有一个源和汇,相距为 $\delta x$,并且它们的强度分别为 $+q$ 与 $-q$(等强度),设 $A$ 点为源与汇以外的任意一点,距 $B,C$ 两点的距离分别为 $r_1$ 及 $r_2$,则源与汇组合流场的速度势函数 $\varphi$ 为

$$\varphi=\varphi_源+\varphi_汇=\frac{q}{2\pi}\ln r_1-\frac{q}{2\pi}\ln r_2 \tag{10-70}$$

如果源与汇彼此互相接近,即 $\delta x\to0$,得到的流动称为偶极子。

应该注意的是,由源与汇组成的流动,不应是单纯相加组成,因为若单纯相加,就会出现

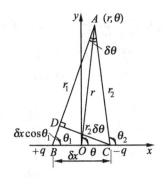

图 10-10　点源与点汇叠加推导偶极子示意图

恰好从源流出,就被汇吸入,而不能产生流动的情况。因此,我们必须假定

$$\lim_{\delta x \to 0} q \cdot \delta x = M \tag{10-71}$$

也就是使强度 $q$ 趋于无穷大,而强度 $q$ 与距离 $\delta x$ 的乘积趋于一有限值。只有这样才会产生所需的偶极子流动。式(10-71)中 $M$ 称为偶极矩,或称为偶极子强度。

　　由此,可以将偶极子作下列定义:两个彼此间距无限小、强度相等的源与汇,其强度 $q$ 与距离 $\delta x$ 的乘积的极限等于有限值 $M$,由这样的源与汇叠加所形成的流动,称为偶极子,也称为偶极流。

　　依据以上叙述,现求由源与汇组合而成的偶极子流动的速度势函数和流函数。

　　首先根据定义,偶极子的速度势函数可以表达为

$$\varphi = \lim_{\delta x \to 0}(\varphi_{源} + \varphi_{汇}) = \lim_{\delta x \to 0}\left(\frac{q}{2\pi}\ln r_1 - \frac{q}{2\pi}\ln r_2\right) = \lim_{\delta x \to 0}\left(\frac{q}{2\pi}\ln \frac{r_1}{r_2}\right) \tag{10-72}$$

式中,$r_1$,$r_2$ 分别为流场中任意一点 $A(r,\theta)$ 距源与汇的距离。由图 10-10 中 $C$ 点引一垂直于 $AB$ 的垂线 $CD$,当 $\delta\theta$ 很小时,有

$$r_1 \approx r_2 + \delta x \cdot \cos\theta_1$$

将上式代入式(10-72),得

$$\varphi = \lim_{\delta x \to 0}\left(\frac{q}{2\pi}\ln \frac{r_1}{r_2}\right) = \lim_{\delta x \to 0}\left[\frac{q}{2\pi}\ln\left(1 + \frac{\delta x \cos\theta_1}{r_2}\right)\right] \tag{10-73}$$

引入高等数学中有关 $\ln(1+x)$ 级数展开中的性质,当 $x<1$ 时,$\ln(1+x) \approx x$,则有 $\ln\left(1 + \dfrac{\delta x \cos\theta_1}{r_2}\right) \approx \dfrac{\delta x \cos\theta_1}{r_2}$,所以

$$\varphi = \lim_{\delta x \to 0}\left(\frac{q \cdot \delta x}{2\pi} \frac{\cos\theta_1}{r_2}\right) \tag{10-74}$$

当 $\delta x \to 0$ 时,$q \cdot \delta x \to M$,$\theta_1 \to \theta$,$r_2 \to r$,可以得到偶极子的速度势为

$$\varphi = \frac{M}{2\pi} \cdot \frac{\cos\theta}{r}\text{（极坐标）} \tag{10-75}$$

或

$$\varphi = \frac{M}{2\pi} \cdot \frac{x}{x^2 + y^2}\text{（直角坐标）} \tag{10-76}$$

同理,依据偶极子的定义,流函数可以写成

$$\psi = \lim_{\delta x \to 0}(\psi_{源} + \psi_{汇}) = \lim_{\delta x \to 0}\frac{q}{2\pi}(\theta_1 - \theta_2) = \lim_{\delta x \to 0}\frac{q}{2\pi}(-\delta\theta) \tag{10-77}$$

其中 $\delta\theta$ 为 $\angle BAC$,参见图 10-10,在图 10-10 中直角三角形 $BCD$ 中 $CD$ 边之长为 $CD = \delta x\sin\theta_1$;同时,$CD$ 又是三角形 $ACD$ 的一边,当 $\delta\theta$ 很小时,$AD \approx AC = r_2$,这样,又有 $CD = r_2\sin\delta\theta \approx r_2\delta\theta$。因此

$$r_2\delta\theta = \delta x\sin\theta_1 \quad 或 \quad \delta\theta = \frac{\delta x\sin\theta_1}{r_2}$$

将上式代入偶极子的流函数表达式中,则得

$$\psi = -\lim_{\delta x \to 0}\left(\frac{q \cdot \delta x}{2\pi}\frac{\sin\theta_1}{r_2}\right) \tag{10-78}$$

当 $\delta x \to 0$ 时,$q \cdot \delta x \to M$,$\theta_1 \to \theta$,$r_2 \to r$,可以得到偶极子的流函数的一般表达式为

$$\psi = -\frac{M}{2\pi} \cdot \frac{\sin\theta}{r}(极坐标) \tag{10-79}$$

或

$$\psi = -\frac{M}{2\pi} \cdot \frac{y}{x^2+y^2}(直角坐标) \tag{10-80}$$

令 $\varphi = \text{const}$,得等势线方程

$$\frac{x}{x^2+y^2} = C_1$$

变形为

$$y^2 + \left(x - \frac{1}{2C_1}\right)^2 = \frac{1}{4C_1^2}$$

可见等势线为圆心在 $Ox$ 轴上,并与 $Oy$ 轴相切的圆簇。

令 $\psi = \text{const}$,得等流函数线方程

$$\frac{y}{x^2+y^2} = C_2$$

变形为

$$x^2 + \left(y - \frac{1}{2C_2}\right)^2 = \frac{1}{4C_2^2}$$

可见等流函数线为圆心在 $Oy$ 轴上,并与 $Ox$ 轴相切的圆簇。

由速度与流函数、势函数的关系,偶极子的速度分布为

$$u_x = \frac{M}{2\pi}\frac{(y^2-x^2)}{r^4} = -\frac{M}{2\pi}\frac{\cos2\theta}{r^2}$$

$$u_y = -\frac{M}{2\pi}\frac{2xy}{r^4} = -\frac{M}{2\pi}\frac{\sin2\theta}{r^2}$$

合速度的数值为

$$u = \sqrt{u_x^2 + u_y^2} = \frac{M}{2\pi}\frac{1}{r^2}$$

显然偶极子的速度大小自原点向外按 $\frac{1}{r^2}$ 的关系逐渐减小,这一点和源(汇)的速度大小按 $\frac{1}{r}$ 的关系变化是不同的。

### 10.5.3　简单势流的叠加示例

1.平行流与源叠加

由势流叠加原理,将流速为 $u_0$ 的平行流与强度为 $q$ 的点源叠加,就可以得到另一新的流动。将平行流与点源的速度势函数、流函数分别相加后,得该复合势流速度势函数 $\varphi$ 与流函数 $\psi$

$$\varphi = u_0 x + \frac{q}{2\pi}\ln\sqrt{x^2+y^2} \tag{10-81}$$

$$\psi = u_0 y + \frac{q}{2\pi}\theta \tag{10-82}$$

图 10-11 中绘出了该复合流动的流线示意图,上述势流叠加后的流动即相当于平行流绕过一假想的头部为流线型的固壁的流动。

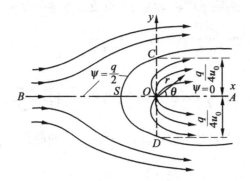

图 10-11　平行流绕流线型固壁的流动示意图

依据 $\varphi$ 或 $\psi$ 与流速的关系式便可以容易地求得复合势流的流速分布

$$\begin{cases} u_x = \dfrac{\partial\varphi}{\partial x} = u_0 + \dfrac{q}{2\pi}\dfrac{x}{x^2+y^2} \\[3mm] u_y = \dfrac{\partial\varphi}{\partial y} = \dfrac{q}{2\pi}\dfrac{y}{x^2+y^2} \end{cases} \tag{10-83}$$

为了了解求得该复合势流代表一种什么样的流动,需要确定驻点的位置和过驻点的流线形状,并以此确定绕流物体的外形。

首先确定驻点的位置。在流场中速度为零的点称为驻点,图 10-11 中的 $S$ 点为驻点,根据定义在该点处有 $u_x = u_y = 0$,即

$$u_0 + \frac{q}{2\pi}\frac{x}{x^2+y^2} = 0, \quad \frac{q}{2\pi}\frac{y}{x^2+y^2} = 0 \tag{10-84}$$

解以上两式得驻点位置为

$$x = -\frac{q}{2\pi u_0}, \quad y = 0 \tag{10-85}$$

表明驻点在 $Ox$ 轴的负向位置,具体位置与平行来流的速度 $u_0$ 和源的强度 $q$ 有关。

其次分析过驻点的流线方程,令 $\psi = \text{const}$,得该组合流场的流线方程为

$$u_0 y + \frac{q}{2\pi}\theta = C \tag{10-86}$$

在驻点 $S$ 处,$y = 0$,$\theta = \pi$,代入上式得 $C = \dfrac{q}{2}$。所以,过驻点 $S$ 的流线方程为

$$u_0 y + \frac{q}{2\pi}\theta = \frac{q}{2} \tag{10-87}$$

为方便分析,由 $y = r\sin\theta$ 变形可得另一形式的过驻点 $S$ 的流线方程

$$r = \frac{q}{2\pi u_0}\left(\frac{\pi - \theta}{\sin\theta}\right) = \frac{q}{2\pi u_0}\left(\frac{\pi - \theta}{\sin(\pi - \theta)}\right) \tag{10-88}$$

该方程也就是绕流物体的外形轮廓线,由于流动对称于 $Ox$ 轴,因此只需对 $y \geqslant 0$ 的范围进行研究。对式(10-88)进行分析知:

(1)$\theta$ 从 0 逐步增加到 $\pi$ 时,$r$ 不断减小;

(2)当 $\theta \to 0$ 时,$r \to \infty$,表明下游轮廓线与平行流的方向一致;

(3)当 $\theta = \pi$ 时,因为 $\lim\limits_{\theta \to \pi}\dfrac{1}{\dfrac{\sin(\pi - \theta)}{(\pi - \theta)}} = 1$,则 $r = \dfrac{q}{2\pi u_0}$;

(4)该流线型物体的半宽为 $y = r\sin\theta$,则有:当 $\theta = \dfrac{\pi}{2}$ 时,$y = \dfrac{q}{4u_0}$;当 $\theta = \dfrac{3\pi}{2}$ 时,$y = -\dfrac{q}{4u_0}$。

由以上的讨论可知,这条过驻点的流线是一条与 $Oy$ 轴截距为 $\dfrac{q}{4u_0}$ 的二次曲线,如图 10-11 所示。

平行流绕过头部为流线型的固壁的实际流动有很多,例如空气绕机翼的流动和水力机械叶片头部的流动等。在具体的水力设计中,可以根据绕流物体的外形(即通过驻点的那条流线)来决定源的强度和其位于坐标轴上的位置,从而获得与绕流物体的轮廓线完全重合的过驻点的流线,以便真实地反映实际流动。由叠加获得该组合流场的速度势函数或流函数后,便能准确地计算出物体上游端部的流速分布,由拉格朗日—柯西积分式便可以进一步求得流场中的压强分布。

2.点汇与点涡叠加的流动——螺旋流

如图 10-12 所示,在原点处放置一强度为 $q$ 的点汇,和一速度环量为 $\Gamma$ 的点涡,设点涡的环量旋转方向为逆时针方向。由势流叠加原理,两简单势流叠加后的所得表征另一新的流动场的速度势函数为

$$\varphi = -\frac{q}{2\pi}\ln r + \frac{\Gamma}{2\pi}\theta \tag{10-89}$$

表征该流动的流函数为

$$\psi = -\frac{q}{2\pi}\theta - \frac{\Gamma}{2\pi}\ln r \tag{10-90}$$

令以上两式等于常数,可得:

等势线方程为

$$r = C_1 e^{\frac{\Gamma}{q}\theta}$$

流线方程为
$$r = C_2 e^{-\frac{q}{\Gamma}\theta}$$
式中 $C_1$ 和 $C_2$ 为两个常数,上述两式表明该符合势流的等势线和流线是两组相互正交的对数螺旋线簇,因此这种由点汇与点涡叠加所得的流动被称为螺旋流,见图 10-12 所示。图 10-12 中 $\psi_s$ 为点汇的流函数,而 $\psi_{sV}$ 表示点汇与点涡叠加后的流函数。

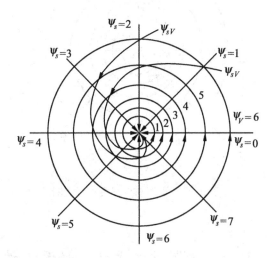

图 10-12　点汇与点涡的叠加示意图

上述叠加而得的流场,其流速分布可由速度势函数或流函数求得,故有
$$\begin{cases} u_r = \dfrac{\partial\varphi}{\partial r} = -\dfrac{q}{2\pi r} \\ u_\theta = \dfrac{1}{r}\dfrac{\partial\varphi}{\partial\theta} = \dfrac{\Gamma}{2\pi r} \end{cases} \tag{10-91}$$

根据已求得的流速分布,由拉格朗日—柯西积分式可以计算压强场。在流场中心点外任取两点,两点距中心的位置分别为 $r_1$、$r_2$,压强为 $p_1$、$p_2$,速度为 $u_1$、$u_2$,若质量力可以忽略,由式(10-25),则有
$$p_1 + \frac{\rho}{2}u_1^2 = p_2 + \frac{\rho}{2}u_2^2 \tag{10-92}$$

因为 $u = \sqrt{u_r^2 + u_\theta^2} = \dfrac{\sqrt{q^2+\Gamma^2}}{2\pi r}$,令 $\dfrac{\sqrt{q^2+\Gamma^2}}{2\pi} = C$,则有 $u_1 = \dfrac{C}{r_1}$,$u_2 = \dfrac{C}{r_2}$,代入式(10-92)得
$$p_2 - p_1 = \frac{\rho C^2}{2}\left(\frac{1}{r_1^2} - \frac{1}{r_2^2}\right) \tag{10-93}$$

同样地,点源与点涡的叠加所得的流动也是螺旋流,如图 10-13 所示。

实际工程中,为了使流动平顺,阻力最小,在设计时常将流体机械外壳做成对数螺线形。如水轮机蜗室流体的流动,旋风燃烧室,离心式除尘器等设备中,流体自外沿圆周切向进入,又从中央不断流出,这种流动均可以视为点汇与点涡叠加的流动(汇涡流)。离心式水泵、离心风机等蜗室中的流动同样可以近似地看成点源与点涡的叠加(源涡流)。

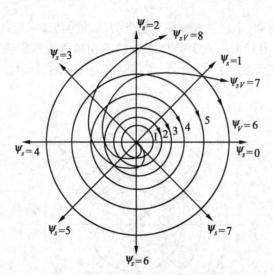

图 10-13　点源与点涡叠加示意图

# §10.6　绕圆柱体无环量平面流动

前面我们应用势流叠加原理求解了几种复合势流。理想不可压缩流体平面无旋运动的另一个很重要的问题是绕流问题,若能用同样的方法求解出绕流流场的速度势函数或流函数,便可以容易地确定该流场的流速与压强分布,进而求解出流体对绕流物体的作用力等。本节将对平面绕流中最简单、最基本的问题——绕圆柱的无环量流动进行讨论,下一节将讨论绕圆柱体有环量的流动。

设想一无限长圆柱体在静止的流体中以速度 $u_0$ 作匀速直线运动,在这种情况下,流场中任一点的流速和压强将随时间发生变化,因而属于非定常流动。为使问题求解简化,可以将坐标系取在圆柱上,即假设圆柱静止不动,流体由无限远处以匀速 $u_0$ 流向圆柱体,相当于均匀等速流(平行流)绕过一静止的半径为 $r$ 的圆柱体的流动,如图 10-14 所示,从而把这一问题转化为平行流绕过圆柱体无环流的平面定常流动。根据上节内容,该流动可以由平行流和偶极流的叠加所得到,因此应用势流叠加原理对其进行分析,并对这种流动的流速分布、压强分布和流体对圆柱体的作用力分别进行研究。

## 10.6.1　速度势函数与流函数

设有一沿 $Ox$ 轴正向速度为 $u_0$ 的平行流以图 10-14 所示的方式,与一位于坐标原点的偶极矩为 $M$ 的偶极子叠加。由势流叠加原理,两简单势流叠加所得的复合势流的速度势函数 $\varphi$ 和流函数 $\psi$ 分别为

$$\begin{cases} \varphi = u_0 x + \dfrac{M}{2\pi}\dfrac{x}{x^2+y^2} = u_0 r\cos\theta + \dfrac{M}{2\pi}\dfrac{\cos\theta}{r} \\ \psi = u_0 y - \dfrac{M}{2\pi}\dfrac{y}{x^2+y^2} = u_0 r\sin\theta - \dfrac{M}{2\pi}\dfrac{\sin\theta}{r} \end{cases}$$

(10-94)

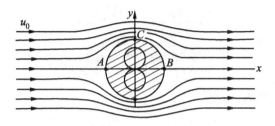

图 10-14　绕圆柱体无环量流动示意图

令 $\psi$ 等于不同的常数 $C$，可得如图 10-14 所示的流动图型。若流动为圆柱绕流，应存在可以作为圆柱边界的零流线。

当 $C=0$ 时，得零流线方程为

$$u_0 y - \frac{M}{2\pi} \frac{y}{x^2 + y^2} = 0$$

解得
$$y = 0 \qquad 或 \qquad x^2 + y^2 = \frac{M}{2\pi u_0}$$

由此可知，零流线是一个以坐标原点为圆心，以 $r_0 = \sqrt{\dfrac{M}{2\pi u_0}}$ 为半径的圆周以及 $Ox$ 轴所构成的图形。零流线在 $\theta = \pi$ 处（$A$ 点）分成两股，沿上、下两个半圆周流到 $\theta = 0$（$B$ 点）处，又重新汇合。从而证明该组合流场确有一圆形零流线存在，并满足流体不可穿入的边界条件。因此，流速为 $u_0$ 平行流与偶极矩 $M = 2\pi u_0 r_0^2$ 的偶极流叠加而成的组合流动，可以真实地反映平行流绕过半径为 $r_0$ 的圆柱体的平面流动。

于是，式（10-94）可以写成

$$\begin{cases} \varphi = u_0 \left(1 + \dfrac{r_0^2}{r^2}\right) r\cos\theta \\[3mm] \psi = u_0 \left(1 - \dfrac{r_0^2}{r^2}\right) r\sin\theta \end{cases} \tag{10-95}$$

因绕流问题所关注的是绕流物体表面边界及外部流场，而 $r < r_0$ 位于圆柱体内，对于流动没有实际意义，因此以上二式均在 $r \geqslant r_0$ 条件下成立。

### 10.6.2　流速分布

由流速势函数和流速的关系式得流场中任一点的直角坐标下速度分量为

$$\begin{cases} u_x = \dfrac{\partial\varphi}{\partial x} = u_0 \left[1 - \dfrac{r_0^2(x^2 - y^2)}{(x^2 + y^2)^2}\right] = u_0 \left(1 - \dfrac{r_0^2}{r^2}\cos 2\theta\right) \\[3mm] u_y = \dfrac{\partial\varphi}{\partial y} = -2u_0 r_0^2 \dfrac{xy}{(x^2 + y^2)^2} = -u_0 \dfrac{r_0^2}{r^2}\sin 2\theta \end{cases} \tag{10-96}$$

在 $x = \infty,\ y = \infty$ 处，$u_x = u_0,\ u_y = 0$。表明在离圆柱体无穷远处的流动是速度为 $u_0$ 的平行流。在点 $A(-r_0, 0)$ 和点 $B(r_0, 0)$ 处，则有 $u_x = u_y = 0$，$A$ 点为前驻点，$B$ 点为后驻点。

极坐标系下，速度分量为

$$\begin{cases} u_r = \dfrac{\partial \varphi}{\partial r} = u_0 \left(1 - \dfrac{r_0^2}{r^2}\right)\cos\theta \\ u_\theta = \dfrac{1}{r}\dfrac{\partial \varphi}{\partial \theta} = u_0 \left(1 + \dfrac{r_0^2}{r^2}\right)\sin\theta \end{cases} \tag{10-97}$$

则沿包围圆柱体的圆形周线的速度环量为

$$\Gamma = \oint u_\theta \mathrm{d}s = -u_0 \left(1 + \frac{r_0^2}{r^2}\right)\oint \sin\theta\, \mathrm{d}\theta = 0 \tag{10-98}$$

所以,平行流绕圆柱体的平面流动的速度环量为零。

当 $r = r_0$ 时,即在圆柱面上

$$u_r = 0$$
$$u_\theta = -2u_0\sin\theta \tag{10-99}$$

这说明,流体沿圆柱面只有切向速度,没有径向速度。这也证实,该组合流动符合流体不穿入又不脱离圆柱面的边界条件,在圆柱面上速度是按照正弦曲线规律分布的,如图 10-15 所示。在 $\theta = 0$($B$ 点)和 $\theta = \pi$($A$ 点)处,$u_\theta = 0$;在 $\theta = \pm\dfrac{\pi}{2}$ 处,$u_\theta$ 达到最大值,$|u_{\theta\max}| = 2u_0$,即等于平行流来流速度的 2 倍。

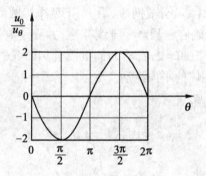

图 10-15　平行流绕圆柱体无环量流动中圆柱面上的速度分布图

### 10.6.3　压强分布及作用力

关于圆柱面上任一点的压强,由拉格朗日—柯西积分式得

$$\frac{p}{\rho} + \frac{u^2}{2} = \frac{p_0}{\rho} + \frac{u_0^2}{2}$$

式中,$p_0$ 为无穷远处流体的压强。将式(10-99)代入上式,得

$$p = p_0 + \frac{1}{2}\rho u_0^2 (1 - 4\sin^2\theta) \tag{10-100}$$

实际工程中常用无量纲压强系数来表示流体作用在物体上任一点的压强,定义为

$$C_p = \frac{p - p_0}{\frac{1}{2}\rho u_0^2} = 1 - \left(\frac{u}{u_0}\right)^2 \tag{10-101}$$

将式(10-99)代入上式,得

$$C_p = 1 - 4\sin^2\theta \tag{10-102}$$

由此可见,沿圆柱面无量纲压强系数与圆柱体的半径无关,与无穷远处的来流速度和压强也无关,这就是在研究理想流体无环流绕流圆柱体的柱面压强时,利用这个压强系数的方便所在。无量纲压强系数的这个特征也可以推广到其他形状的物体(例如机翼和叶片的叶型等)上去。根据式(10-102)计算出的理论无量纲压强系数曲线如图 10-17 中实线 1 所示。在驻点 $B(\theta=0°)$ 上,速度等于零,$C_p=1$,压强达到最大值,$p_B = p_0 + \dfrac{1}{2}\rho u_0^2$;在垂直于来流方向的最大截面 $C$ 点 $\left(\theta = \dfrac{\pi}{2}\right)$ 上,速度最大,$C_p = -3$,压强降到最小值,$p_C = p_0 - \dfrac{3}{2}\rho u_0^2$;在前驻点 $A(\theta=\pi)$ 上,速度又等于零,$C_p=1$。在 $\pi \leqslant \theta \leqslant 2\pi$ 范围内的理论曲线与 $0 \leqslant \theta \leqslant \pi$ 范围内的曲线完全一样,即圆柱面上的压强分布既对称于 $Ox$ 轴,又对称于 $Oy$ 轴。可以预见,流体在圆柱面上的压强合力等于零。下面给予证明。

如图 10-16 所示,在单位柱长上的圆柱体上,作用在微元弧段 $ds = r_0 d\theta$ 上的微小总压力 $dF = -pr_0 d\theta n$,则 $dF$ 沿 $Ox$ 轴,$Oy$ 轴的分量为

$$dF_x = -pr_0\cos\theta d\theta$$
$$dF_y = -pr_0\sin\theta d\theta$$

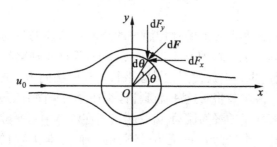

图 10-16　理想流体对圆柱体的作用力示意图

将式(10-100)中压强值代入,并积分,便得流体作用在圆柱体上总压力在 $Ox$ 轴,$Oy$ 轴上的分量为

$$\begin{cases} F_D = F_x = -\displaystyle\int_0^{2\pi} r_0\left[p_0 + \dfrac{1}{2}\rho u_0^2(1-4\sin^2\theta)\right]\cos\theta d\theta = 0 \\[4mm] F_L = F_y = -\displaystyle\int_0^{2\pi} r_0\left[p_0 + \dfrac{1}{2}\rho u_0^2(1-4\sin^2\theta)\right]\sin\theta d\theta = 0 \end{cases} \tag{10-103}$$

$F_D$ 与 $F_L$ 分别为流体作用在圆柱体上的与来流方向平行和垂直的作用力,亦即流体作用在圆柱体上的阻力和升力,由式(10-103)可以得出,当理想流体的平行流无环流地绕流圆柱体时,圆柱体既不受阻力作用,也不产生升力。这一结论可以推广到理想流体平行流绕过任意形状物体的无环量绕流。

然而上述理论分析的结论与实验观测之间产生了矛盾。相关实验表明,即便是粘性很

小的流体(如空气)绕流圆柱体和其他物体时,都会产生阻力,实验测出的压强曲线和理论计算的结果有很大的差别。这一矛盾称为达朗贝尔(D'Alembert)佯谬。图 10-17 中,阻力大的亚临界雷诺数范围内的压强分布曲线(虚线 3)比阻力小的超临界雷诺数范围内的压强分布曲线(点划线 2)更远离理论曲线。有关这方面的问题,读者可以参阅相关流体力学教材和专著。

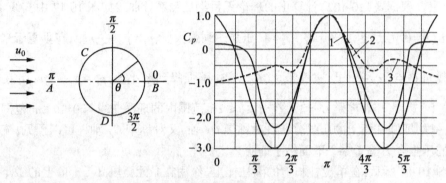

图·10-17   圆柱面上压强系数的分布曲线图

# §10.7   绕圆柱体有环量平面流动、库塔—儒可夫斯基公式

§10.6 中对由平行流和偶极流的叠加而得的绕静止圆柱的流动进行了讨论。早在 19世纪 50 年代,德国物理学家 H.G.马格努斯(Magnus)在实验中观察到,若平行流动中的圆柱是绕其轴旋转的,则会产生一个促使圆柱横穿平行流动的横向力。这就是大家所熟知的马格努斯效应或气动升力。本节将对这种绕圆柱体有环量的平面流动进行讨论。

平行流绕圆柱体有环量的平面流动,就是相当于在流体中水平放置一以等角速度 $\omega$ 绕其轴线顺时针方向旋转的半径为 $r_0$ 的无穷长圆柱体,而流体以 $u_0$ 的速度从无穷远处流向圆柱体所形成的流动。

### 10.7.1   速度势函数与流函数

绕圆柱有环量的流动实际上是在平行流绕圆柱体的无环量平面流动的基础上叠加了一纯环流,亦即由平行流和位于坐标原点的偶极子和点涡叠加而得,由势流叠加原理,其流函数、速度势函数和速度分别为

$$\begin{cases} \psi = u_0\sin\theta\left(r-\dfrac{r_0^2}{r}\right)+\dfrac{\Gamma}{2\pi}\ln r \\ \varphi = u_0\cos\theta\left(r+\dfrac{r_0^2}{r}\right)-\dfrac{\Gamma}{2\pi}\theta \end{cases} \tag{10-104}$$

$$\begin{cases} u_r = \dfrac{1}{r}\dfrac{\partial\psi}{\partial\theta} = u_0\left(1-\dfrac{r_0^2}{r^2}\right)\cos\theta \\ u_\theta = -\dfrac{\partial\psi}{\partial r} = -u_0\left(1+\dfrac{r_0^2}{r^2}\right)\sin\theta-\dfrac{\Gamma}{2\pi r} \end{cases} \tag{10-105}$$

同样可以根据流动的边界条件来验证以上诸式就是平行流绕圆柱体有环量流动的解。

对式(10-105)进行分析可知：当 $r \to \infty$ 时，$u_\theta = -u_0 \sin\theta$，$u_r = u_0 \cos\theta$，符合该流场的外边界条件；当 $r = r_0$ 时，$\psi = \dfrac{\Gamma}{2\pi} \ln r_0 = \text{const}$，即 $r = r_0$ 的圆周为一条流线。在这条流线上，圆柱面上的流速分布为

$$u_r = 0, \quad u_\theta = -2u_0 \sin\theta - \frac{\Gamma}{2\pi r_0} \tag{10-106}$$

显然流动满足既不穿入物体表面也不脱离物体表面的内边界条件。由上式还可以看出，在圆柱体表面上，各流体质点的速度为绕圆柱体无环量流动和点涡流动二者所引起的速度之和，并且流速分布沿 $Ox$ 轴不对称。在这种情况下，$y>0$ 的上半平面，环流的速度方向和平行流的速度方向一致，为加速区；而 $y<0$ 的下半平面，环流的方向和平行流的方向相反，为减速区。

### 10.7.2　驻点的位置

下面来讨论驻点的位置，在驻点处有 $u_\theta = 0$，即 $\sin\theta_s = -\dfrac{\Gamma}{4\pi r_0 u_0}$，式中 $\theta_s$ 为驻点的极角。

(1)当 $\Gamma = 0$ 时，则有 $\theta_s = 0$ 和 $\theta_s = \pi$ 两个驻点，就变成了上一节讨论的绕圆柱无环量流动的情况。

(2)当 $0 < \Gamma < 4\pi r_0 u_0$ 时，$\sin\theta_s > -1$，此时有两个驻点，分别为 $\theta_s = -\theta$ 和 $\theta_s = (\theta + \pi)$，在圆柱面上的位置随 $\Gamma$ 的减小而上移，如图 10-18(a)所示；

(3)当 $\Gamma = 4\pi r_0 u_0$ 时，$\sin\theta_s = -1$，此时两个驻点重合，位于圆柱面最底端 $S\left(\theta_s = \dfrac{3\pi}{2}\right)$，如图 10-18(b)所示；

(4)当 $\Gamma > 4\pi r_0 u_0$ 时，$\sin\theta_s < -1$，则 $\theta_s$ 无解。表明驻点脱离圆柱面沿 $Oy$ 轴下移，其位置可以通过令 $u_r = 0$，$u_\theta = 0$，得到圆柱体内、外位于 $Oy$ 轴上的两个驻点。显然只有圆柱体外的自由驻点 $S$ 是可信的。如图 10-18(c)所示。

由上述讨论可知，在 $\Gamma > 0$ 的条件下，绕圆柱体的有环量流动驻点发生在下部减速区，反之在 $\Gamma < 0$ 的条件下，驻点则发生在上部减速区，与上面讨论的情形刚好相差180°。显然驻点的个数和位置与平行流来流速度和平面点涡的环量强度有关，在 $u_0$ 和 $r_0$ 确定的情况下，驻点的位置取决于环量强度。

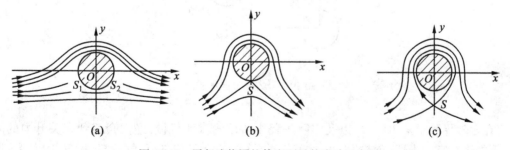

图 10-18　平行流绕圆柱体有环量的流动示意图

### 10.7.3 圆柱面上的压强分布与作用力

圆柱表面的压强分布可以推求如下,将式(10-106)代入拉格朗日—柯西积分式得

$$p = p_0 + \frac{1}{2}\rho u_0^2 \left[ 1 - \left( -2\sin\theta - \frac{\Gamma}{2\pi u_0 r_0} \right)^2 \right] \tag{10-107}$$

以无量纲压强系数 $C_p$ 表示即为

$$C_p = \frac{p - p_0}{\frac{1}{2}\rho u_0^2} = 1 - \left( 2\sin\theta + \frac{\Gamma}{2\pi u_0 r_0} \right)^2 \tag{10-108}$$

显然,压强分布对称于 $Oy$ 轴,而不对称于 $Ox$ 轴,即流体作用于圆柱体下半部表面上各点的压强比上半部对应点的压强大,这一点不同于圆柱无环量流动。

流体作用在单位圆柱体上的阻力和升力为

$$F_D = F_x = -\int_0^{2\pi} p r_0 \cos\theta \mathrm{d}\theta = -\int_0^{2\pi} \left\{ p_0 + \frac{1}{2}\rho u_0^2 \left[ 1 - \left( -2\sin\theta - \frac{\Gamma}{2\pi u_0 r_0} \right)^2 \right] \right\} r_0 \cos\theta \mathrm{d}\theta$$

$$= -r_0 \left( p_0 + \frac{1}{2}\rho u_0^2 - \frac{\rho \Gamma^2}{8\pi^2 r_0^2} \right) \int_0^{2\pi} \cos\theta \mathrm{d}\theta - \frac{\rho u_0 \Gamma}{\pi} \int_0^{2\pi} \sin\theta \cos\theta \mathrm{d}\theta - 2 r_0 \rho u_0^2 \int_0^{2\pi} \sin^2\theta \cos\theta \mathrm{d}\theta$$

$$= 0 \tag{10-109}$$

$$F_L = F_y = -\int_0^{2\pi} p r_0 \sin\theta \mathrm{d}\theta = -\int_0^{2\pi} \left\{ p_0 + \frac{1}{2}\rho u_0^2 \left[ 1 - \left( -2\sin\theta - \frac{\Gamma}{2\pi u_0 r_0} \right)^2 \right] \right\} r_0 \sin\theta \mathrm{d}\theta$$

$$= -r_0 \left( p_0 + \frac{1}{2}\rho u_0^2 - \frac{\rho \Gamma^2}{8\pi^2 r_0^2} \right) \int_0^{2\pi} \sin\theta \mathrm{d}\theta - \frac{\rho u_0 \Gamma}{\pi} \int_0^{2\pi} \sin^2\theta \mathrm{d}\theta - 2 r_0 \rho u_0^2 \int_0^{2\pi} \sin^3\theta \mathrm{d}\theta$$

$$= -\frac{\rho u_0 \Gamma}{\pi} \left( -\frac{1}{2}\theta \right)\Big|_0^{2\pi} = \rho u_0 \Gamma \tag{10-110}$$

以上二式表明,理想流体作用在单位长圆柱体上的阻力 $F_D$ 为零,升力 $F_L$ 等于速度环量 $\Gamma$、来流速度 $u_0$ 和流体密度 $\rho$ 的乘积,式(10-110)就是著名的库塔–儒可夫斯基(Kutta-Joukowsky)升力公式。该公式也可以推广到理想流体平行流绕过任意形状柱体有环流无分离的平面流动,例如具有流线型外形的机翼绕流等。升力的方向则由来流速度矢量 $\boldsymbol{u}_0$ 沿逆速度环量的方向旋转 90° 来确定。如图 10-19 所示。

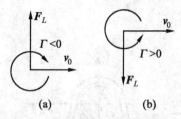

图 10-19　升力的方向示意图

在自然界和日常生活中,以及实际工程中所用的流体机械,经常会遇到有关升力的问题,例如鸟在空中飞翔,球类运动中的旋转球,飞机的起飞和飞行,气轮机、燃气轮机、泵、风机、压气机、水轮机等的部分工作原理都可以用上述理论来解释。

## §10.8　平面叶栅绕流简述

叶轮式流体机械的工作轮都由若干个叶片周期性排列而成,当流体绕过工作叶片时,形成绕流流场,产生对叶片的横向力,从而驱使工作轮转动,使之处于运行状态。本节将以平面叶栅为研究对象,应用动量方程推导平面叶栅的库塔—儒可夫斯基公式,以确定理想不可压缩流体绕过叶栅作定常流动时,叶栅的受力情况。分析这一绕流流场之前,首先必须了解叶型与叶栅的主要几何参数和气流参数。

### 10.8.1　叶型和叶栅

流体机械叶片剖面的形状都是圆头尖尾的流线型,如图 10-20 所示,与机翼的剖面类似,故通常称为叶型(或翼型),叶型的周线称为型线,叶型的主要参数有:

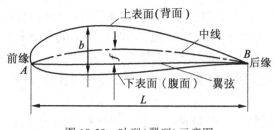

图 10-20　叶型(翼型)示意图

中线:叶型内切圆心的连线称为叶型的中线。

叶弦:叶型中线与型线的两个交点分别称为前缘点和后缘点,这两点的连线称为翼弦,翼弦的长度称为弦长($L$)。

弯度:翼弦到中线的距离称为弯度。最大弯度用 $f$ 表示,$\frac{f}{L}$ 称为最大相对弯度。

厚度:垂直于翼弦且界于叶型上、下表面之间的距离,称为叶型厚度,用 $b$ 表示。

叶栅是由叶型相同的叶片在某一旋转平面上等距离周期性排列而成的,如图 10-21 所示。相邻两叶型的距离称为栅距 $t$,各翼型的前缘(或后缘)的连线称为列线(额线),而垂直于列线的直线称为栅轴。

根据叶栅绕流时流场内的流动,可以将叶栅分为平面叶栅与空间叶栅两大类。由于空间叶栅问题复杂,求解困难,实际工程中遇到的叶栅,往往都当做平面叶栅处理。平面叶栅根据叶栅列线的不同情况,又可以分为直列叶栅(见图 10-21(a))和环列叶栅两种(见图 10-21(b))。

### 10.8.2　叶栅的库塔-儒科夫斯基公式

如图 10-22 所示,为一平面直列叶栅,为使研究简化,将坐标系选择在叶栅上,使 $Ox$ 轴沿栅轴方向,$Oy$ 轴取为列线方向,设栅前无限远处的相对速度为 $u_1$,与 $Ox$ 轴的夹角为 $\alpha_1$,栅后无限远处的相对速度为 $u_2$,与 $Ox$ 轴的夹角为 $\alpha_2$。假定绕叶栅流动是理想不可压缩流

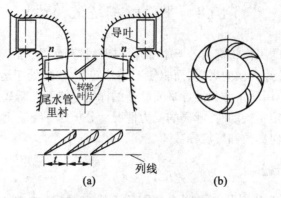

图 10-21 叶栅的分类示意图

体作定常有势流动,且质量力略去不计,求流体对叶栅中任一翼型的作用力。

显然,当流体绕过叶栅时,速度发生了变化,并伴有动量变化,因而必有力作用于叶栅上。设流体作用在翼型上的力为 $F$,$F$ 在 $Ox$ 轴和 $Oy$ 轴上的分力分别为 $F_x$ 和 $F_y$,由作用力和反作用力的关系,翼型作用于流体上的力则为 $-F_x$ 和 $-F_y$。由于流体绕叶栅中每一翼型的流动情况都是相同的,故作用于所有翼型上的力必然相同,因而只需求出作用于任一翼型上的力即可。

选择 $ABB'A'A$ 为控制面,该控制面由两条平行于叶栅额线、长度等于栅距 $t$ 的线段 $AA'$ 和 $BB'$,以及两条相同的流线 $AB$、$A'B'$ 所组成。流线分别处于绕流流场的对称位置上,故流线 $AB$、$A'B'$ 上的速度和压强分布相同,又因压强的作用方向相反,故互相平衡。两条线段 $AA'$ 和 $BB'$ 都远离叶栅,可以认为其上的流速和压强都为均匀一致的常数,设其流速分别为 $u_1$ 和 $u_2$,作用的压强分别为 $p_1$ 和 $p_2$。以下根据流体运动的基本规律,确定流体对叶栅中任一翼型的作用力。

参见图 10-22,单位时间内流进(或流出)控制面的流体质量为

$$\rho u_{1x} t \cdot 1 = \rho u_{2x} t \cdot 1 \tag{10-111}$$

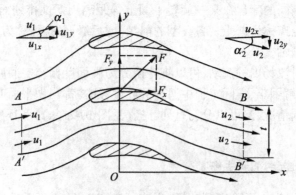

图 10-22 平面直列叶栅示意图

即有 $u_{1x}=u_{2x}$。由动量原理,分别列 $x$ 和 $y$ 方向的动量方程

$$(p_1-p_2)t-F_x=0$$
$$-F_y=\rho u_{1x}t(-u_{2y}-u_{2x})$$

整理为

$$\begin{cases} F_x=(p_1-p_2)t \\ F_y=\rho u_{1x}(u_{1y}+u_{2y})t \end{cases} \qquad (10\text{-}112)$$

为了便于分析问题,引入平面几何速度 $\boldsymbol{u}_m=\dfrac{1}{2}(\boldsymbol{u}_1+\boldsymbol{u}_2)$,其分量为

$$u_{mx}=\frac{1}{2}(u_{1x}+u_{2x})=u_{1x}=u_{2x}$$

$$u_{my}=\frac{1}{2}(u_{1y}+(-u_{2y})) \quad 或 \quad u_{my}=-\frac{1}{2}(u_{2y}-u_{1y})$$

由理想不可压缩流体的伯努利方程,不考虑质量力,对 $A$—$A'$ 和 $B$—$B'$ 两断面有

$$p_1+\frac{1}{2}\rho u_1^2=p_2+\frac{1}{2}\rho u_{2y}^2$$

整理得 $\qquad p_1-p_2=\dfrac{1}{2}\rho(u_2^2-u_1^2)=\dfrac{1}{2}\rho(u_{2x}^2+u_{2y}^2-u_{1x}^2-u_{1y}^2)$

考虑 $u_{1x}=u_{2x}$ 和平均速度 $u_{my}$,并代入式(10-112)中的第一式,得

$$F_x=\frac{1}{2}\rho(u_{2y}^2-u_{1y}^2)t=-\rho t u_{my}(u_{2y}+u_{1y}) \qquad (10\text{-}113)$$

用平均速度 $u_{mx}$ 代入式(10-112)中的第二式,得

$$F_y=\rho t u_{mx}(u_{2y}+u_{1y}) \qquad (10\text{-}114)$$

为用速度环量表示该力,需求围绕封闭周线 $ABB'A'A$ 的速度环量 $\varGamma$。由于沿流线 $AB$、$A'B'$ 的速度线积分大小相等且方向相反,则该速度环量 $\varGamma$ 的大小为

$$\varGamma=\varGamma_{ABB'A'A}=\varGamma_{AB}+\varGamma_{BB'}+\varGamma_{B'A'}+\varGamma_{A'A}=\varGamma_{BB'}+\varGamma_{A'A}=u_{1y}t+u_{2y}t=t(u_{2y}+u_{1y}) \qquad (10\text{-}115)$$

将(10-115)代入式(10-113)、(10-114),再由 $u_m=\sqrt{u_{mx}^2+u_{my}^2}$,得

$$\begin{cases} F_x=-\rho u_{my}\varGamma \\ F_y=\rho u_{mx}\varGamma \end{cases} \qquad (10\text{-}116)$$

$$F=\sqrt{F_x^2+F_y^2}=\rho u_m\varGamma \qquad (10\text{-}117)$$

$$\frac{|F_x|}{|F_y|}=-\frac{|u_{my}|}{|u_{mx}|}=\tan\theta \qquad (10\text{-}118)$$

上述几式即为叶栅的库塔-儒可夫斯基公式,这组公式表明,理想不可压缩流体绕过叶栅作定常无旋流动时,流体作用在叶栅中每个翼型上合力的大小等于流体密度、几何平均速度和绕翼型的速度环量三者的乘积,合力的方向为几何平均速度矢量 $\boldsymbol{u}_m$ 沿反速度环量方向旋转 90°,如图 10-23 所示。

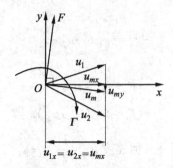

图 10-23　升力与几何平均速度的关系示意图

## 复习思考题 10

10.1　简述速度势和流函数的主要性质。

10.2　流函数与势函数同时存在的条件是什么？

10.3　简述流网的定义及绘制,性质及用途。

10.4　简述势流理论解决流体力学问题的主要思路。

10.5　简述势流叠加原理,并思考为什么简单势流叠加后的流动还是势流。

10.6　简述研究简单势流的意义。

10.7　偶极子流是怎样形成的？自然界中有无与之相类似的对应物？试举出一与该流动图案有某种相似的实例。

10.8　何为达朗贝尔佯谬？

10.9　简述叶栅的主要几何参数。

## 习　题　10

10.1　下列各标量函数中哪些可替代理想不可压缩流体的速度势？

（1）$f=x-3y$；（2）$f=x^2+y^2$；（3）$f=x^2-y^2$。

10.2　已知流场的流速分布为 $u_x=x(y+z)$，$u_y=y(x+z)$，$u_z=-(x+y)z-z^2$，试求该流场的速度势 $\varphi$。

10.3　有一平面流动,已知 $u_x=x-4y$，$u_y=-y-4x$，试问：

（1）是否存在速度势函数 $\varphi$？若存在,试求之；

（2）是否存在流函数 $\psi$？若存在,试求之。

10.4　已知流场的流函数 $\psi=ax^2-ay^2$；（1）证明该流动是无旋的；（2）求出相应的速度势函数；（3）证明流线与等势线正交。

10.5　如图 10-24 所示为平板闸门下的泄流流网图,闸门开度 $\alpha=0.3\text{m}$,上游水深 $H=0.97\text{m}$,下游均匀流处水深 $h=0.187\text{m}$,试求：（1）过闸单宽流量 $q$；（2）作用在 1m 宽闸门上的动水总压力。

10.6　已知平面不可压缩流动的速度势函数 $\varphi=0.04x^3+axy^2+by^3$，$x,y$ 的单位为 m,$\varphi$ 的单位为 $\text{m}^2/\text{s}$,试求：

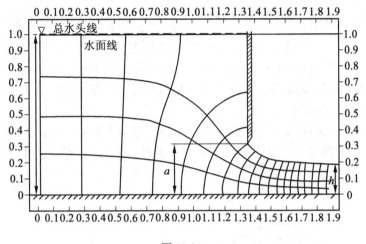

图 10-24

（1）常数 $a,b$；（2）点 $A(0,0)$ 与 $B(3,4)$ 间的压强差。设流体的密度 $\rho=1000\text{kg/m}^3$。

10.7　如图 10-25 所示,已知平面流动的流函数为 $\psi=3x^2-xy^2+2yt^3$,试求 $t=2\text{s}$ 时,经过图中圆弧 $AB$ 及直线 $OA$ 的流量。

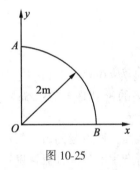

图 10-25

10.8　已知平面流动的流函数为 $\psi=x+x^2-y^2$,试求:（1）速度势 $\varphi$；（2）点 $(-2,4)$ 与点 $(3,5)$ 之间的压强差。

10.9　如图 10-26 所示,在半径为 15m 的半圆形的山丘上有一气象站,在距地面高 10m 处设置风速仪,若该风速仪记录的风速为 30m/s,试求平地上的风速大小。

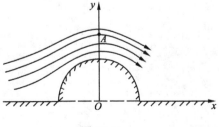

图 10-26

10.10　平行于 $Ox$ 轴正向速度为 $u_0$ 的平行来流,与位于坐标原点的源相叠加组成一绕半无限体的流动,试求绕流物体边界轮廓上 $\theta = \frac{1}{4}\pi, \frac{1}{2}\pi, \frac{2}{3}\pi, \pi$ 处的压强系数 $C_p$ 值。

10.11　由点涡与点汇叠加组合而成的自由螺线涡,如图 10-27 所示,设半径 $r_A = 0.3\mathrm{m}$ 处的一点 $A$,其径向流速 $v_{Ar} = 0.9\mathrm{m/s}$,而半径 $r_{B\theta} = 0.9\mathrm{m}$ 处的 $B$ 点,其切向流速 $u_B = 0.3\mathrm{m/s}$。试计算 $A$ 点处的合速度 $u$,以及该合速度与半径的夹角 $\alpha$。若 $A$ 点与 $B$ 点处于同一水平面上,试求 $A$、$B$ 之间的压强差。

10.12　如图 10-28 所示,一直径 $d = 2\mathrm{m}$ 的圆柱,置于水深 $H = 10\mathrm{m}$ 处,以 $u_0 = 10\mathrm{m/s}$ 的速度水平运动,同时圆柱又以每分钟 60 转的转速旋转,试求:(1)驻点的位置;(2) $B$ 点的速度及压强。

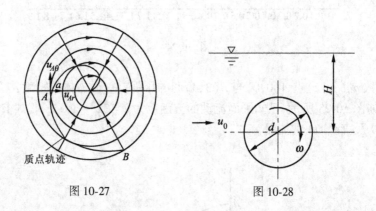

图 10-27　　　　　　　　　　　　　图 10-28

10.13　一长圆柱体,置于速度为 60m/s 的气流中,圆柱表面存在环向流动,其环量为 $-400\mathrm{m/s}$(顺时针方向)。已知气体的密度是 $1.22\mathrm{kg/m^3}$。而圆柱直径为 1.2m,假定可以忽略气体的粘性与压缩性效应,试确定:

(1)仅由于气流绕流在圆柱表面上所引起的最大气流速度;

(2)仅因环量在圆柱表面上所产生的最大气流速度;

(3)因气流与环量两种效应在圆柱表面上产生的最大气流速度;

(4)驻点位置;

(5)引起圆柱表面上的最大压强与最小压强值;

(6)单位长圆柱体上所受到的升力。

# 第 11 章　实际流体的流动与边界层

　　第 9 章与第 10 章中讨论了一些理想流体流动的规律和一些基本处理方法,尽管使用理想流体处理方法可以对某些流动的物理量得出与实际较吻合的结果(如在叶栅类流线型物体的不脱体绕流问题中,理想流体理论在升力分布、压力分布和速度分布方面给出了与实验相符合的结果),但是还有许多物理量(如阻力方面)却得出了与实际完全不同的结果。这是由于理想流体的模型完全没有考虑流体粘性的原故。因此,为了能全面了解流体流动的规律,特别是阻力方面的规律,必须要讨论和研究粘性流体的性质、运动特征及流动规律。

　　本章在给出了不可压缩粘性流体运动的基本方程后,将讨论由这个基本方程得到部分典型层流流动的解析解;还将讨论如何使用忽略全部或部分惯性项的简化方程方法,得到小雷诺数流动问题的解。对于大雷诺数的流动问题,尽管流体的惯性力远大于粘性力,却不能像小雷诺数流动那样简单地忽略粘性项。因为略去了粘性项,其流动基本方程(N-S 方程)变成了理想流体的基本方程,所得到的解不能解释粘性流动的现象(如阻力、扩散方面)。

　　1904 年普朗特(Prandtl)对大雷诺数流动的粘性力作用问题作出了变革性的分析,提出了边界层的概念。他认为对大雷诺数的流动可以划分成两个区域:一个是离边壁较远的无粘性(理想)流动区域,另一个是边壁附近流体作粘性有旋运动的边界层区域。而且首先对 N—S 方程进行化简并求其近似解,得到了阻力的计算公式。普朗特的这一重大贡献具有划时代的意义。这项成果不仅开辟了粘性流体力学解决工程实际问题的前景,解决了存在已久的难题,而且进一步明确了研究理想流体的实际意义。

　　本章将阐述边界层概念,推导出边界层基本方程和边界层动量积分方程。同时以平板流动为例给出这两种方程的求解方法,最后简要叙述边界层分离和形状阻力的问题。通过这些介绍使读者对边界层理论有一个初步的认识。

## §11.1　不可压缩粘性流体的运动方程

　　第 3 章中已讨论了理想流体的运动方程。由于理想流体不考虑表面力的切向分量,而粘性流体的表面力是包含切向分量的,可见理想流体的运动方程不能适合粘性流体的运动过程。所以,有必要讨论和推导粘性流体所遵循的运动方程。本节将首先讨论粘性流体中不同于理想流体的应力问题,然后应用牛顿第二定律给出应力形式的粘性流体运动微分方程,接着通过叙述粘性流体的广义牛顿内摩擦定律,从而给出不可压缩粘性流体的运动方程。

### 11.1.1　粘性流体的应力

　　在第 2 章中,我们已讨论了作用在静止流体中的应力(流体静压强或静水压强)永远沿着作用面的内法线方向,并且其大小与作用面的方向无关,仅与作用面所处的位置有关。因此,要描述静止流体中任一点处的应力,则只需一个标量函数 $p$ 就可以了。

对于理想流体,由于不考虑其粘性,所以没有切应力,而只有垂直于作用面的法向应力(流体动压强或动水压强),并且其大小也与作用面方向无关。这样理想流体也只需一个标量函数 $p$ 就可以圆满描述理想流体中任一点处的应力。

然而,对于粘性流体来说,由于流体粘性的存在,对任一点来说,可能同时存在法向应力和切应力。为求粘性流体中的某点的应力,现在流体内某一体积的表面 $A$ 上任取一点 $M$ 作微小面积 $\Delta A$,并包住 $M$ 点。$\Delta A$ 是有方向的向量,其方向为外法线方向 $\boldsymbol{n}$。设由 $\boldsymbol{n}$ 所指向的流体或固体作用在该微小面积 $\Delta A$ 上的表面力为 $\Delta \boldsymbol{P}$,如图 11-1 所示。由于为粘性流体,每一点可能同时受法向力和切力作用,那么表面力 $\Delta \boldsymbol{P}$ 为具有任意方向的向量。作 $\dfrac{\Delta \boldsymbol{P}}{\Delta A}$,并令 $\Delta A$ 向 $M$ 点收缩,若极限值

$$p_n = \lim_{\Delta A \to 0} \frac{\Delta \boldsymbol{P}}{\Delta A} = \frac{\mathrm{d}\boldsymbol{P}}{\mathrm{d}A} \tag{11-1}$$

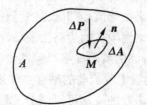

图 11-1 粘性流体表面力示意图

存在,则粘性流体 $M$ 点上所受的应力为 $\boldsymbol{p}_n$。必须指出的是,$\boldsymbol{p}_n$ 不仅是随空间坐标 $x$、$y$、$z$ 和时间坐标 $t$ 变化的向量,而且还依赖于作用面的方向。一般来说,对同一空间点取不同的作用面,$\boldsymbol{p}_n$ 也不同。而且作用在某一以 $\boldsymbol{n}$ 为法线方向的表面上的应力 $\boldsymbol{p}_n$ 不一定与该法线 $\boldsymbol{n}$ 的方向一致,$\boldsymbol{p}_n$ 的作用方向可能是任意的,如图 11-2 所示。

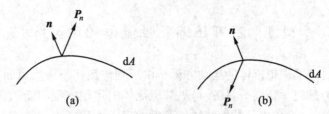

图 11-2 作用于曲面上的应力示意图

一般来说,过流体内任一点可以作无数个不同方向的表面,作用在这些不同表面上的应力一般是互不相等的。这样要描述一点的应力就需要知道所有通过这一点的作用面上所受的应力。由于过同一点不同作用面上所受的应力并不是互不相关的,可以证明,只要知道通过一点处任意三个互相垂直坐标面上的应力,则通过该点的任一以 $\boldsymbol{n}$ 为法线方向的作用面

上的应力 $\boldsymbol{p}_n$ 都可以通过这三个互相垂直坐标面上的应力及 $\boldsymbol{n}$ 表示出来。换句话说,三个向量或九个分量可以完全地表示这一个点的应力状况。若将三个互相垂直的坐标面设为法线方向分别是 $Ox$ 轴、$Oy$ 轴和 $Oz$ 轴向的平面,则有

$$\boldsymbol{p}_n = \boldsymbol{p}_x n_x + \boldsymbol{p}_y n_y + \boldsymbol{p}_z n_z \tag{11-2}$$

展开

$$\begin{cases} p_{nx} = p_{xx} n_x + p_{yx} n_y + p_{zx} n_z \\ p_{ny} = p_{xy} n_x + p_{yy} n_y + p_{zy} n_z \\ p_{nz} = p_{xz} n_x + p_{yz} n_y + p_{zz} n_z \end{cases} \tag{11-3}$$

式中 $n_x = \cos(n,x)$,$n_y = \cos(n,y)$,$n_z = \cos(n,z)$ 分别为 $\boldsymbol{n}$ 与 $Ox$ 轴、$Oy$ 轴和 $Oz$ 轴向的方向数。上式表明,若三个坐标面的应力向量 $\boldsymbol{p}_x$,$\boldsymbol{p}_y$,$\boldsymbol{p}_z$ 为已知,则任一法向为 $\boldsymbol{n}$ 的面上的应力 $\boldsymbol{p}_n$ 可以按式(11-2)求出。这样三个向量 $\boldsymbol{p}_x$,$\boldsymbol{p}_y$,$\boldsymbol{p}_z$,或 9 个分量 $p_{xx}, p_{xy}, p_{yx}, p_{yy}, p_{yz}, p_{zx}, p_{zy}, p_{zz}$ 的组合可以完全描述一点的应力状况。这 9 个分量可以写成下列应力张量的形式

$$\begin{bmatrix} p_{xx} & p_{xy} & p_{xz} \\ p_{yx} & p_{yy} & p_{yz} \\ p_{zx} & p_{zy} & p_{zz} \end{bmatrix} \tag{11-4}$$

根据切应力互等定理,有

$$p_{xy} = p_{yx}, \quad p_{yz} = p_{zy}, \quad p_{zx} = p_{xz}$$

即上述确定一点应力状态的 9 个分量中,实际只有 6 个是独立的。各应力分量的第一个下标表示作用面的法线方向,第二个下标表示应力的作用方向。

### 11.1.2　应力形式的粘性流体运动方程

现在我们从牛顿第二定律的推论积分形式的动量定理出发讨论粘性流体运动方程。

在流场中,任取一体积 $V$ 的流体团,包围该流体团的封闭曲面面积为 $A$。根据动量定理,体积 $V$ 中流体动量的变化率等于作用在该体积上的质量力和外表面 $A$ 上的表面力之和。现以 $\boldsymbol{f}$ 表示单位质量流体的质量力,以 $\boldsymbol{p}_n$ 表示单位面积上的表面力,如图 11-3 所示。那么作用在 $V$ 和 $A$ 上的总质量力和表面力分别为 $\int_V \rho \boldsymbol{f} \mathrm{d}V$ 和 $\int_A \boldsymbol{p}_n \mathrm{d}A$,体积 $V$ 内的动量变化率为 $\dfrac{\mathrm{d}}{\mathrm{d}t} \int_V \rho \boldsymbol{u} \mathrm{d}V$。于是,动量定理可以写成下列表达式

$$\frac{\mathrm{d}}{\mathrm{d}t} \int_V \rho \boldsymbol{u} \mathrm{d}V = \int_V \rho \boldsymbol{f} \mathrm{d}V + \int_A \boldsymbol{p}_n \mathrm{d}A \tag{11-5}$$

注意动量变化率 $\dfrac{\mathrm{d}}{\mathrm{d}t} \int_V \rho \boldsymbol{v} \mathrm{d}V$ 不同于一般的体积分对时间的导数,这样的导数在流体力学中称为对体积分的随体导数。这是因为我们所研究流体团,不仅流体团本身在随时间变动位置,而且内部的点、线、面、体也在不停地改变自己的位置和形状,定义在这些流动的几何形体下的物理量也在不断改变其数值大小和方向。因此,求流体团内某一物理量对时间的导数,就要考虑上述因素。显然这种导数不同于一般意义下的对时间的导数。这样对动量变化率,可作下列推导

$$\frac{\mathrm{d}}{\mathrm{d}t} \int_V \rho \boldsymbol{u} \mathrm{d}V = \int_V \frac{\mathrm{d}}{\mathrm{d}t} (\rho \boldsymbol{u} \mathrm{d}V) = \int_V \rho \frac{\mathrm{d}\boldsymbol{u}}{\mathrm{d}t} \mathrm{d}V + \int_V \boldsymbol{u} \frac{\mathrm{d}}{\mathrm{d}t} (\rho \mathrm{d}V) \tag{11-6}$$

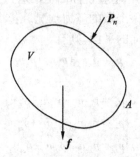

图 11-3 作用在流体上的力示意图

对于所考虑的流体团,尽管内部和表面的质点在不断地移动和改变位置,但组成这一流体团的质点随流体团一起运动,没有增加或减少。也就是组成这一流体团的质量没有增加或减少,即质量守恒。所以对该流体团质量的随体导数将恒等于零。即

$$\frac{\mathrm{d}}{\mathrm{d}t}(\rho \,\mathrm{d}V) = 0$$

那么式(11-6)可以写成

$$\frac{\mathrm{d}}{\mathrm{d}t}\int_V \rho \boldsymbol{u}\,\mathrm{d}V = \int_V \rho\,\frac{\mathrm{d}\boldsymbol{u}}{\mathrm{d}t}\mathrm{d}V \tag{11-7}$$

关于式(11-5)中的第三项,即表面力项,考虑式(11-2),有

$$\int_A \boldsymbol{p}_n \,\mathrm{d}A = \int_A (\boldsymbol{p}_x n_x + \boldsymbol{p}_y n_y + \boldsymbol{p}_z n_z)\,\mathrm{d}A \tag{11-8}$$

根据数学分析中的高斯(Gauss)定理

$$\int_A (\boldsymbol{p}_x n_x + \boldsymbol{p}_y n_y + \boldsymbol{p}_z n_z)\,\mathrm{d}A = \int_V \left(\frac{\partial \boldsymbol{p}_x}{\partial x} + \frac{\partial \boldsymbol{p}_y}{\partial y} + \frac{\partial \boldsymbol{p}_z}{\partial z}\right)\mathrm{d}V$$

这样式(11-5)可以改写成下列表达式

$$\int_V \rho\,\frac{\mathrm{d}\boldsymbol{u}}{\mathrm{d}t}\mathrm{d}V = \int_V \rho \boldsymbol{f}\,\mathrm{d}V + \int_V \left(\frac{\partial \boldsymbol{p}_x}{\partial x} + \frac{\partial \boldsymbol{p}_y}{\partial y} + \frac{\partial \boldsymbol{p}_z}{\partial z}\right)\mathrm{d}V \tag{11-9}$$

移项

$$\int_V \left[\rho\,\frac{\mathrm{d}\boldsymbol{u}}{\mathrm{d}t} - \rho \boldsymbol{f} - \left(\frac{\partial \boldsymbol{p}_x}{\partial x} + \frac{\partial \boldsymbol{p}_y}{\partial y} + \frac{\partial \boldsymbol{p}_z}{\partial z}\right)\right]\mathrm{d}V = 0 \tag{11-10}$$

由于被积函数在整个流场中连续,流体团是任意选取的,因此有

$$\rho\,\frac{\mathrm{d}\boldsymbol{u}}{\mathrm{d}t} = \rho \boldsymbol{f} + \frac{\partial \boldsymbol{p}_x}{\partial x} + \frac{\partial \boldsymbol{p}_y}{\partial y} + \frac{\partial \boldsymbol{p}_z}{\partial z} \tag{11-11}$$

式(11-11)称为应力形式的粘性流体运动方程。其分量表达式为

$$\begin{cases} \rho\left(\dfrac{\partial u_x}{\partial t} + u_x\dfrac{\partial u_x}{\partial x} + u_y\dfrac{\partial u_x}{\partial y} + u_z\dfrac{\partial u_x}{\partial z}\right) = \rho f_x + \dfrac{\partial p_{xx}}{\partial x} + \dfrac{\partial p_{yx}}{\partial y} + \dfrac{\partial p_{zx}}{\partial z} \\[3mm] \rho\left(\dfrac{\partial u_y}{\partial t} + u_x\dfrac{\partial u_y}{\partial x} + u_y\dfrac{\partial u_y}{\partial y} + u_z\dfrac{\partial u_y}{\partial z}\right) = \rho f_y + \dfrac{\partial p_{xy}}{\partial x} + \dfrac{\partial p_{yy}}{\partial y} + \dfrac{\partial p_{zy}}{\partial z} \\[3mm] \rho\left(\dfrac{\partial u_z}{\partial t} + u_x\dfrac{\partial u_z}{\partial x} + u_y\dfrac{\partial u_z}{\partial y} + u_z\dfrac{\partial u_z}{\partial z}\right) = \rho f_z + \dfrac{\partial p_{xz}}{\partial x} + \dfrac{\partial p_{yz}}{\partial y} + \dfrac{\partial p_{zz}}{\partial z} \end{cases} \tag{11-12}$$

需要指出的是,因为式(11-11)和式(11-12)中表面力项为应力的表现形式,所以称为应力形式的运动方程。这个方程很形象地表述了流体微团的力学性质。但应力表达式一般很难求出,而且应力一般还和流体的剪切变形速度以及流体本身的物理特性有关。因此,我们还需给出应力的表达形式。

### 11.1.3　应力与变形率之间的关系

由于流体的粘性作用,当相邻两层流体作相对滑动即剪切变形时,在各自相反方向产生一切向应力,阻止相对滑动即变形的发生。因此,应力与变形率之间存在着一定的关系。这个关系一般称为本构方程,或称为广义牛顿内摩擦定律。

在第 1 章中,已介绍了关于流体粘性的牛顿(Newton)内摩擦定律,即

$$\tau = \mu \frac{\mathrm{d}u}{\mathrm{d}y} \tag{11-13}$$

式中,$\mu$ 为流体的动力粘性系数,速度梯度 $\frac{\mathrm{d}u}{\mathrm{d}y}$ 代表流体微团的剪切变形率。

流体作直线层状运动时,相邻两流体层之间由于速度不同而发生相对运动,同时流层之间产生切应力。根据牛顿内摩擦定律,即上述切应力应与速度梯度成正比,按照前面关于应力的分析,并参阅图 11-4,这个公式应写成

$$p_{yx} = \mu \frac{\mathrm{d}u_x}{\mathrm{d}y} \tag{11-14}$$

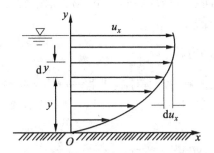

图 11-4　流体作直线层状运动示意图

观察式(11-14),式(11-14)左边是对应于直线运动的特殊情况下的一个切应力分量,右边的导数则对应一个变形率分量 $\varepsilon_{yx}$。因此,牛顿内摩擦定律也可以看做应力分量与变形率分量成正比。考虑流体的一般运动,有

$$\varepsilon_{yx} = \frac{1}{2}\left(\frac{\partial u_x}{\partial y} + \frac{\partial u_y}{\partial x}\right) \tag{11-15}$$

则式(11-15)又可以写成 $\qquad p_{yx} = 2\mu\varepsilon_{yx} \tag{11-16}$

牛顿内摩擦定律是从剪切流这一最简单情形得到的,而实际遇到的流动常常是很复杂的,很明显牛顿内摩擦定律是不适合的。另外也无法通过实验得到适合一般情况下的牛顿内摩擦定律。为解决这一问题,斯托克斯提出了三个假定,并通过这三个假定,采用演绎法得到了适合一般流动情形下的广义牛顿内摩擦定律,即

$$\begin{cases} p_{xx} = -p + 2\mu\dfrac{\partial u_x}{\partial x} - \dfrac{2}{3}\mu\,\nabla\cdot\boldsymbol{u} \\[2mm] p_{yy} = -p + 2\mu\dfrac{\partial u_y}{\partial y} - \dfrac{2}{3}\mu\,\nabla\cdot\boldsymbol{u} ; \\[2mm] p_{zz} = -p + 2\mu\dfrac{\partial u_z}{\partial z} - \dfrac{2}{3}\mu\,\nabla\cdot\boldsymbol{u} \end{cases} \begin{cases} p_{xy} = p_{yx} = \mu\left(\dfrac{\partial u_x}{\partial y} + \dfrac{\partial u_y}{\partial x}\right) \\[2mm] p_{yz} = p_{zy} = \mu\left(\dfrac{\partial u_y}{\partial z} + \dfrac{\partial u_z}{\partial y}\right) \\[2mm] p_{zx} = p_{xz} = \mu\left(\dfrac{\partial u_z}{\partial x} + \dfrac{\partial u_x}{\partial z}\right) \end{cases} \tag{11-17}$$

式(11-17)又称为本构方程。

对于不可压缩流体,有 $\nabla\cdot\boldsymbol{u}=0$,这时

$$\begin{cases} p_{xx} = -p + 2\mu\dfrac{\partial u_x}{\partial x} \\[2mm] p_{yy} = -p + 2\mu\dfrac{\partial u_y}{\partial y} ; \\[2mm] p_{zz} = -p + 2\mu\dfrac{\partial u_z}{\partial z} \end{cases} \begin{cases} p_{xy} = p_{yx} = \mu\left(\dfrac{\partial u_x}{\partial y} + \dfrac{\partial u_y}{\partial x}\right) \\[2mm] p_{yz} = p_{zy} = \mu\left(\dfrac{\partial u_y}{\partial z} + \dfrac{\partial u_z}{\partial y}\right) \\[2mm] p_{zx} = p_{xz} = \mu\left(\dfrac{\partial u_z}{\partial x} + \dfrac{\partial u_x}{\partial z}\right) \end{cases} \tag{11-18}$$

式中,$p = \dfrac{1}{3}(p_{xx}+p_{yy}+p_{zz})$ 为平均压强。需要说明的是,在运动流体中一空间点的平均压强 $p$ 与静止流体中一空间点处的流体静压强有本质不同。一般情况下,运动流体内一点处不同作用面上的压应力(或不同方向的压应力)彼此各不相同,所有方向上压应力大小的平均值(即平均压强 $p$)是与具体方向无关的空间点坐标的标量函数。该函数表示一点处的平均受压状态,但并不等于具体方向上的压应力的大小,第 3 章中所讲的一点处流体动压强或动水压强也就是这种平均意义下的压强。

### 11.1.4  粘性流体的运动方程

现将前面给出的不可压缩粘性流体本构方程——广义牛顿内摩擦定律式(11-18)代入应力形式的粘性流体运动方程(11-11)、(11-12)。为方便起见,先求各应力分量的偏导数。即

$$\begin{cases} \dfrac{\partial p_{xx}}{\partial x} = -\dfrac{\partial p}{\partial x} + 2\mu\dfrac{\partial^2 u_x}{\partial x^2} \\[2mm] \dfrac{\partial p_{yy}}{\partial y} = -\dfrac{\partial p}{\partial y} + 2\mu\dfrac{\partial^2 u_y}{\partial y^2} \\[2mm] \dfrac{\partial p_{zz}}{\partial z} = -\dfrac{\partial p}{\partial z} + 2\mu\dfrac{\partial^2 u_z}{\partial z^2} \\[2mm] \dfrac{\partial p_{xy}}{\partial x} = \mu\left(\dfrac{\partial^2 u_x}{\partial x\partial y} + \dfrac{\partial^2 u_y}{\partial x^2}\right), \quad \dfrac{\partial p_{yx}}{\partial y} = \mu\left(\dfrac{\partial^2 u_x}{\partial y^2} + \dfrac{\partial^2 u_y}{\partial x\partial y}\right) \\[2mm] \dfrac{\partial p_{yz}}{\partial y} = \mu\left(\dfrac{\partial^2 u_y}{\partial y\partial z} + \dfrac{\partial^2 u_z}{\partial y^2}\right), \quad \dfrac{\partial p_{zy}}{\partial z} = \mu\left(\dfrac{\partial^2 u_y}{\partial z^2} + \dfrac{\partial^2 u_z}{\partial y\partial z}\right) \\[2mm] \dfrac{\partial p_{zx}}{\partial z} = \mu\left(\dfrac{\partial^2 u_z}{\partial z\partial x} + \dfrac{\partial^2 u_x}{\partial z^2}\right), \quad \dfrac{\partial p_{xz}}{\partial x} = \mu\left(\dfrac{\partial^2 u_z}{\partial x^2} + \dfrac{\partial^2 u_x}{\partial z\partial x}\right) \end{cases} \tag{11-19}$$

再代入式(11-11)、式(11-12),并且两边同除以 $\rho$

$$\frac{\mathrm{d}\boldsymbol{u}}{\mathrm{d}t} = \boldsymbol{f} - \frac{1}{\rho}\,\nabla p + \nu\,\nabla^2\boldsymbol{u} \qquad (11\text{-}20)$$

式中 $\nabla^2 = \dfrac{\partial^2}{\partial x^2} + \dfrac{\partial^2}{\partial y^2} + \dfrac{\partial^2}{\partial z^2}$ 为拉普拉斯算子。写成分量式为

$$\begin{cases} \dfrac{\partial u_x}{\partial t} + u_x\,\dfrac{\partial u_x}{\partial x} + u_y\,\dfrac{\partial u_x}{\partial y} + u_z\,\dfrac{\partial u_x}{\partial z} = f_x - \dfrac{1}{\rho}\,\dfrac{\partial p}{\partial x} + \nu\,\nabla^2 u_x \\[2mm] \dfrac{\partial u_y}{\partial t} + u_x\,\dfrac{\partial u_y}{\partial x} + u_y\,\dfrac{\partial u_y}{\partial y} + u_z\,\dfrac{\partial u_y}{\partial z} = f_y - \dfrac{1}{\rho}\,\dfrac{\partial p}{\partial y} + \nu\,\nabla^2 u_y \\[2mm] \dfrac{\partial u_z}{\partial t} + u_x\,\dfrac{\partial u_z}{\partial x} + u_y\,\dfrac{\partial u_z}{\partial y} + u_z\,\dfrac{\partial u_z}{\partial z} = f_z - \dfrac{1}{\rho}\,\dfrac{\partial p}{\partial z} + \nu\,\nabla^2 u_z \end{cases} \qquad (11\text{-}21)$$

式(11-21)称为不可压缩粘性流体的运动微分方程,也称为不可压缩粘性流体的纳维埃-斯托克斯(Navier-Stokes)方程,简称 N-S 方程。

不可压缩粘性流体的运动微分方程再加上连续性方程

$$\nabla \cdot \boldsymbol{u} = 0$$

可构成描述不可压缩粘性流体运动的基本方程组——N-S 方程组。该方程组由四个方程组成,可以求解压强 $p$ 和流速 $u_x$、$u_y$、$u_z$ 等四个未知函数。从理论上来说,方程组是封闭的,解是可能存在的。要使该方程组得到唯一的解,还需结合具体问题的定解条件,即加上该问题的初始条件、边界条件。由于该方程组为非线性偏微分方程,再加上实际问题的边界条件比较复杂,因而一般情况下难以得到精确解。目前计算机和计算技术的发展,已研究出一批比较有效的求解 N-S 方程组数值解的数学模型和方法,并在一些实际工程中获得应用。

对于轴对称和球状类型的问题,用直角坐标形式的方程描述不方便,下面我们给出柱面坐标和球面坐标的不可缩粘性流体 N-S 方程。

柱面坐标形式的 N-S 方程

$$\begin{cases} \dfrac{\partial u_r}{\partial r} + \dfrac{1}{r}\,\dfrac{\partial u_\theta}{\partial \theta} + \dfrac{\partial u_z}{\partial z} + \dfrac{u_r}{r} = 0 \\[2mm] \dfrac{\partial u_r}{\partial t} + (\boldsymbol{u}\cdot\nabla)u_r - \dfrac{u_\theta^2}{r} = f_r - \dfrac{1}{\rho}\,\dfrac{\partial p}{\partial r} + \nu\left(\Delta u_r - \dfrac{2}{r^2}\,\dfrac{\partial u_\theta}{\partial \theta} - \dfrac{u_r}{r^2}\right) \\[2mm] \dfrac{\partial u_\theta}{\partial t} + (\boldsymbol{u}\cdot\nabla)u_\theta + \dfrac{u_r u_\theta}{r} = f_\theta - \dfrac{1}{\rho r}\,\dfrac{\partial p}{\partial \theta} + \nu\left(\Delta u_\theta - \dfrac{2}{r^2}\,\dfrac{\partial u_r}{\partial \theta} - \dfrac{u_\theta}{r^2}\right) \\[2mm] \dfrac{\partial u_z}{\partial t} + (\boldsymbol{u}\cdot\nabla)u_z = f_z - \dfrac{1}{\rho}\,\dfrac{\partial p}{\partial z} + \nu\Delta u_z \end{cases} \qquad (11\text{-}22)$$

其中

$$(\boldsymbol{u}\cdot\nabla) = u_r\,\frac{\partial}{\partial r} + \frac{u_\theta}{r}\,\frac{\partial}{\partial \theta} + u_z\,\frac{\partial}{\partial z}$$

$$\Delta = \frac{1}{r}\,\frac{\partial}{\partial r}\left(r\,\frac{\partial}{\partial r}\right) + \frac{1}{r^2}\,\frac{\partial^2}{\partial \theta^2} + \frac{\partial^2}{\partial z^2}$$

球面坐标形式的 N-S 方程

$$\begin{cases} \dfrac{\partial u_r}{\partial r} + \dfrac{1}{r}\dfrac{\partial u_\theta}{\partial \theta} + \dfrac{1}{r\sin\theta}\dfrac{\partial u_\lambda}{\partial \lambda} + \dfrac{2u_r}{r} + \dfrac{u_\theta \cot\theta}{r} = 0 \\[2mm] \dfrac{\partial u_r}{\partial t} + (\boldsymbol{u}\cdot\nabla)u_r - \dfrac{u_\theta^2 + u_\lambda^2}{r} = f_r - \dfrac{1}{\rho}\dfrac{\partial p}{\partial r} + \\[2mm] \qquad \nu\left(\Delta u_r + \dfrac{2u_r}{r^2} - \dfrac{2}{r^2\sin\theta}\dfrac{\partial(u_\theta\sin\theta)}{\partial\theta} - \dfrac{2}{r^2\sin\theta}\dfrac{\partial u_\lambda}{\partial\lambda}\right) \\[2mm] \dfrac{\partial u_\theta}{\partial t} + (\boldsymbol{u}\cdot\nabla)u_\theta + \dfrac{u_r u_\theta}{r} - \dfrac{u_\lambda^2\cot\theta}{r} = f_\theta - \dfrac{1}{\rho r}\dfrac{\partial p}{\partial\theta} + \\[2mm] \qquad \nu\left(\Delta u_\theta + \dfrac{2}{r^2}\dfrac{\partial u_\theta}{\partial\theta} - \dfrac{u_\theta}{r^2\sin^2\theta} - \dfrac{2\cos\theta}{r^2\sin^2\theta}\dfrac{\partial u_\lambda}{\partial\lambda}\right) \\[2mm] \dfrac{\partial u_\lambda}{\partial t} + (\boldsymbol{u}\cdot\nabla)u_\lambda + \dfrac{u_\lambda u_\theta}{r} + \dfrac{u_\theta u_\lambda\cot\theta}{r} = f_\lambda - \dfrac{1}{\rho r\sin\theta}\dfrac{\partial p}{\partial\lambda} + \\[2mm] \qquad \nu\left(\Delta u_\lambda + \dfrac{2}{r^2\sin\theta}\dfrac{\partial u_r}{\partial\lambda} + \dfrac{2\cos\theta}{r^2\sin^2\theta}\dfrac{\partial u_\theta}{\partial\lambda} - \dfrac{u_\lambda}{r^2\sin^2\theta}\right) \end{cases} \quad (11\text{-}23)$$

其中

$$\boldsymbol{u}\cdot\nabla = u_r\dfrac{\partial}{\partial r} + \dfrac{u_\theta}{r}\dfrac{\partial}{\partial\theta} + \dfrac{u_\lambda}{r\sin\theta}\dfrac{\partial}{\partial\lambda}$$

$$\Delta = \dfrac{1}{r^2}\dfrac{\partial}{\partial r}\left(r^2\dfrac{\partial}{\partial r}\right) + \dfrac{1}{r^2\sin\theta}\dfrac{\partial}{\partial\theta}\left(\sin\theta\dfrac{\partial}{\partial\theta}\right) + \dfrac{1}{r^2\sin^2\theta}\dfrac{\partial^2}{\partial\lambda^2}。$$

# §11.2　不可压缩粘性流体的层流流动

这一节我们将讨论不可压缩粘性流体运动的几种典型的情况。以此来了解 N-S 方程的特性,以及如何从 N-S 方程组求精确解。

### 11.2.1　粘性不可压缩流体在柱形管道内的定常层流流动

现考虑不可压缩粘性流体在无限长柱形管道内的定常层流流动。已知管道截面形状以及某两个截面 $a$ 和 $b$ 上的压强,如图 11-5 所示。要求速度分布剖面、流量、平均速度。

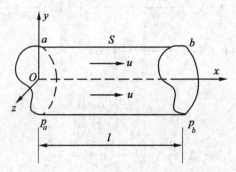

图 11-5　流体在柱形管道内流动示意图

我们取直角坐标系 $Oxyz$, $Ox$ 轴与来流方向重合,原点取在截面 $a$ 上。在该坐标系中,显然有

$$u_x = u \neq 0, \quad u_y = u_z = 0, \quad \frac{\partial}{\partial t} = 0$$

考虑上述表达式,N-S 方程组(11-20)可以写成

$$\begin{cases} \dfrac{\partial u}{\partial x} = 0 \\[2mm] 0 = -\dfrac{1}{\rho}\dfrac{\partial p}{\partial x} + \upsilon \Delta u \\[2mm] 0 = \dfrac{1}{\rho}\dfrac{\partial p}{\partial y} \\[2mm] 0 = \dfrac{1}{\rho}\dfrac{\partial p}{\partial z} \end{cases} \tag{11-24}$$

式中设质量力(重力)影响较小可以忽略不计。另外边界条件为

(1)在固壁 $S$ 上　　　　　　　　$u = 0$　　　　　　　　　　　(11-25)

(2)在截面 $a$ 上　　　　　$p = p_a$　　$(x = 0)$　　　　　　(11-26)

在截面 $b$ 上　　　　　$p = p_b$　　$(x = 1)$　　　　　　(11-27)

并且两截面压强 $p_a > p_b$。

(3)速度 $u$ 处处是有限的。

由式(11-24)中的第一式推出 $\boldsymbol{u} = \boldsymbol{u}(y, z)$,由式(11-24)中的第三式、第四式推出 $p = p(x)$,再由式(11-24)中的第二式,可得

$$\frac{\partial^2 \boldsymbol{u}}{\partial y^2} + \frac{\partial^2 \boldsymbol{u}}{\partial z^2} = \frac{1}{\mu}\frac{\partial p}{\partial x} \tag{11-28}$$

观察式(11-28),式(11-28)左边是 $y$、$z$ 的函数,式(11-28)右边则是 $x$ 的函数,两者相等唯一的可能性是它们都等于与 $x$、$y$、$z$ 无关的同一常数 $-P$,于是可得

$$\frac{1}{\mu}\frac{\partial p}{\partial x} = -P \tag{11-29}$$

$$\frac{\partial^2 u}{\partial y^2} + \frac{\partial^2 u}{\partial z^2} = -P \tag{11-30}$$

分别求解式(11-29)、式(11-30)可以确定常数 $P$ 和压强 $p$、速度 $u$。

将式(11-29)两端积分得

$$p = -\mu P x + C \tag{11-31}$$

待定常数 $P$ 及 $C$ 可以由边界条件式(11-26)、式(11-27)确定。由 $x = 0$, $p = p_a$ 推出 $C = p_a$;由 $x = l$, $p = p_b$ 推出

$$P = \frac{p_a - p_b}{\mu l} > 0 \tag{11-32}$$

则式(11-31)可以写成

$$p = -\frac{p_a - p_b}{l}x + p_a \tag{11-33}$$

式(11-33)给出了不可压缩流体在柱形管道内作定常流运动时的压强表达式。从式(11-33)可知,压强为线性函数。也就是当 $x$ 增加时,压强 $p$ 将线性减少。

由于常数 $P$ 已确定,速度 $u$ 可以从方程(11-30)求出。这个方程为为线性的经典泊松(Poisson)方程。考虑到这个方程的边界条件:在固壁 $S$ 上 $u=0$,在流动区域内 $u$ 处处有限。只要给出截面的形状就可以求出速度分量 $u$ 的函数式。根据经典的偏微分方程理论,如果截面的形状为圆、椭圆、矩形、等边三角形、同心圆环等规则几何图形,可以求得速度分量 $u$ 的精确解。如果是非规则几何图形,可以用求数值解的办法求得其近似解。

下面我们以圆形截面为例,讨论如何求解泊松方程,找出速度分量 $u$ 的函数式。

由于圆形截面为轴对称几何图形,我们可以用柱面坐标来描述。现建立柱面坐标系 $x$、$r$、$\theta$。如图 11-6 所示,设圆管方程为 $r=r_0$。根据柱面坐标表示为 N-S 方程式(11-22),式(11-30)可以改写成

$$\frac{\partial^2 u}{\partial r^2}+\frac{1}{r}\frac{\partial u}{\partial r}+\frac{1}{r^2}\frac{\partial^2 u}{\partial \theta^2}=-P \tag{11-34}$$

考虑到流动的轴对称性条件 $\frac{\partial}{\partial \theta}=0$ 和 $u=u(r)$,式(11-34)可以写成

$$\frac{\mathrm{d}^2 u}{\mathrm{d}r^2}+\frac{1}{r}\frac{\mathrm{d}u}{\mathrm{d}r}=-P \tag{11-35}$$

为方便积分,式(11-35)变形为

$$\frac{1}{r}\frac{\mathrm{d}}{\mathrm{d}r}\left(r\frac{\mathrm{d}u}{\mathrm{d}r}\right)=-P \tag{11-36}$$

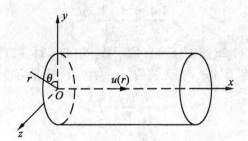

图 11-6 柱坐标示意图

现积分两次可以求得解

$$u=-\frac{P}{4}r^2+C_1\ln r+C_2 \tag{11-37}$$

式中,$C_1$、$C_2$ 为积分常数。由于当 $r=0$ 时,$\ln r \to \infty$,引入速度处处有限的边界条件,则有 $C_1=0$;又由于当 $r=r_0$ 时 $u=0$ 的边界条件,可以推得 $C_2=\frac{P}{4}r_0^2$。代入式(11-32),可得速度分布函数

$$u=\frac{P}{4}(r_0^2-r^2)=\frac{p_a-p_b}{4\mu l}(r_0^2-r^2) \tag{11-38}$$

下面利用求出的解式(11-33),式(11-38),来求出我们感兴趣的速度分布剖面、流量和

平均速度。

（1）速度分布剖面。

由式(11-38)可以看出,速度分布剖面是回转抛物面。在 $r=r_0$ 处有极小值 $u=0$,在 $r=0$ 处有极大值,如图 11-7 所示。

$$u_{\max}=\frac{p_a-p_b}{4\mu l}r_0 \tag{11-39}$$

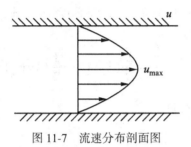

图 11-7　流速分布剖面图

（2）流量 $Q$ 及平均速度 $v$。

根据流量的定义有

$$Q=2\pi\int_0^{r_0}ur\mathrm{d}r=2\pi\int_0^{r_0}\frac{P}{4}r(r_0^2-r^2)\,\mathrm{d}r=\frac{\pi}{8}r_0^4P=\frac{r_0^4(p_a-p_b)}{8\mu l} \tag{11-40}$$

从式(11-40)可见,流量 $Q$ 与压强差 $p_a-p_b$ 成正比,与半径 $r_0$ 的四次方成正比,而与粘性系数 $\mu$ 及圆管长度 $l$ 成反比。由流量 $Q$ 可以求平均速度 $v$

$$v=\frac{Q}{\pi r_0^2}=\frac{p_a-p_b}{8\mu l}r^2 \tag{11-41}$$

与式(11-39)相比较有 $v=\dfrac{1}{2}u_{\max}$。此处用 N-S 方程求解层流问题得到了与第 4 章 §4.3 中相同的结论。

### 11.2.2　两平行平板之间的流动

考虑间距为 $2h$ 的无穷长两块平行平板之间的流动。设下板固定,上板上速度 $U$ 沿 $x$ 方向匀速运动。如图 11-8 所示。入口处与出口处的压强分别 $p_1$,$p_2$。采用和以前相同的分析得知,这种流动的 N-S 方程组(11-24)完全一样。只是边界条件有所不同。此时的边界条件是

$$y=-h,\quad u=0;\quad y=h,\quad u=U \tag{11-42}$$

根据边界条件式(11-42),由式(11-24)可以解得速度分布为

$$u=-\frac{1}{2\mu}\frac{\mathrm{d}p}{\mathrm{d}x}(h^2-y^2)+\frac{U}{2}\left(1+\frac{y}{h}\right) \tag{11-43}$$

图 11-9 给出了不同压力梯度下的无量纲速度分布。在图 11-9 中,$y^*$、$u^*$ 分别为无量纲坐标、无量纲速度,即

$$y^*=\frac{y}{h}$$

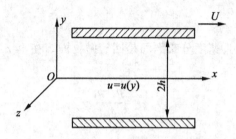

图 11-8　平行平板间流动示意图

$$u^* = \frac{u}{U} = \frac{B}{2}(1-y^{*2}) + \frac{1}{2}(1+y^*) \qquad (11\text{-}43\text{a})$$

式中，$B = \dfrac{h^2}{\mu U}\dfrac{\mathrm{d}p}{\mathrm{d}x}$ 为无量纲压强梯度。

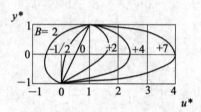

图 11-9　平行平板间流动速度分布示意图

　　从图 11-9 可见，压强差与上板运动的影响具有线性叠加的性质。如果压强差为零，则两板之间的速度分布曲线是一条斜直线。当压强为正或为负时，两者叠加而得到的速度分布曲线则不同。

　　固定平板单位宽度通过的流量为

$$Q = \int_{-h}^{h} u\,\mathrm{d}y = -\frac{2}{3\mu}\frac{\mathrm{d}p}{\mathrm{d}x}h^2 + Uh \qquad (11\text{-}44)$$

壁面切应力

上板

$$(\tau_{yx})_w = \mu\left(\frac{\mathrm{d}u}{\mathrm{d}y}\right)_{y=+h} = h\frac{\mathrm{d}p}{\mathrm{d}x} + \frac{U}{2h} \qquad (11\text{-}45)$$

下板

$$(\tau_{yx})_w = \mu\left(\frac{\mathrm{d}u}{\mathrm{d}y}\right)_{y=-h} = -h\frac{\mathrm{d}p}{\mathrm{d}x} + \frac{U}{2h} \qquad (11\text{-}46)$$

## §11.3　粘性流体绕圆球的小雷诺数流动

　　§11.2 中我们讨论了不可压缩粘性流体运动的一些精确解。能求精确解的一些问题一般来说是十分简单的问题。对于这些问题一般是根据流动的特点，使惯性项为零或得到极大的简化，使非线性的方程化为线性方程并得到其解析解。然而，在实际工程中所需解决的流动问题一般都是非常复杂的，必须要求解原始的非线性方程组。由于求解非线性方程组的困难性,流体力学工作者被迫采用近似方法去解决。所谓近似方法,就是根据问题的特点,抓住现象的主要方面而忽略次要方面,从而使方程组或边界条件得到简化的一种方法。这种方法在实际工程中被大量采用而且是行之有效的。

　　一般来说,在不可压缩粘性流体 N-S 方程中,惯性力、压力和粘性力(重力忽略)这三种力在起作用。其中压力是受惯性力及粘性力制约的反作用力,起平衡作用。因此,实际起主导作用的是惯性力和粘性力两种力。雷诺数 $Re = \dfrac{UL}{v}$ 是反映惯性力和粘性力对比关系的特征参数。观察一些流动现象中雷诺数 Re(以下简称 Re 数)的变化特征,可以看到有两种极端:一种是小 Re 数情形,一种是大 Re 数情形。如果所研究的问题中,特征速度、特征长度都比较小,粘性系数比较大时,Re 数就比较小。Re 数小意味着粘性力在流动中起主导作用,惯性力起次要作用。作为零级近似,可以将惯性力全部略去;作为一级近似,可以保留惯性项中的主要部分,略去次要部分。这样可以将非线性方程简化成线性方程或较简单的非线性方程。如果所研究的问题中,特征速度、特征长度都比较大,粘性系数比较小时,Re 数就比较大。Re 数大意味着惯性力在流动中起主导作用,粘性力起次要作用。作为零级近似,可以将粘性力全部略去,但全部略去,就会变成理想不可压缩流体的方程了。因此,是不能全部忽略粘性项的。只能根据问题的特点,忽略粘性项中的某些次要部分,从而将方程简化。然而,当 Re 数不大不小时,即惯性项和粘性项同量阶时,就不能这样简单近似,要从其他途径出发简化方程或直接解原方程。

　　本节我们将以不可压缩粘性流体绕小尺度圆球的缓慢流动为例,叙述在小雷诺数情形下的近似解。这种流动在实际工程中有许多实例,如细小砂粒在水中或粉尘在空气中的降落。由于这种流动的 Re 数接近甚至小于 1,速度也很小,一般称为"蠕动流动或蠕流"。

　　现有一个半径为 $a$ 的圆球在无限大不可压缩流体空间中以速度 $u_\infty$ 作等速直线运动。根据伽利略(Galilei)相对原理,上述问题等价于无穷远处速度为 $u_\infty$ 的粘性不可压缩流体绕静止的圆球作定常层流流动。如图 11-10 所示。设该问题中的 Re 数小,求速度、压力及圆球所受的阻力。

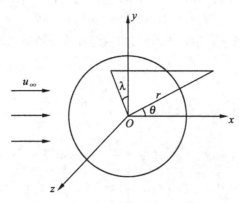

图 11-10　小 Re 数圆球绕流示意图

　　由于所研究的问题 Re 数小,作为零级近似我们将惯性项全部略去,这时 N-S 方程可以简化为下列形式

$$\begin{cases} \nabla \cdot \boldsymbol{u} = 0 \\ \nabla p = \mu \Delta \boldsymbol{u} \end{cases} \tag{11-47}$$

　　根据问题的流动特点,现取球面坐标系 $r$、$\theta$、$\lambda$,$\theta$ 的起算轴线 $x$ 的方向取成同来流方向一致。由于定常及圆球绕流问题的对称性,我们有

$$\frac{\partial}{\partial t} = 0, \quad \frac{\partial}{\partial \lambda} = 0, \quad u_\lambda = 0$$

这样方程组(11-47)可以写成

$$\begin{cases} \dfrac{\partial u_r}{\partial r} + \dfrac{1}{r}\dfrac{\partial u_\theta}{\partial \theta} + \dfrac{2u_r}{r} + \dfrac{u_\theta \cot\theta}{r} = 0 \\[2mm] \dfrac{\partial p}{\partial r} = \mu\left( \dfrac{\partial^2 u_r}{\partial r^2} + \dfrac{1}{r^2}\dfrac{\partial^2 u_r}{\partial \theta^2} + \dfrac{2}{r}\dfrac{\partial u_r}{\partial r} + \dfrac{\cot\theta}{r^2}\dfrac{\partial u_r}{\partial \theta} - \dfrac{2}{r^2}\dfrac{\partial u_\theta}{\partial \theta} - \dfrac{2u_r}{r^2} - \dfrac{2\cot\theta}{r^2}u_\theta \right) \\[2mm] \dfrac{1}{r}\dfrac{\partial p}{\partial \theta} = \mu\left( \dfrac{\partial^2 u_\theta}{\partial r^2} + \dfrac{1}{r^2}\dfrac{\partial^2 u_\theta}{\partial \theta^2} + \dfrac{2}{r}\dfrac{\partial u_\theta}{\partial r} + \dfrac{\cot\theta}{r^2}\dfrac{\partial u_\theta}{\partial \theta} + \dfrac{2}{r^2}\dfrac{\partial u_r}{\partial \theta} - \dfrac{u_\theta}{r^2\sin^2\theta} \right) \end{cases} \tag{11-48}$$

　　其边界条件是:

(1)在球面上　　　　　　　　$r = a, \quad u_r = 0, \quad u_\theta = 0$ 　　　　　　　　　(11-49)

(2)在无穷远处　　　　$u_r = u_\infty \cos\theta, \quad u_\theta = -u_\infty \sin\theta$ 　　　　　　　(11-50)

　　式(11-48)是一个由三个偏微分方程组成的线性偏微分方程组,可以用来确定三个未知函数 $u_r(r,\theta)$、$u_\theta(r,\theta)$ 及 $p(r,\theta)$,现在用数理方程中的分离变量法来解这个方程组。为此,我们设未知函数为下列形式

$$u_r = f(r)F(\theta), \quad u_\theta = g(r)G(\theta), \quad p = \mu h(r)H(\theta) + p_\infty \tag{11-51}$$

考虑无穷远处边界条件式(11-50),式(11-51)可以写成

$$u_\infty \cos\theta = f(\infty)F(\theta), \quad -u_\infty \sin\theta = g(\infty)G(\theta)$$

可以推导得　　　　$F(\theta) = \cos\theta, \quad G(\theta) = -\sin\theta, \quad f(\infty) = u_\infty, \quad g(\infty) = u_\infty$

于是 $u_r$、$u_\theta$ 可以改写成　　　　　　　$u_r = f(r)\cos\theta, \quad u_\theta = -g(r)\sin\theta$

又将上式及式(11-51)中的 $p$ 表达式代入式(11-48)并考虑球面上边界条件式(11-49),可得

$$\begin{cases} \cos\theta\left( f' - \dfrac{g}{r} + \dfrac{2f}{r} - \dfrac{g}{r} \right) = 0 \\[2mm] H(\theta)h'(r) = \cos\theta\left( f'' - \dfrac{f}{r^2} + \dfrac{2f'}{r} - \dfrac{f}{r^2} + \dfrac{2g}{r^2} - \dfrac{2f}{r^2} + \dfrac{2g}{r^2} \right) \\[2mm] H'(\theta)\dfrac{h}{r} = \sin\theta\left( -g'' + \dfrac{g}{r^2} - \dfrac{2g'}{r} - \dfrac{g}{r^2}\cot^2\theta - \dfrac{2f}{r^2} + \dfrac{g}{r^2}\csc^2\theta \right) \end{cases} \tag{11-52}$$

边界条件是　　　　$f(a) = 0, \quad g(a) = 0, \quad f(\infty) = u_\infty, \quad g(\infty) = u_\infty$

从上面写出的方程组中可以看出 $H(\theta) = \cos\theta$,于是式(11-51)最后可以写成

$$u_r = f(r)\cos\theta, \quad u_\theta = -g(r)\sin\theta, \quad p = \mu h(r)\cos\theta + p_\infty \tag{11-53}$$

而式(11-52)则变成

$$\begin{cases} f' + \dfrac{2(f-g)}{r} = 0 \\[2mm] h' = f'' + \dfrac{2}{r}f' - \dfrac{4(f-g)}{r^2} \\[2mm] \dfrac{h}{r} = g'' + \dfrac{2}{r}g' + \dfrac{2(f-g)}{r^2} \end{cases} \tag{11-54}$$

边界条件为　　　　　　$f(a)=0, \quad g(a)=0, \quad f(\infty)=u_\infty, \quad g(\infty)=u_\infty \tag{11-55}$

下面我们将在边界条件式(11-55)下解方程组(11-54)。由式(11-54)中的第一式得

$$g = \frac{r}{2}f' + f \tag{11-56}$$

将式(11-56)代入式(11-54)中的第三式,得

$$h = \frac{1}{2}r^2 f''' + 3rf'' + 2f' \tag{11-57}$$

将式(11-56)与式(11-57)代入式(11-54)中的第二式,可得确定 $f$ 函数的下列微分方程

$$r^3 f'''' + 8r^2 f''' + 8rf'' - 8f' = 0 \tag{11-58}$$

我们只要从式(11-58)中解出函数 $f$,再通过式(11-56)与式(11-57)可以求出函数式 $g$、$h$。观察式(11-58),可见这是典型的欧拉常微分方程,其特征方程为

$$k(k-1)(k-2)(k-3) + 8k(k-1)(k-2) + 8k(k-1) - 8k = 0$$

解之得 $k=0,2,-1,-3$。于是式(11-58)的解为

$$f = \frac{A}{r^2} + \frac{B}{r} + C + Dr^2 \tag{11-59}$$

将式(11-59)代入式(11-54)与式(11-57)得

$$g = -\frac{A}{2r^2} + \frac{B}{2r} + C + 2Dr^2 \tag{11-60}$$

$$h = \frac{B}{r^2} + 10rD \tag{11-61}$$

上面三式中,$A$、$B$、$C$、$D$ 为积分常数,可以由边界条件式(11-55)得到

$$A = \frac{1}{2}u_\infty a^3, \quad B = -\frac{3}{2}u_\infty a, \quad C = u_\infty, \quad D = 0$$

并代入式(11-59)、式(11-60)与式(11-61)可得

$$f = \frac{1}{2}u_\infty \frac{a^3}{r^3} - \frac{3}{2}u_\infty \frac{a}{r} + u_\infty$$

$$g = -\frac{1}{4}u_\infty \frac{a^3}{r^3} - \frac{3}{4}u_\infty \frac{a}{r} + u_\infty$$

$$h = -\frac{3}{2}u_\infty \frac{a}{r^2}$$

代入式(11-53),得速度与压强分布式

$$\begin{cases} u_r(r,\theta) = u_\infty \cos\theta \left( 1 - \frac{3}{2}\frac{a}{r} + \frac{1}{2}\frac{a^3}{r^3} \right) \\[2mm] u_\theta(r,\theta) = -u_\infty \sin\theta \left( 1 - \frac{3}{4}\frac{a}{r} - \frac{1}{4}\frac{a^3}{r^3} \right) \\[2mm] p(r,\theta) = -\frac{3}{2}\mu \frac{u_\infty a}{r^2}\cos\theta + p_\infty \end{cases} \qquad (11\text{-}62)$$

现在我们来求圆球所受的阻力。首先我们需计算圆球表面上的应力

$$\begin{cases} p_{rr} = -p + 2\mu\frac{\partial u_r}{\partial r} \\[2mm] p_{r\theta} = \mu\left( \frac{1}{r}\frac{\partial u_r}{\partial r} + \frac{\partial u_\theta}{\partial r} - \frac{u_\theta}{r} \right) \\[2mm] p_{r\lambda} = \mu\left( \frac{\partial u_\lambda}{\partial r} + \frac{1}{r\sin\theta}\frac{\partial u_r}{\partial \lambda} - \frac{u_\lambda}{r} \right) \end{cases} \qquad (11\text{-}63)$$

由于对称性 $u_\lambda = 0$ 及 $\frac{\partial}{\partial\lambda} = 0$,有 $p_{r\lambda} = 0$。另外,由球面边界条件,有 $u_r = u_\theta = 0$,则在球面上有

$$\frac{\partial u_r}{\partial\theta} = 0, \qquad \frac{\partial u_\theta}{\partial\theta} = 0$$

由式(11-48)中的连续性方程可以推得,在球面上有 $\frac{\partial u_r}{\partial r} = 0$。将上述结果代入式(11-63),可得

$$p_{rr} = -p, \qquad p_{r\theta} = \mu\frac{\partial u_\theta}{\partial r}, \qquad p_{r\lambda} = 0$$

将式(11-62)代入上式,可得

$$\begin{cases} p_{rr} = \frac{3\mu u_\infty}{2a}\cos\theta - p_\infty \\[2mm] p_{r\theta} = -\frac{3\mu u_\infty}{2a}\sin\theta \end{cases} \qquad (11\text{-}64)$$

由式(11-64)可知,球面上的正应力 $p_{rr}$ 为余弦函数,切应力 $p_{r\theta}$ 为正弦函数。应力在球面上的方向如图 11-11 所示。由于整个流动是对称的,因此与 $Ox$ 轴垂直方向的合力为零,圆球上的阻力全部沿 $x$ 方向。对整个球的面积积分可得球面所受的总阻力为

$$\begin{aligned} W &= \int_S (p_{rr}\cos\theta - p_{r\theta}\sin\theta)\,\mathrm{d}s = \int_0^\pi (p_{rr}\cos\theta - p_{r\theta}\sin\theta)\,2\pi a^2\sin\theta\,\mathrm{d}\theta \\[2mm] &= 2\pi a^2\left[ \int_0^\pi \frac{3\mu u_\infty}{2a}(\cos^2\theta + \sin^2\theta)\sin\theta\,\mathrm{d}\theta - \int_0^\pi p_\infty\cos\theta\sin\theta\,\mathrm{d}\theta \right] \\[2mm] &= 3\pi\mu u_\infty a\int_0^\pi \sin\theta\,\mathrm{d}\theta = 6\pi\mu u_\infty a \end{aligned} \qquad (11\text{-}65)$$

式(11-65)给出了圆球所受的总阻力,其阻力系数为

$$C_x = \frac{W}{\frac{1}{2}\rho u_\infty^2 \pi a^2} = \frac{12v}{au_\infty} = \frac{24}{Re} \qquad (11\text{-}66)$$

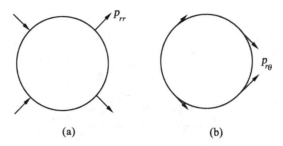

图 11-11　球面上的应力方向示意图

其中 $Re=\dfrac{u_\infty a}{v}$，$a$ 为圆球直径。

　　这是粘性不可压缩流体绕圆球流动的零级近似结果，这个结果也称为斯托克斯（Stokes）解。与实验结果相比较，这个结果只有在靠近圆球表面的流动区域内才是正确的，而在离球体较远的流动区域中是不正确的。事实上在这些地方惯性力与粘性力相比较并不是小量。因此，斯托克斯的零级近似解是有很大的局限性的。

　　为了改进上述零级近似结果中的缺点，奥森（Oseen）将斯托克斯解作了一些修正。他保留了 N-S 方程中重要的惯性项，舍弃了次要的惯性项。奥森认为圆球的尺寸远小于流场的尺度时，圆球引起的速度变化很小，因此他假定

$$u=u_\infty+u' \tag{11-67}$$

其中 $u$ 在圆球较远处是一小量，将式（11-67）代入惯性项 $(u\cdot\nabla)u$ 中去，并忽略二级微量项得

$$(u_\infty\cdot\nabla)u=u_\infty\frac{\partial u}{\partial x} \tag{11-68}$$

这就是在圆球较远处惯性力的主要线性项。可以预料，将该项代替 $\dfrac{\mathrm{d}u}{\mathrm{d}t}$ 将得到较好的结果。

这时方程组为

$$\begin{cases}\nabla\cdot u=0\\[2mm] u_\infty\dfrac{\partial u}{\partial X}=-\dfrac{1}{\rho}\nabla p+v\Delta u\end{cases} \tag{11-69}$$

这个方程组仍为线性的。奥森给出了上述方程组在圆球绕流问题的解。并给出圆球所受到的总阻力和阻力系数为

$$W=6\pi\mu u_\infty a\left(1+\frac{3au_\infty}{8v}\right) \tag{11-70}$$

$$C_x=\frac{W}{\dfrac{1}{2}\rho u_\infty\pi a^2}=\frac{24}{Re}\left(1+\frac{3}{16}Re\right) \tag{11-71}$$

　　图 11-12 给出了斯托克斯解和奥森解与实验结果的比较图。从图 11-12 中可见，奥森解比斯托克斯解虽有部分改进，但与实验结果相比较，好不了多少。尽管如此，奥森的解题思想，给 N-S 方程的求解开创了一条道路。这就是因问题而异的近似求解的思想。

　　为了改进奥森解，有学者继续开展了一定的工作。例如，1975 年陈景尧从奥森解出发，把这个解作为 N-S 方程的一级近似解，然后用迭代方法依次求出了逐级近似解。

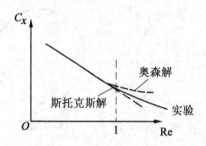

图 11-12  小 $Re$ 数下两种解比较示意图

# §11.4  边界层的基本概念及边界层厚度

用简单的实验可以证实普朗特的思想。例如,测量与均匀来流相平行的平板上的流动,就可以发现边界层的存在。如图 11-13 所示,当速度为 $U$ 的均匀来流在平板上流过时,整个流场可以分成两个区域。一个是紧贴着物面,非常薄的一层区域,这一层区域内的流速由物面边界上的零值很快的增加到与均匀来流速度同数量级的值。这个区域称为边界层。另一个区域为边界层以外的整个流动区域,这个区域流速变化缓慢,称为外部流动区。

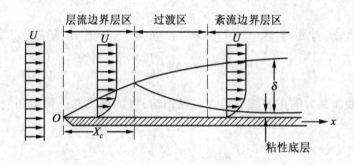

图 11-13  平板边界层流动结构示意图

实验表明,边界层内的流速 $u_x$ 沿物面的法向方向变化非常迅速,$u_x$ 比起沿切向方向的变化高一个数量级。由于速度由零变化到均匀来流 $U$ 的过程是在非常狭小的区域内完成的,则沿物面法向上的速度梯度很大。对于大雷诺数流动,尽管流体的粘性系数 $\mu$ 较小,但因速度梯度 $\dfrac{\partial u}{\partial y}$ 很大,两者相乘使得边界层内的粘性力还是很大,并且与惯性力同数量级。另外,速度梯度大还说明边界层内流体有较大的旋涡强度,即边界层内的流动是有旋的。

对于边界层外的外部流动区,由实验可以看到,在这个区域内,物面对于流动的滞止作用大大地削弱,各个截面 $x$ 方向上的速度分量变化很缓慢,速度梯度 $\dfrac{\partial u}{\partial y}$ 很小。即使粘性系数很大的流体,其粘性力也很小,与惯性力相比较,可以忽略不计。同时,由于速度梯度小,说明流体的涡旋强度也很小,也可以忽略。这样可以把外部流动区的流动,看做为理想流体的无旋流动,即有势的流动。因此外部流动区也称为外部势流区。

　　根据上述分析,普朗特的边界层思想,是把大雷诺数的粘性流动问题,划分为在不同区域内不同的流体流动。这就是边界层内粘性流体的有旋流动和外部势流区的理想流体的势流流动。对整个流场的求解问题,是求解这两种流动以及相互衔接的问题。

　　从实际的流动来看,外部势流和边界层流动之间有着密切的关系,两者的衔接是渐近的。因此,两者之间没有明确的分界线。另外,为表征边界层区域,一般用边界层厚度 $\delta$ 来表示。在此我们约定与均匀来流 $U$ 相差 1% 的地方为这两种流动的分界线。这个分界线也称为边界层内的外边界或边界层边线。具体地说,边界层的厚度就为物面(边界层的内边界)沿法向方向到边界层的外边界的距离。需特别注意的是,边界层边线不是流线,流线是速度矢量与切线方向相重合的质点组成的曲线,而边界层边线是速度为 $0.99U$ 的点组成的连线。流线质点可以穿过边界层边线进入边界层。

　　关于边界层,还有以下特点:

　　1.边界层的厚度 $\delta$ 取决于惯性力与粘性之比,也就是与雷诺数的大小有关。

　　根据前面的叙述已知,边界层内的惯性力与粘性力为同一数量级。对于平板绕流来说,单位体积的惯性力为 $\rho u_x \dfrac{\partial u_x}{\partial x}$,数量级为 $\dfrac{\rho U^2}{L}$;单位体积的粘性力为 $\mu \dfrac{\partial^2 u_x}{\partial y^2}$,数量级为 $\mu \dfrac{U}{\delta^2}$。则在边界层内有

$$\frac{\rho U^2}{L} \sim \mu \frac{U}{\delta^2}$$

即
$$\frac{\delta}{L} \sim \sqrt{\frac{\mu}{\rho U L}} = \frac{1}{\sqrt{\mathrm{Re}_L}} \tag{11-72}$$

式中:$\mathrm{Re}_L = \dfrac{\rho U L}{\mu}$;$U$——均匀来流速度;$L$——平板的板长。

　　由式(11-72)可知,边界层厚度 $\delta$ 与 $\sqrt{\mathrm{Re}_L}$ 成反比。同时还说明,对于大雷诺数流动,边界层厚度 $\delta$ 远小于特征长度 $L$,也就是边界层极薄。

　　2.边界层内沿边界层厚度的速度变化非常急剧,也就是速度梯度很大。

　　3.边界层厚度 $\delta$ 在平板上沿流动方向增加。这是因为越往下游受到粘性阻滞的流体越来越多,则流速将减小,为满足连续性条件边界层的厚度将增大。

　　4.由于边界层很薄,因而可以近似地认为,边界层中各截面上的压强等于同一截面上边界层边线上的压强。

　　5.边界层内的流动,可以是层流,也可以是紊流。全部流动为层流的则称为层流边界层。仅在边界层的起始部分是层流,而其他部分是紊流的称为混合边界层。在层流与紊流之间有一个过渡区。对于平板,层流转变为紊流的临界雷诺数 $\mathrm{Re}_x = 5\times10^5 \sim 3\times10^6$。其中 $\mathrm{Re}_x = \dfrac{Ux}{v}$,$x$ 为距物体前缘点 $O$ 的距离,$U$ 为均匀来流速度。

　　在边界层理论中常用到的有三种厚度:(1)边界层的自然厚度,简称为边界层厚度;(2)排挤厚度;(3)动量损失厚度。

### 11.4.1　边界层厚度 $\delta$

边界层厚度一般用 $\delta$ 表示,$\delta$ 是边界层横断面上某点的流速 $u_x(y)$ 等于来流流速 $U$ 的

99%时,该点到固体表面的距离。由于边界层厚度很薄,一般很难测准,实际计算中常采用一些更确切的边界层厚度,即排挤厚度、动量损失厚度等。

### 11.4.2 排挤厚度 $\delta_1$

排挤厚度(也称为位移厚度)用 $\delta_1$ 表示,可以用下式来定义

$$U\delta_1 = \int_0^\delta (U - u_x)\mathrm{d}y = U\delta - \int_0^\delta u_x \mathrm{d}y \tag{11-73a}$$

或者

$$\delta_1 = \int_0^\delta \left(1 - \frac{u_x}{U}\right)\mathrm{d}y \tag{11-73}$$

下面我们分析一下排挤厚度的物理意义。如理想流体绕图 11-14 所示的平板流动时,流线是平行于壁面的。当粘性流体流过这个平板时,由于粘性作用,则存在着沿垂直于壁面方向被减速的边界层,为了满足连续性方程,流道就得扩张。因此流线由平行转为向外偏移。这个偏移的距离就是排挤厚度 $\delta_1$。下面进行简单证明。如图 11-14 所示,设偏移后的流线与平板之间的距离为 $h'$,由连续性方程

$$Uh = \int_0^\delta u_x \mathrm{d}y + (h' - \delta)U$$

$$U(h' - h) = U\delta - \int_0^\delta u_x \mathrm{d}y = \int_0^\delta (U - u_x)\mathrm{d}y = U\delta_1$$

上式两端同除以 $U$,有

$$h' - h_1 = \delta_1$$

所以,排挤厚度也称为偏移厚度。

另外,观察式(11-73a), $\int_0^\delta (U - u_x)\mathrm{d}y$ 表示由于粘性滞止作用,理想流体中流量的损失。这损失掉的流量若以理想流体的速度 $U$ 向前流动则需排挤厚度的距离 $\delta_1$ 才能流尽。所以,排挤厚度 $\delta_1$ 也称为流量损失厚度。如图 11-15 中,斜影线面积表示边界层中减小的流量,铅直影线面积表示以理想流速 $U$ 通过排挤厚度 $\delta_1$ 的流量。

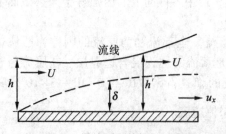

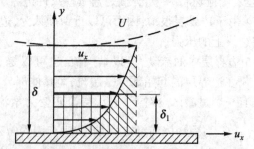

图 11-14　排挤厚度的推导示意图　　　图 11-15　边界层中两种流体的流量比较示意图

### 11.4.3 动量损失厚度 $\delta_2$

动量损失厚度用 $\delta_2$ 表示,可以用下式来定义

$$\rho U^2 \delta_2 = \int_0^\delta \rho u_x (U - u_x)\,\mathrm{d}y \tag{11-74a}$$

或者

$$\delta_2 = \int_0^\delta \frac{u_x}{U}\left(1 - \frac{u_x}{U}\right)\mathrm{d}y \tag{11-74}$$

下面我们分析一下动量损失厚度的物理意义。

式(11-74a)中右端的 $\rho u_x \mathrm{d}y$ 是边界层 $\mathrm{d}y$ 中通过的质量流量，$(U-u_x)\rho u_x \mathrm{d}y$ 是由于边界层的存在而损失的动量。右端整个式子表示边界层中的流量由于粘性作用而引起的动量损失。于是，动量损失厚度 $\delta_2$ 就是用理想流速 $U$ 通过边界层中减小的动量所相当的厚度。或者说，是由于边界层的存在损失了厚度为 $\delta_2$ 的理想流体的动量。

**例 11.1**　假设边界层中的流速按下面指数规律分布

$$\frac{u_x}{U} = \left(\frac{y}{\delta}\right)^{1/n}$$

试求：当 $n = 7$ 时边界层的排挤厚度和动量损失厚度。

**解**　排挤厚度

$$\delta_1 = \int_0^\delta \left(1 - \frac{u_x}{U}\right)\mathrm{d}y = \int_0^\delta \left[1 - \left(\frac{y}{\delta}\right)^{1/n}\right]\mathrm{d}y = \frac{1}{n+1}\delta = \frac{1}{8}\delta$$

动量损失厚度

$$\delta_2 = \int_0^\delta \frac{u_x}{U}\left(1 - \frac{u_x}{U}\right)\mathrm{d}y = \int_0^\delta \left(\frac{y}{\delta}\right)^{1/n}\left[\left(1 - \frac{y}{\delta}\right)^{1/n}\right]\mathrm{d}y = \frac{n}{(n+1)(n+2)}\delta = \frac{7}{72}\delta。$$

## §11.5　层流边界层方程

由于用 N-S 方程组求解粘性流体流动问题是非常困难的。根据前面所述的性质，边界层内粘性力与惯性力同阶，边界层的厚度 $\delta$ 较物体的特征长度 $L$ 小得多，即 $\delta \ll L$。可以将 N-S 方程组进行简化。简化后的方程称为边界层方程，由于该方程是由普朗特最先求得，也称为普朗特边界层方程。

下面我们针对平板绕流推导二维边界层方程。如图 11-16 所示，$Ox$ 轴与平板壁面相重合，并假定流体是作二维不可压缩定常流动，边界层内的流动全是层流，忽略质量力。这时 N-S 方程组为

$$\begin{cases} u_x \dfrac{\partial u_x}{\partial x} + u_y \dfrac{\partial u_x}{\partial y} = -\dfrac{1}{\rho}\dfrac{\partial p}{\partial x} + \upsilon\left(\dfrac{\partial^2 u_x}{\partial x^2} + \dfrac{\partial^2 u_x}{\partial y^2}\right) \\[2mm] u_x \dfrac{\partial u_y}{\partial x} + u_y \dfrac{\partial u_y}{\partial y} = -\dfrac{1}{\rho}\dfrac{\partial p}{\partial y} + \upsilon\left(\dfrac{\partial^2 u_y}{\partial x^2} + \dfrac{\partial^2 u_y}{\partial y^2}\right) \\[2mm] \dfrac{\partial u_x}{\partial x} + \dfrac{\partial u_y}{\partial y} = 0 \end{cases} \tag{11-75}$$

为了简化上述 N-S 方程组，首先将其无量纲化变成无量纲方程。为此引入无量纲量

$$x' = \frac{x}{L}, \quad y' = \frac{y}{L}, \quad u_x' = \frac{u_x}{U}, \quad u_y' = \frac{u_y}{U}, \quad p' = \frac{p}{\rho U^2} \tag{11-76}$$

其中 $U$ 为特征速度，$L$ 为特征长度。这些量可以是均匀来流的速度，平板的长度。将式

(11-75)无量纲化后得

$$\begin{cases} u'_x\dfrac{\partial u'_x}{\partial x'}+u'_y\dfrac{\partial u'_x}{\partial y'}=-\dfrac{\partial p'}{\partial x'}+\dfrac{1}{Re}\left(\dfrac{\partial^2 u'_x}{\partial x'^2}+\dfrac{\partial^2 u'_x}{\partial y'^2}\right) \\[3mm] u'_x\dfrac{\partial u'_y}{\partial x'}+u'_y\dfrac{\partial u'_y}{\partial y'}=-\dfrac{\partial p'}{\partial y'}+\dfrac{1}{Re}\left(\dfrac{\partial^2 u'_y}{\partial x'^2}+\dfrac{\partial^2 u'_y}{\partial y'^2}\right) \\[3mm] \dfrac{\partial u'_x}{\partial x'}+\dfrac{\partial u'_y}{\partial y'}=0 \end{cases} \qquad (11\text{-}77)$$

现在我们对上式中各项进行量级分析,找出高阶量级,忽略低阶量级。在分析前作两点说明:(1)分析必须有个标准,量级是相对于这个标准的,标准改变后,整个物理量的量级可以完全不同。(2)所谓量阶不是指该物理量或几何量的具体数值,而是指该量在整个区域内相对于标准小参数而言的平均水平。可以允许一阶或更高阶量级的量在个别点上或区域内取较低的值甚至等于零。正如球队比赛时所分的甲级队、乙级队。甲级队总的来说比乙级队水平高,但并不排斥甲级队中个别队员不如乙级队中某些队员技术好、水平高。

如图 11-16 所示,假设物体的特征长度为 $L$,均匀来流流速为 $U$,边界层厚度为 $\delta$,无量纲的量 $\delta'=\dfrac{\delta}{L}$。显然,$\delta'\ll1$。在此我们以 $\delta'$ 为分析量级的标准。

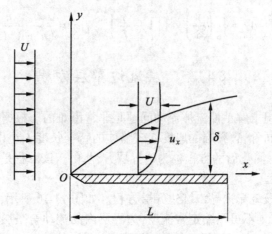

图 11-16　边界层方程推导示意图

从图 11-16 可见,边界层内 $u_x$ 与 $U$ 同量阶,即 $u'_x\sim1$;$y$ 与边界层厚度同量阶,即 $y'\sim\delta'$;$x$ 与 $L$ 同量阶,即 $x'\sim1$。而且 $x'$ 移动了与 1 同价的量时,$u'_x$ 也变化了与 1 同价的量。这样就有

$$\frac{\partial u'_x}{\partial x'}\sim1,\quad \frac{\partial u'_x}{\partial y'}\sim\frac{1}{\delta'},\quad \frac{\partial^2 u'_x}{\partial y'^2}=\frac{\partial}{\partial y'}\left(\frac{\partial u'_x}{\partial y'}\right)\sim\frac{1}{\delta'^2}$$

$$u'_x\frac{\partial u'_x}{\partial x'}\sim1,\quad \frac{\partial^2 u'_x}{\partial x'^2}=\frac{\partial}{\partial x'}\left(\frac{\partial u'_x}{\partial x'}\right)\sim1$$

根据连续性方程,有

$$\frac{\partial u'_y}{\partial y'}=-\frac{\partial u'_x}{\partial x'}\sim1$$

同时有
$$u'_y = \int_0^{\delta'} \frac{\partial u'_y}{\partial u'} \mathrm{d}y' \sim 1 \cdot \delta' = \delta'$$

于是

$$u'_y \frac{\partial u'_x}{\partial y'} \sim \delta' \cdot \frac{1}{\delta'} = 1 , \quad u'_x \frac{\partial u'_y}{\partial x'} \sim 1 \cdot \frac{1}{\delta'} = \delta' , \quad u'_y \frac{\partial u'_y}{\partial y'} \sim \delta' \cdot 1 = \delta'$$

$$\frac{\partial^2 u'_x}{\partial y'^2} = \frac{\partial}{\partial y}\left(\frac{\partial u'_x}{\partial y}\right) \sim \frac{1}{\delta'} \cdot \frac{1}{\delta'} = \frac{1}{\delta'^2}$$

$$\frac{\partial^2 u'_y}{\partial x'^2} = \frac{\partial}{\partial x'}\left(\frac{\partial u'_y}{\partial x'}\right) \sim 1 \cdot \delta' = \delta'$$

$$\frac{\partial^2 u'_y}{\partial y'^2} = \frac{\partial}{\partial y'}\left(\frac{\partial u'_y}{\partial y'}\right) \sim \frac{1}{\delta'} \cdot 1 = \frac{1}{\delta'}$$

　　由于压强梯度是被动的和起调节作用的力,它们的量级由方程中的惯性力和粘性力的量级而决定。同时,边界层内惯性力与粘性力同阶。这样就有

$$\frac{\partial p'}{\partial x'} \sim 1 , \quad \frac{\partial p'}{\partial y'} \sim \delta'$$

由式(11-72),可得 $\delta' \sim \dfrac{1}{\sqrt{Re}}$ 或 $\dfrac{1}{Re} \sim \delta'^2$,即得 $\dfrac{1}{Re}$ 为 $\delta'^2$ 的量级。

　　现将上述量级分析结果写在式(11-77)两式中每项的下面,得

$$
\begin{cases}
u'_x \dfrac{\partial u'_x}{\partial x'} + u'_y \dfrac{\partial u'_x}{\partial y'} = -\dfrac{\partial p'}{\partial x'} + \dfrac{1}{Re}\left(\dfrac{\partial^2 u'_x}{\partial x'^2} + \dfrac{\partial^2 u'_x}{\partial y'^2}\right) \\
\quad\ 1 \qquad\quad 1 \qquad\quad\ 1 \qquad\quad \delta'^2(1 \quad\ 1/\delta'^2) \\
u'_x \dfrac{\partial u'_y}{\partial x'} + u'_y \dfrac{\partial u'_y}{\partial y'} = -\dfrac{\partial p'}{\partial y'} + \dfrac{1}{Re}\left(\dfrac{\partial^2 u'_y}{\partial x'^2} + \dfrac{\partial^2 u'_y}{\partial y'^2}\right) \\
\quad\ \delta' \qquad\quad \delta' \qquad\quad \delta' \qquad\quad \delta'^2(\delta' \quad\ 1/\delta') \\
\dfrac{\partial u'_x}{\partial x'} + \dfrac{\partial u'_y}{\partial y'} = 0 \\
\quad\ 1 \qquad\quad 1
\end{cases}
\tag{11-78}
$$

比较式(11-78)中各项的量级,有:

(1) $\dfrac{\partial^2 u'_x}{\partial x'^2}$ 比 $\dfrac{\partial^2 u'_y}{\partial y'^2}$ 的量级低 2 阶,可以略去。

(2) $\dfrac{\partial p'}{\partial y'}$ 比 $\dfrac{\partial p'}{\partial x'}$ 的量级低 1 阶,说明压力沿法线方向的梯度比沿物面方向的梯度低 1 阶。在一级近似范围内可以认为

$$\frac{\partial p'}{\partial y'} = 0 \tag{11-79}$$

即压强数值穿过边界层不变。

(3)式(11-78)中第一式 $x$ 方向的方程最高量级为 1,式(11-78)中第二式 $y$ 方向的方程最高量级为 $\delta'$,意为着沿 $y$ 方向的运动方程较次要,可以忽略,并以式(11-79)代替。

　　这样可以得到边界层的微分方程式

$$\begin{cases} u_x'\dfrac{\partial u_x'}{\partial x'}+u_y'\dfrac{\partial u_x'}{\partial y'}=-\dfrac{\partial p'}{\partial x'}+\dfrac{1}{Re}\dfrac{\partial^2 u_x'}{\partial y'^2} \\[2mm] \dfrac{\partial p'}{\partial y'}=0 \\[2mm] \dfrac{\partial u_x'}{\partial x'}+\dfrac{\partial u_y'}{\partial y'}=0 \end{cases} \tag{11-80}$$

转换到有量纲的形式

$$\begin{cases} u_x\dfrac{\partial u_x}{\partial x}+u_y\dfrac{\partial u_x}{\partial y}=-\dfrac{1}{\rho}\dfrac{\partial p}{\partial x}+v\dfrac{\partial^2 u_x}{\partial y^2} \\[2mm] \dfrac{\partial p}{\partial y}=0 \\[2mm] \dfrac{\partial u_x}{\partial x}+\dfrac{\partial u_y}{\partial y}=0 \end{cases} \tag{11-81}$$

边界条件为：

(1)在固体物面上，即 $y=0$ 处满足粘滞性条件

$$u_x=0, \quad u_y=0。$$

(2)在边界层外边界上，$y=\delta$ 处，$u_x=U(x)$。其中，$U(x)$ 是边界层外边界上的势流速度分布。根据边界层渐近地趋于外部势流的性质，该边界条件还可以写为 $y\to\infty,u=U(x)$。

显然，方程组(11-81)含有三个未知量 $u_x,u_y$ 和 $p$。但可以用于求解的方程只有第一式和第三式，所以需要补充方程。可以按下述方法求得补充方程。

首先，由于大 Re 数时边界层很薄，作为一级近似可以先忽略边界层的影响，认为外部势流直接作用在原壁面上。对于绕原壁面的势流流动，按照势流求解方法可以求得壁面上的速度 $U_e(x)$，再由运动方程

$$U_e\frac{\mathrm{d}U_e}{\mathrm{d}x}=-\frac{1}{\rho}\frac{\mathrm{d}p_e}{\mathrm{d}x} \tag{11-82}$$

求得壁面上的压强分布 $p_e$。

然后，考虑边界层的存在，将外部势流的内边界视为边界层的外边界，则把 $U_e(x)$ 作为边界层外边界速度 $U(x)$，把 $p_e$ 作为整个边界层内的压强分布 $p$。这样，式(11-82)可以改写成

$$U\frac{\mathrm{d}U}{\mathrm{d}x}=-\frac{1}{\rho}\frac{\mathrm{d}p}{\mathrm{d}x} \tag{11-83}$$

此时可以作为所需的补充方程，代入边界层方程(11-81)，得

$$\begin{cases} u_x\dfrac{\partial u_x}{\partial x}+u_y\dfrac{\partial u_x}{\partial y}=U\dfrac{\mathrm{d}U}{\mathrm{d}x}+v\dfrac{\partial^2 u_x}{\partial y^2} \\[2mm] \dfrac{\partial u_x}{\partial x}+\dfrac{\partial u_y}{\partial y}=0 \end{cases} \tag{11-84}$$

式(11-84)中已包含 $\dfrac{\partial p}{\partial y}=0$ 的方程。这时边界条件为

$$\left.\begin{array}{l} 在物面上，y=0 \text{ 处}, u_x=u_y=0 \\ y=\delta \text{ 或 } y\to\infty \text{ 时}, u=U(x) \end{array}\right\} \tag{11-85}$$

从§11.4 中介绍的边界层的基本概念可知,边界层区域内不仅可能存在层流流态还可能存在紊流流态。由于层流流态和紊流流态的流动特征有很大的区别,那么两种流态的边界层方程也不相同。在此只介绍了层流边界层方程,关于紊流边界层方程,读者可以参阅其他相关教材和文献。

## §11.6　层流边界层方程的精确解

§11.5 中根据边界层的定义、性质,推导了层流边界层方程。本节将以均匀来流绕平板流动为例叙述应用层流边界层方程求得精确解的方法。

需求解的问题是:在无限大的空间中,均匀来流平行流过水平半无限长薄平板,平板上为不可压缩流体定常的边界层流动,如图 11-17 所示。设 $Ox$ 轴沿平板表面并与来流方向一致,原点与平板前缘点重合。当边界层厚度很薄时,边界层不影响外部流区的流速和压强的变化。此时有

$$U = C, \qquad \frac{\mathrm{d}U}{\mathrm{d}x} = 0$$

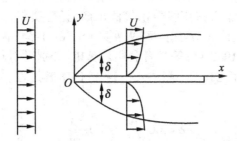

图 11-17　均匀来流绕水平半无限长薄平板流动示意图

这时层流边界层方程(11-84)为

$$\begin{cases} u_x \dfrac{\partial u_x}{\partial x} + u_y \dfrac{\partial u_x}{\partial y} = v \dfrac{\partial^2 u_x}{\partial y^2} \\[2mm] \dfrac{\partial u_x}{\partial x} + \dfrac{\partial u_y}{\partial y} = 0 \end{cases} \tag{11-86}$$

边界条件式(11-85)为

$$\begin{cases} y = 0, & u_x = u_y = 0 \\ y = \infty, & u_x = U = C \end{cases} \tag{11-87}$$

平板绕流层边界层的精确解又称为布拉修斯(Blasius)解,这个解最先由他得到。这个解是从层流边界层方程(11-86)得到的。求解过程是:引进新变量,化偏微分方程为常微分方程,然后求解常微分方程。

首先,引进流函数 $\psi(x,y)$,把求 $u_x$、$u_y$ 转化为求 $\psi$。由于

$$u_x = \frac{\partial \psi}{\partial y}, \qquad u_y = -\frac{\partial \psi}{\partial x} \tag{11-88}$$

则式(11-86)中的连续性方程自然满足,运动方程则化为

$$\frac{\partial \psi}{\partial y} \frac{\partial^2 \psi}{\partial x \partial y} - \frac{\partial \psi}{\partial x} \frac{\partial^2 \psi}{\partial y^2} = v \frac{\partial^3 \psi}{\partial y^3} \tag{11-89}$$

边界条件则变为

$$y = 0, \quad x \geqslant 0, \quad \psi = \frac{\partial \psi}{\partial y} = 0; \quad y = \infty, \quad \frac{\partial \psi}{\partial y} = U \tag{11-90}$$

现通过无因次化将偏微分方程(11-89)化为常微分方程。引入无因次变量 $\eta = \dfrac{y}{\sqrt{\dfrac{vx}{U}}}$ 和无

因次流函数 $\psi = \sqrt{vUx} f(\eta)$，并代入式(11-89)，整理得出无因次的常微分方程

$$2f''' + ff'' = 0 \tag{11-91}$$

这时边界条件由式(11-90)又变为

$$\eta = 0, \quad f = f' = 0; \quad \eta = \infty, \quad f' = 1 \tag{11-92}$$

式中，$f'$、$f''$、$f'''$ 为函数 $f$ 的一阶、二阶、三阶导数。

式(11-91)一般称为布拉修斯方程，该方程是一个变量为 $\eta$ 的三阶非线性微分方程。只要解出该方程，就可以得到无穷长平板绕流层流边界层的解。十分遗憾，由于该方程是非线性的，尽管形式十分简单，但得不到解析解。自布拉修斯提出这个方程后，有不少学者进行了求解工作。布拉修斯本人采用级数衔接法求解；托普费尔(Topfer, 1912 年)和霍华斯(Howarth, 1938 年)采用数值积分法求解；史密斯(Smith, 1954 年)，罗森哈德(Rosenhead, 1963 年)、伊文斯(Evans, 1968 年)等学者利用计算机，分别以不同的方法进行了数值求解的工作。由于篇幅限制，在此我们不叙述式(11-91)的求解过程。下面给出解出式(11-86)后的几个结论。

边界层厚度 $$\delta = 5.0 \sqrt{\frac{vx}{U}} = 5.0 \frac{x}{\sqrt{Re_x}} \tag{11-93}$$

排挤厚度 $$\delta_1 = 1.7208 \sqrt{\frac{vx}{U}} = 1.7208 \frac{x}{\sqrt{Re_x}} \tag{11-94}$$

动量损失厚度 $$\delta_2 = 0.6641 \sqrt{\frac{vx}{U}} = 0.6641 \frac{x}{\sqrt{Re_x}} \tag{11-95}$$

壁面切应力 $$\tau_w = 0.33206 \rho U^2 \frac{1}{\sqrt{Re_x}} \tag{11-96}$$

局部阻力系数 $$C_d = \frac{\tau_w}{\frac{1}{2} \rho U^2} = 0.6641 \sqrt{\frac{v}{Ux}} = \frac{0.6641}{\sqrt{Re_x}} \tag{11-97}$$

对于长度为 $L$，宽为 $b$ 的平板，其两侧都浸没在流体中时，有：

摩擦阻力 $$F_D = 2b \int_0^L \tau_w \mathrm{d}x = 1.328 b \sqrt{\mu \rho U^3 L} \tag{11-98}$$

摩擦阻力系数 $$C_D = \frac{F_D}{\frac{1}{2} \rho U^2 \cdot 2bL} = \frac{1.328}{\sqrt{Re_L}} \tag{11-99}$$

式中，$Re_x = \dfrac{Ux}{v}$，$Re_L = \dfrac{UL}{v}$。

$$§\,11.7\quad 边界层的动量积分关系式$$

边界层方程式(11-84)虽然比 N-S 方程式(11-72)简单,但仍然是非线性的,只有在少数几种简单情况下才能找到精确解。工程中遇到的许多实际问题,要直接积分边界层方程是相当困难的。最近,随着计算技术的进步,尽管数值解法可以解大部分边界层问题,但还是受着条件的制约和限制,而不能广泛应用。因此,近几十年来人们提出了许多种近似解法,以满足工程的实际需要。在此,我们介绍由冯·卡门(Von Kármán)在 1921 年首先提出,由波尔毫森(Pohlhausen)具体加以实现的一种近似方法——边界层动量积分方程方法。这种近似方法不要求每个流体质点都满足边界层方程,而只要求平均地、总体地满足沿边界层厚度的动量积分关系。这个动量积分关系式是由边界层方程导出的,也称为边界层动量积分方程。这是一种近似方法,具有一定的精度,计算量较小,能满足工程中的需要。因而在实际工程中运用较多。

下面从两方面出发导出动量积分方程,一方面采用数学的方法从层流边界层方程(11-84)出发导出边界层动量积分方程;另一方面为了更好地理解动量积分方程的物理意义,再应用动量定理推导边界层动量积分方程。

### 11.7.1　从层流边界层方程出发导出边界层动量积分方程

首先写出层流边界层方程式(11-84)

$$\begin{cases} u_x\dfrac{\partial u_x}{\partial x}+u_y\dfrac{\partial u_x}{\partial y}=U\dfrac{\mathrm{d}U}{\mathrm{d}x}+v\dfrac{\partial^2 u_x}{\partial y^2} \\ \dfrac{\partial u_x}{\partial x}+\dfrac{\partial u_y}{\partial y}=0 \end{cases}$$

将式(11-84)中的连续性方程乘以 $u_x$ 并和式(11-84)中的运动方程相加得

$$\frac{\partial(u_x^2)}{\partial x}+\frac{\partial(u_x u_y)}{\partial y}=U\frac{\mathrm{d}U}{\mathrm{d}x}+v\frac{\partial^2 u_x}{\partial y^2}$$

又将式(11-84)中的连续性方程乘以 $U$ 可得

$$\frac{\partial(Uu_x)}{\partial x}+\frac{\partial(Uu_y)}{\partial y}=u_x\frac{\mathrm{d}U}{\mathrm{d}x}$$

两式相减得

$$\frac{\partial}{\partial x}[u_x(U-u_x)]+\frac{\partial}{\partial y}[u_y(U-u_x)]+(U-u_x)\frac{\mathrm{d}U}{\mathrm{d}x}=-v\frac{\partial^2 u_x}{\partial y^2}$$

将上式两端对 $y$ 积分,积分上、下限为 0 和 $\delta$ 或 0 和 $\infty$,得

$$\int_0^{\delta,\infty}\frac{\partial}{\partial x}[u_x(U-u_x)]\,\mathrm{d}y+[u_y(U-u_x)]\Big|_0^{\delta,\infty}+\frac{\mathrm{d}U}{\mathrm{d}x}\int_0^{\delta,\infty}(U-u_x)\,\mathrm{d}y=-v\frac{\partial u_x}{\partial y}\Big|_0^{\delta,\infty}$$

$$(11\text{-}100)$$

引入边界条件,当 $y=\delta,\infty$ 时,$u_x=U,\dfrac{\partial u_x}{\partial y}=0$;当 $y=0$ 时,$u_x=u_y=0$,得

$$[u_y(U-u_x)]\Big|_0^{\delta,\infty}=0,\qquad -v\frac{\partial u_x}{\partial y}\Big|_0^{\delta,\infty}=v\left(\frac{\partial u_x}{\partial y}\right)_y=0$$

根据含参变量积分的性质,有

$$\int_0^\infty \frac{\partial}{\partial x}\left[u_x(U-u_x)\right]\mathrm{d}y = \frac{\mathrm{d}}{\mathrm{d}x}\int_0^\infty u_x(U-u_x)\mathrm{d}y$$

$$\int_0^\delta \frac{\partial}{\partial x}\left[u_x(U-u_x)\right]\mathrm{d}y = \frac{\mathrm{d}}{\mathrm{d}x}\int_0^\delta u_x(U-u_x)\mathrm{d}y - \left[u_x(U-u_x)\right]_{y=\delta}\frac{\mathrm{d}\delta}{\mathrm{d}x} = \frac{\mathrm{d}}{\mathrm{d}x}\int_0^\delta u_x(U-u_x)\mathrm{d}y$$

于是式(11-100)变成

$$\frac{\mathrm{d}}{\mathrm{d}x}\int_0^{\delta,\infty} u_x(U-u_x)\mathrm{d}y + \frac{\mathrm{d}U}{\mathrm{d}x}\int_0^{\delta,\infty}(U-u_x)\mathrm{d}y = \tau_w \tag{11-101}$$

式中,令 $\tau_w = \mu\left(\dfrac{\partial u_x}{\partial y}\right)_{y=0}$。根据排挤厚度 $\delta_1$ 和动量损失厚度 $\delta_2$ 的定义式式(11-73)、式(11-74)及式(11-101)可以简写成

$$\frac{\mathrm{d}}{\mathrm{d}x}(U^2\delta_2) + U\frac{\mathrm{d}U}{\mathrm{d}x}\delta_1 = \frac{\tau_w}{\rho} \tag{11-102}$$

展开后得

$$\frac{\mathrm{d}\delta_2}{\mathrm{d}x} + \frac{1}{U}\frac{\mathrm{d}U}{\mathrm{d}x}(2\delta_2 + \delta_1) = \frac{\tau_w}{\rho U^2} \tag{11-103}$$

式(11-103)就是所求的边界层动量积分方程。此处是使用层流边界层方程推导得到的,式(11-103)还可以使用紊流边界层方程推导得到。因此,边界层动量积分方程(11-103)不仅可以用于层流边界层,还可以用于紊流边界层。需注意的是,在应用于紊流边界层时,方程内隐含的是时均化的参量值。

### 11.7.2   应用动量定理推导边界层动量积分方程

取如图11-18所示的微小控制体 $ABCD$,该控制体由 $x$ 和 $x+\mathrm{d}x$ 处的两个无限邻近的边界层横截面 $AB$、$CD$,壁面 $BD$ 及边界层外边界 $AC$ 所组成。现对控制体 $ABCD$ 应用动量定理,来确定控制体内的流体在单位时间内沿 $x$ 方向的动量变化与外力之间的关系。假设流体的流动是定常的。

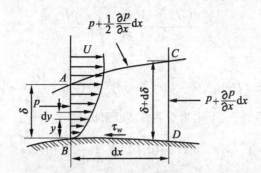

图 11-18   动量定理推导边界层动量积分方程示意图

单位时间内经过 $AB$ 面流入的质量和带入的动量为

$$m_{AB} = \int_0^\delta \rho u_x \mathrm{d}y, \quad k_{AB} = \int_0^\delta \rho u_x^2 \mathrm{d}y$$

单位时间内经过 $CD$ 面流出的质量和带出的动量为

$$m_{CD} = \int_0^\delta \left[ \rho u_x + \frac{\partial(\rho u_x)}{\partial x} dx \right] dy, \quad k_{CD} = \int_0^\delta \rho u_x^2 dy + dx \frac{\partial}{\partial x} \int_0^\delta \rho u_x^2 dy$$

单位时间内经过 $AC$ 面流入的动量应等于流出 $CD$ 面的质量减去流入 $AB$ 面的质量之差乘以边界层外边界处的速度,即

$$k_{AC} = (m_{CD} - m_{AB}) U = U dx \frac{\partial}{\partial x} \int_0^\delta \rho u_x dy$$

这样可得单位时间内该控制体沿 $x$ 方向的动量变化为

$$k_{CD} - k_{AB} - k_{AC} = dx \left[ \frac{\partial}{\partial x} \int_0^\delta \rho u_x^2 dy - U \frac{\partial}{\partial x} \int_0^\delta \rho u_x dy \right]$$

现求单位时间内作用在控制体上沿 $x$ 方向的所有外力。作用在 $AB$、$CD$ 和 $AC$ 诸面上流体的总压力沿 $x$ 方向的分量分别为

$$P_{AB} = p\delta, \quad P_{CD} = \left( p + \frac{\partial p}{\partial x} dx \right) (\delta + d\delta), \quad P_{AC} = \left( p + \frac{1}{2} \frac{\partial p}{\partial x} dx \right) d\delta$$

式中,$p + \dfrac{1}{2} \dfrac{\partial p}{\partial x} dx$ 为 $AC$ 面上的平均压力。

作用在 $AC$ 面上的粘滞力略去不计,壁面作用 $BD$ 面上的粘滞力为

$$P_{BD} = -\tau_w dx$$

式中,$\tau_w$ 为固壁面上的切应力。

于是,单位时间内作用在该控制体上沿 $x$ 方向的各外力之和为

$$p\delta + \left( p + \frac{1}{2} \frac{\partial p}{\partial x} dx \right) d\delta - \left( p + \frac{\partial p}{\partial x} dx \right) (\delta + d\delta) - \tau_w dx \approx -\delta \frac{\partial p}{\partial x} dx - \tau_w dx$$

其中略去了二阶微量。

根据动量定理:单位时间内控制体内流体动量的变化等于外力之和,可得

$$\frac{\partial}{\partial x} \int_0^\delta \rho u_x^2 dy - U \frac{\partial}{\partial x} \int_0^\delta \rho u_x dy = -\delta \frac{\partial p}{\partial x} - \tau_w$$

由于边界层内有 $p = p(x)$,$u = u(y)$,$\delta = \delta(x)$ 则上式可以写成

$$\frac{d}{dx} \int_0^\delta \rho u_x^2 dy - U \frac{d}{dx} \int_0^\delta \rho u_x dy = -\delta \frac{dp}{dx} - \tau_w$$

将 $\dfrac{dp}{dx}$ 换成 $-\rho U \dfrac{dU}{dx}$,并作以下变换

$$\frac{d}{dx} \int_0^\delta \rho u_x^2 dy - \frac{d}{dx} \int_0^\delta \rho U u_x dy + \frac{dU}{dx} \int_0^\delta \rho u_x dy - \frac{dU}{dx} \int_0^\delta \rho U dy = -\tau_w$$

或

$$\frac{d}{dx} \int_0^\delta \rho u_x (U - u_x) dy + \frac{dU}{dx} \int_0^\delta \rho (U - u_x) dy = \tau_w \tag{11-101a}$$

引入排挤厚度 $\delta_1$ 和动量损失厚度 $\delta_2$ 的定义式(11-73) 及式(11-74),上式可以写成

$$\frac{d}{dx} (U^2 \delta_2) + U \frac{dU}{dx} \delta_1 = \frac{\tau_w}{\rho}$$

展开后得

$$\frac{d\delta_2}{dx} + \frac{1}{U} \frac{dU}{dx} (2\delta_2 + \delta_1) = \frac{\tau_w}{\rho U^2} \tag{11-103a}$$

式(11-103a)为由动量定理推导的边界层动量积分方程,其形式与前面由数学方式推导出的完全一样。在推导式(11-101a)中,对壁面切应力 $\tau_w$ 未作任何本质上的假定。因此边界层动量积分方程可以适用于层流流态和紊流流态。

动量积分方程式(11-103)是解决平面定常不可压缩流动的边界层问题的基本方程。显然该方程中有三个未知量 $\delta_1$、$\delta_2$ 和 $\tau_w$,这样动量积分方程不封闭。通过上述对方程的分析可知,$\delta_1$、$\delta_2$、$\tau_w$ 等都只取决于边界层内的速度分布函数。这样我们如果根据边界层流动的边界条件,用只包括一个未知参数的函数簇来近似表示边界层的速度剖面,代入动量积分方程,就可以解决问题。这种方法称为单参数法,这个决定速度剖面形状的未知参数称为型参数。用这种方法,动量积分方程化成一阶常微分方程。从该方程中解出型参数,即可以得到动量损失厚度、排挤厚度及壁面切应力等边界层特征量。

从上述推导可见,以边界层方程推导动量积分方程的过程是很严格的。尽管边界层内速度分布的选取可以很精确,但由于边界层特征量 $\delta_1$、$\delta_2$ 及 $\tau_w$ 等都是近似的,故用动量积分方程求解的方法还是为近似解法。当然,所得到的解的精度取决于预先选定的速度剖面的合理程度。速度剖面选得好,就可以得到令人满意的结果,这是这种解法的一个优点。再加上解法简单,所以这种方法在实际工程中应用得较为广泛。

需要注意的是,在使用动量积分方程求解时:(1)层流和紊流边界层的速度剖面不一样;(2)层流边界层的 $\tau_w$ 可以通过速度剖面求得,而紊流边界层由于其内部结构复杂,一般采用经验公式或半经验的公式。

## §11.8 平板边界层的近似计算

由于边界层方程的精确解难以找到,在许多工程实际中,一般采用动量积分方程方法求其近似解。现以平板绕流为例,叙述其求解方法。由于平板形状简单,能较好地应用理论进行分析和较容易地进行实验研究,其研究成果还可以近似应用于流线型物体,所以对平板边界层进行分析计算既具有理论意义也具有实际意义。

另外,在平板绕流过程中,可能出现层流边界层、紊流边界层和混合边界层的情况,在此针对这三种情况分别叙述求解方法。

### 11.8.1 平板绕流的层流边界层

由相关实验可知,当流动的雷诺数 $\mathrm{Re}_L = \dfrac{UL}{v} < \mathrm{Re}_c = 5 \times 10^5 \sim 3 \times 10^6$ 时,平板上仅产生层流边界层,其中 $\mathrm{Re}_c$ 为层流边界层向紊流边界层转变的临界雷诺数。如果称层流边界层向紊流边界层转变之处为转折点,该转折点到平板前端的距离为 $x_c$,则平板上层流边界层的长度可以由下式确定

$$x_c = \frac{v \, \mathrm{Re}_c}{U}$$

即在平板长度为 $L < x_c$ 的平板上为层流边界层。

已知动量积分方程式(1-103)为

$$\frac{\mathrm{d}\delta_2}{\mathrm{d}x} + \frac{1}{U}\frac{\mathrm{d}U}{\mathrm{d}x}(2\delta_2 + \delta_1) = \frac{\tau_w}{\rho U^2}$$

由于这种流动中存在 $U=C, \dfrac{\mathrm{d}U}{\mathrm{d}x}=0$，则上式可以简化为

$$\frac{\mathrm{d}\delta_2}{\mathrm{d}x} = \frac{\tau_w}{\rho U^2} \tag{11-104}$$

波尔毫森假定：

（1）在 $y=\delta$ 处，$u_x = U$；

（2）在边界层内，任意两个断面流速分布是力学相似的，且有下列速度剖面

$$\frac{u_x}{U} = f(\eta)，其中 \eta = \frac{y}{\delta}$$

代入式（11-73）、式（11-74）和 $\tau_w$ 的表达式可得

$$\delta_1 = \int_0^\infty \left(1 - \frac{u_x}{U}\right)\mathrm{d}y = \delta \int_0^1 (1-f)\mathrm{d}\eta \tag{11-105}$$

$$\delta_2 = \int_0^\infty \frac{u_x}{U}\left(1 - \frac{u_x}{U}\right)\mathrm{d}y = \delta \int_0^1 f(1-f)\mathrm{d}\eta$$

$$\frac{\tau_w}{\rho} = v\left(\frac{\partial u_x}{\partial y}\right)_{y=0} = \frac{vU}{\delta}f'(0)$$

代入式（11-104），得

$$\frac{\mathrm{d}\delta}{\mathrm{d}x} = \frac{1}{\left(\dfrac{U\delta}{v}\right)} \frac{f'(0)}{\displaystyle\int_0^1 f(1-f)\mathrm{d}\eta}$$

积分后得

$$\delta = \sqrt{\frac{2f'(0)}{\displaystyle\int_0^1 f(1-f)\mathrm{d}\eta}} \left(\frac{vx}{U}\right)^{\frac{1}{2}} \tag{11-106}$$

到此，我们只要定出速度剖面函数 $f(\eta)$，就可以求出 $\delta$、$\delta_1$、$\delta_2$ 及 $\tau_w$。在此我们选用四次多项式作为速度剖面函数

$$f(\eta) = a_0 + a_1\eta + a_2\eta^2 + a_3\eta^3 + a_4\eta^4$$

考虑边界条件：

当 $y=0$ 时，$u_x = 0$，$\dfrac{\partial^2 u_x}{\partial y^2} = 0$；当 $y=\delta$ 时，$u_x = U$，$\dfrac{\partial u_x}{\partial y} = 0$，$\dfrac{\partial^2 u_x}{\partial y^2} = 0$

可以解出多项式的系数，则

$$f(\eta) = 2\eta - 2\eta^3 + \eta^4 \tag{11-107}$$

将定出的速度剖面 $f(\eta)$，代入式（11-106）、式（11-105），以及式（11-97）、式（11-99）可得

$$\begin{cases} \delta = 5.84\sqrt{\dfrac{vx}{U}}, \quad \delta_1 = 1.751\sqrt{\dfrac{vx}{U}}, \quad \delta_2 = 0.686\sqrt{\dfrac{vx}{U}} \\[3mm] \tau_w = 0.343\rho U^2 \sqrt{\dfrac{vx}{U}}, \quad C_d = \dfrac{0.686}{\mathrm{Re}_x^{1/2}}, \quad C_D = \dfrac{1.372}{\sqrt{\mathrm{Re}_L}} \end{cases} \tag{11-108}$$

式中，$Re_x = \dfrac{Ux}{v}$，$Re_L = \dfrac{UL}{v}$。

比较式(11-108)和式(11-94)~式(11-99),可以看到动量积分的近似解与精确解的误差并不大,而求解方法却简单得多。

**例 11.2** 有一块长 $L=1.0\mathrm{m}$,宽 $b=0.5\mathrm{m}$ 的平板,在水中沿长度方向以 $U=0.43\mathrm{m/s}$ 速度运动,若水的运动粘性系数 $\upsilon=10^{-6}\mathrm{m^2/s}$,密度 $\rho=1\,000\mathrm{kg/m^3}$ 时,试问平板将遭受多大的阻力?

**解** 已知平板雷诺数 $Re_L=\dfrac{UL}{\upsilon}=\dfrac{0.43\times1.0}{10^{-6}}=4.3\times10^5$,又知层流边界层向紊流边界层转变的临界雷诺数 $Re_c=5\times10^5$,则转折点前的长度 $x_c$ 为

$$x_c=\frac{\upsilon\,Re_c}{U}=\frac{10^{-6}\times5\times10^5}{0.43}=1.163\mathrm{m}$$

由于
$$L=1.0\mathrm{m}<x_c=1.163\mathrm{m}$$
因此可知流动为平板层流边界层流动。分别采用 §11.6 中介绍的基于边界层方程的精确解和基于动量积分关系式的近似解计算阻力系数和平板所受的阻力。

精确解:

阻力系数
$$C_D=\frac{1.328}{\sqrt{Re_L}}=\frac{1.328}{\sqrt{4.3\times10^5}}=0.002\,03$$

平板所受阻力 $\quad F_D=2C_DbL\dfrac{1}{2}\rho U^2=2\times0.002\,03\times0.5\times1.0\times\dfrac{1}{2}\times1\,000\times0.43^2=0.188(\mathrm{N})$

近似解:

阻力系数
$$C_D=\frac{1.328}{\sqrt{Re_L}}=\frac{1.372}{\sqrt{4.3\times10^5}}=0.002\,09$$

平板所受阻力 $\quad F_D=2C_DbL\dfrac{1}{2}\rho U^2=2\times0.002\,09\times0.5\times1.0\times\dfrac{1}{2}\times1\,000\times0.43^2=0.193(\mathrm{N})$。

### 11.8.2 平板绕流的紊流边界层

由相关实验可知,当流动的雷诺数 $Re_L=\dfrac{UL}{\upsilon}>Re_c=5\times10^5\sim3\times10^6$ 时,平板上将产生由层流边界层向紊流边界层的过渡。当平板上层流边界层的长度 $x_c$ 与平板长度 $L$ 之比满足下面关系时,全平板上的边界可以视为紊流边界层

$$\frac{x_c}{L}=\frac{Re_c}{Re_L}<5\%\text{ 或 }Re_L>10^7$$

对于平板绕流的紊流边界层,同层流边界层一样,有 $U=C,\dfrac{\mathrm{d}U}{\mathrm{d}x}=0$,则动量积分方程式(11-103)可以简化成

$$\frac{\mathrm{d}\delta_2}{\mathrm{d}x}=\frac{\tau_w}{\rho U^2}$$

参考层流边界层的近似解法,采用下列假定:

(1)在 $y=\delta$ 处,$\boldsymbol{u}_x=U$;

(2)假定 $\dfrac{\boldsymbol{u}_x}{U}=f(\eta)$,而 $\eta=\dfrac{y}{\delta}$。对于紊流边界层,由于没有精确解可供参考,故只能根据某些设想选取 $f(\eta)$,之后通过实验加以修正。

（3）参照圆管定常均匀紊流的成果，可以认为平板绕流紊流边界层的速度剖面和壁面切应力分别为

$$\frac{u_x}{U} = \left(\frac{y}{\delta}\right)^{\frac{1}{7}}, \quad \frac{\tau_w}{\rho U^2} = 0.022\ 5\left(\frac{v}{U\delta}\right)^{\frac{1}{4}} \tag{11-109}$$

将式（11-109）中的第一式代入式（11-74），得

$$\delta_2 = \frac{7}{72}\delta \tag{11-110}$$

代入式（11-104），并考虑到式（11-109）中的第二式有

$$\frac{7}{72}\frac{d\delta}{dx} = 0.022\ 5\left(\frac{v}{U\delta}\right)^{\frac{1}{4}}$$

从平板前缘（$x=0,\delta=0$）起对上式积分得

$$\delta = 0.37\left(\frac{v}{Ux}\right)^{\frac{1}{5}}x \tag{11-111}$$

从式（11-111）可见紊流边界层厚度与 $x^{\frac{4}{5}}$ 成正比，而层流边界层厚度则与 $x^{\frac{1}{2}}$ 成正比。利用式（11-73）和式（11-74）可以求解出排挤厚度和动量积分厚度。

当平板长度为 $L$、宽度为 $b$ 时，可以求解出：

平板两侧摩擦阻力 $\qquad F_D = 2b\int_0^L \tau_w dx = 0.072\rho U^2 bL\left(\frac{v}{UL}\right)^{\frac{1}{5}} \tag{11-112}$

摩擦阻力系数 $\qquad C_D = \dfrac{F_D}{\frac{1}{2}\rho U^2(2bL)} = 0.072\left(\frac{v}{UL}\right)^{\frac{1}{5}} \tag{11-113}$

局部阻力系数 $\qquad C_d = \dfrac{\tau_w}{\frac{1}{2}\rho U^2} = 0.057\ 6\left(\frac{v}{Ux}\right)^{\frac{1}{5}} \tag{11-114}$

通过实验发现，应用 $\frac{1}{7}$ 指数函数的速度剖面所得到的结果还存在着一定的误差。如果将式（11-113）中的系数 0.072 改为 0.074，则计算结果与实测成果比较符合。于是修正后的公式为

$$\delta = 0.38\left(\frac{v}{Ux}\right)^{\frac{1}{5}}x = 0.38\frac{x}{Re_x^{1/5}}, \quad \delta_2 = 0.037\left(\frac{v}{Ux}\right)^{\frac{1}{5}}x = 0.037\frac{x}{Re_x^{1/5}}$$

$$C_D = 0.074\left(\frac{v}{UL}\right)^{\frac{1}{5}} = \frac{0.074}{Re_L^{1/5}}, \quad C_d = 0.059\ 2\left(\frac{v}{Ux}\right)^{\frac{1}{5}} = \frac{0.059\ 2}{Re_x^{1/5}}$$

$$\tau_w = 0.022\ 9\rho U^2\left(\frac{v}{U\delta}\right)^{\frac{1}{4}} = 0.022\ 9\frac{\rho U^2}{Re_\delta^{1/4}}$$

需要指出的是，速度剖面为 $\frac{1}{7}$ 次方指数函数的假定，是有一定的使用范围的，其范围为 $2\times10^5 < Re < 1\times10^7$。在这个范围以外，可以假定速度剖面为 $\frac{1}{8}$ 次方指数函数和 $\frac{1}{10}$ 次方指数函数。表 11-1 给出了不同速度剖面时的平板绕流紊流边界层的计算结果。

**表 11-1** 不同速度剖面时平板绕紊流边界层的计算结果

| $\dfrac{u_x}{U}$ | $\tau_w$ | $C_D$ | $Re_L$ 适用范围 |
|---|---|---|---|
| $\left(\dfrac{y}{\delta}\right)^{\frac{1}{7}}$ | $0.0229\rho U^2\left(\dfrac{\nu}{U\delta}\right)^{\frac{1}{4}}$ | $\dfrac{0.074}{Re_L^{1/5}}$ | $2\times10^5 \sim 1\times10^7$ |
| $\left(\dfrac{y}{\delta}\right)^{\frac{1}{8}}$ | $0.0142\rho U^2\left(\dfrac{\nu}{U\delta}\right)^{\frac{1}{5}}$ | $\dfrac{0.045}{Re_L^{1/6}}$ | $1.8\times10^5 \sim 4.5\times10^7$ |
| $\left(\dfrac{y}{\delta}\right)^{\frac{1}{10}}$ | $0.0100\rho U^2\left(\dfrac{\nu}{U\delta}\right)^{\frac{1}{6}}$ | $\dfrac{0.0305}{Re_L^{1/7}}$ | $2.9\times10^7 \sim 5\times10^8$ |

如果速度剖面使用下面的对数分布规律

$$\frac{u}{u_x}=5.75\log\frac{u_x y}{v}+5.5$$

使用速度剖面为指数分布规律时的相同方法,可得摩擦阻力系数为

$$C_D=\frac{0.455}{(\log Re_L)^{2.58}} \qquad (5\times10^5<Re_L<10^9) \tag{11-115}$$

最后需要说明的是,上述推导和叙述,我们认为整个平板边界层处于紊流状态。事实上,在大多数场合,平板前缘附近为层流边界层,在此后过渡到紊流边界层,即为混合边界层情况。

### 11.8.3 平板绕流的混合边界层

当雷诺数$Re_L<5\times10^5$时,平板上只产生层流边界层。当$Re_L>5\times10^5$时,平板上产生由层流边界层向紊流边界层的过渡,即这时平板上既有层流边界层,又有紊流边界层,称这种边界层为混合边界层。只有当平板较长,层流边界层同紊流边界层的长度相比较极短时,可以忽略层流边界层,认为自板前缘开始全部板长上为紊流边界层。当平板上层流边界层的长度$x_c$与平板长度$L$之比满足下式时,应视为混合边界层。

$$\frac{x_c}{L}=\frac{Re_c}{Re_L}>5\%\,或Re_L<10^7 \tag{11-116}$$

下面来研究平板上混合边界层摩擦阻力计算。首先假设:(1)层流边界层向紊流边界层的过渡是突然发生在$x=x_c$处;(2)混合边界层的紊流区可以看做是以平板前端$O$点开始的紊流边界层的一部分。图 11-19(a)为实际的边界层过渡图,图 11-19(b)为采用了上述两个假设以后边界层的过渡情况。

由图 11-19(b)可以看出:混合边界层的摩擦阻力,等于平板全长$L$上的紊流边界层阻力,减去转捩点前$x_c$段上的紊流边界层阻力,加上$x_c$段上的层流边界层阻力;或者等于平板全长$L$上的紊流边界层阻力,减去转捩点前$x_c$段上的紊流边界层阻力与层流边界层阻力之差。实际上,对于混合边界层的摩擦阻力只要求解出混合边界层的摩擦阻力系数即可。下面按照上述方法,给出混合边界层的摩擦阻力系数。

整个平板$L$为紊流边界层时的摩擦阻力系数为

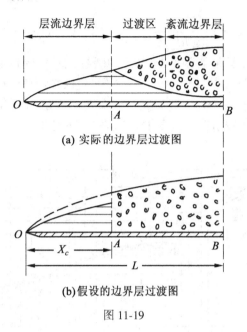

(a) 实际的边界层过渡图

(b)假设的边界层过渡图

图 11-19

$$C_D = \frac{0.074}{Re_L^{1/5}} \tag{11-117}$$

转捩点前 $x_c$ 段上的紊流边界层阻力与层流边界层阻力之差为

$$\Delta F_D = \frac{\rho U^2}{2} b x_c (C_{Dt} - C_{Dl}) \tag{11-118}$$

式中, $C_{Dt} = \dfrac{0.074}{Re_c^{1/5}}$ 和 $C_{Dl} = \dfrac{1.33}{\sqrt{Re_c}}$ 分别是 $x_c$ 段内紊流边界层和层流边界层时的摩擦阻力系数。

长为 $L$ 平板上摩擦阻力系数的变化量为

$$\Delta C_D = \frac{\Delta F_D}{(1/2)\rho U_0^2 bL} = \frac{x_c}{L}(C_{Dt} - C_{Dl}) \tag{11-119}$$

又 $\dfrac{x_c}{L} = \dfrac{Re_c}{Re_L}$ ,所以

$$\Delta C_D = \frac{Re_c}{Re_L}(C_{Dt} - C_{Dl}) \tag{11-120}$$

令

$$A = Re_c(C_{Dt} - C_{Dl}) \tag{11-121}$$

则式(11-120)可写为

$$\Delta C_D = \frac{A}{Re_L} \tag{11-122}$$

按照前述的计算方法,最后得混合边界层的摩擦阻力系数为

$$C_D = C_{Dt} - \Delta C_D = \frac{0.074}{Re_L^{1/5}} - \frac{A}{Re_L} \quad (5 \times 10^5 < Re_L < 10^7) \tag{11-123}$$

或者引入速度剖面为对数分布规律摩擦阻力系数式(11-115),得混合边界层的摩擦阻力系数

$$C_D = \frac{0.455}{(\log Re_L)^{2.58}} - \frac{A}{Re_L} \quad (2\times10^6 < Re_L < 10^7) \tag{11-124}$$

由式(11-121)可见系数 $A$ 只是临界雷诺数 $Re_c$ 的函数，$Re_c$ 一旦确定，系数 $A$ 也就随之确定，表 11-2 给出了部分情况下系数 $A$ 值。为计算方便，建议在计算中可以取 $A = 1\,700$。

图 11-20 中给出了光滑平板上层流边界层、紊流边界层和混合边界层计算摩擦阻力系统的理论值与实验值的比较情况。从图 11-20 可得如下结论：

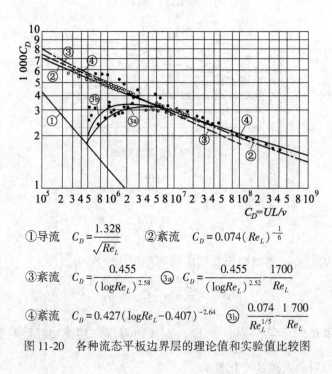

① 导流 $C_D = \dfrac{1.328}{\sqrt{Re_L}}$  ② 紊流 $C_D = 0.074(Re_L)^{-\frac{1}{6}}$

③ 紊流 $C_D = \dfrac{0.455}{(\log Re_L)^{2.58}}$  ③a $C_D = \dfrac{0.455}{(\log Re_L)^{2.52}} - \dfrac{1700}{Re_L}$

④ 紊流 $C_D = 0.427(\log Re_L - 0.407)^{-2.64}$  ③b $\dfrac{0.074}{Re_L^{1/5}} - \dfrac{1\,700}{Re_L}$

图 11-20　各种流态平板边界层的理论值和实验值比较图

1.当 $Re_L < 5\times10^5$，整个平板上为层流边界层时，理论值与实验值很吻合，可用公式 $C_D = \dfrac{1.33}{Re_L}$ 计算 $C_D$。

2.当 $5\times10^5 < Re_L < 10^7$，全平板上为紊流边界层时，用公式 $C_D = \dfrac{0.074}{Re_L^{1/5}}$ 较好。当 $5\times10^6 < Re_L < 10^9$ 时，用公式 $C_D = \dfrac{0.455}{(\log Re_L)^{2.58}}$ 较好。

3.当 $5\times10^5 < Re_L < 10^7$，产生混合边界层时，用公式 $C_D = \dfrac{0.074}{Re_L^{1/5}} - \dfrac{1700}{Re_L}$ 较好。

表 11-2

| $Re_c$ | $3\times10^5$ | $5\times10^5$ | $10^6$ | $3\times10^6$ |
|---|---|---|---|---|
| $A$ | 1 050 | 1 700 | 3 300 | 8 700 |

# §11.9　边界层的分离现象、绕流阻力

### 11.9.1　边界层的分离

相关实验告诉我们,当实际流体绕非流线型物体流动时,边界层会从物面分离出来,在物体后面形成尾涡区,从而产生很大的旋涡阻力。图 11-21 表示圆柱绕流的分离情景,其中 $S$ 点是分离点。

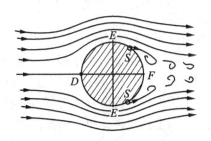

图 11-21　实际流体圆柱绕流示意图

现以圆柱这样的非流线型物体为例定性说明边界层分离现象产生的原因。如图 11-21 所示,当均匀来流刚绕圆柱流动时,在圆柱面就形成边界层,这时由于刚开始流动,边界层还来不及生长,非常薄。边界层外的外部流动和理想流体绕圆柱的流动几乎完全一样。在上游 $DE$ 段,流体质点的速度由 $D$ 点的零值加速至 $E$ 点的最大值,而后顺着下游,由 $E$ 点的最大值减速至 $F$ 点的零值。因此,压力将自 $D$ 点向 $E$ 点递减,$\dfrac{\mathrm{d}p}{\mathrm{d}x}<0$,然后沿 $EF$ 方向递增,$\dfrac{\mathrm{d}p}{\mathrm{d}x}>0$。$\dfrac{\mathrm{d}p}{\mathrm{d}x}<0$ 和 $\dfrac{\mathrm{d}p}{\mathrm{d}x}>0$ 的区域分别称为顺压区和逆压区。在顺压区压力能转化为动能;在逆压区,动能反过来转化为压能。根据压强穿过边界层不变的性质,边界层内压强分布情况和理想外流一样,可以分为顺压区和逆压区两部分。在边界层内的顺压区,压强梯度将推动流体质点前进,使之加速,同时在运动过程中流体质点还受到物面及流体的粘滞作用,这个作用力图使流体停滞不前。由于压强梯度的作用强于物面附近粘性滞止作用,流体质点还是克服了阻力加速地自 $D$ 点向 $E$ 点流动。在逆压区,情形就不相同了,压强梯度阻止流体质点前进,同时又在物面附近粘性滞止作用的复合影响下,流体质点将不断地减速。在刚开始流动时,流动质点的惯性力还能克服这些阻力减速地流至 $F$ 点。过了一段时间,当边界层生长起来,变得相当厚时,惯性力便再也不能克服这些阻力首先在后驻点停止下来,随后速度为零的分离点很快向上游推移。当均匀来流稳定地以流速 $U$ 绕圆柱流动时,分离点则固定在 $S$ 点上不再向前移动。当流体一旦在边界层内停止下来,下游的流体在逆压的作用下将倒流过来,它们又在来流的冲击下顺流回来,这样就在分离点附近形成可见的大涡旋。所生成的涡旋将边界层和物体分离开来,边界层就像自由射流一样流入外部流动中,与外部流动一起形成了尾涡区。

上面我们从动量这个角度分析了边界层分离的现象。从能量方面来说,由于边界层内

摩擦力很大,流体质点在从 $D$ 点流至 $E$ 点的路途中损耗了很多的动能,以至余下的动能不足以克服从 $E$ 点到 $F$ 点的逆压作用,在物面附近粘性滞止作用和逆压的综合作用下,最后终于在某点 $S$ 上滞止下来,速度趋于零。于是产生了分离现象。

总的来说,造成边界层分离的主要原因是,逆压强梯度和物面附近粘性滞止作用的共同影响。其中任何一个原因去掉或减弱都不会产生边界层的分离。如顺压区不可能产生分离,因为顺压强梯度只可能对流体起加速作用,没有反推作用,不会产生分离。细长的具有圆头尖尾特征的流线形物体也不会产生分离,因为逆压强梯度小,物面也比较光滑,则流体质点的惯性力足以克服摩擦力和逆压梯度流到尾部。因此实际工程中,大量可见飞机的机翼、水力机械的叶片等部件做成流线型物体,其目的是要防止机翼翼形和叶片叶形物面上出现边界层分离,使流动稳定且减少阻力。

需要指出的是,边界层方程只适用于分离点以前的区域。在分离点之后,由于边界层厚度大幅度增加,还出现回流,$u_x$、$u_y$ 的量阶关系发生了根本的变化。因此推导边界层方程的基本假定不再适用。只能从完整的 N-S 方程出发讨论问题。在研究分离点以前的边界层流动时,一般不能采用理想流体的理论来计算绕流物体的压力分布,因为边界层的分离向外排挤了势流区的流动,从而改变了物面上的压强分布。因此,在实际解边界层问题时需要利用实验测出物面上的压强分布。

### 11.9.2　物体的绕流阻力

粘性流体绕物体流动时,会产生阻力。这个阻力一般称为粘性阻力。粘性阻力可以分为两类:摩擦阻力和形状阻力。这两个阻力都是由于流体的粘性引起的。摩擦阻力是由于流体粘性直接作用的结果。当粘性流体绕物体流动时,流体与物体表面以及流体之间产生摩擦阻力。所以,摩擦阻力是指作用在物体表面的切应力在来流方向上的投影总和。形状阻力则是由于边界层的分离所致。显然这是粘性间接作用的结果。如果是理想流体绕物体流动,则物体的前部为驻点作用着最大压力,物体的后部也为驻点,同样作用着最大压力,所以压力相互抵消,阻力为零。对于粘性流体,物体的前部类似于理想流体作用着最大压力,物体的后部则产生边界层分离,同时产生旋涡,则这个区域压力降低。这样后面的压力平衡不了前面的压力,形成压力差,产生了向后的作用力,这个阻力称为压差阻力。由于这个阻力与物体的形状有很大关系,所以一般称形状阻力。总的来说,形状阻力是指作用在物体表面的压力在来流方向的投影的总和。

形状阻力的大小与物体的几何形状、来流的方向和流体的流动型态等因素有关。总的来说,取决于边界层分离所形成的尾涡区的大小。通常,物体后半部曲率越大,分离越早,尾涡区就越大,则形状阻力也越大;反之,物体后半部曲率越小,分离越迟,尾涡区就越小,则形状阻力也越小。

普遍来说,如果不发生边界层的分离现象,则物体所受的阻力主要是摩擦阻力。尽管物体的后部不会产生驻点,有压力下降,因而也存在形状阻力,但一般不大。如果发生了边界层的分离现象,则要同时考虑摩擦阻力和形状阻力,但一般以形状阻力占主要地位。

绕流物体所受的粘性阻力一般用 $F_D$ 表示,摩擦阻力用 $F_{Df}$ 表示,形状阻力用 $F_{Dp}$ 表示,其关系为

$$F_D = F_{Df} + F_{Dp} \tag{11-125}$$

其大小,一般用含有阻力系数的公式表示,即

摩擦阻力
$$F_{Df} = C_f \frac{\rho U^2}{2} A_f \qquad (11\text{-}126)$$

形状阻力
$$F_{Dp} = C_p \frac{\rho U^2}{2} A_p \qquad (11\text{-}127)$$

式中,$C_f$ 和 $C_p$ 分别称为摩擦阻力系数和形状阻力系数。$A_f$ 通常是指切应力作用的面积或某一有代表性的投影面积。$A_p$ 则通常是指与流速方向垂直的迎风面积。

在引入总阻力系数 $C_D$ 后,总阻力可以表示为

$$F_D = C_D \frac{\rho U^2}{2} A \qquad (11\text{-}128)$$

式中,$A$ 为物体在垂直于流速方向上的面积。通常取 $A = A_p$。$C_D$ 一般由实验测定。需要说明的是,在平板边界层的计算中,因形状阻力忽略不计,故摩擦阻力等于总阻力,此时 $A = A_f$。

### 复习思考题 11

11.1　关于理想流体和粘性流体的应力有什么不同?为什么粘性流体的点应力必须用 9 个分量来表示?

11.2　写出不可压缩流体广义牛顿内摩擦定律的表达式。解释运动流体中一点的平均压强 $p$ 的含义。

11.3　求解粘性流体绕圆球的小雷诺数流动时,是怎样简化 N-S 方程的?

11.4　什么是边界层?边界层的定义是什么?有哪些特征?

11.5　层流边界层与层流底层是不是同一个概念,为什么?

11.6　流体绕平板流动时,在什么条件下平板表面存在层流边界层?

11.7　试述平板边界层向下游的发展变化情况。在什么情况下可以将全平板边界层看做紊流边界层或混合边界层?

11.8　大雷诺数流体绕物体流动时,物体表面附面层分离点前后的压强分布是怎样的情况?

11.9　流体绕非流线形物体流动时,边界层会发生分离的主要原因是什么?以圆柱绕流为例试述边界层发生分离的主要过程。

11.10　流体绕曲面物体作大雷诺数流动时,物体受到的阻力有哪些?如何减少这些阻力?

### 习　题　11

11.1　设某一流体流动的流速为 $u_x = 2y+3z$, $u_y = 3z+x$, $u_z = 2x+4y$,该流体的粘性系数 $\mu = 0.008 \text{N} \cdot \text{s/m}^2$,试求其切应力。

11.2　一长为 $l$,宽为 $b$ 的平板,完全浸没在粘性系数为 $\mu$ 的流体中,流体以速度 $U$ 沿平板平行流过。假定流体质点在平板两面上任何一点的速度分布情况如图 11-22 所示,试求:
(1)平板上的总阻力;(2)$y = \dfrac{h}{2}$ 处的流体内摩擦力;(3)$y = \dfrac{3h}{2}$ 处的流体内摩擦力。

11.3　证明在直角坐标系中不可压缩粘性流体平面流动的流函数方程为

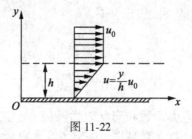

图 11-22

$$\frac{\partial}{\partial t}(\nabla^2\psi) + \frac{\partial\psi}{\partial y}\frac{\partial}{\partial x}(\nabla^2\psi) - \frac{\partial\psi}{\partial x}\frac{\partial}{\partial y}(\nabla^2\psi) = \nu\,\nabla^2\psi.$$

11.4  证明无限大倾斜平板上有一厚为 $h$ 的薄层粘性液体作定常层流流动的解为

$$\zeta = h = \text{const}$$

$$u_x = -\frac{1}{2\nu}g\sin\alpha(2hy - y^2)$$

$$u_y = 0$$

$$p = p_a - \rho g\cos\alpha(y - h)$$

式中 $\zeta$ 为自由面高度,$p_a$ 为大气压强,$\nu$ 为运动粘性系数,$\rho$ 为密度。

11.5  重量为 1962N、直径 $d = 60$cm 的圆球,被投入湖中,已知湖水的运动粘性系数 $\nu = 1.5\times10^{-5}\text{m}^2/\text{s}$,试确定圆球下沉的速度。

11.6  运动粘性系数 $\nu = 1.5\times10^{-5}\text{m}^2/\text{s}$ 的空气沿长 2m 的平板流动时,在平板上形成边界层,为使整个平板上形成层流边界层,试求主流速度最大为多少?

11.7  假设平板上层流边界层内的流速分布为

$$(1)\ \frac{u_x}{U} = 2\left[\frac{y}{\delta} - \left(\frac{y}{\delta}\right)^2\right];\ (2)\ \frac{u_x}{U} = \sin\left(\frac{\pi}{2}\frac{y}{\delta}\right);\ (3)\ \frac{u_x}{U} = \frac{3}{2}\left(\frac{y}{\delta}\right) - \frac{1}{2}\left(\frac{y}{\delta}\right)^3$$

试求:平板层流边界层的排挤厚度 $\delta_1$ 和动量损失厚度 $\delta_2$ 与边界层厚度 $\delta$ 之比。

11.8  假设平板的宽度为 $b$,试证明平板上的阻力 $F_D$ 可以用下式表示

$$F_D = b\int_0^\delta \rho u_x(U - u)\,\mathrm{d}y$$

11.9  假设平板上层流边界层内的流速分布近似式为

$$u_x = U\left[A + B\left(\frac{y}{\delta}\right) + C\left(\frac{y}{\delta}\right)^2\right]$$

试求:(1) 根据边界条件确定系数 $A$、$B$ 和 $C$;(2) 边界层的厚度 $\delta$,摩擦应力和摩擦阻力系数 $C_D$;(3) 将(2)中的结果与布拉修斯精确解相比较。

11.10  一长为 100cm、宽为 20cm 的光滑平板顺流放置,水流流速为 0.3m/s,水温为 20℃,试求:(1) 平板末端的边界层厚度和切应力;(2) 平板的摩擦阻力系数和平板两面所受的阻力;(3) 全平板保持为层流边界层时的最大流速。

11.11  一平板顺流放置于空气中,已知运动粘性系数 $\nu = 1.5\times10^{-5}\text{m}^2/\text{s}$,密度 $\rho = 1.2\text{kg/m}^3$,流速 $U = 1.0$m/s,试求:(1) 平板中点处的边界层厚度和切应力;(2) 平板上的摩擦阻力系数和两面的摩擦阻力。

11.12  一平板边长分别为 $a$ 和 $b$,在流体中拖曳,要求沿 $a$ 边和沿 $b$ 边拖曳时的摩擦阻

力相等,试证明:

（1）平板上为层流边界层时,两个方向的流速之比为$\dfrac{U_a}{U_b} = \sqrt[3]{\dfrac{a}{b}}$;

（2）平板上为紊流边界层时,两个方向的流速之比为$\dfrac{U_a}{U_b} = \sqrt[9]{\dfrac{a}{b}}$。

11.13　一光滑平板长 4m,宽 0.5m,以速度 1m/s 在水中运动,水温 $T = 20℃$,运动粘性系数 $\nu = 1.0 \times 10^{-6} \text{m}^2/\text{s}$,试求:（1）平板横向运动时所受的阻力;（2）平板纵向运动时所受的阻力。

# 第12章　量纲分析和相似原理

在流体力学研究过程中,无论是试验结果的整理,还是对数值计算和理论分析方法的验证与修正,往往都离不开对各种物理量的量纲的分析。量纲分析能把那些控制流体现象及其运动规律的参量组织起来,建立各参量之间的恰当的关系。另外,对于比较复杂的流动问题,特别是工程中的许多流动问题,直接求解基本方程在数学上是极其困难的,因此实际工程中,往往采用模型试验的方法加以解决。以流体的相似性原理对模型试验进行指导,以减少其局限性和盲目性,使得试验结果能够应用到实际工程中。本章将首先讨论如何应用量纲分析,在流体现象观测的基础上,建立起流体各影响因素之间的正确关系;其次将从流体相似性原理出发,在建立各种主要力的相似条件的基础上,得到所应遵循的各种相似性准则和对应的比尺关系。

## §12.1　量纲分析的意义与量纲和谐原理

### 12.1.1　量纲与单位

在流体力学中,经常遇到的物理量有长度、时间、速度、质量、粘度、密度和力等。每一个物理量都具有数量大小和种类上的差别。根据物理量的性质不同而划分的各种类别,就是通常所说的物理量的量纲(或因次、尺度);量度各种物理量数值大小的标准,就是单位。因此量纲是物理量“质”的表征,而单位却是物理量“量”的量度。如对于表征长度的物理量(例如一根线段的长度 $l$),其单位可以为米、厘米或英尺,而从量纲的角度,所有这些测量长度的单位(米,厘米,英尺)均具有长度 $L$ 的量纲。时间也是一样,其单位可以是秒、分、时、日,但其量纲只有一个,即时间 $T$。

通常量纲用物理量加方括号[ ]来表示。例如长度 $L$ 的量纲为[L],时间 $T$ 的量纲为[T],质量 $m$ 的量纲为[M],速度 $U$ 的量纲为[U],力 $F$ 的量纲为[F],等等。

物理量的量纲可以分为基本量纲和诱导量纲两大类。所谓基本量纲是指用它们可以表示其余物理量的量纲,但基本量纲本身却是彼此独立而不能相互代替的这样一组物理量的量纲。由这些基本量纲所导出的那些物理量的量纲,被称为导出量纲或诱导量纲。通常流体力学中国际单位制(简称 SI)规定,以长度[L],对应的单位为米(m);时间[T],对应的单位为秒(s);以及质量[M],对应的单位为千克(kg),为基本量纲。对于密度 $\rho$ 的量纲[ρ]就可以由基本量纲[L]、[M]直接导出,故[ρ]就是一个导出量纲或诱导量纲。常见的物理量如速度$[v]=[LT^{-1}]$、力$[F]=[MLT^{-2}]$、压强$[p]=[ML^{-1}T^{-2}]$等都可以由基本量纲[L]、[M]和[T]直接导出,都是导出量纲或诱导量纲。

在流体力学中通常遇到三方面的物理量:

（1）表征流体的几何形状的量，如长度 $L$，面积 $A$，体积 $V$ 等，统称为几何学量；

（2）表征流体运动状况的量，如速度 $u$，加速度 $a$，流量 $Q$，运动粘度 $v$ 等，统称为运动学量；

（3）表征流体运动动力特性的量，如质量 $m$，力 $F$，密度 $\rho$，动力粘度 $\mu$，切应力 $\tau$，压强 $p$ 等，统称为动力学量。

需要指出的是，基本量纲的选取并不是唯一的，只要在几何学量、运动学量和动力学量中任意各取一个都可以组成一组基本量纲。

20 世纪 80 年代以前，工程界还有一组常用的 $[L]$、$[T]$、$[F]$ 基本量纲，简称 LTF 制。在这种单位制下，力 $[F]$ 的量纲为基本量纲，质量的量纲 $[M]$ 就成了导出量纲。目前 LTF 制已被国际单位制所取代。各种与流体力学有关的物理量的量纲和单位如表 12-1 所示。

### 12.1.2　有量纲量与无量纲数

流体力学中物理量的量纲一般都可以用 $[L]$、$[T]$、$[M]$ 这一组基本量纲的组合来表示

$$[X] = [L]^{\alpha}[T]^{\beta}[M]^{\gamma} \tag{12-1}$$

式中各基本量纲的指数 $\alpha, \beta, \gamma$ 的数值由该物理量的性质来决定。例如：当 $X$ 为速度时，$\alpha = l, \beta = -1, \gamma = 0$；当 $X$ 为加速度时，$\alpha = 1, \beta = -2, \gamma = 0$；当 $X$ 为力时，$\alpha = 1, \beta = -2, \gamma = 1$ 等。习惯上公式（12-1）称为量纲表达式，只要指数 $\alpha$、$\beta$、$\gamma$ 中至少有一个不为 0，即称该物理量为有量纲量。若 $\alpha = \beta = \gamma = 0$，则称该物理量 $X$ 为无量纲量或无量纲数，即

$$[X] = [L]^{0}[T]^{0}[M]^{0} \tag{12-2}$$

此时物理量 $X$ 的单位与基本单位（L，T，M）的选择无关，为一个纯粹的数，称为纯数，具有数值的特性。例如，底坡 $i$ 是落差对流程长度的比值 $i = \dfrac{\mathrm{d}H}{l}$，其量纲为 $\left[\dfrac{L}{L}\right] = [1]$，即为无量纲数。体积相对压缩值 $\dfrac{\mathrm{d}V}{V}$ 也是无量纲数。此外，无量纲数还可以是几个物理量综合比较后的结果。例如，单位重量流体的动能与势能之比 $\dfrac{\alpha v^2/2g}{H}$，效率 $\eta = \dfrac{\gamma QH}{N}$ 等，都是无量纲量（数）。无量纲量的值与单位的选择无关（但同一量纲量所选的单位必须一致），这是无量纲数的重要特点之一。

表 12-1　　　　　　　　　　　　　　常用物理量的量纲与单位

| 物理量 | | 量纲 | | 单位（SI 制） |
|---|---|---|---|---|
| | | L-T-M 制 | L-T-F 制 | |
| 几何学的量 | 长度 $L$ | L | L | m |
| | 面积 $A$ | $L^2$ | $L^2$ | $m^2$ |
| | 体积 $V$ | $L^3$ | $L^3$ | $m^3$ |
| | 坡度 $i$ | $L^0$ | $L^0$ | $m^0$ |
| | 水头 $H$ | L | L | m |
| | 惯性矩 $J$ | $L^4$ | $L^4$ | $m^4$ |

| 物理量 | | 量　纲 | | 单　位 |
|---|---|---|---|---|
| | | L-T-M 制 | L-T-F 制 | （SI 制） |
| 运动学的量 | 时间 $t$ | T | T | s |
| | 流速 $v$ | L/T | L/T | m/s |
| | 重力加速度 $g$ | $L/T^2$ | $L/T^2$ | $m/s^2$ |
| | 流量 $Q$ | $L^3/T$ | $L^3/T$ | $m^3/s$ |
| | 单宽流量 $q$ | $L^2/T$ | $L^2/T$ | $m^2/s$ |
| | 环量 $\Gamma$ | $L^2/T$ | $L^2/T$ | $m^2/s$ |
| | 流函数 $\psi$ | $L^2/T$ | $L^2/T$ | $m^2/s$ |
| | 势函数 $\varphi$ | $L^2/T$ | $L^2/T$ | $m^2/s$ |
| | 运动粘度(运动粘性系数)$\nu$ | $L^2/T$ | $L^2/T$ | $m^2/s$ |
| | 旋度 $\Omega$ | 1/T | 1/T | 1/s |
| | 旋转角速度 $\omega$ | 1/T | 1/T | 1/s |
| 动力学的量 | 质量 $m$ | M | $FT^2/L$ | kg |
| | 力 $f$ | $ML/T^2$ | F | N |
| | 密度 $\rho$ | $M/L^3$ | $FT^2/L^4$ | $kg/m^3$ |
| | 重度 $\gamma$ | $M/L^2T^2$ | $F/L^3$ | $N/m^3$ |
| | 压强 $p$ | $M/LT^2$ | $F/L^2$ | $N/m^2$ |
| | 粘度(动力粘度)$\mu$ | M/LT | $FT/L^2$ | $N \cdot s/m^2$ |
| | 剪切应力 $\tau$ | $M/LT^2$ | $F/L^2$ | $N/m^2$ |
| | 弹性模数 $E$ | $M/LT^2$ | $F/L^2$ | $N/m^2$ |
| | 表面张力系数 $\sigma$ | $M/T^2$ | F/L | N/m |
| | 动量 $M$ | ML/T | FT | $kg \cdot m/s$ |
| | 功能 $W$ | $ML^2/T^2$ | FL | $J = N \cdot m($焦耳$)$ |
| | 功率 $N$ | $ML^2/T^3$ | FL/T | $W = N \cdot m/s($瓦特$)$ |

因此根据指数 $\alpha, \beta, \gamma$ 的数值的不同情况,量纲表达式(12-1)可以表示不同性质的物理量:

(1)若 $\alpha \neq 0, \beta = 0, \gamma = 0$,则该物理量为几何学的量;

(2)若 $\beta \neq 0, \gamma = 0$,则该物理量为运动学的量;

(3)若 $\gamma \neq 0$,则该物理量为动力学的量;

(4)若 $\alpha = \beta = \gamma = 0$,则称该物理量 $X$ 为无量纲量或无量纲数。

### 12.1.3　量纲和谐原理

流体的任何运动的规律,都可以用一定的物理关系式来描述。这种物理关系式(也包括正确的经验关系式),无论其形式上的变化是什么样的,各项的量纲必须是一致的,这就是量纲一致性原则,也称为量纲齐次性原则或量纲和谐原理。量纲和谐是一个极为重要的原理,量纲和谐原理是进行量纲分析的主要依据,也是检验各类方程式是否合理的正确方法。例如,恒定总流的能量方程式

$$z_1 + \frac{p_1}{\gamma} + \frac{\alpha v_1^2}{2g} = z_2 + \frac{p_2}{\gamma} + \frac{\alpha v_2^2}{2g} + h_w$$

式中各项的量纲都为长度量纲[L],因此上式是量纲和谐的,方程中各项的单位无论是用米或英尺,该方程式的形式均不变。如果将方程式中各项同除以方程中的任一项,则上式就可以变成由无量纲数组成的方程式。因此在推导出一个物理关系式后,我们首要先对各项的量纲进行检验,看是否满足量纲和谐原理。如果一个方程式在量纲上不和谐,那就要检查一下方程式的正确性,看看在进行数学分析时是否有错误等。总之,量纲和谐原理对各种方程,包括代数方程,微分方程和积分方程均适用。

值得指出的是,某些经验公式,其量纲是不和谐的。例如,曼宁(Manning)公式

$$v = \frac{1}{n} R^{\frac{2}{3}} J^{\frac{1}{2}}$$

式中,$v$ 为渠槽水流的断面平均流速,单位为 m/s,其量纲为[L/T];$R$ 为水力半径,其单位为 m,具有长度的量纲[L];$n$ 为槽壁的糙率;$J$ 是水力坡度,为无量纲数。

上式如果要满足量纲和谐原理,则糙率 $n$ 必须具有[$T/L^{\frac{1}{3}}$]的量纲。但槽壁的粗糙度 $n$ 是不可能具有时间的量纲的。因此,曼宁公式中各项的量纲是不和谐的。这种公式往往是一些纯经验公式,应用范围有限,物理量的单位亦有严格的限定,在应用时必须注意这些限定条件,如在应用曼宁公式计算流速时,$R$ 的单位必须用 m,而所得的 $v$ 的单位则为 m/s。

## §12.2　量纲分析方法

### 12.2.1　量纲分析法

由于实际流体运动的复杂性,有时候通过试验或现场观测可以得出影响流体运动的若干因素,却难以得到这些因素之间的函数关系式。在这种情况下,就可以利用量纲分析法,快速得出连接诸因素之间的正确结构形式或经验方程,这是量纲分析法最显著的特点和优点。

量纲分析法有两种,其中一种是适用于较简单问题的方法,称为雷利(L.Rayleigh)法,另一种是带有普遍性的方法,称为 π 定理。这两种方法都是以量纲和谐原理为基础的。

1.雷利法

根据试验或现场观测,我们一般可以写出以下的表达式

$$y = k x_1^{\alpha_1} x_2^{\alpha_2} \cdots x_n^{\alpha_n} \tag{12-3}$$

式中,$y$ 为被决定的物理量,$x_1, x_2 \cdots x_n$ 为影响因素,$k$ 为无量纲系数,通过试验确定;$\alpha_1, \alpha_2 \cdots$

$\alpha_n$ 为待定系数。雷利法通过直接应用量纲和谐原理建立物理方程式,通过对方程式进行求解而得到各待定系数的值,从而得到各物理量之间的函数关系式。其基本步骤通过下面的实例进行说明。

**例 12.1** 由试验观察得知,矩形量水堰的过堰流量 $Q$ 与堰上水头 $H$,堰宽 $b$,重力加速度 $g$ 等物理量之间存在着以下关系

$$Q = Kb^{\alpha}g^{\beta}H^{\gamma} \tag{12-4}$$

式中比例系数 $K$ 为一纯数,试用量纲分析法确定堰流流量公式的结构形式。

**解** 由已知关系式,方程两边应满足:

$$\left[\frac{L^3}{T}\right] = [L]^{\alpha}[LT^{-2}]^{\beta}[L]^{\gamma}$$

根据量纲一致性原则

$$[L]:\alpha+\beta+\gamma = 3$$
$$[T]:-2\beta = -1$$

联解以上两式,可得 $\beta = \dfrac{1}{2}$,$\alpha+\gamma = 2.5$。

根据试验,过堰流量 $Q$ 与堰宽 $b$ 的一次方成正比,即 $\alpha = 1$,从而可得 $\gamma = \dfrac{3}{2}$。将 $\alpha$、$\beta$、$\gamma$ 的值代入式(12-4),并令 $m = \dfrac{k}{\sqrt{2}}$,得

$$Q = mb\sqrt{2g}H^{\frac{3}{2}} \tag{12-5}$$

式(12-5)为堰流流量公式,式中 $m$ 称为堰流流量系数,一般要由试验确定。堰流流量公式也可以用能量方程推得,但堰流属急变流动,用能量方程进行推导比较复杂,而用量纲分析法进行推导,可以比较容易地得到各主要物理量之间的基本关系。

**例 12.2** 不可压缩粘性流体在粗糙管内作定常流动时,沿管道的压强降 $\Delta p$ 与管道长度 $l$、内径 $d$、绝对粗糙度 $\varepsilon$、平均流速 $v$、流体的密度 $\rho$ 和动力粘度 $\mu$ 等有关。试用雷利法导出压强降的表达式。

**解** 根据题意,可以写出

$$\Delta p = kl^{a_1}d^{a_2}\varepsilon^{a_3}v^{a_4}\rho^{a_5}\mu^{a_6} \tag{12-6}$$

按照雷利法写出量纲表达式

$$[ML^{-1}T^{-2}] = [L^{a_1}][L^{a_2}][L^{a_3}][(LT^{-1})^{a_4}][(ML^{-3})^{a_5}][(ML^{-1}T^{-1})^{a_6}]$$
$$[L]:-1 = a_1+a_2+a_3+a_4-3a_5-a_6$$
$$[T]:-2 = -a_4-a_6$$
$$[M]:1 = a_5+a_6$$

则三个方程含有 6 个未知数,那么其中只有三个是独立待定的。取 $a_1$、$a_3$、$a_6$ 作为待定的,则可得

$$a_4 = 2-a_6$$
$$a_5 = 1-a_6$$
$$a_2 = -a_1-a_3-a_6$$

则式(12-6)可以写成

$$\Delta p = k \left(\frac{l}{d}\right)^{a_1} \left(\frac{\varepsilon}{d}\right)^{a_3} \left(\frac{\mu}{\rho v d}\right)^{a_6} \rho v^2 \tag{12-7}$$

由于沿管道的压强降是随管长线性增加的,故 $a_1 = 1$,式(12-7)左边第一个无量纲量为管道的长径比,第二个无量纲量为相对粗糙度,第三个无量纲量为 $1/\mathrm{Re}$,于是式(12-7)可以写成

$$\Delta p = f\left(\mathrm{Re}, \frac{\varepsilon}{d}\right) \frac{l}{d} \frac{\rho v^2}{2} \tag{12-8}$$

令 $\lambda = f\left(\mathrm{Re}, \dfrac{\varepsilon}{d}\right)$,称为沿程损失系数,可以通过试验来确定。则式(12-8)最终可以写成

$$\Delta p = \lambda \frac{l}{d} \frac{\rho v^2}{2} \tag{12-9}$$

这是压强降的表达式,令 $h_f = \dfrac{\Delta p}{\rho g}$,则管道流动中单位重力流体沿程能量损失的表达式为

$$h_f = \lambda \frac{l}{d} \frac{v^2}{2g}$$

从而得到第 4 章中提到的达西—魏斯巴哈(Darcy-Weisbach)公式。

通过以上的实例可以看出,对于变量较少的简单流动问题,用雷利法可以方便地得到各物理量之间的结构关系式。对于变量较多的复杂流动,如有 $n$ 个变量,则待定指数有 $n$ 个,而按照基本量纲只能列出三个基本方程,于是就有 $(n-3)$ 个指数不能直接确定,这就是雷利法应用时的一个缺陷。下面将要讨论的 $\pi$ 定理则没有这方面的问题。

### 12.2.2　$\pi$ 定理

$\pi$ 定理方法是另外一种更具有普遍性的量纲分析方法,是 1915 年由白金汉(E.Buckingham)提出的,故又称为白金汉定理,其基本原理可以表述如下:

任何一个物理过程,涉及到 $n$ 个物理量,$m$ 个基本量纲,则这个物理过程可以由 $(n-m)$ 个无量纲量所表达的关系式来描述。因这些无量纲量用 $\pi_i(i=1,2,\cdots,n-m)$ 来表示,故简称为 $\pi$ 定理。

设影响物理过程的 $n$ 个物理量分别为 $x_1, x_2, \cdots, x_n$,则这个物理过程可以用一完整的函数关系式表示如下

$$f(x_1, x_2, \cdots, x_n) = 0 \tag{12-10}$$

根据国际单位制,流体力学中的基本量纲一般是 [L]、[T]、[M],即 $m=3$,因此可以在 $n$ 个物理量中选出 3 个基本物理量作为基本量纲的代表。这 3 个基本物理量既要包含上述三个基本量纲,又要相互独立,一般可以在几何学量、运动学量和动力学量中各选一个即可。然后,在剩下的 $(n-m)$ 个物理量中每次轮取一个,连同所选的三个基本物理量一起,组成一个无量纲的 $\pi$ 项。如果这三个基本量纲为 $x_j, x_{j+1}, x_{j+2}$,则其他物理量均可以用某种幂次的三个基本量纲和无量纲量 $\pi_i$ 的乘积,即

$$x_i = \pi_i x_j^{\alpha_i} x_{j+1}^{\beta_i} x_{j+2}^{\gamma_i}$$

于是有

$$\pi_i = \frac{x_j^{\alpha_i} x_{j+1}^{\beta_i} x_{j+2}^{\gamma_i}}{x_i}$$

根据量纲和谐原理,就可以确定待定系数 $\alpha_i, \beta_i, \gamma_i$,从而也就确定了 $\pi_i$。如此直至得到

$\pi_1, \pi_2, \cdots, \pi_{(n-m)}$ 为止。因此原来的方程式(12-10)可以写成

$$f(\pi_1, \pi_2, \cdots, \pi_{(n-m)}) = 0 \qquad (12\text{-}11)$$

这样,就把一个具有 $n$ 个物理量的关系式(12-10)简化成具有 $(n-m)$ 个无量纲数的表达式,给模型试验以及试验数据的整理带来了极大的方便。下面举例来进一步说明 $\pi$ 定理的应用。

**例 12.3** 试验表明,流体中的边壁切应力 $\tau_0$ 与断面平均流速 $v$,水力半径 $R$,壁面粗糙度 $\Delta$,流体密度 $\rho$ 和动力粘度 $\mu$ 有关,试用 $\pi$ 定理导出边壁切应力 $\tau$ 的一般表达式。

**解** 根据题意,有

$$F(\tau_0, v, \mu, \rho, R, \Delta) = 0 \qquad (12\text{-}12)$$

选定几何学量中的 $R$,运动学量中的 $v$,动力学量中的 $\rho$ 为基本物理量,本题中物理量的个数 $n=6$,基本量纲数 $m=3$,因此,式(12-12)可以写成由 $n-m=6-3=3$ 个无量纲数组成的方程,即

$$F_1\left(\frac{\tau_0}{\rho^{x_1} v^{y_1} R^{z_1}}, \frac{\mu}{\rho^{x_2} v^{y_2} R^{z_2}}, \frac{\Delta}{\rho^{x_3} v^{y_3} R^{z_3}}\right) = 0 \qquad (12\text{-}13)$$

比较上式中每个因子的分子和分母的量纲,它们应满足量纲一致性原则。

第一个因子的量纲关系有

$$[\tau_0] = [\rho]^{x_1} [v]^{y_1} [R]^{z_1}$$

即 

$$[ML^{-1}T^{-2}] = [ML^{-3}]^{x_1} [LT^{-1}]^{y_1} [L]^{z_1}$$

由量纲一致性原则

$$[L]: -3x_1 + y_1 + z_1 = -1 \qquad\qquad x_1 = 1$$
$$[T]: -2 = -y_1 \qquad\qquad 解得\quad y_1 = 2 \qquad 求得: \pi_1 = \frac{\tau_0}{\rho v^2}$$
$$[M]: 1 = x_1 \qquad\qquad z_1 = 0$$

第二个因子的量纲关系为

$$[\mu] = [\rho]^{x_2} [v]^{y_2} [R]^{z_2}$$

即 

$$[ML^{-1}T^{-1}] = [ML^{-3}]^{x_2} [LT^{-1}]^{y_2} [L]^{z_2}$$

由量纲一致性原则

$$[L]: -3x_2 + y_2 + z_2 = -1 \qquad\qquad x_2 = 1$$
$$[T]: -1 = -y_2 \qquad\qquad 解得\quad y_2 = 1 \qquad 求得\quad \pi_2 = \frac{\mu}{\rho v R}$$
$$[M]: 1 = x_2 \qquad\qquad z_2 = 1$$

同理,对 $\Delta$,可以求得 $\pi_3 = \dfrac{\Delta}{R}$。

因此,对于任意选取的独立的物理量 $\rho, v, R$,上述物理量之间的关系为

$$F_1(\pi_1, \pi_2, \pi_3) = 0$$

无量纲数 $\pi_2 = \dfrac{\mu}{\rho v R}$ 即为雷诺数 Re,而 $\dfrac{\Delta}{R}$ 为相对粗糙度,因此上式也可以写成

$$\frac{\tau_0}{\rho v^2} = f\left(Re, \frac{\Delta}{R}\right) \qquad (12\text{-}14)$$

或 

$$\tau_0 = f\left(Re, \frac{\Delta}{R}\right) \rho v^2 \qquad (12\text{-}15)$$

这就是流体中边壁切应力 $\tau_0$ 与流速 $v$,流体密度 $\rho$,雷诺数 Re,相对粗糙度 $\dfrac{\Delta}{R}$ 之间的关系式。这里只是由量纲分析得出它们的关系式,至于 $f\left(\text{Re},\dfrac{\Delta}{R}\right)$ 的具体关系,还要作进一步的研究方可得出。

通过上述分析可知,在应用雷利法和 $\pi$ 定理进行量纲分析时,都是以量纲和谐原理为理论基础的。

在流体力学中当仅知道一个物理过程包含有哪些物理量,而不能具体给出反映该物理量过程的微分形式或积分形式的物理方程时,可以用量纲分析法来简化该物理过程中各主要物理量之间的函数关系式,并可以在满足量纲和谐原理的基础上给出正确的物理公式的构造形式,这是量纲分析法的主要用处。

尽管量纲分析法具有如此明显和重要的优点,但其毕竟是一种数学分析方法,具体应用时还须注意以下几点:

(1)确定表征物理过程的特性量时,错选、漏选、多选都将导致错误的结论。

(2)所选择的基本物理量,要能表达其余的所有的特征量,因此要尽可能在几何学量,运动学量和动力学量中各选一个。

(3)当通过量纲分析所得到物理过程的表达式存在无量纲系数时,量纲分析无法给出其具体数值,只能通过有关试验求得。

(4)量纲分析法无法区别那些量纲相同而物理意义不同的量。例如,流函数 $\psi$,势函数 $\varphi$,运动粘度 $\mu$,它们的量纲均为 $[\text{L}^2/\text{T}]$,但却有不同的物理意义,这一点通过量纲分析是无法区别的。

## §12.3　流动的力学相似

流体的运动问题是十分复杂的,即便是在计算机技术日益发达的今天,完全依靠数值计算并不能解决所有的流动问题,因此一些复杂的流动问题往往需要在试验的帮助下解决。那么,试验如何进行,或者说试验按照什么规则来进行,以及如何把试验成果应用到实际问题中去就成了不得不考虑的问题。为了解决这一问题,流动的相似性理论就应运而生了。相似概念最早出现在几何学中。对于两个几何相似的图形,把其中一个图形的几何要素(长度、面积等)值以某种固定的比例常数放大或缩小,就可以方便地得到另一图形相应的几何要素数值,这样的两个图形几何形状相似,几何性质也相似。类似于几何相似,如果模型流动与实际流动力学相似,则其流场中几何相应点上各同类物理量将具有各自固定的比例关系,这样可以将模型试验的成果方便地应用于实际流动中。因此,相似原理广泛地应用于自然科学以及工程设计的各个领域。

两个互为相似的流动,各同名物理量的比例常数都将保持对应的比例关系。例如,长度 $L$,速度 $u$,力 $F$ 的比例常数可以分别写为

$$\lambda_l=\frac{L_p}{L_m},\quad \lambda_u=\frac{u_p}{u_m},\quad \lambda_F=\frac{F_p}{F_m} \tag{12-16}$$

式(12-16)中下标"$p$"表示原型量,"$m$"表示模型量,而 $\lambda_l$、$\lambda_u$、$\lambda_F$ 分别表示原型中和模型中

长度 $L$,速度 $u$,力 $F$ 的比例常数,简称为各种物理量的比尺,即原型物理量和对应的模型物理量之比。因此,$\lambda_l$ 称为长度比尺,$\lambda_u$ 称为速度比尺,$\lambda_F$ 称为力的比尺。

前面已经提到表征流动现象的物理量可以分为三类,即几何学的量,运动学的量,动力学的量。因此,两个流动的相似特征,可以分别用几何相似、运动相似和动力相似来描述。

1.几何相似

几何相似是指两个流动中对应的几何量都满足一定的比例关系,亦即要求原型和模型两种流动对应的全部线性长度成比例,即几何形状相似。几何相似还要求对应的边界性质相同,例如同为固体壁面或自由表面等。显然,几何相似是流动力学相似的前提,只有在几何相似的流动中,才能进一步探讨其对应点上其他物理量的相似问题。

设流动的几何长度为 $l$,面积为 $A$,体积为 $V$,则原型与模型对应的几何量有以下比例关系

长度比尺 
$$\lambda_l = \frac{l_p}{l_m} \tag{12-17}$$

面积比尺 
$$\lambda_A = \frac{A_p}{A_m} = \frac{l_p{}^2}{l_m{}^2} = \lambda_l{}^2 \tag{12-18}$$

体积比尺 
$$\lambda_V = \frac{V_p}{V_m} = \frac{l_p{}^3}{l_m{}^3} = \lambda_l{}^3 \tag{12-19}$$

从上述可见,几何相似是通过长度比尺 $\lambda_l$ 来表达的,只要任意对应长度都保持一定的比尺关系,就可以保持两个流动的几何相似。

2.运动相似

运动相似是指两个流动中,对应点上各运动学量保持一定的比例关系,也就是说模型与原型流场所有对应点上的对应时刻的流速方向相同而流速的大小成比例。简言之,运动相似就是两个流动的时间、速度场、加速度场均相似。显然,几何相似是运动相似的先决条件。

原型和模型之间的时间比尺 $\lambda_t$,流速比尺 $\lambda_u$ 和加速度比尺 $\lambda_a$,分别表示为

时间比尺 
$$\lambda_t = \frac{t_p}{t_m} \tag{12-20}$$

速度比尺 
$$\lambda_u = \frac{u_p}{u_m} = \frac{\lambda_l}{\lambda_t} \tag{12-21}$$

加速度比尺 
$$\lambda_a = \frac{a_p}{a_m} = \frac{\lambda_l}{\lambda_t{}^2} \tag{12-22}$$

所谓时间相似是指随时间变化的过程而言,即模型中的运动过程可以加快进行,也可以减慢进行,但在所有对应点上都要保持时间比尺 $\lambda_t$ 相等。在加速度比尺 $\lambda_a$ 中,因为一般情况下原型流动和模型流动都在地球上,重力加速度可以认为是加速度相似关系的特例,其比尺为

$$\lambda_g = \frac{g_p}{g_m} = 1 \tag{12-23}$$

3.动力相似

动力相似是指在对应时刻作用于两个流动对应点上的各种相同物理性质的动力学量成比例,即同名力相似。亦即要求模型和原型中所有对应点作用在流体微团上的各种力彼

此方向相同,大小成比例。动力相似中常用的密度比尺 $\lambda_\rho$、动力粘度比尺 $\lambda_\mu$ 以及作用力比尺 $\lambda_F$ 分别为

$$\lambda_\rho = \frac{\rho_p}{\rho_m} \tag{12-24}$$

$$\lambda_\mu = \frac{\mu_p}{\mu_m} \tag{12-25}$$

$$\lambda_F = \frac{F_p}{F_m} \tag{12-26}$$

作用在流体上的作用力通常有重力 $G$、粘滞力 $T$、压力 $P$、弹性力 $E$ 和表面张力 $S$,所以作用力的比尺关系有

$$\lambda_F = \frac{F_p}{F_m} = \frac{G_p}{G_m} = \frac{T_p}{T_m} = \frac{P_p}{P_m} = \frac{E_p}{E_m} = \frac{S_p}{S_m}$$

如前所述,两个流动相似就意味着几何相似,运动相似和动力相似,这三者是相互关联的。例如,运动相似要求流速成比例,也就要求对应的时刻和对应的位移成比例,即

$$\lambda_u = \frac{u_p}{u_m} = \frac{\dfrac{l_p}{l_m}}{\dfrac{t_p}{t_m}} = \frac{\lambda_l}{\lambda_t} \tag{12-27}$$

又如动力相似,要求作用力成比例,根据牛顿第二定律有

$$\lambda_F = \frac{F_p}{F_m} = \frac{m_p a_p}{m_m a_m} = \lambda_m \lambda_a = \lambda_m \frac{\lambda_u}{\lambda_t} = \lambda_\rho \lambda_l^{\,3} \frac{\lambda_u}{\lambda_t} = \lambda_\rho \lambda_u^{\,2} \lambda_l^{\,2} = \lambda_\rho \lambda_l^{\,4} \lambda_t^{\,-2} \tag{12-28}$$

式(12-28)表明作用力比尺可用密度比尺、时间比尺和长度比尺来表示。

以上三种相似是互相关联的。流场的几何相似是流动力学相似的前提,动力相似是决定运动相似的主导因素,而运动相似则是几何相似和动力相似的外在表现。有了以上的关于几何学量、运动学量和动力学量的三组比尺关系,模型流场和原型流场之间各种物理量之间的相似换算就很方便了。

# §12.4 模型相似准则

## 12.4.1 牛顿相似准则

§12.3 中回答了什么是流动相似问题,这一节来讨论如何保证两种流动的相似。首先,若要两个流动相似,必须满足几何相似,这是流动相似的必要条件,前面已有阐述。其次,若满足了动力相似,则可以保证两个流动完全相似,动力相似主要是指作用力成比例,前面已经指出,两个流动的动力相似要求各对应点上各种作用力保持一定的比例,由式(12-28)可知

$$\lambda_F = \frac{F_p}{F_m} = \frac{\rho l_p^{\,2} u_p^{\,2}}{\rho l_m^{\,2} u_m^{\,2}} \tag{12-29}$$

或写成

$$\frac{F_p}{\rho l_p^{\,2} u_p^{\,2}} = \frac{F_m}{\rho l_m^{\,2} u_m^{\,2}} \tag{12-30}$$

式中,$F$ 为作用力,$\rho l^2 u^2$ 由牛顿第二定律知为惯性力,上式表明动力相似即原型中作用力与惯性力之比应等于模型中相应点上的作用力与惯性力之比。

令上式无量纲数为 Ne,即

$$\frac{F}{\rho l^2 u^2} = Ne \tag{12-31}$$

式中,Ne 称为牛顿数,故若两种流动动力相似,其牛顿数应对应相等

$$(Ne)_p = (Ne)_m \tag{12-32}$$

写成比尺关系,即有

$$\frac{\lambda_F}{\lambda_\rho \lambda_l^2 \lambda_u^2} = \frac{\dfrac{\lambda_F \lambda_l}{\lambda_u}}{\lambda_\rho \lambda_l^3 \lambda_u} = \frac{\lambda_F \lambda_l}{\lambda_m \lambda_u} = 1 \tag{12-33}$$

上述两式就是由牛顿第二定律引出的牛顿一般相似性原理。式中 $\dfrac{\lambda_F \lambda}{\lambda_m \lambda_u}$ 称为相似判据,对于动力相似的流动,相似判据为 1。在相似原理中,这种由作用力相似而得到的无量纲量,如牛顿数,称为相似准数;而动力相似条件(相似准数相等),称为模型相似准则(或模型相似律),以此来作为判断流动是否相似的依据。所以牛顿一般相似性原理又称为牛顿相似准则。

按照牛顿一般相似性原理,两个相似流动的牛顿数应相等,也就是说,要求各种性质的作用力与惯性力之间都要成相同的比例,但是,由于各种力的性质不同,影响各种力的物理因素不同,要做到这一点,实际上是极其困难的。通常我们并不能保证所有性质的力全部相似,全都保持同样的比尺,而只能抓住流动现象中主要的作用力使其相似,其他次要的力则不要求其相似,允许有偏离。因此,针对某一具体的流动现象进行模型试验时,可以将其起主要作用的某单项力代入式(12-31)中的 $F$ 项,进而求得表示该单项力相似的相似准则。根据主要作用力的不同,有以下几个主要的模型相似准则。

### 12.4.2 模型相似准则

1.雷诺(粘滞力)相似准则

雷诺相似准则也称为粘滞力相似准则。当主要作用力为粘滞力时,根据粘滞力的表达式

$$F = \mu A \frac{du}{dy} \tag{12-34}$$

可知此时主要作用力的大小可以用 $\mu l^2 \dfrac{u}{l}$ 来衡量,代入牛顿数 Ne 式(12-31)中得

$$Ne = \frac{F}{\rho l^2 u^2} = \frac{\mu l^2 \dfrac{u}{l}}{\rho l^2 u^2} = \frac{\mu}{\rho l u} \tag{12-35}$$

从前面章节可知,$Re = \dfrac{\rho l u}{\mu}$ 为雷诺数,表征流体的粘滞力与惯性力之比值。由式(12-32),两个流动的动力相似要求其牛顿数相等,在此时(粘滞力为主要作用力)就变为要求原型与模型中的雷诺数 Re 相等,即

$$(\mathrm{Re})_p = (\mathrm{Re})_m \tag{12-36}$$

写成比尺关系,则有

$$\frac{\lambda_\rho \lambda_l \lambda_u}{\lambda_\mu} = 1 \tag{12-37}$$

这就是粘滞力相似准则,或称为粘滞力模型相似规律,也称雷诺相似准则或雷诺模型率。

2.佛汝德(重力)相似准则

佛汝德相似准则也就是重力相似准则。当流动中主要作用力为重力 $G$ 时,其大小可以用 $\rho l^3 g$ 来衡量,将其代入关系式(12-31)中,可得重力与惯性力之比为

$$\mathrm{Ne} = \frac{F}{\rho l^2 u^2} = \frac{G}{\rho l^2 u^2} = \frac{\rho g l^3}{\rho l^2 u^2} = \frac{gl}{u^2} \tag{12-38}$$

令

$$\mathrm{Fr} = \frac{u}{\sqrt{gl}} \tag{12-39}$$

式中,$u$ 为特征速度,如断面的平均速度;$l$ 为特征长度,如圆管的直径;Fr 称为佛汝德数,佛汝德数 Fr 反应了惯性力和重力的比值。根据牛顿一般相似性原理,若要使两种流动的力学相似,其牛顿数应相等,那么对于重力相似的情况,就是原型和模型中的佛汝德数应该相等,即

$$(\mathrm{Fr})_p = (\mathrm{Fr})_m \tag{12-40}$$

将上式写成比尺关系可得

$$\frac{\lambda_v^2}{\lambda_g \lambda_l} = 1 \tag{12-41}$$

以上就是重力相似准则,或称为重力模型相似律,也称佛汝德相似准则或佛汝德模型律。

下面再对上述两种相似准则的差异作一些分析,这对于学习和运用模型相似律是很有益处的。

从上面的比尺关系式可知

重力相似要求

$$\lambda_u = \lambda_g^{1/2} \lambda_l^{1/2} \tag{12-42}$$

粘滞力相似要求

$$\lambda_u = \lambda_\nu \lambda_l^{-1} \tag{12-43}$$

对于像河渠一类具有自由表面的流动,由于同时受重力和粘滞力的共同作用,因而从理论上讲应同时满足佛汝德相似准则和雷诺相似准则才能保证模型和原型中的流动相似。如果是在地球上做试验,而且模型中采用与原型同样的流体(这在工程模型试验中是最常用的做法),则 $\lambda_g = 1$,$\lambda_\nu = 1$,显然,这时按重力相似要求 $\lambda_u = \lambda_l^{\frac{1}{2}}$,而按粘滞力相似要求 $\lambda_u = \lambda_l^{-1}$,这种比尺关系上的矛盾是难以统一的,也就是说,要同时满足重力相似及粘滞力相似是难以办到的。即便是模型中采用与原型不同的流体做试验,要保证同样的流速比尺,就要求运动粘性系数 $\upsilon$ 的比尺与长度比尺之间有如下的关系

$$\lambda_\nu = \lambda_l^{\frac{3}{2}} \tag{12-44}$$

也就是要求 $\upsilon_m = \dfrac{\upsilon_p}{\lambda_l^{\frac{3}{2}}}$,这种性质的流体,一般很难找到,除非按 $\lambda_l = 1$ 来作试验(即原型和模型的大小相同),这样就没有任何经济性可言,失去了作模型试验的意义。所以说在技术上难以同时做到既保证重力相似又保证粘滞力相似。上述分析也进一步说明了要完全满足牛顿

一般性相似原理是不可能的,在模型试验中只能做到主要作用力相似,并按照主要作用力相似的模型律来进行模型设计。比如对于具有自由表面的河渠流动,尽管同时受重力和粘滞力的作用,但只要所设计的模型中雷诺数超过临界雷诺数一定的范围,就可以认为重力作用是主要的作用力,并按照主要作用力重力相似准则来设计模型。实践证明,这种近似作法可以满足工程实际的要求。

3. 欧拉(压力)相似准则

欧拉相似准则也称为压力相似准则,当流动中主要作用力为压力时,其大小用 $\Delta p l^2$ 来衡量,对应的牛顿数计算式为

$$\frac{F}{\rho l^2 u^2} = \frac{\Delta p l^2}{\rho l^2 u^2} = \frac{\Delta p}{\rho u^2} \tag{12-45}$$

令 $\dfrac{\Delta p}{\rho u^2}$ 为欧拉数,以 Eu 来表示,即

$$Eu = \frac{\Delta p}{\rho u^2} \tag{12-46}$$

欧拉数反映了压力与惯性力的比值。因此,当原型与模型中压强相似时,根据牛顿一般相似性原理,就要求其欧拉数相等,即

$$(Eu)_p = (Eu)_m \tag{12-47}$$

或写成比尺关系为

$$\frac{\lambda_{\Delta p}}{\lambda_\rho \lambda_u^2} = 1 \tag{12-48}$$

相似流动中压强场必须相似,但在某些力(如重力)起主要作用的时候,欧拉相似准则并非是决定性的准则,该准则不是独立的,所以被称为导出准则。即当主要作用力相似条件满足时,欧拉数相等的条件往往也能随之满足。以明渠水流的例子来说明这一情况,明渠水流的主要作用力为重力,当满足重力相似时,佛汝德数比尺关系等于 1,如果 $\lambda_g = 1$,则 $\lambda_l = \lambda_u^2$,对于压强而言,若以水柱高表示其大小,则有 $h = \dfrac{\Delta p}{\rho g}$,根据压力相似准则,应该写成

$$\lambda_h = \lambda \frac{\Delta p}{\rho g} = \frac{\lambda \Delta p}{\rho g} = \frac{\lambda_\rho \lambda_u^2}{\lambda_\rho \lambda_g} = \lambda_u^2 \tag{12-49}$$

这说明,在满足了重力相似准则的同时,也满足了压力相似所要求的欧拉数相等的准则。

4. 非恒定(定常)性相似准则

对于非恒定流动的模型试验,必须保证模型流动与原型流动随时间的变化相似。将由当地加速度引起的惯性力 $\rho l^3 \dfrac{\partial u}{\partial t}$ 代入式(12-31),得

$$\frac{\rho l^3 \dfrac{\partial u}{\partial t}}{\rho l^2 u^2} = \frac{\dfrac{u}{t}}{\dfrac{u^2}{l}} = \frac{l}{ut} \tag{12-50}$$

令

$$\frac{l}{ut} = St \tag{12-51}$$

式中,St 称为斯特鲁哈(V.Strouhal)数,也称谐时数。由于 $\rho l^2 u^2$ 实际表征了迁移加速度所引

起的惯性力 $\rho l^3 u \dfrac{\partial u}{\partial x_i}$ ，因此，斯特鲁哈数反映了当地惯性力与迁移惯性力的比值。而非恒定流动相似，原型与模型的斯特鲁哈数必定相等，即

$$(\text{St})_p = (\text{St})_m \tag{12-52}$$

写成比尺关系即为

$$\frac{\lambda_l}{\lambda_u \lambda_t} = 1 \tag{12-53}$$

也可以写成

$$\frac{l_p}{u_p t_p} = \frac{l_m}{u_m t_m} \tag{12-54}$$

这便是非恒定性流动相似准则，又称为斯特鲁哈相似准则或谐时性准则。

倘若非恒定流是流体的波动或振荡，其频率为 $f$ ，则

斯特鲁哈数

$$\text{St} = \frac{lf}{u} \tag{12-55}$$

斯特鲁哈准则

$$\frac{l_p f_p}{u_p} = \frac{l_m f_m}{u_m} \tag{12-56}$$

5.柯西(弹性力)相似准则

对于可压缩流场的模型试验，要保证流动相似，由压缩引起的弹性力场必须相似。弹性力可以表示为 $KA\dfrac{dV}{V}$ ，将其代入式(12-31)，得

$$\frac{F}{\rho l^2 u^2} = \frac{KA\dfrac{dV}{V}}{\rho l^2 u^2} = \frac{K}{\rho u^2} \tag{12-57}$$

令

$$\frac{\rho u^2}{K} = \text{Ca} \tag{12-58}$$

式中，Ca 称为柯西(Cauchy)数，表征惯性力与弹性力的比值。要保证模型与原型流动的弹性力相似，它们的柯西数必定相等，即

$$(\text{Ca})_p = (\text{Ca})_m \tag{12-59}$$

写成比尺关系即为

$$\frac{\rho_p u_p^2}{K_p} = \frac{\rho_m u_m^2}{K_m} \tag{12-60}$$

这便是弹性力相似准则，又称为柯西相似准则。

对于气体，宜将柯西相似准则转换为马赫相似准则。由于 $\dfrac{K}{\rho} = c^2$ （ $c$ 为声速），代入式(12-57)，得

$$\frac{F}{\rho l^2 u^2} = \frac{c^2}{u^2}$$

令

$$\frac{u}{c} = \text{Ma} \tag{12-61}$$

式中，Ma 称为马赫(L.Mach)数，马赫数 Ma 仍然表征惯性力与弹性力的比值。原型流动与模型流动的弹性力作用相似，原型与模型的马赫数必定相等，即

$$(\mathrm{Ma})_p = (\mathrm{Ma})_m$$

写成比尺关系为

$$\frac{\lambda_u}{\lambda_c} = 1 \tag{12-62}$$

也可以写成

$$\frac{u_p}{c_p} = \frac{u_m}{c_m} \tag{12-63}$$

这就是气体的弹性力相似准则,又称为马赫相似准则。

6.韦伯(表面张力)相似准则

在表面张力作用下相似的流动,其表面张力分布必须相似。作用在流场流体微团上的张力可以表示为 $F_\sigma = \sigma l$,代入式(12-31)得

$$\frac{F}{\rho l^2 u^2} = \frac{\sigma l}{\rho l^2 u^2} = \frac{\sigma}{\rho l u^2}$$

令

$$\frac{\rho u^2 l}{\sigma} = \mathrm{We} \tag{12-64}$$

式中,We 称为韦伯(M.Weber)数,表征惯性力与表面张力的比值。原型流动与模型流动的表面张力作用相似,原型与模型的韦伯数必定相等,即

$$(\mathrm{We})_p = (\mathrm{We})_m \tag{12-65}$$

写成比尺关系即为

$$\frac{\lambda_\rho \lambda_l \lambda_u^2}{\lambda_\sigma} = 1 \tag{12-66}$$

也可以写成

$$\frac{\rho_p u_p^2 l_p}{\sigma_p} = \frac{\rho_m u_m^2 l_m}{\sigma_m} \tag{12-67}$$

这就是流动的表面张力相似准则,又称为韦伯相似准则。

上述的牛顿数、佛汝德数、雷诺数、欧拉数、斯特鲁哈数、柯西数、马赫数、韦伯数统称为相似准则数。对应的相似准则统称为流动相似准则。

相似原理是模型试验的理论基础,相似准则是设计制造模型,进行模型试验,并将原型与模型各物理量之间进行换算的理论依据,下一节将通过举例来说明模型相似准则比尺的选取和换算关系的确定。

## §12.5 相似原理的应用

**例 12.4** 有一直径为 15cm 的输油管,管长 5m,管中要通过的流量为 $0.18\mathrm{m}^3/\mathrm{s}$,现用水来作模型试验,当模型管径和原型一样,水温为 $10\,℃$(原型用油的运动粘性系数 $\nu_p = 0.13\mathrm{cm}^2/\mathrm{s}$)。试问模型流量应为多少才能达到相似?若测得 5m 长模型输水管两端的压强水头差为 3cm,试求在 100m 长的输油管两端的压强差应为多少(用油柱高表示)?

**解** (1)因为管中的流动主要受粘滞力作用,其相似条件应满足雷诺数相似准则,即

$$\frac{u_p d_p}{\nu_p} = \frac{u_m d_m}{\nu_m}$$

由于 $d_p=d_m$，则上式可以简化为

$$\frac{u_p}{\nu_p}=\frac{u_m}{\nu_m}$$

因为管中的流量 $Q=uA$，故上式又可以写成

$$\frac{Q_p}{\nu_p}=\frac{Q_m}{\nu_m}$$

将已知的油的 $\nu_p=0.13\text{cm}^2/\text{s}$，10℃水的 $\nu_p=0.0131\text{cm}^2/\text{s}$ 代入上式，可得水的模型流量为

$$Q_m=\nu_m\frac{Q_p}{\nu_p}=0.18\times\frac{0.0131}{0.13}=0.018\ 1\text{m}^3/\text{s}。$$

（2）研究压强问题，必须保证欧拉相似准则数相等，才能保证原型与模型压强差相似，即

$$\frac{\Delta p_p}{\rho_p u_p^2}=\frac{\Delta p_m}{\rho_m u_m^2}$$

已知模型测得的压强水头差 $\frac{\Delta p}{\gamma}=3\text{cm}$，则原型输油管两端的压强差为

$$\frac{\Delta p_p}{\gamma_p}=\frac{\Delta p_m}{\gamma_m}\cdot\frac{\gamma_m\rho_p}{\gamma_p\rho_m}\cdot\frac{u_p^2}{u_m^2}=\frac{\Delta p_m}{\gamma_m}\cdot\frac{g_m}{g_p}\cdot\frac{u_p^2}{u_m^2}$$

已知

$$u_p=\frac{0.18}{0.785\times0.15^2}=10.19(\text{m/s})$$

$$u_m=\frac{0.018\ 1}{0.785\times0.15^2}=1.025(\text{m/s})$$

由于 $\gamma=\rho g,g_p=g_m$，因此得长 5m 输油管的压差油柱为

$$h_p=\frac{\Delta p_p}{\gamma_p}=0.03\times\frac{10.19^2}{1.025^2}=2.96(\text{m})$$

则 100m 长管道中的压强差为

$$h_p=2.96/5\times100=59.2(\text{m 油柱})。$$

**例 12.5** 轮船的螺旋桨缩制为几何比尺为 4 的模型，在水面下进行试验，试选定相似准则并求出转速比尺。

**解** 螺旋桨在水下运动，受粘滞力作用；同时，当螺旋桨转动时，水面将引起波动，自由水面的任何变动都受重力作用的影响；考虑到模型不是太小，表面张力可以忽略。

如前所述，一个模型要同时满足佛汝德相似准则和雷诺相似准则是很难做到的。要同时满足这两个准则，就要求模型中采用一种符合式（12-44）要求的液体，即

$$\lambda_\nu=\lambda_l^{\frac{3}{2}}=8$$

或

$$\nu_m=\frac{\nu_p}{8}$$

模型中要用等于 $\frac{1}{8}$ 倍 $\nu_水$ 的液体来作试验，这在实际中是不可能做到的。

但已知原型螺旋桨转动时，流动的雷诺数已经足够大，这时粘滞阻力相似已不要求雷诺

数相等,即与雷诺数的大小无关,就可以按重力相似准则设计模型,按佛汝德相似准则的流速比尺为

$$\lambda_u = \sqrt{\lambda_l} = \sqrt{4} = 2$$

又因 $u = \omega r$,此处 $\omega$ 为角速度,$r$ 为桨叶半径,则 $\lambda_u = \lambda_\omega \lambda_l$,即 $\lambda_\omega = \dfrac{\lambda_u}{\lambda_l} = \dfrac{2}{4} = \dfrac{1}{2}$,也就是 $\omega_m = 2\omega_p$。

## 复习思考题 12

12.1 何为单位? 何为量纲? 二者有何区别?

12.2 试述量纲分析的意义。

12.3 何为量纲和谐原理?

12.4 研究流动相似原理有何意义?

12.5 流动相似概念包含哪几个方面的含义?

12.6 流动相似主要有哪几个相似准则?

12.7 试分别讨论雷诺数、佛汝德数、欧拉数的物理意义。

12.8 相似流动中能否保证各种性质的作用力都与惯性力成相同的比例? 是否有此必要?

12-9 一般地说能否做到同时满足雷诺准则与佛汝德准则? 能否做到同时满足欧拉准则与佛汝德准则?

## 习 题 12

12.1 由基本量纲[L]、[T]、[M]推导出动力粘性系数 $\mu$,体积弹性系数 $k$,表面张力系数 $\sigma$,切应力 $\tau$,线变形率 $\varepsilon$,角变形率 $\theta$,旋转角速度 $\omega$,势函数 $\varphi$,流函数 $\psi$ 的量纲。

12.2 将下列各组物理量整理为无量纲数:(1)$\tau, v, \rho$;(2)$\Delta p, v, \rho, \gamma$;(3)$F, l, v, \rho$;(4)$\sigma, l, v, \rho$。

12.3 作用于沿圆周运动物体上的力 $F$ 与物体的质量 $m$、速度 $v$ 和圆周的半径 $R$ 有关。试用雷利法证明 $F$ 与 $mv^2/R$ 成正比。

12.4 用 $\pi$ 定理推导鱼雷在水中所受阻力 $F_D$ 的表达式。该表达式与鱼雷的速度 $v$,鱼雷的尺寸 $l$,水的动力粘度 $\mu$,水的密度 $\rho$ 有关。鱼雷的尺寸 $l$ 可以用其直径或长度代表。

12.5 采用长度比尺为 1:20 的模型来研究弧形闸门闸下出流情况,如图 12-1 所示,重力为水流主要作用力,试求:

(1)若原型中闸门前水深 $H_p = 8$m,模型中相应水深为多少?

(2)若模型中测得收缩断面流速为 $v_m = 2.3$m/s,流量为 $Q_m = 45$L/s,则原型中相应的流速和流量各为多少?

(3)模型中水流作用在闸门上的力 $P_m = 78.5$N,原型中相当于多大的力?

12.6 有一圆管直径为 20cm,输送 $\nu_p = 0.4$cm²/s 的油,其流量为 121L/s,若在试验中用 5cm 的圆管做模型试验,假如做试验时,(1)采用 20℃ 的水($\nu_m = 1.003 \times 10^{-6}$ m²/s),(2)采用 $\nu_m = 0.17$cm²/s 的空气,则模型试验中流量各为多少? (假定主要作用力为粘滞力)。

12.7 某水库以长度比尺 $\lambda_l = 100$ 做底孔放空模型试验,采用佛汝德准则设计模型,在模型试验中测得放空时间 $t_m = 12$ 小时,试求原型上放空水库所需时间 $t_p$。

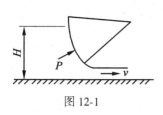

图 12-1

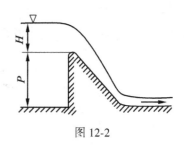

图 12-2

12.8　在深水中进行炮弹模型试验,模型的大小为实物的$\frac{1}{1.5}$,若炮弹在空气中的速度为 500km/h,空气的运动粘度 $\nu_p = 0.17\text{cm}^2/\text{s}$,水的运动粘度 $\nu_m = 0.01\text{cm}^2/\text{s}$,模型试验测定其粘性阻力时依据雷诺试验相似准则,试求模型在水中的试验速度应当为多少?

12.9　一座溢洪坝如图 12-2 所示,泄洪流量为 150m³/s,按重力相似设计模型,若实验室中水槽最大供水流量仅为 0.08m³/s,原型坝高 $P_p = 20$m,坝上水头 $H_p = 4$m,试问模型比尺如何选取及模型的空间高度( $P_m + H_m$ )最高为多少?

12.10　建筑物模型在风速为 10m/s 时,迎风面压强为 50N/m²,背风面压强为-30N/m²,若气温不变,风速增至 15m/s 时,试求建筑物迎风面与背风面的压强(可用欧拉准则)。

12.11　设计高 $h_p = 1.5$m,最大行驶速度 $v_p = 108$km/h 的汽车时,需要确定其正面风阻力,现用风洞进行模型实验来测定。如果风洞中最大风速为 45m/s,为了保证粘性相似,试求模型高度应为多少? 若最大风速时,测得模型所受的风阻力为 1 500N,试求汽车在最大行驶速度时,其正面的风阻力应为多少?

# 习题参考答案

## 第 1 章习题 1

1.2 $\beta_p = 6.38 \times 10^{-10} \mathrm{m}^2/\mathrm{N}, K = \dfrac{1}{\beta_p} = 1.57 \times 10^9$;

1.3 $\mathrm{d}p = 2.0 \times 10^7 Pa$;

1.4 $\nu_{水} = 1.003 \times 10^{-10} \mathrm{m}^2/\mathrm{s}, \nu_{空气} = 1.494 \times 10^{-5} \mathrm{m}^2/\mathrm{s}$;

1.6 $1\,150\mathrm{N}$;

1.7 $\mu = 3.227\mathrm{Ns}/\mathrm{m}^2$;

1.8 $26.38\mathrm{N}$;

1.9 $\mu = 0.072\mathrm{Ns}/\mathrm{m}^2$。

## 第 2 章习题 2

2.1 $p_0 = 127\,400\mathrm{N}/\mathrm{m}^2$;

2.2 $p_{气} = -11\,995.2\mathrm{N}/\mathrm{m}^2$或 $p_{气} = 86\,004.8\mathrm{N}/\mathrm{m}^2$;

2.3 $4.08\mathrm{m}, 0.155\mathrm{m}, 1.065\mathrm{m}$;

2.4 $\Delta p = 185\,220\mathrm{N}/\mathrm{m}^2$;

2.5 $97.412\mathrm{kPa}$;

2.6 $p_0 = 78\,008\mathrm{N}/\mathrm{m}^2$或 $p_0 = -19\,992\mathrm{N}/\mathrm{m}^2$;

   绝对压强 $p_A' = 78\,988\mathrm{N}/\mathrm{m}^2, p_B' = 87\,808\mathrm{N}/\mathrm{m}^2$,

   相对压强 $p_A = -19\,012\mathrm{N}/\mathrm{m}^2, p_B = -10\,192\mathrm{N}/\mathrm{m}^2$,

   真空压强 $p_{VA} = 19\,012\mathrm{N}/\mathrm{m}^2, p_{VB} = 10\,192\mathrm{N}/\mathrm{m}^2$;

2.7 $h_2 = 880\mathrm{mm}$;

2.8 $H = 0.4\mathrm{m}$;

2.9 $h_4 = 128\mathrm{cm}$;

2.10 $h = 1.097\mathrm{m}$;

2.11 $d_2 = 12.43\mathrm{cm}$;

2.12 $\Delta P = 156.4\mathrm{Pa}$;

2.13 $p = (6\rho_{\mathrm{Hg}} - 5\rho_{\mathrm{H_2O}})gh$;

2.14 $\rho = \dfrac{\rho_1 h_1 + \rho_2 h_2}{h_1 + h_2}$;

2.15 $\Delta h = 25.5\text{mm}$；

2.16 $P_A = 46.2\text{KN}$；

2.17 $\omega = 34.29\text{rad/s}$ $\omega = 48.5\ \text{rad/s}$；

2.18 $111\ 138\text{Pa}, 9.806\ 65\text{m/s}^2, 60.469\ 2\text{m/s}^2$；

2.21 $P_{左} = 705\ 600\text{N}$ $P_{右} = 470\ 400\text{N}$ $P = 235\ 200\text{N}; l_{左} = 1.778\text{m}$ $l_{右} = 1.667\text{m}$ $l = 2\text{m}$；

2.22 $2\ 083\text{N}, 1.263\text{m}$；

2.23 $0.8\text{m}$；

2.24 $256.72\text{kN}$；

2.25 $P_x = 722.5\text{KN}$ $P_z = 526.8\text{KN}$ $P = 894.2\text{KN}, \theta = 36°$；

2.26 侧盖 $P_x = 23\ 079\text{N}$ $P_z = 2\ 564.3\text{N}$ $P = 23.2\text{KN}$，$\theta_{侧} = 6.34°$，顶盖 $P_x = 0$ $P_z = 12\ 821.7\text{N}$；

2.27 $3.762\text{N}$；

2.28 $2.5\text{mm}, 39\ 200\text{kN}$。

## 第3章习题3

3.1 $a = 36x\boldsymbol{i} + 36y\boldsymbol{j} - 7\boldsymbol{k}$；

3.2 $a_x = -58, a_y = -10, a_z = 0$ 或 $a = -58\boldsymbol{i} - 10\boldsymbol{j}$；

3.3 $a = -2.73\text{m/s}^2$；

3.4 $a_A = -0.141\ 5\text{m/s}^2 a_B = 2.83\text{m/s}^2$；

3.5 （1）$x^2 - y^2 = C$；（2）$3x^2y - y^3 = C$；

3.6 流线 $y^2 - 2y + 2tx = 0$ 迹线 $x = t - \dfrac{t^3}{6}$，$y = \dfrac{t^2}{2}$；

3.7 $V = 0.817u_{\max}, V = 2.45\text{m/s}$；

3.8 $v = 6.25\text{m/s}, v = 25\text{m/s}$；

3.9 $v_1 = 2.25\text{m/s}$，$v_2 = 40\text{m/s}$；

3.10 $v_2 = 6\text{m/s}$；

3.11 $0.189\text{kg/s}$；

3.12 $135\text{mm}$；

3.13 $h_w = 4.77\text{m}, A \to B$；

3.14 $u_A = 2.22\text{m/s}$；

3.15 $h_{w1-2} = -0.24\text{m}$（油柱）$2 \to 1$ $\dfrac{p_1 - p_2}{\rho g} = 4.23\text{m}$（油柱）；

3.16 $p_A = 43.35\text{kN/m}^2$ $p_B = 43.35\text{kN/m}^2$ $p_C = 0$；

3.17 $h_c = 1.44\text{m}$ $v_c = 20.7\text{m/s}$；

3.18 $\dfrac{A_1}{A_2} \leqslant \sqrt{\dfrac{H}{h + b}}$；

3.19  3.785L/s;

3.20  $Q_{max} = 23.44$L/s  $h_{max} = 5.9$m(见习题 3.20 表 1)。

**表 1**

| 截面 | 1 | 2 | 3 | 4 |
|---|---|---|---|---|
| $z$ | 0 | 0 | 2 | $-5.91$ |
| $\dfrac{p}{\rho g}$ | 0 | $-4.545$ | $-7$ | 0 |
| $\dfrac{v^2}{2g}$ | 0 | 0.455 | 0.455 | 0.455 |

3.21  3.883m;

3.23  $Q = 0.826$m$^3$/s  $p_3 = 52\ 541.45$N/m$^2$;

3.24  $v = 18.35$m/s  $Q_v = 57.65$m$^3$/s;

3.25  0.886m/s;

3.26  $R = 384.01$kN;

3.27  $F_x = 2\ 198.1$N  $F_y = 2\ 938.58$N  $F = 3\ 669.73$N;

3.28  $F_x = 559.67$N  $F_y = -5\ 074.97$N;

3.29  $F_x = 1\ 289$kN  $F_y = -1\ 666$kN;

3.30  $F = 163.7$kN;

3.31  $F_x = 0.538$kN  $F_y = 0.598$kN;

3.32  $Q_1 = \dfrac{1+\cos\theta}{2}Q, Q_2 = \dfrac{1-\cos\theta}{2}Q, F = -\rho Q v_0 \sin\theta$。

## 第 4 章习题 4

4.1  $v = 0.084\ 5$m/s  $Re = 10\ 461.5$;

4.2  $Re = 227\ 659$  $Re = 1\ 581$;

4.3  $\mu = 0.002\ 23$Pa·S

4.4  $Re = 76\ 569.6$  $v = 0.026\ 1$m/s;

4.5  $Re = 12\ 114$  $v = 0.002\ 06$m/s;

4.6  $Re = 3.4 \times 10^5$  $v = 0.282$m/s;

4.7  0.025 64m;

4.8  3.92N/m$^2$;0.8m;

4.9  $Re = 1\ 920$  $h_f = 0.743$m(油柱);

4.10  27.4m;

4.11  370kPa;

4.12  5.27m;

4.13  29.7m$^3$/h;

4.14  $h_f = 5.23$m  $h_f = 30.29$m;

4.15    $h_f = 1.388\text{m}$

4.16    甲管 $J = 8.488 \times 10^6$    乙管 $J = 0.307\ 7$；

4.17    $L = 2\ 437\text{m}$；

4.18    24mm；

4.19    光滑管 $Q_{II}/Q_I = 1.179$    粗糙管 $Q_{II}/Q_I = 1.155$；

4.20    41.28L/s；

4.21    $h_{f1} = 19.21\text{m}, h_{f2} = 6.16\text{m}$；

4.22    $v = \dfrac{V_1 + V_2}{2}, \dfrac{1}{2}$。

## 第 5 章习题 5

5.1    $\nabla 137\text{m}$    1.924m/s，$\nabla 131\text{m}$    2.302m/s；

5.2    4.354m    0.166m³/s；

5.3    228.563kn/m³

5.4    2.619m；

5.6    1.25m；

5.7    72.8m    4.95m；

5.9    47.94L/s    5.41m；

5.10    49.5L/s    5.66m；

5.11    31.96L/m；

5.12    18.29；

5.13    35.35；

5.15    38.58L/s    71.95L/s    139.47L/s    35.598m；

5.16    0.019 4m³/s    0.042 8m³/s    0.083 3m³/s    0.174m³/s    0.007 94m；

5.17    $H_{塔} = 10.1\text{m}$；

5.18    57m；

5.19    0.001363m³/s    0.001803    1.85m；

5.20    0.64    0.62    0.97    0.065 5；

5.21    0.037 3m³/s    0.021 6m³/s    0.023 7m³/s；

5.22    8.943m    0.0161m³/s；

5.23    0.193m³/s；

5.24    1.2m    4.44m    8.98m³/s；

5.25    44.8kPa；

5.26    0.003625m³/s    1.896m。

## 第 6 章习题 6

6.2    288.26m；

6.3    179.10m    339.12m；

6.5    3.64。

## 第 7 章 习题 7

7.1  1 300m/s  349.04m/s  3 277.7m/s  435.33m/s；

7.2  0.8；

7.3  535.9m/s  31.8°；

7.4  45.7s；

7.5  608.32；

7.6  573.4K；

7.7  453K  597kPa；

7.8  105.689kPa  298.6K  1.233kg/m³；

7.9  7 486.3kPa  777K；

7.10  194.7m/s  69.37kPa；

7.11  315.9K；

7.12  428kPa  247.6m/s  100℃；

7.13  7.06；

7.14  1.968；

7.15  0.513  214kPa  638K  259m/s；

7.16  292.76  7m/s；

7.17  1.114 7kg/m；

7.18  1.0  9.2cm  1.1kg/s；

7.19  34.275kPa  364.92K；

7.20  513.3m/s；

7.21  0.785kg/s  31.69mm  1.914；

7.22  78.7cm²  99.1cm²；

7.23  2  0.577；  307K  518K；  $39.2×10^5$Pa；

7.24  76.8mm  533.9kPa  648.6K；

7.25  0.083m  0.10m  0.125m；

7.26  970.4kPa；

7.27  111.6kPa  1.835  0.608 9  1.478。

## 第 8 章 习题 8

8.1  2.365m³/s；

8.2  0.029；

8.3  3.806m；

8.4  0.000 346  0.833m/s；

8.5  2.855m；

8.6  1.43m；

8.7  4.044m/s；

8.9  0.705m；

8.10　0.763 4m;

8.11　缓坡;

8.12　1.663m;

8.16　发生,上游;

8.18　1.6996m$^3$/s;

8.19　0.758m$^3$/s;

8.20　37.5m　5 孔;

8.21　5 孔;

8.22　12 606m$^3$/s;

8.23　160.475m$^3$/s　1 112.043m$^3$/s。

## 第9章习题9

9.1　(1)满足,(2)满足,(3)满足,(4)不满足,(5)满足,(6)满足;

9.2　(1)$\varepsilon_{xx} = \dfrac{\partial u_x}{\partial x} = 0, \varepsilon_{yy} = 0, \varepsilon_{zz} = 0$,无线变形,

$\varepsilon_{yx} = \varepsilon_{xy} = \dfrac{1}{2}\left(\dfrac{\partial u_y}{\partial x} + \dfrac{\partial u_x}{\partial y}\right) = -\dfrac{\gamma J}{4\mu}y \neq 0, \varepsilon_{xz} = \varepsilon_{zx} = -\dfrac{\gamma J z}{4\mu} \neq 0, \varepsilon_{yz} = 0$　存在角

变形,

(2) $\omega_z = \dfrac{1}{2}\left(\dfrac{\partial u_y}{\partial x} - \dfrac{\partial u_x}{\partial y}\right) = \dfrac{\gamma J}{4\mu}y \neq 0, \omega_y = -\dfrac{\gamma J}{4\mu}z \neq 0$　有涡(旋)流;

9.3　$\omega_x = 0, \omega_y = 0, \omega_z = -\dfrac{nu_m}{2r_0^n}y^{n-1} \neq 0$ 有旋流

$\varepsilon_{xy} = \dfrac{nu_m}{2r_0^n}y^{n-1}$ 有角变形,$\varepsilon_{xz} = 0, \varepsilon_{yz} = 0$;

9.4　$u_z = -4z + C$ ,无涡流;

9.5　无旋,$-2xy$;

9.6　$\dfrac{1}{2}$　$\dfrac{1}{2}$　$\dfrac{1}{2}, \dfrac{5}{2}$　$\dfrac{5}{2}$　$\dfrac{5}{2}, x = y + C_1, y = z + C_2$;

9.7　$-21.3$m/s,28 515N,圆柱体表面、角度为 7.31 度或 172.69 度处;

9.8　0,0,0;

9.9　$\omega/V = k\sqrt{F(z) - 2k^2(x^2 + y^2)}$

9.10　(1) $A = -D$　(2) $C = B$;

9.11　$\Omega = az$;

9.13　(1) $\omega = \dfrac{\Gamma_0}{4\pi vt}e^{\frac{-r^2}{2vt}}$,(2) $\Gamma = \dfrac{R\Gamma_0}{r}\left(1 - e^{\frac{-r^2}{2vt}}\right)$,(3) $I = \Gamma_0\left(1 - e^{\frac{-r^2}{2vt}}\right)$;

9.15　$x = x_0$ 处,$u_{1y} = \dfrac{\Gamma_2}{4\pi x_0}$,方向向上 ,$x = -x_0$ 处,$u_{1y} = \dfrac{-\Gamma_1}{4\pi x_0}$,方向向下。

## 第 10 章习题 10

10.1  （1）可以,（2）不可以,（3）可以；

10.2  流动有旋无势。

10.3  （1）$\varphi = \frac{1}{2}x^2 - \frac{1}{2}y^2 - 4xy + C$,（2）$\psi = xy - 2y^2 + 2x^2 + C$；

10.5  （1） $0.747\text{m}^2/\text{s}$,（2） $2\,049.2\text{N/m}$；

10.6  $a = -0.12$  $b = 0,4\,560.2\text{N/m}^2$；

10.7  $-20\text{m}^2/\text{s},32\text{m}^2/\text{s}$；

10.8  （1）$\varphi = -2xy - y + C$ ，  （2）$38\text{kPa}$；

10.9  $22.06\text{m/s}$；

10.10  $-1.996$, $-0.636\,9$, $0.142\,8$, $1$；

10.11  $1.273\text{m/s},45°,720\text{Pa}$

10.12  柱面上,$341.7°$或$198.3°$；  $u_r = 0, u_\theta = 11.04\text{m/s},5\,764\text{Pa}$；

10.13  $120\text{m/s},106.16\text{m/s},226.16\text{m/s},62.2°$或$117.8°,2\,196\text{Pa}$  $116.89\text{Pa}$。

## 第 12 章习题 12

12.2  解：

（1）$N = [\tau]^1 [v]^{-2} [\rho]^{-1} = \dfrac{\tau}{v^2 \rho}$ ；

（2）$N = [\Delta p] [v]^{-2} [\rho]^{-1} [\gamma]^0 = \left[\dfrac{\Delta p}{\rho v^2}\right]$

（3）$N = [F][l]^{-2} [v]^{-2} [\rho]^{-1} = \dfrac{F}{\rho l^2 v^2}$

（4）$N = \sigma l^{-1} v^{-2} \rho^{-1} = \dfrac{\sigma/\rho}{v^2 l} = \dfrac{1}{We}$

12.4  $F_D = \rho v^2 l^2 f(Re)$

12.5  （1）$0.4\text{m}$    （2）$80.5\text{m}^3/\text{s}$    （3）$628\text{kN}$。

12.6  （1）$0.762\text{L/s}$    （2）$12.86\text{L/s}$。

12.7  120 小时。

12.8  $13.89\text{m/s}$

12.9  $1.143\text{m}$。

12.10  $112.5\text{N/m}^2$    $-67.5\text{N/m}^2$

12.11  $7593.75\text{N}$。

# 参 考 文 献

[1]吴望一编著,流体力学(上册).北京:北京大学出版社,1982.

[2]L.普朗特 等著,流体力学概论.北京:科学出版社,1981.

[3]L.M.米尔恩-汤姆森著,李裕立等译,理论流体动力学.北京:机械工业出版社,1980.

[4]章梓雄、董曾南编著,粘性流体力学.北京:机械工业出版社,1998.

[5]易家训著,章克本等译,流体力学.北京:高等教育出版社,1982.

[6]潘锦珊主编,气体动力学基础.北京:国防工业出版社,1980.

[7][日]椿东一郎著,徐正凡主译,水力学.北京:高等教育出版社,1986.

[8]徐正凡主编,水力学(上册).北京:高等教育出版社,1986.

[9]徐正凡主编,水力学(下册).北京:高等教育出版社,1987.

[10]李炜主编,水力学.武汉:武汉水利电力大学出版社,2000.

[11]吴持恭主编,水力学.北京:高等教育出版社,1982.

[12]郭春光主编,工程流体力学.北京:水利电力出版社,1990.

[13]张兆顺、崔桂香编著,流体力学.北京:清华大学出版社,1999.

[14]刘忠潮、刘润生等合编,水力学.北京:高等教育出版社,1979.

[15]李诗久主编,工程流体力学.北京:机械工业出版社,1980.

[16]禹华谦主编,工程流体力学(水力学).成都:西南交通大学出版社,1999.

[17]薛祖绳主编,工程流体力学.北京:水利电力出版社,1985.

[18]张也影编著,流体力学.北京:高等教育出版社,1999.

[19]许承宣主编,工程流体力学.北京:中国电力出版社,1998.